电力建设
起重机械安全管理

陈家佐　编著

中国电力出版社
CHINA ELECTRIC POWER PRESS

内 容 提 要

本书详细讲解了电力建设施工现场起重机械安全管理的重点内容和方法，内容广泛，有很强的实用性和可操作性，其重点内容包括起重机械简要概述，相关法规要求和常见误区，施工现场起重机械安全管理基本要求，施工现场机械安全管理体系与目标，施工现场起重机械安全管理机构和岗位责任制，施工现场起重机械安全管理制度，施工现场起重机械安全管理资料，施工现场起重机械安装拆卸安全管理，施工现场租赁和分包单位起重机械安全管理，施工现场老旧起重机械安全管理，施工现场起重机械安全管理检查，施工现场起重机械安全管理危害辨识，施工现场起重机械安全管理评价，施工现场起重机械事故应急预案，起重机械危险控制技术与安全措施，起重机械安全操作规程的编制，施工现场起重机械安全教育培训等。

本书可作为电力建设施工现场的建设单位（业主单位）、监理项目部、施工项目部开展起重机械安全管理工作的借鉴和参考，也可以作为施工现场起重机械安全管理人员、技术人员以及相关人员的培训教材。

图书在版编目（CIP）数据

电力建设起重机械安全管理/陈家佐编著．—北京：中国电力出版社，2012.3（2018.7重印）

ISBN 978-7-5123-2812-9

Ⅰ.①电…　Ⅱ.①陈…　Ⅲ.①电力工程－起重机械－安全管理　Ⅳ.①TH210.8

中国版本图书馆CIP数据核字（2012）第043736号

中国电力出版社出版、发行

（北京市东城区北京站西街19号　100005　http：//www.cepp.sgcc.com.cn）

北京雁林吉兆印刷有限公司印刷

各地新华书店经售

*

2012年7月第一版　2018年7月北京第二次印刷

787毫米×1092毫米　16开本　29.5印张　704千字

印数3001—4000册　定价 **98.00** 元

前言

电力建设工程项目上使用着种类繁多的起重机械，其中不仅有滑车、吊篮、卷扬机、千斤顶、手动葫芦、电动葫芦、简易提升装置、施工升降机、液压或电动滑模装置、抱杆、绞磨、钢索液压提升装置、牵引机、张力机等中小型起重设备，也有一些大型或超大型、重型塔式起重机、履带起重机、汽车起重机、门座起重机、桥式起重机；不仅有通用的建筑塔式起重机、履带起重机、桥式起重机、龙门起重机、汽车起重机等，也有电力系统自行开发研制的DBQ、QTS、FZQ系列大型动臂式塔式起重机、水电门式起重机、缆索起重机、输电线路牵引设备等，在水电站、核电厂、火力发电厂的施工高峰期可以看到工地上吊车林立的壮观景象。

起重机械是一种危险性生产设备，起重机械作业也是一种高危作业，如果使用不当，管理不善，容易发生安全事故，为此我国把起重机械定义为特种设备而进行依法管理。电力系统历来非常重视起重机械的安全管理，从原水利电力部、能源部、电力工业部、国家电力公司及全国电力建设施工机械管理协作网，到现在的国家电网公司、南方电网公司、五大发电公司，以及电力建设施工企业等都制定和颁发过一系列规章制度，采取各种相应措施，加强起重机械的安全管理，取得了很好的成效。

在电力体制改革厂网分开后，我国电力建设又进入了新的一轮前所未有的高速发展期，电力建设施工企业面临着承担工程项目多，管理资源短缺，租赁机械和外包队伍增多，以及机械管理体制和机制变化的严重挑战，为此加强和规范起重机械安全管理势在必行。在此形势下，电力建设相关的各级单位不仅对电力建设施工现场加强了起重机械安全管理的检查，也开始对各级起重机械安全管理人员进行起重机械安全规范化管理相关知识的培训教育，并取得了良好的效果。

本书是编著者将多年来在各级电力建设起重机械安全培训班上的讲稿并结合现场起重机械安全管理检查的实践经验，参考了有关资料，进行了细化和扩充汇总而写成，以便电力建设起重机械安全管理相关人员学习参考。由于本人的水平所限，本书中如有不妥之处请提出斧正，将不胜感激，以便再版修正。在此对国家电网公司、南方电网公司、五大发电公司、国华发电公司及各电力建设施工企业的相关领导和从事电力建设起重机械安全管理具体工作的同志们、一切支持关心和帮助过本人工作的领导、朋友、同行们一并表示衷心感谢；对国家电监会组织的历次电力建设施工安全管理培训班给予本人提供的讲课和交流学习的机会表示感谢。

陈家佐

2011 年 12 月

目录

前言

第一章 起重机械简要概述 …… 1
第一节 起重机械的简要概念、分类及使用特点 …… 1
第二节 起重机械事故 …… 5
第三节 施工现场起重机械安全管理存在的问题 …… 7
本章结语 …… 9

第二章 相关法规要求和常见误区 …… 10
第一节 起重机械主要法律法规的内容简介 …… 10
第二节 施工现场常见的法规误区 …… 26

第三章 施工现场起重机械安全管理基本要求 …… 28
第一节 施工现场起重机械安全管理的思路和任务 …… 28
第二节 施工现场起重机械和相关人员的准入 …… 29
第三节 施工现场起重机械安装与拆卸作业指导书的审查 …… 38
第四节 施工现场起重机械安全管理监督检查 …… 39

第四章 施工现场机械安全管理体系与目标 …… 83
第一节 机械安全管理体系的组成 …… 83
第二节 施工现场机械安全管理体系网络图 …… 84
第三节 机械安全管理的目标或指标 …… 86

第五章 施工现场起重机械安全管理机构和岗位责任制 …… 88
第一节 施工现场起重机械安全管理机构和职责 …… 88
第二节 施工现场起重机械安全岗位责任制 …… 91

第三节　施工单位安监部门及安全管理人员起重机械安全监督职责 …………………… 99

第六章　施工现场起重机械安全管理制度 …………………………………………… 103
第一节　完善起重机械安全管理制度………………………………………………… 103
第二节　施工现场建设单位起重机械安全管理制度………………………………… 106
第三节　施工现场项目监理起重机械安全监理细则………………………………… 121
第四节　施工现场施工项目部起重机械安全管理制度……………………………… 125
第五节　施工现场起重机械使用单位起重机械安全管理制度……………………… 144

第七章　施工现场起重机械安全管理资料 …………………………………………… 151
第一节　施工企业起重机械安全管理资料…………………………………………… 151
第二节　现场施工项目部起重机械安全管理资料…………………………………… 153
第三节　施工现场起重机械使用单位起重机械安全管理资料……………………… 154
第四节　施工现场项目监理起重机械安全管理资料………………………………… 156
第五节　施工现场建设单位起重机械安全管理资料………………………………… 157

第八章　施工现场起重机械安装拆卸安全管理 ……………………………………… 159
第一节　施工现场起重机械安装拆卸安全管理的基本要求………………………… 159
第二节　起重机械安装拆卸作业指导书的编审纲要………………………………… 163
第三节　起重机械安装拆卸作业中主要注意事项…………………………………… 168

第九章　施工现场租赁和分包单位起重机械安全管理 ……………………………… 231
第一节　施工现场租赁和分包单位起重机械安全管理要求………………………… 231
第二节　租赁起重机械常识…………………………………………………………… 233

第十章　施工现场老旧起重机械安全管理 …………………………………………… 253
第一节　老旧起重机械简介…………………………………………………………… 253
第二节　老旧起重机械安全管理措施………………………………………………… 255
第三节　老旧起重机械评估…………………………………………………………… 256

第十一章　施工现场起重机械安全管理检查 ………………………………………… 275
第一节　施工现场起重机械安全管理检查的种类和形式…………………………… 275
第二节　施工现场起重机械安全管理检查的内容…………………………………… 278
第三节　施工现场起重机械安全管理常见的缺陷…………………………………… 306

第十二章　施工现场起重机械安全管理危害辨识 …… 317
第一节　危险和危害的相关概念 …… 317
第二节　危险有害因素分类和起重机械伤害形式 …… 321
第三节　起重机械危害辨识 …… 324
第四节　起重机械危害辨识和风险评价常用方法 …… 330

第十三章　施工现场起重机械安全管理评价 …… 341
第一节　施工现场起重机械安全技术状况评价 …… 341
第二节　施工现场起重机械安全管理（内业检查）评价 …… 343
第三节　施工现场起重机械安全管理评价的实施 …… 350

第十四章　施工现场起重机械事故应急预案 …… 354
第一节　施工现场综合应急预案 …… 354
第二节　施工现场起重机械事故专项应急预案 …… 369
第三节　起重机械事故现场处置方案 …… 375

第十五章　起重机械危险控制技术与安全措施 …… 382
第一节　危险控制技术 …… 382
第二节　起重机械安全要求和安全措施 …… 388

第十六章　起重机械安全操作规程的编制 …… 403
第一节　起重机械安全操作规程编制内容 …… 403
第二节　日本履带起重机安全操作规程实例 …… 410

第十七章　施工现场起重机械安全教育培训 …… 419
第一节　起重机械人员的理论知识和技能要求 …… 419
第二节　施工现场起重机械安全教育培训重点内容及实施 …… 430

附录 A　起重机械法规按项目查询汇集 …… 437
附录 B　施工现场起重机械安全管理常用有关法律法规目录 …… 453
附录 C　起重机械主要技术标准目录 …… 454
附录 D　某电建施工现场起重机械安全管理评价报告 …… 456
参考文献 …… 462

起重机械简要概述

电力建设工程项目离不开施工机械设备（以下简称机械），更离不开其中的起重机械，从电建现场施工机械安全管理的实际情况出发，重点抓好起重机械的安全管理是保证施工现场机械安全的关键，这是由起重机械的结构特点和事故特点所决定的。为此，本书主要讲述施工现场起重机械安全管理的一些相关内容。

起重机械是大型物件吊装、搬运和机械化施工的重要技术手段，电力建设施工现场既有大型起重机、超大型起重机械，也有中小型起重设备，而且种类数量繁多。从电力建设工程项目施工配置的起重机械来看（不包括电厂内应安装的起重设备），主要分为两类，一类是电力专用起重机械，另一类是通用起重机械。电力专用起重机械，包括电力建设工程项目专用的起重机械（如输变电工程专用的牵引机、张力机，水电站施工专用门式起重机、缆索起重机，水塔施工专用曲线施工升降机、折臂塔式起重机、水塔平桥等）和电力系统自行研制的起重机械（如 DBQ 系列、QTS 系列、FZQ 系列塔式起重机，龙门起重机，门座起重机，钢索液压提升装置、电站码头装卸桥等）；通用起重机械，包括汽车起重机、履带起重机、建筑塔式起重机、施工升降机、卷扬机、电动葫芦、手动葫芦、千斤顶等。

第一节　起重机械的简要概念、分类及使用特点

起重机械是机械的一种，在介绍起重机械的概念时，有必要简介一下机械的概念。

一、机械的简要概念

1. 机械

指各种机器、机构的总称。其中机器是用来转换或利用机械能的机构，通常分为原动机、变换机和工作机。一般一台完整的机械应该包括原动机、传动机构、工作装置（或叫执行机构）和控制装置四部分（也可加上支撑装置为五部分）。有的机械还有行走、回转和各种运动等辅助装置。

2. 机构

指机械零件各组成部分具有一定相对运动的位置，能传递、转换运动或实现某种特定运动的装置，如钟表的齿轮机构、车床的走刀机构、内燃机的曲轴连杆机构、起重机的变幅机构等。在机械运动学中，由于不考虑机械能的转换和利用问题，此时，一切机器都可以看做是机构或复合机构（多个机构的组成）。机器和机构的基本区别就是机构仅仅起着运动传递和运动形式的转换；而机器是由各种机构组成，不仅能实现预期的机械运动，并能完成能量转换或做有用的机械功。

3. 原动机

指能把自然能或其他非机械能变为机械能的机器，一般作为机械动力来源。常用的原动机有蒸汽机、内燃机、电动机等。

4. 变换机

指把机械能变为非机械能的机器，如发电机、空气压缩机等。

5. 工作机

指接受机械能直接完成预期作业的机器，如车床、纺织机、起重机等。

6. 工作装置（执行机构）

指机械或机器中一种直接完成作业的机构，处于机械传动路线的终端，完成预期的动作和功能，其结构形式完全取决于机械或机器本身的用途，如车床刀架、起重机吊钩、挖掘机挖斗等。

7. 控制装置

又叫控制操纵系统，是控制机械某些基本部分，使操作者能随时实现或终止各种预定的功能（如启动、制动、换向、调速等运动）。现代机械的控制装置既包括机械控制系统，又包括电子控制系统，其作用包括自动监测、自动调节和计算机控制等。

8. 支撑装置

指用来连接、支撑机器各个组成部分并承受整个机器重力和外载荷的装置，是机器的基础部分，一般指机架、底座等。

9. 零件

零件是机械最基本的组成元件，它是不可拆卸的一个整体。根据零件本身的性质，又可分为通用的标准零件，如螺栓、螺母、垫圈等；专用零件，如活塞、气门、半轴；基础零件，如气缸体、减速机壳、电动机壳等。

基础零件是在装配合件、组合件或总成时，从某一个专用零件开始，各零件之间的相互关系由这一专用零件（基础件）来保证，所以基础件也是一种特殊的专用零件。在零件的实际使用中，又有易损件（即易损易耗零件），指这种零件在机械使用中容易损坏或者需要周期更换，如各种橡胶垫圈、油封、轴承、轴套、销子、滤芯、螺栓等。

10. 合件

指两个或两个以上的零件装合成一体，起单一零件的功能或作用。如成对的衬瓦轴承（滑动轴承）、带盖的连杆等。在装配组合件或总成时，各零件之间的相互关系由某一合件来保证，那么这种合件就称为基础合件，如带套的泵壳、已镶了缸筒的气缸体等。

11. 组合件

指由几个零件或合件组成一体，零件与零件之间有一定的运动关系，但尚不能起单独完整机构作用的装配单元，如活塞连杆组、变速器盖组等。

12. 总成

指由若干个零件、合件、组合件装配而成，能单独起一定的机构作用或功能的装配单元。如发动机总成、变速器总成等。总成按其工作性质又可分为主要总成（如发动机总成、变速器总成等）和辅助总成（如水泵总成、空调总成等）。

13. 设备

指生产或生活中可供较长时间使用，并在反复使用期间基本保持原实物状态和运动功能的各种器械的总称。显然，设备这一概念涵盖了人类活动的所有领域，它比机械的含义要广泛得多，所有机械装置都包括在设备范围之内，不含机构的工器具及电子装置等都可称为设备。

14. 建筑机械

指建筑工程中所使用的机械。世界上在建设工程中所使用的机械设备名称叫法也很不统一，美国叫“建筑机械与设备”；日本叫“建设机械”；俄罗斯叫“建筑与筑路机械”；德国叫“建筑机械与装置”等。我国各个时期由于归口管理部门不同，也曾有过不同的叫法，如工程机械、建筑工程机械、建筑机械与设备等，名称虽然不同，但所包含的内容大同小异。JG/T 5093—1997《建筑机械与设备产品分类及型号》，将此类机械设备分为16大类161组451型。16大类为①挖掘机械；②建筑起重机械；③铲土运输机械；④桩工机械；⑤压实机械；⑥路面机械；⑦混凝土机械；⑧混凝土制品机械；⑨钢筋预应力机械；⑩高空作业机械；⑪装修机械；⑫市政机械；⑬环境卫生机械；⑭园林机械；⑮电梯；⑯垃圾处理设备。

15. 施工机械

指工程施工生产中所使用的机械设备。它是施工企业的习惯叫法，有更大的实用性。因为不同行业中不同性质的施工企业，施工机械的范畴也不尽相同，如铁路建设、公路建设、冶金建设、化工建设、水电建设、火电建设、输变电建设等各自都有一些专业特殊的施工机械，在建筑机械与设备分类标准中并没有完全包括，而施工机械这一概念，就包含了施工企业施工所使用的全部机械设备。如特种专业机械、运输车辆、加工维修设备、电气设备等。“火电、送变电基本建设施工企业固定资产目录”中对机械设备划分为6大类、41小类。6大类为①通用设备；②专用设备；③交通运输设备；④电气设备；⑤电子产品及通信设备；⑥仪器仪表计量标准器具及量具、衡器。而行业的机械统计报表主要机械设备分为另外6类：①土方机械；②起重机械；③运输机械；④生产修配机械；⑤船舶；⑥混凝土机械。尽管国家建筑机械与设备分类标准不尽相同，以及行业财务、统计对施工机械分类也有差异，但并不妨碍施工机械概念的确立和使用，电建系统又简称施工机械为机械，都是特指电力建设施工现场所用的机械设备。

16. 装备（或技术装备）

装备一词原指军队用于作战和作战保障的各种武器、器械、器材等军事用品的统称。引申于施工企业是指施工和施工保障的各种机械、器具的总称。它包括施工生产的机械设备、试验检验仪器设备、工艺装置（模板、模具、吊具索具和各种工器具等），以及后勤保障、办公自动化设备及通信设备等。装备或技术装备的高低体现了施工企业的实力强弱；技术装备素质高主要表现在技术的先进性、运行的安全可靠性和装备的合理性以及效率高、效益好等性能。

二、起重机械的概念

起重机械是一种循环的、间歇的将重物进行升降或水平位移的搬运设备。我国的《特种设备安全监察条例》对起重机械定义为：用于垂直升降或垂直升降并水平移动重物的机电设备。其范围规定为起重量大于或等于 0.5t 的升降机，额定起重量大于或等于 1t，且提升高度大于或等于 2m 的起重机和承重形式固定的电动葫芦等。

三、起重机械的分类

起重机械通常可分为四部分。

（一）中小型起重设备

一般指只有一个升降机构的机械（包括卷扬机、液压提升装置、吊篮、电动葫芦、手动葫芦、千斤顶、牵张设备、小型抱杆等）。

（二）起重机

起重机包括桥架型和臂架型两种。

（1）桥架型：指以桥形结构（主梁）作为主要承载构件，取物装置悬挂在可以沿主梁运行的起重小车上为特点的起重机（包括桥式起重机、门式起重机、梁式起重机、装卸桥等）。

（2）臂架型：指有一个作为起重臂的主要受力构件的起重机（包括塔式起重机、门座起重机、流动起重机、悬臂起重机、桅杆起重机、铁路起重机、浮式起重机等）。根据使用要求和性能特点，有的臂架型起重机的起重臂可以接长或伸缩，有的可以俯仰或旋转等。

（三）缆索起重机

指使用柔性钢索为主要承载件，取物装置悬挂在可以沿钢索运行的起重小车上为特点的起重机（包括固定式、平移式、摇摆式、辐射式等）。由于钢索可以看成是柔性桥架（如钢索桥），因此也可把缆索起重机划为桥架型起重机。

（四）升降机

指将重物或人员垂直升降的机械，具有完善的安全保护装置和辅助装置（包括施工升降机、简易升降机、升降平台、升船机、启闭机、举升机等）。

四、起重机的组成

起重机是起重机械的主要代表形式。典型的起重机主要由金属结构、工作机构、动力驱动装置、取物装置、控制系统和安全保护装置组成。每种形式的起重机都有各自的结构特点，其具体结构组成也不完全相同，这里不作详细介绍。

（一）起重机的金属机构

起重机通常是以钢材（型钢和钢板）通过焊接和螺栓连接组成梁、柱、框架、臂架、门架、机架、底座等主要受力构件，一般结构形式为实腹式（如箱形结构）和格构式（如桁架机构）；金属结构是组成起重机的基本构件，也是起重机承载的主要构件，占整机质量的 40％～70％，重型的金属结构比重可达 90％。

（二）起重机的动力驱动装置

是起重机的动力设备，即原动机。常见的有电力驱动和内燃机驱动。在有限范围内使用的有轨和固定式起重机多是电力驱动，如塔式起重机、龙门起重机、门座起重机、桥式起重机、装卸桥等；对于机动性较好的流动式起重机都采用内燃机驱动。

（三）起重机的工作机构

典型的起重机的工作机构通常为四大机构，即起升机构、变幅机构、回转机构、运行机构。起重机通过单一机构运动或多个机构组合运动完成物料的吊装搬运作业。

（四）起重机的取物装置

起重机最常用的是吊钩，根据物料对象不同，还有电磁吸盘、托盘、夹钳、抓斗等。

（五）起重机的控制系统

通常通过电气系统、液压系统控制操纵起重机的各个机构及整机的运动，进行起重机的各种作业；现代起重机增加了多种传感器和计算机控制，通过显示屏可以提供人机对话、作业方案设定和传递各种信息（如作业工况、故障、维修、警告等信息），充分体现人机安全观念。

（六）起重机的安全保护装置

具有限制或隔离等功能，防止起重机出现某种危及人身和机械本身损坏的装置。起重机的安全保护装置种类很多，这里只提起重机的主要安全装置，如载荷限制器、力矩限制器、风速仪等。

五、起重机械使用主要特点

（1）升降的重物（或吊重）具有高势能。重物被提升越高其势能越大，重物一旦跌落将产生很大的动能和冲量。以600MW火力发电厂施工为例，烟筒高度一般在200m以上，水塔高度一般在100m以上，燃煤锅炉钢架一般在70m以上，在这样的高度上使用起重机械，不要说起吊最重件（如百吨以上的汽包或大板梁），就是起吊几吨重的小物件，一旦跌落地面，后果也是严重的。

（2）起重机械的运动组合复杂。起重机械的种类型式有多种，运动组合也有多种。以一般行走塔式起重机为例，通常由行走、回转、升降、变幅四大机构组成了多维复杂运动方式，组合运动形式越多，使用中的危险性越高，给安全保护增加的难度越大。

（3）起重机械作业范围大。有些起重机的工作半径达70m以上，电力建设施工现场曾用过85m工作半径的塔式起重机。这些起重机吊着重物在高空大范围的移动，其危险影响区域很大。

（4）群体作业。起重机械作业一般为两人或两人以上的多人作业，大型吊装参与作业的人数更多，指挥、操作和安装就位等作业人员，每个人要求都不能出现差错，否则一旦发生事故将危及多人安全。

（5）作业环境和条件复杂多变。尤其室外施工作业的起重机械受气候、地形、周围环境、物料形状等诸多因素的影响。如电站工程项目遍布全国各地，寒冷、酷热、风沙、潮湿等气候条件差异大；滩涂、软土、硬岩、流沙、回填土等地质条件差异大；周围构筑物、障碍物，以及多工种立体交叉作业、群机作业等环境差异大；起重机械升举、搬运的重物形状各异等都给起重机械作业带来许多危险因素。

第二节　起重机械事故

起重机械是国际公认的危险性生产设备，管理使用不慎很容易发生事故。国家特种设备安全监察局的起重机械事故通报，全国几乎每月都有起重机械事故发生。电力建设施工现场也时有起重机械事故发生。

一、电力建设施工现场典型起重机械事故案例

2002 年，上海浦东造船厂安装 600t 造船用龙门起重机吊横梁时，由于拆掉缆风绳而引起整个吊车垮塌，造成 36 人死亡。

2003 年，上海石洞口电厂工地拆卸 30t 龙门起重机时，由于配合作业不当，致使龙门起重机垮塌，造成 2 死 6 伤。

江西抱子石水电站工地 50t 履带起重机倾覆，造成 1 人死亡。

甘肃平凉电厂磨煤机料斗吊装，吊耳开焊，造成 1 人死亡。

山东济宁运河电厂工地拆卸水塔升降平台，一侧结构件断裂，平台坠落，造成 7 人死亡。

浙江桐柏抽水蓄能电站斜井施工的卷扬机升降平台，一卷扬机卷筒挡板根部开裂，平台坠落，造成 2 死 4 伤。

山东南定电厂工地 450t 履带起重机塔式工况，在拆卸 80t 塔式起重机时，由于一侧履带的地面下陷，造成折臂事故。

2004 年，山西河津电厂工地 180t 履带起重机吊装水冷壁时，迎风折臂事故。

2005 年，常州电厂工地烟筒吊施工卷扬机减速器断轴，造成 6 死 2 伤。

贵州黔北电厂工地拆卸 30t 龙门起重机配合不当使吊车垮塌，造成 3 死 6 伤。

江苏太仓电厂工地 150t 履带起重机吊装时倾覆。

山西阳泉电厂 30t 汽车起重机作业时致使高压线放电解列事故。

云南谷拉水电站 30t 门座起重机更换变幅绳时，使吊车失去平衡倾覆，造成 14 死 3 伤。

云南昆明二电厂汽机房桥式起重机溜钩摔坏汽轮机转子事故。

河南郑东电厂 40t 龙门起重机作业时发生垮塌事故，造成 3 死 2 伤。

2006 年，山西王曲电厂工地 60t 龙门起重机拆卸中，缆风绳地锚被拽出倒塌，造成 3 死 2 伤。

内蒙丰镇电厂工地 250t 履带起重机吊重时受冲击倒塌。

内蒙达拉特电厂工地 250t 履带起重机吊重倒塌。

广东潮州电厂工地 600t 履带起重机吊装水冷壁时遇强风倾覆。

贵州白市水电站工地水电门式起重机起吊混凝土罐时，超负荷倒塌，造成 5 死 4 伤。

湖南金竹山电厂工地拆卸 60t 龙门起重机时，作业人员配合不当倒塌，造成 7 死 12 伤。

湖北阳逻电厂工地拆卸 80t 塔式起重机，在顶升油缸无法回落时，未采取任何固定措施，停歇时遇风上部倒塌。

湖南株溪口水电站工地 80t 履带起重机吊装 MQ600 门式起重机门座结构时，地面不平倾覆，造成 1 人死亡。

2008 年，江西瑞金电厂工地拆卸 QTZ1250 建筑塔式起重机，在松掉塔身和顶升套架与回转支撑下底座螺栓时，作业人员乘起重小车在臂架上来回移动，使吊车失稳倒塌，造成 2 人死亡。

内蒙京海电厂工地用 250t 履带起重机在大板梁卸车时，起吊千斤绳断裂，造成履带起重机倾覆。

上海石洞口电厂工地 140t 塔式起重机在进行大幅度负荷试验时，回转支撑轴承盘断裂

上部倒塌，造成 2 人死亡。

2009 年，海南东方电厂工地使用多个倒链吊挂钢结构梁组件，其中发生 1 个倒链吊钩断裂，相继其他倒链链条断裂，造成 4 死 3 伤。

以上罗列的电力建设工程项目施工现场的起重机械事故，都是近几年各工地发生的部分事故，说明电建系统的起重机械安全形势依然严峻不可忽视。

从以上发生的起重机械事故案例看，有使用中超负荷、操纵迅猛不适当的；有不注意使用环境中风的影响和地基情况的；有拆卸中不重视正常工序程序的；有使用和安装或拆卸前不重视维修保养检查的；有设备设计制造存在缺陷的等。总的来说，事故发生都是由于人的不安全行为、物的不安全状态和环境的不利因素造成的，但上述三方面原因又都和管理缺陷有着密不可分的关系。人的培训不足造成知识欠缺和素质低下；制度不严和制定不健全，造成岗位责任不明、监管缺位；作业指导书写不清楚或交底不清，造成不能严格执行正确作业工序工艺和安全操作规程、违章违纪或盲干；起重机械不能及时检查维修保养和消缺，造成对机械故障隐患认识不足；不重视作业条件和环境的不利影响，造成冒险作业等，无不和管理缺陷有关。绝大多数事故都可以归结为管理缺陷上，所以重视和加强施工现场起重机械安全管理势在必行。

二、起重机械的事故主要特点

(1) 事故易大型化、群体化，涉及范围大，造成财产损失和人员伤亡大。大型或超大型起重机械事故表现尤为显著。如安徽戚墅堰电厂工地 BQ2750 塔式起重机倒塌事故造成 9 人死亡、3 人重伤、2 人轻伤，砸坏数台电焊机和 150t 履带部分吊臂杆；湖北青山工地 QTZ2240 塔式起重机上部机台坠落事故造成 15 人死亡；上海浦东造船厂 600t 龙门起重机倒塌事故造成 36 人死亡；云南谷拉水电站工地 MQ540 门座起重机倒塌事故造成 14 人死亡、3 人受伤；湖南金竹山电厂工地 60t 龙门起重机倒塌事故造成 7 死 12 伤等。

(2) 事故后果严重，造成影响大，有的事故对工程进度影响拖延几个月，甚至半年，财产损失达到百万、千万，甚至超过亿元；对企业影响和施工现场人员心理影响，以及对社会影响都很大。

(3) 事故类型有时相对集中，各施工现场有时经常发生同类事故，如 DBQ 塔式起重机倒塌、龙门起重机倒塌、履带起重机折臂等事故。

(4) 在各个环节上都可能发生事故，如安装、拆卸、使用、维修等作业中都发生过事故。

(5) 素质低的人员是事故高发人群，往往有些事故属于低级错误，欠缺相关知识，或是违章蛮干造成的。

(6) 建筑业本身就是高危行业，由于施工现场起重机械数量多，使用频率高和作业条件复杂，因而也是起重机械事故多发的行业。

第三节　施工现场起重机械安全管理存在的问题

通过参加每年的电力建设项目施工现场安全检查情况看，虽然施工现场各有关单位对施工现场的起重机械安全管理给予了相当重视，但还存在着一些管理方面的缺陷（详见第十一章第三节）。造成这些管理缺陷的原因是施工现场各单位存在着如下一些具体问题。

一、施工单位的主要问题

（1）现在一般电力建设施工企业承揽的工程项目较多，少则六七个项目，多则几十个项目，否则企业生存困难。承担的工程项目多了，机械管理人员资源和起重机械资源就造成了相对短缺。在这种情况下，分包队伍多、租赁机械多，管理跟不上去，难免出现实际上的“以包代管”，“以租代管”现象。

（2）新人增多或非专业人员增多，培训跟不上，人员相关知识欠缺和素质低下，其管理水平与施工现场实际情况不适应，多数施工项目部负责机械安全管理的人员，不清楚自己该怎么管，应该干些什么。编写制度到处抄录，无针对性和可操作性；检查监督看不出影响机械安全的关键问题；留存和填写记录不知怎么填些和应该留存什么，随意性较强；一天忙忙碌碌，施工现场干的杂事很多，管理效果不明显；施工现场没有足够的相应学习资料，即便有学习文件也不按时学习等。

（3）当前，由于市场竞争激烈，施工企业基本上都是低价中标，利润空间很低，施工现场成本观念增强，一些势力不强，资金不足的施工企业对起重机械安全管理（机械购置、改造、更新和人员培养等）投入不足。

（4）当前多数工程由于多种原因（如业主要求一再提前工期；把图纸或设备，以及气候、环境或其他条件延误的时间抢回来等）造成了工期紧、任务重，抢工期或大干百天的施工现场随处可见，这些难免造成作业人员疲劳、紧张和安全文明施工下滑等现象，使起重机械作业的安全条件和安全环境存在隐患。

（5）在电力系统的改革中，多数施工企业撤销了独立的机械管理部门（如机械管理科和动力设备处等），机械管理部门是企业重要的生产要素部门，其职能被分解、下放，相关人员被减少，待遇被降低，造成了机械专业管理人员的流失；多数施工现场不论承担多大工程、多少起重机械，独立的机械管理科室设置都凤毛麟角，起重机械安全全部交给安全管理部门负责；有的在工程科或物资科等科室设置一个管理机械安全的人员，给予的责任和权利、待遇都无法与其工作任务相适应；有的现场施工项目部干脆让本企业在施工现场的机械化专业队伍（二级单位、作业层）自己管好自己，施工项目部不设任何机械安全管理人员。这实在是个误区，企业和施工现场的机械安全处于管理结构性失调，就像城市道路缺少了交警，只有汽车司机自我管理，缺少专业保障和专业安全监督。

（6）施工企业内部的机械化专业队伍（如机械化公司、机械租赁公司等集中使用和租赁起重机械的专业的二级单位），由于企业工程项目多，派往施工现场的力量必然分散和不足，又由于工程投标报价本来就低，促使他们更加注重机械使用的成本，起重机械能不修的尽量不修，能不更换和配置的零部件（包括安全装置）尽量不换，起重机械与施工项目不匹配的现象比较普遍。另外，施工企业或施工项目部租用来的机械，外包队自代、自租的机械，由于利益关系，有的不归他们管，处于无人监管状态；有的施工项目部委托项目上本单位的机械专业化队伍无偿代管，实际上无论从项目上机械化专业队伍的管理人员配置的力量上，还是利益关系上都很难代管好，因为自己都难以管好，又如何代管好别人。

（7）有些施工单位领导对起重机械安全管理认识不到位，口头上重视强调，会议对会议，文件对文件，原则上笼统要求，实际工作中，舍不得投入，不肯设部门和人员，具体工作中不能给予有力支持，如有的分管领导基本没有亲自带队检查过起重机械，没有查看过本施工项目部的起重机械安全管理制度是否有操作性和执行落实情况等。

二、项目监理单位的主要问题

(1) 普遍缺少起重机械安全监理知识和起重机械安全监理的专职人员。有的编写不出施工现场起重机械安全监理细则，有的抄录一些相关规程要求，较多的弄不清楚起重机械安全监理的任务、责任和工作程序；机械安全监理只以查看相关证件和施工单位报审资料为主，施工现场真实的起重机械安全技术状况不掌握，有的不去施工现场具体检查起重机械安全技术状况，有的去检查起重机械状况也检查不出问题；现场施工单位越多，上报材料越乱，五花八门，该留存什么资料也不太清楚；法规知识欠缺，不仅起重机械状况掌握不实，起重机械作业人员更加控制不住；由于只靠施工单位上报，连持证上岗的真实情况也不清楚；起重机械安装、拆卸作业指导书写不清楚，审查要点搞不清楚就批下去等。

(2) 有的施工现场项目监理单位认为起重机械安全本来就是施工单位自己的事与监理关系不大，对起重机械安全监理认识不足。

三、业主单位的主要问题

(1) 在实际工作中表现出进度当先，工期、造价、质量考核比较认真，机械安全只要不出事就行，只是口头或文件强调，没有具体措施和考核办法。

(2) 有的业主单位没有编制机械安全管理规定；有的写不清楚要求，抄录一些部委规定，现场针对性较差；对机械安全监理无检查考核。

四、行业起重机械安全管理弱化

电力建设系统改革后“全国电力施工机械管理协作网”这个以原能源部基建司（延续到电力工业部、国家电力公司）为领导的行业协会组织失去作用，行业起重机械安全管理弱化。

本 章 结 语

针对电力建设工程项目施工现场存在的上述问题，笔者根据多年从事机械管理的工作实践和总结提出，当前机械管理的重点是机械安全管理，机械安全管理的重点是起重机械安全管理，起重机械安全管理的重点是施工现场起重机械安全管理。本书以下有关章节的重点是关于电力建设施工施工现场的起重机械安全规范化管理相关内容的具体介绍。

相关法规要求和常见误区

由于起重机械是国际公认的危险性生产设备，因此2003年国务院颁布的《特种设备安全监察条例》中把起重机械定义为特种设备之一，实施依法管理。

我国的法律法规体系构成，以国家层面（不含地方人大通过的和地方政府及各级行政主管部门制定的地方法律法规）来看，主要分三个层次：全国人大通过发布的为国家法律，如《安全生产法》等；国家最高行政机构（国务院）制定并颁发的为国家法规，如《特种设备安全监察条例》等；国家相关部门制定并颁发的为国家主管行政部门法规，如国家质量监督检验检疫总局颁发的《起重机械安全监察规定》、建设部颁发的《建筑起重机械安全监督管理规定》等；另外还包括更专业、更具体的技术法规如国家技术标准、安全规范和细则等。目前，起重机械的相关法律法规和技术法规（国家技术规范、标准等）已经比较多了，工程现场各相关单位的起重机械安全管理人员应该经常学习和掌握一些必要的法律法规，应当做到施工现场起重机械安全管理不违法、不违规。但现在施工现场各单位法律法规文件缺乏，更谈不上学习掌握。下面重点介绍几个关于起重机械安全管理的法律法规。

第一节　起重机械主要法律法规的内容简介

一、国务院549号令《特种设备安全监察条例》

该法规原为373号后经修改重新颁发，是起重机械安全管理基本应遵循的法规，其主要内容包括：

（1）明确了国家各级特种设备的主管部门，即国家质量监督检验检疫总局特种设备安全监察局及县以上地方相应机构，我们习惯简称之为质检部门。

（2）特种设备的生产、安装、改造、维修、检验单位必须取得行政许可。

（3）特种设备的相关作业人员必须经考核持证上岗。

（4）对特种设备的要求如下：

1）特种设备使用单位要购置有行政许可资质的生产单位制造的产品，且随机文件应符合法规要求。

2）特种设备的使用应在当地质检部门进行登记，达到报废条件的，应及时报废并到当地质检部门注销。

3）特种设备使用单位的主要负责人应当对本单位的特种设备安全节能全面负责，并建立健全特种设备安全节能管理制度和岗位责任制度，设置相应管理机构或专职、兼职管理人员。

4）特种设备按相应的安全技术规范要求建立安全技术档案。

5）特种设备安装、改造、维修应在实施前向当地质检部门进行书面告知。

6）特种设备安装、改造、重大维修后应由有资质的检验机构进行验收检验，合格方可使用。

7）特种设备使用应按规定要求进行定期检验合格方可使用。

8）特种设备使用单位应当对特种设备日常检查维护，并定期（每月至少一次）全面检查消缺，并作出记录，不得带病（故障和隐患）使用。

9）特种设备作业人员的单位要对其进行培训教育。

10）特种设备使用单位对特种设备安全装置和相关测量仪器应进行定期校核。

11）特种设备使用单位应建立特种设备专项事故应急预案，并定期进行演练；鼓励实行特种设备责任保险。

（5）对特种设备事故进行了分类和处理规定：

1）特别重大事故。造成30人以上死亡，或者100人以上重伤，或者1亿元以上直接经济损失的，由国务院或国务院授权部门调查处理（事故条款中只摘录和起重机械事故相关的内容，以下同）。

2）重大事故。造成10人以上30人以下死亡，或者50人以上100人以下重伤，或者5000万元以上1亿元以下直接经济损失的，由国家质检部门调查处理。

3）较大事故。造成3人以上10人以下死亡，或者10人以上50人以下重伤，或者1000万元以上5000万元以下直接经济损失的，起重机械整体倾覆的，由省级质检部门调查处理。

4）一般事故。造成3人以下死亡，或者10人以下重伤，或者1万元以上1000万元以下直接经济损失的，起重机械主要受力结构件折断或者起升机构坠落的，由市级质检部门调查处理。

（6）对违反上述条款规定的违法行为相对应的具体制定了法律责任和处罚条款。

二、国务院393号令《建设工程安全生产管理条例》

该法规主要针对建设工程提出了施工现场各方都应依法承担安全生产的责任，其针对起重机械安全管理的主要内容可以概括如下：

（1）建设单位（业主单位）“管生产必须管安全”，对工程项目的安全施工也应依法负有安全责任。

（2）工程监理单位对施工现场的起重机械（无论施工单位购置的、租赁的）安装、拆卸、改造、维修、使用、检验都应依法监理，保证其安全；对国家要求的队伍相应资质、作业人员的相应资格和机械设备应有的证件应依法监理，符合法律法规要求；对起重机械作业方案（如安装与拆卸作业指导书、重要吊装方案）及相关安全措施要进行审查和实施监理。

（3）施工单位，应对起重机械安全施工负责；总承包单位应对施工现场起重机械安全负总责。

三、国家质量监督检验检疫总局92号令《起重机械安全监察规定》

该法规依据《特种设备安全监察条例》，具体对起重机械安全提出的规定要求，其主要内容包括：

(一) 制造单位的要求

(1) 起重机械制造必须取得相应的许可资质，许可证有效期为 4 年，期满前 6 个月申请换证。

(2) 产品和部件按安全技术规范要求提供设计文件和型式试验，新产品、新部件必须进行型式试验。

(3) 制造过程和产品按要求接受当地有资质检验机构的监督检验。

(4) 制造单位不得将主要受力结构件（主梁、主副吊臂、主支撑腿、标准节等）全部委托加工或者购买；部分委托或者购买，应采用具有相应资质单位的产品。

(5) 出厂产品应附有设计文件（包括总图、主要受力结构件图、机械传动图和电气、液压系统原理图）、产品质量合格证、安装维修使用说明书、监督检验证明、有关型式试验合格证明等文件。

(二) 安装（包括拆卸）改造维修的要求

(1) 起重机械安装与拆卸改造维修必须取得相应的许可资质，许可证有效期为 4 年，期满前 6 个月申请换证。

(2) 作业前，按规定要求向当地质检部门书面告知。

(3) 作业过程和完工后，应向当地有资质的检验机构申请监督检验。

(三) 使用单位的要求

(1) 起重机械使用前后 30 日内到质检部门使用登记；流动起重机到产权所在地质检部门登记；起重机械发生变更应及时到质检部门办理变更手续；报废的应登记注销。

(2) 起重机械存在严重安全隐患的、无改造维修价值的、达到安全技术规范规定的设计使用年限或者达到报废条件的应当报废。

(3) 起重机械发生故障和异常情况应当停止使用，检查消缺后方可使用。

(4) 禁止租用没有使用登记的、没有完整安全技术档案的、监督检验和定期检验不合格的起重机械。

(5) 起重机械发生事故按规定要求及时向当地质检部门和相关部门报告。

(6) 起重机械使用应当进行定期检验，定期检验最长周期不超过 2 年，期满 1 个月前申请定期检验。

(7) 老旧起重机械的使用（包括购置的旧起重机械）应具有：

1) 原使用单位登记注销证明。

2) 新使用单位的使用登记证明。

3) 完整的安全技术档案。

4) 监督检验和定期检验合格证。

(四) 起重机械使用单位的义务

(1) 使用具有制造许可资质并监督检验合格的起重机械。

(2) 建立健全相应的起重机械使用安全管理制度。

(3) 设置起重机械安全管理机构或者配备专（兼）职安全管理人员从事起重机械安全管理工作。

(4) 对起重机械作业人员进行安全技术培训，保证其掌握操作技能和预防事故知识。

（5）坚持日常维护保养并作出记录。

（6）配备符合安全要求的索具、吊具，加强日常维护保养，保证吊、索具安全。

（7）建立起重机械事故应急预案并定期演练。

（五）起重机械安全技术档案的内容

（1）设计文件、产品质量合格证、监督检验证明、安装技术文件资料、使用维护说明书。

（2）安全装置型式试验合格证明。

（3）定期检验报告和定期自行检查记录。

（4）日常使用状况记录。

（5）日常维护保养记录。

（6）运行故障和事故记录。

（7）使用登记证明。

（六）其他

该规定还对监督检查、法律责任做出了规定。

四、国家质量监督检验检疫总局140号令《特种设备作业人员监督管理办法》

该规定对特种设备作业人员持证上岗和管理作出了具体规定，主要内容包括：

（1）明确提出特种设备作业人员的范围。锅炉、压力容器（含气瓶）、压力管道、电梯、起重机械、客运索道、大型游乐设施、厂内机动车辆八类特种设备的作业人员及相关管理人员，统称特种设备作业人员。据此，起重机械作业人员属于特种设备作业人员的一种。

（2）规定要求特种设备作业人员必须经考核合格取得特种设备作业人员证方可从事相应作业和管理工作。其考核发证由县级以上质检部门分级负责，其考试和审核发证程序是：考试报名、考试；领证申请、受理、审核发证。

（3）特种设备作业人员证每4年复审一次，期满3个月前向发证部门提出复审申请，复审不合格应重新考试；逾期未复审或者复审考试不合格的，证件予以注销。

（4）持证人员必须经用人单位的法定代表人（负责人）或者其授权人雇（聘）用后，方可在许可项目范围内作业；用人单位可以指定一名特种设备安全管理负责人。

（5）用人单位应加强特种设备作业人员安全教育和培训；没有培训能力的，可以委托发证部门培训。培训内容按质检部门制定的相关作业人员的考核大纲要求编制。

（6）“特种设备作业人员证”申请条件：

1）18周岁以上。

2）身体健康并满足申请从事作业种类对身体的特殊要求。

3）有与申请作业种类相适应的文化程度。

4）有与申请作业种类想适应的工作经历。

5）具有相应的安全技术知识和技能。

6）符合安全技术规范规定的其他要求。

作业人员具体条件应按照安全技术规范规定执行。

（7）用人单位的义务：

1）制定特种设备操作规程和有关安全管理制度。

2）聘用持证作业人员并建立特种设备作业人员管理档案。

3）对特种设备作业人员进行安全教育和培训。

4）确保特种设备作业人员持证上岗和按章操作。

5）提供必要的安全作业条件。

6）其他规定的义务。

（8）特种设备作业人员应遵守的规定：

1）作业时随身携带证件，并自觉接受用人单位的安全管理和质检部门的监督检查。

2）积极参加特种设备安全教育和安全技术培训。

3）严格执行操作规程和有关安全规章制度。

4）拒绝违章指挥。

5）发现事故隐患或者不安全因素应当立即向施工现场管理人员和单位有关负责人报告。

6）其他有关规定。

（9）根据该规定可知，起重机械作业人员应包括司机、机械安装、电气安装、机械维修、电气维修、司索、指挥、起重机械安全管理人员。该规定附件暂未公布，但特种设备质量检验人员也应该是属于规定中的相关人员，起重机械尤其在安装中离不开质量检验人员，而制造、使用、维修等单位的质量检验人员都是企业任命。当然，质量检验人员也应具有特种设备的安全技术知识，所以我们认为质量检验人员除了具有企业任命证明外，应当具有特种设备安装或者维修的资格证件。

五、建设部166号令《建筑起重机械安全监督管理规定》

该规定是建设部根据《建设工程安全生产管理条例》、《特种设备安全监察条例》和《安全生产许可证条例》，针对房屋建筑工地和市政工程工地使用的建筑起重机械而制定的安全监督管理规定。电力建设工程项目工地虽然不属于上述两工地，但电力建设工地上的土建工程常常分包给地方建筑公司等队伍，工地上分包队伍自带的、外租的建筑起重机械逐渐增多，建筑塔式起重机尤其多。学习和了解该法规对于电力建设工地依法进行起重机械安全管理很有参考价值。该规定主要内容包括：

（一）工地和作业人员

明确房屋建筑工地和市政工程工地租赁、安装、拆卸、使用的建筑起重机械由建设主管部门分级安全监督管理；其作业人员，包括司机、安装拆卸工、起重信号工、司索工等（注意：该规定对作业人员的称呼与质检部门有关规定不完全一致），由省、自治区、直辖市建设主管部门负责组织考核、发证。

（二）建筑起重机械的出租和租用要求

（1）出租单位和使用单位购置、租赁、使用的建筑起重机械应当具备制造许可证、产品合格证、制造监督检验证明。

（2）首次出租前，应当到建设主管部门办理备案登记。

（3）在双方签订租赁合同中，应当明确双方安全责任，出租方应出具制造许可证、产品合格证、制造监督检验证明、备案登记证明和自检合格证明，并提供安装使用说明书。

（4）有下列情况之一者不得出租和租用：

1）属国家明令淘汰或者禁止使用的。

2）超过安全技术标准或者制造厂家规定使用年限的。

3）经检验达不到安全技术标准规定的。

4）没有完整安全技术档案的。

5）没有齐全有效安全装置的。

（5）出租单位或者自购的建筑起重机械使用单位应当建立建筑起重机械安全技术档案；达到报废条件的［如达到上述条款中1）、2）、3）项情况之一的］应当予以报废，并到原备案登记部门办理注销手续。

（6）建筑起重机械安全技术档案的内容包括：

1）购销合同、制造许可证、产品合格证、制造监督检验证明、安装使用说明书等原始资料。

2）定期检验报告、定期自行检查记录、定期维护保养记录、维修和技术改造记录、运行故障和事故记录、累计运转记录等运行资料。

3）历次安装验收资料。

（三）建筑起重机械的安装与拆卸要求

（1）建筑起重机械的安装与拆卸必须取得建设主管部门颁发的相应资质和建筑施工安全生产许可证的单位实施，并在资质许可范围内承揽建筑起重机械的安装与拆卸作业。

（2）双方在签订安装与拆卸合同中应当明确双方安全责任。

（3）实行施工总承包的单位，施工总承包单位应当与安装与拆卸单位签订安装与拆卸工程安全协议书。

（4）安装与拆卸单位应履行的安全职责：

1）按安全技术标准及性能要求，编制安装与拆卸工程专项施工方案，并由本单位技术负责人签字。

2）按安全技术标准和安装与拆卸使用说明书等检查建筑起重机械及现场施工条件。

3）组织安全施工技术交底，并签字确认。

4）制定安装与拆卸工程事故应急救援预案。

5）将安装与拆卸工程专项施工方案、安装与拆卸作业人员名单、安装与拆卸时间等资料报施工总承包单位和监理审核批准后，告知工程所在地县级以上建设主管部门。

（5）安装与拆卸单位应当按专项施工方案及安全操作规程组织安装与拆卸作业。

（6）安装与拆卸专业技术人员、专职安全生产管理人员应当进行安装与拆卸现场监督，技术负责人应当定期巡查。

（7）建筑起重机械安装后，安装单位应当按安全技术标准及安装使用说明书的有关要求进行自检、调试和试运转，自检合格的应当出具自检合格证明，并向使用单位进行安全使用说明。

（8）建筑起重机械在使用单位组织验收前，应当经有资质的检验机构监督检验合格，并对检测结果和鉴定结论承担法律责任。

（9）建筑起重机械安装完毕，使用单位应当组织出租、安装、监理有关单位进行验收或者委托有资质的检验机构验收，验收合格方可使用；未验收或者验收不合格的不得使用。实行施工总承包的，由施工总承包单位组织验收。

(10) 使用单位验收合格起30日内将验收资料、安全管理制度、作业人员名单报县级以上建设主管部门，并办理使用登记备案，登记标志附于设备显著位置。

(11) 安装与拆卸单位应当建立安装与拆卸工程档案，其主要内容包括：

1) 安装与拆卸合同及安全协议书。

2) 安装与拆卸工程专项施工方案。

3) 安全施工技术交底的有关资料。

4) 安装工程验收资料。

5) 安装与拆卸工程事故应急救援预案。

(四) 建筑起重机械的使用要求

(1) 使用单位对建筑起重机械及其安全保护装置、吊具、索具等进行经常性和定期检查、维护保养，并作出记录；使用单位租期满后，将定期检查、维护保养等记录移交出租单位，如合同另有约定，按照合同约定执行。

(2) 建筑起重机械使用过程中需要顶升或附着的，应当委托原安装单位或者有相应资质的安装单位按专项施工方案实施，并按上述规定组织验收，验收合格后方可投入使用。禁止擅自安装非原厂制造的标准节和附着装置。

(3) 施工现场多个施工单位使用多台建筑起重机械作业，建设单位应当协调组织制定防碰撞安全措施。

(4) 建筑起重机械特种作业人员应当遵守安全操作规程和安全管理制度；有权拒绝违章指挥和强令冒险作业；有权在发生危及人身安全的紧急情况时，立即停止作业或者采取必要的应急措施后撤离危险区域。

(5) 建筑起重机械使用单位的安全职责：

1) 根据不同施工阶段、周围环境及季节气候变化，对建筑起重机械采取相应的安全防护措施。

2) 制定建筑起重机械事故应急救援预案。

3) 在建筑起重机械作业区域设置安全警示标志，对集中作业区做好安全防护。

4) 设置相应的设备管理机构或者配备专职设备管理人员。

5) 指定专职设备管理人员、专职安全生产管理人员进行施工现场监督检查。

6) 建筑起重机械出现故障或发生异常情况的，立即停用，消除故障隐患后，方可重新投入使用。

(6) 施工总承包单位的建筑起重机械安全职责：

1) 提供建筑起重机械安装位置的基础施工资料，确保进场安装与拆卸条件。

2) 审核制造许可证、产品合格证、制造监督检验证明、备案登记证明等文件。

3) 审核安装与拆卸、使用单位资质证书、安全生产许可证和特种设备特种作业人员操作资格证。

4) 审核安装与拆卸工程专项施工方案和生产安全事故应急救援预案。

5) 审核使用单位制定的建筑起重机械事故应急救援预案。

6) 指定专职安全生产管理人员监督检查建筑起重机械安装与拆卸和使用情况。

7) 多台建筑起重机械作业应当组织制定和实施防碰撞安全措施。

（7）监理的建筑起重机械安全职责：

1）审核制造许可证、产品合格证、制造监督检验证明、备案登记证明等文件。

2）审核安装与拆卸、使用单位的资质证书、安全生产许可证、特种作业人员资格证。

3）审核安装与拆卸工程专项施工方案。

4）监督安装与拆卸工程专项施工方案实施。

5）监督检查建筑起重机械使用情况。

6）发现存在安全事故隐患的应当要求安装与拆卸、使用单位限期整改；对拒不整改的，及时报告建设单位，建设单位应当责令停工整改。

（五）其他

该规定还提出了建设主管部门的监督检查以及违规处罚等条款。

六、TSG Q5001—2009《起重机械使用管理规则》

该规则是国家质量检验检疫总局批准发布的，适用于《特种设备安全监察条例》规定范围内起重机械使用管理，县以上质检部门负责本行政区域内起重机械使用的安全监察工作。该规则主要内容包括：

（一）起重机械选型购置

起重机械选型错误，由使用单位负责。使用单位应购置具备相应制造许可资格，产品符合安全技术规范及其相关标准要求，随机资料齐全。

（1）设计文件：包括总图、主要受力结构件图、机械传动图、电气和液压（气动）系统原理图。

（2）产品质量合格证。

（3）安装使用维修说明。

（4）制造监督检验证书（适用于实验制造监督检验的）。

（5）整机和安全保护装置的型式试验合格证明（制造单位盖章的复印件，按覆盖原则提供）。

（6）特种设备制造许可证（制造单位盖章的复印件，取证的样机除外）。

（二）起重机械安装改造重大维修

（1）起重机械的安装、改造、重大维修（以下通称施工）应选择具有相应许可资质的单位施工，并按照 TSG Q7016—2008《起重机械安装改造重大维修监督检验规则》的要求接受监督检验。使用单位负责组织实施塔式起重机在使用过程中的顶升，并对其安全性能负责。

（2）起重机械的拆卸应当选择具有相应安装许可资质的单位施工。

（3）起重机械的安装、拆卸都应制定作业指导书，按照作业指导书的要求进行施工，保证安装、拆卸过程的安全。

（4）安装拆卸作业指导书应当包括安装或拆卸作业技术要求、安装或拆卸程序、安装或拆卸方法和安全措施等内容。

（5）起重机械的安装改造重大维修应依法履行安装告知、监督检验等义务，并且在施工结束后要求施工单位及时提供以下技术资料，存入起重机械使用单位的起重机械安全技术档案：

1）施工告知证明。

2）隐蔽工程及其施工过程记录、重大技术问题处理文件。

3）施工质量证明。

4）施工监督检验证明（适用于实施安装、改造和重大维修监督检验的）。

（6）起重机械重新安装（包括移装）使用，使用单位应当监督施工单位办理安装告知，并且向施工所在地的检验检测机构申请施工监督检验。

（三）起重机械的使用

（1）不实施安装监督检验的起重机械，使用单位应当按照 TSG Q7015—2008《起重机械定期检验规则》的规定，向检验检测机构提出首次检验申请，经检验合格，办理使用登记，依法投入使用。

（2）流动作业的起重机械跨原登记机关行政区域使用时，使用单位应当在使用前书面告知使用所在地的质检部门，并且接受监督检查。

（3）使用单位应当按照 TSG Q7015—2008《起重机械定期检验规则》的要求，在检验有效期届满前 1 个月向检验检测机构提出定期检验申请，并且做好定期检验相关的准备工作。

（4）对流动作业的起重机械，使用单位应当向使用所在地的检验检测机构申请定期检验，并且定期将检验报告报原负责使用登记的质检部门。

（5）超过定期检验周期或者定期检验不合格的起重机械，不得继续使用。

（6）起重机械出现故障或者发生异常情况，使用单位应该停止使用，对其进行全面检查，消除事故隐患，并且进行记录，记录存入安全技术档案。

（7）使用单位可以根据起重机械使用情况，聘请有关机构或者专家对使用状况进行评估。使用单位可以根据评估结果进行整改，并且对其整改结果负责。

（8）使用单位应当制定起重机械应急救援预案，当发生起重机械事故时，使用单位必须采取应急救援措施，防止事故扩大，同时按照质检总局 115 号令《特种设备事故报告和调查处理规定》的规定执行。

（9）使用单位应当建立健全起重机械使用安全管理制度并且严格执行。使用安全管理制度至少包括以下内容：

1）安全管理机构的职责。

2）单位负责人、起重机械安全管理人员和作业人员岗位责任制。

3）起重机械操作规程，包括操作技术要求、安全要求操作程序、禁止行为等。

4）索具和备品备件采购、保管和使用要求。

5）日常维护保养和自行检查要求。

6）使用登记和定期检验要求。

7）安全管理人员起重机械作业人员教育培训和持证上岗要求。

8）安全技术档案管理要求。

9）事故报告处理制度。

10）应急救援预案和救援演练要求。

11）执行本规则以及有关安全技术规范和接受安全监察的要求。

（10）使用单位的起重机械安全管理人员和作业人员，应当按照质检总局140号令《特种设备作业人员监督管理办法》、TSG Q6001—2009《起重机械安全管理人员和作业人员考核大纲》的规定和要求，经考核合格，取得质检部门颁发的特种设备作业人员证，方可从事相应的安全管理和作业工作。

（11）起重机械安全管理人员应当履行以下职责：

1）组织实施日常维修保养和自行检查、全面检查。

2）组织起重机械作业人员及其相关人员的安全教育和安全技术培训工作。

3）按照有关规定办理起重机械使用登记、变更手续。

4）编制定期检验计划并落实定期的报检工作。

5）检查纠正起重机械使用中的违章行为，发现问题立即进行处理，情况紧急时，可以决定停止使用起重机械并且及时报告单位有关负责人。

6）组织制定起重机械事故应急救援预案，一旦发生事故，按照预案要求及时报告和进行救援。

7）对安全技术档案的完整性、正确性、统一性负责。

（12）起重机械作业人员应当履行以下职责：

1）严格执行起重机械操作规程和有关安全管理制度。

2）填写运行记录、交接班记录。

3）参加安全教育和安全技术培训。

4）严禁违章作业，拒绝违章指挥。

5）发现事故隐患或者其他不安全因素立即向施工现场管理人员和单位有关负责人报告，当事故隐患或者其他不安全因素直接危及人身安全时，停止作业并且采取可能的应急措施后撤离作业现场。

6）参加应急救援演练，掌握相应的基本救援技能。起重机械作业人员作业时应当随身携带特种设备作业人员证，并且自觉接受使用单位安全管理和质检部门的监督检查。

（13）使用单位应当建立起重机械安全技术档案，安全技术档案至少包括以下内容：

1）本规则（一）中规定的产品技术资料（即上述选型购置中的六项资料）。

2）本规则（二）中（5）规定的施工技术资料（即上述安装改造重大维修中的四项资料）。

3）与起重机械安装运行相关的土建技术图样及其承重数据（如轨道、承重梁等）。

4）《起重机械使用登记表》。

5）定期检验报告。

6）在用安全保护装置的型式试验合格证明。

7）日常使用状况、运行故障和事故记录。

8）日常维护保养和自行检查、全面检查记录。

（四）起重机械的租赁

起重机械出租单位应当与承租单位签订协议，明确出租和承租单位各自的安全责任。承租单位在承租期间应当对起重机械使用安全负责。禁止租用下列起重机械：

（1）未进行使用登记的。

（2）没有完整技术档案的。

（3）未经检验（包括需要实施的监督检验或者投入使用前的首次检验，以及定期检验）或者检验不合格的。

（五）起重机械的报废

起重机械报废，使用单位应当提出书面申请，向登记机关办理使用注销手续，并且将《使用登记表》和使用登记证交回登记机关进行注销。

起重机械具有下列情形之一的，使用单位应当及时予以报废，并且采取解体等销毁措施：

（1）存在严重事故隐患，无改造、维修价值的。

（2）达到安全技术规范等规定的设计使用年限不能继续使用的或者满足报废条件的。

（六）起重机械的使用登记和变更

（1）起重机械投入使用前或者投入使用后30日内，使用单位应当到起重机械使用所在地的直辖市或者设区的市的质检部门（以下简称登记机关）办理登记。流动作业的起重机械，在产权单位所在地的登记机关办理使用登记。

（2）使用单位申请办理使用登记时，应当向登记机构提供以下资料，并且对其真实性负责：

1）《使用登记表》（一式二份）。

2）使用单位组织机构代码证或者起重机械产权所有者（公民个人拥有）的身份证。

3）产品质量合格证。

4）安装监督检验证书或者首次检验报告。

5）特种设备安全管理人员和作业人员的名录（列出姓名、身份证号、特种设备作业人员证号码及其持证种类、类别和项目）或者人员证件原件。

6）安全制度目录。

（3）登记机关接到申请材料，对符合本规定要求的，应当在5个工作日内受理；对不予受理的，应当一次性以书面形式告知不予受理的理由。

（4）登记机关对经审查符合本规定要求的，应当自受理申请之日起20日内颁发使用登记证。因使用单位原因延长的时间（不包括在规定的时间内），登记机关必须向使用单位说明原因。

（5）登记机关办理使用登记时，应当按照《特种设备使用登记证编号编制办法》编制使用登记证号。

（6）使用单位应当将使用登记证置存于以下位置：

1）有司机室的置于司机室显著位置。

2）无司机室的存入使用单位的安全技术档案。

（7）起重机械停用1年以上时，使用单位应当在停用后30日内向登记机关办理报停手续，并且将使用登记证交回登记机关；重新启用时，应当经过定期检验，并且持检验合格的定期检验报告到登记机关办理启用手续，重新领取使用登记证。未办理停用手续的，定期检验按正常检验周期进行。

（8）需要改变参数与技术指标的，必须经过具备相应资格的单位进行改造，并且按照

TSG Q7016—2008《起重机械安装改造重大维修监督检验规则》的规定，实施监督检验。起重机械在改造完成投入使用前，使用单位应当重新填写《使用登记表》，并且持原《使用登记表》和使用登记证、改造监督检验证书，向使用登记机关办理使用登记变更。

（9）起重机械产权发生变化，原使用单位应当办理使用登记注销手续。原使用单位应当将《过户（移装）证明》、标有注销标记的原《使用登记表》和使用登记证、起重机械安全技术档案移交给新使用单位。新使用单位应当重新填写《使用登记表》，在起重机械投入使用前，持《过户（移装）证明》、标有注销标记的原《使用登记表》和使用登记证、移装的监督检验证书（实施移装的）、上一周期定期检验报告和本规则第二十五条（1）至（4）项的资料［即上述（六）（2）中的前4项资料］，重新办理使用登记。

（七）起重机械的维护保养和自行检查

（1）在用起重机械至少每月进行一次日常维护保养和自行检查，每年进行一次全面检查，保持起重机械的正常状态。日常维护保养和自行检查、全面检查应当按照本规则和产品安装使用维护说明的要求进行，发现异常情况，应当及时处理，并且记录，记录存入安全技术档案。

（2）在用起重机械的日常维护保养，重点是对主要受力结构件、安全保护装置、工作机构、操纵机构、电气（液压气动）控制系统等进行清洁、润滑、检查、调整，更换易损件和失效的零部件。

（3）在用起重机械的自行检查至少包括以下内容：

1）整机工作性能。

2）安全保护、防护装置。

3）电气（液压、气动）等控制系统的有关部件。

4）液压（气动）等系统的润滑、冷却系统。

5）制动装置。

6）吊钩及其闭锁装置、吊钩螺母及其放松装置。

7）联轴器。

8）钢丝绳磨损和绳端的固定。

9）链条和吊辅具的损伤。

（4）起重机械的全面检查，除包括上述自行检查的内容外，还应包括以下内容：

1）金属结构的变形、裂纹、腐蚀以及焊缝、铆钉、螺栓等连接。

2）主要零部件的变形、裂纹、磨损。

3）指示装置的可靠性和精度。

4）电和控制系统的可靠性。必要时还需进行相关的载荷试验。

（5）使用单位可以根据起重机械工作的繁重程度和环境条件的恶劣状况，确定高于本规则规定的日常维护保养、自行检查和全面检查的周期和内容。

（6）起重机械日常维护保养、自行检查，应当由使用单位的起重机械作业人员实施；全面检查，应当由使用单位的起重机械安全管理人员负责组织实施。

（7）使用单位无能力进行日常维护保养、自行检查和全面检查时，应当委托具有起重机械制造、安装、改造、维修许可资格的单位实施，但是必须签订相应的工作合同，明确责任。

七、TSG Q7015—2008《起重机械定期检验规则》

该技术法规是国家质量监督检验检疫总局批准发布的特种设备中关于起重机械定期检验的安全技术规范，主要内容包括：

（1）起重机械的定检周期。

1）塔式起重机、升降机、流动起重机、吊运熔融金属和炽热金属的起重机每年1次。

2）轻小型起重设备、桥式起重机、门式起重机、门座起重机、缆索起重机、桅杆起重机、铁路起重机、旋臂起重机、机械式停车设备每两年1次。

3）对确实存在重大隐患的起重机（如作业环境特殊、事故频发等），可以适当缩减定检周期，最短不低于6个月。

4）定检期满前1个月向检验机构提出检验申请。

（2）起重机械的性能试验。

1）额定载荷试验、静载荷试验、动载荷试验，首检和首次定检必须进行。

2）额定载荷试验以后每间隔1个检验周期进行1次。

（3）对于时间超过15年以上、处于严重腐蚀环境（如海边、潮湿地区等）或者强风区域、使用频率高的大型起重机械，应当根据具体情况有针对性地增加检验手段，必要时，根据大型起重机械实际安全状况和使用单位安全管理水平能力，进行安全评估。

（4）使用单位应当配备专职或兼职安全管理人员，负责起重机械安全管理工作。检验前，使用单位应当按照使用维护保养要求，对起重机械进行自检，对自检不合格的项目安排维护保养、修理，自检记录、维护保养记录、修理证明等，使用单位安全管理人员应当签署意见。

（5）施工现场检验时，使用单位起重机械安全管理人员和有关人员应当到场配合，协助检验工作，负责施工现场安全监督。使用单位对维护保养和自检工作质量负责；检验机构对所承担的检验工作质量和检验结论的正确性、真实性负责。

（6）检验前使用单位的准备工作：

1）准备上一周期的定检报告，以及检验工作需要的相关资料。首检还需提供：①设计文件（总图、主要受力结构件图、机械传动图和电气、液压原理图）、产品质量合格证明、安装使用说明书等；②制造许可或型式试验备案许可证明；③产品监督检验证明（实施监督检验的）。

凡提供复印件的，应当加盖制造单位公章。

2）拆卸需要拆卸才能进行检验的零部件、安全装置和防护装置，拆除受检部位妨碍检验的部件和物品。

3）将起重机械主要受力构件、主要焊缝、严重腐蚀部位，以及检验人员指定的部位和部件，清理干净露出金属表面。

4）需要登高进行检验（高于地面或固定平面3m以上）的部位，应当采取可靠安全的登高措施。

5）满足检验和安全需要的安全照明、工作电压，以及必要的检验辅助工具或者器械。

6）需要固定后方可进行检验的可转动部件（包括可动机构），应当固定牢靠。

7）需要进行载荷试验的，配备满足载荷试验所规定重量和相应型式的试验载荷。

8）施工现场的环境、场地条件应当符合检验要求，没有影响检验的物品、设施，并且设置相应的警示标志。

9）需要进行施工现场射线检测时，应当隔离出透照区，设置安全标志。

10）防爆设备施工现场，应具有良好通风，确保环境空气中的爆炸性气体或者可燃性粉尘物质浓度低于下限的相应规定。

11）落实其他必要的安全保护和防护措施。

（7）检验报告结论分为合格、不合格、复检合格、复检不合格。检验机构对检验资料保存不少于5年。

（8）该规范还附有起重机械首检目录、定检内容、要求和方法，以及检验报告格式等。

八、TSG Q7016—2008《起重机械安装改造重大维修监督检验规则》

该技术法规是国家质量监督检验检疫总局批准发布的特种设备中关于起重机械安装改造重大维修监督检验的安全技术规范，主要内容包括：

（1）起重机械安装改造重大维修（以下简称施工）监督检验是指起重机械在施工过程中，在施工单位自检合格的基础上，由国家质检部门核准的检验机构对施工过程进行强制性、验证性检验。施工单位必须取得相应的许可资质方可进行相应的施工作业项目。

（2）施工监检（监督检验的简称）包括对施工过程中涉及安全性能的项目进行检验和质量保证体系运转情况的监督检查，其监检项目和要求按照《起重机械安装改造重大维修监督检验大纲》和《起重机械安装改造重大维修监督检验项目表》执行。塔式起重机在使用过程中顶升不实施安装监检，使用单位负责其安全性能。

（3）施工单位在施工前应向使用地市级质检部门书面告知，并持以下资料向检验机构申请监检：

1）特种设备安装改造维修许可证或者特种设备安装改造维修受理书（原件或者复印件）。

2）特种设备安装改造维修告知书（原件或者复印件）。

3）施工合同（复印件）。

4）施工计划。

5）施工质量计划及其相应的工作见证（工作见证是空白表、卡）。

上述资料复印件必须加盖施工单位公章。

（4）监检过程中，施工单位提供以下资料：

1）施工单位质量保证手册和相应的程序文件（管理制度），施工作业（工艺）文件，以及相应的施工设计文件。

2）施工现场施工项目负责人、质量保证体系责任人员、专业技术人员和技术工人名单及持证人员的相关证件。

3）产品技术文件（原件或者加盖制造单位公章的复印件）。

4）改造、重大维修的施工设计文件。

5）施工过程中的各种检查记录、验收资料。

6）施工分包方目录与分包方评价资料（施工分包方应当符合安装许可条件要求）。

7）施工监检工作要求的其他相关资料。

（5）施工单位对起重机械的施工质量和提供施工工作见证的真实性负责；监检机构对所承担的监检工作质量和检验结论的正确性负责。

（6）该规则附件：《实施安装监督检验的起重机械目录》、《起重机械安装改造重大维修监督检验大纲》、《起重机械安装改造重大维修监督检验项目表》、《监督检验工作联络单》、《监督检验工作意见书》、《起重机械检验证书》、《起重机械监督检验报告》等。

九、TSG Z6001—2005《特种设备作业人员考核规则》

该技术法规是国家质量监督检验检疫总局批准发布的关于特种设备作业人员考核取证的安全技术规范，主要内容包括：

（一）组织实施

规定了特种设备作业人员的考核工作由国家质检部门和各级质检部门组织实施。考核工作包括考试、审核、发证和复审。

（二）考试要求

考试机构由各级质检部门确定。考试包括理论知识和实际操作，均采用百分制，60分为及格。

（三）考核程序与要求

（1）报名参考人员应当向考试机构提交以下资料：

1）特种设备作业人员考试申请表。

2）身份证（复印件）。

3）1寸正面照片2张。

4）毕业证书或者学历证明（复印件）。

（2）用人单位应当在申请表上签署意见，明确申请人身体状况能够适应考核作业项目需要，经过安全教育和培训，有3个月以上申请项目的实习经历。

（3）考试机构应当在收到报名材料后15个工作日内完成对材料的审查，并下达通知（符合或不符合），考试结束后的20个工作日内完成考试成绩评定（及格或不及格），并通知申请人。

（4）考试成绩有效期为1年；单科不合格者1年内允许补考1次，两项均不合格或者补考仍不合格应当重新申请考试。

（5）考试合格人员由考试机构向发证部门统一申请办理并协助发放特种设备作业人员证。

（四）复审程序与要求

（1）证件期满3个月前向发证部门提出复审申请，并提交以下资料：

1）特种设备作业人员复审申请表。

2）特种设备作业人员证（原件）。

（2）用人单位应当在申请表上签署意见，申请人身体状况适应复审作业项目需要。经过安全教育和培训，有无违章、违法不良记录等。

（3）满足以下所有要求的为复审合格：

1）提交的复审申请资料真实、齐全。

2）男不超过60周岁，女不超过55周岁。

3）在复审期限内中断所从事持证项目的作业时间不超过12个月（在相应的考核大纲中另有规定的，从其规定）。

4）没有造成事故的。

5）符合响应作业人员考核大纲规定的条件。

（4）发证部门应当在5个工作日内对复审材料进行审查，20个工作日内完成复审。

（5）在证件有效期内无违章、违法不良记录，并按时参加安全教育和培训的持证人员，可以申请延长下次复审期限，延长复审期限不得超过4年。

（6）复审不合格的，逾期未申请复审的，重新考试不合格的，证件失效并注销。

（五）规则附件

该规则附件包括《特种设备作业人员考试申请表》和《特种设备作业人员复审申请表》。

十、TSG Q6001—2009《起重机械安全管理人员和作业人员考核大纲》

该技术法规是国家质量监督检验检疫总局批准发布的关于特种设备作业人员中的起重机械安全管理人员和作业人员考核的安全技术规范，主要内容包括：

（一）起重机械安全管理人员（以下简称安全管理人员）和作业人员的条件

1. 安全管理人员应当具备的条件

（1）20周岁以上，男不超过60周岁，女不超过55周岁。

（2）具有理工科中专以上学历或者高中以上文化程度，并经过120学时以上专业技术培训，具有起重机械安全技术知识和管理知识。

（3）身体健康，无妨碍从事本岗位工作的疾病和生理缺陷。

（4）具有1年以上起重机械或者机械类管理工作经历。

2. 作业人员应当具备的条件

（1）18周岁以上，男不超过60周岁，女不超过55周岁。

（2）具有初中以上文化程度，经过培训，具有起重机械安全技术知识和实际操作技能。

（3）身体健康，无妨碍从事本岗位工作的疾病和生理缺陷。

（4）有3个月以上申请项目的实习经历。

（二）考试内容和试题比例

（1）考试内容包括理论知识考试和实际技能考试两部分，具体内容要求见各类人员考核大纲。

（2）安全管理人员理论考试：

1）考题各部分比例：基础与专业知识占30%，安全使用管理知识占40%，法规知识占30%。

2）安全管理人员理论考题至少包含判断题、选择题、问答题和案例分析题。

（3）安全管理人员实际操作技能考试：

1）考题各部分比例：制度建立占40%，现场检查能力占40%。事故处置能力占20%。

2）安全管理人员实际操作技能考试采用口试与现场实际操作相结合的方式，对于难于进行实际操作方式的也可采用模拟操作方式进行。

（4）作业人员理论考试：

1）考题各部分比例：基础与专业知识占 30%，安全操作知识占 50%，法规知识占 20%。

2）作业人员理论考题至少包含判断题、选择题。

（5）作业人员实际操作技能考试：

1）考题各部分比例：相关部件识别占 30%，基本操作能力占 50%，应急处置能力占 20%。

2）作业人员实际操作技能考试采用现场实际操作方式，也可以在模拟机上进行。

（6）理论考试采用闭卷笔试方式；实际操作技能考试题应当结合参加考试人员所从事的工作，全面考核实际操作技能水平。

（三）“特种设备作业人员证”的种类

起重机械作业人员的特种设备作业人员证分为安全管理，司机、指挥和司索，机械安装维修（含保养），电气安装维修（含保养）等 5 个项目，并注明起重机械类别。

（四）大纲附件

该大纲附件中附有各类人员应当具备的理论知识和实际操作技能的具体要求纲要，如起重机械安全管理人员理论知识和实际操作技能；起重机械司机理论知识和实际操作技能；起重机械指挥和司索人员理论知识和实际操作技能；起重机械机械安装维修人员理论知识和实际操作技能；起重机械电气安装维修人员理论知识和实际操作技能。（详见第十七章第一节）

十一、其他法规

对于申请或者已取得起重机械安装维修许可资质的施工单位的有关人员还应熟悉或者掌握国质检锅〔2003〕251 号《机电类特种设备安装改造维修许可规则（试行）》、TSG Z0004—2007《特种设备制造安装改造维修质量保证体系基本要求》、TSG Z0005—2007《特种设备制造安装改造维修许可鉴定评审细则》等法规。

第二节　施工现场常见的法规误区

施工现场常见的法规误区主要体现在以下四个方面。

（1）特殊工种人员和特种设备作业人员相混淆。一些施工现场从业主、监理到施工单位的安全管理人员搞不清特殊工种和特种设备作业人员的持证区别，所以在起重机械作业人员的资格审查（留存资格证件复印件）和人员台账登记中，造成持证混乱，安监部门颁发的特殊工种证件，如起重工、挂钩工、电工、机械工等证件代替质检部门颁发的特种设备作业人员证件情况比较普遍，不符合特种设备安全管理相关法规的要求。起重机械属于特种设备，国务院颁发的 549 号令《特种设备安全监察条例》中明确规定其主管部门为国家质检部门；国家质检总局 140 号令《特种设备作业人员监督管理办法》中明确规定其考核发证管理的主管部门是质检部门。另外工种名称叫法也不完全相同，如特殊工种中的起重工、电工，在特种设备作业人员中叫司索、电气安装工和电气维修工等。培训考核内容也不完全相同，质检部门除了注重对各种人员的专业基础技术知识的培训要求之外，更注重对各种起重机械构造原理和安全技术的专业知识以及各种起重机械安装拆卸改造维修使用等实际操作能力（实例）的培训要求、起重机械法律法规的培训要求，以及起重机械事故案例分析和起重机械危害辨识及紧急能力的培训要求等。

（2）电源工程建设现场中电力建设施工单位基本上都取得了起重机械安装维修的许可资质，持证人员重点是以安装维修本单位在施工中使用的起重机械为主，绝大多数安装维修队伍设置在企业二级机构的机械化专业单位，而给电厂安装维修起重机械（如汽机房的桥式起重机、各车间的单轨梁式起重机、锅炉客货两用电梯等）的人员却不是上述持证作业人员，往往是非机械专业单位的施工人员（如汽机工、锅炉工等），他们没有取得特种设备作业人员证，这不符合相关法规要求。根据相关法规要求，凡从事起重机械安装维修的作业人员都应取得相应作业项目的“特种设备作业人员证”，保证持证上岗。

（3）现场施工项目部和监理的起重机械安全管理人员在对购置、租赁起重机械的资料审查中往往不审查制造许可证明、制造监检证明，以及安全装置的型式试验证明（有的新机型整机也要求有型式试验证明）和使用登记证明等。主要原因是对法规要求不熟悉。

（4）现场施工项目部和监理在起重机械准入时，只审查质检部门的检验报告，不去检查起重机械的实际安全技术状况。质检部门的监督检验是必要条件，而不是充分条件，现场使用的起重机械是动态的，质检部门的检验并不能代替施工现场的起重机械安全管理。我们在施工现场检查中经常发现一些租用的或者正在使用的起重机械，虽然都有质检部门的检验合格证件，但缺陷很多，甚至有些是严重缺陷。所以，真正的准入把关，既要审查有关证件，更要检查机械实际安全技术状况，才能保证起重机械的安全使用。

施工现场起重机械安全管理基本要求

起重机械都在施工现场使用，如果起重机械发生事故也必然在施工现场，为了保证施工现场起重机械安全作业和避免机械事故的发生，起重机械安全管理的重点必须放在施工现场。施工现场起重机械的安全管理体现在两个方面，一是具体使用起重机械施工的作业层，即起重机械使用单位［包括起重机械专业单位和一般起重机械使用单位，其具体解释见第五章《施工现场起重机械安全管理机构和岗位责任制》第一节（4）］的起重机械安全管理；二是施工现场管理层，各级负责起重机械安全管理部门（包括施工项目部的机械管理部门或起重机械专职管理人员、项目监理的机械安全监理人员、业主单位负责起重机械安全的管理部门）的起重机械安全管理，以及现场施工项目部和监理的安监部门或非专业起重机械安全管理人员的机械安全监督管理。本章主要从施工现场管理层面的起重机械安全管理和安全监督管理为重点加以讲解，起重机械安全管理既具有负责制定起重机械安全管理制度的职能，又具有负责具体实施并检查监督的职能；起重机械安全监督管理只具有安全监督管理的职能，作业层的起重机械安全管理将简要讲解。

第一节　施工现场起重机械安全管理的思路和任务

一、施工现场起重机械安全管理和安全监督管理的主要要求

（一）保证进入施工现场的起重机械是符合安全规范要求的，相应作业人员的资格是合格的

采取的办法：严格审查产品出厂有关资料（如制造许可证、质量合格证、安装与拆卸维修使用说明书、出厂监检报告、按规定要求的型式试验报告和设计文件、安全技术档案，以及检验机构的定期检验报告和登记手续等是否完整）；严格起重机械准入检查确认（包括整机安全技术状况的检查合格和待安装零部件状况的检查合格）；严格相应作业人员资格证件的审查核实（作业人员资格证件符合法规要求）。

（二）保证施工现场起重机械的安装与拆卸是安全的

采取的办法：严格审查起重机械安装与拆卸作业指导书；严格审查安装与拆卸队伍的相应资质和作业人员资格；安全技术交底和关键工序工艺实施过程进行旁站监督；严格审查作业后的有关资料（负荷试验报告、交底签字记录、过程检查和检验记录是否符合要求，告知书和检验机构的监督检验报告是否完整）。

（三）保证起重机的使用是安全的

采取办法：各级起重机械专业管理部门的起重机械安全管理人员和各级安全监督管理部

门的安全管理人员，坚持五种监督检查形式执行到位（巡检、专项检查、定期检查、旁站监督和旁站监理、机械安全评价）。

以上述起重机械安全管理的要求及思路为基点，确定以下起重机械安全管理和安全监督管理的主要任务。

二、施工现场起重机械安全管理和安全监督管理的主要任务

明确起重机械安全管理和安全监督管理的任务是施工现场编制管理制度和岗位责任的重要基础，否则施工现场就无法规范、有序的开展起重机械安全管理和安全监督管理工作。

（1）严把机械进场准入关。

（2）严把机械队伍和相关人员准入关。

（3）严把机械方案和措施审查关。

（4）严把机械安全检查整改关。

（5）严把机械使用队伍管理关。

（6）对重要机械作业过程进行控制（重要吊装、交底签字、关键安装与拆卸过程及负荷试验等）。

我们可以把上述起重机械安全管理和安全监督管理的主要任务概括为“把五关一控制”。

第二节　施工现场起重机械和相关人员的准入

一、施工现场起重机械的准入

把好起重机械的准入关，就是把住起重机械安全的源头关，是施工现场起重机械安全的重要保障之一。否则，不仅埋下了安全隐患，还给后续安全管理和安全监督管理工作带来诸多困难。

（一）施工现场起重机械准入的范围

（1）施工单位的起重机械。

（2）施工单位或施工项目部外租的起重机械。

（3）施工单位第三产业的起重机械。

（4）施工单位分包队伍自带的起重机械。

（5）分包队伍临时租赁的起重机械。

（二）起重机械进场的条件（检查标准）

（1）检验合格证件齐全及相关资料完整。

（2）机容机貌干净整洁。

（3）主要受力结构件不得变形、损伤或腐蚀严重。

（4）安全保护装置齐全、灵敏、有效、可靠。

（5）各部连接（焊接或螺栓连接）不得有松动、有裂纹或不符合安全质量要求。

（6）主要零部件不得磨损超限和损伤。

（7）主要机构运行不得有异响、噪声和不正常的振动。

（8）各种仪器仪表齐全、完好、有效。

（9）液压系统、电气系统运行良好，元件有效完好。

(10) 油、水、气不得严重泄漏。

(11) 润滑部位良好，不缺油嘴、油杯、油尺等。

(12) 登机梯子、栏杆、走道、平台、罩盖等齐全，符合安全规范要求。

(13) 驾驶室符合安全规范要求。

(14) 应具有机械安全操作规程、运行记录和责任人的记录或标识。

(三) 主要起重机具进场的条件（检查标准）

(1) 主要结构外观不得有变形、缺陷和损伤。

(2) 零部件锈蚀、磨损不得超限。

(3) 连接部位焊缝、螺栓可靠，不得有裂纹、缺陷或松动、尺寸不符等。

(4) 润滑良好，不得严重泄漏。

(5) 具有产品合格证或质量保证文件。

(6) 有抽样实验报告等。

(四) 施工现场起重机械准入的程序

1. 整机准入检查（如汽车起重机、履带起重机等不存在安装拆卸的起重机械）

(1) 整机进入施工现场后、投入使用前，施工单位施工项目部机械管理部门的起重机械安全管理人员首先按照起重机械进场条件对该整机安全技术状况进行检查。检查合格后，填写整机准入检查确认表（见表 3-1）并按要求签字（分管领导和检查人签字）。

(2) 施工项目部整机准入检查合格后，通知项目监理单位。起重机械安全监理人员对该整机进行复检确认，复检合格后并在整机准入检查表上签字。该整机准入检查表一式两份，施工项目部和监理各留存一份备案。

(3) 整机准入检查和复检合格后，施工项目部起重机械安全管理人员和起重机械安全监理人员各自登记起重机械准入台账，该整机许可投入使用。

(4) 凡施工项目部准入检查不合格或监理准入检查不合格的起重机械（包括整改复检不合格的），不得投入使用。凡需整改的缺陷项目，均需下达整改通知单，整改后必须经过施工项目部和监理的验收合格确认。

2. 待安装的起重机械准入检查（如塔式起重机、龙门起重机、门座起重机、施工升降机、超大型履带起重机等需要安装才能使用的起重机械）

(1) 待安装的起重机械零部件进入施工现场后、安装之前，施工单位施工项目部机械管理部门的起重机械安全管理人员首先按照起重机械进场条件对散件安全技术状况进行检查。检查合格后，填写待安装散件检查表（见表 3-2）并按要求签字（分管领导和检查人签字）。

(2) 散件检查合格后，通知项目监理单位，起重机械安全监理人员对散件进行复检确认，复检合格后并在待安装散件检查表上签字。该待安装散件检查表一式两份，施工项目部和监理各留存一份备案。

(3) 待安装散件检查和复检合格后，方可按相关要求进入安装阶段。

(4) 凡施工项目部散件检查不合格或监理复检不合格的，不得进行安装。凡需整改的缺陷项目，均需下达整改通知单（见表 3-3），整改后必须经过施工项目部和监理的验收合格确认，填写机械缺陷整改反馈验收单（见表 3-4）。

(5) 当散件已安装成为整机后，施工项目部应督促或协助安装单位向有资质的检验机构申请监督检验，并取得检验报告书和检验合格证。

（6）当整机取得检验合格证后，施工项目部和监理相关人员必须按整机准入条件要求对该机进行检查和复检；检查不合格或有缺陷同样不得准入，其程序同整机准入检查。

（7）施工现场各级非起重机械专业安全管理人员对起重机械准入执行情况进行安全监督。

（五）施工现场起重机械准入几个注意的问题

（1）根据上述起重机械准入要求，每台整机准入应该有一张整机准入检查表，待安装的起重机械准入应该有两张检查表（待安装散件检查表和整机准入检查表）。上述检查表的留存是施工项目部和监理进行起重机械准入把关的工作凭证和依据，也是起重机械准入登记台账的支持性记录。

（2）对于施工现场准入起重机械应审查和留存的资料（复印件），包括制造许可证、出厂质量合格证、主要安全装置型式试验合格证、出厂制造监督检验合格证、检验机构的定期检验合格证、使用登记证明、安装维修使用说明书等；需安装的起重机械还需告知书、安装后的检验合格证；对于新型起重机械或特殊型式起重机械等按规定应具有整机型式试验合格证［见下述（六）］；对于进口的起重机械至少应有出厂产品质量合格证明、使用登记证明和质检部门检验机构检验合格证；对于老旧起重机械或自制的起重机械应该具有检验机构的检验合格证、使用登记证明、有资质的机构出具的试验和鉴定、评估报告等。

（3）施工现场起重机械整机准入检查表和待安装散件检查表，可以根据进场条件，各单位自行设计，但施工现场应由监理统一格式，否则施工现场多个施工单位的表式混乱，本书提出的简易检查表格式见表 3-1、表 3-2，仅供参考。

（4）施工现场起重机械准入登记台账应由监理统一格式，否则施工现场多个施工单位登记台账将五花八门，本书提出的起重机械准入登记台账见表 3-5、表 3-6，仅供参考。

（六）需型式试验的起重机械目录

（1）桥式、门式、铁路起重机起重量大于 320t。

（2）塔式起重机起重力矩大于 315tm。

（3）电站塔式起重机起重力矩大于 4000tm。

（4）汽车起重机、随车起重机起重量大于或等于 1t。

（5）轮胎起重机起重力矩大于 900tm（或起重量大于 60t）。

（6）履带起重机起重力矩大于 1200tm（或起重量大于 100t）。

（7）门座起重机起重量大于 60t。

（8）电站门座起重机起重力矩大于 2000tm。

（9）型式特殊的起重机械。

（10）进口起重机械。

（11）安全保护装置（包括起重量限制器、力矩限制器、起升高度限位器、防坠落安全器、制动器）。

（12）高空作业车。

表 3-1　　施工现场起重机械整机准入检查确认表

机械拥有单位：　　　　　　　　　　填表时间：　　年　月　日

<table>
<tr><td>机械使用单位</td><td></td><td>使用区域</td><td></td><td>准用证编号</td><td></td></tr>
<tr><td>机械名称型号</td><td></td><td>制造时间</td><td></td><td>有效期</td><td></td></tr>
<tr><td colspan="6">主要结构、机构</td></tr>
<tr><td colspan="6">安全保护装置</td></tr>
<tr><td colspan="6">主要零部件</td></tr>
<tr><td colspan="6">梯子、栏杆、走道、平台</td></tr>
<tr><td colspan="6">电气、液压系统</td></tr>
<tr><td colspan="6">检查结论

检查人（签字）：　　　　分管领导（签字）：　　　　监理（签字）：</td></tr>
</table>

注　该表为进场整机和安装后整机施工项目部检查确认和监理复检确认使用，一式二份，一份施工项目部留存，一份监理留存。

表 3-2　　施工现场起重机械待安装散件检查表

机械拥有单位：　　　　　　　　填表时间：　　　年　月　日

机械安装单位		安装位置		资质证编号	
机械名称型号		制造时间		有效期	
主要结构、机构					
安全保护装置					
主要零部件					
梯子、栏杆、走道、平台					
电气、液压系统					
检查结论 分管领导（签字）：　　监理（签字）：　　参与检查人（签字）：					

注　该表为进场散件施工项目部检查和监理复检使用，一式二份，一份施工项目部留存，一份监理留存。

表 3-3 **机械缺陷整改通知单**

机械名称： 日期： 年 月 日

<table>
<tr><td>检查方（人）</td><td></td><td>整改责任方</td><td></td></tr>
<tr><td colspan="2">机械缺陷情况</td><td colspan="2">整改期限</td></tr>
<tr><td colspan="2"></td><td colspan="2"></td></tr>
<tr><td colspan="4">备注说明</td></tr>
</table>

注 监理和施工项目部整机检查、散件检查均用此表，一式二份，一份下发整改责任方，一份检查方留存。

表 3-4　　机械缺陷整改反馈验收单

机械名称：　　　　　　　　　　　　　时间：　　年　　月　　日

机械缺陷整改情况说明		整改人		整改完成时间	整改方验收人
整改责任方（人）		整改负责人			
检查验收方（人）		复验负责人			
备注：					

注　该表整改单位、施工项目部和监理各自留存一份，备案。

表 3-5　　起重机械准入登记台账

使用单位：

序号	机械名称	规格型号	制造厂	出厂日期	准入日期	证件号	退场日期	作业区域	备注
1									
2									
3									
…									

注　此表施工项目部、项目监理可作为起重机械准入登记台账统一格式。

表 3-6　　起重机械作业人员登记台账

所在单位：

序号	姓名	性别	年龄	文化程度	作业种类	资格证编号	有效日期	准入日期	退场日期	备注
1										
2										
3										
…										

注　此表施工项目部、业主或监理单位均可参考统一格式使用［登记施工现场所有起重机械操作、安装（机械、电气）、维修（机械、电气）、检验、司索、指挥、管理七种人员］。

二、施工现场起重机械作业人员的准入

机械是人操纵、使用和维护的，绝大多数事故也是由人而发生的，人是第一要素，机械有缺陷或使用条件不利，有技能的人都可以及时处理。为此，把住人员的资格审查关是施工现场机械安全最重要的保障。

（一）起重机械作业人员的范围

（1）司机（如塔式起重机司机、流动式起重机司机、门式起重机司机、施工升降机司机、桥式起重机司机、缆索起重机司机、门座起重机司机等）。

（2）安装工（如机械安装工、电气安装工等）。

（3）维修工（如机械维修工、电气维修工）。

（4）司索工。

（5）指挥。

（6）质量检验人员。

（7）起重机械安全管理人员。

上述七种人员在质检总局颁发的140号令《特种设备作业人员监督管理办法》中统称特种设备作业人员。

（二）关于持证说明

（1）起重机械作业人员属于特种设备作业人员，根据相关法规要求，应该持有质检部门考核合格并颁发的特种设备作业人员证。持有其他部门颁发的证件在电力建设施工现场不符合法规要求。

(2) 关于起重机械质量检验人员(单位自检人员)的证件(质检部门基本不颁发此证),起重机械使用单位、尤其是起重机械安装单位都需要有本单位的质量检验人员,首先他们应该有施工单位的任命文件(制造厂的质检人员基本都是企业任命的),另外他们应该持有质检部门颁发的安装或维修作业证,证明他们受过专业培训考核,懂得起重机械的安装和维修。在起重机械作业人员登记台账上可登记其安装或维修证件的号码,留存其单位任命文件和安装或维修证件的复印件。

(3) 关于起重机械安全管理人员(施工单位通常是机械管理员)的证件,原则上凡从事施工现场起重机械安全管理工作的人员都应培训考核取证,即取得质检部门的特种设备作业人员证。但根据施工现场实际情况看,有些多年在现场一直从事起重机械安全管理的老同志,施工现场经验丰富,理论知识掌握不足,学习考试往往不容易过关,取证有一定难度,而一些刚毕业参加工作不久,现场经验不足的年轻同志,考试取证反而容易,我们建议可以采取老人老办法、新人新办法,即新人尽量取证上岗,在工作中向老同志学习并不断积累工作经验,早日适应现场工作,并能逐渐胜任工作;老同志在工作中暂时没有取得证件的,如果能够胜任实际工作的,应该继续留用,但这部分老同志也应积极学习理论知识,单位多给培训机会,提倡新老同志相互帮助共同提高,也争取尽可能取得资格证件。

(4) 机械安装、电气安装、机械维修、电气维修、司机、司索与指挥等作业人员必须坚持持证上岗。

(三) 施工现场起重机械作业人员准入程序

(1) 施工现场起重机械专业单位、一般起重机械使用单位、起重机械安装单位(包括承包本标段工程的施工单位、分包队伍、租赁单位等)的起重机械作业人员(上述七种人),进入施工现场时,应将其人员名单和资格证件报到施工项目部机械管理部门或起重机械专职管理人员,以便其审查登记并建立本施工项目部起重机械作业人员准入登记台账、留存资格证件复印件。在审查或核查中发现不符合法规要求的不予登记准入,未准入登记的人员不得从事作业。

(2) 施工项目部将起重机械作业人员审查登记情况和资格证件复印件,每月上报监理;监理审查或核查后,建立整个施工现场的起重机械作业人员准入登记台账并留存资格人员复印件。当监理发现有的上报人员不符合要求时,应责令施工项目部进行整改并验收。

(3) 施工项目部和监理有关人员在起重机械作业人员准入审查登记时,除了审查其证件外,应定期或不定期到施工现场进行抽查、核对人员登记情况和实际参加作业人员情况是否相符;尤其在施工现场起重机械重要作业时,如起重机械重要吊装作业、起重机械安装与拆卸作业等的安全技术交底和签字时,是施工项目部和监理有关人员核查作业人员实际情况的好时机。如发现实际参与作业人员与准入登记不相符或应该持证上岗而无证者,除责令改正或停止作业外,并按有关规定进行处罚。

(4) 施工现场各级非起重机械专业安全管理人员对执行起重机械作业人员准入审查情况进行安全监督。

(四) 起重机械作业人员台账

(1) 施工现场监理应统一起重机械作业人员登记台账格式,否则各施工单位的起重机械人员台账将非常混乱。

（2）本章推荐起重机械作业人员登记台账格式见表3-6。

（3）凡是起重机械作业人员（七种人）到达现场作业的，无论时间长短，都要登记；也无论本单位的、外包队的、租赁公司的、个体户的、第三产业的、制造厂家的，凡属施工项目部负责管理工程范围内的都要登记，真正做到起重机械作业人员实施动态管理，具有可追溯性。

第三节　施工现场起重机械安装与拆卸作业指导书的审查

施工现场机械监理人员、施工项目部起重机械安全管理人员参与起重机械作业方案审查工作，最多的是起重机械安装与拆卸作业指导书的审查。作业指导书是指导正确、合理、安全、有效作业的规范性文件和依据。现场由于作业方案有问题而发生的事故案例很多，所以把好作业指导书的审查关是保障起重机械安装与拆卸安全关键措施之一。为此本书将以专门章节介绍起重机械安装与拆卸作业指导书的编审（详见第八章），这里只讲解作业指导书编写与审批程序的内容。

（1）起重机械安装与拆卸作业指导书必须由安装队伍中的技术人员编写。

（2）起重机械安装与拆卸作业指导书，不能同时写到一起，一起审批。安装时编写安装作业指导书；拆卸时再编写拆卸作业指导书。

（3）在起重机械安装和拆卸前10日内应编写出安装或拆卸作业指导书，并先提交施工项目部有关部门（一般技术或工程、安全、机械等部门）会审，最后施工项目部总工（技术负责人）签署。

（4）施工项目部有关部门会审批准后，应提交监理审批；没有经过施工项目部会签的安装与拆卸作业指导书监理不予审批，监理批准签字后并留存复印件，返回施工项目部；由施工项目部留存复印件后，原件交给安装队伍。

（5）安装队伍只有收到被监理批准的安装或拆卸作业指导书后，才能组织进行安装或拆卸的交底和作业。

（6）安装队伍必须严格按照已批准的安装与拆卸作业指导书进行作业；在交底和作业过程前，如作业方案、措施及人员临时发生变化或变更，与原批准的作业指导书的内容不相符时，必须将变化情况或变更方案、措施、人员等情况另行编写成书面资料，经过再次审批，批准后方能再进行交底和作业。

（7）在各级审批安装与拆卸作业指导书时不得随意批复，应把住审查要点（详见第八章）。

（8）审批者凡在审批页上提出需要改进或补充的意见或建议的内容，编写者都应以书面形式作为回复，并经审批者签字确认（即二次审批）。

（9）被二次确认批准的安装与拆卸作业指导书需要改进或补充的内容，应附在批准的作业指导书后面，以便具有可追溯性，重新编写的作业指导书不允许去掉审批者提出的意见或建议（除非审批者要求整个作业指导书重新编写、重新审批）。

（10）承包工程项目的施工单位其分包队的起重机械、外租的起重机械的安装与拆卸作业指导书必须以承包工程项目的（具有相应起重机械安装资质的）施工单位的名义编写，监理单位不得接收或审批其分包队伍或租赁单位的作业指导书。如果承包工程项目的施工单位不具备相应的起重机械安装资质，该承包工程项目的施工单位应与有资质的安装队伍签订安装合同并经监理批准，可由安装队伍编写安装作业指导书，承包工程项目的施工单位会签、技术负责人（施工现场总工）签署，交监理审批。

（11）新购置的起重机械首次安装时，其安装作业指导书应以承包工程项目的施工单位（具有相应安装资质的）负责编写，并经该起重机械制造厂家来现场指导安装人员认可确认后，再会签，施工现场总工签署并交监理审批。对不具备安装资质的承包工程项目的施工单位按上述（10）要求办理。

（12）施工现场各级非起重机械专业安全管理人员对起重机械安装与拆卸作业指导书的审批情况进行安全监督。

第四节　施工现场起重机械安全管理监督检查

施工现场的起重机械管理检查包括起重机械安全技术状况检查和起重机械安全管理制度建设和记录资料的检查。起重机械管理检查是保障起重机械安全和提高起重机械管理水平的重要手段和措施。

一、检查形式

从施工现场管理层的起重机械安全管理和安全监督管理出发，施工现场起重机械安全检查可分为如下五种检查形式。

（1）巡检：指各级起重机械安全管理人员平时在施工现场巡视检查，随机性的发现违章操作和违章使用，以及机械缺陷，随时开出处罚、停止和要求整改等指令，可以视情节严重程度和整改难度，决定是否作出记录和处理。

（2）旁站监督（项目监理又称旁站监理）：指各级起重机械安全管理人员在重要大件吊装（如汽包、大板梁等）、起重机械安装与拆卸关键工序工艺过程（如塔机顶升加减标准节和找平衡、扳起式起重机的臂架整体扳起或放倒、龙门起重机支腿和横梁的安装与拆卸过程等）、双机抬吊、超负荷作业、大型起重机负荷试验、安装与拆卸交底会等，进行现场监护和检查指导（机械安全监理人员要旁站监理，施工项目部机械人员和安监人员要旁站监督），应该作出记录。

（3）专项检查：指业主（或监理）、施工项目部对当前施工现场起重机械的重点关注问题或共性问题组织进行的专项检查。如各种钢丝绳的检查（起吊绳、变幅绳、千斤绳等磨损和断丝、腐蚀、变形等情况）；所有吊车轨道、基础的下沉、变形等情况的检查；起重机械的防风、防汛措施落实情况检查；各起重机械使用单位的机械安全管理制度建设和记录留存情况检查等，应该作出记录。

（4）月检查（定期检查）：指业主（或项目监理）、施工项目部、起重机械使用单位，以单位名义组织每月进行定期施工现场机械安全检查。如果说前几项检查还有一定的随机性或灵活性，而定期检查应该具有一定的长效性、正规性。对于施工现场应该坚持每月一次，为了增强检查力度和重视度，各级分管领导应组织检查和检查后总结。起重机械安全月检查应该分级、分层次进行检查，如月初（1～5 日）起重机械使用单位组织进行检查，将检查结果上报施工项目部机械管理部门；月中（10～15 日）施工项目部组织进行检查，检查结果上报项目监理；月末（25～30 日）项目监理组织进行检查，检查结果进行通报。每级检查都应该有自己的小结，汇总在月检查记录中，形成每月一本检查记录（包括封面、检查小结或通报、奖罚单、检查表、缺陷整改通知单、整改反馈验收单等）。

（5）起重机械安全评价：指各起重机械使用单位、施工项目部和业主或项目监理，根据需要在一定阶段、按一定的评价标准对所管辖范围的起重机械安全管理全面打分量化评价。一般半年或一年进行一次，检查评价内容应该既有机械安全技术状况的检查评价分数，也应该有机械安全管理制度建设和资料管理的检查评价分数；一般和开展评比活动相结合。以上检查形式以简易表格汇总如表 3-7 所示。

表 3-7　施工现场起重机械安全监督检查形式

形式	目的	执　行	频次
巡检	安全监督	起重机械、安监、起重机械监理人员	随机
旁站监督	安全监护	起重机械、安监、起重机械监理人员	需要
专项检查	重点检查	施工项目部、监理或业主组织	必要
定期检查	法定检查	施工项目部、监理或业主组织	每月
安全性评价	全面考核	施工项目部、监理或业主组织	阶段

注　本表不包括起重机使用单位司机和维修人员的平时检查及修理鉴定检查；不包括施工企业本部、起重机使用单位本部及国网公司、网省公司、各发电公司等上级主管部门的检查或评价。

二、检查资料和各级检查次数要求

施工现场起重机械安全检查资料是工作业绩（或痕迹）的证据，也是分析起重机械安全管理存在的问题和改进工作、提高管理水平的依据；资料的完整、准确、规范很重要，体现了管理者的素质和该单位的管理水平，为了便于查找最好单独存放在一个文件盒内。

（1）检查资料应包括五种检查形式的记录、检查表、评价表、汇总表、缺陷整改通知单、整改反馈验收单、停止令、相关照片、旁站计划、旁站记录、总结、小结或通报、奖罚记录等；最好把每月每种检查形式的相关记录资料进行汇总、装订，各自成册。

（2）起重机械旁站监督的项目主要包括如下几项：

1）特重大件吊装，如锅炉大板梁、汽包、主变压器、发电机定子等特重件和特大件吊装。

2）特殊吊装，如高压线下吊装、易燃易爆品吊装，以及司机无法看到就位点的吊装等。

3）超负荷吊装，如特殊情况下需要解除安全装置进行超额定起重量或超额定工作幅度的吊装。

4）双机抬吊，当一个起重机无法满足吊装需要时，如大板梁或汽包的双机抬吊、风机风扇叶的吊装等。

5）起重机械的负荷试验，起重机械安装完毕，按规范要求进行的各种试验的过程是检验检查其性能和安全的重要步骤，执行应认真严格、记录应真实准确。

6）起重机械安装拆卸中的关键工序工艺，如塔式起重机的配平和液压顶升、起重臂和人字架的吊装、大型履带起重机塔式臂架的整体扳起或放倒、龙门起重机大横梁的吊装或拆卸等容易发生事故的工序工艺过程。

7）起重机械安装拆卸作业指导书交底，应现场督察方案交底、措施有无临时变更，核对作业人数、姓名有无变化等。

（3）起重机械月检查小结的内容主要包括：

1）检查时间。

2）参加人员。

3）检查各类型的数量、总数量。

4）存在缺陷（一般缺陷条数、严重缺陷条数、缺陷概述）。

5）原因简要分析（机械本身原因、管理原因）。

6）整改要求（限期整改、采取措施）。

7）奖罚处置（会议批评、警告、通报、罚款或通报表扬、奖励等）。

（4）现场机械检查次数要求：项目上起重机械使用单位应每月逐台检查一次；企业起重机械使用单位本部应每季到项目上综合检查一次。

施工项目部应对起重机械和其他施工机械每月检查一次；施工企业机械管理部门应每季对各项目上综合检查一次，企业分管领导应参加不少于一次。

业主或项目监理应对施工现场起重机械安全管理每月组织检查一次；业主项目部（项目公司）应每季对项目监理的起重机械安全监理情况进行一次检查。业主或项目监理根据施工现场实际情况也可每年进行一次机械安全性评价。

网省公司、各发电公司主管部门对施工现场、施工企业本部每年组织不少于两次起重机械安全检查或评价；各公司主管部门应对所属施工企业和公司系统投资建设的电力建设项目施工现场起重机械安全管理每年进行一次专项抽查或评价，可以组织专家进行，也可以组织各地区开展互查。

三、施工现场起重机械使用单位的机械安全管理

施工现场起重机械使用单位（包括起重机械专业单位和一般起重机械使用单位）的机械安全管理在本书的机构职责、机械安全岗位责任制、制度建设等章节已有论述，这里只作简单叙述。

施工现场起重机械使用单位应加强自律管理，保证施工现场起重机械安全技术状况始终处于完好状态并取得检验合格证；保证管理人员和作业人员经过培训合格并持证上岗；使用和管理中严格遵守法律法规和安全操作规程，确保安装与拆卸和使用安全；做到制度健全、责任明确、资料记录完整、管理规范。

（1）施工企业机械专业队伍本部应首先选派一名经培训合格的项目负责人或分管机械的负责人，并具有任命文件。

（2）根据施工现场起重机械的数量设置专职或兼职的机械安全管理人员。

（3）制定起重机械安全目标和分解目标（或指标）。

（4）制定各种人员的起重机械安全岗位责任制度。

（5）建立项目上起重机械安全使用管理制度（包括定人、定机、定岗、持证）、机械维修保养制度、机械安全操作规程、机械维修保养规程、机械人员的培训制度、各级人员机械安全考核制度和奖罚制度、机械事故应急预案（现场处置方案）、机械安全措施（如防风、防碰撞、防雷电等）、机械安装与拆卸管理制度、机械检查检验管理制度、工器具和检验仪器管理制度、机械资料管理制度，以及机械租赁管理制度、机械事故处理制度（可按上级有关规定）等。

（6）建立并规范机械、机具、仪器、人员台账，人员年度培训计划和总结，事故和未遂事故记录，培训记录，维修保养和故障处理记录，机械检查和整改验收记录，奖罚记录，机械运行记录，交接班记录（包括班前、班后检查）。

（7）留存起重机械安装与拆卸作业指导书、过程检验记录、起重机械安装前零件检查记录、安装后自检报告书、告知书、质检部门的检验合格证和检验报告、安装与拆卸交底签字记录、基础或轨道验收记录、工况变换记录等。

（8）起重机械按要求建立安全技术档案，留存相关法规和标准、规范等。

施工现场起重机械使用单位的检查形式见表3-8。

表3-8　施工现场起重机械使用单位的检查形式

分级	间隔期	目的	执行者
日常点检	每班（班前、班后）	正常作业	司机、维修人员
定期检查	每月（年）	保持性能	单位组织
专项检查	视情况	恢复正常	单位组织
旁站监督	必要时	安全监护	机械员、安全员
巡检	随机	安全监督	机械员、安全员

（9）机械检查表或起重机械检查表形式很多，本书就提供了多种检查表样式，如本章提出的一些机械简易检查表、第八章给出的起重机械自检报告书样式、第十一章给出的各种起重机械检查表等，各单位可参考有关标准规范根据情况自行设计，关键是执行中方便好用，并能熟悉起重机械构造和性能，能真正检查出起重机械缺陷。下面列出几种起重机械简易检查表仅供参考，见表3-9～表3-34。

表3-9　履带起重机检查表

使用单位：　　　　　　　　　　　　检查日期：　　年　月　日

机械名称		机型规格		检查结果	
出厂日期		机械编号		得分	
机械类别		司机姓名		检查人	

检查项目	检查内容及评分标准	扣分项目
一、技术状况好，工作能力达到规定要求（20）分	（1）发动机不能正常工作或有严重异响扣6分，一般故障及异响扣2～3分。 （2）发动机、底盘、工作装置漏水、漏电、漏气、漏油，视严重程度每项扣1～2分。 （3）变速器、离合器、传动装置、油泵、液压马达等不能正常工作或有严重异响每项扣2分。 （4）主要受力构件有裂纹、开焊、变形等缺陷每项扣6分。 （5）各零部件（如卷筒、滑轮、制动轮、吊钩、齿轮等）磨损严重每项扣2～3分	

续表

<table>
<tr><td colspan="2">机械名称</td><td></td><td>机型规格</td><td></td><td colspan="3">检　查　结　果</td></tr>
<tr><td colspan="2">出厂日期</td><td></td><td>机械编号</td><td></td><td>得分</td><td colspan="2"></td></tr>
<tr><td colspan="2">机械类别</td><td></td><td>司机姓名</td><td></td><td>检查人</td><td colspan="2"></td></tr>
<tr><td colspan="2">检查项目</td><td colspan="5">检查内容及评分标准</td><td>扣分项目</td></tr>
<tr><td rowspan="5">二、使用保养（60）分</td><td>清洁（16）分</td><td colspan="5">（1）发动机、底盘、车身、工作装置有油污或积尘严重者每项扣3分，操作室不清洁扣4分。
（2）机油、燃油、液压油、空气滤清器（芯）脏污或堵塞每项扣5分。
（3）蓄电池不清洁、通气孔堵塞每项扣2分，电解液不足扣3分。
（4）传动皮带有油污扣3分，电气线路、气路、油路软管零乱不整齐每项扣2分</td><td></td></tr>
<tr><td>润滑（15）分</td><td colspan="5">（1）发动机机油面低于油尺下刻线扣5分，高于油尺上刻线扣3分。
（2）齿轮油、液压油油面低于下刻线每项扣4分，高于油尺上刻线扣3分。
（3）润滑油（脂）、液压油、齿轮油脏污变质或与规定牌号不符每项扣4分。
（4）回转轴承、支重轮、托带轮、引导轮、开式齿轮、活动铰销缺润滑油、润滑脂每处扣3分。
（5）黄油嘴每缺或堵塞一个扣2分，每缺润滑脂一个扣1分</td><td></td></tr>
<tr><td>紧固（15）分</td><td colspan="5">（1）重要部位（如发动机、发电机、变速箱、工作装置、各种泵、阀、油缸、液压马达、卷扬机、安全限位、传感装置等）固定螺栓、钢丝绳卡螺栓、履带板螺栓、电瓶桩头螺栓等松动一个扣3分，每缺一个扣4分。
（2）各止动装置（开口销、止动板、止动片、止动螺栓）失效，视重要程度每处扣2～4分。
（3）一般螺栓松动一个扣1分，每断缺一个扣2分</td><td></td></tr>
<tr><td>调整（8）分</td><td colspan="5">（1）安全限位装置失灵、吊钩无防脱绳装置、滑轮无防跳槽设施每项扣5分。
（2）离合器、刹车调整不符合要求每项扣3分，失灵每项扣5分。
（3）发电机、压缩机、水泵、风扇皮带、履带失调每项扣3分。
（4）气压、油压（润滑油、液压油）不符合规定每项扣3分。
（5）栏杆不符合规定扣1～2分。
（6）各种仪表、调节器、灯光、喇叭、刮雨器不全或失灵每项扣2分</td><td></td></tr>
<tr><td>防腐（6）分</td><td colspan="5">（1）车身、操作室、工作装置有锈蚀每处扣2分、严重锈蚀扣3分、大面积锈蚀扣5分。
（2）钢丝绳锈蚀扣3分、断丝或变形超标每处扣6分。
（3）橡胶制品腐蚀老化扣1分，严重者扣2～3分</td><td></td></tr>
<tr><td colspan="2">三、零部件、附属装置齐全完整（10）分</td><td colspan="5">（1）无安全限位装置每项扣6分，无力矩限制器、防后倾、吊钩高度限位器扣30分。
（2）全车零部件、附件不全，影响小者扣2分、影响大者扣3～6分。
（3）无检验合格证扣10分，无使用登记证扣2分，固定资产标牌丢失扣2分</td><td></td></tr>
<tr><td colspan="2">四、三定制度落实、运行记录齐全、操作人员基本素质提高（10）分</td><td colspan="5">（1）三定制度未落实，无机长或设备负责人扣4分，不相对固定扣2分。
（2）无安全操作规程、起重性能表、保养润滑图表每项扣4分。
（3）无运行记录扣4分，记录填写不及时、数字不准确、内容不齐全每项扣3分。
（4）操作人员无证上岗扣4分，不了解本机基本性能、结构、保养常识、安全规程扣2～4分</td><td></td></tr>
</table>

注　本表各项扣分扣至零分为止，不计负分。

表 3-10　　汽车式、轮胎式、叉式起重机检查表

使用单位：　　　　　　　　　　　　　　　　　　　　检查日期：　　年　月　日

机械名称		机型规格		检查结果	
出厂日期		机械编号		得分	
机械类别		司机姓名		检查人	

检查项目		检查内容及评分标准	扣分项目
一、技术状况好，工作能力达到规定要求（20）分		（1）发动机不能正常工作或有严重异响扣6分，一般故障及异响扣2～3分。 （2）工作装置不能正常工作扣4～5分。 （3）发动机、底盘、工作装置漏水、漏电、漏气、漏油，视严重程度每项扣1～2分。 （4）变速器、离合器、传动轴、驱动桥、分动箱、油泵、液压马达等不能正常工作或有异响每项扣2分。 （5）主要受力构件有裂纹、开焊、变形等缺陷每项扣6分。 （6）各部件（如卷筒、滑轮、制动轮等）磨损严重每项扣2～3分	
二、使用保养（60）分	清洁（16）分	（1）发动机、底盘、车身、工作装置有油污或积尘严重者每项扣3分，操作室不清洁扣4分。 （2）机油、燃油、液压油、空气滤清器（芯）脏污每项扣5分。 （3）蓄电池不清洁、通气孔堵塞每项扣2分，电解液不足扣3分。 （4）传动皮带有油污扣3分，电气线路、气路、油路软管零乱不整齐每项扣2分	
	润滑（15）分	（1）发动机机油面低于油尺下刻线扣5分，高于油尺上刻线扣3分。 （2）齿轮油、液压油油面低于下刻线每项扣4分，高于油尺上刻线扣3分。 （3）润滑油、润滑脂、液压油、齿轮油脏污、变质或与规定牌号不符每项扣4分。 （4）回转轴承、开式齿轮、传动链条、活动铰销缺润滑脂每处扣3分。 （5）黄油嘴每缺或堵塞一个扣2分，每缺润滑脂一个扣1分	
	紧固（15）分	（1）重要部位（如发动机、发电机、传动轴、轮胎、工作装置、各种泵、阀、电动机、卷扬机、安全限位、传感装置等）固定螺栓、钢丝绳卡螺栓、电瓶桩头螺栓等松动一个扣3分，每缺一个扣4分。 （2）止动装置（开口销、止动板、止动片、止动螺栓）失效，视重要程度每处扣2～4分。 （3）一般螺栓松动一个扣1分，每断缺一个扣2分	
	调整（8）分	（1）安全限位装置失灵、吊钩无防脱绳装置、滑轮无防跳槽设施每项扣5分。 （2）离合器、刹车调整不符合要求每项扣3分，失灵每项扣5分。 （3）发电机、压缩机、水泵、风扇皮带失调每项扣3分。 （4）气压（轮胎、制动）、油压（润滑油、液压油）不符合规定每项扣3分。 （5）各种仪表、调节器、灯光、喇叭、刮雨器不全或失灵每项扣2分	
	防腐（6）分	（1）车身、操作室、工作装置有锈蚀每处扣2分，严重锈蚀扣3分，大面积锈蚀扣5分。 （2）钢丝绳锈蚀扣3分，断丝或变形超标每处扣6分。 （3）橡胶制品腐蚀老化扣1分，严重者扣2～3分	

续表

机械名称		机型规格		检查结果	
出厂日期		机械编号		得分	
机械类别		司机姓名		检查人	
检查项目	检查内容及评分标准				扣分项目
三、零部件、附属装置齐全完整（10）分	（1）无安全限位装置每项扣6分，无力矩限制器、水平表、高度限位器和支腿有下沉现象扣30分。 （2）全车零部件、附件不全，影响小者扣2分，影响大者扣3～6分。 （3）随车工具残缺不全扣1～2分，全部丢失扣4分。 （4）无检验合格证扣10分，无使用登记证扣2分，固定资产标牌丢失扣2分				
四、三定制度落实、运行记录齐全、操作人员基本素质提高（10）分	（1）三定制度未落实，无机长或设备负责人扣4分，不相对固定扣2分。 （2）无安全操作规程、起重性能表、保养润滑图表每项扣4分。 （3）无运行记录扣4分，记录填写不及时、数字不准确、内容不齐全每项扣3分。 （4）操作人员无证上岗扣4分，不了解本机基本性能、结构、保养常识、安全规程扣2～4分				

注　本表各项扣分扣至零分为止，不计负分。

表3-11　　塔式、龙门式、门座式、桥式起重机检查表

使用单位：　　　　　　　　　　　　　　　　　　检查日期：　　年　月　日

机械名称		机型规格		检查结果	
出厂日期		机械编号		得分	
机械类别		司机姓名		检查人	
检查项目	检查内容及评分标准				扣分项目
一、技术状况好，工作能力达到规定要求（20）分	（1）行走、回转、变幅、提升装置不能正常工作每项扣6分。 （2）电动机、减速箱、行走、传动装置有严重故障或异响每项扣4分，一般故障及异响扣2～3分。 （3）减速箱漏油每处扣2分，严重漏油扣3～4分。 （4）主要受力构件有裂纹、开焊、变形每处扣6分。 （5）各零部件（如卷筒、滑轮、制动轮、吊钩、齿轮等）每项扣2～3分				
二、使用保养（60）分 清洁（16）分	（1）减速箱、车身、各运动机构有油污或积尘严重每处扣3分，操作室零乱不清洁扣4分。 （2）钢结构、工作机构、平台有杂物每处扣3分。 （3）电气控制箱不清洁，电气线路、油路软管零乱不整齐每项扣2分				
润滑（15）分	（1）减速箱油面低于油尺下刻线扣5分，高于油尺上刻线扣3分。 （2）润滑油、润滑脂、齿轮油脏污、变质或与规定牌号不符每项扣4分。 （3）轴承、开式齿轮、传动链条、活动铰销缺润滑脂每处扣3分。 （4）黄油嘴每缺或堵塞一个扣2分，每缺润滑脂一个扣1分				

续表

<table>
<tr><td colspan="2">机械名称</td><td></td><td>机型规格</td><td></td><td colspan="3">检 查 结 果</td></tr>
<tr><td colspan="2">出厂日期</td><td></td><td>机械编号</td><td></td><td>得分</td><td colspan="2"></td></tr>
<tr><td colspan="2">机械类别</td><td></td><td>司机姓名</td><td></td><td>检查人</td><td colspan="2"></td></tr>
<tr><td colspan="2">检查项目</td><td colspan="5">检查内容及评分标准</td><td>扣分项目</td></tr>
<tr><td rowspan="3">二、使用保养（60）分</td><td>紧固（15）分</td><td colspan="5">（1）重要部位（如钢结构、电动机、传动轴、减速箱、卷扬机、轴承座、制动器、安全限位、传感装置等）固定螺栓、钢丝绳卡螺栓、联轴器传动销螺栓等松动一个扣3分，每断缺一个扣4分。
（2）各止动装置（开口销、止动板、止动片、止动螺栓）失效，视重要程度每处扣2～4分。
（3）一般螺栓松动一个扣1分，每断缺一个扣2分</td><td></td></tr>
<tr><td>调整（8）分</td><td colspan="5">（1）安全限位装置失灵、吊钩无防脱绳装置、滑轮无防跳槽设施每项扣5分。
（2）制动器调整不符合要求每项扣3分，失灵每项扣5分。
（3）各轴承、轴套松旷，传动机构同轴度、齿轮啮合间隙失调，传动销（套、圈）、键、齿轮磨损超标，顶升油缸漏油每处扣2～4分。
（4）电气元件触点烧蚀、电刷磨损过度、不按规定接地、接零、装漏电保护每处扣2～3分。
（5）钢丝绳排列不齐、卷筒余留圈数不符规范每处扣2～3分。
（6）行走、导向轮啃轨每处扣2分。
（7）轨道、栏杆、基础、附着不符合规定每项扣2～4分</td><td></td></tr>
<tr><td>防腐（6）分</td><td colspan="5">（1）钢结构、工作装置、操作室有锈蚀每处扣2分，严重锈蚀扣3分，大面积锈蚀扣5分，钢结构积水每处扣1分。
（2）钢丝绳锈蚀扣3分，断丝或变形超标每处扣6分。
（3）动力、控制电缆、橡胶制品腐蚀老化每处扣1分，严重者扣2～4分</td><td></td></tr>
<tr><td colspan="2">三、零部件、附属装置齐全完整（10）分</td><td colspan="5">（1）无安全限位装置每项扣6分，无力矩限制器、重量限制器、小车断绳保护、小车防坠落、防后倾、吊钩高度限位器扣30分。
（2）全车零部件、附件不全，影响小者扣2分，影响大者扣3～6分。
（3）随车工具残缺不全扣1～2分，全部丢失扣4分。
（4）无检验合格证扣10分，固定资产标牌丢失或无登记使用证扣2分</td><td></td></tr>
<tr><td colspan="2">四、三定制度落实、运行记录齐全、操作人员基本素质提高（10）分</td><td colspan="5">（1）三定制度未落实，无机长或设备负责人扣4分，不相对固定扣2分。
（2）无安全操作规程、起重性能表、保养润滑图表每项扣4分。
（3）无运行记录扣4分，记录填写不及时、数字不准确、内容不齐全每项扣3分。
（4）操作人员无证上岗扣4分，不了解本机基本性能、结构、保养常识、安全规程扣2～4分</td><td></td></tr>
</table>

注 1. 本表各项扣分扣至零分为止，不计负分。

2. 室外门式起重机起吊高度超过12m，其他起重机起吊高度超过50m，应装风速仪。

表 3-12　　推土机、装载机、挖掘机、压路机及内燃土方机械检查表

使用单位：　　　　　　　　　　　　　　　　　　检查日期：　　年　月　日

<table>
<tr><td colspan="2">机械名称</td><td></td><td>机型规格</td><td></td><td colspan="2">检　查　结　果</td></tr>
<tr><td colspan="2">出厂日期</td><td></td><td>机械编号</td><td></td><td>得分</td><td></td></tr>
<tr><td colspan="2">机械类别</td><td></td><td>司机姓名</td><td></td><td>检查人</td><td></td></tr>
<tr><td colspan="2">检查项目</td><td colspan="4">检查内容及评分标准</td><td>扣分项目</td></tr>
<tr><td colspan="2">一、技术状况好，工作能力达到规定要求（20）分</td><td colspan="4">（1）发动机不能正常工作或有严重异响扣 6 分，一般故障及异响扣 2～3 分。
（2）工作装置不能正常工作扣 4～6 分。
（3）发动机、底盘、工作装置漏水、漏电、漏气、漏油，视严重程度每项扣 1～2 分。
（4）变速器、离合器、传动轴、驱动桥、分动箱、油泵、液压马达等不能正常工作或有异响每项扣 2 分</td><td></td></tr>
<tr><td rowspan="5">二、使用保养（60）分</td><td>清洁（16）分</td><td colspan="4">（1）发动机、底盘、车身、工作装置、冷却系统有油污或积尘严重者每项扣 3 分，驾驶室不清洁扣 4 分。
（2）机油、燃油、液压油、空气滤清器（芯）脏污或堵塞每项扣 5 分。
（3）蓄电池不清洁、通气孔堵塞每项扣 2 分，电解液不足扣 3 分。
（4）传动皮带有油污扣 3 分。
（5）电气线路、传感线路、油路软管零乱不整齐每项扣 2 分</td><td></td></tr>
<tr><td>润滑（15）分</td><td colspan="4">（1）发动机机油面低于油尺下刻线扣 5 分，高于油尺上刻线扣 3 分。
（2）齿轮油、液压油、制动液油面低于油尺下刻线每项扣 5 分，高于油尺上刻线扣 3 分。
（3）润滑油、润滑脂、液压油、齿轮油脏污、变质或与规定牌号不符每项扣 4 分。
（4）回转轴承、支重轮、托带轮、开式齿轮、活动铰销缺润滑脂每处扣 3 分。
（5）黄油嘴每缺或堵塞一个扣 2 分，每缺润滑脂一个扣 1 分</td><td></td></tr>
<tr><td>紧固（15）分</td><td colspan="4">（1）重要部位（如发动机、风扇、发电机、轮胎、变速箱、分动箱、水箱、工作装置、各种泵、阀、液压马达等）固定螺栓、传动轴、转向臂横直拉杆螺栓、履带板螺栓、固定电瓶螺栓、桩头螺栓每松动一个扣 3 分，每断缺一个扣 4 分。
（2）各止动装置（开口销、止动板、止动片、止动螺栓）失效，视重要程度每处扣 2～4 分。
（3）一般螺栓松动一个扣 1 分，每断缺一个扣 2 分</td><td></td></tr>
<tr><td>调整（8）分</td><td colspan="4">（1）方向机、离合器、刹车调整不符合要求每项扣 5 分，失灵每项扣 10 分。
（2）发电机、压缩机、水泵、风扇皮带，行走履带失调每项扣 3 分。
（3）气压（轮胎、制动）、油压（润滑油、液压油）不符合规定每项扣 3 分。
（4）各种仪表、调节器、灯光、喇叭、刮雨器不全或失灵每项扣 2 分</td><td></td></tr>
<tr><td>防腐（6）分</td><td colspan="4">（1）车身、操作室、工作装置有锈蚀每处扣 2 分，严重锈蚀扣 3 分，大面积锈蚀扣 5 分。
（2）传动、制动、转向机构各运动副有锈蚀每处扣 2～3 分，调整螺栓有锈蚀每处扣 1～2 分。
（3）油路、气管路橡胶制品腐蚀老化扣 1 分，严重者扣 2～4 分</td><td></td></tr>
</table>

续表

机械名称		机型规格		检查结果		
出厂日期		机械编号		得分		
机械类别		司机姓名		检查人		
检查项目	检查内容及评分标准					扣分项目
三、零部件、附属装置齐全完整（10）分	（1）全车零部件、附件不全，影响小者扣2分、影响大者扣3～6分。 （2）随车工具残缺不全扣1～2分、全部丢失扣4分。 （3）坐垫丢失扣2分，厂内机动车辆牌照丢失每项扣2分。 （4）防护罩壳变形、玻璃破损每处扣2分，各部防护罩壳丢失每处扣4分					
四、三定制度落实、运行记录齐全、操作人员基本素质提高（10）分	（1）三定制度未落实，无机长或设备负责人扣4分，不相对固定扣2分。 （2）无安全操作规程、润滑图表每项扣5分。 （3）无运行记录扣4分，记录填写不及时、数字不准确、内容不齐全每项扣3分。 （4）工作人员无证上岗扣4分，不了解本机基本性能、结构、保养常识、安全操作规程扣2～4分					

注 本表各项扣分扣至零分为止，不计负分。

表3-13　载重汽车、拖拉机、混凝土翻斗车、自卸车、交通车辆、低架平板车及其他特种车检查表

使用单位：　　　　　　　　　　　　　　检查日期：　　年　月　日

机械名称			机型规格		检查结果		
出厂日期			机械编号		得分		
机械类别			司机姓名		检查人		
检查项目		检查内容及评分标准					扣分项目
一、技术状况好，工作能力达到规定要求（20）分		（1）发动机不能正常启动扣6分，行驶、转向、制动系统不能正常工作每项扣4分。 （2）发动机运转有严重异常声响扣4分，一般异常声响扣2～3分。 （3）发动机、底盘、工作装置漏水、漏电、漏气、漏油，视严重程度每项扣1～2分。 （4）变速箱、离合器、传动轴、差速器等有异响者每项扣2分					
二、使用保养（64）分	清洁（16）分	（1）发动机、底盘、车身、工作装置（料斗、车厢、油缸等）脏污或积尘严重每项扣3分，驾驶室不清洁扣4分。 （2）机油、燃油、空气滤清器（芯）脏污每项扣5分。 （3）蓄电池不清洁、通气孔堵塞每项扣2分，电解液不足扣3分。 （4）传动皮带有油污扣3分。 （5）电气线路、气路、油路软管零乱不整齐每项扣2分					
	润滑（15）分	（1）发动机机油面低于油尺下刻线扣5分，高于油尺上刻线扣3分。 （2）各齿轮油、液压油、制动总泵油面不符合规定者每项扣4分。 （3）润滑油、润滑脂、液压油脏污、变质或与规定牌号不符者每项扣4分。 （4）黄油嘴每缺或堵塞一个扣2分，每缺润滑脂一个扣1分					

续表

<table>
<tr><td colspan="2">机械名称</td><td></td><td>机型规格</td><td></td><td colspan="3">检　查　结　果</td></tr>
<tr><td colspan="2">出厂日期</td><td></td><td>机械编号</td><td></td><td>得分</td><td colspan="2"></td></tr>
<tr><td colspan="2">机械类别</td><td></td><td>司机姓名</td><td></td><td>检查人</td><td colspan="2"></td></tr>
<tr><td colspan="2">检查项目</td><td colspan="5">检查内容及评分标准</td><td>扣分项目</td></tr>
<tr><td rowspan="3">二、使用保养（64）分</td><td>紧固（15）分</td><td colspan="5">（1）重要部位（如发动机、风扇、变速箱、分动箱、水箱、U形骑攀螺栓等）固定螺栓、传动轴、转向臂横直拉杆螺栓、牵引架螺栓、电瓶桩头螺栓每松动一个扣3分，每断缺一个扣4分。
（2）各止动装置（开口销、止动板、止动片、止动螺栓）失效，视重要程度每处扣2～4分。
（3）一般部位螺丝松动一个扣1分，每断缺一个扣2分</td><td></td></tr>
<tr><td>调整（12）分</td><td colspan="5">（1）方向机、离合器、刹车调整不符合要求每项扣5分，失灵每项扣10分。
（2）发电机、压缩机、水泵、风扇皮带调整不符合要求每项扣2分，失效每项扣4分，转向系球头调整不当每处扣2分。
（3）气压（轮胎、制动）、油压（润滑油、液压油）不符合规定每项扣3分。
（4）各种仪表、调节器、灯光、喇叭、雨刮器不全或失灵每项扣2分。
（5）发动机供油或点火时间失调扣3分，前轮前束调整不符合规定扣3分</td><td></td></tr>
<tr><td>防腐（6）分</td><td colspan="5">（1）车身、驾驶室、工作装置有锈蚀每处扣2分，严重锈蚀扣3分，大面积锈蚀扣5分。
（2）橡胶制品腐蚀老化扣1分，严重者扣2～5分</td><td></td></tr>
<tr><td colspan="2">三、零部件、附属装置齐全完整（8）分</td><td colspan="5">（1）全车零部件、附件不全，影响小者扣2分，影响大者扣3～6分。
（2）随车工具残缺不全扣1～2分、全部丢失扣4分。
（3）坐垫、摇把丢失扣2分，厂内机动车辆、交通运输车辆牌照丢失每项扣2分</td><td></td></tr>
<tr><td colspan="2">四、三定制度落实、运行记录齐全、操作人员基本素质提高（8）分</td><td colspan="5">（1）三定制度未落实，无设备负责人扣4分，不相对固定扣2分。
（2）无安全操作规程、润滑图表、每项扣5分。
（3）无运行记录扣4分，记录填写不及时、数字不准确、内容不齐全每项扣3分。
（4）操作人员无证上岗扣4分，不了解本机基本性能、结构、保养常识、安全规程扣2～4分</td><td></td></tr>
</table>

注　本表各项扣分扣至零分为止，不计负分。

表 3-14　　混凝土泵车、混凝土搅拌车检查表

使用单位：　　　　　　　　　　　　　　　　　　　　检查日期：　　年　月　日

<table>
<tr><td colspan="2">机械名称</td><td></td><td>机型规格</td><td></td><td colspan="3">检 查 结 果</td></tr>
<tr><td colspan="2">出厂日期</td><td></td><td>机械编号</td><td></td><td>得分</td><td colspan="2"></td></tr>
<tr><td colspan="2">机械类别</td><td></td><td>司机姓名</td><td></td><td>检查人</td><td colspan="2"></td></tr>
<tr><td colspan="2">检查项目</td><td colspan="5">检查内容及评分标准</td><td>扣分项目</td></tr>
<tr><td colspan="2">一、技术状况好，工作能力达到规定要求（20）分</td><td colspan="5">（1）发动机不能正常工作或有严重异响扣 6 分，一般故障及异响扣 2～3 分。
（2）工作装置不能正常工作扣 4～6 分。
（3）发动机、底盘、液压系统及工作装置漏水、漏电、漏气、漏油，视严重程度每项扣 1～2 分。
（4）变速箱、分动箱、离合器、传动轴、减速器、刹车制动系统有故障或严重异响，每处扣 2 分</td><td></td></tr>
<tr><td rowspan="5">二、使用保养（60）分</td><td>清洁（16）分</td><td colspan="5">（1）发动机、底盘、车身、搅拌筒、料斗、油缸、臂架、冷却系统有油污或积尘严重及有板结混凝土每项扣 3 分，驾驶室不清洁扣 5 分。
（2）机油、燃油、液压油、空气滤清器（芯）脏污或堵塞每项扣 5 分。
（3）蓄电池不清洁、通气孔堵塞每项扣 2 分，电解液不足扣 3 分。
（4）传动皮带有油污扣 3 分。
（5）电气线路、气路、油路软管零乱不整齐每项扣 2 分</td><td></td></tr>
<tr><td>润滑（15）分</td><td colspan="5">（1）发动机机油面低于油尺下刻线扣 5 分，高于油尺上刻线扣 3 分。
（2）传动系各齿轮箱、液压油箱、制动总泵油面低于油尺下刻线扣 5 分，高于油尺上刻线扣 3 分。
（3）润滑油、润滑脂、液压油齿轮油等脏污、变质或与规定牌号不符者每项扣 4 分。
（4）黄油嘴每缺或堵塞一个扣 2 分，缺润滑脂一个扣 1 分</td><td></td></tr>
<tr><td>紧固（15）分</td><td colspan="5">（1）重要部位（如发动机、轮胎、变速箱、分动箱、水箱、工作装置、各种泵、液压马达等）固定螺栓、传动轴、转向臂横直拉杆螺栓、U 形骑摹螺栓、混凝土罐安装固定螺栓、电瓶桩头螺栓每松动一个扣 3 分，每断缺一个扣 4 分。
（2）各止动装置（开口销、止动板、止动片、止动螺栓）失效，视重要程度每处扣 2～4 分</td><td></td></tr>
<tr><td>调整（8）分</td><td colspan="5">（1）方向机、离合器、刹车调整不符合要求每项扣 3 分，失灵每项扣 10 分。
（2）发电机、压缩机、水泵、风扇皮带调整不符合要求每项扣 3 分，失效每项扣 4 分，转向系球头调整不当每处扣 2 分。
（3）气压（轮胎、制动）、油压（润滑油、液压油）不符合规定每项扣 3 分。
（4）各种仪表、调节器、灯光、喇叭、刮雨器不全或失灵每项扣 2 分</td><td></td></tr>
<tr><td>防腐（6）分</td><td colspan="5">（1）车身、驾驶室、工作装置有锈蚀每处扣 2 分，严重锈蚀扣 3 分，大面积锈蚀扣 5 分。
（2）传动、制动、转向系统各运动副有锈蚀处每处扣 3 分，调整螺栓有锈蚀每个扣 1～2 分。
（3）油路、气路和橡胶制品腐蚀老化每处扣 1 分，严重者扣 2～5 分</td><td></td></tr>
</table>

续表

机械名称		机型规格		检　查　结　果		
出厂日期		机械编号		得分		
机械类别		司机姓名		检查人		
检查项目	检查内容及评分标准					扣分项目
三、零部件、附属装置齐全完整（10）分	（1）全车零部件、附件不全，影响小者扣2分，影响大者扣3～6分。 （2）随车工具残缺不全扣1～2分，全部丢失扣4分。 （3）坐垫丢失扣2分，固定资产标牌丢失扣2分。 （4）驾驶室、各部护罩变形每处扣2分，严重变形每处扣3～5分					
四、三定制度落实、运行记录齐全、操作人员基本素质提高（10）分	（1）三定制度未落实，无机长或设备负责人扣4分，不相对固定扣2分。 （2）无交接班制度、安全操作规程、润滑图表每项扣4分。 （3）无运行记录扣4分，记录填写不及时、数字不准确、内容不齐全每项扣3分。 （4）操作人员无证上岗扣4分，不了解本机基本性能、结构、保养常识、安全规程扣2～4分					

注　本表各项扣分扣至零分为止，不计负分。

表3-15　　混凝土搅拌楼、混凝土搅拌站检查表

使用单位：　　　　　　　　　　　　　　　检查日期：　　　年　月　日

机械名称			机型规格		检　查　结　果		
出厂日期			机械编号		得分		
机械类别			操作者姓名		检查人		
检查项目		检查内容及评分标准					扣分项目
一、技术状况好，工作能力达到规定要求（20）分		（1）电动机运转不正常、缺相或有严重异响每项扣5分。 （2）搅拌机不能正常工作或有异响扣5分。 （3）传感、称量、配比及搅拌控制系统不正常扣3～4分。 （4）配套的螺旋输送机、空气压缩机等不能正常工作每处扣3分。 （5）减速箱齿轮、各部轴承、联轴器松旷，运转中有异响者每项扣2～3分。 （6）全机漏水、漏电、漏气、漏油、漏沙、漏石、漏水泥者视严重程度每项扣1～2分					
二、使用保养（60）分	清洁（16）分	（1）全机表面有板结混凝土、油污，有积尘严重者每处扣3分，搅拌机内有板结混凝土，视严重程度扣4～6分。 （2）传动皮带、制动片（带）有油污者每处扣3分。 （3）电路、气路、水管路零乱不整齐每项扣1～2分。 （4）操作室内零乱不整洁扣4分，各仪表盘柜、电控柜内不整洁每项扣3分					
	润滑（15）分	（1）各润滑油面低于油尺下刻线扣4分，高于油尺上刻线扣3分。 （2）润滑油、润滑脂脏污、变质或与规定牌号不符者每项扣4分。 （3）黄油嘴（杯）每缺或堵塞一个扣2分，每缺润滑脂一个扣1分。 （4）开式齿轮缺润滑脂每处扣4分					

续表

机械名称		机型规格		检查结果	
出厂日期		机械编号		得分	
机械类别		操作者姓名		检查人	

检查项目		检查内容及评分标准	扣分项目
二、使用保养（60）分	紧固（15）分	（1）重要部位（如重要结构连接螺栓、电动机、减速箱、轴承座固定螺栓、传动轴、皮带轮、电源线接线螺钉等）螺钉每松动一个扣2分，每断缺一个扣3分。 （2）一般固定螺栓松动一个扣1分，断缺一个扣2分。 （3）止动装置（开口销、止动板、止动片、定位螺栓）失效，视重要程度每处扣2～4分	
	调整（8）分	（1）安全装置失调每项扣5分，失灵每处扣10分。 （2）输入轴、输出轴同轴度、齿轮啮合间隙、输送皮带失调者每项扣2～3分。 （3）各种仪表、传感器、调节器不全或失灵每项扣2～3分	
	防腐（6）分	（1）全机各机构、结构有锈蚀每处扣1～2分、严重锈蚀扣3分、大面积锈蚀扣5分。 （2）运动副（轴承与轴套、滑道与滑块、万向节等）有锈蚀每处扣3分。 （3）油、水、气管路锈蚀老化或橡胶制品腐蚀老化，电源线绝缘老化每项扣1分，严重者扣2～4分	
三、零部件、附属装置齐全完整（10）分		（1）全车零部件、附件不全，影响小者扣2分、影响大者扣3～5分。 （2）随车主要或专用工具丢失或损坏者扣1～2分、全部丢失扣4分。 （3）各部附件、结构、护罩变形每处扣2分，丢失每处扣5分。 （4）固定资产标牌丢失扣2分	
四、三定制度落实、运行记录齐全、操作人员基本素质提高（10）分		（1）三定制度未落实，无设备负责人扣4分，不相对固定扣2分。 （2）无交接班制度、安全操作规程、润滑图表每项扣5分。 （3）无运行记录扣4分，记录填写不及时、数字不准确、内容不齐全每项扣3分。 （4）操作人员无证上岗扣4分，不掌握本机性能、构造、原理、日常保养规程、安全规程每项内容扣2～4分	

注 本表各项扣分扣至零分为止，不计负分。

表3-16　　混凝土搅拌机、砂浆搅拌机、麻刀机等混凝土机械设备检查表

使用单位：　　　　　　　　　　　　　　　　检查日期：　　　年　月　日

机械名称		机型规格		检查结果	
出厂日期		机械编号		得分	
机械类别		操作者姓名		检查人	

检查项目	检查内容及评分标准	扣分项目
一、技术状况好，工作能力达到规定要求（20）分	（1）动力装置、工作机构不能正常工作每项扣6分。 （2）动力装置、工作机构运转不平稳，制动、转向不灵活，有冲击振动或有严重异响每项扣4分。 （3）搅拌叶轮、叶片等缺损者每项扣4分	

续表

<table>
<tr><td colspan="2">机械名称</td><td></td><td>机型规格</td><td></td><td colspan="2">检 查 结 果</td></tr>
<tr><td colspan="2">出厂日期</td><td></td><td>机械编号</td><td></td><td>得分</td><td></td></tr>
<tr><td colspan="2">机械类别</td><td></td><td>操作者姓名</td><td></td><td>检查人</td><td></td></tr>
<tr><td colspan="2">检查项目</td><td colspan="4">检查内容及评分标准</td><td>扣分项目</td></tr>
<tr><td rowspan="5">二、使用保养（68）</td><td>清洁（20）分</td><td colspan="4">（1）搅拌机内外有板结混凝土、灰浆视严重程度每项扣4～8分。
（2）机械其他部位脏污视情况扣2～3分。
（3）传动皮带有油污者扣3分。
（4）电气箱内不清洁扣2～3分</td><td></td></tr>
<tr><td>润滑（19）分</td><td colspan="4">（1）减速箱油油面低于油尺下刻线扣5分，高于油尺上刻线扣3分。
（2）各加油点缺油每处扣3分，缺黄油嘴（杯）者每个扣4分，开式齿轮缺润滑脂扣4分。
（3）润滑油、润滑脂变质脏污或与规定牌号不符者扣4分</td><td></td></tr>
<tr><td>紧固（15）分</td><td colspan="4">（1）重要部位（如电动机、减速机、钢丝绳卡、联轴器、传动销、搅拌叶）固定螺栓每松动一个扣3分，每断缺一个扣4分。
（2）一般螺栓松动一个扣1分，断缺一个扣2分。
（3）止动销、止动板、止动片、螺栓失效每处扣4分</td><td></td></tr>
<tr><td>调整（8）分</td><td colspan="4">（1）安全防护装置失灵每项扣10分。
（2）主要调整间隙、张紧度没有调到规定要求每项扣3分，一般部位调整不当扣2分。
（3）无漏电保护扣5分，电源无超载保护装置扣3分</td><td></td></tr>
<tr><td>防腐（6）分</td><td colspan="4">（1）主要构件、部件（如滚筒轨道、钢丝绳等）有锈蚀者扣3分，严重者扣5分。
（2）一般部位锈蚀者扣1～2分，大面积锈蚀扣5分。
（3）电缆老化、破损，橡胶制品腐蚀老化每项扣2分，严重者扣5分。
（4）无防雨篷、没做到上盖下垫扣3分，集中使用的无篷、排列不整齐扣4分</td><td></td></tr>
<tr><td colspan="2">三、零部件、附属装置齐全完整（6）分</td><td colspan="4">全机各零件、附件、防护罩破损不全，影响小者扣2分，影响大者扣3～6分</td><td></td></tr>
<tr><td colspan="2">四、三定制度落实、运行记录齐全、操作人员基本素质提高（6）分</td><td colspan="4">（1）三定制度未落实，无设备负责人、无安全操作规程每项扣4分，设备主人不相对固定扣2分。
（2）操作人员无证上岗扣4分，不了解本机基本性能、结构、保养常识、安全规程者每项扣2～4分</td><td></td></tr>
</table>

注 本表各项扣分扣至零分为止，不计负分。

表 3-17　　钢筋弯曲机、切断机、U形卡机等钢筋机械检查表

使用单位：　　　　　　　　　　　　　　　　　　　　　检查日期：　　年　月　日

<table>
<tr><td colspan="2">机械名称</td><td></td><td>机型规格</td><td></td><td colspan="3">检　查　结　果</td></tr>
<tr><td colspan="2">出厂日期</td><td></td><td>机械编号</td><td></td><td>得分</td><td colspan="2"></td></tr>
<tr><td colspan="2">机械类别</td><td></td><td>操作者姓名</td><td></td><td>检查人</td><td colspan="2"></td></tr>
<tr><td colspan="2">检查项目</td><td colspan="5">检查内容及评分标准</td><td>扣分项目</td></tr>
<tr><td colspan="2">一、技术状况好，工作能力达到规定要求（20）分</td><td colspan="5">（1）动力装置、工作装置不能正常工作每项扣6分。
（2）各传动工作机构磨损严重或有严重异响扣4分，操作机构失灵每项扣5分。
（3）减速箱、工作机构漏油，动力及控制机构漏电每项扣3分</td><td></td></tr>
<tr><td rowspan="5">二、使用保养（66）分</td><td>清洁（16）分</td><td colspan="5">（1）动力装置、传动机构、工作装置有油污或积尘严重每处扣3分。
（2）关键部位积污多、钢筋氧化铁屑不及时清理而影响工作者扣4分。
（3）电气控制箱内有积尘、杂物，电气线束零乱不整洁每处扣1～2分</td><td></td></tr>
<tr><td>润滑（18）分</td><td colspan="5">（1）润滑油油面低于油尺下刻线扣5分，高于油尺上刻线扣3分。
（2）各润滑点缺油、堵塞每处扣3分，每缺一个黄油嘴（杯）扣4分。
（3）润滑油、润滑脂变质脏污或与规定牌号不符者扣4分</td><td></td></tr>
<tr><td>紧固（18）分</td><td colspan="5">（1）重要部位（如刀具、刀架、电动机、减速箱、传动销、定位螺栓等）螺栓每松动一个扣3分，每断缺一个扣4分。
（2）防护罩未固定每处扣3分。
（3）一般部位螺栓松动一个扣1分，断缺一个扣2分。
（4）电源线接线螺钉松动每处扣2分</td><td></td></tr>
<tr><td>调整（8）分</td><td colspan="5">（1）直接影响工作或安全的间隙调整不当每处扣4分。
（2）各种传动机构（联轴器、皮带等）调整不当每处扣3分。
（3）安全防护装置失灵每处扣10分</td><td></td></tr>
<tr><td>防腐（6）分</td><td colspan="5">（1）全机表面有锈蚀每处扣2分，严重锈蚀扣3分，大面积锈蚀扣5分。
（2）电源老化、破损每处扣1分，严重者扣2～4分。
（3）无防雨篷、没做到上盖下垫扣3分，集中使用的无篷、排列不整齐扣4分</td><td></td></tr>
<tr><td colspan="2">三、零部件、附属装置齐全完整（8）分</td><td colspan="5">（1）电源无超载保护措施扣4分，无漏电保护扣5分。
（2）防护罩破损、严重变形扣3分，丢失扣4分。
（3）其他零部件、附件残缺，影响小者扣2分，影响大者扣4分。
（4）固定资产标牌丢失者扣2分</td><td></td></tr>
<tr><td colspan="2">四、三定制度落实、运行记录齐全、操作人员基本素质提高（6）分</td><td colspan="5">（1）三定制度未落实，无设备负责人、无安全操作规程每项扣4分。
（2）操作人员无证上岗扣4分，不了解本机基本性能、结构、保养常识、安全规程者每项扣2～4分</td><td></td></tr>
</table>

注　本表各项扣分扣至零分为止，不计负分。

表 3-18　车床、刨床、铣床、镗床、破口机、剪板机、联合冲剪机、弯管机等金属加工设备检查表

使用单位：　　　　　　　　　　　　　　　　检查日期：　　年　月　日

<table>
<tr><td colspan="2">机械名称</td><td></td><td>机型规格</td><td></td><td colspan="3">检 查 结 果</td></tr>
<tr><td colspan="2">出厂日期</td><td></td><td>机械编号</td><td></td><td>得分</td><td colspan="2"></td></tr>
<tr><td colspan="2">机械类别</td><td></td><td>操作者姓名</td><td></td><td>检查人</td><td colspan="2"></td></tr>
<tr><td colspan="2">检查项目</td><td colspan="5">检查内容及评分标准</td><td>扣分项目</td></tr>
<tr><td colspan="2">一、技术状况好，工作能力达到规定要求（20）分</td><td colspan="5">（1）动力装置、工作机构不能正常工作，机床不能反向制动平稳调速每项扣 5 分。
（2）机床运转不平稳、有冲击振动、异响或局部过热每项扣 4 分。
（3）机床达不到应有加工精度或达不到规定出力标准扣 4 分。
（4）全车各部有漏油、漏电、漏水，视严重程度每处扣 3 分。
（5）拖板、溜板箱、滑枕正反向移动有卡滞、冲击、爬行、振动每项扣 2 分</td><td></td></tr>
<tr><td rowspan="5">二、使用保养（60）分</td><td>清洁（16）分</td><td colspan="5">（1）机床内外不清洁扣 2 分，有严重油污、积尘（屑）扣 4 分。
（2）冷却水（油）池（箱）积污、变质发臭每项扣 4 分。
（3）传动皮带有油污扣 3 分。
（4）电气箱内不清洁、线路不整齐、导轨、丝杠表面有金属屑或乱放物品者每项扣 2 分</td><td></td></tr>
<tr><td>润滑（15）分</td><td colspan="5">（1）各润滑油、液压油位不符合标准每项扣 4 分。
（2）各加油点缺油每处扣 2 分。
（3）黄油嘴（杯）每缺或堵塞一个扣 2 分，缺油每处扣 1 分，油泵不泵油扣 5 分。
（4）润滑油、润滑脂、液压油脏污变质或与规定牌号不符每项扣 4 分</td><td></td></tr>
<tr><td>紧固（15）分</td><td colspan="5">（1）重要部位（如电动机、油泵、刀架、刀具、滑动面压板）固定螺栓松动一个扣 3 分，每断缺一个扣 4 分。
（2）一般螺栓松动一个扣 1 分，断缺一个扣 2 分，防护罩未固定者每处扣 2 分。
（3）各止动装置（开口销、止动板、止动片、止动螺栓）失效，视重要程度每处扣 2～4 分</td><td></td></tr>
<tr><td>调整（8）分</td><td colspan="5">（1）安全防护装置、限位失灵扣 10 分。
（2）主要间隙、张紧度（如皮带、离合器、挂轮、导轨滑枕等）调整不符合规定每项扣 3 分</td><td></td></tr>
<tr><td>防腐（6）分</td><td colspan="5">（1）机床导轨、丝杠有锈斑每处扣 4 分，严重者扣 5 分。
（2）整机一般部位锈蚀扣 2 分，严重锈蚀扣 3 分，大面积锈蚀扣 5 分。
（3）机床油漆剥落视其程度扣 1～3 分</td><td></td></tr>
<tr><td colspan="2">三、零部件、附属装置齐全完整（10）分</td><td colspan="5">（1）全机各零件、附件（防护罩、照明灯、冷却液管、模具等）不全，影响小者扣 2 分、影响大者扣 3～6 分。
（2）随机工具残缺不全扣 1～2 分，全部丢失扣 4 分。
（3）工具、刀具摆放不整齐，保管不完善扣 2 分</td><td></td></tr>
</table>

续表

机械名称		机型规格		检查结果		
出厂日期		机械编号		得分		
机械类别		操作者姓名		检查人		
检查项目	检查内容及评分标准					扣分项目
四、三定制度落实、运行记录齐全、操作人员基本素质提高（10）分	（1）三定制度未落实，无设备负责人扣4分，不相对固定扣2分。 （2）无安全操作规程、保养润滑图表每项扣4分。 （3）无运行记录扣4分，记录填写不及时、数字不准确、内容不齐全每项扣3分。 （4）操作人员无证上岗扣4分，不了解本机性能、结构、保养常识、安全规程每项扣2～4分					

注 本表各项扣分扣至零分为止，不计负分。

表3-19 **焊接设备检查表**

使用单位： 检查日期： 年 月 日

机械名称		机型规格		检查结果		
出厂日期		机械编号		得分		
机械类别		操作者姓名		检查人		
检查项目		检查内容及评分标准				扣分项目
一、技术状况好，工作能力达到规定要求（20）分		（1）焊机不能正常启动使用扣6分。 （2）焊接电流或碰焊电压级数在规定范围内不能调节扣5分，调节范围变小扣3分。 （3）焊机漏电扣5分，水冷却焊机漏水或水路不通每项扣4分，漏气扣4分。 （4）特种焊机达不到规定性能扣4分				
二、使用保养（60）分	清洁（16）分	（1）焊机及工作装置有积尘、污物每项扣2分，关键部位积污严重、影响工作者扣4分。 （2）整流子表面有积炭变黑扣5分。 （3）碰焊机残留旧焊渣铁屑扣4分，停用后水管内有积水扣2分				
	润滑（10）分	（1）焊机轴承室及各润滑点缺油或堵塞每处扣4分。 （2）各加油点缺油每处扣2分。 （3）润滑油、润滑脂、脏污变质或与规定牌号不符每项扣4分				
	紧固（20）分	（1）重要部位螺栓松动一个扣3分，每断缺一个扣4分，一般螺栓松动一个扣1分，断缺一个扣2分。 （2）一、二次线接线螺栓松动扣6分，无接线螺栓扣8分，快速接头插接不牢扣5分，接线板损坏扣5分，一次线头外露扣5分。 （3）防护罩未固定每处扣3分。 （4）焊机地线不符合规范扣5分				

续表

<table>
<tr><td>机械名称</td><td></td><td>机型规格</td><td></td><td colspan="3">检　查　结　果</td></tr>
<tr><td>出厂日期</td><td></td><td>机械编号</td><td></td><td>得分</td><td colspan="2"></td></tr>
<tr><td>机械类别</td><td></td><td>操作者姓名</td><td></td><td>检查人</td><td colspan="2"></td></tr>
<tr><td colspan="2">检查项目</td><td colspan="4">检查内容及评分标准</td><td>扣分项目</td></tr>
<tr><td rowspan="2">二、使用保养（60）分</td><td>调整（8）分</td><td colspan="4">（1）直接影响工作或安全的部位调整不符合要求每项扣3分，调整机构失灵每项扣5分。
（2）焊接工作碳刷、励磁碳刷磨损严重未及时更换每项扣4分。
（3）焊接设备配用的电流表、电压表、压力表未及时检定扣2分</td><td></td></tr>
<tr><td>防腐（6）分</td><td colspan="4">（1）焊机机身有锈蚀每处扣2分，严重锈蚀扣3分，大面积锈蚀扣5分。
（2）焊机一、二次线有破损每处3分，严重破损或用其他导线代替扣5分。
（3）无防雨措施扣3分，集中使用的无箱或笼扣5分</td><td></td></tr>
<tr><td colspan="2">三、零部件、附属装置齐全完整（10）分</td><td colspan="4">（1）主要零部件（电流调节手柄或手轮、电流调节器、电压表、电流表、压力表等）、附件丢失或损坏每项扣4分。
（2）机壳、防护罩破损、严重变形每项扣3分，附件残缺、影响小者扣2分，影响大者扣3～6分。
（3）焊机电源无过载保护措施扣4分，无漏电保护扣5分。
（4）固定资产标牌丢失者扣2分</td><td></td></tr>
<tr><td colspan="2">四、三定制度落实、运行记录齐全、操作人员基本素质提高（10）分</td><td colspan="4">（1）三定制度未落实，无设备负责人、无安全操作规程每项扣4分。
（2）焊机操作人员未经技术培训无证上岗扣4分，不了解本机基本性能、大体结构、保养常识、安全规程每项扣2～4分</td><td></td></tr>
</table>

注　本表各项扣分扣至零分为止，不计负分。

表3-20　　柴油发电机组、空压机、柴油机等动力设备检查表

使用单位：　　　　　　　　　　　　　　　　检查日期：　　　年　月　日

<table>
<tr><td>机械名称</td><td></td><td>机型规格</td><td></td><td colspan="3">检　查　结　果</td></tr>
<tr><td>出厂日期</td><td></td><td>机械编号</td><td></td><td>得分</td><td colspan="2"></td></tr>
<tr><td>机械类别</td><td></td><td>操作者姓名</td><td></td><td>检查人</td><td colspan="2"></td></tr>
<tr><td>检查项目</td><td colspan="5">检查内容及评分标准</td><td>扣分项目</td></tr>
<tr><td>一、技术状况好，工作能力达到规定要求（20）分</td><td colspan="5">（1）动力机构不能正常运转或有严重异响扣6分。
（2）发电机、压缩机、油泵、真空泵等主要工作装置不能正常工作每项扣5分。
（3）全机各系统有漏油、漏水、漏电、漏气，视严重程度每项扣1～3分。
（4）离合器、联轴器、皮带传动等传动机构不能正常工作或有异响每项扣2分。
（5）设备达不到应有性能（如电压、电气、滤油精度）扣4分</td><td></td></tr>
</table>

续表

<table>
<tr><td colspan="2">机械名称</td><td></td><td>机型规格</td><td></td><td colspan="3">检 查 结 果</td></tr>
<tr><td colspan="2">出厂日期</td><td></td><td>机械编号</td><td></td><td>得分</td><td colspan="2"></td></tr>
<tr><td colspan="2">机械类别</td><td></td><td>操作者姓名</td><td></td><td>检查人</td><td colspan="2"></td></tr>
<tr><td colspan="2">检查项目</td><td colspan="5">检查内容及评分标准</td><td>扣分项目</td></tr>
<tr><td rowspan="5">二、使用保养（60）分</td><td>清洁（16）分</td><td colspan="5">（1）发动机、电动机、发电机、冷却系统及机体表面有油污或积尘严重者每项扣 2 分，操作箱、电气控制箱内积尘每项扣 2～3 分。
（2）机油、燃油、空气滤清器（芯）脏污或堵塞每项扣 5 分，压力滤油机滤网脏污或堵塞扣 6 分。
（3）蓄电池不清洁、通气孔堵塞每项扣 2 分，电解液不足扣 3 分。
（4）电气线路、油路、气管路零乱不整齐每项扣 1～2 分。
（5）传动皮带有油污扣 3 分</td><td></td></tr>
<tr><td>润滑（15）分</td><td colspan="5">（1）发动机、压缩机机油油面低于油尺下刻线扣 5 分，高于油尺上刻线扣 3 分。
（2）传动系各齿轮箱、补偿器油面不符合规定每项扣 4 分。
（3）润滑油、润滑脂、脏污变质或与规定牌号不符者每项扣 4 分。
（4）黄油嘴每缺或堵塞一个扣 2 分，每缺润滑脂一个扣 1 分</td><td></td></tr>
<tr><td>紧固（15）分</td><td colspan="5">（1）重要部位（如发动机、电动机、风扇、轮胎、减速箱、水箱、各种泵、阀、皮带轮、电瓶桩头、联轴器等）连接（固定）螺栓每松动一个扣 3 分，每断缺一个扣 4 分。
（2）一般部位螺栓每松动一个扣 1 分，每断缺一个扣 2 分。
（3）各止动装置（开口销、止动板、止动片、止动螺栓）失效，视重要程度每处扣 2～6 分</td><td></td></tr>
<tr><td>调整（8）分</td><td colspan="5">（1）离合器、联轴器、压力调节器调整不符合要求每项扣 3 分，失灵每项扣 5 分。
（2）各传动皮带张紧度失调每处扣 3 分。
（3）各种仪表、调节器不全或失灵每项扣 2 分，仪表未及时检定每项扣 2 分</td><td></td></tr>
<tr><td>防腐（6）分</td><td colspan="5">（1）设备有锈蚀每处扣 2 分，严重锈蚀扣 3 分，大面积锈蚀扣 5 分。
（2）各调整机构或调整螺栓有锈蚀每处扣 3 分。
（3）油路、水路、气管路、电缆和橡胶制品腐蚀老化扣 1 分，严重者扣 2～3 分</td><td></td></tr>
<tr><td colspan="2">三、零部件、附属装置齐全完整（10）分</td><td colspan="5">（1）整机零部件不全，影响小者扣 2 分，影响大者扣 3～6 分。
（2）各部护罩变形、玻璃破损每处扣 2 分，各部护罩丢失每处扣 4 分。
（3）安全防护装置失灵每处扣 10～20 分</td><td></td></tr>
<tr><td colspan="2">四、三定制度落实、运行记录齐全、操作人员基本素质提高（10）分</td><td colspan="5">（1）三定制度未落实，无设备负责人扣 4 分，不相对固定扣 2 分。
（2）无安全操作规程、润滑图表每项扣 4 分。
（3）无运行记录扣 4 分，记录填写不及时、数字不准确、内容不齐全每项扣 3 分。
（4）操作人员无证上岗扣 4 分，不掌握本机性能、构造、原理、日常保养规程、安全规程每项扣 2～4 分</td><td></td></tr>
</table>

注 本表各项扣分扣至零分为止，不计负分。

表 3-21　　**施工升降机、高空作业吊篮检查表**

使用单位：　　　　　　　　　　　　　　　　　　检查日期：　　　年　月　日

<table>
<tr><td colspan="2">机械名称</td><td></td><td>机型规格</td><td></td><td colspan="2">检 查 结 果</td></tr>
<tr><td colspan="2">出厂日期</td><td></td><td>机械编号</td><td></td><td>得分</td><td></td></tr>
<tr><td colspan="2">机械类别</td><td></td><td>操作者姓名</td><td></td><td>检查人</td><td></td></tr>
<tr><td colspan="2">检查项目</td><td colspan="4">检查内容及评分标准</td><td>扣分项目</td></tr>
<tr><td colspan="2">一、技术状况好，工作能力达到规定要求（20）分</td><td colspan="4">（1）动力机构运转不正常或有严重异响扣 6 分，操作及控制机构失灵扣 10 分。
（2）吊笼、吊篮、井架、导轨、齿轮齿条、悬挂机构有变形、裂纹、防护栏杆失效，钢丝绳磨损、断丝、畸变超标每处扣 6 分。
（3）防护栏门连锁保护失效每项扣 6 分。
（4）减速箱、各部轴承、联轴器松旷、运转中有异响者每项扣 3 分。
（5）设备漏电每处扣 4 分，漏油每处扣 2 分。
（6）各导向轮、导轨、制动轮、滑轮磨损严重每项扣 3～5 分</td><td></td></tr>
<tr><td rowspan="5">二、使用保养（60）分</td><td>清洁（16）分</td><td colspan="4">（1）减速机有油污、吊笼吊篮或操作室有杂物或积尘严重者每处扣 3 分。
（2）电气控制箱积尘、电气线路零乱每项扣 2～3 分。
（3）防护栏内有杂物扣 2 分</td><td></td></tr>
<tr><td>润滑（15）分</td><td colspan="4">（1）各齿轮箱油面不符合规定每处扣 4 分。
（2）润滑油、润滑脂脏污变质或与规定牌号不符者每项扣 4 分。
（3）黄油嘴（杯）每断缺或堵塞一个扣 2 分，缺润滑脂一个扣 1 分。
（4）轴承、齿轮、齿条、钢丝绳缺润滑脂每处扣 3 分</td><td></td></tr>
<tr><td>紧固（15）分</td><td colspan="4">（1）重要部位（如动力机构、井架及附着装置、悬吊机构等）连接（固定）螺栓每松动一个扣 4 分，每断缺一个扣 6 分，导轨架、附着杆螺栓松动每个扣 8 分。
（2）一般固定螺栓松动一个扣 1 分，每断缺一个扣 2 分。
（3）各止动装置（开口销、止动板、止动片、止动螺栓）失效，视重要程度每处扣 2～6 分</td><td></td></tr>
<tr><td>调整（8）分</td><td colspan="4">（1）各安全装置有缺陷每项扣 10 分。
（2）各轴承、轴套、传动机构（如齿轮啮合间隙、传动机构同轴度等）不符合要求每处扣 3 分。
（3）电气系统各滑环、电刷磨损超过规定标准每处扣 5 分。
（4）钢丝绳排列不齐、卷筒余留圈数不符合规范标准每处扣 3 分。
（5）导向轮、行走轮啃轨，每处扣 2 分。
（6）接地电阻、绝缘电阻未达规定要求扣 5 分</td><td></td></tr>
<tr><td>防腐（6）分</td><td colspan="4">（1）全机表面有锈蚀每处扣 2 分，严重锈蚀扣 3 分，大面积锈蚀扣 5 分。
（2）传动、制动系统有锈蚀每处扣 3 分。
（3）电缆和橡胶制品腐蚀老化、破损每处扣 1 分，严重者扣 2～5 分。
（4）钢丝绳锈蚀扣 3 分</td><td></td></tr>
</table>

续表

机械名称		机型规格		检查结果		
出厂日期		机械编号		得分		
机械类别		操作者姓名		检查人		
检查项目	检查内容及评分标准					扣分项目
三、零部件、附属装置齐全完整（10）分	（1）全机零部件不全，影响小者扣2分，影响大者扣3～6分。 （2）无层间门栏扣2分，无安全通道扣5分。 （3）无上下安全限位装置、断绳保护、防坠器、安全钩、重量限制器每项扣30分。 （4）无检验合格证扣10分。 （5）各部结构、护罩变形每处扣2分，丢失每处扣4分					
四、三定制度落实、运行记录齐全、操作人员基本素质提高（10）分	（1）三定制度未落实，无设备负责人扣4分，不相对固定扣2分。 （2）无安全操作规程、润滑图表、每项扣4分。 （3）无运行记录扣4分，记录填写不及时、数字不准确、内容不齐全每项扣3分。 （4）操作人员无证上岗扣4分，不掌握本机性能、构造、原理、日常保养规程、安全规程每项扣2～4分					

注 本表各项扣分扣至零分为止，不计负分。

表3-22 **牵张设备检查表**

使用单位： 检查日期： 年 月 日

机械名称			机型规格		检查结果		
出厂日期			机械编号		得分		
机械类别			操作者姓名		检查人		
检查项目		检查内容及评分标准					扣分项目
一、技术状况好，工作能力达到规定要求（20）分		（1）发动机不能正常工作或有严重异响扣6分，一般故障及异响扣2～3分。 （2）工作装置不能正常工作扣4～5分。 （3）发动机、工作装置漏水、漏电、漏油，视严重程度每项扣1～2分。 （4）变速器、离合器、减速器、传动轴、制动器、油泵、液压马达等不能正常工作或有严重异响每项扣2分					
二、使用保养（60）分	清洁（16）分	（1）发动机、工作装置有油污或积尘严重者每项扣3分。 （2）机油、燃油、液压油、空气滤清器（芯）脏污或堵塞每项扣5分。 （3）蓄电池不清洁、通气孔堵塞每项扣2分，电解液不足扣3分。 （4）电气线路、油路软管零乱不整齐每项扣2分					
	润滑（15）分	（1）发动机机油面低于油尺下刻线扣5分，高于油尺上刻线扣3分。 （2）齿轮油、液压油油面低于油尺下刻线每项扣4分，高于油尺上刻线扣3分。 （3）润滑油、润滑脂、液压油、齿轮油脏污变质或与规定牌号不符每项扣4分。 （4）黄油嘴每缺或堵塞一个扣2分，每缺润滑脂一个扣1分					

续表

<table>
<tr><td>机械名称</td><td></td><td>机型规格</td><td></td><td colspan="3">检 查 结 果</td></tr>
<tr><td>出厂日期</td><td></td><td>机械编号</td><td></td><td>得分</td><td colspan="2"></td></tr>
<tr><td>机械类别</td><td></td><td>操作者姓名</td><td></td><td>检查人</td><td colspan="2"></td></tr>
<tr><td colspan="2">检查项目</td><td colspan="4">检查内容及评分标准</td><td>扣分项目</td></tr>
<tr><td rowspan="3">二、使用保养（60）分</td><td>紧固（15）分</td><td colspan="4">（1）重要部位（如发动机、减速器、工作装置、各种泵、阀、液压马达、滑车等）固定螺栓、钢丝绳卡螺栓、电瓶桩头螺栓等松动一个扣3分，每缺一个扣4分。
（2）各止动装置（开口销、止动板、止动片、止动螺栓）失效，视重要程度每处扣2～4分。
（3）一般螺栓松动一个扣1分，每断缺一个扣2分</td><td></td></tr>
<tr><td>调整（8）分</td><td colspan="4">（1）安全过载保护装置缺陷每项扣10分。
（2）离合器、制动器、滑车、导线尾车、牵引绳尾车、各连接器调整不符合要求每项扣3分，失灵每项扣5分。
（3）发电机、水泵、风扇皮带失调每项扣3分。
（4）油压（润滑油、液压油）不符合规定每项扣3分。
（5）各种仪表、灯光不全或失灵每项扣2分</td><td></td></tr>
<tr><td>防腐（6）分</td><td colspan="4">（1）车身、工作装置有锈蚀每处扣2分，严重锈蚀扣3分，大面积锈蚀扣5分。
（2）钢丝绳锈蚀扣3分，断丝或变形超标每处扣6分。
（3）橡胶制品腐蚀老化扣1分，严重者扣2～3分</td><td></td></tr>
<tr><td colspan="2">三、零部件、附属装置齐全完整（10）分</td><td colspan="4">（1）无安全保护装置、接地滑车、可靠的锚固装置扣30分。
（2）全车零部件、附件不全，影响小者扣2分，影响大者扣3～6分。
（3）随车工具残缺不全扣1～2分，全部丢失扣4分。
（4）无安全使用许可证扣10分</td><td></td></tr>
<tr><td colspan="2">四、三定制度落实、运行记录齐全、操作人员基本素质提高（10）分</td><td colspan="4">（1）三定制度未落实，无机长或设备负责人扣4分，不相对固定扣2分。
（2）无安全操作规程、起重性能表、保养润滑图表每项扣4分。
（3）无运行记录扣4分，记录填写不及时、数字不准确、内容不齐全每项扣3分。
（4）操作人员无证上岗扣4分，不了解本机基本性能、结构、保养常识、安全规程扣2～4分</td><td></td></tr>
</table>

注　本表各项扣分扣至零分为止，不计负分。

表3-23　　其他机械检查表

使用单位：　　　　　　　　　　　　　　　　检查日期：　　年　月　日

<table>
<tr><td>机械名称</td><td></td><td>机型规格</td><td></td><td colspan="3">检 查 结 果</td></tr>
<tr><td>出厂日期</td><td></td><td>机械编号</td><td></td><td>得分</td><td colspan="2"></td></tr>
<tr><td>机械类别</td><td></td><td>操作者姓名</td><td></td><td>检查人</td><td colspan="2"></td></tr>
<tr><td>检查项目</td><td colspan="5">检查内容及评分标准</td><td>扣分项目</td></tr>
<tr><td>一、技术状况好，工作能力达到规定要求（20）分</td><td colspan="5">（1）动力装置、工作装置不能正常工作或有严重异响扣6分。
（2）动力装置、传动机构、工作装置漏油、漏水、漏电、漏气每处扣2分。
（3）各传动件磨损严重扣3～4分，操纵及控制机构失灵扣5分。
（4）设备达不到应有性能或精度扣3～5分</td><td></td></tr>
</table>

续表

<table>
<tr><td colspan="2">机械名称</td><td></td><td>机型规格</td><td></td><td colspan="2">检 查 结 果</td></tr>
<tr><td colspan="2">出厂日期</td><td></td><td>机械编号</td><td></td><td>得分</td><td></td></tr>
<tr><td colspan="2">机械类别</td><td></td><td>操作者姓名</td><td></td><td>检查人</td><td></td></tr>
<tr><td colspan="2">检查项目</td><td colspan="4">检查内容及评分标准</td><td>扣分项目</td></tr>
<tr><td rowspan="5">二、使用保养（60）分</td><td>清洁（16）分</td><td colspan="4">（1）动力装置、传动机构、工作装置有或积尘严重者每处扣3分。
（2）关键部位积污严重影响工作者每处扣4分。
（3）传动皮带有油污扣3分。
（4）电气控制箱不清洁、电气线路、油路、水管路软管零乱不齐每项扣2分</td><td></td></tr>
<tr><td>润滑（15）分</td><td colspan="4">（1）润滑油油面不符合标准扣4分。
（2）各润滑点缺油每处扣1～2分，缺黄油嘴（杯）每个扣3分。
（3）油变质未及时更换扣4分</td><td></td></tr>
<tr><td>紧固（15）分</td><td colspan="4">（1）重要部位（螺钉、铆钉）松动每处扣3分，每断缺一个扣4分。
（2）一般部位螺钉松动一个扣1分，断缺一个扣2分。
（3）各止动装置（开口销、止动板、止动片、止动螺栓）失效，视重要程度每处扣2～6分。
（4）防护罩未固定每处扣2分</td><td></td></tr>
<tr><td>调整（8）分</td><td colspan="4">（1）直接影响工作或安全的部位调整不符合要求每项扣5分，失灵每项扣20分。
（2）各种传动皮带、链条张紧度、齿轮啮合间隙调整不当每处扣3分。
（3）一般部位调整不当扣2分</td><td></td></tr>
<tr><td>防腐（6）分</td><td colspan="4">（1）金属机身有锈蚀每处扣1～2分，严重锈蚀扣3分，大面积锈蚀扣5分。
（2）非金属腐蚀视情况扣1～3分。
（3）电源线破损每处扣2分，严重者扣3～5分。
（4）钢丝绳锈蚀扣3分，断丝、变形、磨损超标未及时更换每项扣6分</td><td></td></tr>
<tr><td colspan="2">三、零部件、附属装置齐全完整（10）分</td><td colspan="4">（1）整机零部件不全，影响小者扣2分，影响大者扣3～6分。
（2）防护罩破损、严重变形扣2分，丢失者扣4分。
（3）随机工具不全扣1～2分，全部丢失扣5分</td><td></td></tr>
<tr><td colspan="2">四、三定制度落实、运行记录齐全、操作人员基本素质提高（10）分</td><td colspan="4">（1）三定制度未落实，无安全操作规程每项扣4分。
（2）无运行记录扣4分，记录填写不及时、数字不准确、内容不齐全每项扣3分。
（3）操作人员无证上岗扣4分，不了解本机基本性能、大体结构、保养常识、安全规程每项扣2～4分</td><td></td></tr>
</table>

注 本表各项扣分扣至零分为止，不计负分。

表 3-24　　桥架型起重机安全技术状况检查表

受检单位：　　　　　　　　　　型号：

检查项目	项目编号	检　查　内　容	存在缺陷
1. 作业环境及外观	1.1	不安全环境防护措施	
	1.2	标牌及检验合格证	
	1.3	危险部位标志	
	1.4	安全距离	
	1.5	梯子、栏杆、护圈、平台、踢脚板	
	1.6	机容、机貌	
2. 金属结构	2.1	金属结构状况	
	2.2	金属结构连接	
	2.3	主梁上拱度和上翘度	
	2.4	主梁腹板局部平面度或杆件直线度	
	2.5	跨度偏差或小车轮磨损	
	2.6	小车轨道	
	2.6.1	小车轨道固定和平直状况	
	2.6.2	小车轨道接缝	
	2.7	司机室	
	2.7.1	司机室结构和固定	
	2.7.2	司机室必备设施和门锁	
	2.7.3	司机室玻璃、视野及开门方向	
	2.7.4	司机室张贴安全规程、负责人等	
3. 大车轨道	3.1	轨道基础状况	
	3.2	轨道固定状况	
	3.3	轨道平直状况	
	3.4	轨道接缝	
	3.5	轨道跨接线	
	3.6	排水沟	
	3.7	行走电缆托架	
4. 主要零部件及机构	4.1	吊钩	
	4.1.1	吊钩缺陷及危险断面磨损	
	4.1.2	吊钩防脱绳装置	
	4.2	钢丝绳	
	4.2.1	钢丝绳固定和绳卡	
	4.2.2	钢丝绳卷筒余留圈数	
	4.2.3	钢丝绳磨损	
	4.2.4	钢丝绳断丝与断股	
	4.3	滑轮	
	4.3.1	滑轮缺陷	
	4.3.2	滑轮防脱槽装置	
	4.4	制动器	

续表

检查项目	项目编号	检 查 内 容	存在缺陷
4. 主要零部件及机构	4.4.1	制动器零部件缺陷	
	4.4.2	制动轮与摩擦片	
	4.4.3	制动器调整情况	
	4.5	减速器	
	4.5.1	减速器连接与固定	
	4.5.2	减速器运转与声响	
	4.6	开式齿轮啮合与磨损	
	4.7	大车轮磨损	
	4.8	联轴器工作情况	
	4.9	卷筒	
	4.9.1	卷筒缺陷	
	4.9.2	排绳器及排绳情况	
	4.10	润滑	
	4.10.1	各部润滑情况及油杯、油嘴	
	4.10.2	油箱、油尺及油量、油质	
5. 电气	5.1	电源箱柜	
	5.1.1	电源箱、电气柜及电器元件	
	5.1.2	馈电装置	
	5.2	线路敷设及绝缘	
	5.3	总电源开关	
	5.4	电气保护	
	5.4.1	电气隔离装置	
	5.4.2	总电源回路的短路保护	
	5.4.3	失压保护	
	5.4.4	零位保护	
	5.4.5	机构过流保护	
	5.4.6	便携式控制装置	
	5.5	照明	
	5.6	信号及电铃	
	5.7	接地	
	5.7.1	电气设备接地	
	5.7.2	金属结构及轨道接地	
6. 安全装置和防护装置	6.1	高度限位器	
	6.2	行程限位器	
	6.3	起量限制器	
	6.4	轨道止挡和碰尺	
	6.5	缓冲装置	
	6.6	夹轨钳和铁鞋	
	6.7	扫轨板	

续表

检查项目	项目编号	检 查 内 容	存在缺陷
6. 安全装置和防护装置	6.8	防倾翻安全钩	
	6.9	检修吊笼	
	6.10	紧急断电开关	
	6.11	通道口连锁保护	
	6.12	滑线护板	
	6.13	防护罩	
	6.14	风速仪（吊高大于12m，室外）	

注　此表适用于对施工现场桥架型起重机械安全技术状况的检查。

表 3-25　　塔式起重机安全技术状况检查表（包括电站门座起重机和水电站门式起重机）

受检单位：　　　　　　　　　　　　　　型号：

检查项目	项目编号	检 查 内 容	存在缺陷
1. 作业环境及外观	1.1	不安全环境防护措施	
	1.2	标牌及检验合格证	
	1.3	危险部位标志	
	1.4	安全距离	
	1.5	梯子、栏杆、护圈、平台、踢脚板	
	1.6	机容、机貌	
2. 金属结构	2.1	金属结构状况	
	2.2	金属结构连接	
	2.3	塔身垂直度	
	2.4	平衡重及压重数量、位置及固定	
	2.5	附着装置的连接及布置	
	2.6	司机室	
	2.6.1	司机室结构和固定	
	2.6.2	司机室必备设施和门锁	
	2.6.3	司机室玻璃、视野及开门方向	
	2.6.4	司机室张贴操作规程、负责人等	
3. 基础或轨道	3.1	轨道基础状况	
	3.2	轨道固定状况	
	3.3	轨道平直状况	
	3.4	轨道接缝	
	3.5	轨道跨接线	
	3.6	排水沟	
	3.7	行走电缆托架	
	3.8	基础周围情况	
	3.9	混凝土基础质量	

续表

检查项目	项目编号	检 查 内 容	存在缺陷
4. 主要零部件及机构	4.1	吊钩	
	4.1.1	吊钩缺陷及危险断面磨损	
	4.1.2	吊钩防脱绳装置	
	4.2	钢丝绳	
	4.2.1	钢丝绳固定和绳卡	
	4.2.2	钢丝绳卷筒余留圈数	
	4.2.3	钢丝绳磨损	
	4.2.4	钢丝绳断丝与断股	
	4.3	滑轮	
	4.3.1	滑轮缺陷	
	4.3.2	滑轮防脱槽装置	
	4.4	制动器	
	4.4.1	制动器零部件缺陷	
	4.4.2	制动轮与摩擦片	
	4.4.3	制动器调整情况	
	4.5	减速器	
	4.5.1	减速器连接与固定	
	4.5.2	减速器运转与声响	
	4.6	开式齿轮啮合与磨损	
	4.7	大车轮磨损	
	4.8	联轴器工作情况	
	4.9	卷筒	
	4.9.1	卷筒缺陷	
	4.9.2	排绳器及排绳情况	
	4.10	润滑	
	4.10.1	各部润滑情况及油杯、油嘴	
	4.10.2	油箱、油尺及油量、油质	
5. 电气	5.1	电源箱柜	
	5.1.1	电源箱、电气柜及电器元件	
	5.1.2	馈电装置	
	5.2	线路敷设及绝缘	
	5.3	总电源开关	
	5.4	电气保护	
	5.4.1	电气隔离装置	
	5.4.2	总电源回路的短路保护	
	5.4.3	失压保护	
	5.4.4	零位保护	
	5.4.5	机构过流保护	
	5.4.6	断错相保护	
	5.5	便携式控制装置	

续表

检查项目	项目编号	检　查　内　容	存在缺陷
5. 电气	5.6 5.7 5.8 5.8.1 5.8.2	照明 信号及电铃 接地 电气设备接地 金属结构及轨道接地	
6. 安全装置和防护装置	6.1 6.2 6.3 6.4 6.5 6.6 6.7 6.8 6.9 6.10 6.11 6.12 6.13 6.14 6.15 6.16 6.17 6.18 6.19	高度限位器 行程限位器 起量限制器 力矩限制器 防后倾装置 风速仪 障碍灯 防小车断绳装置 防小车坠落装置 回转限制 小车自动减速 轨道止挡和碰尺 缓冲装置 夹轨钳和铁鞋 扫轨板 检修吊笼 紧急断电开关 通道口连锁保护 防护罩	
7. 液压	7.1 7.2 7.3 7.4	液压管路连接和泄漏 橡胶管路的老化情况 防止过载和液压冲击安全装置 液压缸的平衡阀和液压锁	
8. 登机电梯	8.1 8.2 8.3 8.4 8.5 8.6 8.7	吊笼安全状况 齿条啮合和安装情况 运行振动和声响 防坠落安全装置 行程限位 紧急断电开关 重量限制器	

注　此表适用于对施工现场塔式起重机械安全技术状况的检查。

表 3-26　　流动式起重机安全技术状况检查表

受检单位：　　型号：

检查项目	项目编号	检 查 内 容	存在缺陷
1. 作业环境及外观	1.1	不安全环境防护措施	
	1.2	标牌及检验合格证	
	1.3	安全标志	
	1.4	机容、机貌	
2. 金属结构	2.1	金属结构状况	
	2.2	金属结构连接及配重固定	
	2.3	履带、拖轮、滑块和支撑梁	
	2.4	伸缩油缸和支撑油缸	
	2.5	底盘、转向销杆和弹簧钢板	
	2.6	轮胎及固定螺栓	
	2.7	臂架	
	2.7.1	箱形起重臂各节臂架侧面间隙伸缩情况	
	2.7.2	桁架起重臂各节杆件不得有损伤、变形	
	2.7.3	整长臂架直线度	
	2.8	支腿	
	2.8.1	支腿收放和固定情况	
	2.8.2	支腿可靠支撑	
	2.8.3	支腿液压油缸泄漏情况	
3. 操纵室（包括行驶驾驶室）	3.1	固定和视野	
	3.2	雨刮器和遮阳板	
	3.3	门、窗开启和门锁	
	3.4	室内起重量表和性能曲线等	
4. 主要零部件及机构	4.1	吊钩	
	4.1.1	吊钩缺陷及危险断面磨损	
	4.1.2	吊钩防脱绳装置	
	4.2	钢丝绳	
	4.2.1	钢丝绳固定和绳卡	
	4.2.2	钢丝绳余留圈数	
	4.2.3	钢丝绳磨损	
	4.2.4	钢丝绳断丝与断股	
	4.3	滑轮	
	4.3.1	滑轮缺陷	
	4.3.2	滑轮防脱槽装置	
	4.4	制动器	
	4.4.1	制动器零部件缺陷	
	4.4.2	制动轮与摩擦片	
	4.4.3	制动器调整情况	

续表

检查项目	项目编号	检查内容	存在缺陷
4. 主要零部件及机构	4.5 4.5.1 4.5.2 4.6 4.7 4.8 4.8.1 4.8.2 4.9 4.9.1 4.9.2	减速器 减速器连接与固定 减速器运转与声响 开式齿轮啮合与磨损 联轴器工作情况 卷筒 卷筒缺陷 排绳器及排绳情况 润滑 各部润滑情况及油杯、油嘴 油箱、油尺及油量、油质	
5. 发动机	5.1 5.2 5.3 5.4 5.5	清洁情况 运转情况 油气泄漏情况 排烟情况 异响和振动	
6. 操纵系统	6.1 6.2	各操纵柄杆和踏板无损伤、卡涩并灵活可靠，中位或零位可靠 各种仪表完整并指示准确	
7. 安全装置和防护装置	7.1 7.2 7.3 7.4 7.5 7.6 7.7 7.8 7.9 7.10	高度限位器（主、副钩） 力矩限制器 起重量、力矩、幅度高度等显示器（屏） 水平仪 幅度仰角指示仪 幅度限位开关（塔式包括主、副臂） 防后倾撑杆及装置（塔式包括主、副臂） 喇叭 风速仪 各机构防护罩	
8. 液压系统	8.1 8.2 8.3 8.4 8.5 8.6	液压系统运行情况 液压管路、接头、阀组、油泵、液压马达泄漏情况 软管连接不得老化 平衡阀和液压锁应刚性连接 液压油箱应有过滤装置 蓄能器应有安全标志	

续表

检查项目	项目编号	检　查　内　容	存在缺陷
9. 电气	9.1 9.2 9.3 9.4 9.5	电气线路布置情况 线路不得老化 发电机运转可靠 蓄电池完好并固定和连接可靠 转向和照明灯、指示灯、警报灯完好	

注　此表适用于对施工现场流动式起重机械安全技术状况的检查。

表 3-27　施工升降机安全技术状况检查表

受检单位：　　　　　　　　　　　　型号：

检查项目	项目编号	检　查　内　容	存在缺陷
1. 作业环境及外观	1.1 1.2 1.3 1.4 1.5 1.6	不安全环境防护措施 标牌及检验合格证 危险部位标志 安全距离 防腐 机容、机貌	
2. 金属结构	2.1 2.2 2.3 2.4 2.5	金属结构状况 金属结构连接 焊缝、紧固件及其锁定 附着装置 导轨架垂直度	
3. 基础、围栏、停层	3.1 3.2 3.3 3.4 3.5 3.6	基础状况 基础排水 围栏机电安全连锁装置 停层栏杆 停层门锁止装置 各停层联络装置	
4. 吊笼及对重	4.1 4.2 4.3 4.4 4.5 4.6 4.6.1 4.6.2	吊笼顶部平台、栏杆、踢脚板 吊笼顶部紧急出口及安全连锁装置 吊笼门及安全连锁装置 吊笼滚轮 对重、对重连接及导靴 司机室 司机室玻璃及其视野 司机室张贴安全规程、负责人等	

续表

检查项目	项目编号	检 查 内 容	存在缺陷
5. 钢丝绳及滑轮	5.1 5.2 5.3 5.4 5.5 5.6 5.7	钢丝绳固定和绳卡 钢丝绳磨损 钢丝绳断丝与断股 钢丝绳余留圈数及排绳（卷扬机传动） 卷筒缺陷及其轮缘高度（卷扬机传动） 滑轮缺陷 滑轮防脱槽装置	
6. 传动系统	6.1 6.2 6.3 6.4 6.5 6.6 6.7 6.8 6.9	传动系统的安全位置、连接及安全防护 齿轮、齿条（SC 型） 制动器零部件缺陷 制动轮与摩擦片 制动器调整情况 制动器手动操作装置 减速器运转与声响 减速器油箱、油量、油质 各部润滑情况及油杯、油嘴	
7. 电气	7.1 7.2 7.3 7.4 7.5 7.6 7.7 7.8 7.9 7.10 7.11	电源箱、电气柜及电器元件 主电路手动开关 电动机、电气元件及电气线路的对地绝缘电阻 检修、安装时顶部使用的操作控制盒 断相、错相保护装置及过载保护器 安装高度大于 120m 时，空中障碍灯 金属结构及电气设备的金属外壳接地 照明 信号及电铃 悬挂电缆的导向及入笼 电气设备对外界干扰及雨、雪、混凝土、砂浆等的防护	
8. 安全装置和防护装置	8.1 8.2 8.3 8.4 8.5 8.6 8.7	吊笼安全钩 防坠安全器 防松绳和断绳保护装置（卷扬机传动） 上、下限位开关 极限开关 缓冲装置 超载保护装置	

注　此表适用于对施工现场施工升降机安全技术状况的检查。

表 3-28　　输变电牵引机安全技术状况检查表

受检单位：　　　　　　　　　　型号：

检查项目	项目编号	检 查 内 容	存在缺陷
1. 作业环境及外观	1.1	不安全环境防护措施	
	1.2	标牌	
	1.3	安全标志	
	1.4	机容、机貌	
2. 金属结构	2.1	金属结构状况	
	2.2	金属结构连接	
	2.3	前后支腿与支撑情况	
	2.4	锚固装置与锚固状况	
	2.5	轮胎及固定螺栓	
	2.6	锚线架	
3. 主要零部件及机构	3.1	牵引钢丝绳固定和绳卡	
	3.2	钢丝绳磨损和润滑	
	3.3	钢丝绳断丝与断股	
	3.4	双摩擦牵引卷筒运转及磨损（或麻芯卷筒）	
	3.5	制动器	
	3.5.1	制动器零部件缺陷	
	3.5.2	制动轮与摩擦片	
	3.5.3	制动器调整情况	
	3.6	棘轮机构	
	3.7	减速器连接与固定	
	3.8	减速器运转与声响	
	3.9	开式齿轮啮合与磨损	
	3.10	传动轴及链条、链轮	
	3.11	钢丝绳卷筒支架（钢丝绳尾车）	
	3.12	钢丝绳卷筒	
	3.13	排绳器及排绳情况	
	3.14	液压油缸	
	3.15	导向轮组	
	3.16	各部润滑情况	
	3.17	油箱、油尺及油量、油质	
	3.18	防护罩	
	3.19	散热器	
	3.20	带有变速器的换挡情况	
	3.21	带有离合器的离合情况	
4. 发动机	4.1	清洁状况	
	4.2	运转情况	
	4.3	油气泄漏情况	
	4.4	异响和振动	

续表

检查项目	项目编号	检查内容	存在缺陷
5. 操纵系统	5.1	各操纵杆柄或按钮无损伤、卡涩并灵活可靠，中位或零位可靠	
	5.2	各种仪表和指示、警报灯等完好、准确	
6. 液压系统	6.1	液压系统运行情况	
	6.2	液压管路、接头、阀组、油泵、液压马达泄漏情况	
	6.3	软管连接不得老化	
	6.4	液压油箱应有过滤装置	
	6.5	蓄能器应有安全标志	
	6.6	带有液力变矩器的运行情况	
7. 电气	7.1	电气线路布置情况	
	7.2	线路不得老化	
	7.3	发电机运转可靠	
	7.4	蓄电池完好并固定和连接可靠	
8. 主要安全装置	8.1	牵引力指示与调节（过载保护）	
	8.2	紧急制动	
	8.3	紧急停机	
	8.4	正反转可靠	
	8.5	牵引绳对地面垂直夹角合适（≤15°）	
9. 其他附属装置	9.1	单独设置的钢丝绳卷绕机	
	9.2	带有空气压缩机的牵引机	
	9.3	带有遥控装置牵引机	
	9.4	带有自动行驶底盘（装在汽车上）	

注　此表适用于对施工现场输变电牵引机安全技术状况的检查。

表 3-29　　输变电张力机安全技术状况检查表

受检单位：　　　　　　型号：

检查项目	项目编号	检查内容	存在缺陷
1. 作业环境及外观	1.1	不安全环境防护措施	
	1.2	标牌	
	1.3	安全标志	
	1.4	机容、机貌	
2. 金属结构	2.1	金属结构状况	
	2.2	金属结构连接	
	2.3	前后支腿与支撑情况	
	2.4	锚固装置与锚固状况	
	2.5	轮胎及固定螺栓	
	2.6	锚线架	

续表

检查项目	项目编号	检　查　内　容	存在缺陷
3. 主要零部件及机构	3.1	牵引钢丝绳和导线固定和绳卡	
	3.2	钢丝绳磨损和润滑	
	3.3	钢丝绳断丝与断股	
	3.4	导线良好情况	
	3.5	附属金具	
	3.5.1	各种连接器与牵引板（走板）	
	3.5.2	防捻器	
	3.5.3	双摩擦牵引卷筒运转及磨损（衬垫）	
	3.6	其他形式的导线卷筒	
	3.7	制动器零部件缺陷	
	3.8	制动轮与摩擦片	
	3.9	制动器调整情况	
	3.10	增速器连接与固定	
	3.11	增速器运转与声响	
	3.12	开式齿轮啮合与磨损	
	3.13	传动轴及链条、链轮	
	3.14	导线轴支架（导线尾车）	
	3.15	带有液压马达的导线轴支架	
	3.16	导线轴拖车	
	3.17	顶升装置或液压油缸	
	3.18	导向轮组	
	3.19	各部润滑情况	
	3.20	油箱、油尺及油量、油质	
	3.21	防护罩	
4. 发动机	4.1	清洁状况	
	4.2	运转情况	
	4.3	油气泄漏情况	
	4.4	异响和振动	
5. 操纵系统	5.1	各操纵杆柄或按钮无损伤、卡涩并灵活可靠，中位或零位可靠	
	5.2	各种仪表和指示、警报灯等完好、准确	
6. 液压系统	6.1	液压系统运行情况	
	6.2	液压管路、接头、阀组、油泵、液压马达泄漏情况	
	6.3	软管连接不得老化	
	6.4	液压油箱应有过滤装置	
	6.5	蓄能器应有安全标志	

续表

检查项目	项目编号	检 查 内 容	存在缺陷
7. 电气	7.1	电气线路布置情况	
	7.2	线路不得老化	
	7.3	发电机运转可靠	
	7.4	蓄电池完好并固定和连接可靠	
8. 主要安全装置	8.1	张力指示与调节（过载保护）	
	8.2	紧急制动	
	8.3	紧急停机	
	8.4	正反转可靠	
	8.5	导线对地面垂直夹角合适（≤15°）	
9. 其他附属装置	9.1	带电磁制动的张力机	
	9.2	带有空气压缩机制动的张力机	
	9.3	带有遥控装置张力机	
	9.4	带有自动行驶底盘（装在汽车上）	

注 此表适用于对施工现场输变电张力机安全技术状况的检查。

表 3-30　　抱杆、机动绞磨、钢丝绳、缆风绳与滑车检查表

受检单位：　　　　型号：

检查项目	项目编号	检 查 内 容	存在缺陷
1. 机动绞磨	1.1	动力部分工作情况	
	1.2	制动系统和离合器系统状况	
	1.3	各部件润滑油渗漏、缺少现象	
	1.4	齿轮箱异响现象	
	1.5	各部位螺栓紧固情况	
	1.6	固定环、机架、卷筒的裂纹、开焊现象	
	1.7	卷筒上钢丝绳的缠绕方向	
	1.8	卷筒上钢丝绳的余留圈数	
	1.9	外露对人有不安全因素的运动零件的防护罩或防护栏	
	1.10	整机接地情况	
	1.11	地锚的埋设与位置	
2. 抱杆	2.1	主材、斜材的变形、弯曲、脱焊、裂纹	
	2.2	抱杆顶部、底部的耳板焊接与变形	
	2.3	抱杆的整体弯曲度	
	2.4	抱杆基础状况	
	2.5	各销轴的连接及轴端安全锁止状况	
	2.6	抱杆段螺栓连接状况	
	2.7	抱杆底、顶部连接装置螺栓状况	
	2.8	羊角滑轮缺陷	
	2.9	羊角滑轮防脱槽装置	

续表

检查项目	项目编号	检 查 内 容	存在缺陷
3. 钢丝绳与缆风绳	3.1	钢丝绳磨损与锈蚀	
	3.2	钢丝绳断丝与断股	
	3.3	钢丝绳插接长度与状况	
	3.4	钢丝绳的绳卡使用	
	3.5	缆风绳与抱杆顶部、地锚的连接	
	3.6	缆风绳的数量与位置	
	3.7	缆风绳与地面夹角	
	3.8	缆风绳架空高度	
	3.9	缆风绳与带电体的安全距离	
	3.10	地锚的埋设与位置	
4. 滑车	4.1	吊钩缺陷及危险断面磨损	
	4.2	吊钩防脱绳装置	
	4.3	滑轮缺陷	
	4.4	滑轮防脱槽装置	
	4.5	轴承变形与轴瓦磨损	

注 此表适用于对施工现场输变电抱杆、机动绞磨、钢丝绳、缆风绳与滑车安全技术状况的检查。

表 3-31　　塔式起重机检查表

<table>
<tr><th>检查项目</th><th colspan="6">检查内容与要求</th><th>检查结果</th></tr>
<tr><td rowspan="9">1.
作业
环境
及外观</td><td colspan="6">（1）起重机运动部分与建筑物及建筑物外围设施之间的最小距离不小于 0.6m</td><td rowspan="9"></td></tr>
<tr><td colspan="6">（2）两台塔式起重机之间的水平构架要保证至少有 2m 的距离，垂直距离不小于 2m</td></tr>
<tr><td colspan="6">（3）塔式起重机与输电线的距离要满足下表</td></tr>
<tr><td>电压（kV）
安全距离（m）</td><td><1</td><td>1～15</td><td>20～40</td><td>60～110</td><td>220</td></tr>
<tr><td>沿垂直方向</td><td>1.5</td><td>3.0</td><td>4.0</td><td>5.0</td><td>6.0</td></tr>
<tr><td>沿水平方向</td><td>1.0</td><td>1.5</td><td>2.0</td><td>4.0</td><td>6.0</td></tr>
<tr><td colspan="6">（4）吊钩滑轮组侧板、夹轨器等危险部位要有黄黑相间的标志，配电箱有相应警示标志</td></tr>
<tr><td colspan="6">（5）塔式起重机适当部位应有清晰的产品标牌</td></tr>
<tr><td colspan="6">（6）高于 30m 的塔式起重机顶端和臂端应装设红色障碍灯</td></tr>
<tr><td rowspan="4">2.
金属
结构</td><td colspan="6">（1）塔式起重机主要受力构件不应整体失稳、严重塑性变形和产生裂纹。发生锈蚀或者腐蚀超过原厚度的 10%时应报废</td><td></td></tr>
<tr><td colspan="6">（2）金属结构的连接焊缝无明显可见的焊接缺陷。螺栓连接不得松动，销连接应有可靠止退装置，不应有缺件、损坏等缺陷。高强螺栓有足够预紧力矩</td><td></td></tr>
<tr><td colspan="6">（3）平衡重、压重的安装数量、位置应与设计要求相符，保证正常工作时不位移，不脱落</td><td></td></tr>
<tr><td colspan="6">（4）塔式起重机安装后，在空载、无风的状况下，塔身轴心线对支承面的侧向垂直度不大于 4/1000</td><td>（根据说明书要求）</td></tr>
</table>

续表

<table>
<tr><th colspan="2">检查项目</th><th>检 查 内 容 与 要 求</th><th>检查结果</th></tr>
<tr><td colspan="2" rowspan="3">2.
金属
结构</td><td>(5) 直立梯两撑杆间宽度不小于 300mm，梯级间隔为 250～300mm，直立梯与后面主结构腹杆间的距离不小于 160mm，高于 2m 以上的直立梯设置直径不小于 650mm、间距为 700mm±50mm 的护圈，直立梯及护圈固定可靠</td><td></td></tr>
<tr><td>(6) 平台边缘应设置不小于 150mm 高挡板，宽度应不小于 500mm，第一个平台高度不大于 10m，以后每 6～8m 设置一个，扶手高度不小于 1.05m</td><td></td></tr>
<tr><td>(7) 对附着式塔式起重机、附墙装置与塔身节或建筑物的连接必须安全可靠</td><td></td></tr>
<tr><td colspan="2" rowspan="3">3.
司机室</td><td>(1) 司机室应固定牢固，并能与回转部分同步回转，其位置不应设在臂架正下方，在正常工作情况下，起重机的活动部件不会撞击司机室。司机室内应有绝缘地板和灭火器</td><td></td></tr>
<tr><td>(2) 司机室结构必须有足够的强度和刚度。司机室外面有走台时，门应向外开启、玻璃标准</td><td></td></tr>
<tr><td>(3) 司机室内明显位置应有起重力矩特性曲线等标牌，在所有手柄、按钮及踏板的附近处，应有表示用途和操作方向的醒目标志</td><td></td></tr>
<tr><td colspan="2" rowspan="2">4.
基础</td><td>(1) 固定式塔式起重机的混凝土基础应满足设计要求，并有相应验收资料。轨道式塔式起重机的轨道基础在敷设碎石前的路面必须按设计要求压实、碎石基础必须整平捣实，轨枕之间填满碎石，碎石粒度为 20～40mm，严禁采用河卵石</td><td></td></tr>
<tr><td>(2) 路基两侧或中间应设排水沟，保证路基无积水</td><td></td></tr>
<tr><td colspan="2" rowspan="2">5.
轨道</td><td>(1) 塔式起重机行走轨道应通过垫块与轨枕可靠地连接，每间隔 6m 设轨距拉杆一个，在使用过程中轨道不得移动。钢轨接头必须有轨枕支撑，不得悬空</td><td></td></tr>
<tr><td>(2) 塔式起重机轨道安装后符合轨道验收记录标准（GB 5144—2006）塔式起重机安全规程</td><td></td></tr>
<tr><td rowspan="12">6.
主要
零件
部件
与
机构</td><td rowspan="3">(1)
吊
钩</td><td>1) 吊钩应有防脱钩装置，不允许使用铸造吊钩</td><td></td></tr>
<tr><td>2) 吊钩不应有裂纹、剥裂等缺陷，存在缺陷不得焊补。吊钩危险断面磨损量应不大于原尺寸的 5%</td><td></td></tr>
<tr><td>3) 开口度增加量应不大于原尺寸的 10%</td><td></td></tr>
<tr><td rowspan="6">(2)
钢
丝
绳
及
其
固
定</td><td>1) 钢丝绳的使用符合设计要求，穿绕正确，绳端固定可靠，绳卡固定时，绳卡安装应正确，绳卡数满足要求</td><td></td></tr>
<tr><td>2) 吊钩放到最低工作位置时，卷筒上应至少有 3 圈钢丝绳作为安全圈</td><td></td></tr>
<tr><td>3) 钢丝绳应润滑良好，不应与金属结构摩擦</td><td></td></tr>
<tr><td>4) 钢丝绳不应有扭结、压扁、弯折、断股、笼状畸变、断芯等变形现象</td><td></td></tr>
<tr><td>5) 钢丝绳直径减小量不大于公称直径的 7%</td><td></td></tr>
<tr><td>6) 钢丝绳断丝数不超过规定的数值</td><td></td></tr>
<tr><td rowspan="3">(3)
滑
轮</td><td>1) 滑轮直径不应小于规定的数值</td><td></td></tr>
<tr><td>2) 滑轮应转动良好，出现以下情况应报废
(a) 出现裂纹、轮缘破损等损伤钢丝绳的缺陷
(b) 轮槽壁厚磨损达原壁厚的 20%
(c) 轮槽底部直径减少量达钢丝绳直径的 50%或槽底出现沟槽</td><td></td></tr>
<tr><td>3) 滑轮应有防止钢丝绳脱槽的装置，且可靠有效</td><td></td></tr>
</table>

续表

<table>
<tr><th>检查项目</th><th colspan="2">检查内容与要求</th><th>检查结果</th></tr>
<tr><td rowspan="12">6.
主要零件部件与机构</td><td rowspan="5">(4)
制动器</td><td>塔式起重机每个机构都应装设制动器或有相同功能的装置。起升和动臂变幅机构应采用常闭制动器</td><td></td></tr>
<tr><td>制动器不应有影响使用的缺陷，液压制动器不得漏油，制动片厚度不得低于原厚度的50%或露出铆钉</td><td></td></tr>
<tr><td>制动轮与摩擦片之间接触均匀，无油污</td><td></td></tr>
<tr><td>制动器调整适宜，制动平稳可靠</td><td></td></tr>
<tr><td>制动轮无裂纹，无摩擦片铆钉引起的划痕</td><td></td></tr>
<tr><td rowspan="2">(5)
减速器</td><td>地脚固定应可靠</td><td></td></tr>
<tr><td>工作无异响、振动、发热和漏油，润滑良好</td><td></td></tr>
<tr><td colspan="2">(6) 开式齿轮啮合应平稳，无裂纹、断齿和过度磨损</td><td></td></tr>
<tr><td colspan="2">(7) 车轮不应有过度磨损，轮缘磨损量达原厚度的50%或踏面磨损达原厚度的15%时应报废</td><td></td></tr>
<tr><td colspan="2">(8) 联轴器零件无缺损，连接无松动，运转时无激烈撞击声</td><td></td></tr>
<tr><td rowspan="2">(9)
卷筒</td><td>1) 卷筒直径不应小于规定的数值，卷筒边缘的高度应超过最外层钢丝绳，其高出值应不小于钢丝绳直径的2倍</td><td></td></tr>
<tr><td>2) 卷筒壁不应有裂纹或过度磨损</td><td></td></tr>
<tr><td rowspan="11">7.
电气</td><td colspan="2">(1) 电气设备及电器元件应完好无损，绝缘良好，连接可靠，与供电电源和工作环境以及工况条件相适应</td><td></td></tr>
<tr><td colspan="2">(2) 绝缘电阻在一般环境中不低于0.8MΩ，潮湿环境中不低于0.4MΩ</td><td></td></tr>
<tr><td colspan="2">(3) 塔式起重机供电电源应设总电源开关，开关应设置在靠近起重机且地面人员易于操作的地方，开关出线端不得连接与起重机无关的电气设备</td><td></td></tr>
<tr><td rowspan="5">(4)
电气保护</td><td>1) 塔式起重机上低压的总电源回路应设置隔离装置</td><td></td></tr>
<tr><td>2) 总电源回路要有短路保护装置</td><td></td></tr>
<tr><td>3) 塔式起重机总电源应设失压保护装置</td><td></td></tr>
<tr><td>4) 塔式起重机必须有零位保护，即由于各种原因导致停机或断电，恢复供电后，必须先将控制手柄置于零位后，该机构或所有机构的电动机才能启动</td><td></td></tr>
<tr><td>5) 塔式起重机的每个机构均应单独设置过流保护</td><td></td></tr>
<tr><td colspan="2">(5) 司机室应有合适的照明，当动力电源切断时，照明电源不能失电</td><td></td></tr>
<tr><td colspan="2">(6) 正常工作不带电的电气件金属外壳要有可靠的接地；采用TN-s接电系统，接地电阻不大于4Ω</td><td></td></tr>
<tr><td colspan="2">(7) 防雷情况：塔式起重机整体结构可以作为接闪器和引下线，司机可能触及的金属构架必须与塔式起重机整体金属结构有可靠的金属连接，每侧大车轨道接地电阻不大于30Ω</td><td></td></tr>
<tr><td rowspan="3">8.
安全装置及防护措施</td><td colspan="2">(1) 高度限位器应能停止吊钩起升，只能作下降操作</td><td></td></tr>
<tr><td colspan="2">(2) 起重量限制器，当载荷大于相应工况下额定值并小于额定值的105%时，机构不可上升，但可作下降方向的运动</td><td></td></tr>
<tr><td colspan="2">(3) 力矩限制器，当起重力矩大于相应工况下额定值并小于额定值的105%时，应切断上升和幅度增加方向的电源，但机构可作下降和减小幅度方向的运动</td><td></td></tr>
</table>

续表

检查项目	检查内容与要求	检查结果
8. 安全装置及防护措施	（4）行程限位器限位开关与挡铁配合良好，可靠有效	
	（5）动臂式塔式起重机防后翻装置应设置臂架低位置和臂架高位置的幅度限位开关，以及防止臂架反弹后翻的装置	
	（6）对于回转部分不设集电器的塔式起重机，应安装回转限制器	
	（7）对于小车变幅的塔式起重机，应设小车断绳保护装置及防坠落装置	
	（8）臂架端部铰点高度大于50m的塔式起重机，应安装风速仪，且能发出相应警报	
	（9）轨道式塔式起重机应设置防风夹轨器	
	（10）大车和小车运行轨道端部应设置缓冲器和端部止挡	
	（11）在轨道上运行的塔式起重机大车运行机构应设置扫轨板，扫轨板距轨道应不大于5mm	
	（12）塔式起重机上外露的、有伤人可能的活动零部件应设防护罩，电气设备应设防雨罩	
	（13）塔式起重机设置紧急断电开关，且不能自动复位	
9. 液压系统	（1）液压系统应有防止过载和液压冲击的安全装置，系统可靠，无漏油现象	
	（2）起升电动机、顶升油缸必须有可靠的平衡阀，平衡阀与电动机及油缸之间不得用软管连接	
10. 试验	（1）空载试验（详见表3-32）	
	（2）额定载荷试验（详见表3-33）	
	（3）超载试验（详见表3-34）	

表3-32　　塔式起重机空载试验

序号	试验内容	试验结果
1	试验各安全装置工作是否可靠有效	
2	试验各机构运转是否正常，制动是否可靠	
3	操作系统、控制系统、连锁装置动作是否准确、灵活	
4	其他：	
试验结论		
试验签字	年　月　日	

表 3-33　　塔式起重机额定载荷试验

工　况	试　验　内　容	试　验　结　果		
		速度（m/min）	电流（A）	压力（Pa）
在最大幅度起升额定载荷	起升情况（V、I、P）			
	回转情况（V、I、P）			
	变幅情况（V、I、P）			
	行走情况（V、I、P）			
	最低稳定下降速度（m/min）			
	司机室噪声（dB）			
	力矩、起重量限制器			
吊最大起重量在相应最大幅度	起升情况（V、I、P）			
	回转情况（V、I、P）			
	变幅情况（V、I、P）			
	行走情况（V、I、P）			
	最低稳定下降速度（m/min）			
	司机室噪声（dB）			
	力矩、起重量限制器			
试验结论				
试验签字	年　月　日			

表 3 - 34　　塔式起重机超载试验

试验项目	试　验　内　容	试验结论
超载 25%静载试验（观察吊重有无下滑，结构有无永久变形，焊缝有无裂纹）	（1）在最大幅度时，起吊相应额定起重量的 125%，重物离地 100～200mm 停留 10min	
	（2）吊最大起重量的 125%，在该吊重相应的最大幅度，重物离地面 100～200mm 停留 10min	
	（3）取（1）和（2）的中间幅度之最大力矩点处，起升相应额定起重量的 125%	
超载 10%动载试验（观察运转情况和操纵情况）	（1）在最大幅度时吊起相应额定起重量的 110%	
	（2）吊起最大额定起重量的 110%，在该吊重相应的最大幅度	
	（3）在（1）和（2）中间幅度处，吊起相应额定起重量的 110%	
试验结论		
试验签字	年　月　日	

（10）起重机械安全管理检查表将在第十三章中列出，这里只提出一般对监理、施工项目部检查的内容要点。起重机械安全管理一般检查主要内容见表 3-35。

表 3-35　　起重机械安全管理一般检查主要内容

检查项目	检 查 内 容 要 点
人员或机构	监理是否设置了起重机械安全监理人员，施工项目部是否根据要求设置了机械管理机构或专职机械管理人员
起重机械安全管理体系	是否建立了体系网络图，体系结构层次是否合理准确，有无漏掉机构或相关人员
机械安全岗位责任制	是否建立了体系中所包含的相关人员的岗位责任制，责任制内容是否明确了本岗位的工作任务或职能
起重机械安全管理制度	是否建立了施工项目部的起重机械安全管理制度或监理的起重机械安全监理细则，制度有无漏项，“把五关”的工作程序是否叙述清楚
起重机械事故应急预案	是否建立起重机械事故应急预案，内容是否基本符合要求
起重机械安全措施	是否建立了起重机械防风、防碰撞等安全措施，措施内容是否完整、合理
起重机械准入	有无准入整机检查表和待安装机械零部件检查表，是否三方签字，留存检验合格证或检验报告复印件是否完整
起重机械准入台账	是否建立起重机械准入台账，栏目是否规范，登记是否完整
起重机械作业人员台账	是否建立起重机械作业人员台账，栏目是否规范，登记人员种类是否准确，有无漏登，资格证件复印件是否齐全
起重机械安装与拆卸作业指导书	是否留存了已批准的作业指导书，内容是否完整，编审要点是否清楚
交底签字记录	是否留存了作业指导书的交底签字记录，是否执行全员交底和全员签字；被交底人员数量与上报批准登记人员数量是否相符；被交底人员姓名是否与上报批准登记人员姓名相符，持证上岗的实际情况
起重机械月检查记录	检查记录是否完整，是否形成闭环管理，有无内容完整的检查小结
旁站监督（监理）	有无起重机械作业旁站项目目录，有无月计划，有无旁站记录，记录内容是否完整

施工现场机械安全管理体系与目标

从系统原理可知，大型工程建设项目的施工管理是一个复杂的系统，其安全管理工作贯穿于施工的全过程。从整个施工管理系统来看，施工安全管理可以看成是施工管理系统中的一个子系统；单从施工安全管理来说，它是一个完整的系统，施工安全管理系统。系统是同类事物按一定关系结合成有组织的整体，安全管理作为系统是不能靠一个部门或几个人就能完成的事情，要靠系统管理的办法来完成，为此，各工程施工现场以业主单位牵头建立了施工安全管理体系。体系是若干事物之间相互依赖、相互补充和相互制约而构成的一个整体，在英语中体系、系统同是 System，也就是说，系统管理应该是体系管理。如果把施工安全管理体系看成是一个完整系统的话，它必然也还包括许多子系统（子体系），也就是说施工安全管理体系下必然包括交通安全管理体系、机械安全管理体系、环境安全管理体系、食品安全管理体系等专业安全管理体系。由于起重机械是一种危险性大，容易发生事故的特种设备，所以在整个施工安全管理体系中就显得更为重要。施工现场机械安全管理体系（或叫起重机械安全管理体系）是施工安全管理体系的重要分支或重要组成部分。因为，施工现场安全管理体系中往往只包括各级领导和安全管理人员，没有包括机械分管领导和专职机械管理人员（也叫专职起重机械安全管理人员）及其相关人员，这是系统中结构性缺失，为此，施工现场一定要以业主牵头建立健全机械安全管理体系或起重机械安全管理体系，这是保证施工现场机械安全或起重机械安全的重要保障。有人把施工现场安全管理体系称为安全监督体系，把机械安全管理体系称为安全保障体系之一，其实机械安全管理体系中既有制定制度和实施制度的职能，也有监督职能。不管怎样叫法，他都属于安全管理体系。

施工现场机械安全管理体系不同于各企业自身为提高职业健康安全管理水平的《职业健康安全管理体系》认证，它是以加强和规范整个现场施工机械安全为主要宗旨的临时组织措施，工程竣工全部施工机械撤除了，这个机械安全管理体系也就不存在了。施工现场机械安全管理体系更突出了各级人员的机械安全岗位责任制的细化和明确，以及其责任的落实和考核，一般都比企业职业健康安全管理体系更突出专业安全管理要求和内容，更加细化具体。企业职业健康安全管理体系搞得好，将更有助于施工现场机械安全管理体系的有效运行。

第一节　机械安全管理体系的组成

机械安全管理体系同其他管理体系一样不仅要首先保证组织结构，更重要的是体系要有效运作，所以机械安全管理体系的组成应包括以下基本内容。

一、健全组织机构与网络

机械安全管理体系（或叫起重机械安全管理体系，机械安全管理包括起重机械安全管理，施工现场机械安全管理的重点是起重机械安全管理，所以习惯上叫机械安全管理体系），首先要建立健全组织体系，因为没有人是办不成任何事情的，没有领导的参与是办不好事情的，因此这是体系运作的组织保障；它应包括决策层、管理层和作业层的相关人员，并形成网络图、保持人员的相对稳定。

二、制定分解机械安全目标

目标是组织追求的结果，是体系完成的目的。目标有终极目标和各层次应细化分解成的小目标或指标，不然，终极目标没有分解的小目标或指标去支撑，就只成了口号。

三、明确各级机械安全岗位责任制

结合机械安全管理的具体任务，从专业角度明确各级人员应负的岗位责任。制定的机械安全岗位责任制，能使各级人员知道自己在机械安全管理中具体应干什么，承担什么责任，以便于考核（机构职责和各级机械安全岗位责任制详见第五章）。

四、完善制度和痕迹

结合机械安全管理任务，建立和完善工作制度、程序或细则及其相关记录、台账、资料等。制定的制度要明确工作程序，一定要有可操作性和适宜性，切记盲目抄录。

五、坚持培训教育

要保证体系的正常有效运作，要开展机械安全培训教育、相关法规培训教育、业务能力培训教育、岗位责任培训教育等。

六、积极开展活动

按照工作任务和制定的制度进行体系运作，如现场危害辨识、各种机械检查、机械安全性评价、机械安全管理评比等。

七、总结改进

体系运作还应有阶段性的考核、总结，如网络不健全、责任制不完善、制度不适宜、人员能力有差距等，并不断完善改进。

第二节　施工现场机械安全管理体系网络图

一、施工现场机械安全管理体系网络图

水电、输变电工程业主项目部起重机械安全管理体系网络图见图 4-1。

二、施工项目部机械安全管理体系网络图

施工项目部起重机械安全管理体系网络图见图 4-2。

三、施工企业机械安全管理体系网络图

施工企业起重机械安全管理体系网络图见图 4-3。

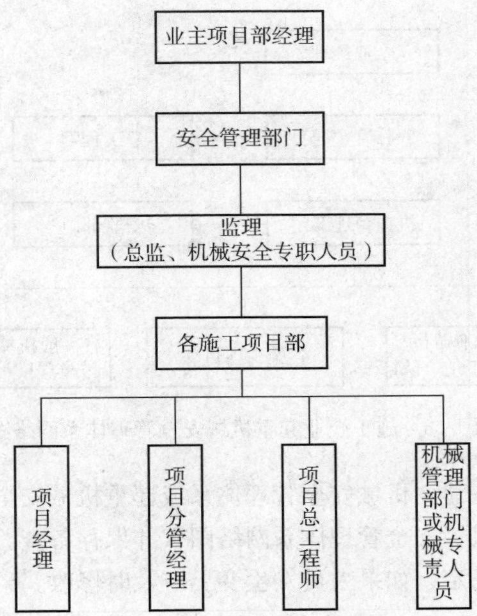

图 4-1　水电、输变电工程业主项目部起重机械安全管理体系网络图

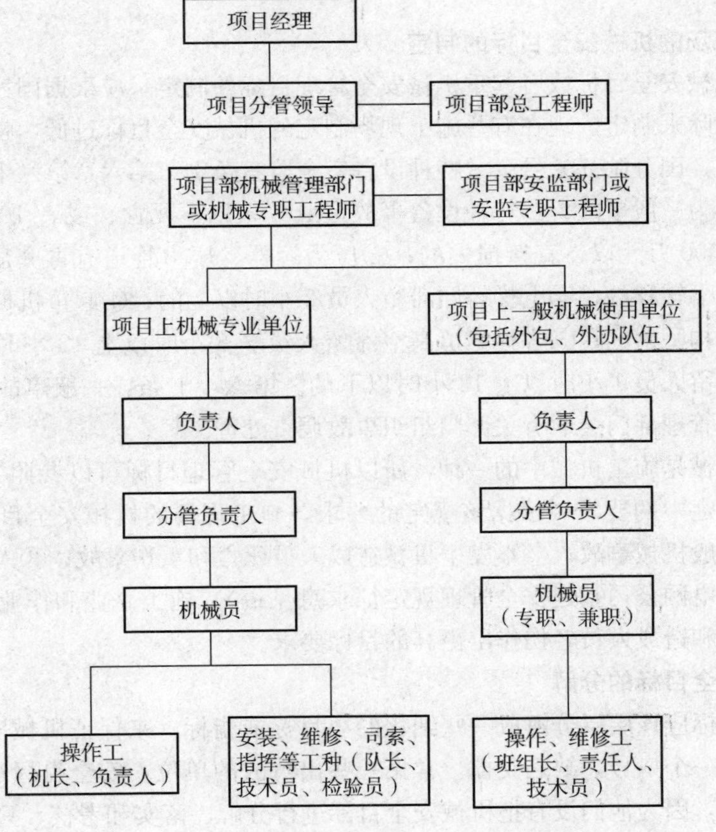

图 4-2　施工项目部起重机械安全管理体系网络图

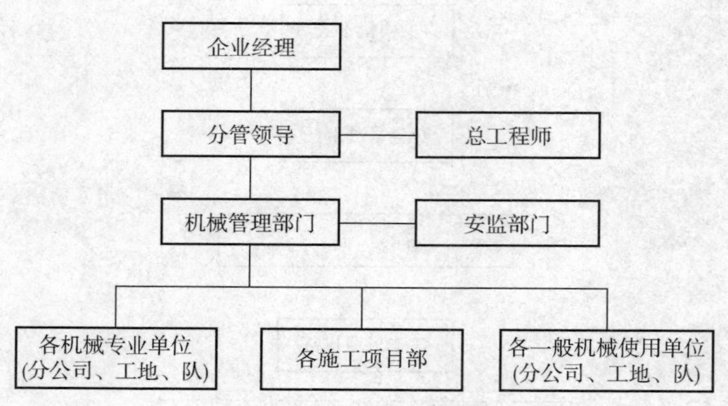

图 4-3　施工企业起重机械安全管理体系网络图

说明：业主或监理应在建立机械安全管理体系或起重机械安全管理体系时，画出机械安全管理体系网络图或起重机械安全管理体系网络图，并保存备查。网络图中应写出具体人员姓名，并应保持人员相对稳定，如果人员发生变更应及时修改。

第三节　机械安全管理的目标或指标

一、施工现场的机械安全目标的制定

施工现场机械安全目标或者起重机械安全管理目标的制定，应根据国家有关法规要求并结合本单位的实际来制定。现在有些施工现场制定的机械安全目标过低，强调不发生重大施工机械设备事故。国务院 549 号令《特种设备安全监察条例》第六章第六十四条规定，有下列情形之一的，为一般事故：①特种设备事故造成 3 人以下死亡、或者 10 人以下重伤、或者 1 万元以上 1000 万元以下直接损失的；②压力容器、压力管道有毒介质泄漏，造成 500 人以上 1 万人以下转移的；③电梯轿厢滞留人员 2 小时以上的；④起重机械主要受力结构件折断或者起升机构坠落的；⑤客运索道高空滞留人员 3.5 小时以上 12 小时以下的；⑥大型游乐设施高空滞留人员 1 小时以上 12 小时以下的。第六十七条：一般事故由设区的市的特种设备安全监督管理部门会通有关部门组织事故调查处理。

因为起重机械是施工机械中的一种，所以机械安全管理目标可以参照上述规定来制定，只能不低于该规定中的要求。根据该规定的要求，施工现场的机械安全目标最低要求应该是：①不发生一般机械事故；②不发生机械造成人员死亡和重伤事故；③人员轻伤率应低于千分之六（国家电网公司基建安全管理规定征求意见稿）。施工企业和作业单位可以对施工机械的损坏程度和造成人员轻伤作出更高的目标要求。

二、机械安全目标的分解

机械安全目标应该层层分解成一些细化的小目标或指标，来保证机械安全目标的实现，否则，目标只是一个口号，缺乏支撑。常见一些出事故的单位，安全目标醒目地贴在墙上，实在是一个讽刺，因为他们没有把机械安全目标进行分解、落实和考核，只是贴在墙上。

尤其对于施工项目部、机械使用单位、班组等机械安全管理目标，应根据所使用的机械数量、规模和自身的具体情况进行分解细化，并进行考核。

（一）机械安全状况方面

（1）机械记录事故频率控制数（机械一般事故定义以下，企业自定）。

（2）机械故障频率控制数（企业自定）。

（3）故障停机时间（天数或小时数）。

（4）机械月检查一般缺陷控制个数、严重缺陷控制个数（如一般缺陷平均每台不超过3项，严重缺陷控制为零等）。

（5）缺陷按期完成整改率控制数（如90％等）。

（二）管理方面

（1）机械取证率为100％（主要要求特种设备）。

（2）安装前零部件验收合格率为100％。

（3）起重机械安装与拆卸作业指导书审查合格率为100％。

（4）特种设备作业人员登记率为100％。

（5）应持证上岗人员持证率为100％。

（6）施工现场持证人员核对准确率为100％。

（7）起重机械作业人员台账准确率为100％。

（8）机械准入登记台账准确率为100％。

（9）应制定的机械安全操作规程为100％。

（10）应接受机械安全操作规程培训和考核，合格率为100％。

（11）机械月检查执行率为100％。

（12）机械月检查记录完整率为100％。

（13）上级检查管理制度和资料缺陷控制数等。

以上举例的分解指标仅供参考。

三、目标或指标的实施

（1）制订了分解细化的目标后，就要以领导签署的正式文件下发，并开会宣传贯彻，使人人皆知。

（2）明确各级负责完成目标的责任人，并完善到各级机械安全岗位责任制中；有必要的话，可以层层签订完成目标的责任书。

（3）明确监督考核部门和人员；建立考核和奖罚制度；建立检查统计记录表式和台账。

（4）做到月月有人进行指标检查统计，考核各单位完成优劣情况。

（5）根据检查记录和统计情况，进行评比奖罚。

（6）定期总结分析目标完成好坏的原因，制订相应的措施，不断改进提高。

施工现场起重机械安全管理机构和岗位责任制

第一节　施工现场起重机械安全管理机构和职责

电力建设工程施工现场起重机械数量较多，安全风险较高，管理难度也较大。从多年的管理经验来说，有部门管和没有部门管不一样（指专业管理部门——机械管理部门）；有人管和没有人管不一样（指专责管理人员——机械管理人员）。为此，现场建设单位应具有负责起重机械安全管理的部门，并设置负责起重机械安全的管理人员；项目监理单位应设置负责起重机械安全监理工程师；现场施工项目部应根据现场起重机械的数量设立相应的起重机械安全管理机构或专业机械安全管理人员并明确其职责。这里对施工项目部所说的起重机械安全管理机构，实际就是指专职机械管理部门。当前，一些电力建设工程施工现场存在一定误区，以安全管理部门代替机械管理部门（原电力建设系统，起重机械都属于机械管理部门管理）；以普通安全管理人员代替起重机械安全管理人员；以专业作业单位（如机械公司）代替机械管理部门。由于绝大多数施工安全管理人员对起重机械这个专业及其管理工作内容和职能不太熟悉，施工现场起重机械存在的安全隐患和缺陷检查不出来，管理缺陷也查不出来，怎样能监督好也不清楚，不仅造成他们工作压力大，而且控制不了施工现场起重机械的安全状况，致使施工现场起重机械安全管理水平低、缺陷多，效果差，有些施工现场甚至屡屡发生起重机械事故。

以下是施工现场起重机械安全规范化管理的机构和职责的设置。

（1）以“管工程、必须管安全”的原则出发，建设方或业主项目部必须确立负责现场起重机械安全管理的部门，一般常见其管理职能设在工程部或基建部，个别的也有设在安全部，并配置专职管理人员。该部门的起重机械安全管理主要职责（个人的起重机械安全管理岗位责任见本章第二节，以下同）：

1）负责具体制定业主项目部的起重机械安全管理制度（或规定），建立施工现场起重机械安全管理（监督）体系（绘制网络图），制定起重机械安全目标以及相应的各级起重机械安全岗位责任制。

2）掌握工程各阶段施工现场起重机械数量、分布和安全状况，审查起重机械安全检验合格证。

3）负责起重机械作业人员资格和起重机械安装与拆卸单位的资质审查和确认。

4）负责起重机械重要作业方案和起重机械安装与拆卸作业指导书的审查。

5）定期组织检查施工现场起重机械安全技术状况和阶段性对现场各施工单位起重机械安全管理制度资料的检查，并进行考核评价。

6）按有关规定负责或参与机械事故调查处理和上报。

7）负责施工现场起重机械安全管理资料收集、汇总、存档。

8）负责组织施工现场起重机械危害辨识和制定防范措施，组织编制施工现场起重机械事故综合应急预案并组织演练、评价。

9）定期对起重机械安全监理工作进行检查和考核。

以上 2）～8）的具体工作可以委托项目监理来做，但其岗位责任还是业主项目部起重机械安全管理职能部门的。

（2）根据《建设工程安全生产管理条例》、《建筑起重机械安全监督管理规定》的法律法规的要求及《国家电网公司电力建设起重机械安全管理重点措施》的要求，工程现场项目监理单位应对现场起重机械实施安全监理。为了能够真正实施施工现场起重机械安全监理工作，项目监理单位应根据工程规模和起重机械数量设置相应的起重机械安全专（兼）职监理工程师。项目监理单位起重机械安全监理的主要职责如下：

1）具体实施业主项目部起重机械安全管理制度（规定）和起重机械安全目标的要求，建立项目监理的起重机械安全岗位责任制，制定工作程序和起重机械安全监理细则，制定施工现场起重机械台账和施工现场起重机械作业人员台账及有关记录、报表等，格式统一。

2）负责审查各施工项目部起重机械安全管理体系、起重机械安全管理办法或细则以及有关人员的配置情况。

3）负责制定起重机械准入标准，建立整机准入和待安装起重机械零部件检查表，检查确认准入起重机械的安全状况。

4）负责审查起重机械安装与拆卸单位资质和起重机械作业人员的资格。

5）负责审查重要机械作业方案、安全措施和起重机械安装与拆卸作业指导书。

6）对起重机械安装与拆卸的关键工序、大件吊装、危险吊装、双机抬吊、超负荷作业、负荷试验、特殊作业、安装与拆卸交底等重要作业和过程实施旁站监理，并作好记录。

7）对现场起重机械作业进行巡检，定期（月）组织对施工现场起重机械安全技术状况和施工单位的起重机械管理状况进行检查，对有缺陷或不符合要求的，下达整改通知单（或停工令）及处罚单，对整改反馈情况进行复查确认。

8）负责或参与组织施工现场起重机械的危险源辨识和编制防范措施，以及起重机械重大事故综合应急预案的编制和演练、评价。

9）负责施工现场起重机械安全监理和监控资料的汇总、整理和管理。

（3）施工企业在所承包的工程现场通常都设置施工项目部，现场统称施工单位。根据《国家电网公司电力建设起重机械安全管理重点措施》的要求，施工项目部必须依据其承建工程规模和施工现场起重机械的数量设置机械管理部门或机械专责管理人员，即起重机械安全专责管理人员。电源建设项目（指火电、水电、核电、风电建设项目）：凡工程项目吊装中使用起重机械 5 台及以上的或工程合同价 5 千万元及以上的，施工项目部都应设置机械管理部门。输变电建设项目（指变电站、立塔、架线建设项目）：分公司或施工处应设机械安全管理专责人员，即起重机械安全专责管理人员。施工项目部机械管理部门的起重机械安全管理主要职责如下：

1）负责制定适合本项目部的起重机械安全管理细则，建立起重机械安全管理体系和机械安全岗位责任制；将起重机械安全目标细化分解成具体的机械安全指标，并进行考核。

2）负责对进入施工现场的起重机械（包括整机、待安装机械零部件）和机具的安全状况的准入检查，以及取得检验合格证的审查，并建立起重机械准入台账。

3）负责对进入施工现场的起重机械作业人员的资格审查和核实；负责对起重机械安装与拆卸队伍资质的审查，并建立起重机械作业人员台账。

4）掌握施工现场起重机械数量、分布和安全技术状况，掌握施工现场起重机械作业人员数量和持证上岗状况，实施动态管理。

5）负责或参与起重机械安装与拆卸作业指导书的审查、安装告知工作，并留存相关资料。

6）负责施工现场起重机械作业巡检；组织起重机械的月度安全检查，以及整改验收，作好有关记录和小结；对起重机械重要作业和安装与拆卸关键工序、安装与拆卸交底等进行旁站监督并作好记录。

7）负责组织编制施工现场起重机械危害辨识、防范措施、机械事故专项应急预案及演练。

8）负责起重机械有关文件、台账、记录和资料的管理和备查。

9）项目部交办其他工作（如调度、租赁、维修等）。

（4）施工企业的起重机械使用单位，包括起重机械专业单位（主要指施工企业中非独立法人单位、属二级机构，具有起重机械安装、拆卸和一定维修能力的机械化施工的专业队伍，如通常称其为机械化施工公司、机械租赁公司等）和一般起重机械使用单位（主要指施工企业的其他各专业分公司、各工地、各工程处、各分包队等使用起重机械的单位）；如果不细分，可以统称为起重机械使用单位。施工企业的起重机械使用单位派往现场的部分队伍（因为施工企业一般都有多个施工现场），又可称为现场（或项目）起重机械使用单位，细分也应包括施工现场（或项目）起重机械专业单位和施工现场（或项目）一般起重机械使用单位。现场起重机械使用单位是作业层，也是现场起重机械安全的保障单位。施工项目部与企业起重机械使用单位应按照企业内部规定或相关合同协议，明确双方的起重机械安全管理职责，施工现场起重机械使用单位应接受施工项目部的组织施工、监督管理与考核。施工现场起重机械使用单位的主要职责如下：

1）根据施工企业的起重机械管理制度，结合现场实际，制定现场起重机械安全管理办法或细则；制定作业班组的职责和起重机械作业人员的岗位责任制。

2）制定本单位的起重机械安全管理目标，并分解至作业班组和岗位。

3）建立现场起重机械台账，掌握所使用的起重机械数量和安全技术状况，保证全部在用起重机械完好并取得检验合格证。

4）负责编制所使用的起重机械的安全操作规程、维修保养规程、检查检验规程、安装与拆卸作业指导书、作业方案和保养维修计划、维修方案，并按规定上报审批。

5）负责对本单位起重机械作业人员及参与起重机械作业的有关人员的安全教育、培训与安全技术交底；建立起重机械作业人员台账，定期向企业机械管理部门提出认证或换证计划，保证起重机械作业人员持证上岗。

6）负责根据起重机械的作业类别（如安装、拆卸、试验、操作、保养、维修、检查、检验等）、作业过程、环境条件进行危害辨识，并根据辨识结果制定安全措施。

7）负责编制起重机械事故现场处置方案，并按规定上报审批；配合一般机械事故以下事故的调查处理。

8）负责起重机械安装前的告知；负责对起重机械结构件、零部件、安全保护装置等在安装前及拆卸后的检查；对在用起重机械进行定期和经常性检查，对查出的隐患进行整改、验收，对存在重大隐患或故障上报企业机械管理部门和施工项目部。

9）按维修保养规程，定期对起重机械进行维护保养，使其处于完好状态。

10）负责起重机械安装过程的质量检验，参与起重机械轨道或基础等有关工程的验收；配备常规的起重机械安装与拆卸所需的测量仪器，建立检测仪器台账和使用规程及管理办法，检测仪器应经检定合格。

11）负责建立所使用起重机械的动态档案；按要求按时填写起重机械安装、变换工况、试验、运行、保养、维修、安全技术交底、故障处理、检查及缺陷整改记录、拆卸、停用、事故记录和交接班记录等，并根据记录定期进行统计、分析和总结。

（5）施工项目部机械管理人员的待遇与权利。有些施工企业存在不重视起重机械安全管理工作，本部和现场不设机械安全管理部门或机械安全管理人员，就是勉强设置了机械安全管理岗位，其人员待遇和权利与工作责任不相符，也是造成机械安全管理人员的不稳定（难干、不愿意干）和培养不出这方面人才的主要原因。为此，《国家电网公司电力建设起重机械安全管理重点措施》中对此有明确规定：施工项目部机械管理部门的人员或机械管理专责（或专职）人员由企业机械管理部门委派，工作上受施工项目部直接领导，业务上接受企业机械管理部门的领导、培训和考核。

施工项目部机械管理部门的人员或机械安全管理专责人员的待遇应不低于施工项目部其他科室同级人员的待遇。

施工项目部机械管理部门或机械管理专责人员应有以下权限：

1）有参加项目部有关会议（如生产调度会、施工安全分析会等）通报起重机械安全技术状况的权利。

2）有机械费用结算会签的权利，无机械管理部门或机械管理专责人员签字的不能结算。

3）对现场起重机械使用中的违章、违规和其他影响安全施工的机械作业提出制止或停用的权利。

4）根据施工企业和施工项目部的奖罚制度，对起重机械使用单位和个人，有提出奖励和处罚建议的权利。

第二节　施工现场起重机械安全岗位责任制

从国家《安全生产法》、《特种设备安全监察条例》到《起重机械使用规则》等安全法律、法规都强调了生产经营单位应制定安全生产责任制，可见其重要。安全生产责任制既是安全管理制度的重要组成部分，也是其核心内容。为了安全管理制度的真正贯彻执行，就要落实到每个具体岗位上或人员上，所以又称为安全生产岗位责任制。施工现场起重机械安全岗位责任制是把安全生产岗位责任具体细化到起重机械安全管理的工作岗位上。如果安全生产岗位责任制不明确到具体各个专业安全管理岗位上的责任，各级相关人员具体专业安全管理的任务和责任分不清楚，就算责任到位，做时往往无所适从，也无法考核。目前电力建设工程现场的一个通病，就是各级制定了安全生产岗位责任制，但不太会制定起重机械安全岗位责任制，或以安全岗位责任代替起重机械安全岗位责任，这个“安全”的概念太大、太宏观、太笼统，具体到各级起重机械安全岗位责任都是些什么内容，写不清楚，搞不明白，领导的、管理人员的、作业人员的安全岗位责任都是如此。这就造成了各级都在喊起重机械安全岗位责任要到位、要尽责，但又都不清楚自己在起重机械安全管理上都有哪些具体工作责任。工作责任必然和工作任务紧密相关，只有明确该岗位在起重机械安全管理中的具体任务是什么，该岗位的责任才能明确，才能按要求圆满完成在起重机械安全管理中所应承担的任务，才能尽到应负的起重机械安全管理的岗位责任。所以，只有首先明确了各级各岗位上起重机械安全管理的任务，各级各岗位的起重机械安全管理责任才能易于制定的更具有针对性和便于考核。

根据本章节的要求，凡是在施工现场起重机械安全管理体系网络中涉及的岗位都应建立相应的起重机械安全管理岗位责任。以下是电力建设工程施工现场的各级起重机械安全岗位责任制。

建设单位（或称业主项目部、项目公司等）的各级起重机械安全管理主要岗位责任如下。

（一）总经理（或称经理、主任等）的起重机械安全管理主要岗位责任

业主项目部的经理为工程现场起重机械安全管理的第一责任人，如设有起重机械安全管理分管副经理，分管副经理应承担分管工作范围内的主要岗位责任如下：

（1）负责贯彻落实国家有关起重机械安全的法律法规。

（2）负责签署现场起重机械安全目标，建立现场起重机械安全管理体系，制定现场起重机械安全管理制度（或规定），确立起重机械安全管理部门和配置有关起重机械安全管理人员，并明确起重机械安全管理的职能和岗位责任，承诺和保证施工现场起重机械安全和机械化施工安全。

（3）定期主持和组织现场起重机械安全管理工作会议，对现场起重机械安全重要事项作出决策（包括对现场起重机械安全管理的资金投入、培训、重大安全措施、各单位管理状况、奖惩的决定等），并能持续改进、不断提高现场起重机械安全管理水平。

（二）职能部门主任的起重机械安全管理主要岗位责任

职能部门主任是指被确认负责起重机械安全管理的职能部门，如工程部、基建部或安全部等，其负责人或称主任、经理、部长等。

（1）熟悉并贯彻执行国家有关起重机械安全管理的法律法规。

（2）对起重机械安全管理的职能要求［见本章第一节（1）］全面负责。

（3）定期分析总结和评价施工现场起重机械安全管理情况，并采取措施、持续改进，不断提高施工现场起重机械安全管理水平。

（4）负责考核本部门的专职起重安全管理人员的工作。

（5）负责对现场各单位（监理单位、施工单位）的起重机械安全管理情况的考核评价，并具体执行奖惩。

（三）职能部门专职起重机械安全管理人员的起重机械安全管理主要岗位责任

（1）具体负责组织编制业主项目部起重机械安全管理制度；建立整个现场起重机械安全管理体系和起重机械安全目标；编制业主项目部各级起重机械安全管理岗位责任。

（2）掌握现场各阶段起重机械数量、分布和安全状况，定期组织现场起重机械安全状况和管理情况的检查，并进行考核、评价。

（3）定期或不定期抽查起重机械安全监理工作情况（如准入、作业指导书和安全措施审查、旁站监理、月检查等工作执行情况，以及台账管理和资料管理情况），并进行考核和督导。

（4）负责组织或参与组织施工现场起重机械危害辨识及防范措施的编制；负责组织编制施工现场起重机械重大事故综合应急预案，并组织演练、评价和改进。

（5）定期组织或参与组织有关人员施工现场起重机械安全管理状况分析会议，研究改进措施。

（6）定期或不定期组织有关人员进行相关法律法规的学习和必要的管理知识、事故案例的教育培训。

（7）负责业主项目部起重机械安全管理有关资料的整理和汇总。

（四）施工现场项目总监的起重机械安全管理主要岗位责任

施工现场项目总监是现场起重机械安全监理的第一责任人。其起重机械安全监理主要岗位责任如下：

（1）熟悉并贯彻执行国家有关起重机械安全管理的法律法规，认真落实业主项目部提出的起重机械安全管理的要求，完成施工现场起重机械安全管理目标。

（2）对执行施工现场起重机械安全监理的主要职责［见本章第一节（2）］全面负责。

（3）配置与现场相适应数量的起重机械安全监理工程师，并定期考核其工作情况。

（4）接受业主项目部的考核，定期分析总结和评价现场起重机械安全管理情况，并采取措施，不断提高起重机械安全监理水平。

（5）负责对现场起重机械安全管理中的重要事宜向业主项目部相关领导或部门汇报，并积极主动提出建议。

（五）施工现场起重机械安全监理专职人员（即起重机械安全监理工程师）的起重机械安全监理主要岗位责任

（1）负责审查各施工项目部的起重机械安全管理体系、起重机械安全管理制度，以及掌握机械管理人员的配置情况；协助业主项目部建立整个施工现场起重机械安全管理体系，具体组织体系的运行，并持续改进。

（2）负责编制或参与编制起重机械安全监理细则（包括工作内容和工作程序），起重机械安全监理岗位责任制；负责制定现场起重机械台账和起重机械作业人员台账，以及有关记录、报表的统一格式。

（3）负责制定现场起重机械准入标准，建立整机准入检查表和待安装起重机械零部件检查表，并对准入起重机械复验签字确认，登记起重机械准入台账，留存起重机械相关证明资料复印件。

（4）负责具体审查各施工项目部起重机械安装与拆卸队伍的资质和起重机械作业人员的

资格，并登记起重机作业人员台账，留存相关资质、资格证件复印件。

(5) 负责审查重要机械作业方案、安全措施和起重机械作业指导书，并留存复印件。

(6) 负责起重机械安装与拆卸交底、重要机械作业过程的旁站监理，并作出计划和记录。

(7) 对起重机械作业进行巡检，组织现场起重机械的月检查和专项检查，对有缺陷的，下达整改通知单或停工令，并对整改追踪验收，形成闭环管理。

(8) 负责或参与组织施工现场起重机械危害辨识、防范措施和施工现场起重机械重大事故综合应急预案的编制及预案演练评价和改进。

(9) 负责收集、汇总和整理起重机械安全监理资料的管理。

（六）施工项目经理的起重机械安全管理主要岗位责任

施工项目经理是现场施工项目部起重机械安全管理第一责任人，其起重机械安全管理主要岗位责任如下：

(1) 负责贯彻执行业主项目部起重机械管理制度的要求；建立施工项目部起重机械安全管理体系、制度、各级起重机械安全岗位责任制和起重机械安全目标和指标，保证起重机械安全有效使用和起重机械安全目标或指标的实现。

(2) 重视起重机械安全管理工作，根据现场实际设置机械管理部门或配置相适应的机械管理专职人员，并明确其职责［见本章第一节(3)］。

(3) 定期组织起重机械安全管理情况分析会议，及时解决机械安全和管理存在的问题。

（七）施工项目部分管经理的起重机械安全管理主要岗位责任

施工项目部应设置分管经理，分管经理应承担分管范围内的主要岗位责任，对施工项目经理负责，其起重机械安全管理主要岗位责任如下：

(1) 负责组织本施工项目部起重机械安全管理体系的运作和起重机械安全管理制度或细则及各级岗位责任制的编制、修订及实施。

(2) 负责组织和考核本施工项目部起重机械管理部门或起重机械管理人员职能的实施。

(3) 负责组织对本施工项目部所用起重机械（包括本单企业调入、外租机械、外包队伍自带起重机械等）的整机准入检查和待安装起重机械零部件的检查，送变电主要机具的准入检查，以及起重机械检验合格证的审查，保证进入现场的起重机械安全状况良好、证件齐全合法。

(4) 负责组织对起重机械安装与拆卸队伍资质和起重机械作业人员资格证件的审查工作，确保作业队伍资质相符和作业人员持证上岗。

(5) 负责组织对起重机械安装、试验、拆卸、维修、改造、重要吊装、大件运输等方案及作业指导书的编制和审查工作，并组织实施旁站监督，确保起重机械安装与拆卸和其他相关作业安全。

(6) 负责组织本项目部对起重机械安全的月检查和其他专项检查，并进行缺陷整改、管理评比奖罚及总结通报等工作。

(7) 负责组织编制好所用起重机械危害辨识和风险评价，防风、防雷、防碰撞、防火、防冻、防滑等安全措施，以及起重机械事故专项应急预案，并组织演练、评价和改进完善，确保现场起重机械使用安全。

(8) 负责组织本项目部起重机械台账、起重机械作业人员台账、各种记录资料以及相关统计报表等完整、齐全，管理规范。

(9) 负责定期组织机械安全专业会议，分析机械安全形势，研究对策和完善措施，组织相关人员的培训、学习，不断改进和提高起重机械安全规范化管理水平。

(八) 施工项目部总工程师起重机械安全管理主要岗位责任

(1) 全面负责起重机械施工中的技术问题。

(2) 负责审批或参与编制、修改起重机械相关作业方案、作业指导书、危害辨识、安全措施、应急预案及演练评价等工作。

(3) 负责本项目部的起重机械作业人员的培训、安全技术教育等工作。

(4) 参与机械安全工作会议。

如果施工项目部总工程师承担分管起重机械安全管理工作，还应承担分管经理的起重机械安全管理主要岗位责任。

(九) 施工项目部设置机械管理部门的科长起重机械安全管理主要责任

(1) 负责执行施工项目部机械管理部门的全部职能［见本章第一节 (3)］。

(2) 负责将本部门的职能分解到具体分管的科室人员，并定期指导、检查和考核其工作情况。

(十) 施工项目部机械管理部门设置的机械资料员起重机械安全管理的主要责任

(1) 负责或参与施工项目部起重机械安全管理资料管理制度的编制和完善工作。

(2) 熟练掌握施工项目部按规定应收集的资料目录，熟悉起重机械型号、统计分析及相关的基本知识，保证管理资料的准确、完整。

(3) 具体负责起重机械的法规、制度和台账、原始记录及相关资料的及时准确登记、收集、整理、复印、汇总、建目、装盒、保管等工作。

(4) 负责资料的借阅、归还和补充、改版、销毁等登记和更新等工作。

考虑到施工项目部的机械管理科室人员配置数量不可能太多的实际情况，所以此处只写出常见的机械资料员的岗位责任。如还设有其他人员，应根据科室职能再度分解，此处略。

(十一) 施工项目部机械安全管理专职人员的起重机械安全管理主要责任

指施工项目部没有设置机械管理部门，只设置了机械管理专职人员的。

(1) 具体负责编制本项目部的起重机械安全管理制度或细则、体系、分解安全目标和各级起重机械安全岗位责任制。

(2) 具体负责对进入现场的起重机械的准入检查（包括企业内部调入、外租、外包队自带的整机和待安装的机械零部件的检查），检验合格证的审查，并对不合格的机械缺陷提出整改单，对整改反馈的验收确认，并填写检查表，报请监理复查合格后，登记准入台账。

(3) 具体负责对起重机械作业人员的资格审查和安装与拆卸队伍的资质审查、核实，并登记起重机械作业人员台账。

(4) 具体负责按要求建立规范的起重机械台账和起重机械作业人员台账，掌握起重机械数量、分布和安全技术状况，掌握起重机械作业人员的数量和持证上岗情况，实施动态管理。

(5) 负责或参与起重机械安装与拆卸作业指导书的审查、安装告知，并留存备查。

（6）具体负责起重机械现场巡检、专项检查、月度检查和重要吊装、安装与拆卸关键工序的旁站监督等，并作好记录、小结。

（7）具体负责组织编制现场起重机械危害辨识、防范措施、机械事故专项应急预案及演练、改进等工作。

（8）具体负责本项目部起重机械安全管理相关文件、资质、资格、检验合格证件、使用登记证件、检查记录等资料的整理、汇总和管理。

（9）具体负责提出本项目部起重机械安全管理工作的改进及奖罚建议，并在领导授权范围内具体实施。

（十二）施工现场（或项目）起重机械使用单位负责人（或称经理、处长、队长、主任等）的起重机械安全管理主要责任

（1）对执行施工现场起重机械使用单位的起重机械安全管理主要职责全面负责［见本章第一节（4）］。

（2）负责根据现场使用起重机械的数量设置相应的专职或兼职机械管理人员，明确其岗位职责，并定期考核。

（3）重视起重机械安全管理工作，主持机械安全工作会议，保持机械管理人员的相对稳定并赋予相应的权利和待遇，不断提高起重机械安全管理水平。

如果施工现场起重机械使用单位设分管负责人，分管负责人应承担分管范围内的起重机械安全管理主要岗位责任。

（十三）施工现场（或项目）起重机械使用单位技术人员（包括技术负责人）的起重机械安全管理主要岗位责任

（1）负责本单位起重机械安全管理中的技术问题。

（2）负责或参与编制本单位的起重机械安全管理制度或细则、体系，分解安全目标、各级岗位责任制。

（3）负责编制起重机械安全操作规程、维修保养规程及计划、检查检验规程（或标准）、试验规程、作业方案（或施工组织设计）、维修改造方案及计划、安全措施、安装与拆卸作业指导书等工作。

（4）负责或参与编制所用起重机械的危害辨识、现场机械事故处置方案及演练和完善等工作。

（5）负责施工现场所用起重机械安全技术状况的鉴定及质量验收工作，负责现场起重机械重要吊装、安装与拆卸、保养、维修、改造、试验等作业的技术交底和过程中的技术工作。

（6）参与本单位的起重机械月检查和专项检查、评比，并负责缺陷和故障整改的技术工作。

（7）负责本单位起重机械作业人员的技术培训工作。

（8）负责或协助本单位建立起重机械安全技术档案和资料管理工作，以及编制各种账表和记录格式。

（9）负责或参与起重机械检测仪器、各种钢丝绳、索具正确合理使用的指导和监督。

如果施工现场起重机械使用单位有多个技术人员，技术负责人应对起重机械安全管理负全面技术责任，其他技术人员应根据上述主要岗位责任进行具体分工。

（十四）施工现场（或项目）起重机械使用单位专职或兼职机械员的起重机械安全管理主要岗位责任

（1）熟悉本单位所使用起重机械的型号、规格、技术性能和常见故障，掌握数量、分布、安全操作规程、保养规程和安全技术状况，以及检验取证情况。

（2）掌握本单位所用起重机械进场、退场情况，建立登记台账和安全技术档案，并实施动态管理。

（3）掌握本单位及外租起重机械作业人员持证上岗情况，进退场情况，建立起重机械作业人员台账，并实施动态管理。

（4）负责组织或参与组织编制本单位起重机械安全管理制度、体系、安全目标分解和各级岗位责任制等工作，并组织实施。

（5）负责本单位起重机械巡检、专项检查、旁站监督等经常性监督检查，参与月检、管理评价、考核以及记录等工作。

（6）负责组织或参与组织本单位起重机械作业人员的培训工作，并建立计划、台账、记录、总结。

（7）负责组织编制或审定本单位起重机械的保养维修计划，并组织实施及验收。

（8）具体负责本单位起重机械安全管理记录和相关资料的收集、汇总、整理和管理。

（十五）施工现场（或项目）起重机械使用单位班（组）长的起重机械安全管理主要岗位责任

班（组）长是本班（组）起重机械安全管理第一责任人，对本班（组）人员在作业中的安全和健康负责。

（1）负责组织实施本班（组）的起重机械安全管理目标或指标。

（2）负责本班（组）人员学习与执行所用起重机械的安全操作规程、安全措施和相关制度规定，带头遵章守纪，及时纠正违章违规行为。

（3）认真进行每天作业前的班前安全教育与工作交底的站班会和班后安全小结会。

（4）经常组织检查所用的起重机械、机具、索具、仪器、个人防护用品、安全设施等的完好状况、人的状态和行为，以及注意环境、气候对作业的影响，确保起重机械作业安全。

（5）认真组织每周一次的安全活动，研究和学习安全形势，分析总结本班（组）的安全状况，不断提高本班（组）人员的安全意识和安全技能，并作好安全活动记录。

（6）负责对新进厂的人员或工作经验不足人员，以及力工的岗位安全教育。

（7）负责组织本班（组）全体作业人员参加安全技术交底，未接受交底人员、未听懂人员、未签字人员，不得安排其参与作业。

（8）负责本班（组）作业前的安全作业条件（危害辨识）的检查与落实，对危险作业点，必须设置安全监护人。

（9）负责本班（组）的安全文明作业和安全管理资料的完整及管理，不断完善安全管理工作。

（十六）施工现场（或项目）起重机械使用单位起重机械司机的起重机械安全管理主要岗位责任

（1）掌握所操纵的起重机械的性能、安全操作规程、保养规程、常见故障的处理及安全使用的条件。

（2）参加作业前的安全技术交底和签字，明确工作任务和作业方法及安全措施、危险点的控制、应急办法等。

（3）负责作业前或下班后对所操纵起重机械的安全状况检查，确保机械状况完好。

（4）听从确定的指挥人员的指挥，按指挥信号准确、沉稳操作，不随意操作。

（5）对不符合安全要求的作业条件或影响安全的指挥，拒绝操作，并遵守“十不吊”，确保作业安全。

（6）起重机械发现故障和缺陷时，一时自己难于处理，应及时汇报，不得盲目使机械带病操作。

（7）坚持起重机械的定期保养，应积极主动作好机械清洁工作。

（8）负责作好运行记录、故障处理记录、保养记录及交接班记录。

超大型起重机械通常实行机长负责制，担任机长的司机，除承担司机的岗位责任，还应承担班（组）长的岗位责任。

（十七）施工现场（或项目）起重机械使用单位的指挥人员起重机械安全管理主要岗位责任

（1）负责施工现场起重机械作业时的指挥工作。

（2）掌握施工现场起重机械的性能特点、安全操作规程及其使用条件。

（3）掌握起重指挥信号并能熟练应用，并具有现场吊运和高空作业危害辨识和应急处理的能力。

（4）掌握吊索具的性能、使用方法、维护保养、检查及报废标准；并能熟练应用各种物件的绑挂、吊运、就位、堆放方法和吊索具的选用及一般物件重心、吊点的确定。

（5）负责作业前对吊索具、物件、绑挂、重心、吊点、障碍物、环境、气候条件等的检查，凡不符合安全要求时，不指挥吊运作业。

（6）当发现在用起重机械有缺陷、故障，以及相关人员的行为、状态影响安全作业时，不指挥吊运作业。

（7）主动参加作业前的安全技术交底，并签字。

（十八）施工现场（或项目）起重机械使用单位的司索人员起重机械安全管理主要岗位责任

（1）负责物件吊索具、绑挂、重心、吊点的正确选择和物件的正确堆放和协助就位等工作。

（2）负责吊索具的检查、维护保养、保管等工作，不符合安全要求的吊索具坚决不使用。

（3）掌握施工现场起重机械的性能特点、安全操作规程及其使用条件。

（4）掌握吊索具的性能、使用方法、维护保养、检查及报废标准。

（5）掌握各种物件的绑挂、吊运、就位、堆放、吊索具选择、重心和吊点确定。

（6）熟悉起重指挥信号，听从指挥作业。

（7）具有施工现场起重作业和高空作业危害辨识和应急处理的能力。

（8）主动参加作业前安全技术交底，并签字。

（十九）现场（或项目）起重机械使用单位的机械安装维修人员起重机械安全管理主要岗位责任

（1）负责或参与现场起重机械机械部分的安装、拆卸、试验、维修、改造、保养等工作。

（2）掌握现场起重机械性能构造特点，工作原理，以及对工作环境的要求和安全操作规程。

（3）掌握金属材料、机械力学、起重机械、液压的一般基础知识。

（4）懂得机械维修保养规程、方法和所用起重机械的安装拆卸工序工艺及质量标准、报废标准。

（5）具有机械危害辨识和排除机械故障、缺陷，检查和鉴定机械零部件、结构件、安全装置以及机械安全状况的能力。

（6）具有现场安全文明施工知识，并能按时准确填写各种记录。

（7）主动参加作业前安全技术交底，并签字。

（二十）施工现场（或项目）起重机械使用单位的电气安装维修人员起重机械安全管理主要岗位责任

（1）负责或参与施工现场起重机械电气部分的安装、拆卸、试验、维修、改造、保养等工作。

（2）掌握施工现场起重机械性能构造特点、工作原理以及对工作环境的要求和安全操作规程。

（3）掌握施工现场起重机械的电气控制原理，熟悉起重机械电路组成和各种电气元件的性能。

（4）掌握起重机械各种电气调速方法、电气保护方法和安全保护装置的调试。

（5）懂得起重机械电气维修保养规程、方法和所用起重机械电气元件、设备的质量标准、报废标准。

（6）具有电气危害辨识和排除电气故障、缺陷，检查和鉴定电气元件、设备和安全保护装置的安全状况的能力。

（7）具有现场安全文明施工知识，并能按时准确填写各种记录。

（8）主动参加作业前安全技术交底，并签字。

第三节　施工单位安监部门及安全管理人员起重机械安全监督职责

为了加强起重机械的安全监督管理，国家电网公司颁发了《国家电网公司电力建设起重机械安全监督管理办法》。该办法中明确说明施工单位或施工项目部的机械管理职能部门负责制定起重机械管理制度，对制度的贯彻落实进行监督检查；而施工单位或施工项目部以及起重机械使用单位的安全管理人员要对起重机械管理的全过程进行安全监督。安全监督包括以下内容：

（1）有关起重机械管理的法律法规、规程规定、规章制度的贯彻执行。

（2）本单位起重机械设备管理制度及安全操作规程的制定执行。

（3）起重机械购置、租赁、安装、拆卸、维修、改造、使用、报废全过程管理。

（4）起重机械管理人员、作业人员的安全技术培训、考试及取证工作。

（5）起重机械作业指导书的编制与审批工作。

（6）起重机械作业安全交底、作业票的审查与执行。

（7）起重机械的安装与拆卸。

（8）危险、重大起重机械作业。

（9）起重机械检查及缺陷、隐患的整改。

（10）涉及起重机械和起重作业应急预案的编制、培训、演练。

起重机械安全监督主要岗位责任如下：

一、起重机械购置的安全监督

（1）起重机械的选型和购置应有机械管理部门、安监部门、技术部门、机械专业化公司参加。

（2）对制造厂家的相应的制造资质和生产许可证件以及该产品设计是否符合安全技术规范要求参与审查。

（3）对购置的起重机械所必备的文件资料、设计文件（包括总图、主要受力结构件图、机械传动图和电气、液压系统原理图）、产品合格证、安装及使用维修说明、出厂监督检验合格证明、有关型式试验合格证明等是否齐全和符合法规要求进行审查。

（4）监督购置合同中有关安全技术条款是否全面履行。

（5）禁止购置国家明令淘汰、安全性能差、技术落后、安全保护装置和技术资料不完备的起重机械。

二、起重机械租赁的安全监督

（1）起重机械租赁应由企业机械管理部门归口管理，并接受安监部门监督。

（2）合同前参与对租赁起重机械的资质审查，如制造许可证、出厂监督检验合格证明、产品合格证、使用登记证明、自检合格证明、安装使用说明书的审查，流动式起重机械还应审查其定期检验合格证，各项证书、技术资料应与实物相符。

（3）审查租赁起重机械是否满足当地气象、地域等自然条件要求。

（4）禁止租赁下列起重机械：

1）属国家明令淘汰或者禁止使用的；

2）超过安全技术规范或者制造厂家规定的使用年限的；

3）没有经过登记部门使用登记的；

4）未按规定监督检验或者定期检验不合格的；

5）没有完整安全技术档案的；

6）没有齐全有效的安全保护装置的。

（5）租赁起重机械必须签订租赁合同，合同中必须明确租赁双方的安全责任，以及运输、安装、报验取证、使用（指挥、操作）、维修保养、拆卸等工作的安全要求，并有相应责任追究的条款。

（6）起重机械租赁双方必须对起重机械及随机资料进行验收，并逐项移交、验证、签字认可、归档备案。

（7）租赁起重机械的随机人员应具有相应的资格证书，并接受租方的安全监督管理。

三、起重机械安装拆卸及改造维修的安全监督

（1）对起重机械安装、拆卸、改造、维修单位的资质审查进行安全监督，对签订合同和安全协议以及其中的安全技术要求和各方安全责任进行安全监督。

（2）新购置的起重机械第一次安装、拆卸应在制造厂指导下进行，其作业指导书必须经制造厂审核，参加安装、拆卸作业人员应经过制造厂家培训。

（3）购置的起重机械若为第一台样机，首次安装、拆卸的安全技术工作应由制造厂全权负责，作业指导书的编制、安全技术交底均由制造厂负责。

（4）起重机械安装、改造、维修前应按照规定向施工所在地质检部门进行书面告知。

（5）30t 及以上的起重机械、80t 及以上的建筑塔式起重机的安装、拆卸，现场应成立安装、拆卸领导组，明确现场总指挥和施工、安全、技术、质量等负责人及其安全责任，并切实履行到位。

（6）起重机械安装、拆卸必须编制作业指导书，其内容编制、审批程序、安全技术交底签字和执行应符合《国家电网公司电力建设起重机械安全管理重点措施（试行）》的要求。

（7）起重机械安装、拆卸的关键工序和危险作业必须办理安全施工作业票，安全施工作业票由安装与拆卸作业技术负责人填写，报施工项目部技术、机械、安监部门会审，施工项目部总工或技术负责人签字批准后执行。

（8）起重机械安装完毕由机械管理部门组织安装单位、使用单位进行自检，自检合格后向当地检验检测机构申请检验，经检验及符合试验合格后方能投入使用。

（9）安装、改造、维修单位应当在施工验收后 30 日内，将安装、改造、维修的技术资料移交使用单位。

四、起重机械使用的安全监督

（1）起重机械投入使用前或者投入使用后 30 日内，应按照规定到质检部门办理使用登记。

（2）所有起重机械均应明确责任人，具有两名及以上操作人员的应建立机长负责制。

（3）起重机械应建立运行记录，维护保养和检查制度，认真作好记录。

（4）施工企业应编写本企业各类起重机械的安全操作规程，经常组织学习并严格执行。

（5）涉及起重机械作业的施工项目的作业指导书应由相应专业技术人员编写，重大吊装作业应单独编写作业指导书，并应由专业技术人员编写，施工企业的工程技术、安监、机械等部门参与会审，总工程师批准，编制人向参与该项施工的全体人员进行安全技术交底，并签字确认。

（6）下列起重机械作业项目必须办理安全施工作业票，作业时施工负责人、技术人员、安监人员必须在场监督：

1）质量达到起重机械额定负荷 90％以上；

2）两台及以上起重机械抬吊同一物件；

3）起吊精密物件、不易吊装的大件或在复杂场所进行大件吊装；

4）爆炸品、危险品必须起吊时；

5）起重机械在输电线路下方或其附近作业。

（7）施工企业应按规定建立起重机械安全技术档案，至少包括以下内容：

1）购销合同、制造许可证、出厂监督检验证明、产品合格证、安装使用说明书、使用登记证明等其他技术资料；

2）定期检验报告和合格证、定期自行检查记录和整改验收记录、维护保养记录、维修和技术改造记录、运行故障和事故记录、运行和交接班记录等；

3）历次安装拆卸技术资料和验收交接记录等（如轨道、地基验收记录，安装过程检验记录、安装后自检报告、安装与拆卸作业指导书、变换工况记录、特殊检验记录、零部件检查记录、安全施工作业票等）。

（8）起重机械的定期检验应按照规定执行，在有效期届满1个月前及时向检验检测机构申请定期检验，检验不合格或逾期未检验不得使用。

五、起重机械报废的安全监督

起重机械存在严重事故隐患，无改造维修价值的，或者达到安全技术规范规定设计使用年限的，或者达到报废条件的，应到原登记部门办理注销。

六、起重机械检查的安全监督

（1）起重机械操作人员每天作业前应对起重机械及其作业环境进行检查，作业中要进行监护，作业后应按规程停车，并检查确认。

（2）起重机械运行维护人员每周应对起重机械进行保养性检查，确保安全保护装置、吊具、索具等重要部件完好。

（3）机械使用单位、施工项目部每月应进行起重机械安全检查，施工企业机械管理部门每季应按照《国家电网公司电力建设起重机械安全管理重点措施（试行）》中检查内容对现场起重机械进行全面检查。

（4）除定期的起重机械检查外，下列情况还应由机械管理部门和安监部门组织针对性的检查：

1）起重机械发现异常情况。

2）起重机械发生损伤或事故。

3）大风、雷雨、冰冻等恶劣天气和地震灾害。

4）改变工况。

5）重大起重作业、危险起重作业。

6）更换起重机械安全保护装置或重要部件。

7）拆卸前、安装后。

（5）各级安全大检查都要将起重机械列入检查重点。

（6）任何人发现起重机械设备和使用中的安全问题都要及时向工地负责人报告，发现危及安全的隐患要立即停止使用，采取必要的安全防范措施，并要逐级报告。

（7）发生起重机械事故以及由此引起人员伤亡事故，按有关规定处理。

施工现场起重机械安全管理制度

制度是办事的规矩和章法，行动的准则。施工现场的起重机械安全管理或者施工机械管理按什么要求管，如何管，必须建立相应的管理制度。起重机械安全管理制度的建立，要依据国家法律法规的要求，结合现场的实际情况来制定，以便既符合国家法规的要求，又具有施工现场的适宜性和可操作性，切记盲目抄袭，不切实际。

管理工作制度一般包括目的、意义；编制依据；工作任务要求或标准及工作方法或工作程序；工作记录或资料等内容。制度既要保持相对稳定，不能朝令夕改，又要在执行实践中，发现不适应处不断完善和修订。

第一节　完善起重机械安全管理制度

一、施工企业起重机械安全管理制度

施工企业起重机械安全管理制度至少应包括以下内容：

（1）起重机械选型购置前期管理制度。

（2）起重机械管理人员与作业人员培训制度。

（3）起重机械调度与租赁管理制度。

（4）起重机械安全管理与安全使用制度。

（5）租用与分包工程自带起重机械安全管理制度。

（6）起重机械保养维修制度。

（7）起重机械安装维修队伍管理制度。

（8）起重机械安装与拆卸作业指导书编制、审查与执行制度。

（9）起重机械作业人员管理与考核制度。

（10）起重机械检验仪器、索具、工器具管理制度。

（11）机械设备事故调查处理制度。

（12）对施工项目部、起重机械使用单位的起重机械安全管理评价考核制度。

（13）起重机械安全技术档案和技术资料管理制度。

（14）起重机械监督检验管理制度。

二、施工项目部起重机械安全管理制度

施工项目部起重机械安全管理制度（或细则）至少应包括以下内容：

（1）起重机械（机具）进场准入制度，应包括以下基本内容：

1）进场告知和手续（包括调入、租赁、分包队伍自带等）。

2）准入条件（包括整机、待安装的零部件检查标准）。

3）准入验收工作程序。

（2）起重机械作业人员和安装与拆卸队伍准入制度，应包括以下基本内容：

1）准入条件（七种人员的资格证件，安装与拆卸队伍的相应许可资质证明及合同）。

2）准入审查工作程序。

（3）起重机械安装与拆卸作业指导书审查制度（包括外租、分包单位的安装与拆卸队伍），应包括以下基本内容：

1）编写要求（编写标准）。

2）送审工作程序。

3）实施要求。

（4）起重机械安全检查（评价）制度（包括外租、分包单位自带的机械），应包括以下基本内容：

1）检查方式（如巡检、旁站监督、月检查、专项检查、安全评价等）。

2）检查（组）人员组成。

3）检查时间。

4）检查范围、内容。

5）检查标准和检查记录。

6）检查小结和结果处理。

7）整改验收（期限或措施）。

（5）机械安全考核奖罚制度，应包括以下基本内容：

1）奖罚标准。

2）执行工作程序。

（6）停机维修和停机封存制度，应包括以下基本内容：

1）告知原因、预计期限。

2）鉴定确认。

3）采取措施。

（7）起重机械和起重机械作业人员退场管理制度，应包括以下基本内容：

1）退场告知要求。

2）退场手续办理。

（8）机械资料管理制度，应包括以下基本内容：

1）施工项目部存档内容（名细目录）。

2）收缴和整理期限。

3）借阅办法。

三、起重机械使用单位安全管理制度

起重机械使用单位安全管理制度至少应包括以下内容：

（1）起重机械定人、定机、定岗制度。

（2）起重机械安全使用管理制度。

（3）安全会议和站班会制度。

（4）起重机械安全检查制度。
（5）起重机交接班制度。
（6）起重机械走合期制度。
（7）起重机械安全评比竞赛办法。
（8）违章处罚条例。
（9）起重机械索具安全管理制度。
（10）起重机械保养维修管理制度。
（11）安全教育培训制度。
（12）安全考核制度。
（13）材料及备品配件领用制度。
（14）起重机械安装拆卸管理制度。
（15）起重机械测量仪器管理制度。
（16）工器具管理办法。
（17）起重机械安装与拆卸作业指导书编写审查制度。
（18）起重机械安全技术档案与其他资料管理制度。
（19）起重机械监督检验制度。
（20）起重机械人员资格证件管理制度。

四、工程项目监理起重机械安全监理细则

工程项目监理起重机械安全监理细则（或程序）至少应包括以下内容：
（1）起重机械和重要机具进场安全检查确认与登记的监理程序。
（2）起重机械安装与拆卸队伍和起重机械作业人员进场资格审查与登记监理程序。
（3）起重机械安装与拆卸作业指导书审查监理程序。
（4）起重机械安装与拆卸关键工序和负荷试验过程监理程序。
（5）起重机械重要吊装作业方案（作业指导书）、措施审查监理程序。
（6）起重机械重要作业的旁站监理程序。
（7）起重机械和重要机具安全状况定期检查程序。
（8）施工现场起重机械安全管理定期评价考核办法。
（9）施工现场起重机械事故应急预案及演练细则。
（10）施工现场起重机械安全监理资料管理办法。

五、业主项目部起重机械安全管理制度

业主项目部起重机械安全管理制度至少应包括以下内容：
（1）起重机械和重要机具进场安全确认登记制度（或准入制度）。
（2）起重机械作业人员和安装与拆卸队伍进场申报审查登记制度（或准入制度）。
（3）起重机械安装与拆卸作业指导书和重要作业方案、措施审查制度。
（4）起重机械安装与拆卸监督管理制度。
（5）起重机械和重要机具安全技术状况定期检查制度。
（6）施工现场起重机械安全管理定期考核评价制度。
（7）起重机械安全管理资料管理制度。

第二节　施工现场建设单位起重机械安全管理制度

建设单位，有的叫项目公司、甲方、业主等。对于工程项目来说，业主无疑起着主导和核心作用，工程管理目标的确立、安全思想的导向、施工队伍、技术、设备、材料的选择等都起着关键作用。本着“管生产必须管安全”的原则，对于危及生命安全、风险较大的起重机械，业主项目部必须建立起重机械安全管理制度（有的制定了施工机械管理制度或特种设备安全管理制度等），对其提出安全管理要求或规定。

下面举例，仅供参考。

一、业主项目部起重机械安全管理制度（规定）

第一条　为加强和规范现场起重机械安全管理，确保其安全有效使用，特制定本制度。

第二条　本制度所指起重机械是指国务院549号令《特种设备安全监察条例》附则中所定义的起重机械，适用于工程项目的整个施工现场。

第三条　编制依据和引用标准。

（1）国务院549号令《特种设备安全监察条例》（2009.5.1）。

（2）国务院393号令《建设工程安全生产管理工作条例》（2004.2.1）。

（3）国家质量监督检验检疫总局92号令《起重机械安全监察规定》（2007.6.1）。

（4）国家质量监督检验检疫总局140号令《特种设备作业人员监督管理办法》（2011.7.1）。

（5）中华人民共和国建设部166号令《建筑起重机械安全监督管理规定》（2008.6.1）。

（6）国家质量监督检验检疫总局115号令《特种设备事故报告和调查处理规定》（2009.7.3）。

（7）TSG Q5001—2009《起重机械使用管理规则》。

（8）TSG Q7015—2008《起重机械定期检验规则》。

（9）TSG Q7016—2008《起重机械安装改造重大维修监督检验规则》。

（10）TSG Z6001—2005《特种设备作业人员考核规则》。

（11）TSG Q6001—2009《起重机械安全管理人员和作业人员考核大纲》。

（12）JGJ 196—2001《建筑施工塔式起重机安装使用拆卸安全技术规程》。

（13）JGJ/T 189—2009《建筑起重机械安全评估技术规程》。

（14）国家电网公司基建〔2008〕696号《电力建设起重机械安全管理重点措施》。

（15）国家电网公司安监〔2008〕891号《电力建设起重机械安全监督管理办法》。

（16）××××集团公司相关规定。

第四条　施工现场起重机械安全管理的总目标为不发生一般起重机械事故。为了保证总目标的实现和便于实施考核，现场各施工单位应根据此目标制定分解细化目标和指标，并不低于总目标的要求。

第五条　施工现场起重机械安全管理，由监理牵头建立整个施工现场的起重机械（或施工机械）安全管理体系并画出网络图，制定各级起重机械安全岗位责任制。施工现场监理单位应根据本制度制定起重机械安全监理细则或工作程序；各施工项目部、起重机械使用单位都应建立各自的起重机械安全管理体系并制定各级机械安全岗位责任制，制定起重机械安全管理制度（应至少包括安装、拆卸、使用、检查、维修、保养、改造、培训、租赁以及记录资料管理、考核奖罚等内容）；各级必须明确分管领导，施工项目部根据所用起重机械数量设置机械管理机构或专职起重机械安全管理人员，各使用单位根据需要设置专职或兼职机械管理员。

第六条　凡进入现场施工的起重机械一律执行准入验收登记制度。进入施工现场的起重机械分为整机进场和待安装的零部件进场，待安装的零部件需在安装前，先检查和确认其零部件符合安全规范要求，方能进行安装，安装后经具有资质的检验机构检验合格发证后，再进行准入验收登记。

（一）准入条件（基本标准）

1. 相关证明和资料（可提供复印件）

（1）制造许可证。

（2）出厂监检合格证和出厂质量合格证（或质量保证书）。

（3）型式试验合格证（根据有关规定满足如下参数的起重机应具有）。

1）桥式、门式、铁路起重机起重量大于320t。

2）塔式起重机起重力矩大于315tm。

3）电站塔式起重机起重力矩大于4000tm。

4）汽车起重机、随车起重机起重量不小于1t。

5）轮胎起重机起重力矩大于900tm（或起重量大于60t）。

6）履带起重机起重力矩大于1200tm（或起重量大于100t）。

7）门座起重机起重量大于60t。

8）电站门座起重机起重力矩大于2000tm。

9）形式特殊的起重机械。

10）进口起重机械。

11）安全保护装置（包括起重量限制器、力矩限制器、起升高度限位器、防坠落安全器、制动器等）。

12）高空作业车。

（4）定期检验合格证或定期检验报告书（包括现场安装后的起重机械）。

（5）需现场安装的起重机械告知书。

（6）质检部门使用登记手续。

（7）起重机械使用说明书等。

（8）租赁的起重机械的合同或协议。

（9）该机型的安全操作规程。

（10）老旧起重机械的鉴定合格证明（根据建设部JGJ/T 189—2009《建筑起重机械安全评估技术规程》、TSG Q7015—2008《起重机械定期检验规则》、国家电网公司696号《电力建设起重机械安全管理重点措施》的要求）。

2. 机械安全技术状况

（1）机容机貌干净整洁。

（2）主要受力构件无变形、损伤或磨损超限。

(3) 安全保护装置齐全、灵敏、可靠。

(4) 各部件螺栓连接规范、无松动。

(5) 主要结构件焊缝饱满、整齐，符合要求，无气孔、夹渣和裂纹。

(6) 零部件无锈蚀、损伤、变形和磨损超限。

(7) 润滑部位良好，不缺油杯、油嘴、油尺，加油符合要求。

(8) 各种仪表齐全、有效，无破损。

(9) 梯子、栏杆、走道、平台、各种护罩、隔板符合安全规范要求。

(10) 机器运行不得有异响、噪声和较大振动。

(11) 液压系统和元件运行正常、有效。

(12) 不得漏电，油、气、水不得严重泄漏。

3. 主要机具准入安全技术条件

(1) 主要结构外观不得有变形、缺陷和损伤。

(2) 零部件不得锈蚀，磨损不得超限。

(3) 连接部位焊缝和螺栓可靠，不得有缺陷、损伤、松动。

(4) 润滑良好，不得严重泄漏。

(5) 具有产品合格证。

(6) 有抽样检验测试合格报告。

(二) 准入程序

(1) 各施工单位进入现场的起重机械（包括整机和待安装机械零部件及安装后成为整机）必须经施工项目部机械管理部门或机械专职管理人员按上述要求检查合格，并上报监理复查确认；凡不合格者，不得上报监理复查确认，采取退场、补齐资料、就地修理处置的方法直至检查合格。

(2) 机械监理人员对施工单位上报的起重机械，进行复查确认，复查确认（签字）合格者，机械监理和施工项目部登记起重机械准入台账，并留存相关资料复印件，机械监理人员复查确认签字之日，为起重机械准入日期，可以投入现场使用；机械监理人员复查不合格者，不予确认准入，并责令施工项目部处置，根据不合格的项目或不合格的次数，机械监理人员可以根据制定的奖罚制度，对施工项目部提出警告、罚款等。

(3) 监理或施工项目部对进入现场的起重机械不得漏检、漏报、漏登；机械监理人员或施工项目部机械管理人员凡发现未经准入的起重机械在现场使用，应立即停止使用，并按各自制定的奖罚制度，对责任单位进行处罚。

第七条 凡进入现场的起重机械作业人员一律执行准入审查登记。

(一) 准入条件

(1) 起重机械作业人员属特种设备作业人员之一，必须持有质检部门颁发的有效证件上岗。

(2) 起重机械作业人员包括起重机械操作工（各类起重机械司机）、起重机械安装工（机械安装、电气安装）、起重机械维修工（机械维修、电气维修）、起重机械司索工、起重机械指挥、起重机械检验工（企业自检人员）、起重机械安全管理人员（机械管理人员）。

(3) 起重机械检验人员如果无质检部门颁发的相应证件，应具有施工企业的任命文件（复印件）和质检部门颁发的起重机械安装或维修证件。

（4）起重机械安全管理人员达到45周岁及以上人员并从事起重机安全管理三年以上者，如无证件，可只登记备案。

（二）准入程序

（1）凡各施工单位进入现场的起重机械作业人员必须经施工项目部机械管理部门或机械管理人员按上述要求审查合格，并报监理复查确认；凡不合格者，不得上报监理复查确认，采取退场或补齐证件的方法，直至检查合格。

（2）机械监理人员对施工企业上报的起重机械作业人员，进行复查确认，复查确认（签字）合格者，由机械监理和施工项目部登记起重机械准入台账，并留存相关资格复印件，机械监理人员复查确认签字之日，为起重机械作业人员准入日期，可以上岗作业；机械监理人员复查不合格者，不予确认准入，并责令施工项目部处置，根据不合格的项目或不合格的次数，机械监理人员可以根据制定的奖罚制度，对施工项目部提出警告、罚款等。

（3）监理或施工项目部对进入现场的起重机械作业人员不得漏检、漏报、漏登；机械监理人员或施工项目部机械管理人员凡发现未经准入的起重机械作业人员在现场作业，应立即停止其作业，并按各自制定的奖罚制度，对责任单位进行处罚。

第八条　起重机械的安装、拆卸、改造、重大维修单位必须具有相应的资质证明并报施工项目部和监理审查合格并备案，无相应资质或资质不符合要求者一律不得进行相关作业。

第九条　起重机械安装、拆卸和改造、重大维修作业必须由具有相应的许可资质的施工单位实施。

（一）资质审查备案

施工项目部必须对起重机械安装、拆卸、改造、重大维修的施工单位进行相应资质审查合格，并留存其资质证书复印件；审查合格后，上报监理验收确认，监理留存其资质复印件，不合格的施工单位不得从事上述作业。

其作业人员的资格审查和登记按起重机械作业人员准入要求进行。

（二）作业指导书的编审

起重机械重大吊装作业，起重机械安装、拆卸作业，起重机械改造作业，重大维修作业必须由作业单位专业技术人员按《电力建设起重机械安全管理重点措施》的规定要求，单独编制相应的作业指导书和办理安全作业票，上述作业指导书一律执行审查核准登记。上述作业指导书必须经施工项目部相关部门（工程技术、机械、安全、质量）会审合格签字，并经总工（技术负责人）审查签字批准，然后上报监理审查签字核准，才能进行实施。凡各级审查提出意见或建议的，编写单位或编写个人都必须进行书面答复（或修改、补充），经二次审批合格；不合格（或对提出的意见或建议，无回复）的作业指导书不得实施。

如果上述作业是分包队伍或出租单位实施，施工项目部必须具有相关协议或合同；其上报监理的相应作业指导书，应当以施工项目部的名义出现，不得以分包或出租单位的名义上报。

上述作业除重大吊装作业外，均需向质检部门告知（告知书）。机械监理人员或施工项目部机械管理人员，凡发现上述作业没有编制相应作业指导书、作业指导书尚未核准、不按已核准的作业指导书作业，应立即停止其作业，并按各自制定的奖罚制度，对责任单位进行处罚；还没有进行告知的，应督促及时告知，并检查其告知书。

（三）实施和监督

上述相应作业指导书经监理批准后，施工单位应当严格按照已批准的作业指导书实施，如果发生作业人员数量及姓名的变更，必须上报监理重新审查确认登记；如果要发生作业方案的变更，必须重新编制和审查作业指导书。

在作业指导书交底时和实施关键工序工艺作业时，施工项目部机械管理人员、安全人员和机械安全监理人员应当到现场进行旁站监督和旁站监理。

第十条 凡施工现场使用的起重机械，其使用单位都必须按规程进行定期维护保养，保持安全技术状况良好，并编制相应的安全操作规程。司机和其他作业人员必须严格执行安全操作规程作业。施工项目部应负责对司机和相关人员应经过相应的操作规程的培训和考试合格。分包队伍自带的机械和租赁的机械必须一律纳入承包项目施工项目部的统一管理。

第十一条 为了保证施工现场在用起重机械安全技术状况良好和使用安全，以及起重机械安全管理的规范化，本制度特规定起重机械安全管理检查要求：

（一）起重机械安全技术状况月检查

（1）各起重机械使用单位在每月 5～10 日期间组织对所用起重机械安全技术状况进行检查，检查整改情况于当月 15 日前报送施工项目部。

（2）各施工项目部在每月 15～20 日期间组织对所用起重机械安全技术状况进行检查，检查整改情况于当月 25 日前报送机械监理。

（3）机械监理（或业主主管部门）在每月 25～30 日期间组织对整个现场在有起重机械安全技术状况组织进行检查，检查情况将在有关会议上进行宣布，并按有关奖罚规定进行处理。

（4）起重机械月安全检查，使用单位和施工项目部应该由分管领导组织并带队进行，并按要求作好检查记录、整改验收记录和总结；在报送期内整改不完的，应根据实际情况规定整改时间，按时追踪验收；对现场无法整改的，应提出书面措施。

（二）起重机械安全技术状况专项检查

当遇到汛期将至、台风来临、长期雨后、积雪融化、吊大件前以及现场其他需特别注重的情况，各级可以临时组织专项检查，如地基、轨道专项检查，现场钢丝绳专项检查，起重机械防汛专项检查，起重机械防风专项检查，老旧起重机械焊缝专项检查等，检查情况和处理结果或采取措施应作好详细规范的记录或报告。

（三）起重机械安全使用的旁站监督

起重机械的大件吊装、特殊条件下吊装、双机抬吊、超负荷作业、负荷试验、安装和拆卸中的关键工序工艺、安装和拆卸及重要吊装作业的交底会等，各级起重机械安全管理人员必须进行旁站监督（监理人员称旁站监理），并作好旁站记录。监理和施工项目部应该在制度中建立起重机械作业旁站监理或旁站监督项目目录，并编制旁站监理或旁站监督计划。

（四）起重机械安全巡检

平时随机现场巡视检查，简称巡检。巡检是各级起重机械安全管理人员应该经常坚持进行的一项工作。在巡检中凡发现起重机械作业违章、违法以及机械缺陷、管理缺陷等现象时，有权纠正、制止或处罚等重大问题应记录在案。

（五）机械安全性评价

对起重机械安全管理进行安全评价，既要检查起重机械安全技术状况，也要检查其内业管理情况（包括制度建设和执行情况，起重机械安全技术档案、危害辨识、事故应急预案、防范措施及记录和资料管理情况）。一般为每年 12 月中旬由业主主管部门或监理牵头组织进行，特殊情况下（如施工现场的机械安全检查中发现存在问题严重等）业主主管部门也可临时决定组织进行。施工现场起重机械使用单位和施工项目部应在业主或监理组织机械安全评价前先组织进行各自的机械安全评价。

机械安全评价应根据各种评价表进行（参见附录 B 19.），记录要完整准确并有评价报告，各级进行评价后要总结通报。

第十二条　进入施工现场的老旧起重机械虽然符合准入标准，但应按照《建筑起重机机械安全评估技术规程》的要求：

建筑塔式起重机：630kNm（不含 630kNm）、出厂年限超过 10 年（不含 10 年）；630～1250kNm（不含 1250kNm）、出厂年限超过 15 年（不含 15 年）；1250kNm（含 1250kNm）、出厂年限超过 20 年（不含 20 年）。

施工升降机：SC 型、出厂年限超过 8 年（不含 8 年），SS 型、出厂年限超过 5 年（不含 5 年）。

以上机型均需出具权威部门的安全评估报告是合格的。

其他电力建设起重机械凡出厂年限超过 12 年及以上的，产权拥有单位应当按照国家电网安监〔2008〕891 号《国家电网公司电力建设起重机械安全管理监督管理办法》中的六、老旧起重机械安全管理措施进行整治，并出具鉴定报告。

第十三条　业主或委托监理负责组织施工现场起重机械危险源辨识和制定防范措施（如防风、防碰撞、防雷电、防汛、放火、防冰冻、防滑等措施）；组织编制整个现场的起重机械事故应急预案，并组织演练评价。各施工项目部和起重机械使用单位根据本单位使用起重机械的具体情况，组织编制和制定本单位的危害辨识、防范措施和应急预案（事故应急预案的编制可参照 AQ/T 9002—2006《生产经营单位安全生产事故应急预案编制导则》的要求编写）。

第十四条　各级起重机械安全管理必须按《国家电网公司电力建设起重机械安全管理监督管理办法》和国家相关法规要求建立和完善工作记录、台账、安全技术档案和资料。（具体内容要求详见第七章）

第十五条　如果施工单位现场发生起重机械一般及以上事故，当事故发生时，施工现场安全人员或有关人员应立即报告本施工项目部领导和业主、监理负责人，并保护好事故现场，疏散周围无关人员；如果需要立即抢救受伤人员而移动事故现场的物件和设备等，应做好标记或影像资料。现场发生起重机械一般及以上事故，按《特种设备事故报告和调查处理规定》的规定处理。

第十六条　各施工单位起重机械退场，应由施工项目部机械管理部门填写《退场起重机械申请表》报监理确认后，到业主主管部门办理退场出门证后退场；起重机械作业人员退场应告知监理登记备案。

附表：

（1）施工现场起重机械准入检查验收（确认）表。

（2）起重机械准入登记台账。

（3）起重机械作业人员登记台账。

（4）各种起重机械检查表。

（5）各种起重机械安全技术状况检查表。

（6）退场起重机械申请表。

（附表略，详见第三章表）

二、起重机械安全管理奖罚考核办法

第一条 为加强和规范施工现场起重机械安全管理工作，严格执行《业主项目部起重机械安全管理制度》，认真落实各级机械安全岗位责任，特制定本考核办法。

第二条 业主组织成立属安全委员会领导下的起重机械安全管理考核小组，成员由业主单位分管副经理、主管部门经理、安全主管和专工、总监和机械安全监理工程师组成。

第三条 起重机械安全管理考核分为月度考核和年度机械安全综合评价考核。

月考核主要以当月机械安全技术状况检查考核为主（执行国家电网公司《电力建设起重机械安全监督管理办法》附表C2、附表C3，见第十三章）。

年度机械安全综合评价考核除机械安全技术状况检查考核外，还要检查考核管理资料（管理资料检查考核执行国家电网公司《电力建设起重机械安全监督管理办法》附表C5、附表C9，见第十三章），并参考各月考核情况。

第四条 月度检查考核，根据上月现场监理（或业主主管部门）组织的机械安全月检查情况，由监理推荐奖励单位和个人名单报业主主管部门复核，报考核小组批准，在10日内执行（见图6-1）。

年度评价考核，根据业主主管部门和监理组织的评价结果推荐先进单位名单，并根据现场各单位具体情况建议相关单位推荐一定人数的先进个人（具体人数应由业主主管部门和监理商定），并由业主主管部门下发先进单位和先进个人申请表，被推荐的先进单位和先进个人填表上报监理，监理审核后上报业主主管部门复核，再报考核小组批准。

年度考核将在当年年末或第二年年初以召开表彰会议形式执行奖励（见图6-2）。

第五条 有下列情形之一的，为不具备推荐起重机械安全管理奖励的条件：

（1）发生一般及以上机械事故的单位。

（2）发生由于机械事故损坏生产设备和厂房设施的单位。

（3）发生严重机械未遂事故的单位。

（4）发生造成人员轻伤事故的单位。

（5）未及时上报机械月检查和年度机械安全自评价资料的单位。

（6）监理（或业主主管部门）组织的机械月检查中发现存在严重机械缺陷的单位。

（7）监理（或业主主管部门）组织的机械月检查中发现存在一般机械缺陷每台平均超过2项的单位及一台机械存在5项及以上一般缺陷的单位。

（8）上级单位组织的安全（机械）检查机械缺陷达到或超过上述（6）、（7）规定的项数或管理内业缺陷达到或 超过3项的单位。

（9）检查中发现的机械缺陷和管理缺陷虽然没有达到或超过上述规定，但不能完成限期整改的单位。

第六条 业主、监理负责机械安全的监督管理人员及安全文明施工的安全监督人员发现施工现场起重机械违规违章行为及机械缺陷和管理缺陷，均可根据本规定提出处罚意见（尽可能拍照取证)，并开具处罚单。

第七条　罚款低于5000元的，由主管机械安全监理工程师审核，业主主管部门签发；低于或等于1万元的，由总监审核，业主主管安全副经理签发；大于1万元的罚款，由业主主管安全的副经理审核并报考核小组审议批准后签发。

第八条　处罚单一式四份，一份送罚款单位，一份由机械安全监理留存，一份业主主管部门留存，一份送交业主财务部门执行。

第九条　本规定中的罚款(除对业主的考核外)，一律向被罚款单位(施工项目部)收取(不对个人收取)，但被罚单位必须对违章个人或作业单位相关人员进行有关安全教育，并将对教育情况和处理结果以书面形式上报业主主管部门。

第十条　各承包单位(施工项目部)在接到罚款单后应在三日内向业主财务部门缴纳罚款，如无正当理由推迟或不交，业主财务部门将从工程进度款中成倍扣除。

第十一条　本规定以下所列奖罚具体内容中未列事项，可参照相关事项内容执行。

第十二条　本规定的奖励资金来源是依据集团公司《工程建设项目综合奖励办法》，从本工程项目综合奖中提取作为安全文明施工奖金的部分比例和机械违章罚款组成。

第十三条　奖励考核标准。

(一) 月度考核

(1) 每月机械安全检查。检查机械总体安全技术状况不低于95分的单位(施工项目部)奖励3000元。

(2) 施工项目部经理奖励1500元。

(3) 施工项目部分管经理奖励1000元。

(4) 施工项目部主管机械安全专职人员奖励500元。

(5) 对及时发现并消除重大事故隐患人员奖励2000元。

(6) 对机械安全工作成绩突出、经常提出并被采纳的有价值的建议、本人在机械安全工作中上采取一些有效措施或创新改进的人员奖励2000元。

(二) 年度考核

(1) 年度机械安全管理先进单位奖励1万元(名额基本定为1个)。

(2) 项目经理奖励4000元。

(3) 分管经理奖励4000元。

(4) 机械管理部门奖励4000元(指设立有专职管理部门的)。

(5) 施工项目部机械安全管理人员奖励2000元(指没有设立专职管理部门，但设置了专职机械管理人员的)。

(6) 施工项目部机械安全管理资料员奖励1500元(指没有设立专职机械管理部门，设置了专职机械管理资料资料员的)。

(7) 年度机械安全评价(综合评价分数不低于190分，并每月考核不低于95分)。

1) 项目经理奖励2000元；

2) 分管经理奖励2000元；

3) 机械管理部门奖励2000元(指设立有专职管理部门的)；

4) 施工项目部机械安全管理人员奖励1000元(指没有设立专职管理部门，但设置了专职机械管理人员的)；

5）施工项目部机械安全管理资料员奖励800元（指没有设立专职机械管理部门，但设置了专职机械管理资料资料员的)；

6）总监或副总监奖励2000元；

7）机械安全监理人员奖励1000元。

(8）年评价中各单位推荐在机械安全管理中成绩突出的起重机械作业人员（包括七种人员）奖励2000元。

第十四条 处罚标准。

(1）有资格证件而未持证上岗的，每人次处罚20元；月内达3人次处罚施工项目部200元；月内超过3人次，按上述标准累计处罚。

(2）无资格证件人员上岗，每人次处罚50元；月内达3人次处罚施工项目部500元；月内超过3人次，按上述标准累计处罚。

(3）未经准入的起重机械擅自进行作业每台次处罚施工项目部500元。

(4）起重机械和起重机械作业人员退场未按要求（2日内）及时上报机械监理，每台次(人次）处罚施工项目部50元。

(5）起重机械安装、拆卸、改造和重大维修单位无相应资质或资质不符合要求者，责令停止作业并处罚施工项目部5000元。

(6）施工项目部或分包队伍委托其他具有相应资质的单位进行起重机械安装、拆卸、改造和重大维修作业，但未签订协议或合同者，除责令补签合同或协议并处罚施工项目部1000元。

(7）在没有相关作业指导书或作业指导书尚未批准而进行起重机械安装、拆卸、改造和重大维修作业者，责令停止其作业并处罚施工项目部5000元。

(8）未按已批准的作业指导书施工作业，如方案发生变化、人员发生变更等，又未重新报审者，责令停止作业并处罚施工项目部5000元。

(9）机械违章作业（按相关安全操作规程和安全技术规范规定)，每台次处罚操作者200元；月内达3台次处罚施工项目部1000元；月内超过3台次，按上述标准累计处罚。

(10）起重机械被查出缺陷要求限期整改，未提出正当理由和措施而没有整改的：一般缺陷每项处罚施工项目部100元；严重缺陷每项处罚施工项目部500元。

(11）管理制度、资料和记录等缺陷每项没有按规定要求整改又被查出的，每项处罚施工项目部50元。

(12）起重机械和起重机械作业人员退场时，没有按要求及时告知监理登记者，每台次或每人次处罚20元，月内达3人次或台次处罚施工项目部200元；月内超过3人次或台次，按上述标准累计处罚。

(13）施工现场在用起重机械的停用、调换未通知监理批准的，每台次处罚施工项目部500元。

(14）发生一般及以上起重机械事故的按国家相关规定处罚。

三、奖罚流程图和部分相关表式

奖罚流程图见图6-1～图6-3，部分相关表式见表6-1～表6-7。

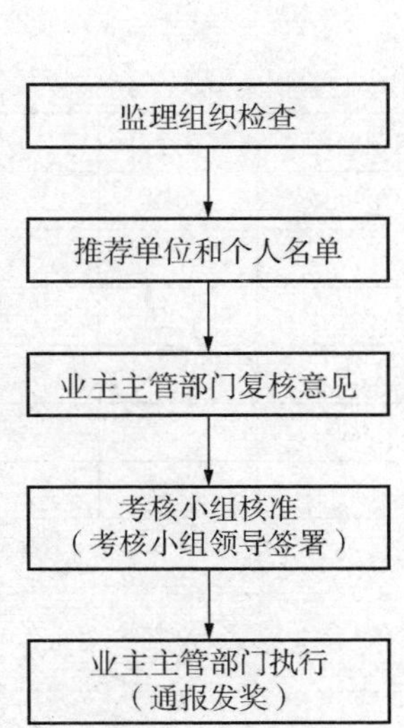

图 6-1　月检查奖励流程

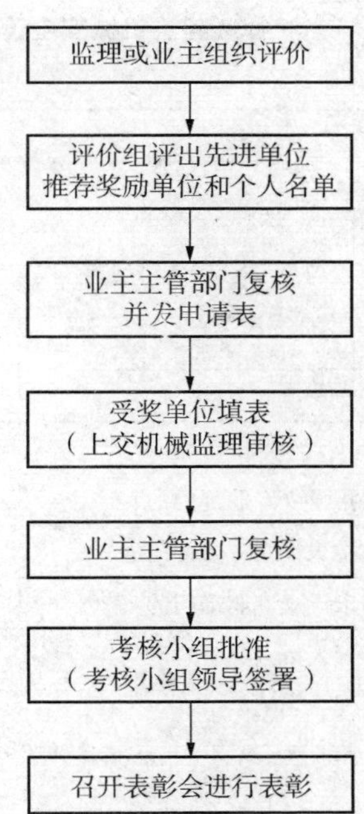

图 6-2　起重机械安全年评价奖励流程

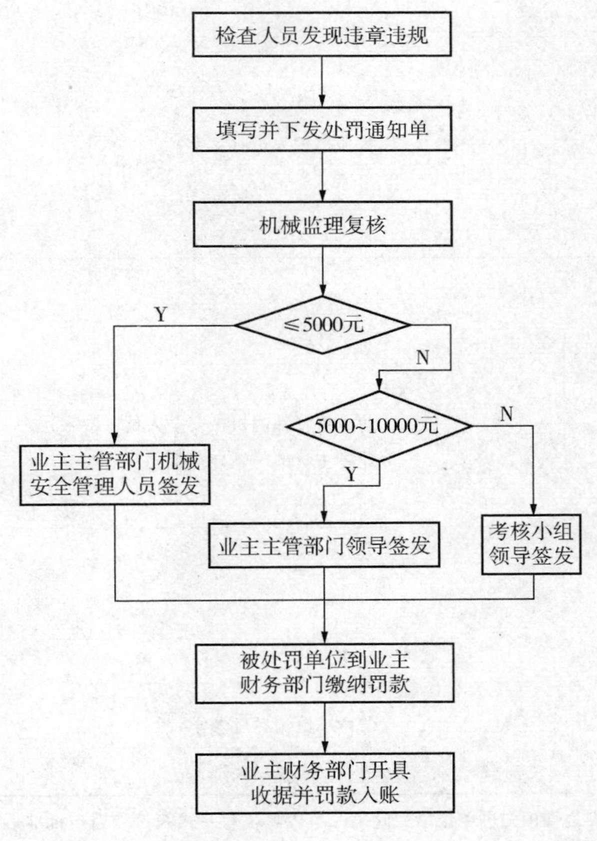

图 6-3　处罚流程

表 6-1　　起重机械安全管理先进单位申请表（　　年考核）

编号：

单位		奖励总金额		
机械安全评价分数： 机械安全评价结论：				
奖励项目	奖励金额（元）	实领金额	签字	
施工项目部	10 000			
项目经理	4000			
分管经理	4000			
机械管理部门（指设立专职部门的）	4000			
机械管理人员（指未设立专职部门的）	2000			
机械资料员（指未设立专职部门的）	1500			
申请单位机械管理人员（签字）： 申请单位分管领导（签字）： 年　月　日				
机械监理意见： 机械监理人员（签字）： 总监（签字）： 年　月　日				
业主主管部门意见： 业主主管部门机械安全人员（签字）： 业主主管部门领导（签字）： 年　月　日				
考核小组意见： 考核小组领导（签字）： 年　月　日				

注　年评价被评为机械安全管理先进单位填写此表；本表需填写一式四份，当被批准后，申请单位、监理单位、业主主管部门、计划或财务各留存一份备案。

表 6-2　　　　起重机械安全管理奖励单位申请表（年考核不低于 190 分）

编号：

单位		奖励总金额	

机械安全评价分数：

机械安全评价结论：

奖励项目	奖励金额（元）	实领金额	签字	
施工项目部	2000			
项目经理	2000			
分管经理	2000			
机械管理部门（指设立专职部门的）	2000			
机械管理人员（指未设立专职部门的）	1000			
机械资料员（指未设立专职部门的）	800			
总监或副总监	2000			
机械安全监理人员	1000			

申请单位机械管理人员（签字）：

申请单位分管领导（签字）：

年　　月　　日

机械监理意见：

机械监理人员（签字）：

总监（签字）：

年　　月　　日

业主主管部门意见：

业主主管部门机械安全人员（签字）：

业主主管部门领导（签字）：

年　　月　　日

考核小组意见：

考核小组领导（签字）：

年　　月　　日

注　年评价受奖单位（不低于 190 分）和监理单位填写此表；本表需填写一式四份，当被批准后，申请单位、监理单位、业主主管部门、计划或财务各留存一份备案。

表 6-3　　　　**起重机械安全管理月考核奖励申请表（不低于 95 分）**

编号：

单位		奖励总金额	

月考核分数：

简要评语：

奖励项目	奖励金额（元）	实领金额	签字	
施工项目部	3000			
项目经理	1500			
分管经理	1000			
机械安全专职管理人员	500			

监理推荐简评：

机械监理人员（签字）：

总监（签字）：

年　月　日

业主主管部门复核意见：

业主主管部门机械安全人员（签字）：

业主主管部门领导（签字）：

年　月　日

考核小组意见：

考核小组领导（签字）：

年　月　日

注　月考核受奖单位（不低于 95 分）填写此表；本表需填写一式四份，当被批准后，申请单位、监理单位、业主主管部门、计划或财务各留存一份备案。

表 6-4　　起重机械安全管理先进个人奖励申请表

编号：

奖励人员总数			奖励总金额		
序号	姓名	职务（工种）	部门（单位）	奖励金额	签字
1					
2					
3					
4					
…					
受奖理由： 机械监理人员（签字）： 总监（签字）： 年　月　日					
业主主管部门意见： 业主主管部门机械安全人员（签字）： 业主主管领导（签字）： 年　月　日					
考核小组意见： 考核小组领导（签字）： 年　月　日					

注　月考核或年评价中推荐的受奖人员填写此表；本表需填写一式四份，当被批准后，申请单位、监理单位、业主主管部门、计划或财务各留存一份备案。

表 6-5　　处 罚 通 知 单

编号：

主送单位		签收人		时间	
处罚原因：					
处罚依据：					
罚款金额	当事人		计		
	施工项目部				
提出人		时间			
审核人		时间			
签发人		时间			
财务收款人		时间			

注　被处罚的各单位接到处罚通知单三天内到业主财务部门缴纳罚款，超过时间，业主财务部门将从工程进度款中按规定加倍扣罚。

表6-6　　退场起重机械申请表

编号：

<table>
<tr><td>申请单位</td><td colspan="2"></td><td>退场时间</td><td></td><td>备注</td><td></td></tr>
<tr><td colspan="2">起重机械名称</td><td>规格型号</td><td colspan="2">数量</td><td colspan="2">说明</td></tr>
<tr><td colspan="2"></td><td></td><td colspan="2"></td><td colspan="2"></td></tr>
<tr><td colspan="2"></td><td></td><td colspan="2"></td><td colspan="2"></td></tr>
<tr><td colspan="2"></td><td></td><td colspan="2"></td><td colspan="2"></td></tr>
<tr><td colspan="2">…</td><td></td><td colspan="2"></td><td colspan="2"></td></tr>
<tr><td>施工项目部</td><td colspan="6">签署意见：

受理人（签字）：
年　月　日</td></tr>
<tr><td>监理</td><td colspan="6">签署意见：

审查（签字）：
年　月　日</td></tr>
<tr><td>业主主管部门</td><td colspan="6">签署意见：

签发出门证编号：

审查（签字）：
年　月　日</td></tr>
</table>

注　本表一式三份，施工项目部、监理、业主主管部门各留存一份。

表6-7　　起重机械作业人员退场告知表

施工项目部名称：　　　　　　　　　　年　月　日

工种名称	姓名	性别	退场日期	具体单位名称	备　注
…					

<table>
<tr><td>监理意见：

（签字）：

年　月　日</td></tr>
</table>

注　起重机械作业人员包括司机、安装、维修、司索、指挥、检验、机械管理七种人员；本表一式两份，一份报监理，一份施工项目留存，以便登记人员台账。

第三节 施工现场项目监理起重机械安全监理细则

施工现场起重机械安全监理应当根据国家有关法律法规的规定和业主单位的起重机械安全管理制度的要求制定起重机械安全监理细则，否则现场的机械安全监理将是盲目和无序的。

以下施工现场起重机械安全监理细则举例仅供参考。

施工现场起重机械安全监理细则

第一条 为保证现场起重机械安全使用，加强施工现场起重机械规范化管理，依据国家相关法律法规规定和业主起重安全管理制度的要求，特制定本细则。

第二条 以满足工程规模的需要为准，施工现场监理部设有若干安全监理工程师；根据现场使用起重机械数量设有专职或兼职的机械安全监理工程师，主要负责起重机械安全监理工作。所有的安全监理工程师都有监督现场起重机械安全使用的权利。

第三条 施工现场在用的所有起重机械均在起重机械安全监理范围内。施工现场使用的起重机械：塔式起重机、门座起重机、龙门起重机、桥式起重机、缆索起重机、履带起重机、汽车起重机、轮胎起重机、单轨梁起重机、水塔平桥、起重布料机、塔带机、施工升降机、钢索液压提升装置、卷扬机、电动葫芦、手动葫芦（倒链）、抱杆、吊篮吊笼、简易升降机、烟筒和水塔提升滑模、卷扬机、千斤顶等及其他型式的起重机械。

第四条 施工现场凡使用起重机械的施工单位（包括施工项目部和机械使用单位）使用均应按国家和行业的相关法规、制度的要求，设置机械管理部门或专职（兼职）机械安全管理人员，设置分管领导，建立机械安全管理体系和各级机械安全岗位责任制，建立在用起重机械安全操作规程，建立起重机械安全管理制度（至少包括使用、检查、维修保养、资料记录、培训、考核、奖罚等管理内容）；编制起重机械危害辨识目录，施工项目部应编制起重机械事故专项应急预案，作业单位至少应编制起重机械事故现场处置方案，并根据现场实际情况建立起重机械防风、防碰撞、防雷电等防范措施；机械监理编制整个现场的起重机械危害辨识目录、起重机械事故应急预案、防风、防碰撞措施等。

第五条 现场起重机械的准入。

各施工单位凡进入现场的起重机械（包括施工单位内调进的、分包队伍自带的、租赁的）在投入使用前均实施准入制。

（1）整机进场后（如流动式起重机），施工项目部机械安全管理专职人员，应按规定标准进行机械安全技术状况检查。合格者，检查人填写“起重机械整机准入检查表”，并检查人和施工项目部分管领导签字；不合格者，检查人下达整改通知单（就地整改）或责令退场。不合格者，在整改后应重新准入检查，直至合格。施工项目部准入合格者，检查人通知机械安全监理，机械安全监理人员进行复查验收，监理复查合格者在检查表上签字，施工项目部和机械监理各留存一份检查表备案，并各登录“起重机械准入登记台账”，机械监理复查验收合格之日为起重机械准入进场之日。机械监理复查不合格者应提出整改项目或责令退场，整改后监理应二次复查，直至合格。

（2）待安装起重机械零部件进场后，施工项目部机械安全管理专职人员，应按规定标准进行零部件安全技术状况检查。合格者，检查人填写“待安装起重机械零部件检查表”，并检查人和施工项目部分管领导签字；不合格者，检查人下达整改通知单，整改后验收直至合格。施工项目部对待安装起重机械零部件检查合格后，通知机械安全监理，机械安全监理人员进行复查验收，监理复查合格者在检查表上签字，施工项目部和机械监理各留存一份检查表备案。机械检查复查不合格者应提出整改项目，整改后监理应二次复查，直至合格。当起重机械安装成整机并经正规检验站检验合格后，再按上述（1）的工作程序进行整机准入。

（3）起重机械准入除机械安全技术状况检查外，还应要求必备的资料留存备案。如制造许可证明、出厂监检证明、型式试验合格证明（根据法规规定项目）、使用登记证明、定期检验合格证或检验报告书（合格）、安装起重机的验收合格证或检验报告书（合格）以及安装告知书、出厂合格证或质量保证书等复印件。起重机械安全技术档案因包括资料较多，可以只查看不留存。未取得许可资质的、未经正规检验站检验合格的、未进行使用登记的起重机械不得准入。

第六条　施工现场起重机械作业人员的准入。

起重机械作业人员属于特种设备作业人员，进入现场必须审查资格并登记造册备查。起重机械作业人员是指起重机械操作人员（包括各种起重机械司机）、安装人员（包括机械安装工和电气安装工）、维修人员（包括机械维修工和电气维修工）、司索工、指挥人员、起重机械质量检验人员（单位自检人员）、起重机械安全管理人员（包括机械员和机械安全员），我们一般叫七种人员。

（1）起重机械作业人员进入现场后，在参与作业前，施工项目部机械管理部门或机械安全专职管理人员必须审查其相应的资格证件（质检部门培训考核后颁发的），合格者登记台账并留存其资格证件复印件备案；不合格者（包括无证和证件失效）不予登记，不准参与相应的作业。登记准入后，上报机械监理登记备案，监理并留存资格证件复印件。起重机械作业人员的准入时间应是监理审查合格之日。

（2）关于质检人员的证件，如无质检部门颁发的资格证件（质检部门一般不颁发），应有企业任命文件（复印件）、本人应取得质检部门的安装或维修资格证件。在准入登记起重机械作业人员台账时，作业种类一栏登记为质检人员，证件号码一栏登记其安装或维修资格证件号码，留存其企业任命文件和安装或维修资格证件复印件。

（3）关于起重机械安全管理人员的证件，一般应具有相应的资格证件，如有的地方质检部门还没有颁发此类证件或年龄较大的（一般 40 周岁及以上）并具有机械安全管理工作经验 2 年及以上的人员，可以放宽准入登记备案，如在实际工作中考察不能胜任其工作者，应建议更换人员或培训取证。

（4）在日常施工现场检查中发现无证上岗者或证件失效者参与起重机械作业人员的相应作业，除责令不得进行相应作业外，将按业主奖罚考核办法进行处罚。

第七条　施工现场起重机械的安装与拆卸。

施工现场起重机械的安装、拆卸、改造和重大维修作业的队伍必须具有相应的资质，其资质必须经过审查，现场一般不得进行起重机械的改造和重大维修作业，特殊情况例外。上述作业前，作业单位必须报审其作业指导书并告知当地质检部门，作业完成后在自检合格的基础上必须经正规检验站检验合格，施工项目部和监理再按准入程序复验准入。

（1）起重机械安装或拆卸前，施工项目部先审查起重机械安装或拆卸队伍相应资质，如委托单位作业应签订并审查合同（协议），审查合格后上报监理并留存资质证件及合同（协议）复印件，监理复核合格后留存资质及合同（协议）复印件。不合格者不准承担该项作业。

（2）起重机械的安装或拆卸前，应由作业单位技术人员编写安装或拆卸作业指导书，作业指导书先由施工项目部会审（机械、安全、技术或工程、质量等部门），总工签署；然后上报机械监理复核签字批准。凡各级审查中提出改进意见或建议的，编写单位必须给予书面改进、反馈并取得提出意见或建议者的签字认可，否则不能继续进行审查批准。作业指导书审查合格并批准的，施工项目部和监理都应留存复印件备案。施工企业必须严格按照已批准的作业指导书执行。如作业中要发生方案和人员变更的，应书面提出变更事项，再次审查批准。没有编写相应作业指导书或作业指导书未经批准的一律不得进行安装或拆卸作业。

（3）凡作业指导书中审批时没有确定作业人员名单，只有人数的，作业单位在召开作业指导书交底会前 2 日内上报作业人员名单并附其资格证件复印件，先交到施工项目部机械管理部门或机械安全专职管理人员审核留存，由施工项目部再交到机械监理复核留存。

（4）作业指导书由施工项目部上报监理之日起，监理应在 7 日内得出审查结果并反馈给施工项目部。

（5）起重机械安装或拆卸作业之前，施工项目部应负责告知当地质检部门。

（6）如发生起重机械的改造或重大维修作业时，按照上述要求程序办理。

第八条 施工现场起重机械的使用。

施工现场在用的起重机械应采用大型机械机长负责制，专用起重机械专人负责制，公用起重机械班组负责制，坚持定人、定机、定岗。

（1）起重机械应在易于看到的位置悬挂标牌（机型、规格、制造厂、出厂日期等，自制标牌有单位名称），大型起重机械一般在操纵室内张贴责任人或机组人员名单、简易安全操作规程、性能图表和润滑图表、检验合格证、使用登记证等；固定在机棚内的起重机械，如卷扬机等上述项目可张贴在棚内墙壁上；机上应有作业运行记录和交接班记录本等。

（2）司机应持证上岗，严格执行安全操作规程，坚持班前（操作前）常规项目检查（包括试运行）和班后常规项目检查，机械不得带病运行，发现故障及时通知处理。

（3）司机在作业时专心谨慎、听从指挥，拒绝蛮干和任何违章指挥；需要开具安全作业票和必须有安全监护人的作业，必须遵守票、人到位时方能作业。

（4）机械使用单位坚持执行定期维护保养，保持机械安全技术状况良好。

第九条 施工现场起重机械的监督检查。

（1）施工现场各级机械员、安全员、机械监理人员应坚持现场随机巡检，发现机械使用中违章违规作业应随时指出纠正，必要时按规定进行处罚。

（2）机械安全监理人员认为必要时，可组织机械专项检查。如起吊大件前，对重点起重机械状况的专项检查；大雨后、融雪后组织对轨道、地基沉降的专项检查；大风将至，组织对起重机械防风的专项检查；以及对钢丝绳、吊索具、个别起重机械的焊缝、起重机械的垂直度等的专项检查。也可能通知各施工项目部先进行专项自检，将检查结果和处置措施上报监理，监理再组织复查。

(3) 起重机械作业旁站监理（监督）项目：大件吊装；特殊吊装（易燃易爆品吊装、化学品吊装、地面以下或司机不易看到吊钩位置的吊装、高压线下的吊装、易发生碰撞或干涉的吊装等）；多机抬吊；超负荷吊装；起重机械负荷试验；起重机械安装或拆卸的关键工序工艺过程；起重机械安装或拆卸方案以及重要吊装作业方案的安全技术交底会等。

上述作业项目机械监理人员要实施旁站监理并作出旁站监理记录；施工项目部机械安全管理人员要实施旁站监督并作出旁站监督记录。制定旁站监理和旁站监督月计划。

(4) 起重机械安全状况的月检查：要求各机械使用单位每月10日前对所用起重机械进行自检，将自检结果和处理情况上报施工项目部机械管理部门或机械安全管理专职人员；要求各施工项目部每月25日前对本项目部所用起重机械进行自检（如果起重机械数量太多，可以分两月次检查完），将检查结果和处理情况上报机械监理；监理在每月27日组织现场起重机械月检查，检查结果将在下月1日以通报形式公布，必要时也可以召开专项会议公布，并按规定考核奖励或处罚。各机械使用单位、各施工项目部起重机械安全状况月检查，应分管领导组织并带队检查；检查应认真作好记录和小结。

机械月检查小结内容：①检查日期；②参加人员；③检查机械各种数量、总台数；④存在缺陷（一般缺陷数、严重缺陷数）；⑤简要描述缺陷情况；⑥简要分析原因；⑦处理措施等（包括整改措施、批评奖罚措施）。

(5) 每年12月将进行起重机械安全评价，月初（10日前）施工项目部应对起重机械使用单位（包括专业单位、一般单位）和本项目部进行评价（按规定评价表），自评价结果上报机械监理；月中（20日前）业主主管部门或机械监理组织对各施工项目部、监理进行评价，评价结果按业主评价考核规定执行。

第十条 起重机械和起重机械作业人员的退场，各施工项目部及时（不得超过2日）上报机械监理，以便在相关台账上登记退场时间和掌握情况；未报或延误规定期限上报的按规定处罚。

第十一条 按规定：建筑塔式起重机63tm（不含63tm）以下、出厂年限超过10年；63～125tm（不含125tm）、出厂年限超过15年；125tm及以上、出厂年限超过20年的；施工升降机齿条型SC、出厂年限超过8年；其他电力建设起重机械、出厂年限超过12年的属于老旧起重机械。对于已取得检验合格证并经准入检查安全技术状况合格的老旧起重机械，应具有权威机构的鉴定报告；当前暂时无法取得权威部门的鉴定报告，最低要求应有产权单位自己的鉴定报告（鉴定报告应有单位公章和单位技术负责人签字）。施工现场老旧起重机的使用应加强监督管理，每次机械安全检查不得漏检，应坚持强制性保养维护，一般不应满负荷使用，特殊情况下也不得超负荷使用，使用中应有安全监护。在条件允许的情况下，应尽早由权威部门（如质检许可的起重机械型式试验中心或建设部授权的起重机械评估中心等）进行评估。

第十二条 施工现场在用起重机械由于维修、事故或其他原因停用，以及调换其他起重机械，应及时上报机械监理，并取得批准。未上报或未批准的擅自停用、调换的，将按规定处罚施工项目部。

第十三条　各施工项目部起重机械退场前必须告知机械监理并填写机械退场申请单，监理确认签字后，到业主主管部门办理出门证后退场。如果有的汽车起重机需要经常进出场门的，应到业主主管部门办理长期进出场证，到真正退场时，按退场要求办理。

第十四条　各施工项目部起重机械作业人员退场，应在2日内告知监理备案，登记退场时间。

第十五条　凡本细则附录中已有的台账和表样格式，各单位应统一按照要求复制使用，不得自行另用其他台账和表样格式。

第十六条　机械监理要求各施工项目部上报的资料名录：

（1）起重机械检验合格证或起重机械检验报告书复印件，监理签字的起重机械准入整机检查表或确认表、监理签字的待安装起重机械零部件检查表或确认表（随时）。

（2）起重机械作业人员准入登记名单（或台账）和资格证件复印件（月报）。

（3）老旧机械评估报告复印件（随时）。

（4）起重机械安装（拆卸）队伍的资质证书复印件（安装前）。

（5）起重机械的基础、轨道质量验收资料复印件（验收后）。

（6）起重机械安装或拆卸交底签字记录复印件（交底会后）。

（7）已批准的起重机械安装或拆卸作业指导书复印件（批准后）。

（8）已批准的重要吊装作业作业指导书或方案复印件（批准后）。

（9）各单位起重机械危害辨识目录复印件（随时）。

（10）各单位起重机械事故应急预案复印件（随时）。

（11）各单位起重机械防风、防碰撞等措施及其他特殊措施（随时）。

（12）起重机械月检查报告（或小结）复印件（检查后）；整改完成报告复印件（整改后）。

（13）年度各单位自行机械安全评价报告复印件（评价后）。

（14）各施工项目部起重机械或机械安全管理体系网络图复印件（随时）。

（15）已批准的起重机械退场申请单复印件（退场时）。

（16）起重机械作业人员退场名单复印件（退场时）。

（17）其他需要要求上报的资料（根据届时要求）。

现场起重机械准入登记台账、现场起重机械作业人员登记台账、现场起重机整机准入检查表、现场待安装零部件检查表、具体见第三章附表；退场起重机械申请表见业主规定附表；起重机械安全管理各种评价表略，具体见第十三章。

第四节　施工现场施工项目部起重机械安全管理制度

施工项目部是施工单位工程中标后在派驻现场的工程管理机构。施工项目部应根据业主的起重机械安全管理规定和本公司的机械管理规定，以及公司所规定的管理职能和权限，制定本施工项目部的机械管理制度或起重机械管理制度。由于施工项目部以工程现场施工管理为主，其机械管理制度或者起重机械安全管理制度比公司本部的制度相对比较简单，完全照搬公司的机械管理制度，往往内容繁杂，超出施工项目部的职责范围，而且不具体，针对性和可操作性不强。当然有的公司（施工单位本部）给施工项目部已经制定了比较具体可行的管理制度，只要再结合业主的管理规定，稍做修改或者不用修改，也是可以的。下面编制的施工项目部起重机械安全管理制度，只是根据施工项目部起重机械安全管理的基本任务而编制的，仅供参考。

一、施工项目部起重机械安全管理制度

第一条 为了确保现场起重机械的安全使用，规范和加强现场起重机安全管理，特制订本制度。

第二条 本制度依据国家有关法律法规和本公司的施工机械管理规定，以及业主起重机械安全管理规定编制。

第三条 施工项目部起重机械安全管理目标：

（1）不发生一般机械事故。

（2）杜绝由机械事故造成人员死亡。

（3）人员轻伤率控制在千分之三以内。

（4）起重机械完好率达到95%及以上。

（5）大型起重机械利用率达到85%及以上。

（6）起重机械保养执行率为100%，保养维修时间不超过3天（特殊情况除外）。

（7）起重机械作业人员持证上岗率为100%。

（8）起重机械定检取证率为100%（指正规检验站检验）。

（9）月度机械安全检查中，旧机械：每台一般缺陷不超过4项，严重缺陷不超过1项。新机械：每台一般缺陷不超过2项，严重缺陷为零。

（10）起重机械月检查执行率为100%。

第四条 施工项目部建立机械安全管理体系（网络图），并完善各级机械安全岗位责任制。

第五条 施工项目部根据本工程规模设置专职机械管理部门，负责执行本项目部机械管理，包括起重机械安全管理职能，编制人员3人（科长、机械专工、资料员）；要求各机械施工单位有大型起重机械的设置专职机械人员；没有大型起重机械的可设置兼职机械管理人员。

第六条 施工项目部机械管理人员应参加项目部有关会议，通报机械安全状况；参与机械使用单位结算时的会签，无机械管理部门签字不能办理结算；机械管理人员有制止机械违章、违规使用权利；机械管理人员可以根据项目部机械安全奖罚、评比制度对机械安全管理状况提出奖罚；机械管理部门或机械管理人员应参与机械安全资金投入的决策意见。机械使用单位的各级机械管理人员可参照上述权限执行。

第七条 起重机械进场准入规定。

（一）管理范围

内租、外租、外包队自带的所有起重机械（凡符合《特种设备安全监察条例》附件中起重机械定义的）。

（二）准入办法

（1）进场起重机械必须安全技术状况良好，工作能力和性能达到规定要求，部件齐全、安全装置齐全、完整、可靠、外观整洁（见业主准入条件），并具有正规检验站颁发的检验合格证及相关的证件和手续，准入检查按起重机械准入检查表要求执行（见第三章附表）。

(2) 整机进场首先通知施工项目部机械管理部门，施工项目部机械管理部门派员检查验收，不合格不得准入（下达整改单，有关单位整改或更换）；合格的，告知监理进行准入复验。

(3) 待安装的起重机械进场时，必须通知施工项目部机械管理部门，明确堆放地点，并提交零部件检查情况（检查表或情况说明），施工项目部机械管理部门派员检查，不合格的应按整改单要求整改或修理；合格的，告知监理进行复验。当组装成整机并取得检验合格证后，再按整机准入。

(4) 起重机械准入，施工项目部机械管理人员需填写整机准入检查表或待安装起重机械零部件检查表（整机的，一张整机检查表；待安装的，零部件、整机两张检查表），检查表应有检查人、分管领导和监理的签字。检查表施工项目部机械管理部门应留存，监理也应留存，作为起重机械准入的工作痕迹。

(5) 起重机械应单独建立起重机械准入台账（见第三章起重机械准入台账），凡准入的起重机械一律登记台账，不得漏登。

第八条 起重机械安装队伍和起重机械作业人员准入规定。

(一) 管理范围

本单位的安装队伍和起重机械作业人员、外包队伍的安装队伍和起重机械作业人员、外租单位的安装队伍和起重机械作业人员、外委安装队伍和起重机械作业人员。

(二) 准入办法

(1) 起重机械安装（包括拆卸）队伍必须具有国家质检部门颁发的相应许可资质证件，进场时将其资质证件交到施工项目部机械管理部门审查，不合格的或证件不符、无效的安装队伍不得准入；审查合格的，留存其资质证件复印件两份，其中一份报监理复审备案。

(2) 起重机械作业人员：起重机械司机、机械安装工、电气安装工、机械维修工、电气维修工、司索工、指挥人员、起重机械安全管理人员（一般为机械管理员）、起重机械检验人员（指企业自检的质量检验人员）。起重机械作业人员必须经质检部门培训考核并取得相应的资格证件。各作业单位的起重机械作业人员进入现场时并在其参与作业前，必须向施工项目部机械管理部门上报起重机械作业人员名单并附有其资格证件，施工项目部机械管理部门进行审查登记（登录起重机械作业人员台账，台账格式见第三章），并留存资格证件复印件。证件不合格或无证、证件无效的不得准入登记。经审查合格的并进行了准入登记的人员，上报监理审查备案。现场起重机械作业人员应持证上岗（如果颁发了上岗卡的、应带卡上岗）。施工项目部机械管理部门和机械安全监理人员，应在现场检查、旁站监督中经常核查起重机械作业作业人员的相符性，保证现场起重机械作业人员的实际情况与台账相符。

第九条 起重机械和起重机械作业人员退场的规定。

(1) 施工项目部内租长期使用的（超过 1 个月以上的）起重机械，各起重机械使用单位在起重机械退场前 3 天内到施工项目部机械管理部门办理退场手续（按内部租赁合同要求，需双方进行机械状况鉴定的，应签订机械鉴定表）；内租短期使用的（一个月以下的）起重机械，使用完毕后，立即到施工项目部机械管理部门办理退场手续。

(2) 外包队自带的、外包队外租的起重机械退场之前，应到施工项目部告知，以便登记。

(3) 所有退场的起重机械均须施工项目部机械管理部门报监理确认登记，并到业主主管部门领取出门证，方能退场。

(4) 凡是各作业单位的起重机械作业人员退场，必须在退场前到施工项目部机械管理部门登记退场时间，以便按要求上报监理。

第十条 起重机械的安装和拆卸管理规定。

(1) 起重机械安装（拆卸）队伍必须经施工项目部审查准入，其相应资质经审查合格方能承担其相应的机型的安装或拆卸作业。不属于本企业的（外委、外包的）安装队伍必须签订起重机械安装或拆卸合同或协议，凡不属于本施工项目部签订的合同或协议，必须上报施工项目部机械管理部门审查，经审查不符合国家有关规定要求的，需根据审查意见修改，重新签订。

(2) 起重机械安装、拆卸作业前，安装队伍必须根据起重机械安装（拆卸）作业指导书编制大纲的要求（略，详见第八章），由技术人员编制起重机械安装或拆卸作业指导书（应根据本次作业内容来编制，安装、拆卸应分开单独编制，不能一次混在一起编制）。

(3) 起重机械安装或拆卸作业指导书应在安装或拆卸开始 5 日前，交到施工项目部会审；施工项目部机械管理部门、安监部门、工程质量部门等参与会审，并经施工项目部总工签字批准，最后交付监理审查批准。

(4) 经施工项目部审查合格的作业指导书必须以施工项目部名义上报监理（监理不对分包或外委单位），监理审查批准的作业指导书方能实施。

(5) 起重机械安装或拆卸作业指导书在各级审查中，凡提出修改意见或建议的，编制单位必须在原编制的作业指导书中增加修改补充页经二次复审，所以作业指导书前必须附有审批页；已审查批准的作业指导书返回安装队伍，安装队伍必须严格按照已批准的作业指导书进行作业；未批准作业指导书前不得进行作业。

(6) 起重机械安装队伍召开起重机械安装或拆卸安全技术交底会时，必须通知施工项目部机械管理部门和监理，施工项目部机械管理部门和监理将派员参加交底会，实施监督。交底应严格执行全员交底全员签字制度。

(7) 起重机械在安装或拆卸前，安装队伍应和施工项目部机械管理部门协商关于对质检部门的告知事宜。施工项目部机械管理部门和监理应留存已批准的作业指导书、告知书、交底签字记录等复印件。

(8) 起重机械安装或拆卸过程中，安装队伍应有安装过程或拆卸过程检验记录，安装完毕应有整机自检报告书（含负荷试验报告，也可以在检验站正规检验时做试验），拆卸完毕应有零部件检验情况记录（需修的、更换的、完好的）。

(9) 起重机械在安装或拆卸过程中发生作业人员变更或增减数量，应及时报告施工项目部机械管理部门和监理，以便审查资格和办理登记；如发生作业方案变化，必须重新编制作业指导书，重新审批。

(10) 起重机械安装或拆卸中的关键工序工艺过程，施工项目部机械管理部门和监理将派员旁站监督。

（11）安装完毕经自检合格的起重机械，安装队伍需及时和施工项目部机械管理部门协商，申请检验站检验取证事宜；拆卸完毕的起重机械拆卸队伍需及时和施工项目部协商维修和办理机械、人员退场手续等事宜。

第十一条　起重机械安全使用管理规定。

（1）各起重机械使用单位必须按国家电网公司《电力建设起重机械安全管理重点措施》要求确定分管领导；设置专职或兼职机械员；制定各级起重机械安全管理岗位责任制；编制绘出机械管理体系（结构）图；制定起重机械安全控制分解指标，指标不应少于和低于施工项目部的指标要求。

（2）各起重机械使用单位必须建立起重机械安全管理制度，制度编制内容至少应包括安全使用管理制度（该制度应包括上岗条件，定人、定机、定岗的“三定”，证件管理，安全纪律要求，运行和故障记录，交接班、各种条件下的安全使用等）、培训制度、维修保养制度、机械检查制度、安装与拆卸管理制度（有安装与拆卸的单位）、资料管理制度、奖惩及考核制度、租赁机械管理制度（有租赁机械的单位）等。

（3）各起重机械使用单位必须编制或具备所用机型的安全操作规程和维修保养规程，并严格执行。

（4）各起重机械使用单位应当按规定要求，建立并加强起重机械安全技术档案和资料管理，保证起重机械资料、记录的完整和规范。

（5）施工现场起重机械作业人员必须持证上岗；并严格执行安全操作规程；施工现场起重机械必须具有检验合格证。

（6）各起重机械使用单位应按要求编制机械事故应急预案（或现场处置方案），编制起重机械危害辨识目录和根据实际情况编制防风、防碰撞、防汛、防火、防冻、防滑、防雷电等防范措施。

（7）已被施工现场准入的老旧起重机械，更应注意保养维护，尽量降低负荷使用，应在使用中加强安全监护。需办理安全工作票的作业项目，必须办理安全工作票后，方能作业。

（8）各起重机械使用单位的起重机械作业人员，尤其机械管理人员应保持相对稳定，如需更换人员，应及时上报施工项目部机械管理部门登记备案。

（9）各起重机械使用单位应自行编制维修保养计划并执行，如确需要与施工项目部机械管理部门协商的，应及时协商便于机械使用调度；意外故障处理和临时保养维修影响施工超过1小时的，需及时填写《机械设备保养维修停工申请单》上报施工项目部机械管理部门，共同研究解决措施。

（10）各起重机械使用单位必须服从施工项目部的机械调度。

第十二条　起重机械外租管理规定。

（1）本公司（企业）的起重机械使用单位（各工地、队）在本公司自有起重机械无法满足工程需要时，可以提前二十日向施工项目部机械管理部门提出租赁计划并填写《外租机械申请单》；租赁期在三个月之内的短期租赁，经施工项目部批准后，使用单位可以自行租赁，也可以委托施工项目部机械管理部门租赁，并报公司机械管理部门备案；租赁期超过三个月以上的长期租赁，由施工项目部机械管理部门报经公司机械管理部门批准后，施工项目部机械管理部门组织租赁，也可委托公司机械管理部门租赁。

（2）对外租赁起重机械必须采用公开招标方式（不少于三家租赁单位参加），严格执行公司规定的招标办法和程序；必须与中标单位签订租赁合同或协议，租赁合同和协议中必须明确双方安全责任、权利、义务、费用（进出场运输、安装或拆卸、地基处理、台班、加班、停滞、保养维修、保险、司机工资、奖金等费用）、结算方式、不可抗力、违约责任等内容；租赁合同或协议签订前，必须经施工项目部各相关部门（财务、计划、物资材料、工程技术、质量、安全、机械等管理部门）评审签署同意后方能生效实施。

（3）外包队在进入现场后发生对外租赁起重机械，应在租赁前十日，向施工项目部机械管理部门提交《外租机械申请单》，经施工项目部批准后，外包队自行租赁。

（4）现场所有对外租赁起重机械均纳入本制度实施管理。

第十三条 起重机械内租管理规定。

（1）起重机械内租由使用单位填写《机械设备申请表》，上报公司机械管理部，公司机械管理部联络协调并批准后，下达机械设备调令执行。内租起重机械按公司内部制定的台班费和相关结算办法结算。

（2）内租起重机械凡进入本现场均按本制度实施管理。

第十四条 起重机械检查规定。

（1）现场起重机械使用，司机必须在作业前按安全操作规程的要求进行班前点检，作业后进行班后检查；交接班时换班司机应互检签字确认。

（2）起重机械使用单位每月（月初、月中）应组织不少于2次对所使用起重机械的全面检查并作好检查记录和整改验收记录，检查应由分管领导组织机械管理员、安全员、班组长等按检查表进行。

（3）施工项目部、起重机械使用单位的机械管理人员、安全员应当坚持平时对起重机械作业的巡检，发现违章违规情况及时处罚或纠正。

（4）施工项目部、起重机械使用单位的机械管理人员、安全员应当坚持在起重机械重要作业，如大件吊装、特殊吊装（危险品吊装、高压带线路下吊装、障碍物较多吊装、司机无法见到吊物等）、超负荷吊装、多机抬吊、起重机械负荷试验、起重机械安装或拆卸关键工序工艺、安装或拆卸交底会，进行旁站监督并作好记录。

（5）施工项目部可根据现场具体情况随时组织对起重机械安全管理的专项检查，如机械防风专项检查、机械防汛专项检查、钢丝绳使用专项检查、重要节假日专项检查、上级检查前专项检查等。

（6）施工项目部每月（月中）组织进行起重机械安全定期检查，由分管领导组织机械管理部门、安全管理部门人员按检查表检查并考核，必要时召开专题会议宣布检查和处理结果；机械管理部门将留存检查记录、整改验收记录、检查小结、奖罚处理结果等记录。

（7）施工项目部将根据实际情况，决定组织开展年度起重机械安全管理评价和评比活动，将按国家电网公司的评价表打分评比，先进单位和个人，将参照施工项目部奖罚规定进行奖励。

第十五条 起重机械资料和统计报表管理规定。

（1）各起重机械作业单位进场起重机械目录、检验合格证或检验报告、出厂合格证、生产许可证、出厂监检合格证、按规定要求的型式试验合格证、使用登记证等复印件，在起重机械准入时应交施工项目部机械管理部门留存备案。

(2) 起重机械作业人员名单和资格证件复印件，在人员准入登记时应交施工项目部机械管理部门留存备案。

(3) 起重机械安装或拆卸队伍的资质证件、合同或协议复印件，在该队伍进场后作业前应交施工项目部机械管理部门留存备案。

(4) 轨道、基础施工设计图纸及竣工验收资料复印件，在轨道、基础验收后应交施工项目部机械管理部门留存备案。

(5) 起重机械安装、拆卸、改造、重大维修告知书，其已批准的作业指导书，安装前机械零部件检查情况，交底签字记录复印件，在作业前应交施工项目部机械管理部门留存备案。

(6) 起重机械安装或拆卸过程检验记录、完工后的自检报告书、负荷试验报告、评估报告、特殊检验记录等复印件，在完成后应交施工项目部机械管理部门备案。

(7) 已批准的起重机械特殊作业（如双机抬吊、超负荷吊装、高压线下吊装等）的方案、措施、安全工作票等复印件，在作业前应交施工项目部机械管理部门留存备案。

(8) 起重机械使用单位月检查情况和整改情况报告，应分别在检查完 2 日内和整改后交施工项目部机械管理部门留存备案。

(9) 机械故障处理和维修情况简报，应在处理和维修后 2 日内交施工项目部机械管理部门留存备案。

(10) 机械保养计划和保养情况简报，应分别在保养实施前和保养实施后 2 日内交施工项目部机械管理部门留存备案。

(11) 各机械使用单位所用机械安全操作规程复印件，应在进场后 30 日内交施工项目部机械管理部门留存备案。

(12) 各起重机械使用单位人员培训计划和培训总结，应分别在进场后 7 日内和培训后 2 日内交施工项目部机械管理部门留存备案；无能力培训的单位应及时报告情况。

(13) 已批准的外租起重机械申请单复印件，应在租赁的起重机械到场前交施工项目部机械管理部门留存备案；不是以施工项目部名义外租起重机械（如外包队），还应将租赁合同或协议，在租赁机械进场前交施工项目部机械管理部门留存备案。

(14) 各起重机械使用单位的机械管理体系网络图、各级机械安全岗位责任制和分解的机械安全目标、机械事故应急预案复印件，在进场 30 日内交施工项目部机械管理部门留存备案。

(15) 各起重机械使用单位的起重机械作业危害辨识项目、起重机械防风、防碰撞等措施等复印件，根据施工项目部届时的具体要求上交施工项目部机械管理部门留存备案。

(16) 各起重机械使用单位月统计报表应在每月 3 日前上报上月的报表。

起重机械完好率＝（报告期末完好起重机械台数/报告期末实有起重机台数）×100％

起重机械利用率＝（报告期内制度台日中的实作台时数＋节假日实作台时数＋ 加班台时数）/（报告期内制度台时数＋节假日台时数＋加班台时数）×100％

制度台日、台时数和节假日台日、台时数按国家起重机械台班定额规定。

(17) 发生机械事故单位应在当月上报机械事故（包括未遂事故）登记表。

(18) 已批准的起重机械退场申请单和起重机械作业人员退场名单复印件，应在退场前交施工项目部机械管理部门留存备案。

第十六条 机械事故调查处理规定。

(1) 机械事故性质和分类参照国务院 549 号令规定执行。凡发生机械事故和发生性质严重的机械未遂事故（包括起重机械事故）的作业单位，应当在发生事故后立即上报施工项目机械管理部门，并及时填写《机械事故（包括未遂事故）登记表》和事故报告并上报。

(2) 直接经济损失 2000 元以下的机械事故、性质不严重的未遂机械事故，由起重机械使用单位组织调查处理，应有该单位机械管理、安全管理、有关领导和人员参加，分析原因、提出防范措施及处理意见，经起重机械使用单位领导批准实施。

(3) 直接经济损失 2000 元以上、1 万元以下的机械事故，性质严重的未遂机械事故，由施工项目部分管领导组织调查处理，应有施工项目部机械管理部门、安全管理部门和有关人员参加，提出防范措施和处理意见，经项目部经理批准后实施。

(4) 发生一般机械事故（不含起重机械、没有人员伤亡），由公司分管经理牵头组织调查处理，由公司机械管理部门、安全管理部门和相关人员参加，提出防范措施和处理意见，经公司经理批准后实施；发生一般机械事故含有人员伤亡的（不含起重机械），按照公司安全事故处理规定执行。一般施工机械不会发生一般以上的机械事故，如果事故中死亡人数超过 3 人的按照安全事故处理。

(5) 发生一般起重机械事故及以上的起重机械事故，按照国务院 549 号令和质检总局 151 号令《特种设备事故报告和调查处理规定》办理。

二、施工项目部施工机械安全管理奖罚条款

（一）奖励条款

(1) 机械安全评价起重机械安全管理先进单位的机械管理人员奖励 3000 元。

(2) 全年未发生造成机械损坏和人身伤亡事故的机械管理人员奖励 500 元。

(3) 避免一次一般以下机械事故发生的个人奖励 500 元。

(4) 避免一次一般及以上机械事故发生的个人奖励 2000 元。

(5) 施工项目部月检或年评价中机械打分在 95 分及以上的操作人员奖励 50 元。

（二）处罚条款

(1) 固定机械或大型起重机械无悬挂责任人、安全操作规程、安全使用合格证的罚款 50 元/人次。

(2) 发现未经准入的起重机械（包括其他施工机械），对单位负责人罚款 200 元/台次。

(3) 外租机械未按规定办理手续，对使用单位罚款 300 元/台次。

(4) 一般电动工具或小型机械无漏电保护器或漏电保护不符合规程要求的，对使用单位罚款 200 元/台次。

(5) 机械接地不规范，对使用单位罚款 50 元/台次。

(6) 机械危险部位无防护罩，对使用单位罚款 100 元/台次。

(7) 电焊机群无集装箱，对使用单位罚款 100 元/台次。

(8) 电焊机未使用快装接头，对使用单位罚款 50 元/台次。

(9) 电焊机二次线破损、穿越轨道无防护，对使用单位罚款 200 元/台次。

(10) 卷扬机、搅拌机等无可靠规范防雨（护）棚，对使用单位罚款 100 元/台次。

(11) 使用磨光机、砂轮机、电焊机等无防护眼镜，对使用单位罚款 50 元/台次。

(12) 机械作业人员未按规定穿戴个人防护用品（如工作服、安全帽等）或穿戴不符合安全规程要求，对使用单位罚款 50 元/人次。

(13) 机械带病作业，对使用单位罚款 100 元/台次。

(14) 起重机基础、轨道不符合标准要求，对使用单位罚款 300 元/台次。

(15) 应装而未装或损坏力矩限制器、水平仪的起重机，对使用单位罚款 500 元/台次。

(16) 起吊高度达到或超过 50m 的起重机（不包括龙门起重机）、起吊高度达到或超过 14 米的龙门起重机，未装风速仪的，对使用单位罚款 300 元/台次。

(17) 施工升降机、吊笼等未按要求定期效验防坠器、断绳保护的，对使用单位罚款 300 元/台次。

(18) 起重机高度限位器，升降机械的上下限位器未装或失灵的对使用单位罚款 300 元/台次。

(19) 所有机械应有的安全装置不全或损坏的，对使用单位罚款 100 元/台次。

(20) 施工升降机、吊笼等超载使用，对使用单位罚款 200 元/台次。

(21) 开口销使用不规范（铁丝、钉子、焊条等代用，大小不合适，开度小或不打开、未装）的，对使用单位罚款 50 元/台次。

(22) 高强度螺栓松动，对使用单位罚款 50 元/台次。

(23) 制动器制动力不够或零部件磨损超标等，对使用单位罚款 200 元/台次。

(24) 减速器加油过多、缺油或油料变质，对使用单位罚款 50 元/台次。

(25) 机械应润滑部位未加油润滑，干燥、锈蚀或加油嘴、口、杯、标尺等损坏，对使用单位罚款 50 元/台次。

(26) 重要零部件损伤、变形（如滑轮、钢丝绳、受力结构件、齿轮、齿条等）继续使用，对使用单位罚款 200 元/台次。

(27) 一般机械违章操作，对操作人员罚款 100 元/人次。

(28) 起重机械违章操作、指挥，对操作、指挥人员罚款 200 元/人次。

(29) 机械作业人员未持证上岗，对使用单位罚款 50 元/人次。

(30) 进场机械未挂贴准入合格证的，对该单位机械管理人员罚款 50 元/台次。

(31) 无正当理由不按规定时间完成机械缺陷、内业管理资料缺陷整改的，对使用单位罚款 200 元/条次。

三、附录

(一) 施工项目部起重机械安全管理工作程序图和主要工作表式

施工项目部起重机械安全管理主要工作程序图见图 6-4～图 6-14。

施工项目部主要工作表式（机械和人员登记台账、各种机械检查表、缺陷通知单、缺陷整改反馈单等格式略，具体见第三章；内租《机械设备申请表》参照公司规定，略）见表 6-8～表 6-15。

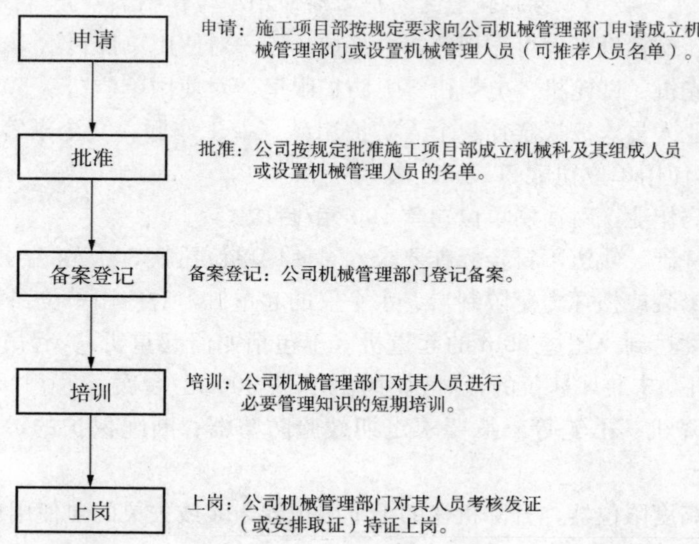

图 6-4 施工项目部机械管理部门或机械管理人员设置程序

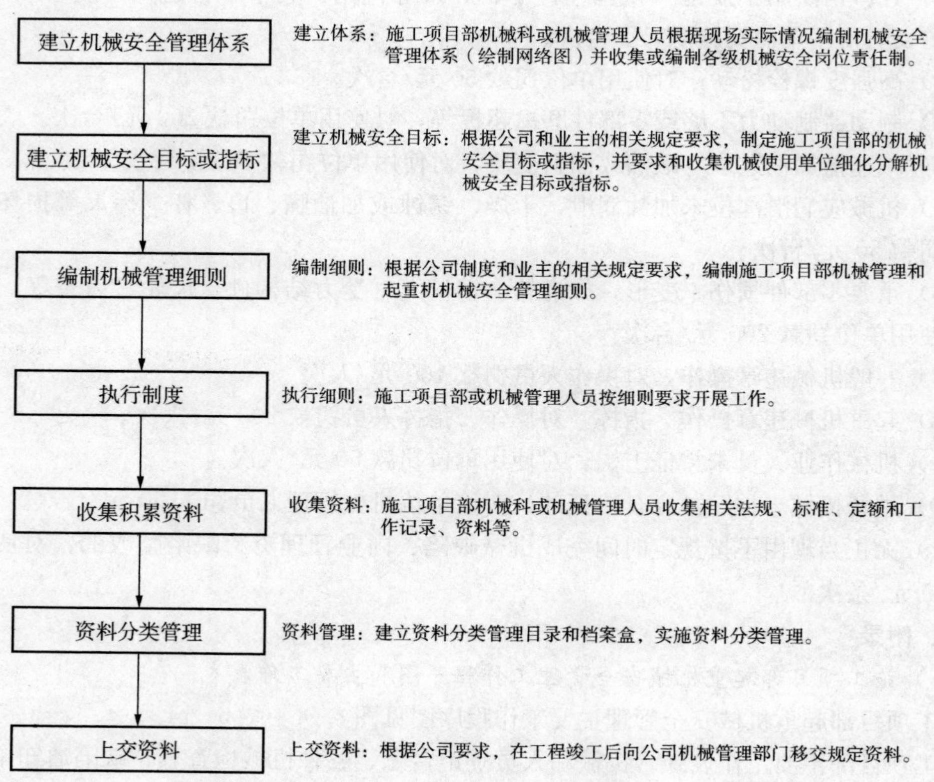

图 6-5 施工项目部建立机械安全管理体系程序

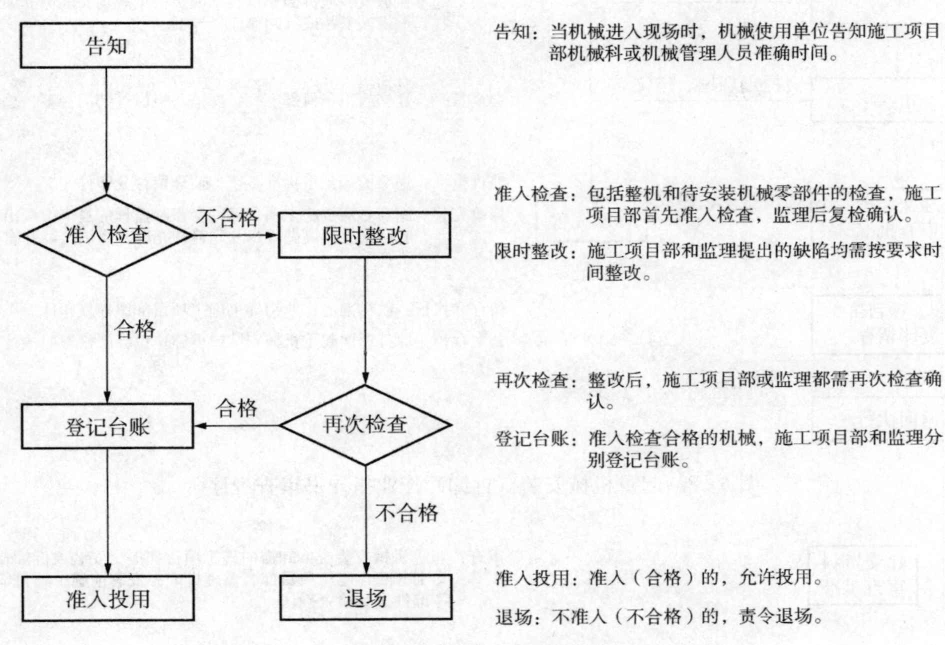

图 6-6　施工项目部现场机械准入程序

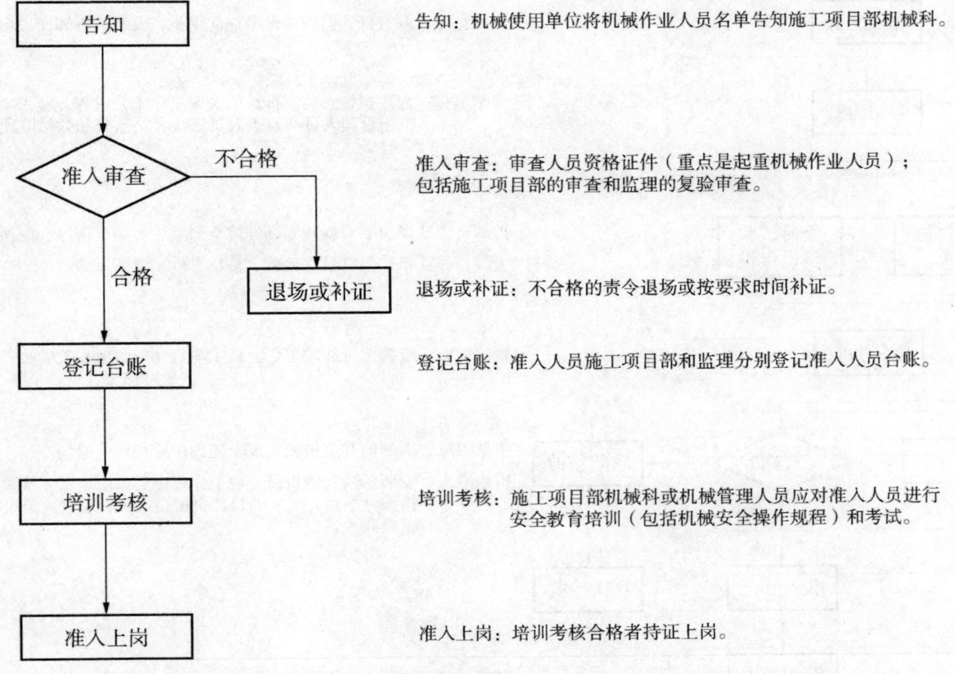

图 6-7　施工项目部现场各类机械人员准入程序

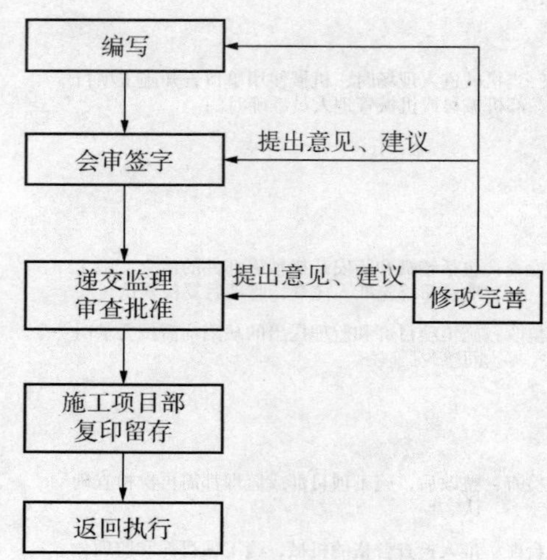

编写：起重机械安装或拆卸单位技术人员根据现场实际情况编制起重机械安装或拆卸作业指导书。

会审签字：递交施工项目部工程、安监、机械等部门会签，总工审查签字。

监理批准：递交监理复审批准签字，监理留存复印件。

修改完善：编写者应按施工项目部的会审和监理的复审中提出的意见或建议进行修改完善补充后，经再次审查确认签字。

留存和执行：已批准的作业指导书施工项目部留存复印件。

备案存档：原件返回起重机械安装或拆卸单位，严格遵照执行。

图 6-8　起重机械安装（拆卸）作业指导书审查程序

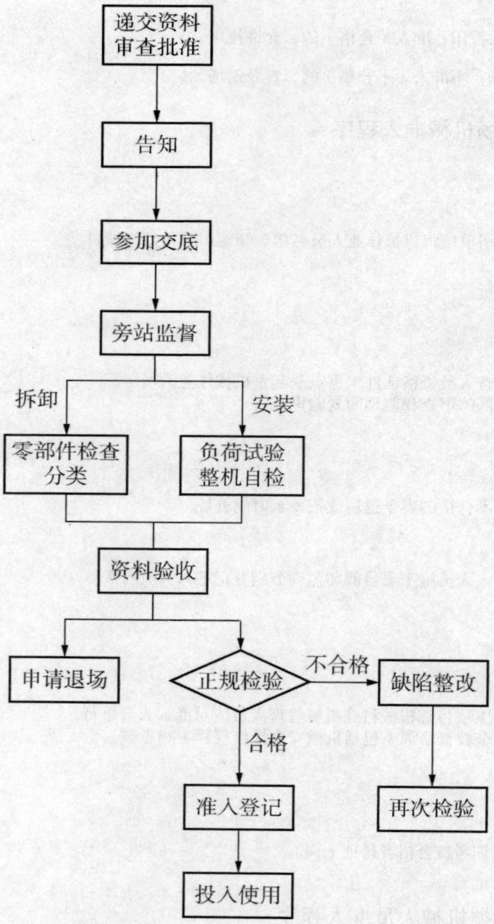

递交资料审查批准

告知

参加交底

旁站监督

拆卸　安装

零部件检查分类　负荷试验整机自检

资料验收

申请退场　正规检验　不合格　缺陷整改

合格

准入登记　再次检验

投入使用

审查：起重机械安装或拆卸需向施工项目部提交安装或拆卸作业指导书并获得施工项目部、监理批准；安装前施工项目部需对零部件进行检查确认。

告知：起重机械安装或拆卸单位与施工项目部协商填写书面告知书报质检部门（拆卸作业的告知，相关规定不明确）。

交底：施工项目部、监理派员参加起重机械安装或拆卸交底会议。

旁站监督：起重机械安装、拆卸的关键工序工艺过程，施工项目部机械管理人员和监理人员进行旁站监督和旁站监理。

拆卸：作业单位要对拆卸零部件检查分类（可用、需修、更换）。

安装：作业单位要有过程检验、整机自检、负荷试验。

资料验收：安装或拆卸竣工后，施工项目部应收取相关验收资料。

申请退场：拆卸的起重机械完成上述程序后可申请退场。

检验准入：安装后的起重机械完成上述程序后，应申请正规检验，检验合格后，施工项目部机械科或机械管理人员进行整机准入。

图 6-9　施工项目部起重机械安装、拆卸管理程序

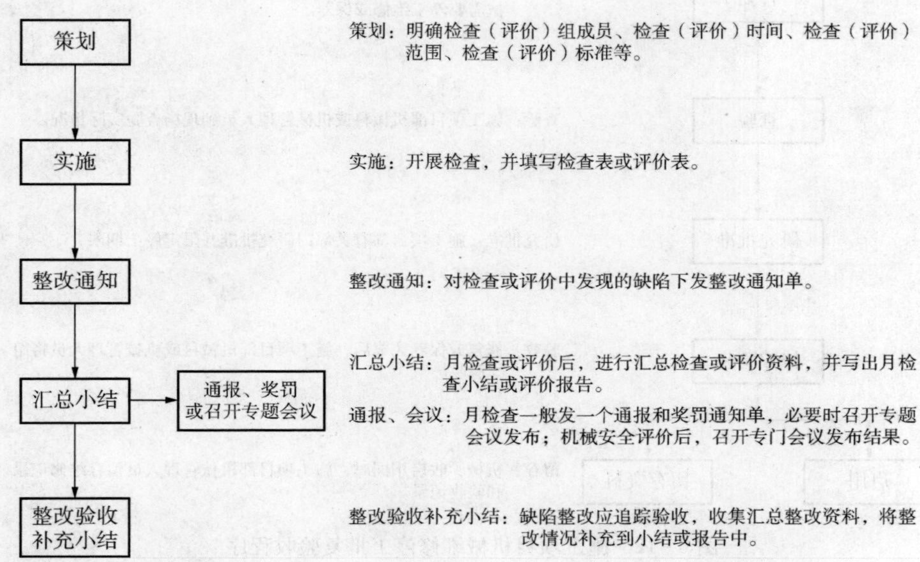

图 6-10　施工项目部机械安全月检查（评价）程序

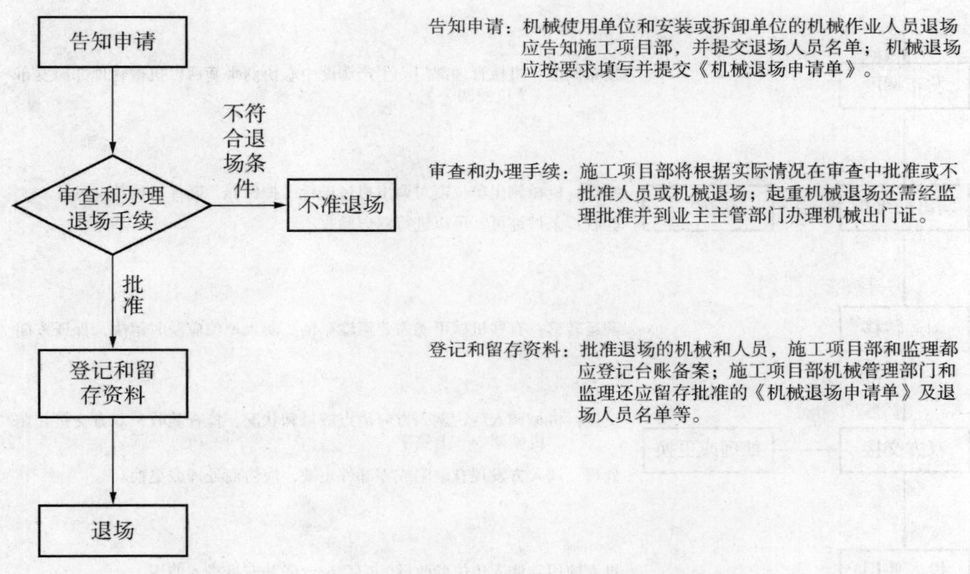

图 6-11　施工项目部机械或相关人员退场程序

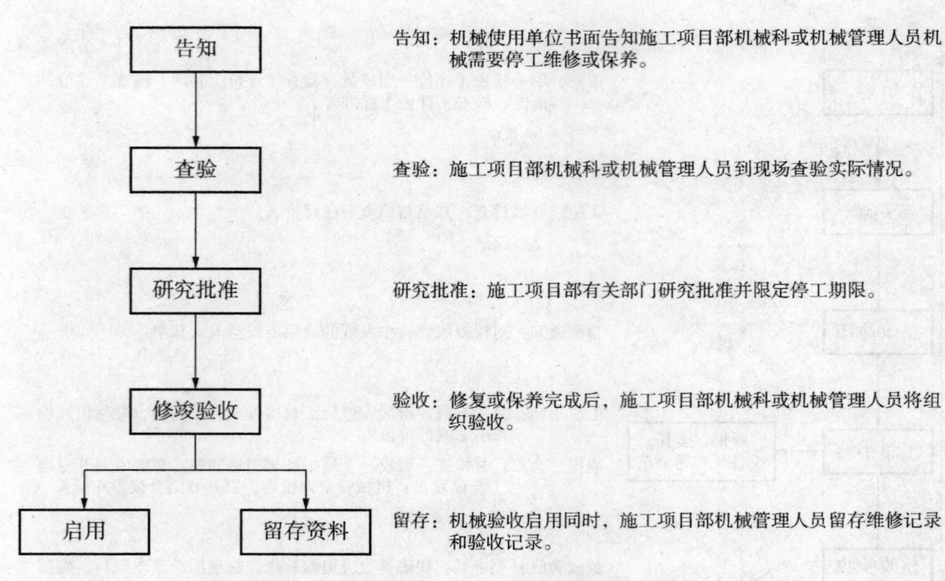

图 6-12　施工项目机械维修停工批复验收程序

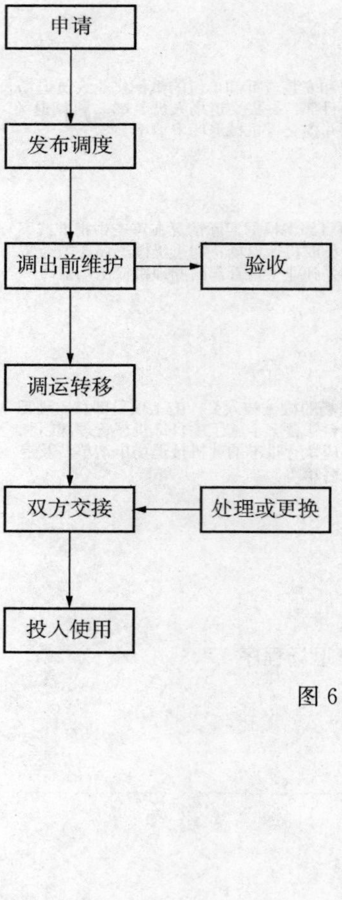

申请 → 发布调度 → 调出前维护（→ 验收）→ 调运转移 → 双方交接（← 处理或更换）→ 投入使用

申请：机械使用部门根据现场调度计划或临时需要填写《机械调度申请单》报施工项目部机械管理部门和生产调度中心。

发布调度：机械管理部门、生产调度中心协商平衡后，机械管理部门发布《机械调令》。

维护：机械调出单位需对调出机械进行维护保养，确保机械状况良好。

验收：条件许可，可以进行双方验收。

调运转移：有些机械可能需要运输车辆。调入单位应及时解决，保证按期调入。

交接：机械调入后，调入方应清点数量和状况，检查验收，双方交接并在“机械调令”上签字。

处理：调入方发现有缺陷或零部件短缺，应协商处理或更换。

投入使用：调入单位验收后，应登记台账并安排投入使用。

图 6-13　施工项目部机械调度程序

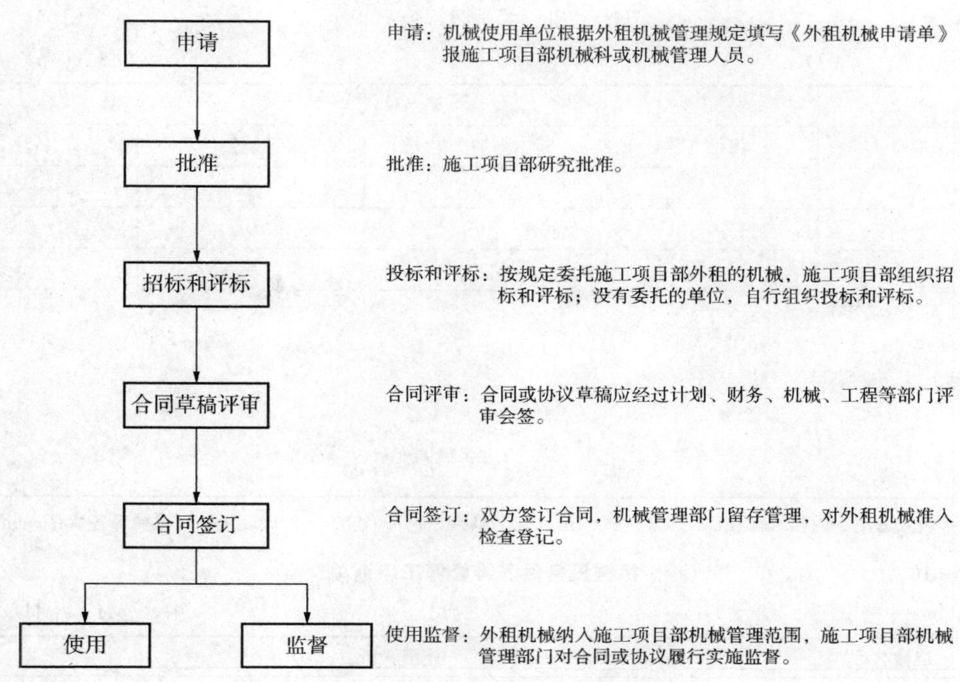

图 6-14　施工项目部外租机械租赁程序

表 6-8　　　　**机械设备调度申请表**

申请单位：　　　　　　　　　　　　　　年　　月　　日

<table>
<tr><th>机械名称</th><th>规格型号</th><th>台数</th><th>申　请　理　由</th></tr>
<tr><td></td><td></td><td></td><td rowspan="3"></td></tr>
<tr><td></td><td></td><td></td></tr>
<tr><td>…</td><td></td><td></td></tr>
<tr><td colspan="3">公司生产调度中心签署意见：
(签字)：
年　　月　　日</td><td rowspan="2">机械管理部签署意见：
(签字)：
年　　月　　日</td></tr>
<tr><td colspan="3">公司分管领导签署意见：
(签字)：
年　　月　　日</td></tr>
</table>

注　本表只适用于内租机械设备，一式三份（申请单位、生产调度中心、机械部各留存一份）。

表 6-9　　　　　　　　　　机　械　调　令

编号：　　　　　　　　　　　　　　　　　　　　　　　　　年　　月　　日

调入单位		调出单位		
机械编号	机械名称	规格型号	数量	备注
	—			
…				
调出单位人员（签字）：				
调入接受人员（签字）：				
机械调度章：				

注　本表只适用于内租机械设备，本表一式四份（调出单位、调入单位、生产调度中心、机械部各留存一份）。

表 6-10　　　　　　　　机械设备保养维修停工申请单

申请单位：　　　　　　　　　　　　　　　　　　　　　　　年　　月　　日

机械名称		使用场所	
维修性质		申请承办人	
保养、故障、维修简要说明及预计停工时间			
申请单位领导意见			
施工项目部机械科意见			
施工项目部领导批复			

注　本表一式二份（申请单位、施工项目部机械科各留存一份）。本表维修性质为保养、项修、小修、大修。

表 6-11 **外租机械申请单**

申请单位： 年 月 日

外租机械名称和型号		工程项目名称	
预计租用时间		申请承办人	
拟定价格			
用途说明			
施工项目部意见和批复（机械科、项目经理）			
公司机械管理部意见（外租三个月以上）			
公司调度中心意见（外租三个月以上）			
公司分管经理批复（外租三个月以上）			

注 本表一式三份（申请单位、施工项目部机械科、公司机械管理部各留存一份）。

表 6-12　　机械使用单位机械管理员资格审查表

所在单位		姓名		性别		（贴照片处）
学历		年龄		职称		
参加工作时间						
从事机械管理工作年限						
本人简历						
参加过何种培训及取证情况（具体时间）						
所在单位评价及意见	签字：　盖章：　日期：					
施工项目部机械科意见	签字：　盖章：　日期：					
公司机械管理部意见	签字：　盖章：　日期：					
备注						

注　本表一式三份（所在单位、施工项目部机械科、公司机械管理部各留存一份）。

表 6-13　　机械使用单位机械统计报表

机械使用单位名称：　　　　　　　　　　　　　　　　　　　　　　　年　　月　　日

<table>
<tr><td>月末实有机械台数</td><td></td><td>月末完好机械台数</td><td></td><td rowspan="2">本月
完好率</td><td rowspan="2"></td></tr>
<tr><td>其中封存机械台数</td><td></td><td>其中维修机械台数</td><td></td></tr>
<tr><td>本月累计制度台日中
实作台时数</td><td></td><td>本月加班台时数
（包括平时和节假日加班）</td><td></td><td>本月
利用率</td><td></td></tr>
<tr><td>自年初累计
机械完好台日数</td><td></td><td colspan="2">自年初累计
机械实作台日数</td><td colspan="2"></td></tr>
</table>

注　如需单独统计起重机械，可将起重机械单独填写一份此表。

表 6-14　　施工项目部机械统计报表

施工项目部名称：　　　　　　　　　　　　　　　　　　　　　　　年　　月　　日

<table>
<tr><td rowspan="3">机械使用单位名称</td><td colspan="3">月末实有机械台数</td><td rowspan="3">本月累计制度
台日中实作台时数</td><td rowspan="3">本月加班台时数
（包括节假日加班
和平时加班）</td><td colspan="2">自年初累计</td></tr>
<tr><td rowspan="2">合计</td><td colspan="2">其中完好的</td><td rowspan="2">完好
台日数</td><td rowspan="2">实作
台日数</td></tr>
<tr><td>小计</td><td>其中封存的</td></tr>
<tr><td></td><td></td><td></td><td></td><td></td><td></td><td></td><td></td></tr>
<tr><td></td><td></td><td></td><td></td><td></td><td></td><td></td><td></td></tr>
<tr><td>…</td><td></td><td></td><td></td><td></td><td></td><td></td><td></td></tr>
<tr><td>总计</td><td></td><td></td><td></td><td></td><td></td><td></td><td></td></tr>
<tr><td>平均机械完好率</td><td colspan="3"></td><td colspan="2">平均机械利用率</td><td colspan="2"></td></tr>
</table>

注　如需单独统计起重机械，可将起重机械单独填写此表。

表 6-15　　机械事故（包括未遂事故）登记表

编号：　　　　　　　　　　　　　　　　　　　　　　　　　　　　年　　月　　日

<table>
<tr><td>事故单位</td><td></td><td>事故时间</td><td></td><td>操作人员</td><td></td></tr>
<tr><td>机械名称</td><td colspan="2"></td><td>机械编号</td><td colspan="2"></td></tr>
<tr><td colspan="6">事故简要描述：</td></tr>
<tr><td colspan="6">机械损失及其他伤害情况：</td></tr>
<tr><td colspan="6">事故原因分析：</td></tr>
<tr><td>事故性质</td><td></td><td>事故等级</td><td></td><td>勘察时间</td><td></td></tr>
<tr><td>上报单位</td><td colspan="5"></td></tr>
</table>

（二）违章罚款通知单

违章罚款通知单

编号：

单位：

你单位　　　　　　　违反“施工项目部施工机械安全管理奖罚条款”中处罚条款第　　　条规定，按规定罚款金额　　　　元，在本月结算款中扣除。

违章地点	违章设备或人员	违章情况	备注

签发人：　　　　　　　　　　　　　　　　　　　　　　　年　　月　　日

注：本单一式三份，施工项目部机械科、财务科、违章单位各留存一份。

第五节　施工现场起重机械使用单位起重机械安全管理制度

施工现场起重机械使用单位可分为起重机械专业单位和一般起重机械使用单位。起重机械专业单位，一般指施工企业的机械化队、处、公司，机械租赁公司等，一般电力建设施工企业的大型起重机械都归起重机械专业单位经营管理和使用管理，其起重机械数量多，专业技术力量很强，多数内部编制有操作队伍、安装队伍和维修队伍，也有自检能力（我们通常称他们具有操作、安装或拆卸、维修、检验“四个队伍”）。起重机械专业单位根据工程规模的需求派往施工现场起重机械和专业人员，在施工现场他们是机械化吊装的主力，起重机械的数量和专业人员多于一般起重机械使用单位；起重机械专业单位基本都有一整套完善的管理制度。一般起重机械使用单位指施工企业的各分公司、各工地、非主要工程的分包队等，他们一般没有大型起重机械或有少量起重机械或小型起重设备，甚至没有操作和维修力量，靠租赁起重机械配合作业，所以也没有完整的起重机械管理制度。本章在这里不是介绍起重机械专业单位一整套制度建设情况，而是只提出施工现场起重机械使用单位在建立起重机械安全管理制度中的基本内容要求，仅供参考。

一、施工现场起重机械使用单位起重机械安全管理制度

第一条　为了保障施工现场起重机械安全施工和规范管理特制定本制度。

第二条　本制度编制依据是根据质检总局颁发的《起重机械安全监察规定》、《起重机械使用管理规则》等法规、安全技术规范以及本公司、业主等有关规定。

第三条　本单位凡进入现场的起重机械必须符合施工项目部的准入条件，自检不符合准入要求的及早安排维修整改或更换。

第四条　本单位凡进入现场的起重机械作业人员必须符合施工项目部的准入条件，确保持证上岗。

第五条　本单位实行大型起重机械机长负责制，专用起重机械专人负责制，公用小型起

重机械班组负责制，人员岗位保持相对稳定；操作者必须经过培训持证上岗，定人、定机、定岗，没经办单位领导批准，任何人不得擅自串岗、操纵非本岗位或非个人负责的起重机械。

第六条　本单位的起重机械安全目标是不发生任何人为责任的机械事故。

第七条　本单位各级人员均建立起重机安全岗位责任制，下发到各队、班组，要求认真执行，尽职尽责，逐级考核。

第八条　本单位建立起重机械台账，其中大型起重机械均建立起重机械安全技术档案，小型起重机械建立卡片存档；建立起重机械作业人员台账和各种记录的存档，由本单位机械管理员和资料员具体负责收集、汇总和管理，每月汇总一次，各队、班组及个人应积极配合。

第九条　本单位的所有起重机械都编制有安全操作规程，凡起重机械能够悬挂和张贴安全操作规程的，必须悬挂和张贴，不得毁损（大型起重机械操作室内还应张贴机组成员和负责人名单、性能图表、润滑图表、检验合格证等）；不能悬挂和张贴的小型起重机械，班组负责完善保存。操作人员必须掌握并严格遵守执行本起重机械的安全操作规程，凡安全操作规程考核不合格者不得进行操作。

第十条　起重机械的重要作业（双机抬吊、大件吊装、电源线下作业、危险品吊装、视线不清或有障碍物的作业、超负荷作业、起重机械的安装或拆卸关键工艺工序、负荷试验等）必须到安全部门开具安全工作票，持有批准的安全作业票后，方能进行作业。本单位的机械员、安全员必须对起重机械重要作业实施旁站监督（包括参加重要作业的交底会议），并作好工作记录。

第十一条　起重机械进行作业时（不包括不需要司索、指挥的公用的小型起重机械），必须设置司索人员和指挥人员，操作人员必须集中精力听从指挥人员指挥；操作人员对于物件绑扎不牢、重心不稳、吊点不对、违章指挥等有碍安全的现象，有权拒绝进行作业。

第十二条　凡参与起重机械的作业人员应按要求穿戴个人安全防护用品（如工作服、安全帽、工作鞋、手套等），严格遵守劳动纪律。作业前不得饮酒，作业中不得吃东西、聊天、看书报等。

第十三条　起重机械不得带病作业，凡发现起重机械存在故障或缺陷，所有参与作业的人员都应立即制止继续作业，操作人员应立即报告分管领导。

第十四条　所有本单位起重机械作业人员在早晨上班前，必须参加本单位或班组（队）召开的交代任务和安全交底的站班会，未参加站班会的人员不得安排工作；起重机械作业前需经各级机械员（安全员）检查合格（对机械和人），不合格的不能参加作业。

第十五条　起重机械作业人员一般不得带病工作，有病应向领导报告病情，由领导根据本人实际病情作出安排。

第十六条　操作人员班前、班后必须对所操作的起重机械进行点检（按点检表）；发现有故障或缺陷及时处理，处理不了的，及时向有关领导汇报。

第十七条　起重机械操作人员在作业后或作业间隙期间应及时填写运行记录；发现故障应填写故障记录，自己能处理的应在故障记录中填写故障处理情况。

第十八条　起重机械有交接班的，交班人员应向接班人员详细交代上报机械作业情况；

交班和接班人员应当共同检查机械，并相互确认，在交接班记录上共同签字。

第十九条 施工现场固定式起重机械（如塔式起重机、龙门式起重机、门座机、大型履带起重机、施工升降机等）下班后应断掉总电源、锁好门窗，以及需防风锚固的、增大幅度的、松开回转的、需放到臂杆的等，按安全操作规程的规定安全停放。流动式起重机需开回存车场的，一定开回存车场停放，严禁开出施工作业区范围外或乱停、乱放；冬天需放净冷却水的，一定放净冷却水；需现场停放的，应选择良好地形，防止夜间大雨、地面塌陷；如确需在场地坡度大的地点停放，应在轮胎或履带前后塞入楔形块等物防止溜车；如遇大风警报或风大地区，履带起重机应提前落钩，必要时放倒起重臂防风。

第二十条 各队、班组根据需要配备一定的起重机械吊索具和工器具，如工程另有需要，可以事先提出计划并进行领用。各队、班组应建立吊索具和工器具台账，有专人负责并妥善保管，在使用前应进行认真检查，不合格的吊索具和工器具禁止使用；吊索具和工器具应视情况适时安排人员进行维护保养；吊索具和工器具纳入易耗品，班组考核。

第二十一条 起重机械的保养严格按本单位针对各机型制定的保养计划（周期）和规程在班前或班后执行，保养的中心内容是检查、润滑、清洁、紧固和调整作业，由操作人员和维修工进行，并提前到本单位材料库领取润滑油料和易耗零件、材料等，并办理手续。

第二十二条 起重机械的故障维修。当起重机械发生故障时，当事人（操作者、维修工或检验人员）应立即报告本单位分管领导，组织鉴定小组，经鉴定小组鉴定后，由技术员作出维修预算，填写“修理任务单”。经分管领导批准后安排维修，并作好故障记录和维修记录。

第二十三条 起重机械安全检查，每月（一般为月初5～10日）安排一次，由本单位分管领导组织技术员、机械员、安全员、各队或班组负责人参加的检查组，对本单位所有起重机械的安全状况进行安全检查，发现缺陷及时下达缺陷整改单，限期整改或提出措施，整改结果由技术员、机械员、安全员共同验收并填写整改验收单；月检后召开专题会议对检查情况进行总结并由机械员进行会议记录和写出检查小结；月检情况记入考核记录，作为奖罚依据。另外，除月检外，其他各周（一般为周六），由技术员、机械员、安全员对本单位所使用的起重机械进行周检，发现缺陷通知及时整改，应按时整改闭环的，不予考核；无正当理由不能按时整改的将按规定予以处罚。

第二十四条 起重机械的安装和拆卸，起重机械安装（拆卸）队伍的资质证件（复印件）必须符合规定要求；安装或拆卸作业人员（力工除外）资格证件必须有效并留存在机械员处，及时上报施工项目部审查；起重机械安装或拆卸前，由安装队技术人员根据机型和施工现场条件编写安装或拆卸作业指导书，并报施工项目部进行审查，安装队伍必须严格按照施工项目部和监理批准的作业指导书实施。如在安装或拆卸期间发生人员变更应及时报批人员变更情况；如发生方案变化应重新编写作业指导书，重新审批。对委托外单位安装或拆卸的作业指导书必须经本单位各相关部门审查合格。

第二十五条 起重机械安装前，本单位机械员应联系施工项目部机械科办理向质检部门的告知事宜。起重机械安装或拆卸前，安装队伍应提前自己做好机具、测量仪器、物资材料、人员安排和培训等前期工作。

第二十六条 起重机械安装前，安装队伍的有关人员和本单位机械员、安全员应对待安装起重机械的机构和零部件进行检查，对不符合要求的，需维修或更换的，应及时作出预算，按维修程序安排维修。

第二十七条　起重机械安装或拆卸前，必须召开安全技术交底会议，并通知相关单位；交底会后应履行全员交底和全员签字手续，作好交底记录。

第二十八条　起重机械安装如需基础或轨道施工的，安装队伍应在一个月前提出施工方案，由本单位机械员向施工项目部报送，由施工项目部安排施工。

第二十九条　起重机械安装队伍（队、班组）应建立测量仪器和工器具台账，建立测量仪器操作规程，并设专人负责保管；测量仪器按规定时间交本部统一安排校验，未经校验的测量仪器，不得使用。

第三十条　起重机械安装期间应作好过程质量检验记录，包括事先基础或轨道验收记录、分阶段的交底记录、每日站班会记录、安装后的整机自检报告书、负荷试验报告；起重机械的拆卸作业后需作好零部件检查记录，并列出完好、待修、更换的零部件名录。

第三十一条　起重机械安装或拆卸期间，本单位的机械员、安全员必须实施关键工序工艺过程的旁站监督；本单位的机械员、安全员应根据起重机械的数量或作业情况每月作出旁站监督计划，以免发生旁站缺位情况。

第三十二条　本单位每星期二为安全活动日，各队、班组根据自己的具体情况适时安排活动，活动内容为总结一周安全情况和学习与安全相关的文件、资料等，要求作好活动记录；每月30日本单位适时安排一次安全专题会议，分析本单位安全形势、讲评安全情况、研究安全措施和布置安全工作等并作出会议记录。

第三十三条　本单位由技术负责人组织机械员、安全员编制教育培训计划，技术负责人组织在每季末周六安排一次（不超过2h）安全培训或考试，主要培训内容为各类起重机械安全操作规程、事故案例、故障和缺陷处理以及国家法规、标准、起重机械构造、原理等，考试的主要内容为安全操作规程；培训和考试应根据施工具体情况，尽量采用业余时间并根据人员情况可各类人员分期分批进行；应根据计划安排提前（至少一个星期前）通知讲课人做好讲课准备，讲课人可以是技术人员、机械员、安全员和经验丰富的工人，以及聘请相关领导。培训情况和考试结果（参加培训或考试人员姓名、数量和讲课人姓名、讲课简要内容、考试卷、成绩单等）机械员记录并存档。

第三十四条　凡没有参加考试的人员及考试不合格人员（低于70分），均需另行安排培训补考，直至考试合格；两次考试均不合格的，不得上岗。

第三十五条　凡发生机械事故或未遂事故的及时报告分管领导并填写“机械事故（包括未遂事故）登记表”，按施工项目部有关规定处理。

第三十六条　本单位成立由第一负责人组成机械事故应急救援小组，并编制机械事故处置方案；各队、班组应对起重机的使用编制危害辨识和风险评价。

二、起重机械使用单位优胜机械和爱机标兵评比办法

第一条　本办法适用于本单位施工现场所有起重机械和起重机械操作人员，其他人员不参加达标和评比活动。

第二条　优胜机械评比每半年进行一次，比例为10%～20%（不少于1台；如果施工现场只使用1台机械，将不进行此类活动）；爱机标兵评比每一年进行一次，比例5%～

10%（如果施工现场起重机械操作员少于5人，将不进行此类活动）。

第三条 本单位成立施工现场评比小组，评比小组由领导、分管领导、机械管理员、安全员、技术员、工会、团支部、各队班组领导组成。

第四条 各队班组根据优胜机械条件，按本办法在6月15日前提出优胜机械推荐名单（填写“优胜机械推荐表”）；各队班组根据爱机标兵评比条件，按本办法在12月15日前提出爱机标兵推荐名单（填写“爱机标兵推荐表”），报评比小组。

第五条 评比小组对提出的优胜机械或爱机标兵名单进行审核。审核依据除根据本办法提出的评比条件外，还将参考各周（月）安全检查记录、修理任务单、日点检表、考勤记录、油耗月报、材料配件领用台账、生产统计表、违章处罚台账、事故记录、单机考核报表、百分优质服务反馈表、培训考试记录、运行交接记录等资料，列出机械或人员先后次序名录，经评比小组集体讨论研究后，按本办法提出的比例确定优胜机械或爱机标兵名单。

第六条 优胜机械颁发优胜机械标志旗（小三角旗），并奖励机组成员（每人）或操作者个人2000元；爱机标兵颁发奖励证书和奖金3000元。

第七条 获得优胜机械和爱机标兵称号者，本单位将适时召开专题会议予以公布和发奖。

第八条 优胜机械条件：

(1) 机容机貌干净整洁、性能良好、附件齐全，保养符合标准，在本单位周检中无严重缺陷，月检一般缺陷不超过2项；外来检查组检查没有缺陷。

(2) 随机资料齐全完整，应填写的记录应及时、准确、规整。如操作者资格证、机械检验合格证、润滑图表、安全操作规程、责任人或机组（操作者）名单、运行记录（含故障记录）、交接班记录、点检记录等。

(3) 各种油料消耗、电能消耗、材料配件消耗不超过标准，轮胎、电瓶使用不超过周期，无非正常损坏记录。

(4) 完好率必须达到90%以上。

(5) 利用率达到70%以上。

(6) 无任何事故记录。

第九条 爱机标兵条件：

(1) 政治思想好，责任心强，严格遵守制度，团结同志。

(2) 安全意识好，安全学习好，安全教育和业务考试无不及格。

(3) 完成任务好，积极热情、吃苦肯干、善于克服苦难，无不服从分配现象。

(4) 技术业务好，能在作业中解决技术难题，并能帮助别人提高业务技术水平。

(5) 服务质量好，在服务反馈中无不良记录。

注：有的单位在机械状况评比中，采用机械状况检查项目打分表，新旧机械评比制定不同系数；爱机标兵也采用将考核条件分项打分的办法。

三、起重机械使用单位违章处罚条例

第一条 以下情况违章处罚10～30元。

(1) 未随身携带资格证件或证件过期、无效的。

(2) 起重机械上要求悬挂或张贴的图标、安全操作规程、负责人名单、检验合格证等遭到损毁或没有的。

(3)《日点检表》、《运行记录》、《交接班记录》、《故障处理记录》、《保养记录》、《过程检验记录（安装)》、《零部件检查记录（安装或拆卸)》等不按规定认真填写的。

(4) 机械脏污不堪，不按时清洗润滑的。

(5) 机械各种工作油、电瓶水、冷却液（水）短缺，轮胎缺气继续使用的。

(6) 机械附件和灯光不全、线路破损、轮胎划伤、接地线失效、螺栓松动、开口销短缺、灭火器过期的。

(7) 野蛮操作、违规操作的（包括机械、测量仪器、工器具)。

(8) 工器具乱扔、乱放，不及时清洁整理存放的。

(9) 不按时填写或不按要求及时上交（报）各种记录的。

(10) 迟到、早退、不办理请假手续的。

(11) 各队、班组按规定，各类制度、岗位责任制、台账、资料等不健全的。

(12) 各办公、休息、工具存放等安全文明责任区脏乱差的。

第二条　以下情况罚款 30～50 元。

(1) 无故未参加站班会或点名不到的。

(2) 操纵机械的未按规定着装的。

(3) 进入施工现场应戴安全帽而未带的。

(4) 丢失《日点检表》、《运行记录》、《交接班记录》或其他记录的。

(5) 不按规定及时填写记录、报表或弄虚作假的。

(6) 不按规定停机，乱停、乱放的。

(7) 任意使用代用品，如代用材料、代用配件、代用工具的。

第三条　以下情况罚款 50～100 元。

(1) 各种机械操作作业人员在作业前饮酒的（并责令停止作业)。

(2) 私自开车（流动式）外出或离开现场的。

(3) 私自将车交给别人操作的。

(4) 私自操作他人机械的。

(5) 无正当理由不服从调度或工作安排的。

(6) 应开安全工作票而未办理的。

(7) 未进行接收交底作业的。

第四条　下列情况罚款 200～500 元。

(1) 未请假擅自脱岗，影响工作安排和台班收入的。

(2) 工作期间故意刁难服务对象，并勒索钱物造成恶劣影响的。

(3) 私自干私活（流动式）或不按规定地点作业的。

(4) 油料、材料、配件使用严重超标的。

(5) 发生重大未遂事故的。

第五条　由于违章造成扣证、扣车（流动式）的，发生费用自理外，根据影响生产情况给予罚款或其他（换岗、停岗）处理。

第六条　由于违章违规造成工器具和测量仪器损坏，以及零部件损坏的，视情节给予罚款或停岗等处理。

第七条 由于违章、违规而发生各类责任事故，视情节给予停岗三个月、变换工种、下岗等处理；如符合国家和公司事故处理规定条件的，遵照国家和公司规定处理。

第八条 发生倒卖轮胎、配件、电瓶、油料等事件的，责任人一律下岗。

第九条 在施工现场违规、违章被业主、监理、施工项目部有关人员进行处罚的，罚款自理。

第十条 上述所罚款项纳入本单位安全奖励基金使用。

（附表略）

施工现场起重机械安全管理资料

施工现场起重机械的安全管理工作的优劣，除了表现在施工现场在用起重机械的安全技术状况上，也表现在资料管理上。很难设想施工现场资料管理一塌糊涂，起重机械安全管理能管得好。施工现场起重机械安全管理资料很多，大致可分为静态资料（如法律法规、标准规程、制度规章、上级有关文件、学习参考书籍资料、机械设备技术资料、相关证件等），动态资料（各种记录、台账、报表、措施、计算书、图示等）。大部分资料是我们的工作痕迹，是我们的工作业绩，这些资料是否详细、准确、完整、规范，体现了我们的管理水平的高低，因此资料管理是起重机械安全管理的重要内容之一。

第一节　施工企业起重机械安全管理资料

施工企业起重机械安全管理的资料基本应该在机械管理部门存档。有的单位将部分静态资料（一般不常用的和规定上缴存档的）存放企业档案室管理（企业专业档案管理部门）；动态资料（常常需要查阅的和经常汇总填写的）存放在机械管理部门。这也不太方便，有需要查阅静态资料时，需要到档案室去借出来。有的单位在机械管理部门设置档案分室，机械管理应存档的资料就存放在机械管理部门，给机械管理工作带来了方便。

（一）施工企业起重机械安全管理的第一部分资料应包括的内容

（1）相关政策、法规和技术标准。

（2）上级相关文件和外来重要文件。

（3）相关重要会议记录。

（4）学习资料和培训资料。

（5）机械信息资料。

（6）厂商和机械设备的评价资料。

（7）购置和租赁合同、协议（有的单位存放在合同管理部门）。

（8）起重机械安全管理制度（或施工机械管理规定，具体制度见第六章）。

（9）各级起重机械安全管理岗位责任制（见第五章）。

（二）施工企业起重机械安全管理的第二部分资料至少应包括的规程、标准、定额

（1）起重机械安全操作规程。

（2）起重机械保养维修规程。

（3）起重机械设备技术试验规程。

（4）起重机械安装、拆卸工艺规程。

（5）起重机械质量检验标准。
（6）起重机械安全检查标准（或检查表）。
（7）输变电工器具安全检查标准。
（8）起重机械企业自检用《安全技术检验报告书》。
（9）对施工项目部和起重机械使用单位的起重机械安全管理评价标准。
（10）起重机械安装拆卸费用定额。
（11）起重机械台班费用定额（对内、对外）。
（12）起重机械保养维修定额。
（13）起重机械事故综合应急预案和各种防范措施。

（三）施工企业起重机械安全管理的第三部分资料至少应包括的工作计划

（1）起重机械及工器具购置更新计划。
（2）起重机械大修、改造年度计划。
（3）起重机械定期检验检测计划。
（4）起重机械作业人员及管理人员的培训取证计划。
（5）起重机械安全检查和安全管理评价计划。
（6）起重机械事故综合应急预案演练计划。

（四）施工企业起重机安全管理的第四部分资料至少应包括的台账和记录

（1）起重机械台账。
（2）起重机械作业人员和管理人员台账。
（3）企业对工程项目施工现场起重机械安全检查记录和缺陷整改验收记录。
（4）上级部门对施工现场起重机械安全检查缺陷整改追踪记录。
（5）对施工项目部和起重机械使用单位的起重机械安全管理评价和评比记录。
（6）起重机械事故调查处理报告。
（7）起重机械作业人员和管理人员培训、考试、考核和奖惩记录。
（8）企业内部的调度令、报表、通报、通知、起重机械安全总结等。
（9）起重机械安全档案，安全技术档案内容包括：

1）原始资料部分。

①制造许可证、产品质量合格证、制造监督检验合格证；

②新型（新产品）或规定要求（覆盖范围的）的产品以及主要安全装置型式试验合格证明；

③安装维修使用说明书、有关液压、电气原理图、总图及有关技术图纸（如地基、轨道、附着、主要零部件等）；

④使用登记证明。

2）动态资料部分。

①安装告知书、安装（拆卸）作业指导书、监督检验报告（附合格证）；

②交底记录及交底签字记录、过程检验记录、整机自检报告书；

③负荷试验报告、特殊检验报告（焊缝探伤、应力测试、校核计算、形位公差测量等）；

④评估鉴定报告、定期检验报告（附合格证）；

⑤大修鉴定和修竣验收记录、技术改造方案和记录、报废鉴定及手续；

⑥基础、轨道、附着梁等技术资料和图示及验收记录；

⑦特殊工况作业记录（如超负荷作业、双机抬吊等）；

⑧主要零部件更换记录、维修记录；

⑨故障记录、事故与未遂事故记录等。

注：关于起重机械的有关规程和起重机械安全技术档案等资料，有的单位保存在起重机械使用单位本部（如机械化公司、机械租赁公司、机械施工处等）；有的企业机械管理部门复制并保管其部分内容。

第二节　现场施工项目部起重机械安全管理资料

现场施工项目部应收集或留存的起重机械安全管理资料至少应包括以下内容：

（1）有关起重机械法规、标准和上级有关文件等（如国家相关行政法规：特种设备安全监察条例、起重机械安全监察规定、特种设备作业人员监督管理办法、起重机械使用管理规则、建筑起重机械安全监督管理规定等；技术标准包括所用起重机械、钢丝绳等技术标准、规程等；上级相关文件包括国家电网公司、省电力公司及本企业有关机械安全施工文件和安全评价标准等）。

（2）本项目部机械安全体系网络图、各级机械安全岗位责任制、起重机械安全管理制度。

（3）进场起重机械（机具）明细或台账、整机进场准入检查表、待安装机械零部件检查表、整改通知单及整改验收单、安装告知书、监督检验或定期检验报告书（附合格证）的复印件。

（4）进场起重机械管理人员和作业人员登记台账及资格证件的复印件；安装拆卸队伍的相应许可资质复印件。

（5）已批准的起重机械安装拆卸作业指导书并附有负荷试验报告、交底签字记录；地基、轨道、附着等验收记录、安装过程自检记录、整机自检报告书等（可以留存复印件）。

（6）起重机械其他方案、措施（如机械改造、重大维修、变换工况、双机抬吊、超负荷作业等方案及防风、防碰撞、防雷、防汛、防冻、防滑、防火等措施）。

（7）特殊检验报告（焊缝探伤、应力测试、校核计算、形位公差测量等），评估鉴定报告等。

（8）施工项目部起重机械巡检、旁站监督、专项检查、月检查、安全评价等检查表、整改通知单、整改验收单、检查小结、通报及对各起重机械使用单位的机械安全管理考核记录，以及上级检查报告和整改完成记录。

（9）起重机械安全管理奖罚记录及安全教育培训记录、安全专题会议记录。

（10）机械事故和未遂事故调查处理报告。

（11）机械事故应急专项预案及演练计划、记录和评价报告、改进意见。

（12）施工现场停机维修、封存手续等。

（13）施工项目部还应留存租赁机械明细、租赁合同协议等。

第三节　施工现场起重机械使用单位起重机械安全管理资料

起重机械使用单位，也分为施工现场项目上的起重机械使用单位和企业起重机械使用单位（本部），尤其电力建设施工企业都设有专业起重机械使用的二级单位，如机械化施工处、机械租赁公司、机械化公司等，项目上的起重机械使用单位是其企业起重机械使用单位（本部）的派出机构。企业的专业化的起重机械使用单位由于管理的需要，其机械安全管理资料往往比企业机械管理部门的资料还要多，除主要管理制度、岗位责任制、安全目标、各种规程、规范、计划、定额、台账、记录、起重机械安全技术档案等外，各种考核指标和动态记录更多和更具体。起重机械安全管理对企业起重机械使用单位（本部）的资料检查，也只是检查主要和安全管理有关的部分资料，这里不赘述。（见附录 D）

一、施工现场起重机械专业单位的起重机械安全管理资料

施工现场起重机械专业单位的起重机械安全管理资料至少应包括以下内容：

（1）相关的法规、标准、规范、规程等。

（2）负责人任命文件及起重机械安全管理人员任命文件。

（3）起重机械安全管理的目标或指标。

（4）起重机械各级安全岗位责任制。

（5）起重机械安全使用管理制度。

（6）起重机械作业人员培训制度及取证管理制度。

（7）起重机械安装拆卸管理制度。

（8）起重机械维修保养制度。

（9）起重机械安全检查制度。

（10）起重机械索具、工器具管理制度。

（11）起重机械检测仪器管理制度。

（12）起重机械事故处理制度。

（13）起重机械安全考核制度及奖罚办法。

（14）起重机械监督检验制度。

（15）起重机械资料和安全技术档案管理制度。

（16）起重机械台账。

（17）起重机械作业人员台账及人员资格证。

（18）起重机械安全操作规程。

（19）起重机械维修保养规程。

（20）起重机械作业人员年度培训计划、培训记录名册、培训总结。

（21）起重机械安装维修说明书。

（22）起重机械厂家制造许可证、出厂合格证、制造监督检验合格证。

（23）起重机械定期检验或监督检验报告书及检验合格证。

（24）规范规定的型式试验合格证，使用登记证明。

（25）起重机械安装或拆卸作业指导书、告知书、安装与拆卸队伍相应资质证。

(26) 起重机械准入检查表（包括整机和待安装零部件）。
(27) 测量检验仪器台账及操作规程。
(28) 起重机械运行记录及交接班记录。
(29) 起重机械故障记录及维修保养记录。
(30) 起重机械安装前交底记录（包括另外加节和增加附着）。
(31) 起重机械安装过程检验记录（包括另外加节和增加附着）。
(32) 起重机械安装后的整机自检报告书。
(33) 起重机械负荷试验报告。
(34) 起重机械安全检查记录（点检、专检、定检等）及检查小结、通报等。
(35) 起重机械缺陷整改记录（整改通知单、整改验收单）。
(36) 起重机械作业安全旁站监督月计划和旁站监督记录。
(37) 起重机械安全工作票、停机手续、退场手续。
(38) 起重机械安全考核及奖罚记录。
(39) 起重机械事故或未遂事故报告或记录。
(40) 起重机械事故应急处置方案和施工现场危害辨识细目。
(41) 起重机械安全防范措施（如防风、防碰撞等）。
(42) 起重机械基础、轨道等验收记录。
(43) 起重机械附着和其他辅助设置方案及批复记录。
(44) 起重机械变换工况记录及其他记录、报表等。
(45) 起重机械站班会和有关安全专题会议记录。

二、施工现场起重机械一般使用单位的起重机械安全管理资料

施工现场一般起重机械使用单位的起重机械安全管理资料至少应包括以下内容：
(1) 相关的法规、标准、规范、规程等。
(2) 分管起重机安全领导和起重机械安全管理人员的任命文件。
(3) 起重机械安全管理的目标或指标。
(4) 起重机械各级安全岗位责任制。
(5) 起重机械安全使用管理制度。
(6) 起重机械作业人员及相关人员培训制度。
(7) 起重机械安装拆卸管理制度。
(8) 起重机械维修保养制度。
(9) 起重机械安全检查制度。
(10) 起重机械索具、工器具管理制度。
(11) 起重机械事故处理制度。
(12) 起重机械安全考核制度及奖罚办法。
(13) 起重机械监督检验制度。
(14) 起重机械资料和安全技术档案管理制度。
(15) 起重机械租赁管理制度。
(16) 起重机械台账。

(17) 起重机械作业人员台账及人员资格证。
(18) 起重机械安全操作规程。
(19) 起重机械维修保养规程。
(20) 起重机械作业人员年度培训计划、培训记录名册、培训总结。
(21) 起重机械安装维修说明书。
(22) 起重机械厂家制造许可证、出厂合格证、制造监督检验合格证。
(23) 起重机械定期检验或监督检验报告书及检验合格证。
(24) 规范规定的型式试验合格证，使用登记证明。
(25) 起重机械安装或拆卸作业指导书、告知书、安装与拆卸队伍相应资质证。
(26) 起重机械准入检查表（包括整机和待安装零部件）。
(27) 起重机械租赁合同或协议。
(28) 委托起重机械安装拆卸单位的合同或协议。
(29) 起重机械运行记录及交接班记录。
(30) 起重机械故障记录及维修保养记录。
(31) 起重机械安装前交底记录（包括另外加节和增加附着）。
(32) 起重机械安装过程检验记录（包括另外加节和增加附着）。
(33) 起重机械安装后的整机自检报告书。
(34) 起重机械负荷试验报告。
(35) 起重机械安全检查记录（点检、专检、定检等）及检查小结、通报等。
(36) 起重机械缺陷整改记录（整改通知单、整改验收单）。
(37) 起重机械作业安全旁站监督月计划和旁站监督记录。
(38) 起重机械安全工作票、停机手续、退场手续。
(39) 起重机械安全考核及奖罚记录。
(40) 起重机事故或未遂事故报告或记录。
(41) 起重机事故应急处置方案及施工现场危害辨识细目。
(42) 起重机械安全防范措施（如防风、防碰撞等）。
(43) 起重机基础、轨道等验收记录。
(44) 起重机械附着和其他辅助设置方案及批复记录。
(45) 起重机械变换工况记录及其他记录、报表等。
(46) 有关起重机械作业站班会记录和专题安全会议记录。

第四节　施工现场项目监理起重机械安全管理资料

施工现场应根据起重机械的数量，设置满足起重机械安全监理需要的监理人员；起重机械安全监理的资料至少应包括以下内容：

(1) 相关的法规、标准、规范、规程等。
(2) 业主单位的起重机械安全管理制度。
(3) 施工现场起重机械安全监理细则或程序。

(4) 施工现场起重机械安全监理的岗位责任制（总监、副总监、机械安全监理人员）。
(5) 施工现场起重机械安全管理体系网络图。
(6) 施工现场起重机械事故应急预案。
(7) 施工现场起重机械作业危害辨识及防范措施（防风、防碰撞等）批复复印件。
(8) 起重机械安全监理资料管理制度。
(9) 施工现场起重机械准入登记台账。
(10) 施工现场起重机械准入复查确认表（整机、待安装零部件）。
(11) 施工现场起重机械作业人员和起重机械安全管理人员登记台账。
(12) 起重机械监督检验报告书（监督检验或定期检验）附检验合格证复印件。
(13) 起重机械作业人员和起重机械安全管理人员资格证件复印件。
(14) 起重机械安装拆卸队伍的相应许可资质证件复印件。
(15) 起重机械月安全检查记录（或检查表）、总结、通报。
(16) 机械缺陷整改通知单、停工令、验收单。
(17) 起重机械安装拆卸作业指导书批复复印件。
(18) 起重机械重要作业方案（作业指导书）批复复印件。
(19) 起重机械重要作业旁站监理月计划、旁站监理记录。
(20) 起重机械基础、轨道、附着、变换工况审批资料复印件。
(21) 施工现场起重机械安全管理评价（年度或阶段）报告、记录、通报。
(22) 施工现场起重机械应急预案演练记录和改进建议。
(23) 施工现场起重机械使用违章处罚记录。
(24) 施工现场有关起重机械安全的专题会议记录和其他有关记录。

第五节 施工现场建设单位起重机械安全管理资料

由于起重机械在工程项目施工中不仅有不可替代的突出作用，而且也是施工现场的重要的危险源，因此，当前施工现场多数业主单位非常重视起重机械的安全管理，有的施工现场的业主单位为抓好起重机械的安全管理，还成立了起重机械安全管理委员会等组织。但在机构设置、管理制度以及工作的内容上却不太明确，所以管理效果不明显。在集团组织的起重机械安全检查中，往往发现业主单位的起重机械安全管理制度很简单、内容不完善、要求不明确，几乎没有起重机械安全管理资料。

在施工现场，业主单位虽然委托项目监理单位具体进行施工现场起重机械安全监理的具体工作，但应当制定起重机械安全管理制度，在制度中提出明确要求（因目前施工现场多数监理单位缺乏起重机械安全监理人员，并且即便设置了由安全监理人员兼职机械安全监理人员，往往对起重机械安全监理的工作内容和要求不甚清楚），以便按制度要求考核机械安全监理的工作；还应当明确分管领导及责任和主管部门（或主管人员）的职责，并且积累一定的工作资料。

施工现场业主单位（主管部门）的起重机械安全管理资料至少应包括以下内容：

(1) 起重机械相关法规、规范、标准和安全规程。

（2）集团公司的相关制度或规定。
（3）施工现场起重机械安全管理体系即网络图。
（4）业主管理层各级起重机械安全岗位责任制。
（5）本工程项目起重机械安全目标。
（6）本工程项目起重机械事故应急预案。
（7）本工程项目的起重机械安全管理规定，其中应至少包括以下内容：
1）明确分管领导人和明确主管部门及其职责。
2）起重机械和主要机具进场准入登记制度。
3）起重机械作业人员和起重机械安全管理人员进场资格审查登记制度。
4）起重机械安装与拆卸队伍进场资质审查制度。
5）起重机械重要作业方案、措施及安装与拆卸作业指导书审批制度。
6）起重机械安装与拆卸监督管理制度。
7）起重机械和主要机具安全使用监督管理制度。
8）起重机械和主要机具安全状况定期检查制度。
9）起重机械和相关人员退场管理制度。
10）起重机械安全管理定期考核评价制度。
11）起重机械安全管理奖罚条例。
12）起重机械安全管理资料管理制度。
（8）业主组织的起重机械安全检查记录、通报。
（9）对项目监理、施工单位起重机械定期评价考核记录。
（10）对施工现场各单位的奖罚记录、通报。
（11）起重机械事故应急预案演练评价报告及记录。
（12）有关起重机械安全文件、资料（专业会议纪要、上级检查报告及改进措施等）。

施工现场起重机械安装拆卸安全管理

起重机械的安装或拆卸作业是起重机械的一种非正常工作工况，比起重机械的正常使用工况危险性更大，更易发生事故。由于有些施工现场起重机械经过较长时间（如一年以上）的室外使用，有些结构件和连接螺栓、销轴经过风吹、雨淋、环境影响，产生局部变形、锈蚀，使拆卸难度加大，因而拆卸作业比安装作业更加危险。为此我们应更加重视起重机械安装或拆卸的安全管理。

第一节　施工现场起重机械安装拆卸安全管理的基本要求

（1）起重机械的安装拆卸单位（或队伍）必须具有相应的许可资质，现场施工项目部（起重机使用或管理单位）和现场监理必须审查其资质符合要求，并留存其资质证件复印件。

1）起重机械安装（拆卸）单位的许可资质根据《机电类特种设备制造、安装、改造、维修许可规则》（国质检锅〔2003〕251号）规定分为A级、B级、C级。

A级：安装或拆卸起重机械参数不限；注册资本300万元以上；机械电气技术人员不少于8人（其中高级工程师不少于2人、工程师不少于4人），作业人员不少于30人，质量检验人员不少于4人（上述人员具有一年以上全职聘用合同，下同）；具有专业经历5年以上的技术负责人；5年安装业绩为60台套。

B级：安装或拆卸起重机械，桥门式起重机额定起重量不大于80t、跨度不大于34.5m，其他型式起重机械不大于80tm；注册资本150万元以上；机械电气技术人员不少于6人（其中高级工程师1人、工程师不少于3人），作业人员不少于29人，质量检验人员不少于3人；具有专业经历5年以上的技术负责人；5年安装业绩为40台套。

C级：安装或拆卸起重机械，桥门式起重机额定起重量不大于20t、跨度不大于22.5m，其他型式起重机械不大于40tm；注册资本50万元以上；机械电气技术人员不少于3人（其中工程师不少于2人），质量检验人员不少于2人；具有专业经历5年以上的技术负责人；5年安装业绩为20台套。

2）起重机械安装（拆卸）单位必须根据TSG Z0004—2007《特种设备制造、安装、改造、维修质量保证体系基本要求》的规范要求，建立质量保证体系并实施。

3）起重机械安装（拆卸）单位必须经过依据TSG Z0005—2007《特种设备制造、安装、改造、维修许可鉴定评审细则》的评审，并取得相应安装许可资质证，方能从事相应的起重机械安装或拆卸作业。

（2）起重机械使用单位（无安装或拆卸能力的单位）必须与起重机械安装（拆卸）单位

签订相关的合同或协议，合同内容不仅要符合合同法的规定，合同中一定要明确双方的安全责任，起重机械安装（拆卸）单位对安装质量负责。

事前起重机械使用单位应当对起重机械安装（拆卸）单位进行评价（也称施工分包方评价）；合同或协议应经过起重机械使用单位相关部门的评审（起重机械使用单位或管理单位应留存施工分包方目录、评价、合同评审记录及合同或协议等资料）。

如果是施工企业自己的起重机械安装（拆卸）队伍安装本企业的起重机械，应该具有任务单或任务书（施工项目部应留存任务单复印件）。

(3) 从事起重机械安装（拆卸）的队伍（由于电力建设施工企业内含有起重机械安装拆卸队伍，以下也称起重机械安装拆卸队伍），必须实施专业化管理，管理制度健全，并明确施工负责人、技术、安监、质量检验等管理人员及其岗位责任制；作业人员工种配套齐全（如司机、司索、指挥、机械安装、电气安装、机械维修、电气维修、焊工等工种）。上述作业人员和管理人员应经过专业培训并取得资格证书，持证上岗。

(4) 从事起重机械安装（拆卸）的队伍必须按规定配置（或租赁）检验测量仪器、工器具、索具、物资材料及吊装机械设备；起重机械安装（拆卸）所用的上述机械设备、工器具、索具、配件材料、测量仪器等必须经过检查或效验处于完好状态（应取得合格证的应具有合格证）。

(5) 从事起重机械安装（拆卸）的队伍必须建立吊装机械设备、工器具、索具、测量仪器的台账和管理制度以及操作规程。

安装（拆卸）应配备的主要测量仪器（参考）：

1）万用表（±2%）。

2）绝缘电阻测量仪（±1.5%）。

3）接地电阻测量仪（±2%）。

4）钳形电流表（±2%）。

5）经纬仪（4″）。

6）水准仪（±2.5mm/km）。

7）测拱仪（自制）。

8）便携式测距仪（±1.5mm）。

9）转速表（±1km/h）。

10）测厚仪（±0.5%）。

11）称重仪（±1%）。

12）声极计（0.1dB）A。

13）温湿度计（±2%）。

14）百分表（±0.01mm）。

15）压力表（±7Pa）。

16）点温计（±1%）。

17）弹簧秤（0.6N）。

18）游标卡尺（0.02mm）。

19）钢卷尺（1级）。

20）钢直尺（1 级）。

21）塞尺（1 级）。

22）力矩扳手。

23）放大镜（20 倍）。

24）线锤。

25）常用电工工具。

26）便携式检验照明灯。

27）钢丝绳探伤仪（选用）。

28）便携式超声波探伤仪（水平<1%；垂直<5%、选用）。

29）便携式磁粉探伤仪（A1 试片、选用）。

30）照相机（选用）。

（6）起重机械安装与拆卸作业必须由安装拆卸队伍的技术人员（工程师）分别编制相应的作业指导书，作业指导书应按照有关规定会签和逐级审批；凡会签和审批中有提出意见或建议的，必须在作业指导书中给予书面补充或答复，并经再次审批确认直至批准。起重机械安装拆卸队伍应严格按照已批准的作业指导书实施（施工项目部、监理应留存复印件）。

（7）起重机械在安装拆卸作业中由于各种原因发生施工方案变更或作业人员变更的，应对变更部分重新编制和审批后方能继续作业（施工项目部、监理应留存复印件）。

（8）起重机械安装（拆卸）队伍在安装（拆卸）前，必须制定施工计划和施工质量计划及过程质量检验表（工作见证）。

（9）起重机械安装前，起重机械安装（拆卸）队伍或施工项目部必须向起重机械使用所在地的直辖市或者设区的市质量检验部门进行书面告知（施工项目部应留存复印件）；持以下资料向监督检验机构申请监检：

1）特种设备安装许可资质证。

2）告知单。

3）安装合同或协议（复印件）。

4）施工计划。

5）施工质量计划及其相应的工作见证（空白过程检验记录表、空白自检报告书等）。

（10）起重机械安装拆卸前应由施工负责人主持，由技术人员（基本是作业指导书编制人）对全体参与作业人员进行安全技术交底，要交清作业内容、范围，环境条件，使用的设备机具、作业流程、工序工艺、技术质量控制要点和安全控制要点、主要法规和标准要求及责任分工等；交底除了按作业指导书全面交底外，还要针对不同的作业类别进行详细交底，并重点对危险点源及控制措施进行交底；并保留交底的全员签字记录（施工项目部、监理应留存复印件）。

（11）起重机械安装前，起重机械安装（拆卸）队伍应对待安装的零部件进行检查并记录，不合格的零部件不得安装；并经施工项目部机械管理人员和机械监理人员复查记录确认（施工项目部、监理应留存复印件）。

（12）起重机械安装或拆卸作业过程必须严格按照批准的作业指导书中的工序流程、工艺方法执行；组织分工明确、责任到位，施工负责人、技术人员、安监人员必须坚守岗位，不得离开现场。

（13）起重机械安装或拆卸作业中的关键工序、工艺过程，施工项目部的机械管理人员和机械监理人员应该到场实施旁站监督和旁站监理，并作出记录（施工项目部、监理应留存复印件）。

（14）起重机械安装过程中，安装队伍应作好安装过程检验记录；上道工序经检验合格后，方能进入下道工序（施工项目部应留存复印件）。

（15）起重机械安装完成后应根据有关规定进行负荷试验（空载、额定负荷、超载试验并检验），起重机械安装队伍应作出试验报告；施工项目部机械管理人员和机械监理人员应参加旁站监督和旁站监理并作出记录（施工项目部、监理应留存试验报告复印件，各自留存旁站记录）。

（16）起重机械安装后，安装队伍应对整机进行检验确认合格，并出具自检报告书（施工项目部应留存复印件）。

（17）起重机械安装完成并自检合格后，向监督检验机构申请（或联系）监督检验（一般由施工项目部申请或联系），取得监督检验合格证并附有监督检验报告（施工项目部、监理应留存复印件）；凡检验不合格或存在需整改缺陷的，起重机械安装队伍，必须及时完成整改并取得监督检验合格证。

（18）起重机械在安装告知后，监督检验机构如派人进行过程监检，起重机械安装（拆卸）单位和起重机械使用单位应积极配合并提供以下文件资料：

1）起重机械安装（拆卸）单位的质量保证手册和相关程序文件、施工作业（工艺）文件，以及相应施工设计文件等。

2）施工项目负责人、质量保证体系责任人员、专业技术人员和技术工人名单和持证上岗人员的相关证件。

3）产品技术文件（原件或者加盖制造单位公章的复印件，起重机械使用单位协助提供）。

4）施工过程的各种检查记录、验收资料。

5）施工分包方目录与分包评价资料（起重机械使用单位协助提供）。

6）施工监检工作要求的其他资料。

（19）起重机械拆卸后，起重机械安装（拆卸）单位应对拆卸的零部件进行检查分类记录（能用的、需修的、需更换的），记录应交给起重机械使用单位。

（20）起重机械安装或拆卸完成后，起重机械安装（拆卸）单位应该和起重机械使用单位办理交接手续（施工企业自己的安装或拆卸队伍，安装或拆卸自己的起重机械，一般不办理交接手续）；起重机械使用单位应对起重机械安装（拆卸）单位做出评价（施工项目部应留存复印件）。

（21）如果新购置的起重机械首次安装，应聘请或要求制造厂家派人到现场指导安装；安装作业指导书应经制造厂家人员审查同意；新购置的起重机械使用应按《起重机械使用管理规则》要求向产权所在地的直辖市或设区的市质监部门办理使用登记手续（因为电力建设施工企业的起重机械基本都属流动作业的起重机械）。

（22）如果已向质量检验部门办理停用手续又重新安装使用，或经过改造的起重机械又重新安装使用均需按相关规定向质量检验部门办理使用登记手续。

（23）起重机械安装或拆卸任务完成后，起重机械安装（拆卸）单位或队伍应进行总结或评价。应从方案的科学性、完整性、适宜性上，交底的清晰性上，组织分工及责任的明确性上，危险点源辨识的准确性上，安全质量控制的有效性上，以及人员技能和素质的适应性等诸方面进行总结或评价，以便改进和提高。特种设备安装改造维修通知单见表 8-1。

表 8-1　　**特种设备安装改造维修通知单***

施工单位：（加盖公章）　　告知单编号**：

设备名称					
制造单位全称			许可证编号		
设备安装地点			安装日期		
施工单位全称					
施工类别①		许可证编号		许可证有效期	
联系人		电话	（固定）（移动）	传真	
地址			邮编		
使用单位全称					
联系人		电话		传真	
地址			邮编		

① 告知单按每台安装、改造、维修的设备各填一张。

* 告知单编号为：制造单位设备编号加施工单位施工工号加年份（4 位）。

** 按安装、改造、维修分别填写。施工单位应提供特种设备许可证复印件（加盖单位公章）。

说明：此表系摘录于质检办特函〔2009〕1186 号文的附件关于简化“特种设备安装改造维修告知书”的通知。

第二节　起重机械安装拆卸作业指导书的编审纲要

起重机械安装或拆卸作业也可算是一项单项工程，而且是一项专业性很强的高危工程，所以作业前必须编制施工方案和措施。过去在编制起重机械安装或拆卸的施工方案和措施时要求不太规范，同一型号的起重机械的安装或拆卸方案及措施，往往会出现不同人编制的纲目、内容、要点等不尽相同的情况，有的人编制的详细些、有的人编制的简单些，给起重机械安装或拆卸工作带来了不少的随意性。为此，后来我们把施工方案和措施统一叫做作业指导书，让它规范起来，使其真正能起到指导作业的作用。但是作业指导书如何规范和完善，有些起重机械安装（拆卸）队伍却不太清楚，审批者们甚至包括施工现场的监理也都以己之见各论长短，更有甚者只批同意。在一些发生在起重机械安装或拆卸过程中的事故的调查中，常常发现作业指导书中有缺陷、工序工艺交代不清楚、质量安全要点交代不清楚、人员岗位交代不清楚等现象，所以作业指导书写不清楚，因而交底不清楚是引起起重机械安装或拆卸事故的重要原因之一。

编制规范的起重机械安装或拆卸作业指导书很重要，它是指导起重机械安装或拆卸作业的依据。下面根据多年管理实线和总结，提出起重机械安装或拆卸作业指导书规范化要求纲目（该纲目已经编入《国家电网公司电力建设起重机械安全管理重点措施》正式文件中）。

一、起重机械安装拆卸作业指导书规范化纲目

（本纲目中安装或拆卸相同纲目要求没有重复写出，凡不同处在纲目中写明不同的要求）

（一）概况介绍

起重机械安装拆卸作业指导书至少应包括以下内容：

（1）本次安装或拆卸起重机的规格型号、制造厂出厂日、使用年限，是否经过大修或重大维修、改造，是否出过事故，以及本机的性能特点等。

（2）本次安装或拆卸的工况（如塔身高度、副臂长度、起吊高度、附着、轨道、基础等情况），安装或拆卸位置、作业用途、使用时间，最大起重量等。

（3）本次安装或拆卸的环境条件（地基、周围构筑物、障碍物和其他机械的影响），当地气候的影响，以及其他注意事项等。

（二）编制依据

（1）本机的安装拆卸使用说明书和有关图纸等技术资料，以及本单位有关经验资料。

（2）相关的技术标准、规范（国家和行业的技术标准、规程、规范等）。

（3）相关的法规（国家和行业的法规、条例、规定等）。

（三）进度计划

（1）安装时间安排：开工准备时间（包括资料准备、材料和工器具准备、人员安排和简单培训、零部件维修更换等准备），开工交底时间，关键工序节点时间，过程自检时间，机动时间，整机完成时间，负荷试验和整机自检时间，正规检验时间，交付使用时间等。

（2）拆卸时间安排：开工准备时间（包括资料准备、材料工器具准备、人员安排和简单培训等准备），开工交底时间，关键工序节点时间，机动时间，零部件检查分类汇总记录时间，交接或交运时间等。

（四）工程准备（编写时可以列表）

（1）人员准备：施工负责人、技术人员、安监人员、质量检验人员等管理人员的配置；司机、指挥、司索、机械安装、电气安装以及焊工、架子工、力工等工种的配置；应当填写人员的姓名、管理人员的职务、工人资格证件的作业类别、人数，明确工作内容和责任（在编制和送审时无法确定人员姓名名单的，可只写人数，不写姓名，但作业前必须向审查部门提交实际参与作业人员名单和资格证件复印件，作为作业指导书的补充页）。

（2）机具准备：作业所用的机械设备（如起重机、卷扬机、手动葫芦、千斤顶、滑车、电焊机、乙炔发生器等）、工器具（如榔头、大锤、力矩扳手、套筒扳手、活动扳手、专用扳手、手钳、钢丝钳、手枪钻、手提砂轮、改锥、手提钢锯、钢丝刷、电焊钳、火焊把等）、索具（如绳卡、卸扣、扁担梁、千斤绳、吊带、麻绳、尼龙绳等）、临时附加设置（如支架、围护栏等）。上述机具应标明规格、型号、数量、工况、状态或检验合格证。

（3）材料准备：道木、铅丝、棉纱、砂纸、焊条、氧气、乙炔、脚手管、脚手板等，标明规格、数量、状态。

（4）测量仪器准备：经纬仪、水平仪、万能表、电阻表、试电笔、压力表、卷尺、钢板尺、角尺、游标卡尺、百分表、温度计、转速表、塞尺、细钢丝、铅锤等，应标明规格、精度、数量、状态、校验日期。

（5）培训准备（也可结合首次交底会进行）：写明要求全体参与作业人员参加培训；培训内容为作业指导书编制依据中相关重点内容和作业指导书中的内容；列出培训时间、参加人数、授课人等。

（6）表格准备：

1）需吊装的零部件质量表（实际起吊质量）。

2）高强度螺栓扭矩表（标明螺栓规格、尺寸、安装或拆卸部位、扭矩）。

（五）工序工艺过程

1. 安装工序工艺

（1）按照该机型起重机械使用说明书中安装作业要求的顺序编写，一般工序工艺简要叙述；关键工序工艺或不交代清楚容易引发安全质量事故的工序工艺必须详细编写，使其真正起到作业指导的作用（如扳起式塔机的扳起过程；自升式塔机的液压顶升加节和平衡过程；龙门起重机的吊装支腿和横梁过程；特殊条件下的安装过程等）。

（2）安装工序工艺的编写必须有质量技术标准数据，并能参照量化过程检验。

（3）指明选取千斤绳规格、长度、根数、起吊质量、起吊高度和吊点。

（4）注明每道工序工艺的安全控制要点和质量控制要点及其他注意事项。

2. 拆卸工序工艺

（1）按照该机型起重机械使用说明书中拆卸作业要求的顺序编写，一般工序工艺简要叙述；关键工序工艺或不交代清楚容易引发安全质量事故的工序工艺必须详细编写，使其真正起到作业指导的作用（如扳起式塔机的放倒过程；自升式塔机的液压顶升减节和平衡过程；龙门起重机的拆除横梁和拆除支腿过程；特殊条件下的拆除过程等）。

（2）指明选取千斤绳规格、长度、根数、起吊质量、起吊高度和吊点。

（3）注明每道工序工艺的安全控制要点和避免零部件拆坏的质量控制要点及其他注意事项。

（六）安全措施

首先根据安全规程和使用说明书的要求编写一般性安全要求和防范措施；然后根据实际作业过程，编写出（辨识出）每道工序工艺及作业环境中的危险因素，分析出重大危险点和重大危险环境因素，并提出控制措施。要求做好使用 LEC（安全评价）法列表，注意要有针对性（针对该起重机在安装拆卸中存在的具体危险点，不要泛泛或笼统地提出，如防止高空坠落，要拴好安全带；要指出安装和拆卸哪个部位、哪个工序容易发生高空坠落，安全带拴在什么地方，谁来监护等）。（详见第十二章）

（七）附图与计算

在安装或拆卸工艺中出现双机抬吊、超负荷起吊、增设临时支架、利用辅助卷扬机、架设缆风绳和地锚、大长件或异形件的吊点位置以及特殊条件环境下的安装与拆卸等，文字往往难于叙述清楚，需要图示和必须校核计算的，不能省略，更不能只凭经验估计。

(八) 负荷试验(安装)、零件检查分类(拆卸)

(1) 起重机械安装后，一般根据要求都要做负荷试验(根据施工现场条件和相关方具体商定，因为一些特大型起重机械，施工现场不具备满载或超载试验条件)，负荷试验报告是安装作业指导书的内容，但也可另行成文，作为安装作业指导书的附件。

1) 负荷试验应根据试验条件要求(如机况状态、地基轨道、气候环境、温度风速等)，提出试验方案、要求和注意事项，参照相关标准规范设计好表格；

2) 在做好试验准备的基础上(如人员安排、试验吊重或砝码、机具设备、工器具和索具、必要的测量仪器等)，并对参与试验的人员进行交底，做好交底签字记录；

3) 试验内容一般包括空载试验、额定载荷试验(如起重机的：最大幅度下的额定起重量和最大额定起重量下的最大幅度)、动静超载试验(动载110%、静载125%)；如起重机械规格太大，现场找不到相应的吊重，也可以施工现场实际要起吊的构件或实物来做试验；

4) 在各项试验中应检查各机构运转情况和主要结构、零部件以及操纵系统有无异常情况，并检查各安全装置的有效性；

5) 试验数据要真实、准确，试验和检查检验记录及签字记录要完整；

6) 试验中发现被试验的起重机械有缺陷和故障应停止试验并及时处理，缺陷故障消除后继续或重新做试验。

(2) 起重机械拆卸后，应当检查各机构、结构、零部件的磨损、锈蚀、损坏情况，并作出记录；零部件应作出检查分类表，分为可用零部件、待修零部件、需更换零部件；上述记录资料作为拆卸作业指导书附件。

(九) 交底签字页

起重机械在安装或拆卸前必须进安全技术质量的全面交底，要求参与作业人员全员参加，要求交底人和被交底人全员签字，不得代签或不签(没听懂或不清楚可以询问交底人，直至弄明白交底内容)；为了避免被交底人签字混乱，将来不便核查，签字栏可以按管理人员、各工种分栏设置，分栏签字；全员签字后的交底签字页作为作业指导书的附件保存。

二、起重机械安装拆卸作业指导书审查要点

起重机械安装拆卸作业指导书的审查中应突出把住以下要点：

(一) 编制依据一定要充分

(1) 三方面主要依据要求，不能缺少某一方面。

(2) 主要依据中的主要内容与本机型相符(譬如，应引用塔式起重机标准、规程，不能引用桥门式起重机标准、规程代替等)。

(二) 人员配置应相适应

(1) 人员配置中，负责人和三种管理人员(技术、安监、检验)不能有缺失。

(2) 工种配套和人员数量应齐全满足安装或拆卸需要，不能出现多数是司机或者多数是司索之类。

(3) 工种名称符合资格要求，不能填写中将特殊工种与特种设备作业人员名称相混淆，如出现起重工(取证要求为司索)，钳工、铆工、铁工等(取证要求为机械安装工)，电工

(取证要求为电气安装工）等。

(4) 主要工作内容和安全责任应简要明确，不能无分工、无责任要求。

(三) 必须备有测量仪器

(1) 安装或拆卸都应有测量仪器，尤其安装不能“堆积木”，作业指导书中无测量仪器，视为无过程检验。

(2) 测量仪器品种、数量和精度应基本满足该机型质量检验的需要，并处于校验合格状态。

(四) 工序工艺要正确和关键工序工艺要详细

(1) 工序不能颠倒，先后要交代清楚。

(2) 关键工序工艺必须描述清楚、明白（不能出现审批的工程师都看不明白怎样施工的)。

(五) 标准数据要清晰

安装工艺中不能没有质量标准和尺寸公差等量化数据（如高强度螺栓无扭矩，对角线尺寸无公差，垂直度、电阻、间隙无数据等)。

(六) 有必要的图示和计算

不得出现地锚无计算，大件吊装无吊点，辅助吊机位置、方向、幅度、负荷率不清楚，临时设施、支架等刚度和强度凭估计等。

(七) 危险点和安全措施要有针对性

(1) 不能只有一般性安全要求，如进入现场要戴安全帽、上高空要带安全带简单要求。

(2) 危险点（源）辨识要清楚、具体（如危险点要指明到具体工序和工艺上)。

(3) 安全防范措施要明确，有针对性（如安全带挂在哪里、怎样挂；如需要安全监护，监护人是谁等)。

(八) 负荷试验有要求

(1) 负荷试验之前方案和要求要明确。

(2) 不能没有方案和不切实际的要求。

三、作业指导书在执行时的督察要点

1. 交底督察要点

(1) 作业前交底时，施工项目部的机械管理人员和监理人员应参加，并核实实际参与作业人员与已批准的作业指导书中的人数、工种、姓名和持证情况是否相符。

(2) 核实作业方案中辅助起重机、临时设施、工序工艺与已批准的作业指导书中的内容是否相符。(凡上述两条发现不相符，必须重新书面申报，重新审批后方能交底作业)

(3) 督察安全措施是否完全交底清楚，是否执行了全员交底和全员签字。

2. 作业中督察要点

(1) 作业中，尤其是关键工序工艺过程，施工项目部机械管理人员和监理人员应进行旁站监督和旁站监理，督查安装中有无过程检验和记录。

(2) 督察安装或拆卸关键工序工艺和危险作业中工艺方法、安全措施是否可行。

(3) 督察安装或拆卸作业过程中有无临时增加人员未进行交底或无证（或证件不符、证件无效）上岗。

3. 作业后督察要点

(1) 负荷试验、过程检验记录数据是否真实有效，资料是否完整。

(2) 整机自检报告书是否按要求完成，并向检验检测机构申请监督检验。

第三节　起重机械安装拆卸作业中主要注意事项

一、关于厂家使用说明书的使用

(1) 每一种型号的起重机械出厂，厂家都附有该型号的使用说明书，说明书中基本都包含有其安装拆卸的说明，这是我们安装或拆卸作业指导书编制的最重要、最基本的依据，必须熟悉掌握，除了特殊情况之外，一般必须按其要求的工序工艺进行。我们不能随意采用同类型相近型号或同系列产品的说明书代替该机型说明书使用，因为即便相同类型或同系列的产品都可能在某些部件、某些位置、某些机构和系统上有所改进或差异。当你不能了解和不掌握这些差异时，随意使用其他说明书作为编制该起重机械安装或拆卸作业指导书时，不仅不能真正起到安装或拆卸作业的指导作用，甚至可能起到错误的指导或造成事故的发生。

(2) 在实践中我们发现国内产品有些厂家的使用说明书写的不够详细，因此，在厂家人员指导（或培训）下的首台起重机械安装时，必须认真记录下使用说明书中没有写清楚而实际作业中又必然要出现的问题和注意事项，尽管拆卸是安装的逆过程也要咨询清楚拆卸中还应注意的问题。这些记录不仅是该机今后安装或拆卸作业的经验，更应成为该机以后编写安装或拆卸作业指导书的依据。

(3) 有些经鉴定或评估还允许使用的老旧起重机械使用说明书没有了（如原厂家不再生产该产品，无法提供使用说明书；原先自造的起重机械，无法找到使用说明资料等），该机拥有单位应该根据多年成熟安装拆卸和使用的经验，编写出该机的安装和拆卸规程作为今后安装和拆卸编制作业指导书的依据。

二、关于地基、轨道的再检验

起重机械的地基或轨道的施工，在电力建设工地一般都不是起重机械安装（拆卸）队伍施工的，而由其他作业队伍按规定施工完成，并由质量检验部门和安装（拆卸）队伍验收的。一个容易忽视的问题是，在起重机械安装或拆卸作业前应对地基或轨道再检验。因为地基或轨道被验收后，并没有立即安装起重机械（拆卸更是在使用起重机械一段时间之后），如果遇到雨季（或汛期）和春天积雪融化，地基或轨道可能发生不均匀沉降，所以起重机械的安装或拆卸前对地基或轨道的再次检验是很重要的，不然，在作业过程中才发现将造成很多麻烦，甚至造成事故。

三、关于销轴连接和开口销的使用

销轴连接方式在起重机械上被广泛使用，现场的施工人员在施工中对其重要性认识不足，往往施工比较随意，留下很大安全隐患。销轴连接有的为防止挂碰有方向性要求，如从内往外穿或从外向内穿，不要方向装反。销轴的锁止形式：有带螺栓的锁止板的，一定要锁止板放到销轴前端的凹槽内，螺栓齐全紧固牢靠，不能锁止板不入槽，螺栓短缺或螺栓不扭紧；有的是弹簧销锁止的，不仅要求弹簧销插入到位，弹簧要扳到位；有的是开口销锁止，开口销一定要掰开35°以上，不能不掰开或掰开角度太小，开口销要合适，不能以大带小或以小带大，根据GB/T 91—2000《开口销》标准，开口销的材料主要是碳素钢Q215或Q235，所以更不允许使用铁丝、铅丝、铁钉、焊条、钢筋棍等代替，更不允许不穿开口销。

四、关于高强度螺栓的使用

由于高强度螺栓安装拆卸施工很方便，起重机械上已广泛使用，由于起重机械的受力结构件主要承受交变载荷，所以比较普遍使用大六角头的8.8级和10.9级摩擦型高强度螺栓。高强度螺栓要求有较大的预紧力，一般为螺栓材料屈服强度的0.6～0.7倍，为此，施工时，要求必须使用力矩扳手按规定力矩扭紧，并按照技术规范要求作业，但往往不被安装和使用单位所重视。

(1) 施工现场实际作业中，一些施工队伍没有力矩扳手，尤其外包队的建筑塔机的安装，施工时往往使用一般扳手、自制扳手或者在扳手上焊上或套上一段加长杆的办法来扭紧高强度螺栓，这种情况一般都达不到规定扭紧力矩的要求，起重机械使用一段时间之后，高强度螺栓必然发生松动，而平时使用单位又不重视螺栓的检查，这是起重机械安全检查中经常发现高强度螺栓松动的主要原因。高强度螺栓松动安全隐患极大，已经发生过事故教训，如常见的起重机械底架与基础的连接螺栓、塔机标准节连接螺栓、龙门起重机和门座起重机的台车连接螺栓松动，必然影响起重机械与地面的垂直度；履带起重机配重螺栓的松动，可能造成配重跌落、吊车倾覆；联轴器螺栓松动，可能造成螺栓全部被剪断而机构失控等。最好的解决办法是使用力矩扳手按规定力矩扭紧；否则，只有经常检查，经常去紧固。

(2) 高强度螺栓的连接面之间应该整洁干净，没有锈蚀、尘土、油污，雨天不应施工，而我们发现有的吊车施工中有时连结表面锈蚀或油污没有除净，高强度螺栓已经扭上了，这使螺栓的连接效果和作用大打折扣。

(3) 高强度螺栓施工时一般应分始紧和终紧（有的要求三次扭紧），始紧50%的扭矩，终紧达到规定扭矩；多个螺栓或螺栓群连结应按照规定顺序扭紧，不得随意扭紧，防止连接件变形，但实际作业中，有人不知道这个规定或不遵守这个规定，造成了连接面不应有的变形。

(4) 高强度螺栓连接根据JGJ 82—2011规定，高强度螺栓一般不得使用弹簧垫防松，而我们却经常见到使用弹簧垫的；型钢斜面连接应该使用斜垫连接，而我们却经常见到斜垫角度不合适或者斜垫垫的位置不对；螺栓规格尺寸应符合要求，我们却经常见到不是有的螺栓短了，就是长了；有的一个平垫也没有，有的平垫装了四、五个；有的甚至使用普通螺栓代替个别的高强度螺栓来用等。

(5) 按规定一般情况下，高强度螺栓使用不得超过二次（厂家另有特殊要求除外），但每次使用前都应该对高强度螺栓尺寸变形情况和螺纹损坏情况进行检查，不合格的螺栓应及时更换；施工前应对施工工序工艺和扭紧力矩交底清楚，施工中进行监督，施工后进行检查验收，还应告诉使用单位起重机械使用100h应对高强度螺栓按规定扭矩普遍均匀扭紧，以后每工作 500h 应再检查扭紧。

五、零部件的标记

起重机械有时有些零部件不是可以互换和通用的，如塔身标准节、拉索、拉杆、抱瓦等，一般此类零件都打有标记，因此标记一定要在安装前或拆卸后搞清楚，甚至没有标记的或标记已不太清楚的，应重新标记清楚。不然有的装不上，有的左右装反、上下装反、前后装反，给安装工作带来不必要的麻烦，造成费工费时，甚至造成机械损坏或事故。

六、千斤绳的使用

起重机械在安装或拆卸作业中千斤绳要准备足够需要并长度合适，因为千斤绳旧绳较多，电力建设单位一般要求安全系数为 8 或 8 以上。对于需要平稳起吊或安装的设备和部件 必须两根绳四点起吊（如塔身标准节、顶升套架、机台、机构等）；对于刚度较差（如细长杆件、人字架、顶升套架、薄壁片件等）要事先临时加固，避免吊装中引起被吊物件变形；对于厂家设备和部件上已有明确吊点的，应使用规定的吊点，没有规定吊点，应找到合适的吊点（既要吊点强度足够，又要吊件平衡，既不能损伤吊件，还要便于抽出千斤绳），但起吊前都应该离地 200mm 左右试吊；一般稍重、稍大的物件防止空中摆动或打转，都应该拴上牵引溜绳；如果吊装就位时，千斤绳需要调正，可以在起吊时千斤绳上加装手动葫芦，便于就位时调整千斤绳；怕千斤绳勒伤的部件应该加护垫或者使用吊带。

七、起重机械的稳定性

起重机械安装或拆卸时要十分重视起重机械的稳定性问题，如注意地基（或地面）、轨道的平整，起重机械稳定力矩和前后倾翻力矩的大小，并注意风载或其他外载荷的影响（如四级以上风速不允许塔机的顶升作业）等，因此在安装或拆卸中起重臂和平衡臂的安装顺序（建筑塔机），配重块的安装顺序、数量，以及塔机顶升前的配平作业都必须严格按照说明书的要求程序作业。如果由于特殊情况不能完全按照使用说明书的要求程序作业，必须经过稳定性的计算和塔身强度计算，或采取附加措施（如加缆风绳或加固支架或增加重物等），保证起重机械不会失去稳定而倾覆。

由于现在我们在施工现场采用的自升式塔式起重机（火电厂建设的主力塔机和多数建筑塔机），基本都是上顶升、上回转、顶升油缸一侧偏置式（除圆筒塔式起重机顶升油缸在圆筒塔身外环形布置外）的，当进行顶升作业时，塔身标准节与回转下座的连接一旦脱离，上部结构和机构（如机台、起重臂、起升和变幅机构、电气柜、操作室、人字架、后配重等）成几十吨或百吨以上的质量，要保证作用于顶升油缸的中心线上，所以事先配平（找平衡）就显得尤为重要；而顶升横梁和爬爪在塔身踏步上的正确入位，又是顶升油缸有正确可靠的支撑点的重要保证，为此顶升作业是自升式塔机安装拆卸的关键工序工艺，必须加以强调和重视。

塔机的顶升加节或减节是要求连续作业的，如果由于各种原因不能连续作业时，必须将塔身与回转下底座恢复螺栓或销子连接，使塔机处于稳定可靠状态；如果无法恢复连接应采取其他加固连接措施。

八、DBQ系列塔式起重机安装与拆卸

电力建设系统的DBQ系列扳起式塔机和大型履带起重机的塔式工况，在安装或拆卸过程中都有主副臂整体臂架扳起或放倒过程，当扳起时副臂头部刚要离开地面的那一点，到起重机回转中心的距离（或此时主臂头部与副臂根部连接处的夹角、或副臂与副撑臂的偏角），各种机型的要求是不同的；臂杆长短配置不同时，此距离或夹角也是不同的。放倒时，还要保持这个距离或夹角。否则可能造成臂架和其他机构或零部件的损坏，甚至倾覆，因此必须严格遵守说明书要求的数值。有的单位根据说明书要求的数值，在主副变幅卷扬机钢丝绳圈数上作出记号的办法也是可取的，因为在相同臂架配置下，省掉了反复测量的麻烦。当然在扳起或放倒之前，还应按说明书要求的检查项目对起重机进行全面检查，确认无误。上述扳起和放倒过程是关键工序工艺，说明书中强调的工序工艺要点和安全注意事项，安装拆卸人员必须都清楚，都要重视。

九、缆风绳的使用

起重机械安装或拆卸时，有些大型结构件需要增设缆风绳加以固定（如龙门起重机的支腿、大型塔式起重机、门座起重机的单片门架等），缆风绳的选取，布设的根数、位置和角度，以及地锚的设置，必须绘图并经过计算证明可靠有效，不能单凭经验和估计就作业。

十、塔式起重机的附着

有些塔式起重机塔身高度较高时可以附着，有的设有附着节或附着框（架），有的设有附着杆、有的还设有附着梁，我们必须按照说明书的规定的高度进行附着。一般三根附着杆形式的较多，但需要注意的是，附着杆不能随意接长（电力系统制造的大型塔机附着杆都有一定的长度调节余量，建筑塔机一般没有长度调节），附着杆的角度也有一定要求，电力系统制造的大型塔机要求向下、向上倾斜不超过3°（如FZQ1650塔式起重机），建筑塔机不超过10°。另外附着杆、附着梁、附着框部件等起重机使用单位不得随意制作，如果要自己制造必须经过厂家同意授权，制造图纸和材料选用以及计算书都须经厂家审查批准。

电力系统的大型塔机的附着问题不大，圆筒起重机设有附着抱攀和下环梁、桁架塔身的FZQ系列塔式起重机设有附着节，附着杆在塔身上的连接点可选择的余地较大；但一些建筑塔式起重机没有附着节，只有附着框，而附着框又不能任意安装在标准节上，因为塔身标准节中间部位侧向刚度偏小，不能承受较大的水平载荷，所以必须按厂家说明书要求的位置安装；如果安装位置根据实际情况需要改变的话，一定要联系厂家帮助解决。另外塔机在附着前必须检查塔身两个侧面的垂直度，只有塔身垂直度符合要求时才能附着。

十一、附件

施工现场主要类型起重机械自检报告书见（一）～（六）。

（一）附件（1）：施工升降机自检报告书

施工升降机自检报告书

（安装后自检用）

登记编号________________

安装单位________________

使用单位________________

自检日期________________

说明：

1. 本报告书适用于SC型和SS型施工升降机在施工现场安装完成后的企业自检用。

2. 编制依据：GB/T 10054—2005《施工升降机》、GB 10055—2007《施工升降机安全规则》、TSG Q7016—2008《起重机械安装改造重大维修监督检验规则》。

3. 检验时环境温度在－15～＋35℃之间，风速不大于13m/s，电源电压偏差为±5%。

4. 检验使用的仪器、量具性能精度符合有关标准规定，应经国家计量部门校验并在有效期内。

5. 企业的检验人员应经企业正式任命或具有质检部门颁发的检验员证。

6. 检验人员应根据作业要求配备自身安全防护用品，确保检验安全。

7. 填写报告字迹工整、数据真实。

8. 本报告书无检验人员和审核负责人签字无效。

9. 有需特殊说明的情况，可附页说明。

10. 本报告书安装单位和机械管理部门应留存备查。

表 1　　**检验项目与要求表**

机械名称		型号规格	
制造单位		制造日期	
产品编号		制造许可证编号	
安装单位		安装许可证编号	
安装单位负责人		安装联系人	
安装级别		安装单位联系电话	
安装位置（地点）		安装告知日期	
安装类别（首、移）		安装完成日期	
使用单位		使用单位联系电话	
使用单位负责人		使用机械管理员	
额定载荷（t）		工作级别	
安装高度（m）		顶端自由高度（m）	
附着层数（层）		提升额定速度（m/min）	

检验项目	序号	检验内容与要求	检验结果		备注
			合格	不合格	
产品技术文件审查	1	设计文件包括总图、主要受力部件图、电气液压原理图等			
	2	制造许可证、产品质量合格证、安装维修使用说明书			
	3	整机型式试验合格证书（按覆盖要求）、制动器和限位器、重量限制器、防坠安全器型式试验合格证书			
	4	制造监督检验合格证书			
安装资质审查	5	安装改造重大维修许可证书			
	6	安装作业人员和检验、管理人员的资格证件			
安装文件审查	7	安装作业指导书、基础施工质量验收资料			
	8	安装前零部件检查、维修及更换记录			
基坑	9	基坑底部混凝土不得有龟裂、孔洞，应平整干净，并有排水设施			
	10	坑底设有吊笼和对重缓冲装置			
	11	坑深足够，不影响下极限限位开关的安装			
	12	地面护栏（对重在护栏内）不低于 1.8m，护栏强度、刚度足够和孔、档间距符合标准			
	13	进吊笼的护栏门设有机械连锁开关，吊笼到底部规定位置门才能开启；设有电气连锁开关，护栏门开后，吊笼不能启动；地面层门应设有围护规范、牢固可靠的安全通道			

续表

检验项目	序号	检验内容与要求	检验结果		备注
			合格	不合格	
导轨架	14	导轨架标准节各杆件不得有变形、损伤、裂纹、严重锈蚀，焊缝饱满、平整、无缺陷，螺栓连接规范牢固可靠			
	15	SC 型吊笼导轨错位不大于 0.8mm；对重导轨错位不大于 0.5mm；齿条沿齿高方向阶差不大于 0.3mm；沿长度方向齿距偏差不大于 0.6mm；SS 型导轨架标准节截面相互错位形成的阶差不大于 1.5mm；标准节截面内对角线长度的偏差不大于边长的 3‰			
	16	导轨架垂直度：高度 h（m）与偏差（mm）应满足如下要求。 SC 型：高度 h（m）　偏差（mm） $h \leqslant 70$　$\leqslant 1‰$ $70 < h \leqslant 100$　$\leqslant 70$ $100 < h \leqslant 150$　$\leqslant 90$ $150 < h \leqslant 200$　$\leqslant 110$ $h > 200$　$\leqslant 130$ SS 型：偏差为不大于高度的 1.5‰			
吊笼	17	吊笼结构和封闭坚固牢靠净空高度应≥2m，吊笼内设有足够照明，吊笼门和顶部逃生门应设置电气连锁开关，张贴安全操作规程和责任人、司机等名单			
	18	吊笼顶部设有不低于 1.5m 护栏和不少于 100mm 高的挡脚板			
	19	吊笼司机室应有足够空间和良好视野；有灭火器			
	20	（1）吊笼采用安全钩时，最高一对应处于最低驱动齿轮之下。 （2）吊笼导向滚轮良好、与导轨间隙符合标准要求，应保持有效转动			
层门和围护	21	（1）各停层应设置平台、走道、挡脚板和不低于 1.1m 的层门和护栏，并且要牢固可靠，地面应设安全防护通道。 （2）停层应设联络呼叫装置，层门应设置人工开的启门锁			
对重	22	（1）采用卷扬机驱动的 SS 型无对重。 （2）SCD 型对重悬挂牢靠，对重两端应有导向或滑靴，并设防脱轨保护装置			
传动系统	23	驱动电动机、减速器、离合器、限速器、制动器或卷扬机固定连接可靠，无异响、振动、漏油、温度过高现象，状态良好			
	24	（1）齿轮、齿条等传动机构润滑良好，接触面无损伤，啮合接触长度，沿齿高不小于 40%，沿齿长不小于 50%，齿隙为 0.2～0.5mm。 （2）采用蜗轮蜗杆传动应无缺陷			
	25	制动器应是常闭式的，可以手动释放；应有足够的制动力矩，在超载 25%试验运行时应可靠制动			

续表

检验项目	序号	检验内容与要求	检验结果		备注
			合格	不合格	
钢丝绳	26	(1) SC型对重钢丝绳不得少于2根，相互独立设置，安全系数不得小于6，直径不小于9mm；对重设置1根钢丝绳的安全系数不小于8。 (2) SS型人货两用的吊笼钢丝绳不得少于2根，相互独立设置，安全系数不小于12，直径不小于9mm。 (3) SS型货用吊笼用1根钢丝绳的安全系数不小于8。 载重＜320kg，直径不小于6mm； 载重≥320kg，直径不小于8mm。 (4) 吊笼门悬挂绳安全系数不小于6。 (5) 吊笼顶部吊杆绳安全系数不小于8，直径不小于6mm。 (6) 防坠安全器钢丝绳安全系数不小于5，直径不小于8mm			
	27	当吊笼或对重使用两根相互独立的钢丝绳时，应设置平衡钢丝绳张力装置，当单根绳拉长或破坏时，电气安全装置应停止吊笼运行			
	28	使用中的钢丝绳应润滑良好，无变形、损伤、断丝、锈蚀，连接固定应规范可靠，按照GB/T5972—2006规定执行			
	29	(1) 在卷筒上的钢丝绳最少预留3圈。 (2) 卷筒凸缘应高出最外层钢丝绳直径的2倍以上。 (3) 人货两用采用卷筒驱动的钢丝绳在卷筒上只允许绕一层，采用自动绕绳的，允许绕两层。 (4) 货用采用卷筒驱动的允许绕多层。 (5) 钢丝绳在卷筒上应用不小于3块压板可靠固定。 (6) 卷筒有排绳器出绳角不大于4°，自然排绳出绳角不大于2°			
滑轮	30	滑轮不均匀磨损小于3mm，轮槽壁厚度磨损小于原厚度的20%，轮槽底部减少量小于钢丝绳直径的50%，不得有裂纹等其他损伤			
	31	(1) SS型（人货两用）提升滑轮直径与钢丝绳直径之比不应小于30；货用不小于20。 (2) SC型货对重滑轮直径与钢丝绳直径之比不应小于20。 (3) 安全器、吊笼门专用滑轮直径与钢丝绳直径之比不应小于15。 (4) 平衡滑轮直径不得小于0.6倍提升滑轮直径			
	32	所有滑轮都应设防绳跳槽装置，该装置与滑轮外缘间隙不应大于钢丝绳直径的0.5倍，且不大于3mm			
	33	钢丝绳进出滑轮偏角不得大于2.5°			

续表

<table>
<tr><th rowspan="2">检验项目</th><th rowspan="2">序号</th><th rowspan="2">检验内容与要求</th><th colspan="2">检验结果</th><th rowspan="2">备注</th></tr>
<tr><th>合格</th><th>不合格</th></tr>
<tr><td>卷筒</td><td>34</td><td>卷筒无裂纹和其他损伤；使用卷扬机提升应无对重</td><td></td><td></td><td></td></tr>
<tr><td rowspan="7">安全装置</td><td>35</td><td>各种防护盖罩齐全、固定牢靠有效</td><td></td><td></td><td></td></tr>
<tr><td>36</td><td>限速器不得有异响、内部零件松动</td><td></td><td></td><td></td></tr>
<tr><td>37</td><td>(1) 每个吊笼都应设上、下行程自动复位的限位开关，人货两用的，还应设上、下行程非自动复位的极限开关。
(2) SC型：当吊笼提升速度小于0.8m/s时，上部安全距离不小于1.8m；当大于0.8m/s时，上部安全距离应满足$1.8+0.1v^2$的要求；上极限开关与上限位开关的越程距离为0.15m；下极限开关安装位置应在吊笼碰到缓冲器前，先动作；不应触发上、下限位开关作为最高层站和地面层站的停机操作。
(3) SS型：上极限开关与上限位开关的越程距离不小于0.5m；其他要求同SC型</td><td></td><td></td><td></td></tr>
<tr><td>38</td><td>(1) SC型每个吊笼应装渐进式防坠安全器，只有SS型吊笼提升速度小于0.63m/s时才允许采用瞬时式防坠安全器。
(2) 货用SS型每个吊笼至少应装断绳保护装置；应设停层防坠安全装置，防止人货停层下落。
(3) 防坠安全器和断绳保护装置应完好有效、制停距离符合要求，一般在0.25～1.2m之间。
(4) 要求防坠安全器标定有效期在一年以内</td><td></td><td></td><td></td></tr>
<tr><td>39</td><td>(1) 对重应装防松绳装置，如非自动复位防松开关，开关灵敏可靠。
(2) SS型应设防松绳装置</td><td></td><td></td><td></td></tr>
<tr><td>40</td><td>(1) 应装重量限制器，当载荷达到90%时应有明显警示，载荷达到105%前应停止吊笼提升。
(2) 其试验误差不低于±5%</td><td></td><td></td><td></td></tr>
<tr><td>41</td><td>SC型应装紧急停机开关，非自动复位，应能停止吊笼提升</td><td></td><td></td><td></td></tr>
<tr><td rowspan="5">电气</td><td>42</td><td>电气设备和电气元件齐全、完整、性能参数符合要求，固定牢靠、有效</td><td></td><td></td><td></td></tr>
<tr><td>43</td><td>电气元件（电子元件除外）对地绝缘电阻不应低于0.5MΩ，电气线路对地绝缘电阻不低于1MΩ</td><td></td><td></td><td></td></tr>
<tr><td>44</td><td>供电电源中性点不接地时，接地电阻不大于4Ω，供电电源中性点直接接地时，重复接地电阻不大于10Ω</td><td></td><td></td><td></td></tr>
<tr><td>45</td><td>电缆和滑触架在吊笼运行中应自由拖行，不受阻碍</td><td></td><td></td><td></td></tr>
<tr><td>46</td><td>应设置总电源开关（除照明外），零位（断开能锁住）、过载、短路、相序等保护</td><td></td><td></td><td></td></tr>
</table>

续表

检验项目	序号	检验内容与要求	检验结果		备注
			合格	不合格	
附着	47	(1) 附墙架各杆件不得损伤、变形，与建筑物连接牢固可靠。 (2) 附着杆角度应符合说明书要求。 (3) 连接螺栓强度不低于8.8级。 (4) 运动部件与建筑物之间距离不小于0.2m			
空载试验	48	(1) 每个吊笼全行程不少于3个工作循环（升和降），每个工作循环不少于2次制动，观察有无制动瞬时滑移现象。 (2) 检查电气系统、连锁装置、操作功能及动作准确性。 (3) 试验安全保护装置动作应准确可靠。 (4) 传动机构应平稳，无异响、冲击、振动、发热及漏油等现象			
额定载荷试验	49	(1) 每个吊笼装在额定载荷（内偏和外偏1/6位置）全程升降30min，每个工作循环至少制动1次，观察有无制动瞬时滑移，并测量电动机、减速器等温升。 (2) 检查项目同空载试验			
超载试验	50	(1) 每个吊笼均匀装额定载荷的125%，全行程不少于3个工作循环，每个工作循环至少制动1次，观察有无制动瞬时滑移现象。 (2) 除按上述试验检查项目外，还应检查金属结构，不得出现裂纹、损伤和变形；各部连接不得松动			
吊笼坠落试验	51	(1) SC型吊笼装置额定载荷（不得乘人），通过操纵按钮盒，上升3～10m，然后按坠落试验按钮，电磁制动器松闸，吊笼呈自由落体下降，观察和测量其制停距离是否符合标准要求。 (2) SS型吊笼装置额定载荷，上升3m以上停住，下降到3m时，模拟断绳，观察断绳保护装置是否有效、可靠，测量制停距离。 (3) 检查各机构有无损坏。 (4) 检查结构及其连接有无损坏和永久变形。 (5) 测量吊笼底板各方向水平度偏差改变值			

表 2　　整改意见表

<table>
<tr><td colspan="4">整改意见</td></tr>
<tr><td>序号</td><td>自检报告书中的序号</td><td>整改内容</td><td>整改限期</td></tr>
<tr><td></td><td></td><td></td><td></td></tr>
<tr><td></td><td></td><td></td><td></td></tr>
<tr><td>…</td><td></td><td></td><td></td></tr>
<tr><td colspan="4">检验结论：

检验员（签字）：

年　月　日</td></tr>
<tr><td colspan="4">复检结论：

检验员（签字）：

年　月　日</td></tr>
<tr><td colspan="2">审核意见：

审核者（签字）：

机械管理部门负责人（签字）：

年　月　日</td><td colspan="2">复审意见：

审核者（签字）：

机械管理部门负责人（签字）：

年　月　日</td></tr>
</table>

（二）附件（2）：简易升降机自检报告书

简易升降机自检报告书

（安装后自检用）

登记编号____________________

安装单位____________________

使用单位____________________

自检日期____________________

说明：

1. 本报告书适用于简易升降机、物料提升机在施工现场安装完成后的企业自检用。

2. 编制依据：JGJ 88—2010《龙门架机井架物料提升机安全技术规范》、《起重机械技术检验》（2000.12，学苑出版社）、GB/T 10054—2005《施工升降机》、GB 10055—2007《施工升降机安全规则》、TSG Q7016—2008《起重机械安装改造重大维修监督检验规则》。

3. 检验时环境温度在－15～＋35℃之间，风速不大于13m/s，电源电压偏差为±5％。

4. 检验使用的仪器、量具性能精度符合有关标准规定，应经国家计量部门校验并在有效期内。

5. 企业的检验人员应经企业正式任命或具有质检部门颁发的检验员证。

6. 检验人员应根据作业要求配备自身安全防护用品，确保检验安全。

7. 填写报告字迹工整、数据真实。

8. 本报告书无检验人员和审核负责人签字无效。

9. 有需特殊说明的情况，可附页说明。

10. 本报告书安装单位和机械管理部门应留存备查。

表1　　　　　　　　　　　　**检验项目与要求表**

机械名称		型号规格	
制造单位		制造日期	
产品编号		制造许可证编号	
安装单位		安装许可证编号	
安装单位负责人		安装联系人	
安装级别		安装单位联系电话	
安装位置（地点）		安装告知日期	
安装类别（首、移）		安装完成日期	
使用单位		使用单位联系电话	
使用单位负责人		使用机械管理员	
额定载荷（t）		工作级别	
安装高度（m）		顶端自由高度（m）	
附着层数（层）		提升额定速度（m/min）	
缆风绳（组）			

检验项目	序号	检验内容与要求	检验结果		备注
			合格	不合格	
产品技术文件审查	1	设计文件包括总图、主要受力部件图、电气液压原理图等			
	2	制造许可证、产品质量合格证、安装维修使用说明书			
	3	整机型式试验合格证书（按覆盖要求）、制动器和限位器、重量限制器型式试验合格证书			
	4	制造监督检验合格证书			
安装资质审查	5	安装改造重大维修许可证书			
	6	安装作业人员和检验、管理人员的资格证件			
安装文件审查	7	安装作业指导书、基础施工质量验收资料			
	8	安装前零部件检查、维修及更换记录			
基础	9	基础能承受起升和自重载荷2倍的安全系数，夯实平整，符合说明书或设计要求			
	10	采用简易混凝土基础，土层夯实后的承载力应不小于80kPa；浇注混凝土C20厚度不小于300mm；其面积比导轨架底座四周宽500mm，高出地面200～300mm，基础表面平整，水平度偏差不大于10mm			
	11	基础附近应设置排水沟			
导轨架	12	导轨架主弦杆和腹杆不得有变形、损伤及严重锈蚀；焊缝饱满，不得有裂纹、缺陷及缺焊，连接不得松动			
	13	（1）导轨架截面两对角线偏差不得超过最大边长的3‰。 （2）导轨架节间连接面错位不大于1.5mm。 （3）要求轨道垂直度偏差（吊盘在底部、无附着时）不得超过架体高度的1.5‰～3‰。 （4）两轨道间距偏差不得大于10mm			

续表

检验项目	序号	检验内容与要求	检验结果		备注
			合格	不合格	
吊盘	14	吊盘各杆件应采用型钢，连接板厚度不小于 8mm，各构件不得变形，各节点焊接牢固，地板铺设坚固平整（如 50mm 厚的木板）			
	15	（1）吊盘应设有高度不低于 1m 的安全挡板或护网。 （2）吊盘应设安全门，宜采用连锁开关			
	16	滚轮完好、滚动自如，滚轮与轨道间隙不大于 5mm			
滑轮	17	（1）滑轮应选用滚动轴承，各滑轮应刚性连接并所有滑轮都应设防绳跳槽装置，该装置与滑轮外缘间隙不应大于钢丝绳直径的 20%，且不大于 3mm。 （2）底架导向滑轮固定螺栓直径不小于 20mm			
	18	滑轮与钢丝绳直径比值：低架（30m 及以下）为不小于 25，高架（30m 以上）为不小于 30			
	19	滑轮不均匀磨损小于 3mm，轮槽壁厚度磨损小于原厚度的 20%，轮槽底部减少量小于钢丝绳直径的 50%，不得有裂纹等其他损伤			
	20	钢丝绳进出滑轮偏角不得大于 2.5°			
钢丝绳	21	（1）吊笼用 1 根钢丝绳的安全系数不小于 8。 （2）载重小于 320kg，直径不小于 6mm。 （3）载重不小于 320kg，直径不小于 8mm			
	22	钢丝绳连接可靠，绳卡与绳径匹配，绳卡数量和间距符合标准要求，且不得少于 3 个，不得正反交错使用			
	23	使用中的钢丝绳应润滑良好，无变形、损伤、断丝、锈蚀，连接固定应规范可靠，应按照 GB/T 5972—2009 检验和报废的规定执行			
卷扬机	24	卷扬机符合 GB/T 1955—2008《建筑卷扬机》的规定：应安装在视野宽阔、场地平整并用地锚固定牢靠；离架体距离不小于卷筒长度的 20 倍			
	25	卷扬机卷筒出绳偏角要求：槽筒不大于 4°，光筒自然排绳不大于 2°，光筒排绳器不大于 4°			
	26	钢丝绳牵引方向应与卷筒轴线垂直，从卷筒下方绕入，并略高于地面，钢丝绳不得与地面或其他障碍物摩擦			
	27	（1）卷筒凸缘高出最外层钢丝绳直径 2 倍以上。 （2）卷筒最少保留钢丝绳为 3 圈			

续表

检验项目	序号	检验内容与要求	检验结果		备注
			合格	不合格	
卷扬机	28	（1）卷扬机制动器、联轴器、减速器状态良好，符合安全规范要求。 （2）摩擦片磨损厚度不得超过50%，制动摩擦面达70%以上无损伤，制动间隙不超过1mm，各杆件动作灵活，无变形、裂纹和损伤。 （3）联轴器无松动。 （4）减速器无异响，齿轮啮合正常。 （5）各销轴和孔磨损不超过原尺寸的5%。 （6）防护罩齐全完好			
	29	（1）卷扬机接地电阻不大于4Ω。 （2）如电动机接零，并重复接地，接地电阻不大于10Ω			
	30	应设立防护棚，在棚内张贴安全操作规程、责任人、操作者名单，棚内放置灭火器，设置足够的照明			
地锚	31	（1）地锚设置点周围2m范围内地下应无沟洞、管道、电缆等。 （2）地锚埋置处应平整、夯实，无积水			
	32	地锚和引出线应做防腐处理			
	33	固定缆风绳方向应和地锚受力方向相一致			
	34	地锚设置应经设计计算或者按JGJ 88—2010第四节规定			
缆风绳	35	（1）高架体（高度大于30m）不允许使用缆风绳。 （2）缆风绳安全系数为3.5的圆股钢丝绳，直径不得小于9.3mm。 （3）缆风绳直径选取应经计算。 （4）提升高度在20m及以下时，架体缆风绳不少于1组（4～8根）。 （5）提升高度在21～30m时，缆风绳不少于2组			
	36	缆风绳应在架体顶部四角有横向连接梁的同一水平面上对称设置，使结构水平分力平衡			
	37	缆风绳与地面夹角应小于60°，缆风绳与地锚连接牢固可靠			
	38	（1）缆风绳与地锚之间可采用与钢丝绳拉力相适应的花篮螺栓拉紧。 （2）缆风绳垂度不大于缆风绳长度的1%			
停层	39	地面应设进料防护棚，宽度大于升降机，长度低架大于3m，高架大于5m，架设材料强度应承受不少于10kPa均布静载荷			
	40	上部各停层应设走道、平台和不低于1.1m的防护栏杆和层门，层门宜采用连锁开关			
安全装置	41	应设吊盘停层装置（防坠落），手动或自动应灵敏可靠，不影响吊盘运行			
	42	应设吊盘断绳保护装置，动作灵敏可靠			
	43	地面或基坑应设缓冲器			

续表

检验项目	序号	检验内容与要求	检验结果		备注
			合格	不合格	
安全装置	44	(1) 应设上限位开关，上限位开关动作停机时，吊盘最高位置离天轮最低处应不小于3m。 (2) 应设下限位开关，下限位开关应在吊盘碰到缓冲器前动作停机。 (3) 上、下限位开关应灵敏可靠			
	45	应设重量限制器，当达到额定载荷90%时，应发出警示信号，当超过额定载荷105%前切断提升电源；应作试验，误差不大于±5%			
	46	应在便于操作者操作的位置设置紧急停机开关			
电气	47	电源箱柜符合要求，电气元件匹配、性能良好、线路布置规范			
	48	(1) 应设总电源开关及总电源短路保护、漏电保护、失压保护。 (2) 电动机的主回路上应设短路、失压、过流保护			
	49	(1) 电气设备的绝缘电阻大于0.5MΩ。 (2) 升降机高于建筑物应设避雷装置			
附着	50	(1) 附墙架设置每层间隔不宜大于9m，最顶层必须设置1组。 (2) 附墙架必须刚性连接，坚固牢靠，不得连接在脚手架上或铅丝绑扎			
	51	(1) 附墙架应采用原厂家产品。 (2) 自行设计计算应采用和架体相同材料；也可选用JGJ88附录三的方法			
	52	附墙架各杆件应无变形、裂纹和损伤			
空载试验	53	(1) 试验前对卷扬机、钢丝绳、滑轮、架体、吊盘、缆风绳、地锚或附墙架、电气系统、安全装置等进行全面检查，确认无误。 (2) 全行程升降工作循环不少于3次，并中途制动和变速，观察和检查传动部分、电气、安全装置性能是否可靠，运行是否平稳。 (3) 不得出现震颤和冲击			
额度载荷试验	54	吊盘装额度载荷，可内偏和外偏1/6装载，全程升降不少于3个工作循环，每个工作循环中间至少制动1次，检查同序号55			
超载试验	55	在额定载荷的基础上每次加载5%，直到加载为额定负荷的125%，全程升降工作循环，起升制动3次，下降制动3次，观察吊盘、架体等结构有无变形、焊缝开裂，卷扬机及机架有无松动，制动有无滑移，缆风绳和地锚有无松动和受力不均，地基有无沉降等			
断绳试验	56	吊盘均匀装载额定载荷，上升3～4m，做模拟断绳试验，测量断绳保护制停距离应不超过1m			

表 2　　　　整改意见表

<table>
<tr><td colspan="4">整 改 意 见</td></tr>
<tr><td>序号</td><td>自检报告书中的序号</td><td>整 改 内 容</td><td>整改限期</td></tr>
<tr><td></td><td></td><td></td><td></td></tr>
<tr><td></td><td></td><td></td><td></td></tr>
<tr><td>…</td><td></td><td></td><td></td></tr>
<tr><td colspan="4">检验结论：

检验员（签字）：

年　月　日</td></tr>
<tr><td colspan="4">复检结论：

检验员（签字）：

年　月　日</td></tr>
<tr><td colspan="2">审核意见：

审核者（签字）：

机械管理部门负责人（签字）：

年　月　日</td><td colspan="2">复审意见：

审核者（签字）：

机械管理部门负责人（签字）：

年　月　日</td></tr>
</table>

（三）附件（3）：塔式起重机自检报告书

塔式起重机自检报告书

（安装后自检用）

登记编号＿＿＿＿＿＿＿＿＿＿＿＿

安装单位＿＿＿＿＿＿＿＿＿＿＿＿

使用单位＿＿＿＿＿＿＿＿＿＿＿＿

自检日期＿＿＿＿＿＿＿＿＿＿＿＿

说明：

1. 本报告书适用于塔式起重机在施工现场安装完成后的企业自检用。

2. 编制依据：GB/T 5031—2008《塔式起重机》、GB 5144—2006《塔式起重机安全规程》、JGJ 33—2001《建筑机械使用安全规程》、TSG Q7016—2008《起重机械安装改造重大维修监督检验规则》。

3. 检验时环境温度在－15～＋35℃之间，风速不大于 8.3m/s，对速度及塔身垂直度测量时风速应不超过 3m/s，电源电压偏差为±5%。

4. 检验使用的仪器、量具性能精度符合有关标准规定，应经国家计量部门校验并在有效期内。

5. 企业的检验人员应经企业正式任命或具有质检部门颁发的检验员证。

6. 检验人员应根据作业要求配备自身安全防护用品，确保检验安全。

7. 填写报告字迹工整、数据真实。

8. 本报告书无检验人员和审核负责人签字无效。

9. 有需特殊说明的情况，可附页说明。

10. 本报告书安装单位和机械管理部门应留存备查。

表1　　　　检验项目与要求表

机械名称		型号规格	
制造单位		制造日期	
产品编号		制造许可证编号	
安装单位		安装许可证编号	
安装单位负责人		安装联系人	
安装级别		安装单位联系电话	
安装位置（地点）		安装告知日期	
安装类别（首、移）		安装完成日期	
使用单位		使用单位联系电话	
使用单位负责人		使用机械管理员	
额定载荷（t）		工作级别	
安装高度（m）		起重臂长（m）	
附着层数（层）		起升额定速度（m/min）	

检验项目	序号	检验内容与要求	检验结果		备注
			合格	不合格	
产品技术文件审查	1	设计文件包括总图、主要受力部件图、电气液压原理图等			
	2	制造许可证、产品质量合格证、安装维修使用说明书			
	3	整机型式试验合格证书（按覆盖要求）、制动器和限位器、重量限制器、力矩限制器型式试验合格证书			
	4	制造监督检验合格证书			
安装资质审查	5	安装改造重大维修许可证书			
	6	安装作业人员和检验、管理人员的资格证件			
安装文件审查	7	安装作业指导书、基础施工质量验收资料			
	8	安装前零部件检查、维修及更换记录			
基础	9	（1）混凝土基础应根据使用说明书的规定制作或根据原厂家提供的载荷参数设计制造。 （2）混凝土等级不低于C35，表面平整度偏差不大于1‰，混凝土基础不得有孔洞、漏浆、蜂窝、麻面。 （3）周围有排水设置、不得积水。 （4）基础周围宜设围栏			
轨道	10	（1）路基承载力：轻型（起重量30kN以下）应为60～100kPa；中型（起重量31～150kN）应为101～200kPa；重型（起重量150kN以上）应为200kPa以上；但主要应遵照厂家说明书要求。 （2）路基敷设碎石粒径为20～40mm，含土率不超过20%，应捣实，轨枕之间填满，应有边坡和排水沟			

续表

检验项目	序号	检验内容与要求	检验结果		备注
			合格	不合格	
轨道	11	轨道敷设在地下建筑物（暗沟、防空洞等）上面时应采取加固措施			
	12	每6m轨长应设置1根轨距拉杆，垫块与轨枕以及轨道连接板应可靠连接，轨道接缝不大于4mm，并不得悬空，与另一侧钢轨接缝错开不小于1.5m，使用中轨道不应移动			
	13	（1）轨距误差不大于1‰，其绝对值不大于6mm。 （2）钢轨接头两轨顶高度差不大于2mm。 （3）轨道顶面纵、横方向上的倾斜度，对于上回转的塔式起重机不大于3‰，对于下回转的塔式起重机不大于5‰			
	14	（1）轨道应平直无弯曲、裂纹、缺损、麻点、压痕，磨损量不大于1mm。 （2）距轨道端部不小于1m应设坚实牢固、高度合适的止挡。 （3）钢轨连接处应设置跨接线，跨接线不应连接在轨道连接板螺栓上			
金属结构	15	主要受力金属结构件，如底架、台车梁、门架、基础节、塔身节、起重臂节、平衡臂节、机台、人字架、扳起架、配重支撑或悬挂架、塔帽、拉杆、回转支撑上下座、顶升套架、顶升梁等无变形和损伤，无严重腐蚀（腐蚀厚度达原厚度的10%应予以报废）			
连接	16	金属结构件的焊缝饱满，无夹杂、气孔、咬边、焊瘤、缺焊、裂纹等缺陷			
	17	（1）结构件、机构、零部件的销轴连接可靠，销轴及孔磨损量不得超过原尺寸的3%～5%。 （2）锁止挡板和锁止销应齐全、安装位置正确、紧固牢靠。 （3）锁止开口销必须打开。 （4）锁止销不得用铁丝、铅丝、钢筋棍、电焊条、铁钉等代替			
	18	（1）结构件、机构、零部件的螺栓连接可靠，同一部位螺栓规格统一，紧固牢固，不得松动，不得大小不等，长短不一，垫片缺失或多垫。 （2）高强度螺栓使用力矩扳手按规定扭矩拧紧，不得使用弹簧垫，型钢连接应使用角度合适的斜垫，斜垫位置正确			
吊钩	19	（1）吊钩无缺口、毛刺、裂纹等缺陷。 （2）钩身扭转变形超过10°应报废。 （3）吊钩磨损、腐蚀超过原尺寸10%应报废。 （4）吊钩开口度达原尺寸的15%应报废			
	20	（1）吊钩心轴磨损达原尺寸5%，应更换新轴。 （2）衬套磨损50%，应更换衬套。 （3）吊钩螺纹或保险件不得腐蚀和磨损。 （4）吊钩不得补焊			

续表

检验项目	序号	检验内容与要求	检验结果		备注
			合格	不合格	
吊钩	21	吊钩应设置防脱绳装置并完好有效			
滑轮	22	滑轮应转动灵活、润滑良好，轮槽光滑整洁，滑轮无损伤，轴孔均匀磨损不超标，固定连接可靠			
	23	（1）轮槽不均匀磨损达 3mm，轮槽底部直径磨损量达钢丝绳直径的 25%，轮槽壁厚磨损达原壁厚的 20%，轮缘有缺口，滑轮有裂纹及其他损伤钢丝绳缺陷应报废。 （2）钢丝绳绕进绕出最大偏斜角小于 4°			
	24	滑轮应设防绳跳槽装置，该装置与滑轮外缘间隙不应大于钢丝绳直径的 0.5 倍			
卷筒	25	卷筒应无损伤，状态完好			
	26	（1）卷筒凸缘高度不应低于最外层钢丝绳直径的 2 倍。 （2）卷筒最少保留钢丝绳圈数不少于 3 圈。 （3）钢丝绳在卷筒上排列紧密整齐，不得相互绞压和乱绕。 （4）钢丝绳偏离卷筒轴垂直平面角度不大于 1.5°。 （5）绳端固定牢靠，固定压板不少于 2 块，每块不得只压 1 根绳，应压 2 根绳			
	27	绳槽磨损深度超过 2mm，筒壁磨损达原厚度的 10%，卷筒及凸缘有裂纹、变形等损伤应报废			
钢丝绳（包括拉索）	28	（1）钢丝绳润滑良好、无锈蚀、变形和其他损伤。 （2）应按照 GB/T 5972—2009 检验和报废的规定执行			
	29	（1）钢丝绳连接可靠，楔形块固定穿绳不得穿反。 （2）绳卡使用数量、间距符合要求，不得正反安装（连接绳卡不少于 3 个，间距为绳径 6 倍）。 （3）压套连接时，压套不得有裂纹和损伤，套端不得有断丝；拉索连接件完好。 （4）起重机上起升、变幅和承载的钢丝绳不得编结使用			
传动齿轮	30	齿轮状态完好，润滑啮合良好，运转正常，没有异响			
	31	齿轮有裂纹、变形、断齿，齿面点蚀损坏量达啮合面的 30%，且深度达原齿厚的 10% 及齿厚磨损量达到下列数值应报废： 　　　　　　　　　第一级　第二级 闭式　起升机构和　　10%　　20% 　　　非平衡变幅机构 　　　其他机构　　　15%　　25% 开式　　　　　　　　30%　　30%			

续表

检验项目	序号	检验内容与要求	检验结果		备注
			合格	不合格	
减速器	32	（1）减速器地脚螺栓和壳体连接螺栓符合规范要求，不得松动。 （2）减速器箱体无变形和裂纹			
	33	（1）减速器不应漏油。 （2）油尺或油窗规范。 （3）加油适合，不应太多或太少，不得变质乳化。 （4）减速器箱体温度不得超过80℃			
联轴器	34	（1）运转无冲击、振动，连接螺栓无松动。 （2）联轴器零部件不得变形、裂纹、损伤			
车轮	35	（1）轮缘、轮辐及轮体不得出现裂纹、变形。 （2）轮缘厚度磨损量达原厚度的50%应报废。 （3）车轮踏面磨损均匀，踏面磨损量达原厚度15%、龟裂、起皮、失圆应报废。 （4）车轮轴承不得松旷。 （5）油嘴或油杯齐全完好，润滑良好。 （6）车轮转动灵活，不应有啃轨偏磨现象			
配重（包括压重）	36	（1）配重和压重的数量、重量、形状、尺寸、安装位置符合说明书要求。 （2）固定或悬挂的支架、托梁、螺杆、拉杆、销轴等应无变形、开裂，强度、刚度符合要求，安装正确、牢固，保证配重和压重在塔式起重机工作和运行中无摆动、摇晃、滑移、倾斜、跌落			
司机室	37	（1）司机室符合JG/T 54—1999《塔式起重机司机室技术条件》的规定，固定连接、封闭、无明显缺陷。 （2）司机室应具有防风、防雨、防晒、降温（如设有降温、御寒设施）功能，照明完好，照度不低于30lx。 （3）司机室门窗应为钢化玻璃或夹层玻璃，视野良好，前窗应设雨刮器，落地前窗应设防护栏杆。 （4）应设绝缘地板，放置灭火器，操作标志完好醒目。 （5）应设门锁。 （6）司机室较大的墙上应张贴性能表、润滑图表、安全操作规程、机组人员名单和检验合格证等			
梯子、栏杆、走道、平台	38	（1）梯子、栏杆、护圈、平台、走道应符合GB 5144—2006的规定，规范、牢固、可靠。 （2）塔身侧面结构能通过600mm直径球体的塔式起重机直梯（高于2m）应设护圈，直梯踏杆直径不小于16mm。 （3）斜梯、平台、走道应设不低于1m的扶手栏杆（有腰杆）。 （4）梯子第一休息平台不应高于12.5m，以后每10m应设置一个休息平台。 （5）平台、走道一般应设置不低于100mm高的踢脚板（妨碍检修处可适当降低）。 （6）走道一般宽度不应小于500mm（特殊处局部可降到400mm）			

续表

检验项目	序号	检验内容与要求	检验结果		备注
			合格	不合格	
安全装置	39	各种防护罩、盖、网、隔板、孔洞盖板符合安全规范要求，齐全、有效			
	40	（1）制动器的制动力矩符合性能要求，状况良好。 （2）摩擦片磨损量超过原厚度的50%应更换。 （3）制动轮表面磨损达1.5～2mm或有划伤相应深度的沟槽，应报废。 （4）弹簧不得有塑性变形。 （5）各零部件不得有可见裂纹。 （6）电磁铁杠杆系统不漏油其空行程超过额定行程的10%应报废。 （7）摩擦接触面不得小于70%，不得有油污、水分和烧蚀，以及摩擦铆钉			
	41	（1）力矩限制器显示屏应显示图样、数据清晰（指设置显示屏的），并功能有效，其误差应不大于±5%。 （2）当小于额定力矩110%（一般设定为105%）时，应切断上升和增大幅度方向运动电源，但能下降和减小幅度方向运动（电子式、有显示屏的，90%时显示黄色指示，100%时显示红色指示和鸣警）。 （3）小车变幅的塔式起重机，在小车向外最大变幅速度超过40m/min，当达到额定力矩80%时，应能自动减速			
	42	（1）小车变幅的塔式起重机应设起重量限制器，（动臂变幅塔式起重机基本上使用的是电子式力矩限制器，其中包括起重量限制保护）当小于额定起重量110%（一般设定为105%）时，应切断上升方向运动电源，但能下降方向运动（电子式、有显示屏的，90%时显示黄色指示，100%时显示红色指示和鸣警）。 （2）起重量限制器应功能有效，其误差应不大于±5%			
	43	吊钩起升高度限位器应灵敏可靠，当吊钩上升至距离起重臂下端最小800mm时，应能切断上升电源，但能下降，动臂式塔式起重机还应同时切断增大变幅电源，但能减小幅度			
	44	（1）幅度限制装置应灵敏可靠，动臂变幅塔式起重机，应设变幅限位开关，应能停止动臂再往极限方向运动（包括可变幅的塔身）。 （2）小车变幅的塔式起重机应设小车行程限位开关，应能停止小车再往极限方向运动			
	45	防后倾装置应坚固、可靠，动臂塔式起重机应设动臂防后倾撑杆（包括可变幅的塔身），有的还另设防后倾翻拉索			

续表

检验项目	序号	检验内容与要求	检验结果		备注
			合格	不合格	
安全装置	46	吊钩下降深度限位器灵敏可靠，吊钩可能低于下降极限位置时能切断下降电源，并保证卷筒缠绕的钢丝绳不少于3圈			
	47	小车防断绳保护装置灵敏可靠，小车变幅的塔式起重机应设双向防断绳保护装置，保证变幅绳断开时，小车能停止变幅运动			
	48	小车防坠落装置有效可靠，小车变幅的塔式起重机应设小车防坠落装置，即使小车轮失效，小车也不得脱离臂架而坠落			
	49	运行限位、碰尺、止挡、缓冲器应规范、有效、可靠，大车和小车运行方向极限位置应设限位开关；大车轨道运行应设碰尺与止挡、缓冲器，能保证大车距轨道端部止挡或同一轨道上其他塔式起重机相距1 m能完全停止			
	50	夹轨器应牢靠有效，大车轨道运行的塔式起重机应设夹轨器和铁鞋，以便停机时能牢固停在轨道上，抗风防滑移			
	51	大车轨道运行应设扫轨板，与轨道间隙应不大于5mm，扫轨板不得变形、破损			
	52	风速仪应灵敏可靠，起重臂铰点高度或起升高度大于50m的塔式起重机应设置风速仪并安装在塔式起重机最高位置不挡风处，当风速大于工作极限风速时应发出警报			
	53	紧急断电开关应灵敏可靠，安装在司机易于操作处，在紧急情况下该开关被按下，能保证断掉控制电源，停止塔式起重机的一切运动，但不影响照明，紧急断电开关应设置为红色非自动复位开关			
	54	当塔顶高度大于30m且高于周围建筑物时，在塔顶和臂架端部设置红色障碍灯，供电电源不受停机影响			
	55	不设中心集电器的塔式起重机，应设回转限位器，在非工作状态不能自由回转；对有自锁作用的回转机构，应设安全极限力矩联轴器，上述装置功能应良好			
	56	(1) 塔式起重机主体、电动机底座和所有电气设备、导线的金属管、安全照明变压器低压侧等均应可靠接地。 (2) 运行轨道应接地，轨道两端各设一组接地，两条轨道端部做环形电气连接；轨道每隔30m长应设一组接地，轨道连接之间电气连接（见14）。 (3) 供电电源中性点不接地时，接地电阻不大于4Ω，供电电源中性点直接接地时，重复接地电阻不大于10Ω			

续表

检验项目	序号	检验内容与要求	检验结果		备注
			合格	不合格	
电气保护	57	总电源宜设主隔离开关，应设有短路保护，自动断路器或者熔断器完好			
	58	总电源应设失压（失电）保护			
	59	供电电源应设断相和错相保护			
	60	每个机构应设过流（过载）保护			
	61	操纵系统应设零位保护（按钮控制除外）			
	62	照明电压不应超过220V，宜使用安全电压（不大于50V），严禁用金属结构作照明回路			
	63	便携式按钮控制盒电压应不大于50V，电缆和支撑绳牢固可靠			
	64	电气线路对地绝缘电阻：一般环境不低于0.8MΩ，潮湿环境不低于0.4MΩ			
电气设备	65	电气设备应固定牢靠，电气连接应接触良好，防止松脱；电线、线束应用卡子、穿线管、托线架、布线盒等固定并排列整齐			
	66	（1）电气柜（配电箱）和电气室防风沙、防雨雪，规范坚固，应有门锁，门内贴有原理图或接线图、操作指示等，门外应有警示标志。 （2）电气室应设照明，照度不低于5lx			
	67	（1）塔身垂直悬挂电缆、电线应使用套、卡等固定。 （2）拖式电缆不应拖地行走，应设电缆托架。 （3）所有电线、电缆不应有破损、老化等现象			
	68	（1）电缆卷筒的直径应是电缆外径的：电缆外径≤21.5mm不小于10倍；电缆外径＞21.5mm不小于12.5倍。 （2）电缆卷筒应有电缆张紧装置，收放电缆与塔式起重机行走同步。 （3）电缆卷筒转动灵活、外观完好，滑环、碳刷接触良好，电缆连接牢固			
	69	（1）集电器每个滑环至少有一对碳刷，滑环与碳刷接触面积不少于80%，运行平稳。 （2）滑环间绝缘电阻不小于1MΩ，最小电气间隙不小于8mm。 （3）无击穿、闪络现象			
登机电梯	70	（1）登机电梯符合GB/T 10054和GB 10055关于SC型施工升降机的规定。 （2）登机电梯应封闭良好，运行平稳，无振动和异响，明示一次登机人数，登机电梯内应设照明，照度不低于5lx			

续表

检验项目	序号	检验内容与要求	检验结果		备注
			合格	不合格	
液压顶升系统	71	(1) 液压泵站、电动机、液压阀、顶升油缸、管路、接头、滤清器、油箱等完好有效。 (2) 顶升油缸应具有可靠的平衡阀或液压锁，其与油缸应使用硬管连接。 (3) 安全溢流阀调定压力不应大于额定压力的 110%，系统工作压力不应大于泵的额定压力			
附着	72	(1) 塔身附着要使用原厂家的附着节（或附着框、附着环梁）和附着杆。 (2) 附着锚固或附着梁等应有设计计算书，每层附着高度及附着杆上部的自由高度应按使用说明书的要求执行。 (3) 附着杆的倾斜度一般要求不大于 10°，具体应按说明书要求			
塔身垂直度	73	(1) 空载时，风速不大于 3m/s，独立塔身或最高附着点以上的塔身轴心线侧面的垂直度偏差不大于 4‰。 (2) 最高附着点以下的塔身垂直度不大于 2‰。 (3) 各种塔式起重机垂直度具体根据说明书要求			
力矩限制器试验	74	(1) 定幅变码试验： 1) 在最大工作幅度 R_0 时起升正常额定起重量 Q_0，力矩限制器不动作；载荷落地，加载至 $1.1Q_0$，慢速起升，力矩限制器动作，切断所有挡位起升回路电源，载荷不能起升并发出报警信号（也可设定 $1.05Q_0$）。 2) 取 0.7 倍最大额定起重量 Q_m，在相应允许的最大工作幅度 $R_{0.7}$ 处重复试验。 (2) 定码变幅试验： 1) 空载测定对应最大额定起重量 Q_m 的最大工作幅度 R_m、$0.8R_m$ 及 $1.1R_m$ 的值，在地面标记（也可设定 $1.05R_m$）。 2) 在小幅度处起升额定最大起重量 Q_m，离地 1m 左右，慢速变幅到 $1\sim1.1R_m$ 时，力矩限制器动作，切断向外变幅和起升回路电源并发出警报信号；退回，重新从小幅度开式以正常速度向外变幅，在到 $0.8R_m$ 时，应能自动转为低速向外变幅，在到达 $1.1R_m$ 时，力矩限制器动作切断向外变幅和起升回路电源并发出报警信号。 3) 空载测定 0.5 倍最大额定起重量 $0.5Q_m$ 的最大工作幅度 $R_{0.5}$、$0.8R_{0.5}$ 及 $1.1R_{0.5}$ 的值，在地面标记。 4) 重复 2) 的试验。 (3) 定幅变码和定码变幅试验各做三次，每次均应符合要求。 关于力矩限制器精度误差的试验与计算按 GB/T 5031—2008《塔式起重机》规定			

续表

<table>
<tr><td rowspan="2">检验项目</td><td rowspan="2">序号</td><td rowspan="2">检验内容与要求</td><td colspan="2">检验结果</td><td rowspan="2">备注</td></tr>
<tr><td>合格</td><td>不合格</td></tr>
<tr><td>起重量限制器试验</td><td>75</td><td>（1）正常起升最大额定起重量 Q_m，起重量限制器不动作，允许起升。
（2）载荷落地加载至 $1.1Q_m$，以最慢速起升，起重量限制器动作，切断所有挡位起升回路电源，载荷不能起升并发出报警信号（也可设定 $1.05Q_m$）。
（3）试验重复三次，每次均应符合要求。
（4）关于起重量限制器的精度误差计算按 GB 5031—2008 规定</td><td></td><td></td><td></td></tr>
<tr><td>空载试验</td><td>76</td><td>（1）吊钩起升到最大高度位置，再降落至离地面 500～1500mm 处，上升、下降过程各制动一至两次。
（2）塔式起重机往返运行 20m。
（3）在全幅度内往返变幅各一次；左右回转 180°各一次。
（4）上述试验内容共做三个工作循环。
（5）试验中各机构动作平稳、无异常现象。
（6）检查各机构动作、操纵系统及安全装置是否正常和有无啃轨现象</td><td></td><td></td><td></td></tr>
<tr><td>额定载荷试验</td><td>77</td><td>试验工况一：最大额定起重量，相应的最大幅度和额定工作速度。
（1）起升和回转同时动作：
1）试验载荷由地面起升至最大高度，上升中进行 1～2 次正常制动，载荷下降至离地面合适高度，下降中进行 1～2 次正常制动；其中载荷起升离地面合适高度时开始向左右各转 180°，回转动作不受起升制动的影响；
2）在工作幅度内往返变幅各 1 次；
3）塔式起重机往返运行各 20m；
4）载荷下降，放到地面。
（2）起升和变幅同时动作：
1）试验载荷由地面起升至最大高度，上升中进行 1～2 次正常制动，载荷下降至离地面合适高度，下降中进行 1～2 次正常制动；其中载荷起升离地面合适高度时开始在工作幅度以内往返变幅各 1 次，变幅动作不受起升制动的影响；
2）向左右各转 180°；
3）塔式起重机往返运行各 20m；
4）载荷下降，放到地面。
试验工况二：最大幅度，相应的最大额定起重量和额定工作速度。
（1）起升和回转同时动作：
1）试验载荷由地面起升至最大高度，上升中进行 1～2 次正常制动，载荷下降至离地面合适高度，下降中进行 1～2 次正常制动；其中载荷起升离地面合适高度时开始向左右各转 180°，回转动作不受起升制动的影响；</td><td></td><td></td><td></td></tr>
</table>

续表

检验项目	序号	检验内容与要求	检验结果		备注
			合格	不合格	
额定载荷试验	77	2）在工作幅度内往返变幅各1次； 3）塔式起重机往返运行各20m； 4）载荷下降，放到地面。 （2）起升和变幅同时动作： 1）试验载荷由地面起升至最大高度，上升中进行1～2次正常制动，载荷下降至离地面合适高度，下降中进行1～2次正常制动；其中载荷起升离地面合适高度时开始在工作幅度以内往返变幅各1次，变幅动作不受起升制动的影响； 2）向左右各转180°； 3）塔式起重机往返运行各20m； 4）载荷下降，放到地面。 试验工况三：在上面两个幅度中间处，相应的额定起重量和额定工作速度。 （1）起升和回转同时动作： 1）试验载荷由地面起升至最大高度，上升中进行1～2次正常制动，载荷下降至离地面合适高度，下降中进行1～2次正常制动；其中载荷起升离地面合适高度时开始向左右各转180°，回转动作不受起升制动的影响； 2）在工作幅度内往返变幅各1次； 3）塔式起重机往返运行各20m； 4）载荷下降放到地面。 （2）起升和变幅同时动作： 1）试验载荷由地面起升至最大高度，上升中进行1～2次正常制动，载荷下降至离地面合适高度，下降中进行1～2次正常制动；其中载荷起升离地面合适高度时开始在工作幅度以内往返变幅各1次，变幅动作不受起升制动的影响； 2）向左右各转180°； 3）塔式起重机往返运行各20m； 4）载荷下降，放到地面。 （对于不能进行带载变幅的塔式起重机，可另外单独进行空载变幅试验，变幅从最大到最小，再从最小到最大为1个试验工作循环；试验中两个机构同时动作时，如果出现一个机构先完成规定动作，要等另一机构也完成规定动作后，再按顺序进行下一个动作） 额定载荷试验主要检查各机构运转是否正常，制动是否可靠，受力结构件有无损坏，连接有无松动，操纵性能是否灵活、平稳，电气系统是否良好等			

续表

<table>
<tr><th rowspan="2">检验项目</th><th rowspan="2">序号</th><th rowspan="2">检验内容与要求</th><th colspan="2">检验结果</th><th rowspan="2">备注</th></tr>
<tr><th>合格</th><th>不合格</th></tr>
<tr><td>超动载试验</td><td>78</td><td>试验工况一：最大幅度，相应的最大额定起重量的110%和额定工作速度。
(1) 起升和回转同时动作：
1) 试验载荷由地面起升至最大高度，然后下降至离地面500mm；其中载荷起升离地面合适高度时开始向左右各转180°；
2) 在工作幅度内往返变幅各1次；
3) 塔式起重机往返运行各20m（起重臂向前、向后、垂直轨道）；
4) 载荷下降，放到地面。
(2) 起升和变幅同时动作：
1) 试验载荷由地面起升至最大高度，然后下降至离地面500mm；其中载荷起升离地面合适高度时开始在工作幅度以内往返变幅各1次；
2) 向左右各转180°；
3) 塔式起重机往返运行各20m（起重臂向前、向后、垂直轨道）；
4) 载荷下降，放到地面。
试验工况二：最大额定起重量的110%，相应的最大幅度和额定工作速度。
(1) 起升和回转同时动作：
1) 试验载荷由地面起升至最大高度，然后下降至离地面500mm；其中载荷起升离地面合适高度时开始向左右各转180°；
2) 在工作幅度内往返变幅各1次；
3) 塔式起重机往返运行各20m（起重臂向前、向后、垂直轨道）；
4) 载荷下降，放到地面。
(2) 起升和变幅同时动作：
1) 试验载荷由地面起升至最大高度，然后下降至离地面500mm；其中载荷起升离地面合适高度时开始在工作幅度以内往返变幅各1次；
2) 向左右各转180°；
3) 塔式起重机往返运行各20m（起重臂向前、向后、垂直轨道）；
4) 载荷下降，放到地面。
试验工况三：在上面两个幅度中间处，相应的额定起重量110%和额定工作速度。
(1) 起升和回转同时动作：
1) 试验载荷由地面起升至最大高度，然后下降至离地面</td><td></td><td></td><td></td></tr>
</table>

续表

检验项目	序号	检验内容与要求	检验结果		备注
			合格	不合格	
超动载试验	78	500mm；其中载荷起升离地面合适高度时开始向左右各转180°； 2）在工作幅度内往返变幅各1次； 3）塔式起重机往返运行各20m（起重臂向前、向后、垂直轨道）； 4）载荷下降，放到地面。 （2）起升和变幅同时动作： 1）试验载荷由地面起升至最大高度，然后下降至离地面500mm；其中载荷起升离地面合适高度时开始在工作幅度以内往返变幅各1次； 2）向左右各转180°； 3）塔式起重机往返运行各20m（起重臂向前、向后、垂直轨道）； 4）载荷下降，放到地面。 （对于不能进行带载变幅的塔式起重机，可以不做带载变幅动作；试验中两个机构同时动作时，如果出现一个机构先完成规定动作，要等另一机构也完成规定动作后，再按顺序进行下一个动作） 超动载试验检查各机构动作是否灵活、平稳，制动性能是否可靠，机构和受力结构件有无损坏等； 超动载试验时力矩限制器和重量限制器需进行调整，试验后再进行恢复			
超静载试验	79	塔式起重机起重臂位于轨道45°和垂直于轨道两个方位按下列工况各做一次。 工况一：最大幅度，相应最大额定起重量的125%和额定工作速度； 工况二：最大额定起重量的125%，相应最大幅度和额定工作速度； 工况三：在上面两个幅度中间处，相应额定起重量的125%和额定工作速度； 在额定载荷基础上逐次加载（可每次增加5%载荷）至额定起重量的125%，载荷起升离地面100～200mm，停留10min。 超静载试验主要检查机构、结构有无永久变形和损坏，焊缝有无裂纹，螺栓有无松动和油漆有无剥落，制动有无滑移等现象； 超静载试验时力矩限制器和重量限制器需进行调整，试验后再进行恢复			

表 2

整改意见表

整改意见			
序号	自检报告书中的序号	整改内容	整改限期
…			

<table>
<tr><td colspan="2">检验结论：

检验员（签字）：

年　月　日</td></tr>
<tr><td colspan="2">复检结论：

检验员（签字）：

年　月　日</td></tr>
<tr><td>审核意见：

审核者（签字）：

机械管理部门负责人（签字）：

年　月　日</td><td>复审意见：

审核者（签字）：

机械管理部门负责人（签字）：

年　月　日</td></tr>
</table>

（四）附件（4）：门座起重机自检报告书

门座起重机自检报告书

（安装后自检用）

登记编号＿＿＿＿＿＿＿＿＿＿

安装单位＿＿＿＿＿＿＿＿＿＿

使用单位＿＿＿＿＿＿＿＿＿＿

自检日期＿＿＿＿＿＿＿＿＿＿

说明：

1. 本报告书适用于电站门座起重机在施工现场安装完成后的企业自检用。

2. 编制依据：废 TSG Q7007—2007《门座起重机型式试验细则》、DL 454—2005《水利电力建设用起重机检验方法》、GB 6067.1—2010《起重机械安全规程　第1部分：总则》、TSG Q7016—2008《起重机械安装改造重大维修监督检验规则》。

3. 检验时环境温度在－15～＋35℃之间，风速不大于8.3m/s，电源电压偏差为±5%。

4. 检验使用的仪器、量具性能精度符合有关标准规定，应经国家计量部门校验并在有效期内。

5. 企业的检验人员应经企业正式任命或具有质检部门颁发的检验员证。

6. 检验人员应根据作业要求配备自身安全防护用品，确保检验安全。

7. 填写报告字迹工整、数据真实。

8. 本报告书无检验人员和审核负责人签字无效。

9. 有需特殊说明的情况，可附页说明。

10. 本报告书安装单位和机械管理部门应留存备查。

表1　　　　　　　　检验项目与要求表

机械名称		型号规格	
制造单位		制造日期	
产品编号		制造许可证编号	
安装单位		安装许可证编号	
安装单位负责人		安装联系人	
安装级别		安装单位联系电话	
安装位置（地点）		安装告知日期	
安装类别（首、移）		安装完成日期	
使用单位		使用单位联系电话	
使用单位负责人		使用机械管理员	
额定载荷（t）		工作级别	
安装高度（m）		起重臂长（m）	
回转支撑形式		起升额定速度（m/min）	
门架形式			

检验项目	序号	检验内容与要求	检验结果		备注
			合格	不合格	
产品技术文件审查	1	设计文件包括总图、主要受力部件图、电气液压原理图等			
	2	制造许可证、产品质量合格证、安装维修使用说明书			
	3	整机型式试验合格证书（按覆盖要求）、制动器和限位器、力矩限制器型式试验合格证书			
	4	制造监督检验合格证书			
安装资质审查	5	安装改造重大维修许可证书			
	6	安装作业人员和检验、管理人员的资格证件			
安装文件审查	7	安装作业指导书、基础施工质量验收资料			
	8	安装前零部件检查、维修及更换记录			
轨道	9	（1）轨道敷设在地下建筑物（暗沟、防空洞等）上面时应采取加固措施。 （2）轨道基础按说明书要求制作。 （3）路基敷设碎石粒径为20～40mm，含土率不超过20%，应捣实，轨枕之间填满，应有边坡和排水沟。 （4）水力发电混凝土基础工作轮压不大于500kN。 （5）火力发电碎石基础工作轮压不大于260kN			
	10	垫块与轨枕以及轨道连接板应可靠连接，轨道接缝不大于4mm并不得悬空，与另一侧钢轨接缝错开不小于1.5m，使用中轨道不应移动			

续表

检验项目	序号	检验内容与要求	检验结果		备注
			合格	不合格	
轨道	11	(1)轨距偏差不大于±5mm。 (2)钢轨接头顶面高低及侧面错位偏差不大于±1mm。 (3)同一横截面左右轨道顶面最高处的高低偏差不大于1‰。 (4)钢轨纵向坡度不大于3‰。 (5)钢轨直线度(任意2m内)不大于±1mm			
	12	(1)轨道无裂纹、缺损,麻点、压痕,磨损量不大于1mm。 (2)距轨道端部不小于1m应设坚实牢固、高度合适的止挡。 (3)钢轨连接处应设置跨接线,跨接线不应连接在轨道连接板的螺栓上			
金属结构	13	主要受力金属结构件,如台车梁、门架、起重臂、机台、人字架、回转支撑、转柱、配重支撑等无变形和损伤,无严重腐蚀(腐蚀厚度达原厚度的10%应予以报废)			
	14	(1)设门架的门座支腿轨距为d,偏差为Δd,则当$d\leqslant$10.5m时,$\Delta d=\pm$4mm;当10.5m$<d\leqslant$15.5m时,$\Delta d=\pm$5mm。 (2)设门座支腿底平面对角线长度为L,偏差为ΔL,则当$L\leqslant$15m时,$\Delta L\leqslant$5.5mm;当15m$<L\leqslant$22m时,$\Delta L\leqslant$7mm。 (3)门座支腿底平面高差,三条腿形成平面与另一支腿平面垂直距离$\Delta h\leqslant0.002d$			
	15	门座与回转支撑相接触的表面对水平面的平行度:采用滚动轴承或滚子夹套式回转支撑时为滚道中心直径的1/1500;采用滚轮式时为支撑面测量直径的1‰			
	16	(1)圆筒形门座其结构轴心线对水平面的垂直度为被测高度的1/1500,最大不超过15mm。 (2)桁架门座垂直度为被测高度的1‰,最大不超过20mm。 (3)转柱结构轴线对底平面的垂直度为被测长度的1‰			
	17	(1)撑杆式门座其环梁中心同轴度为其间距的1/2000,最大不超过10mm。 (2)中心枢轴在门座上安装后,其轴心线对水平面垂直度为被测长度的1‰			
	18	回转支撑轨道平面度: 采用滚动轴承或滚子夹套式回转支撑时为滚道中心直径的1/10 000;采用滚轮式时为滚道中心直径的1/5000			

续表

检验项目	序号	检验内容与要求	检验结果		备注
			合格	不合格	
金属结构	19	起重臂、转柱、转台、竖塔组装完成后应达到： (1) 在给定平面内，整体结构轴线的直线度为被测长度的1/1500，但最大不超过25mm。 (2) 铰点几何轴线对结构纵向对称平面垂直度为被测长度的1‰。 (3) 铰点几何轴线的平行度为被测铰点间距的1/1500。 (4) 同一铰点两轴孔之间的同轴度按GB 1184—1996《形状和位置公差　未注公差值》的11级。 (5) 连接铰点对其结构纵向平面对称度为5mm。 (6) 起重臂对接处横断面对角线长度差不超过该断面最大边长的1‰，非对接处横断面长度差不应超过1/500。 (7) 转台主梁上平面平面度：长度不大于10m时为4mm；长度大于10m时为6mm。 (8) 转台下部与回转支撑相接触表面的平面度：采用滚动轴承或滚子夹套式为滚道中心直径的1/5000，采用滚轮式为滚道中心直径的1/2500			
司机室	20	(1) 司机室符合JG/T 54—1999的规定，固定连接、封闭，无明显缺陷。 (2) 司机室应具有防风、防雨、防晒、降温（如设有降温、御寒设施）功能，照明完好，照度不低于30lx。 (3) 司机室门窗应为钢化玻璃或夹层玻璃，视野良好。 (4) 前窗应设雨刮器，落地前窗应设防护栏杆。 (5) 应设绝缘地板，放置灭火器，操作标志完好醒目。 (6) 应设门锁。 (7) 司机室较大的墙上应张贴性能表、润滑图表、安全操作规程、机组人员名单和检验合格证等			
梯子栏杆走道平台	21	(1) 梯子、栏杆、护圈、平台、走道应符合GB 6067.1—2010的规定，规范、牢固、可靠。 (2) 直梯（高于2m）应设护圈，直梯踏杆直径不小于16mm。 (3) 斜梯、平台、走道应设不低于1m的扶手栏杆（有腰杆）。 (4) 斜梯倾斜角不宜超过65°，特殊不宜超过75°，宽度不应少于500～600mm。 (5) 梯子第一休息平台不应高于10m，以后每10m应设置一个休息平台。 (6) 平台、走道一般应设置不低于100mm高的踢脚板（妨碍检修处可适当降低）。 (7) 走道一般宽度不应小于500mm（特殊处局部可降到400mm）			

续表

检验项目	序号	检验内容与要求	检验结果		备注
			合格	不合格	
机房	22	机房封闭，挡风防雨，坚固牢固，门窗齐全，地面孔洞有盖板，房顶出绳无摩擦，室内设照明，照度不低于10lx			
连接	23	金属结构件的焊缝饱满，无夹杂、气孔、咬边、焊瘤、缺焊、裂纹等缺陷			
	24	（1）结构件、机构、零部件的销轴连接可靠，销轴及孔磨损量不得超过原尺寸的3%～5%。 （2）锁止挡板和锁止销应齐全、安装位置正确、紧固牢靠。 （3）锁止开口销必须打开。 （4）锁止销不得用铁丝、铅丝、钢筋棍、电焊条、铁钉等代替			
	25	（1）结构件、机构、零部件的螺栓连接可靠，同一部位螺栓规格统一，紧固牢固，不得松动，不得大小不等，长短不一，垫片缺失或多垫。 （2）高强度螺栓使用力矩扳手按规定扭矩拧紧，不得使用弹簧垫，型钢连接应使用角度合适的斜垫，斜垫位置正确			
吊钩	26	（1）吊钩无缺口、毛刺、裂纹等缺陷。 （2）钩身扭转变形超过10°应报废。 （3）吊钩磨损、腐蚀超过原尺寸10%应报废。 （4）吊钩开口度达原尺寸的15%应报废			
	27	（1）吊钩心轴磨损达原尺寸5%，应更换新轴。 （2）衬套磨损50%，应更换衬套。 （3）吊钩螺纹或保险件不得腐蚀和磨损。 （4）吊钩不得补焊			
	28	吊钩应设置防脱绳装置并完好有效			
滑轮	29	滑轮应转动灵活，润滑良好，轮槽光滑整洁，滑轮无损伤，轴孔均匀，磨损不超标，固定连接可靠			
	30	（1）轮槽不均匀磨损达3mm，轮槽底部直径磨损量达钢丝绳直径的50%，轮槽壁厚磨损达原壁厚的20%，轮缘有缺口，滑轮有裂纹及其他损伤钢丝绳缺陷应报废。 （2）钢丝绳绕进绕出最大偏斜角小于4°			
	31	滑轮应设防绳跳槽装置，该装置与滑轮外缘间隙不应大于钢丝绳直径的0.5倍			
卷筒	32	卷筒应无损伤，状态良好			
	33	（1）卷筒凸缘高度不应低于最外层钢丝绳直径的1.5倍。 （2）卷筒最少保留钢丝绳圈数不少于3圈。 （3）钢丝绳在卷筒上排列紧密整齐，不得相互绞压和乱绕。 （4）钢丝绳偏离卷筒轴垂直平面角度不大于1.5°。 （5）绳端固定牢靠，固定压板不少于2块，每块不得只压1根绳，应压2根绳			

续表

检验项目	序号	检验内容与要求	检验结果		备注
			合格	不合格	
卷筒	34	绳槽磨损深度超过 2mm，筒壁磨损达原厚度的 20%，卷筒及凸缘有裂纹、变形等损伤应报废			
钢丝绳	35	(1) 钢丝绳润滑良好、无锈蚀、变形和其他损伤。 (2) 应按照 GB/T 5972—2009 检验和报废的规定执行			
	36	(1) 钢丝绳连接可靠，楔形块固定穿绳不得穿反。 (2) 绳卡使用数量、间距符合要求，不得正反安装（连接绳卡不少于 3 个，间距为绳径 6 倍）。 (3) 起重机上起升、变幅和承载的钢丝绳不得编结使用			
车轮	37	(1) 轮缘、轮辐及轮体不得出现裂纹、变形。 (2) 轮缘厚度磨损量达原厚度的 50%应报废。 (3) 车轮踏面磨损均匀，踏面磨损量达原厚度的 15%、龟裂、起皮、失圆应报废。 (4) 轮缘弯曲变形达原厚度的 20%，应报废。 (5) 运行速度小于 50m/min，圆度达 1mm；运行速度大于 50m/min，圆度达 0.1mm，应报废。 (6) 车轮轴承不得松旷；油嘴或油杯齐全完好，润滑良好；车轮转动灵活，不应有啃轨偏磨现象			
	38	(1) 车轮垂直偏差小于或等于 $L/400$，车轮水平偏差为 $L/1000$（L 为被测长度）。 (2) 同一台车下的车轮同位差≤2mm，同一支腿下的车轮同位差≤2mm、≤3mm、≤5mm（相对应的车轮数分别为 2 个、3～4 个、5 个以上）			
传动齿轮	39	齿轮状态完好，润滑啮合良好，运转正常，没有异响			
	40	齿轮有裂纹、变形、断齿，齿面点蚀损坏量达啮合面的 30%，且深度达原齿厚的 10%及齿厚磨损量达到下列数值应报废： 第一级　第二级 闭式　起升机构和非平衡变幅机构　10%　20% 其他机构　15%　25% 开式　30%　30%			
联轴器	41	(1) 运转无冲击、振动，连接螺栓无松动。 (2) 齿轮联轴器要求同齿轮。 (3) 联轴器零部件不得变形、裂纹、损伤			
减速器	42	(1) 减速器地脚螺栓和壳体连接螺栓符合规范要求，不得松动。 (2) 减速器箱体无变形和裂纹。			

续表

检验项目	序号	检验内容与要求	检验结果		备注
			合格	不合格	
减速器	43	（3）减速器不应漏油。 （4）油尺或油窗规范。 （5）加油适合，不应太多或太少，不得变质乳化。 （6）减速器箱体温度不得超过 80℃			
护罩	44	各种防护罩、盖、网、隔板、孔洞盖板符合安全规范要求，齐全、有效			
制动器	45	（1）制动器的制动力矩符合性能要求，状况良好。 （2）带载下降制动下滑距离不应大于 1min 内稳定起升距离的 1/65			
	46	出现以下现象之一应报废： （1）磁铁线圈或电动机绕组烧损。 （2）推动器推动达不到松闸要求或无推力。 （3）弹簧出现塑性变形量达 10%。 （4）弹簧锈蚀 20%以上或有裂纹等损伤。 （5）各构件出现影响性能的变形。 （6）摆动铰点严重磨损，导致驱动行程缩短 20%以上			
	47	出现以下现象之一应更换： （1）制动器摩擦片磨损量超过原厚度的 50%。 （2）带钢背的卡装式制动器摩擦片磨损量达原厚度的 2/3。 （3）摩擦片表面碳化或剥落面积达 30%。 （4）摩擦片出现龟裂或裂纹			
	48	（1）出现以下现象之一应报废。 1）制动轮表面有裂纹等影响制动性能的缺陷； 2）起升、变幅机构制动轮表面磨损量达原厚度的 40%； 3）其他机构制动轮表面磨损量达原厚度的 50%。 （2）制动轮表面划伤或凸凹不平度达 1.5 或有划伤相应深度的沟槽，应修复			
安全装置	49	（1）力矩限制器显示屏应显示图样、数据清晰，并功能有效，其误差应不大于±5%。 （2）当载荷力矩小于额定力矩 110%（一般设定为 105%）时，应切断上升和增大幅度方向运动电源和报警指示，但能下降和减小幅度方向运动；在 90%时也能报警指示			
	50	吊钩起升高度限位器应灵敏可靠，当吊钩上升至距离起重臂下端最小 800mm 时，应能切断上升电源，但能下降，动臂式门座起重机还应同时切断增大变幅电源，但能减小幅度			

续表

检验项目	序号	检验内容与要求	检验结果		备注
			合格	不合格	
安全装置	51	需要时应装下降深度限位器，下降深度限位器应灵敏可靠，吊钩可能低于下降极限位置时能切断下降电源，并保证卷筒缠绕的钢丝绳不少于3圈			
	52	幅度限制装置应灵敏可靠，动臂变幅门座起重机，应设变幅限位开关，应能停止动臂再往极限方向运动；还应装幅度指示器			
	53	（1）大车运行限位、碰尺、止挡、缓冲器应规范、有效、可靠，大车运行方向极限位置应设限位开关。 （2）大车轨道运行应设碰尺与止挡、缓冲器，能保证大车距轨道端部止挡相距1m能完全停止			
	54	夹轨器应牢靠有效，大车轨道运行应设夹轨器和铁鞋，以便停机时能牢固停在轨道上，抗风防滑移			
	55	大车轨道运行应设扫轨板，与轨道间隙应不大于10mm，扫轨板不得变形、破损			
	56	当起重臂铰点高度或起升高度大于50m时，应设置风速仪并安装在最高位置不挡风处，当风速大于工作极限风速时应发出警报，风速仪应灵敏可靠			
	57	紧急断电开关应灵敏可靠，安装在司机易于操作处，在紧急情况下该开关被按下，能保证断掉控制电源，停止门座起重机的一切运动，但不影响照明，紧急断电开关应设置为红色非自动复位开关			
	58	当起重机高度大于30m且高于周围建筑物或多机相邻设置时，在机顶部和臂架端部设置红色障碍灯，供电电源不受停机影响			
电气保护	59	（1）起重机主体、电动机底座和所有电气设备、导线的金属管、安全照明变压器低压侧等均应可靠接地。 （2）运行轨道应接地，轨道两端各设一组接地，两条轨道端部做环形电气连接；轨道每隔30m长应设一组接地，轨道连接之间电气连接（见12）。 （3）供电电源中性点不接地时，接地电阻不大于4Ω。 （4）供电电源中性点直接接地时，重复接地电阻不大于10Ω			
	60	总电源宜设主隔离开关，应设有短路保护，自动断路器或者熔断器完好			
	61	（1）总电源应设失压（失电）保护。 （2）供电电源应设断相和错相保护			
	62	每个机构应设过流（过载）保护			
	63	操纵系统应设零位保护（按钮控制除外）			
	64	照明电压不应超过220V，宜使用安全电压（不大于50V），严禁用金属结构作照明回路			
	65	电气线路对地绝缘电阻：一般环境不低于1MΩ			

续表

检验项目	序号	检验内容与要求	检验结果		备注
			合格	不合格	
电气设备	66	电气设备应固定牢靠，电气连接应接触良好，防止松脱；电线、线束应用卡子、穿线管、托线架、布线盒等固定并排列整齐			
	67	电气柜（配电箱）和电气室防风沙、防雨雪，规范坚固，应有门锁，门内贴有原理图或接线图、操作指示等，门外应有警示标志；电气室应设照明，照度不低于 5lx			
	68	（1）拖式电缆不应拖地行走，应设电缆托架。 （2）所有电线、电缆不应有破损、老化等现象			
	69	（1）电缆卷筒的直径应是电缆外径的：电缆外径＜21.5mm 不小于 10 倍；电缆外径＞21.5mm 不小于 12.5 倍。 （2）电缆卷筒应有电缆张紧装置，收放电缆与门座起重机行走同步。 （3）电缆卷筒转动灵活、外观完好，滑环、碳刷接触良好，电缆连接牢固			
	70	（1）集电器每个滑环至少有一对碳刷，滑环与碳刷接触面积不少于 80%，运行平稳。 （2）滑环间绝缘电阻不小于 1MΩ，最小电气间隙不小于 8mm。 （3）无击穿、闪络现象			
力矩限制器试验	71	（1）定幅变码试验： 1）在最大工作幅度 R_0 时起升正常额定起重量 Q_0，力矩限制器不动作；载荷落地，加载至 $1.1Q_0$，慢速起升，力矩限制器动作，切断所有挡位起升回路电源，载荷不能起升并发出报警信号； 2）取 0.7 倍最大额定起重量 Q_m，在相应允许的最大工作幅度 $R_{0.7}$ 处重复试验。 （2）定码变幅试验： 1）空载测定对应最大额定起重量 Q_m 的最大工作幅度 R_m、$0.8R_m$ 及 $1.1R_m$ 的值，在地面标记； 2）在小幅度处起升额定最大起重量 Q_m，离地 1m 左右，慢速变幅到 $1\sim1.1R_m$ 时，力矩限制器动作，切断向外变幅和起升回路电源并发出警报信号；退回重新从小幅度开式以正常速度向外变幅，在到 $0.8R_m$ 时，应能自动转为低速向外变幅，在到达 $1.1R_m$ 时，力矩限制器动作切断向外变幅和起升回路电源并发出报警信号； 3）空载测定 0.5 倍最大额定起重量 $0.5Q_m$ 的最大工作幅度 $R_{0.5}$、$0.8R_{0.5}$ 及 $1.1R_{0.5}$ 的值，在地面标记； 4）重复 2）的试验； 5）定幅变码和定码变幅试验各做三次，每次均应符合要求； 6）关于力矩限制器精度误差的试验与计算按 GB/T 5031—2008《塔式起重机》规定（一般设定为 1.05 倍的起重量，力矩限制器动作并报警，在 90%或 95%时也应报警指示）			

续表

检验项目	序号	检验内容与要求	检验结果		备注
			合格	不合格	
空载试验	72	（1）以下为一个工作循环，应做不少于三个工作循环的试验。 1）起升：吊钩起升至最高位置，然后下降至离地面200mm处悬停，在起升和下降过程中各制动1次； 2）变幅：在工作幅度内，往返俯仰变幅各1次； 3）回转：左右回转360°各1次； 4）行走：大车全程往返运行各1次。 （2）检查电气系统、控制操作系统是否灵敏、准确、可靠，各机构运转是否平稳、性能良好，是否有漏油、渗油现象，制动是否可靠，安全装置是否准确、可靠			
额定载荷试验	73	（1）两种工况试验： 1）最大额定起重量，相应最大工作幅度； 2）最大工作幅度，相应额定起重量。 （2）以下为一个工作循环，两种工况各应做不少于三个工作循环的试验；试验时间应不少于1h。 1）起升：试验载荷起升到最高位置，然后下降至离地面200～400mm，悬停，在起升和下降过程中各制动1次； 2）变幅：在相应允许工作幅度内，往返变幅各1次； 3）回转：左右回转不小于180°； 4）行走：大车运行不少于20m，往返各1次。 （3）检查起升、回转、变幅、行走的制动是否可靠及操纵是否灵敏、准确；检查各机构运行是否平稳；检查各机构电动机温升情况是否正常；检查各机构、结构件连接是否松动、有无异常；检查车轮是否有啃轨、爬行及踏面损坏现象等			
超动载试验	74	（1）试验工况和额定载荷试验工况相同，但试验载荷为额定载荷的1.1倍。 （2）超动载试验时力矩限制器需进行调整，试验后再进行恢复。 检查项目同75			
超静载试验	75	（1）起升最大额定起重量，在相应的最大工作幅度，起升一定高度后，再下降至地面。 （2）均匀无冲击加载至1.25倍的最大额定起重量（幅度不变），起升至离地面100～200mm，悬停10min，然后将载荷下降至地面。 （3）除按超动载试验的检查项目检查外，还需检查各机结构有无损坏、各主要受力结构件有无永久变形和油漆剥落现象、起升制动有无瞬时向下滑移现象。 （4）超静载试验时力矩限制器需进行调整，试验后再进行恢复			

表 2　　**整 改 意 见 表**

<table>
<tr><td colspan="4">整　改　意　见</td></tr>
<tr><td>序号</td><td>自检报告书中的序号</td><td>整　改　内　容</td><td>整改限期</td></tr>
<tr><td></td><td></td><td></td><td></td></tr>
<tr><td></td><td></td><td></td><td></td></tr>
<tr><td>…</td><td></td><td></td><td></td></tr>
<tr><td colspan="4">检验结论：

检验员（签字）：
年　月　日</td></tr>
<tr><td colspan="4">复检结论：

检验员（签字）：
年　月　日</td></tr>
<tr><td colspan="2">审核意见：

审核者（签字）：

机械管理部门负责人（签字）：
年　月　日</td><td colspan="2">复审意见：

审核者（签字）：

机械管理部门负责人（签字）：
年　月　日</td></tr>
</table>

（五）附件（5）：桥门式起重机自检报告书

桥门式起重机自检报告书

（安装后自检用）

登记编号＿＿＿＿＿＿＿＿＿＿＿＿

安装单位＿＿＿＿＿＿＿＿＿＿＿＿

使用单位＿＿＿＿＿＿＿＿＿＿＿＿

自检日期＿＿＿＿＿＿＿＿＿＿＿＿

说明：

1. 本报告书适用于电站桥门式起重机在施工现场安装完成后的企业自检用。

2. 编制依据：GB/T 14405—2011《通用桥式起重机》、GB/T 14406—2011《通用门式起重机》、TSG Q0002—2008《起重机械安全技术监察规程　桥式起重机》、DL 454—2005《水利电力建设用起重机检验规程》、GB 6067.1—2010《起重机械安全规程　第1部分：总则》、TSG Q7016—2008《起重机械安装改造重大维修监督检验规则》。

3. 检验时环境温度在－15～＋35℃之间，风速不大于5.5m/s，电源电压偏差为±5%。

4. 检验使用的仪器、量具性能精度符合有关标准规定，应经国家计量部门校验并在有效期内。

5. 企业的检验人员应经企业正式任命或具有质检部门颁发的检验员证。

6. 检验人员应根据作业要求配备自身安全防护用品，确保检验安全。

7. 填写报告字迹工整、数据真实。

8. 本报告书无检验人员和审核负责人签字无效。

9. 有需特殊说明的情况，可附页说明。

10. 本报告书安装单位和机械管理部门应留存备查。

表 1　　　　检验项目与要求表

机械名称		型号规格	
制造单位		制造日期	
产品编号		制造许可证编号	
安装单位		安装许可证编号	
安装单位负责人		安装联系人	
安装级别		安装单位联系电话	
安装位置（地点）		安装告知日期	
安装类别（首、移）		安装完成日期	
使用单位		使用单位联系电话	
使用单位负责人		使用机械管理员	
额定载荷（t）		工作级别	
安装高度（m）		起重臂长（m）	
小车形式（单、双）		起升额定速度（m/min）	
桥门架形式			

检验项目	序号	检验内容与要求	检验结果		备注
			合格	不合格	
产品技术文件审查	1	设计文件包括总图、主要受力部件图、电气液压原理图等			
	2	制造许可证、产品质量合格证、安装维修使用说明书			
	3	整机型式试验合格证书（按覆盖要求）、制动器和限位器重量限制器型式试验合格证书			
	4	制造监督检验合格证书			
安装资质审查	5	安装改造重大维修许可证书			
	6	安装作业人员和检验、管理人员的资格证件			
	7	安装作业指导书、基础施工质量验收资料			
	8	安装前零部件检查、维修及更换记录			
大车轨道	9	桥式起重机： （1）混凝土道轨梁必须找平、压光，不得石子外露和凹凸不平，不允许另用水泥浆抹平。 （2）螺栓处 400mm 宽范围内顶面不平度不大于 2mm。 （3）任意 6m 长，各螺栓顶面标高差不大于±3mm。 （4）沿轨道梁全长螺栓顶面标高差不大于±5mm。 （5）螺栓、垫圈、螺母规格统一，按规定要求扭紧。 （6）轨道跨距 d 的允许偏差 Δd：当 $d\leqslant 10$m 时，$\Delta d=\pm 3$mm；当 $d>10$m 时，$\Delta d=\pm[3+0.25(d-10)]$mm，且最大不超过 15mm。 （7）轨道中心线与轨道梁中心线位置偏差不大于±10mm，且不大于梁腹板厚度的一半。			

续表

检验项目	序号	检验内容与要求	检验结果		备注
			合格	不合格	
大车轨道	9	（8）两根轨道同一截面高差不大于±10mm；沿长度方向在垂直面内弯曲，每两米测长内偏差不大于±2mm。 （9）同一截面两根轨道的高度差不大于±10mm；沿长度方向在水平面内弯曲，每两米测长内偏差不大于±1mm。 （10）轨道顶面倾斜度：长度方向不大于0.003，横向不大于0.005。 （11）两平行轨道接头位置错开量大于车轮基距。 （12）轨道接头高低差及侧向错位不大于1mm。 （13）轨道接缝间隙不大于2mm。 （14）轨道无裂纹、缺损，麻点、压痕，磨损量不大于1mm。 （15）距轨道端部不小于1m应设坚实牢固、高度合适的止挡。 （16）钢轨连接处应设置跨接线，跨接线不应连接在轨道连接板的螺栓上			
	10	门式起重机： （1）轨道敷设在地下建筑物（暗沟、防空洞等）上面时应采取加固措施。 （2）轨道基础按说明书要求制作。 （3）路基敷设碎石粒径为20～40mm，含土率不超过20%，应捣实，轨枕之间填满，应有边坡和排水沟。 （4）垫块与轨枕以及轨道连接板应可靠连接，轨道接缝不大于4mm并不得悬空，与另一侧钢轨接缝错开不小于1.5m，使用中轨道不应移动。 （5）轨道跨度 d 的允许偏差 Δd：当 $d \leqslant 26$m 时，$\Delta d = \pm 8$mm；当 $d > 26$m 时，$\Delta d = \pm 10$mm。 （6）钢轨接头顶面高低及侧面错位偏差不大于±1mm。 （7）两根轨道同一截面高差不大于±10mm；沿长度方向在垂直面内弯曲，每两米测长内偏差不大于±2mm。 （8）同一截面两根轨道的高度差不大于±10mm；沿长度方向在水平面内弯曲，每两米测长内偏差不大于±1mm。 （9）轨道顶面倾斜度：长度方向不大于0.003，横向不大于0.005。 （10）大车轨道的不直度全长不大于2mm。 （11）轨道无裂纹、缺损、麻点、压痕，磨损量不大于1mm。 （12）距轨道端部不小于1m应设坚实牢固、高度合适的止挡。 （13）钢轨连接处应设置跨接线，跨接线连接要求见桥式起重机			

续表

检验项目	序号	检验内容与要求	检验结果		备注
			合格	不合格	
小车轨道	11	(1) 小车轨距 r，对称箱形梁偏差在跨端处≤±2mm，在跨中处：d≤19.5m，偏差不得超过 1～5mm；d>19.5m，偏差不得超过 1～7mm。 (2) 两根小车轨道之间与小车运行方向相垂直的同一截面高度差：当 $r \leqslant 2$m 时，$\Delta h \leqslant 3$mm；2m< r <6.6m 时，$\Delta h \leqslant 0.0015r$；当 $r \geqslant 6.6$m 时，$\Delta h \leqslant 10$mm。 (3) 小车轨道的平面度不大于 0.001。 (4) 小车轮基距不大于 0.001 小车轮的轨距。 (5) 小车轨道接头必须对准，轨道中心线的侧向直线度每 2m 长度内偏差不大于 1mm，在轨道全长 L 内的偏差 ΔL：$L \leqslant 10$m，$\Delta L = 6$mm，L>10m。 (6) 小车轨道高度差不大于 1mm，接缝间隙不大于 2mm，接头侧向错位不大于 1mm			
金属结构	12	主要受力金属结构件，如主梁、端梁、悬臂梁、支腿等无变形和损伤，箱形结构不得进水，无严重腐蚀（腐蚀厚度达原厚度的 10%应予以报废）			
	13	(1) 主梁为箱形梁或桁架梁的上拱度（0.9‰～1.4‰）d，最大上拱度控制在跨中 d/10 范围内（d 为主梁跨度）。 (2) 门式悬臂梁上挠（0.9/350～1.4/350）L（L 为悬臂长）；主梁在应起升的载荷和自重的状态下，其向下挠度不应低于水平线以下，当挠度达到 d/700 时应修复，如不能修复，应报废；悬臂下挠度应不超过 L/350。 (3) 轨道居中的箱形及半偏轨箱形主梁水平弯曲度不大于 d/2000；全偏轨、单腹板及桁架梁的水平弯曲度最大不超过 15mm。 (4) 箱形主梁腹板平面度，在离上翼缘板 1/3 梁高以内区域，应不大于 0.7mm 板厚，其余区域应不大于 1.2mm 板厚。 (5) 箱形梁、单腹板梁上翼缘板或上平面的水平倾斜值不大于 B/200，B 为翼缘板宽。 (6) 箱形梁腹板的垂直偏斜度不大于 H/200，单腹板及桁架梁的垂直倾斜度不大于 H/300，H 为梁高。 (7) 双梁的对角线偏差不大于 5mm。 (8) 门式刚性腿在跨度方向垂直度不大于 H_1/2000，H_1 为腿高。 (9) 两支腿从行走车轮踏面到支腿上连接处平面高度差不大于 8mm。 (10) 桁架梁杆件的直线度不大于 0.0015 杆件长			

续表

检验项目	序号	检验内容与要求	检验结果		备注
			合格	不合格	
司机室	14	(1) 司机室符合 JG/T 54—1999 的规定，固定连接、封闭，无明显缺陷。 (2) 司机室应具有防风、防雨、防晒、降温（如设有降温、御寒设施）功能，照明完好，照度不低于 30lx。 (3) 司机室门窗应为钢化玻璃或夹层玻璃，视野良好。 (4) 前窗应设雨刮器，落地前窗应设防护栏杆。 (5) 应设绝缘地板，放置灭火器，操作标志完好醒目。 (6) 应设门锁。 (7) 司机室较大的墙上应张贴性能表、润滑图表、安全操作规程、机组人员名单和检验合格证等			
梯子栏杆走道平台	15	(1) 梯子、栏杆、护圈、平台、走道应符合 GB 6067.1—2010 的规定，规范、牢固、可靠。 (2) 直梯（高于 2m）应设护圈，直梯踏杆直径不小于 16mm。 (3) 斜梯、平台、走道应设不低于 1m 的扶手栏杆（有腰杆）。 (4) 斜梯倾斜角不宜超过 65°，特殊不宜超过 75°，宽度不应少于 500～600mm。 (5) 梯子第一休息平台不应高于 10m，以后每 10m 应设置一个休息平台。 (6) 平台、走道一般应设置不低于 100mm 高的踢脚板（妨碍检修处可适当降低）。 (7) 走道一般宽度不应小于 500mm（特殊处局部可降到 400mm）			
连接	16	金属结构件的焊缝饱满，无夹杂、气孔、咬边、焊瘤、缺焊、裂纹等缺陷			
	17	(1) 结构件、机构、零部件的销轴连接可靠，销轴及孔磨损量不得超过原尺寸的 3%～5%。 (2) 锁止挡板和锁止销应齐全、安装位置正确、紧固牢靠。 (3) 锁止开口销必须打开。 (4) 锁止销不得用铁丝、铅丝、钢筋棍、电焊条、铁钉等代替			
	18	(1) 结构件、机构、零部件的螺栓连接可靠，同一部位螺栓规格统一，紧固牢固，不得松动；不得大小不等，长短不一，垫片缺失或多垫。 (2) 高强度螺栓使用力矩扳手按规定扭矩拧紧，不得使用弹簧垫，型钢连接应使用角度合适的斜垫，斜垫位置正确			

续表

检验项目	序号	检验内容与要求	检验结果		备注
			合格	不合格	
吊钩	19	(1) 吊钩无缺口、毛刺、裂纹等缺陷。 (2) 钩身扭转变形超过10°应报废。 (3) 吊钩磨损、腐蚀超过原尺寸的10%，片式达5%，应报废。 (4) 吊钩开口度达原尺寸的15%应报废			
	20	(1) 吊钩心轴磨损达原尺寸的5%，应更换新轴。 (2) 衬套磨损50%，应更换衬套。 (3) 吊钩螺纹或保险件不得腐蚀和磨损。 (4) 吊钩不得补焊			
	21	吊钩应设置防脱绳装置并完好有效			
滑轮	22	滑轮应转动灵活，润滑良好，轮槽光滑整洁，滑轮无损伤，轴孔均匀，磨损不超标，固定连接可靠			
	23	(1) 轮槽不均匀磨损达3mm、轮槽底部直径磨损量达钢丝绳直径的50%、轮槽壁厚磨损达原壁厚的20%、轮缘有缺口、滑轮有裂纹及其他损伤钢丝绳缺陷应报废。 (2) 钢丝绳进绕出最大偏斜角小于4°			
	24	滑轮应设防绳跳槽装置，该装置与滑轮外缘间隙不应大于钢丝绳直径的0.5倍			
卷筒	25	卷筒应无损伤，状态良好			
	26	(1) 卷筒凸缘高度不应低于最外层钢丝绳直径的1.5倍。 (2) 卷筒最少保留钢丝绳圈数不少于3圈。 (3) 钢丝绳在卷筒上排列紧密整齐，不得相互绞压和乱绕。 (4) 钢丝绳偏离卷筒轴垂直平面角度不大于1.5°。 (5) 绳端固定牢靠，固定压板不少于2块，每块不得只压1根绳，应压2根绳			
	27	绳槽磨损深度超过2mm，筒壁磨损达原厚度的20%，卷筒及凸缘有裂纹、变形等损伤应报废			
钢丝绳	28	(1) 钢丝绳润滑良好、无锈蚀、变形和其他损伤。 (2) 应按照GB/T 5972—2009检验和报废的规定执行			
	29	(1) 钢丝绳连接可靠，楔形块固定穿绳不得穿反。 (2) 绳卡使用数量、间距符合要求，不得正反安装（连接绳卡不少于3个，间距为绳径6倍）。 (3) 起重机上起升、变幅和承载的钢丝绳不得编结使用			

续表

检验项目	序号	检验内容与要求	检验结果 合格	不合格	备注
车轮	30	(1) 轮缘、轮辐及轮体不得出现裂纹、变形。 (2) 轮缘厚度磨损量达缘厚度的50%应报废。 (3) 车轮踏面磨损均匀，踏面磨损量达原厚度的15%、龟裂、起皮、失圆应报废。 (4) 轮缘弯曲变形达原厚度的20%，应报废。 (5) 运行速度小于50m/min，圆度达1mm；运行速度大于50m/min，圆度达0.1mm，应报废。 (6) 车轮轴承不得松旷；油嘴或油杯齐全完好，润滑良好；车轮转动灵活，不应有啃轨偏磨现象			
车轮	31	(1) 小车轮跨距偏差不得超过2mm。 (2) 大小车轮在垂直面上的倾斜角α应满足：$0.0005 \leqslant tg\alpha \leqslant 0.0025$。 (3) 采用角型轴承箱车轮垂直偏差$\leqslant L/400$，多于4个的大小车轮水平倾斜不大于$L/1000$，同一轨道上所有车轮倾斜不大于$L/800$，$L$为轮外侧测量长。 (4) 车轮在水平面上与车轮轴线夹角φ应满足：$tg\varphi \leqslant 0.0006$（四轮）、0.0009（四轮以上）。 (5) 同一端梁的两个车轮同位差不大于2mm，大于两个车轮不大于3mm，同一台车上的车轮不大于1mm。 (6) 采用水平导向轮的，同一端梁下两组导向轮间距中心线对车轮中心线偏差不得大于1mm。 (7) 空载小车各车轮与轨道接触点形成的平面度不大于2/3的规定值。 (8) 大车车轮支撑点高差不大于0.0015车轮基距。 (9) 车轮安装后的径向圆跳动为： 车轮直径(mm)：≤250　>250～500　>500～800　>800～900； 径向圆跳动(μm)：100　120　150　200			
减速器	32	(1) 齿轮状态完好、润滑啮合良好、运转正常，没有异响。 (2) 减速器不应漏油。 (3) 油尺或油窗规范。 (4) 加油适合，不应太多或太少，不得变质乳化。 (5) 减速器箱体温度不得超过80℃			
减速器	33	齿轮有裂纹、变形、断齿、齿面点蚀，损坏量达啮合面的30%，且深度达原齿厚的10%及齿厚磨损量达到下列数值应报废： 　　　　　　　　第一级　第二级 闭式　起升机构和非平衡变幅机构　10%　20% 　　　其他机构　15%　25% 开式　　　　30%　30%			

续表

检验项目	序号	检验内容与要求	检验结果		备注
			合格	不合格	
联轴器	34	(1) 运转无冲击、振动，连接螺栓无松动。 (2) 齿轮联轴器要求同齿轮。 (3) 联轴器零部件不得变形、裂纹、损伤			
制动器	35	(1) 制动器的制动力矩符合性能要求，状况良好。 (2) 带载下降制动下滑距离不应大于 1min 内稳定起升距离的 1/65			
	36	制动轮安装后的径向圆跳动为： 制动轮直径（mm）：≤250　>250～500　>500～800； 径向圆跳动（μm）：100　120　150			
	37	出现以下现象之一应报废： (1) 各构件出现影响性能的损伤。 (2) 摆动铰点严重磨损，导致驱动行程缩短 20%以上			
	38	出现以下现象之一应更换： (1) 制动器摩擦片磨损量超过原厚度的 50%。 (2) 带钢背的卡装式制动器摩擦片磨损量达原厚度的 2/3。 (3) 摩擦片表面碳化或剥落面积达 30%。 (4) 摩擦片出现龟裂或裂纹			
	39	(1) 出现以下现象之一应报废： 1) 制动轮表面有裂纹等影响制动性能的缺陷； 2) 起升、变幅机构制动轮表面磨损量达原厚度的 40%； 3) 其他机构制动轮表面磨损量达原厚度的 50%。 (2) 制动轮表面划伤或凸凹不平度达 1.5 或有划伤相应深度的沟槽，应修复			
安全装置	40	各种防护罩、盖、网、隔板、孔洞盖板符合安全规范要求，齐全、有效			
	41	吊钩起升高度限位器应灵敏可靠，当吊钩上升至距离起重臂下端最小 800mm 时，应能切断上升电源，但能下降			
	42	起重量限制器应灵敏可靠，当达到额定载荷 90%时，应发出警示信号，起重量小于或等于 50t；当超过额定载荷 105%时或起重量大于 50t；当超过额定载荷 108%时切断提升电源，并发出报警信号			
	43	大、小车运行限位、碰尺、止挡、缓冲器应规范、有效、可靠，保证运行方向极限位置前 1m 能停止			
	44	门式起重机的夹轨器应牢靠有效，大车轨道运行应设夹轨器和铁鞋，以便停机时能牢固停在轨道上，抗风防滑移			

续表

检验项目	序号	检验内容与要求	检验结果		备注
			合格	不合格	
安全装置	45	起重机大车轨道运行应设扫轨板，与轨道间隙应不大于10mm，扫轨板不得变形、破损			
	46	紧急断电开关应灵敏可靠，安装在司机易于操作处，在紧急情况下该开关被按下，能保证断掉控制电源，停止桥门起重机的一切运动，但不影响照明，紧急断电开关应设置为红色非自动复位开关			
	47	司机室门和到主梁上的门应设电气连锁开关			
	48	桥式起重机人易触碰到的滑线侧应设防护装置			
电气保护	49	（1）起重机主体、电动机底座和所有电气设备、导线的金属管、安全照明变压器低压侧等均应可靠接地。 （2）运行轨道应接地，轨道两端各设一组接地，两条轨道端部做环形电气连接。 （3）轨道每隔 30m 长应设一组接地，轨道连接之间电气连接（见 9、10）。 （4）供电电源中性点不接地时，接地电阻小于或等于 4Ω。 （5）供电电源中性点直接接地时，重复接地电阻小于或等于 10Ω			
	50	总电源宜设主隔离开关，应设有短路保护，自动断路器或者熔断器完好			
	51	（1）总电源应设失压（失电）保护。 （2）供电电源应设断相和错相保护			
	52	每个机构应设过流（过载）保护			
	53	操纵系统应设零位保护（按钮控制除外）			
	54	照明电压不应超过 220V，宜使用安全电压（不大于 50V），严禁用金属结构作照明回路			
	55	电气线路对地绝缘电阻：一般环境不低于 1MΩ			
电气设备	56	（1）电气设备应固定牢靠，电气连接应接触良好、防止松脱。 （2）电线、线束应用卡子、穿线管、托线架、布线盒等固定并排列整齐			
	57	（1）电气柜（配电箱）和电气室防风沙、防雨雪，规范坚固，应有门锁，门内贴有原理图或接线图、操作指示等，门外应有警示标志。 （2）电气室应设照明，照度不低于 5lx			
	58	（1）门式起重机拖式电缆不应拖地行走，应设电缆托架。 （2）所有电线、电缆不应有破损、老化等现象			
	59	（1）电缆卷筒的直径应是电缆外径的：电缆外径＜21.5mm 不小于 10 倍；电缆外径＞21.5mm 不小于 12.5 倍。 （2）电缆卷筒应有电缆张紧装置，收放电缆与塔式起重机行走同步。 （3）电缆卷筒转动灵活、外观完好，滑环、碳刷接触良好，电缆连接牢固			

续表

检验项目	序号	检验内容与要求	检验结果		备注
			合格	不合格	
起重量限制器试验	60	（1）正常起升最大额定起重量 Q_m，起重量限制器不动作，但 90%Q_m 时发出警报指示，允许起升；载荷落地加载至 1.05Q_m，以最慢速起升。 （2）起重量限制器动作，切断所有挡位起升回路电源，载荷不能起升并发出报警信号。 （3）试验重复三次，每次均应符合要求。 （4）关于起重量限制器的精度误差计算按 GB/T 5031—2008 的规定，误差应不小于±5%			
空载试验	61	（1）以下为一个工作循环，应做不少于三个工作循环的试验： 1）起升：吊钩起升至最高位置，然后下降至离地面 200mm 处，悬停，在起升和下降过程中各制动 1 次； 2）变幅：在工作幅度内，小车往返变幅各 1 次； 3）行走：大车全程往返运行各 1 次； 4）各机构单独动作试验后，可作两个机构联合动作试验。 （2）检查电气系统、控制操作系统是否灵敏、准确、可靠；各机构运转是否平稳、性能是否良好，是否有漏油、渗油现象；制动是否可靠，安全装置是否准确、可靠			
额度载荷试验	62	（1）以下为一个工作循环，各机构单独动作试验后，可作两个机构联合动作试验，各应做不少于三个工作循环的试验；试验时间应不少于 1h： 1）起升：跨中荷起升最大额度载荷到最高位置，然后下降至离地面 200～400mm，悬停，在起升和下降过程中各制动 1 次； 2）变幅：在相应允许工作幅度内，小车往返变幅各 1 次； 3）行走：大车运行不少于 20m，往返各 1 次。 （2）检查起升、变幅、行走的制动是否可靠及操纵是否灵敏、准确；检查各机构运行是否平稳；检查各机构电机温升情况是否正常；检查各机构、结构件连接是否松动、有无异常；检查车轮是否有啃轨、爬行及踏面损坏现象等			
超动载试验	63	（1）试验工况和额定载荷试验工况相同，但试验载荷为最大额定载荷的 1.1 倍。 （2）超动载试验时起重量限制器需进行调整，试验后再进行恢复。 （3）检查项目同 62			
超静载试验	64	（1）无冲击加载至 1.25 倍的最大额定起重量，幅度跨中，起升至离地面 100～200mm，悬停不少于 10min，然后将载荷下降至地面。 （2）除按超动载试验的检查项目检查外，还需检查各机结构有无损坏，各主要受力结构件有无永久变形和油漆剥落现象，起升制动有无瞬时向下滑移现象，并检查主梁上挠度应不小于 0.7d‰；悬臂梁上挠应不小于 0.7L/350。 （3）超静载试验时起重量限制器需进行调整，试验后再进行恢复			

注　室外门式起重机起吊高度超过 12m，应装风速仪。

表 2 **整改意见表**

<table>
<tr><td colspan="4">整 改 意 见</td></tr>
<tr><td>序号</td><td>自检报告书中的序号</td><td>整 改 内 容</td><td>整改限期</td></tr>
<tr><td></td><td></td><td></td><td></td></tr>
<tr><td></td><td></td><td></td><td></td></tr>
<tr><td>…</td><td></td><td></td><td></td></tr>
<tr><td colspan="4">检验结论：

检验员（签字）：

年 月 日</td></tr>
<tr><td colspan="4">复检结论：

检验员（签字）：

年 月 日</td></tr>
<tr><td colspan="2">审核意见：

审核者（签字）：

机械管理部门负责人（签字）：

年 月 日</td><td colspan="2">复审意见：

审核者（签字）：

机械管理部门负责人（签字）：

年 月 日</td></tr>
</table>

（六）附件（6）：缆索起重机自检报告书

缆索起重机自检报告书

（安装后自检用）

登记编号____________________

安装单位____________________

使用单位____________________

自检日期____________________

说明：

1. 本报告书适用于电站桥缆索起重机在施工现场安装完成后的企业自检用。

2. 编制依据：DL/T 946—2005《水利电力建设用起重机》、DL 454—2005《水利电力建设用起重机检验方法》、GB 6067.1—2010《起重机械安全规程　第1部分：总则》、TSG Q7016—2008《起重机械安装改造重大维修监督检验规则》。

3. 检验时环境温度在－15～＋35℃之间，风速不大于5.5m/s，电源电压偏差为±5%。

4. 检验使用的仪器、量具性能精度符合有关标准规定，应经国家计量部门校验并在有效期内。

5. 企业的检验人员应经企业正式任命或具有质检部门颁发的检验员证。

6. 检验人员应根据作业要求配备自身安全防护用品，确保检验安全。

7. 填写报告字迹工整、数据真实。

8. 本报告书无检验人员和审核负责人签字无效。

9. 有需特殊说明的情况，可附页说明。

10. 本报告书安装单位和机械管理部门应留存备查。

表1　　　　　　　　　　　　　　　　　检验项目要求表

机械名称		型号规格	
制造单位		制造日期	
产品编号		制造许可证编号	
安装单位		安装许可证编号	
安装单位负责人		安装联系人	
安装级别		安装单位联系电话	
安装位置（地点）		安装告知日期	
安装类别（首、移）		安装完成日期	
使用单位		使用单位联系电话	
使用单位负责人		使用机械管理员	
额定载荷（t）		工作级别	
主塔高度（m）		副塔高度（m）	
起重机形式(平移、辐射)		起升额定速度（m/min）	

检验项目	序号	检验内容与要求	检验结果		备注
			合格	不合格	
产品技术文件审查	1	设计文件包括总图、主要受力部件图、电气液压原理图等			
	2	制造许可证、产品质量合格证、安装维修使用说明书			
	3	整机型式试验合格证书（按覆盖要求）、制动器和限位器、重量限制器型式试验合格证书			
	4	制造监督检验合格证书			
安装资质审查	5	安装改造重大维修许可证书			
	6	安装作业人员和检验、管理人员的资格证件			
	7	安装作业指导书、基础施工质量验收资料			
	8	安装前零部件检查、维修及更换记录			
大车轨道	9	（1）轨道敷设在地下建筑物（暗沟、防空洞等）上面时应采取加固措施。 （2）轨道基础按说明书要求制作。 （3）路基敷设碎石粒径为20～40mm，含土率不超过20%，应捣实，轨枕之间填满，应有边坡和排水沟。 （4）垫块与轨枕以及轨道连接板应可靠连接，轨道接缝不大于2mm并不得悬空，与另一侧钢轨接缝错开不小于1.5m，使用中轨道不应移动，宜采用焊接轨道接头。 （5）轨道中心线与名义中心线的偏移量不大于3mm。 （6）轨道横截面上轨顶最大偏差为沿轨高方向5mm，沿轨宽方向3mm，同一侧多根轨道之间轨顶相对偏差不大于2mm。 （7）轨道顶面横向倾斜度不大于1/200的轨道宽度。 （8）轨道无裂纹、缺损，麻点、压痕，磨损量不大于1mm。 （9）距轨道端部不小于1m应设坚实牢固、高度合适的止挡。 （10）钢轨连接处应设置跨接线，跨接线不应连接在轨道连接板的螺栓上			

续表

检验项目	序号	检验内容与要求	检验结果		备注
			合格	不合格	
运行车轮	10	（1）车轮踏面和轮缘内侧麻点数不大于5个，单个麻点直径不大于1 mm，深度不大于3mm。 （2）对于轴承孔轻度缩松面积不超过该处总面积的1%，缺陷总数不大于3个，单个缺陷面积不大于25mm²，深度不大于4mm，缺陷间距不小于50mm。 （3）车轮有裂纹应报废。 （4）主动车轮间的线速度应保持一致，对于垂直布置的车轮，车轮轴线宜与运行轨道的切线方向相垂直。 （5）车轮轴线在垂直平面内与基准位置偏斜角不大于1：400，在水平面内与基准位置倾斜度不大于1：1000，且在同一条车轮轴线相对应的车轮倾斜方向应相反。 （6）同一台车下的车轮同位差不大于2mm，同一平衡梁下的车轮的同位差不大于3mm。 （7）小车车轮水平倾斜不应大于1mm，小车所有车轮的最大同位差不超过0.5mm，所有小车轮的滚动面与承载索的接触点应在同一平面内，其偏差不大于0.3mm。 （8）装配好的车轮应用手转动灵活、无卡阻			
金属结构	11	（1）主要受力金属结构件，如主塔架、副塔架、门架、主梁、端梁、平衡梁、台车架、小车架等无变形和损伤，箱形结构不得进水，无严重腐蚀（腐蚀厚度达原厚度的10%应予以报废）。 （2）门架结构对角线偏差不大于5mm，塔架垂直度偏差不超过塔高的1/2000。 （3）钢结构其形位偏差应符合DL/T 946—2005《水力电力建设起重机》的规定			
司机室	12	（1）司机室符合JG/T 54—1999的规定，固定连接、封闭、无明显缺陷。 （2）司机室应具有防风、防雨、防晒、降温（如设有降温、御寒设施）功能，照明完好，照度不低于30lx。 （3）司机室门窗应为钢化玻璃或夹层玻璃，视野良好。 （4）前窗应设雨刮器，落地前窗应设防护栏杆。 （5）应设绝缘地板，放置灭火器，操作标志完好醒目。 （6）应设门锁。 （7）司机室较大的墙上应张贴性能表、润滑图表、安全操作规程、机组人员名单和检验合格证等			
连接	13	金属结构件的焊缝饱满，无夹杂、气孔、咬边、焊瘤、缺焊、裂纹等缺陷			

续表

检验项目	序号	检验内容与要求	检验结果		备注
			合格	不合格	
连接	14	（1）结构件、机构、零部件的销轴连接可靠，销轴及孔磨损量不得超过原尺寸的3%～5%。 （2）锁止挡板和锁止销应齐全、安装位置正确、紧固牢靠。 （3）锁止开口销必须打开。 （4）锁止销不得用铁丝、铅丝、钢筋棍、电焊条、铁钉等代替			
	15	（1）结构件、机构、零部件的螺栓连接可靠，同一部位螺栓规格统一，紧固牢固，不得松动；不得大小不等，长短不一，垫片缺失或多垫。 （2）高强度螺栓使用力矩扳手按规定扭矩拧紧，不得使用弹簧垫，型钢连接应使用角度合适的斜垫，斜垫位置正确			
梯子栏杆平台走道	16	（1）梯子、栏杆、护圈、平台、走道应符合GB 6067.1—2010的规定，规范、牢固、可靠。 （2）直梯（高于2m）应设护圈，直梯踏杆直径不小于16mm。 （3）斜梯、平台、走道应设不低于1m的扶手栏杆（有腰杆）。 （4）斜梯倾斜角不宜超过65°，特殊不宜超过75°，宽度不应少于500～600mm。 （5）梯子第一休息平台不应高于10m，以后每10m应设置一个休息平台。 （6）平台、走道一般应设置不低于100mm高的踢脚板（妨碍检修处可适当降低）。 （7）走道一般宽度不应小于500mm（特殊处局部可降到400mm）			
吊钩	17	（1）吊钩无缺口、毛刺、裂纹等缺陷。 （2）钩身扭转变形超过10°应报废。 （3）吊钩磨损、腐蚀超过原尺寸的10%，片式达5%，应报废。 （4）吊钩开口度达原尺寸的15%应报废			
	18	（1）吊钩心轴磨损达原尺寸5%，应更换新轴。 （2）衬套磨损50%，应更换衬套。 （3）吊钩螺纹或保险件不得腐蚀和磨损。 （4）吊钩不得补焊			
	19	吊钩应设置防脱绳装置并完好有效			

续表

检验项目	序号	检验内容与要求	检验结果		备注
			合格	不合格	
滑轮	20	滑轮应转动灵活，润滑良好，轮槽光滑整洁，滑轮无损伤，轴孔均匀磨损不超标，固定连接可靠			
	21	（1）轮槽不均匀磨损达 3mm，轮槽底部直径磨损量达钢丝绳直径的 50%，轮槽壁厚磨损达原壁厚的 20%，轮缘有缺口，滑轮有裂纹及其他损伤钢丝绳缺陷应报废。 （2）钢丝绳绕进绕出最大偏斜角小于 4°			
	22	滑轮应设防绳跳槽装置，该装置与滑轮外缘间隙不应大于钢丝绳直径的 0.5 倍；滑轮与挡绳罩之间径向间隙不宜超过钢丝绳直径的 1/3			
卷筒	23	卷筒应无损伤、无裂纹、不得补焊、状态良好			
	24	（1）卷筒凸缘高度不应低于最外层钢丝绳直径的 1.5 倍。 （2）卷筒最少保留钢丝绳圈数不少于 2.5～3 圈。 （3）钢丝绳在卷筒上排列紧密整齐，不得相互绞压和乱绕。 （4）钢丝绳偏离卷筒轴垂直平面角度不大于 1.5°。 （5）绳端固定牢靠，固定压板不少于 3 块，每块不得只压 1 根绳，应压 2 根绳			
	25	绳槽磨损深度超过 2mm，筒壁磨损达原厚度的 20%，卷筒及凸缘有裂纹、变形等损伤应报废			
钢丝绳	26	（1）钢丝绳（包括承载索、牵引索、起重绳）应润滑良好、无锈蚀、变形和其他损伤。 （2）应按照 GB/T 5972—2009 检验和报废的规定执行			
	27	（1）钢丝绳连接可靠，楔形块固定穿绳不得穿反。 （2）绳卡使用数量、间距符合要求，不得正反安装（连接绳卡不少于 3 个，间距为绳径 6 倍）。 （3）钢丝绳和承载索不得编结使用			
	28	（1）承载索必须使用封闭式的钢索，应做过拉力试验。 （2）两端无松散现象，表面应光滑，锚固端使用锥套铝锌合金浇铸接头，不得有裂纹、气孔、夹渣等缺陷。 （3）锥套接头不得有锻伤、裂纹等缺陷。 （4）承载索满载（环境温度为 25℃）垂度度应控制在 0.05d（0.9～1.4mm），d 为跨度，气温高取较大值，跨度两端 d/10 为非工作区，安全系数为 2.7～3.4 之间。 （5）牵引索下分支垂度不超过最大支索器间距的 1%，安全系数不小于 4			

续表

检验项目	序号	检验内容与要求	检验结果		备注
			合格	不合格	
支索器	29	支索器及其零部件不得有裂纹、变形和损伤，应运转正常、状态良好			
联轴器	30	（1）运转无冲击、振动，连接螺栓无松动。 （2）齿轮联轴器要求同齿轮。 联轴器零部件不得变形、裂纹、损伤			
减速器	31	齿轮有裂纹、变形、断齿、齿面点蚀，损坏量达啮合面的30%，且深度达原齿厚的10%及齿厚磨损量达到下列数值应报废： 第一级　第二级 闭式　起升机构和非平衡变幅机构　10%　20% 其他机构　15%　25% 开式　30%　30%			
	32	（1）齿轮状态完好、润滑啮合良好、运转正常，没有异响。 （2）减速器不应漏油。 （3）油尺或油窗规范。 （4）加油适合，不应太多或太少，不得变质乳化。 （5）减速器箱体温度不得超过80℃；在空载运行2h后，各轴承处温升不应超过45℃			
制动器	33	（1）制动器的制动力矩符合性能要求，状况良好。 （2）带载下降制动下滑距离不应大于1min内稳定起升距离的1/65			
	34	制动轮安装后的径向圆跳动为： 制动轮直径mm：≤250　>250～500　>500～800； 径向圆跳动μm：100　120　150			
	35	出现以下现象之一应报废： （1）各构件不得出现影响性能的损伤和裂纹。 （2）摆动铰点严重磨损，导致驱动行程缩短20%以上			
	36	出现以下现象之一应更换： （1）制动器摩擦片磨损量超过原厚度的50%。 （2）带钢背的卡装式制动器摩擦片磨损量达原厚度的2/3。 （3）摩擦片表面碳化或剥落面积达30%，接触面不少于75%。 （4）摩擦片出现龟裂或裂纹			
	37	（1）出现以下现象之一应报废： 1）制动轮表面有裂纹等影响制动性能的缺陷； 2）起升、变幅机构制动轮表面磨损量达原厚度的40%； 3）其他机构制动轮表面磨损量达原厚度的50%。 （2）制动轮表面划伤或凸凹不平度达1.5或有划伤相应深度的沟槽，应修复			

续表

检验项目	序号	检验内容与要求	检验结果		备注
			合格	不合格	
安全装置	38	各种防护罩、盖、网、隔板、孔洞盖板符合安全规范要求，齐全、有效			
	39	(1) 吊钩起升高度限位器应灵敏可靠，当吊钩上升至距离起重臂下端最小800mm时，应能切断上升电源，但能下降。 (2) 如有需要应设置吊钩下降极限限位器			
	40	起重量限制器应灵敏可靠，当达到额定载荷95%时，应发出警示信号，当超过额定载荷105%时切断提升电源，并发出报警信号			
	41	大、小车运行限位、碰尺、止挡、缓冲器应规范、有效、可靠，保证运行方向极限位置前1m能停止			
	42	塔架大车运行的夹轨器应牢靠有效，大车轨道运行应设夹轨器和铁鞋，以便停机时能牢固停在轨道上，抗风防滑移			
	43	塔架大车轨道运行应设扫轨板，与轨道间隙应不大于10mm，扫轨板不得变形、破损			
	44	平移式缆索起重机主、副塔架运行防止不同步应装设偏移量限制器和偏斜报警装置，该装置应灵敏有效，当主、副塔架大车运行出现不同步时，该装置应能发出警报，停止走的快的大车或减慢速度，使其同步			
	45	风大的地域或塔架高度达到或超过50m的应装风速仪，当风速超过工作极限风速时应发出警报信号			
	46	当塔架高于30m应在最高处装设障碍灯			
	47	紧急断电开关应灵敏可靠，安装在司机易于操作处，在紧急情况下该开关被按下，能保证断掉控制电源，停止缆索起重机的一切运动，但不影响照明，紧急断电开关应设置为红色非自动复位开关			
	48	司机室门和到塔架上的门应设电气连锁开关			
电气保护	49	(1) 塔架主体、电动机底座和所有电气设备、导线的金属管、安全照明变压器低压侧等均应可靠接地。 (2) 运行轨道应接地，轨道两端各设一组接地。 (3) 司机室和大车轨道接地处应使用不小于40mn×4mn扁铁或不小于12.5mm^{2}铜线，接地点应不少于2处。 (4) 供电电源中性点不接地时，接地电阻小于或等于4Ω。 (5) 供电电源中性点直接接地时，重复接地电阻小于或等于10Ω			

续表

检验项目	序号	检验内容与要求	检验结果		备注
			合格	不合格	
电气保护	50	(1) 总电源宜设主隔离开关，应设有短路保护，自动断路器或者熔断器完好。 (2) 高压隔离与高压断路应有机械连锁装置，且动作可靠			
	51	(1) 总电源应设失压（失电）保护。 (2) 供电电源应设断相和错相保护			
	52	每个机构应设过流（过载）保护			
	53	操纵系统应设零位保护（按钮控制除外）			
	54	照明电压不应超过220V，宜使用安全电压（不大于50V），严禁用金属结构作照明回路			
	55	电气线路对地绝缘电阻：一般环境不低于1MΩ			
电气设备	56	(1) 电气设备应固定牢靠，电气连接应接触良好、防止松脱。 (2) 电线、线束应用卡子、穿线管、托线架、布线盒等固定并排列整齐			
	57	(1) 电气柜（配电箱）和电气室防风沙、防雨雪，规范坚固，应有门锁，门内贴有原理图或接线图、操作指示等，门外应有警示标志。 (2) 电气室应设符合要求的照明			
	58	多箱电阻器叠放间隔应不小于80mm，中间可以加设隔热板，人易接近处应加防护罩，室外加罩应利于散热和防雨			
	59	(1) 塔架大车拖式电缆不应拖地行走，应设电缆托架。 (2) 所有电线、电缆不应有破损、老化等现象。 (3) 电缆卷筒的直径应是电缆外径的：电缆外径＜21.5mm不小于10倍；电缆外径＞21.5mm不小于12.5倍。 (4) 电缆卷筒应有电缆张紧装置，收放电缆与塔架行走同步。 (5) 电缆卷筒转动灵活、外观完好，滑环、碳刷接触良好，电缆连接牢固			
空载试验	60	(1) 以下为一个工作循环，应做不少于三个工作循环的试验： 1) 起升：吊钩起升至最高位置，然后下降至离地面200mm处，悬停，在起升和下降过程中各制动1次； 2) 变幅：在工作幅度内，小车往返变幅各1次； 3) 行走：大车全程往返运行各1次； 4) 各机构单独动作试验后，可作两个机构联合动作试验。 (2) 检查电气系统、控制操作系统是否灵敏、准确、可靠，各机构运转是否平稳、性能良好，是否有漏油、渗油现象，制动是否可靠，安全装置是否准确、可靠。 (3) 检查主、副塔架大车同步性是否符合要求，防偏斜装置性能是否良好、可靠			

续表

检验项目	序号	检验内容与要求	检验结果		备注
			合格	不合格	
额定载荷试验	61	(1) 以下为一个工作循环，各机构单独动作试验后，可作两个机构联合动作试验，各应做不少于三个工作循环的试验；试验时间应不少于1h。 1) 起升：跨中起升最大额度载荷到最高位置，然后下降至离地面200～400mm，悬停，在起升和下降过程中各制动1次； 2) 变幅：在相应允许工作幅度内，小车往返变幅各1次； 3) 行走：大车运行不少于20m，往返各1次。 (2) 检查起升、变幅、行走的制动是否可靠及操纵是否灵敏、准确，检查各机构运行是否平稳，检查各机构电机温升情况是否正常，检查各机构、结构件连接是否松动、有无异常，检查车轮是否有啃轨、爬行及踏面损坏现象等			
超动载试验	62	(1) 试验工况和额定载荷试验工况相同，但试验载荷为最大额定载荷的1.1倍。 (2) 超动载试验时起重量限制器需进行调整，试验后再进行恢复。 (3) 检查项目同61			
超静载试验	63	(1) 无冲击加载至1.25倍的最大额定起重量，幅度跨中，起升至离地面100～200mm，悬停不少于10min，然后将载荷下降至地面。 (2) 除按超动载试验的检查项目检查外，还需检查各机结构有无损坏，各主要受力结构件有无永久变形和油漆剥落现象，起升制动有无瞬时向下滑移现象，承载索、牵引索垂度是否符合说明书要求。 (3) 超静载试验时起重量限制器需进行调整，试验后再进行恢复			
载荷限制器试验	64	(1) 正常起升最大额定起重量 Q_m，起量限制器不动作，但 90%Q_m 时发出警报指示，允许起升；载荷落地加载至 1.05Q_m，以最慢速起升。 (2) 起重量限制器动作，切断所有挡位起升回路电源，载荷不能起升并发出报警信号。 (3) 试验重复三次，每次均应符合要求。 (4) 关于起重量限制器的精度误差计算按GB/T 5031—2008规定，误差应不小于±5%			

表 2　　整改意见表

<table>
<tr><td colspan="4">整　改　意　见</td></tr>
<tr><td>序号</td><td>自检报告书中的序号</td><td>整　改　内　容</td><td>整改限期</td></tr>
<tr><td></td><td></td><td></td><td></td></tr>
<tr><td></td><td></td><td></td><td></td></tr>
<tr><td>…</td><td></td><td></td><td></td></tr>
<tr><td colspan="4">检验结论：

检验员（签字）：

年　月　日</td></tr>
<tr><td colspan="4">复检结论：

检验员（签字）：

年　月　日</td></tr>
<tr><td colspan="2">审核意见：

审核者（签字）：

机械管理部门负责人（签字）：

年　月　日</td><td colspan="2">复审意见：

审核者（签字）：

机械管理部门负责人（签字）：

年　月　日</td></tr>
</table>

施工现场租赁和分包单位起重机械安全管理

随着电力建设工程的大干快上和全国工程机械租赁业的发展，电力建设的工程项目的分包队伍越来越多，租赁的起重机械也越来越多。外租机械解决了施工企业资金不足，买不起机械和机械资源短缺问题，也帮助施工企业克服了以往追求“大而全”和“小而全”的落后传统发展模式，所以工程现场不仅有外包单位自带的自有起重机械和外租起重机机械，也有工程总包单位电力建设大型施工企业的自有起重机械和外租起重机械，甚至还有业主单位外租的起重机械。在这里为简化叙述，我们统称现场租赁和分包单位起重机械。

现场租赁和分包单位起重机械的增多，无疑增加了现场起重机械安全管理的难度。现场不仅增加了起重机械的数量，有些老旧的、状态不好的、甚至非正规厂家制造而质量差的起重机械也进入了现场。不仅如此，有些现场机械监理人员和电力建设单位施工项目部的机械管理人员对于这些起重机械的安全管理不太重视，甚至认识错误。在现场起重机械的安全检查中，有时可以听到他们这样的解释：“那些起重机械不是我们的，是外租的，是外包队的。”想表达的意思是，那些起重机械有问题和我们无关，不是我们应该管的起重机械。所以，现场对于这些起重机械的安全管理，时有“以包代管”、“以租代管”、“以罚代管”的现象发生，在现场起重机械安全检查中也发现这些起重机械的缺陷和安全隐患较多。为此，现场必须加强对租赁和分包单位起重机械的安全管理。

第一节　施工现场租赁和分包单位起重机械安全管理要求

(1) 租赁和分包单位的起重机械必须纳入现场的整个起重机械安全管理体系中，属于整个现场起重机械安全管理范围，并参与评价与考核。

(2) 工程项目总包单位必须把租赁和分包单位的起重机械纳入本单位起重机械安全管理范围内，并对其安全管理负责。

(3) 租赁和分包单位的起重机械的准入确认，应该与其他起重机械的准入确认同样对待，甚至应当更为认真严格；监理和总承包单位施工项目部（以下简称施工项目部）都应登记造册，登录入“现场起重机械准入登记台账”，准入检查表（包括整机检查表、待安装机械零部件检查表）和检验合格证等相关资料应该齐全留存；不能由于有的租赁时间短，而不进行准入检查确认登记和没有任何准入检查确认记录；不符合规定要求的起重机械不得进入现场作业。

(4) 租赁和分包单位起重机械的资料审查至少应包括以下内容：

1) 起重机械制造许可证、出厂产品合格证、制造监检合格证、按规定要求的型式试验合格证、使用说明书。

2）使用登记台账、检验合格证或检验报告书。

（5）租赁和分包起重机械的起重机械管理人员、起重机械作业人员的现场准入审查，应该与其他起重机械作业人员准入审查同样对待，甚至应当更为严格；监理和施工项目部都应登记造册，登录入“现场起重机械作业人员准入登记台账”，起重机械作业人员的资格证件复印件应齐全、有效并留存；不能由于进场时间短，而不进行准入审查登记和不留存其资格证件；不符合要求的起重机械作业人员不得从事相应的作业。

（6）凡使用起重机械的分包单位必须建立起重机械安全管理制度和相应的安全操作规程，明确分管领导，制定起重机械安全目标或指标，建立各级机械安全岗位责任制；根据使用起重机械的数量设置的专职或兼职机械管理人员，按现场业主单位和总承包单位的要求，规范起重机械的安全管理。

（7）分包单位或出租单位的起重机械安装（拆卸）队伍进入现场，总承包单位和监理必须按规定审查其相应的安装资质，施工项目部和监理应留存其资质证件复印件。不符合要求的安装（拆卸）队伍不得进入现场承担起重机械的安装或拆卸任务。

（8）分包单位外委的起重机械安装（拆卸）队伍或出租单位的起重机械安装（拆卸）队伍进入现场，施工项目部和监理必须审查其承担任务的合同或协议，并留存其复印件。凡合同或协议不符合要求的，必须重新签订；无合同或合同不符合要求的，不得进行起重机械的安装或拆卸作业。

（9）租赁和分包单位的起重机械安装或拆卸作业指导书，应以总承包单位的名义编制，按规定会签和逐级审查，监理批准后，施工项目部和监理应留存其复印件。不符合要求的，总承包单位负责修改完善并进行重新审批；没有作业指导书或作业指导书没有批准的不得进行安装或拆卸作业。

（10）租赁和分包单位起重机械的安装或拆卸交底会，施工项目部的机械管理人员和机械监理人员应该参加监督指导；安装或拆卸的关键工序工艺施工项目部机械管理人员和机械监理人员应该执行旁站监督和旁站监理。

（11）租赁和分包单位的起重机械，施工项目部和监理应根据其实际管理情况，增加定期起重机械安全检查频次和其重要作业中的旁站监督及旁站监理的次数。

（12）施工项目部对租赁和分包单位起重机械作业人员和管理人员应该组织进行相关内容的安全培训教育，并加以考核。

（13）有下列情况之一的起重机械，不得租用或带入现场：

1）属于国家明令淘汰或者禁止使用的。

2）达到报废条件或已经报废的。

3）超过安全规范或厂家规定的设计使用年限的。

4）经检验机构检验达不到安全技术标准或者没有取得检验合格证的。

5）没有使用登记手续的。

6）没有完整安全技术档案的。

7）安全保护装置不齐全和无效的。

（14）凡租赁的起重机械都应具有正式的租赁合同，施工项目部和监理应该按规定要求审查其租赁合同；施工项目部机械管理部门应该留存其合同复印件。不符合相关规定要求的租赁合同必须重新签订；没有签订租赁合同或者租赁合同不符合相关规定要求的租赁的起重机械不得准入。

（15）施工项目部应对分包单位和外租起重机械的有关人员及时传达国家和上级有关起重机械安全工作要求、会议精神、有关文件通报等，并能提供相关法规、标准和有关学习资料。

（16）如果分包队伍对于使用的起重机械没有能力和水平实施安全管理（包括维护、保养、检查、安装或拆卸等）的，可以委托总承包单位的起重机械专业队伍按规定代行负责管理。

第二节　租赁起重机械常识

一、租赁机械的优点

租赁的概念在现代汉语词典中解释为出租和租用的意思，从出租人的角度为出租，从承租人的角度为租用，所以出租可以叫租赁，租用也可以叫租赁。我们在本书中提到的租赁机械，基本上是指长期或短期租用的机械。作为施工企业必须具有一定的与施工资质相适应的施工技术和物资，即一定的装备实力，这样，才能取得业主的信任和认可。随着建筑市场的激烈竞争，施工企业承揽的工程项目有多有少，企业要考虑成本与效益，不可能无限扩张，机械购置得过多，项目过少，机械利用率将降低，势必造成固定资产积压，机械的无形磨损加大，企业的负担加重。在工程多或工程急需的时候，租赁机械是一种常见的选择。对于施工企业来说，租赁机械有以下优点：

（1）不需要一次性支付数额较大的机械购置费，不增加企业固定资金占用额。

（2）企业有限的固定资金可用在最关键机械设备购置上，更好地发挥投资效益。

（3）需要时租，不需要时退租，能保持机械较高的利用率和效率。

（4）一般租用单位不承担机械的维修费用，更没有闲置时的维护管理费用，以及机械无形磨损带来的损失。

（5）租用方选择的余地较大，可以不断租用技术性能先进和效率高以及性价比高和效益好的机械。

二、租赁机械的形式

这里讲的租赁形式是指施工企业根据实际需要租用机械的形式。

（1）长期租赁。租用期在半年及半年以上租用机械的形式，叫长期租赁。有时长期租赁比短期租赁在租用价格上有一定的优惠。

（2）短期租赁。租用期在半年以下租用机械的形式，叫短期租赁。

（3）临时租赁。租用期在一个月以内或几天，甚至几小时的租用机械的形式，叫临时租赁。

（4）带人租赁。租用的机械需要带操作者（司机）的租用形式，叫带人租赁。

（5）不带人租赁。只租用机械的租用形式，叫不带人租赁。

（6）融资租赁。由出租方融通资金购置租用方所需的机械，提供给租用方使用；租用方分期付出租金（包括购置机械全部价款、贷款利息、管理成本、企业利润等）的租用形式。租用期满，按双方合同约定，该机械可以归租用方所有、续租或退还出租方。一般情况下，都是租用方留购，因为这解决了租用方想购置该机械，一次拿不出大量资金购置的困境，利用融资租赁达到了购置的目的。融资租赁合同一旦签订，不可解约。

（7）内部租赁。出租方和租用方是一个大企业或集团内的所属单位，如该企业或集团的各专业工地或专业队或专业公司向本企业机械化公司或机械租赁公司租用机械，这样的租赁为内部租赁，一般内部租赁比外部租赁在租金上有优惠。

（8）外部租赁。指向企业外租赁经营单位租用机械。

三、机械租金的组成

一般租赁机械的租金包括机械折旧费、大修理费、经常修理费、安装或拆卸费及场外运输费、人工费（带人租赁）、燃料动力费、管理费、税金及不可预见损失费、其他费用、利润，详见表9-1。

表9-1　机械租金的构成

项　目	含　义	计算方法
机械折旧费	指机械在规定的使用年限内，陆续收回机械原值（购置费用）的价值。也可以说是对机械损耗的分次补偿价值	按国家规定的机械折旧年限运用折旧提取方法计算，如平均年限法、平均月限法、工作量法（按工作台班或工作小时）等
大修理费	指机械在规定的使用年限内，按机械大修间隔期规定的大修理次数，进行大修理的费用，陆续收回的价值。也称大修理折旧费	一般大修理折旧费是按机械折旧费的15%～30%的比率计入租金中
经常修理费	指机械大修理以外的各级维护保养的费用（包括润滑、防腐油料、易损易耗件、工器具、擦拭材料等费用），陆续收回的价值	可按台班费用定额中规定的比率计入租金中
人工费	指操作机械的司机和其他作业人员的工资津贴等费用	只有带人租赁中，租金中才包括人工费
安装或拆卸费及场外运输费	指租赁的机械转移运输到租用方使用现场，以及有的大型机械需要安装和拆卸以及安装拆卸需要增加的辅助设施等费用	该费用应按合同约定，如租用方自己来实施，租金中就不包括该费用；如出租方实施，一般按实际发生费用，由租用方承担，或按有关定额规定计入租金中
燃料动力费	指机械运行作业中消耗的燃料（汽油、柴油）、水、电等费用	该费用按合同约定。如租用方提供所需能源，租金中就不包括该费用；如出租方提供所需能源，该费用计入租金中。如按台班费收取租金，台班费中包括该费用
管理费	指出租单位管理人员工资、出差、培训、办公等经营管理费用	按有关定额比率计入租金中

续表

项　目	含　义	计 算 方 法
税金及不可预见损失费	指出租单位按规定应缴纳的税金，机械闲置时的维护和无形磨损，以及不可预见故障等发生的费用	按规定比率计入租金中
利润	指出租单位的净收入（效益），应根据市场情况和机械新旧程度、性能高低上下浮动	按一定比率计入租金中
其他费用	指按有关规定应缴纳的养路费、车船税、牌照费、年检费及保险费等	按规定比率计入租金中

租金的支付或收取应按合同约定，如有按月租金计算的（月租金＝台班费×80％×天数）；有按天或小时计算的，8个小时算1个台班，超过4个小时按1个台班计费，不足4个小时按半个台班计费等（一般为短期租赁）；有按年租金计算的（年租金＝月租金×12）。

租赁机械中闲置台班费（或停机台班费）：一般不属于出租方的原因造成的机械闲置或停机，出租方不承担责任，租金照收。但在机械台班租赁中可以双方约定，如闲置台班（停机）费可按正常台班费的50％或70％收取等。

关于出租单位的税金现行标准如表9-2所示。

表9-2　经营租赁的主要税收

税　目	税　率	计 税 基 数
营业税	5％	租金收入
城市建设税	7％	营业税额
教育附加费	3％	营业税额
房地产税	1.2％	70％房地产原值
车船税	变动	按照车辆种类
印花税	变动	按照协议性质

四、起重机械租赁的决策和论证

（1）当工程中标后，施工单位必须根据工程实际情况编制出施工组织设计，而在施工组织设计中又必然包含起重机械吊装方案，在吊装方案中要考虑起重机械的选型和配置问题。

根据工程的实际需要，结合施工单位自有起重机械装备的实际情况，所选型和配置的起重机械数量，既要满足工程量和保证工程进度的要求，还要满足施工工艺和保证工程质量的要求；既要讲究工作效率和追求高效益，还要保证施工安全的需要。当施工单位自有起重机械的机型、种类和数量无法满足上述需要时，必然就要发生购置或租赁起重机械的情况，所以，不管是购置还是租赁，决策和论证的问题都是必不可少的。

（2）当决策和论证不充分或考虑不全面时，现场会出现“大马拉小车”（即起重机械能力过剩，效率不高）或“小马拉大车”（即起重机械能力小，经常超负荷作业）等现象；有的只考虑了起重机械的性能，没有考虑起重机械的安全可靠性；有的只考虑经济性（指买或租，只考虑价格低廉），没有考虑其安全可靠性，不仅机械故障不断，甚至发生事故。

（3）购置起重机械通常和企业的发展规模、发展趋势、装备规划以及建筑市场形势的分析和企业的资金情况有关，要进行选型论证（尤其大型或特大型或新型的关键起重设备）。其中包括必要性论证（主要计算其利用率能否达到经济上合理的水平，证明其该不该买）、适用性论证（主要分析其技术性能与施工工艺、施工环境、综合配套、维修管理等的适配关系是否合理，证明其是否适用）、可行性论证（主要结合国家有关法律法规分析其合法性、节能环保性是否符合相关政策要求，以及企业的资金情况或者还贷付息、投资回报等情况，证明其可行性）、安全性论证（分析整机安全性和各种安全防护装置的有效可靠性，证明其安全度的高低）。起重机械的选型首先要遵循选型原则，即必须符合国家有关政策法规的规定；必须符合企业的装备规划；应该遵照技术先进、工程适用、安全可靠、经济耐用、维修方便、易于操作、服务及时周到等原则。选择几个机型的方案，考察其厂家制造设备、工艺水平、质保体系、业绩和信誉，调查相关用户使用反馈情况并进行上述论证与比较，作出购置哪种机型的决策。

（4）当企业对于关键起重机械想要在相同机型的购置和租赁之间作出选择时，应该对两种方案年度费用的经济性进行比较；当购置与租赁的机型不同、租赁年限较长时，可采用等额年费用比较法来选择。如一般租赁和自有资金购置方案的比较，融资租赁和自有资金购置方案的比较，融资租赁和贷款购置方案的比较等，比较要遵照使用价值的可比性、相关费用的可比性和时间因素的可比性。

（5）现场的一些分项工程或者子项工程，由于施工期限比较短，临时租赁或阶段性租赁的起重机械比较多，如起重量 50t 以下的汽车起重机、12t 以下建筑塔式起重机等，论证决策并不复杂，工程概算中就包含着机械费，施工单位预估一下投资和成本便知道租赁肯定比购置既方便又经济，但是我们不能只追求租用价格便宜的起重机械。需要引起注意的是：在起重机械起吊能力相近的同类产品中，有新旧程度之分、正规产品和非正规产品之分、名牌产品和非名牌产品之分、质量优劣之分、安全性的高低之分、服务和信誉好坏之分等。我们在起吊性能（如起重量、起吊高度、工作幅度）满足工程要求的情况下，应当租用产品质量好、安全性高、厂家信誉好、较新的产品，尽可能去正规注册的、有一定声望的租赁公司租赁。

（6）起重机械的技术安全性能评价很重要，应该从以下几个方面来分析：

1）生产性：主要指起重机械的工作效率的高低（如起升速度、降落速度、变幅速度、行走速度、操纵难易程度等）。

2）可靠性：主要指起重机械的整体稳定性和运行稳定性的高低（如主要受力结构的强度和刚度有足够的安全余度；又如有的塔式起重机刚度较差，吊起额定负荷塔身和臂架晃动等）。

3）安全性：主要指整机安全（如稳定性、刚度、强度等指标符合规范要求，焊缝、螺栓、销轴等连接可靠，制动、微动可靠，操纵控制系统可靠等）和安全防护装置齐全及可靠度（如梯子、栏杆、走道、平台、各种护罩、各种限位开关、各种安全装置的设计、制造是否齐全、合理，是否有效、可靠等）。

4）节能性：主要指能源消耗指标的高低（如耗燃油量、耗电量以及其他用料消耗等）。

5）环保性：主要指对周围环境和人员的污染度（如排烟、排气、排水、排油、振动、噪声、电磁辐射等是否符合规范规定）。

6）维修性：主要指易修和可修的维修度，以及备品配件来源渠道的可靠性（如有的起重机械设计不合理，维修无走道、平台，拆卸位置很困难，有的零件坏了没有配件来源等）。

7）耐用性：主要指零部件的物理寿命周期的长短（如有的机械坚固耐用，有的机械使用稍不注意就容易损坏）。

8）灵活性：主要指该产品工况的适应性（如有的起重机械可以变换几十种工况，可以适应多种施工工艺要求）。

9）机动性：主要指其行驶速度、前进、倒退、转弯、爬坡等指标的高低以及通过能力的方便度。

10）安装或拆卸性：主要指其安装、拆卸的难易度和散件运输的方便程度（如有些起重机械设置了许多自拆装装置，有很强的自拆装能力，如自升式塔式起重机；有的甚至可以不用辅助起重机械就能安装拆卸，如大型履带起重机等）。

11）配套性：主要指该产品的附属装置的单机配套度和机种、机型之间的配套度（如有的机型有各种工作装置可以使用，如吊钩、抓斗、重锤等；有的在群机作业中高低搭配不易干涉，适应配套作业等）。

12）特殊要求：如耐高寒、耐高温、耐潮湿、防腐蚀、防风沙、防大风、地处高原等特殊环境的使用能力评价。

五、租赁机械合同

租赁机械是契约关系，一定要签订书面租赁合同，租赁合同必须符合《中华人民共和国合同法》的规定和相关政策法规的规定。

（一）机械租赁合同的主要内容

（1）承租方、出租方的单位名称、地址、承办当事人姓名等。

（2）租赁机械的名称、规格、型号、新旧程度、技术状况和数量等。

（3）租赁机械的用途及使用环境条件等。

（4）租赁机械的运输、拆卸和安装调试与交接等。

（5）如带人租赁，带人（司机、维修人员）数量、工资、奖金、劳保福利、保险、食宿等事宜；不带人租赁无此项内容。

（6）租赁期限（明确起始和终止时间、地点）。

（7）租金及结算（明确租金额度及具体支付方式）。

（8）租赁机械的保养维修（明确执行责任方和费用承担方）。

（9）质量保证和意外损坏。

（10）双方安全责任和事故处理。

（11）违约责任（终止合同收回机械、支付违约金、赔偿损失等）。

（12）争议处置（协商、调解、仲裁、诉讼）。

（13）合同变更、终止和解除（期限变更和租金变更说明；合同期限届满终止、解除及一方违约终止、解除说明等）。

（14）其他事项。

（二）租赁双方的主要权利和义务

根据《合同法》规定租赁双方的权利和义务是：

1. 出租方

(1) 按合同约定交付机械，保证机械本身的安全质量，满足租用方约定用途的正常使用；依法纳税；按期接受租赁机械；按约定及时返还押金或担保的义务。

(2) 如合同约定出租方负责机械保养维修，应当履行机械按期保养维修、对机械瑕疵担保和负责，并对机械安全性能负责的义务。

(3) 如带人租赁，出租方的相关人员应服从租用方的调度安排和指挥监督，严格遵守安全操作规程和租用方的安全管理制度，接受租用方安全教育和保证操作安全的义务。

(4) 要求按约定支付租金和按期返还机械的权利。

(5) 由于租用方的原因机械受到损坏或状态改变，可以终止解除合同和要求赔偿的权利。

(6) 由于租用方违约或未经同意将机械转租给第三方，可以终止解除合同和要求返还机械及赔偿损失的权利。

2. 租用方

(1) 按合同约定条件、用途正确合理使用机械，按期交付租金和租赁期满及时返还机械的义务。

(2) 租用期间应妥善保管机械；如租用方负责保养维修的，应当按期保养维修保持机械良好状况的义务。

(3) 如带人租赁应为出租方相关人员提供合适的工作和生活条件，并对其进行安全教育和管理监督的义务。

(4) 未征得出租方同意不得改变机械状态或转租第三方的义务。

(5) 租赁期间有使用机械的权利。

(6) 如带人租赁其相关人员不服从租用方的指挥、安排和监督或素质差不能保证安全有效施工的，租用方可以要求退回更换相关人员的权利。

(7) 机械按合同条件用途合理使用中的正常损耗（磨损），不承担损耗赔偿的权利。

（三）注意事项

(1) 起重机械租赁合同签订前，租用单位人员应当对租赁单位进行考察和评价，审查其有无营业执照、租赁资质及其有效性，营业范围和经营项目的合规性，考察其质量体系、安全认可、设备能力、技术支持、服务优劣、业绩信誉、管理水平、起重机械安全技术档案是否齐全等，择优选择。

(2) 一般起重机械的租赁合同可以由机械管理部门有关业务人员签订，大型和关键起重机械的租赁合同由机械管理部门领导签订，技术复杂的起重机械可由技术人员或技术负责人参加合同谈判。但签订合同时，应当审查签订合同当事人（包括委托代理人）的资格，以免将来发生纠纷时，当事人不具有法定资格而无法履约。

(3) 租赁期限和交付地点必须详细，因为有的机械是从很远的地方租赁到施工现场，现场使用完毕后，不可能立即退还到外地的出租单位，机械必然存在闲置时间，所以必须标明具体租用时间和交付地点。如果以实际使用时间为租赁期限，在现场交付机械，对租用方更有利。

（4）为了保证租赁合同的规范执行，双方提供一定的履约保证金是可取的。为减少机械使用损坏赔偿和租金支付困难的风险，要求租用方提供一定数量的违约保证金；为减少存在缺陷和保养维修不及时的有关费用支出的风险，要求出租方提供一定数量的机械保证金等。

（5）必须明确租赁双方的安全责任。由于起重机械本身的安全质量原因造成的事故损失必须由出租方承担责任；由于租用方操作使用管理不当造成的事故损失必须由租用方承担责任；安装、拆卸、运输合同约定由哪一方实施应承担的相应安全责任等。

（6）租用方在租赁合同正式签订前，应当组织有关部门（机械、计划、财务、工程、技术、安全等部门）对租赁合同稿进行合同评审。

（7）租用方应将租赁起重机械纳入本单位的起重机械安全管理体系中，加强管理。

六、起重机械租赁合同样本

（一）四川省建筑施工机械租赁合同

承租人____________________

出租人_____________建筑施工机械租赁行业确认书号__________，级别________，发证机关____________________。

依据《中华人民共和国合同法》以及相关法律法规，遵循平等、自愿和诚实信用的原则，双方经协商就租赁建筑施工机械的相关事宜达成协议如下：

第一条 项目名称、施工内容和使用地点

项目名称：____________________

施工内容：____________________

使用地点：____________________

租赁期限：_____年___月___日起至_____年___月___日止。

因工程需要延长租期，双方在租赁期届满前_______日内，续签合同。

租赁期满，承租人继续使用租赁机械，出租人没有提出异议的，原租赁合同继续有效。

第二条 施工机械及租金计算与支付

1. 起重机械及租金

附着费为附着杆长度6米以内的价格，若附着杆超出6米则附着价格为每增加1米（不足1米按1米计算）租赁费增加________元/层。

机械名称	规格型号	数量（台）	标高（米）	实际高度（米）	进出场费（元/台）	租赁费（元/月台）	附着租赁费（元/层）

2. 其他机械及租金

（略）

3. 计算方式

按下列第＿＿＿＿＿种方式计算租金，并将计算结果填入对应表格：

（1）按月计算。不足月的尾数日租金按月租金除以30天乘以实际使用天数计算。

（2）按日计算。

（3）按台班计算：机械每天工作＿＿＿＿＿小时，工作时间按一个机械台班计算。每月日前由双方确认上月实际工作台班数量。

（4）按工作量（每立方米或平方米或吨）计算。每月＿＿＿＿＿日前由双方确认上月实际工作量。

（5）其他方式：＿＿＿＿＿＿＿＿＿＿＿＿＿。

机械名称	数量	规格型号	生产厂商	制造日期	设备编号	进出场起止日期	租金标准	租金计算方式	租金金额（元）

4. 租金

租金总额：＿＿＿＿＿元，大写：＿＿＿＿＿＿＿＿。

5. 支付方式

双方约定以第＿＿＿＿＿种方式支付租金。

（1）一次性支付。支付期限为＿＿＿＿＿。

（2）分＿＿＿＿＿次支付。支付期限为＿＿＿＿＿。

第三条　进出场费

租赁机械进出场费用共计人民币＿＿＿＿＿元，包含：运输＿＿＿＿＿元、吊装＿＿＿＿＿元、安装＿＿＿＿＿元、拆卸＿＿＿＿＿元、其他＿＿＿＿＿元。

承租人承担＿＿＿＿＿＿＿＿，共计＿＿＿＿＿元；

出租人承担＿＿＿＿＿＿＿＿。共计＿＿＿＿＿元。

第四条　租赁机械交接与验收

（1）出租人应当按照合同约定的时间、地点，向承租人移交租赁的机械和相关资料，双方应就交付机械的型号、规格、附件、数量、质量和相关资料等共同进行验收并签署交接清单和“进场检验单”。

必须进行安装、检验、检测合格后方可投入使用的机械设备，由出租人组织法定检验检测机构，检测合格之日视为出租人向承租人移交机械日期。

机械设备的安装、拆卸与检验检测由出租人组织具备相应资质的安装、拆卸、检验检测的单位进行，所发生的费用由出租人负担。

起重设备备案、安装、拆卸告知、使用登记由＿＿＿＿＿人负责。

双方共同签署启用、停工交接通知单，停工时间承租人应提前＿＿＿＿＿天书面通知出租人。

（2）承租人应当按照合同约定时间、地点向出租人交还租赁的机械和相关资料，双方就机械的型号、规格、附件、数量、质量和相关资料等共同进行验收并签署交接单。

第五条　定金

出租人向承租人收取定金＿＿＿＿＿元。

承租人应在租赁机械进场前向出租人支付。租赁期满，定金扣除应付机械毁坏损失赔偿后，余额无息返还承租人。

第六条　机械设备管理

（1）租赁的机械由＿＿＿＿＿人负责机械设备管理。起重机械作业中的司索、指挥、司机、安装、拆卸、维修、检验、管理等人员，应但符合《特种设备作业人员监督管理办法》的条件，持证上岗。机械设备管理人也可委托具备相应资质的专业公司承担租赁机械设备管理，受托方行为视为该委托方行为。

机械设备管理方提供机械设备管理的资料，满足机械设备受检需要。

（2）因机械故障造成机械无法正常运行，出租人自接到通知时起＿＿＿＿＿小时（日）内到达现场维修。出租人自接到维修通知起＿＿＿＿＿小时（日）内未能修复的，自第＿＿＿＿＿日起，应减少相应天数的租金，或者延长相应天数的租期。

（3）停置费。

停置费计收标准＿＿＿＿＿＿＿＿＿＿＿＿＿。

机械设备属下列原因之一造成停置，计收机械设备停置费：

1）非因机械设备本身故障停机而停置现场；

2）任务告一段落，承租人要求机械仍留置现场另行安排任务；

3）因承租人的责任造成停机；

4）＿＿＿＿＿＿＿＿＿＿＿＿＿＿。

机械设备属下列原因之一造成停置，不计收机械停置费：

1）因机械设备故障而停置现场；

2）属于出租人的责任而造成停置；

3）属于节假日、气候原因造成停置；

4）承租人已告知出租人可拆除退场而未及时退场的停置机械设备；

5）＿＿＿＿＿＿＿＿＿＿＿＿＿＿。

（4）双方约定每月＿＿＿＿＿小时为机械正常维护保养时间。具体时间安排为：＿＿＿＿＿。

（5）安全管理责任。

承租人应当按规定建立起重机械事故应急预案，在机械设备发生事故或未遂恶性事故时，承租人应及时启动应急救援预案，组织抢险，防止事态扩大，保护事故现场，并报告出租人和有关部门，听候处理。

属于承租人使用不当或者现场安全措施不当所发生的事故，所造成的直接经济损失应由承租人承担；属于违章操作或违章指挥发生的事故，所造成的直接经济损失由承租人承担。

属于机械设备制造质量、机械设备技术状况不良、机械设备发生故障、安全装置失效所发生的事故，所造成的直接经济损失应由出租人承担。

第七条　双方的权利和义务

1. 承租人的权利和义务

（1）要求出租人按照合同约定提供合格的机械设备。

（2）要求由出租人负责操作、保养维修的租赁机械，若因出租人的原因导致机械毁损或者出现故障无法使用的，承租人有权解除合同或要求出租人更换同类型号、性能的机械。

（3）承租人应当按照合同约定时间、方式和金额支付租金和其他费用。

（4）承租人应当为出租人提供机械进出场安全的安全作业环境和条件，以及其他维护作业的协助和便利；按时接收或验收出租人交付的机械设备。由承租人原因造成机械毁坏损失的，应赔偿出租人的损失。

（5）由承租人负责操作和维护保养的租赁机械，承租人应当按操作规程、机械使用规定或合同约定管理使用租赁机械，不得违章或超负荷作业；按合同约定及时做好机械维护保养工作。由承租人指派的操作人员必须持证上岗。

（6）未经出租人书面同意，承租人不得转租本合同名下机械，不得对租赁机械进行改装或增设其他装置。

2. 出租人的权利和义务

（1）出租人应当按照合同约定的时间、地点向承租人提供约定的合格机械设备；应当向承租人提供生产厂家的制造许可证、产品合格证、出厂监检合格报告及按规定的型式试验合格报告等相关文件证明，需要到相关部门备案登记的，出租人应当提供和办理备案登记手续（证明）。

（2）出租人应当向承租人提供出租机械的使用环境、安全使用条件、操作维护注意事项、基础、轨道、附着的技术资料和安装或拆卸使用说明书及随机配件、工具清单等。

（3）出租人有权按照合同约定收取租金和其他费用。

（4）出租人应当提供技术保障，承担租赁期间的机械保养维修义务（另有约定除外）。

（5）合同约定应由出租人派出的随机操作人员必须持证上岗，服从承租人的管理和监督，遵守承租人的各项管理制度。

（6）因承租人原因导致租赁机械损坏，出租人有权向承租人要求赔偿。

第八条　违约责任

任何一方不履行或者不适当履行合同义务，应当承担违约责任，向对方支付违约金；给对方造成损失的，应当赔偿损失。双方约定违约金为__________万元或者租金总额的__________％。

1. 承租人违约责任

（1）不按合同约定支付租金。逾期超过__________日，出租人有权解除合同，要求承租人支付违约金并赔偿损失。

（2）违章或超负荷作业，致使租赁机械受到损坏，出租人可以解除合同，要求承租人修复并赔偿损失。

（3）未经出租人书面许可擅自将租赁机械转租，出租人可以解除合同，要求承租人支付违约金并赔偿损失。

（4）未经出租人书面许可擅自改装或增加其他装置的，出租人可以要求承租人及时恢复原状或者赔偿损失。

（5）其他____。

2. 出租人违约责任

（1）不按合同约定提供机械设备或提供的机械设备型号、规格与合同不符，经承租人书面告知仍不能按时履行并达不到承租人要求，导致合同无法履行的，承租人可以解除合同，要求出租人支付违约金并赔偿损失。

（2）不按合同约定日期提供机械设备的，应当支付违约金并赔偿损失。逾期超过__________日的，承租人有权解除合同。

（3）在租赁期间因出租人原因导致机械停工的，每停工一天，承租人除扣减相应租金外，出租人应当赔偿损失。停工超过__________日的，承租人有权解除合同并要求出租人支付违约金。

（4）其他____。

第九条　不可抗力

一方当事人因不可抗力不能按照合同约定履行本合同的，根据不可抗力的影响，可部分或全部免除违约责任，但应当及时告知对方，并自不可抗力结束之日起十五日内向对方当事人提供证明。

第十条　解决争议的方式

本合同发生的争议，由双方协商解决，也可以由行业主管部门进行调解，协商或者调解不成的。按下列第__________种方式解决：

（1）向仲裁委员会申请仲裁。

（2）依法向人民法院起诉。

第十一条　合同生效及其他

（1）本合同自双方签字盖章之日起生效。本合同及附件共_____页，一式_____份，具有同等法律效力，其中承租人__________份，出租人__________份。

（2）本合同附件以及合同履行过程中形成的各种书面文件，经双方签署后为本合同的组成部分，与本合同具有同等法律效力；解释的顺序除有特别说明外，以文件生成时间在后的为准。

（3）本合同未尽事宜，双方可协商签订补充协议，补充协议与本合同具有同等法律效力。

（4）其他约定事项__________________________。

承租人（签章）	出租人（签章）
住所：	住所：
法定代表人：	法定代表人：
委托代理人：	委托代理人：
电话：	电话：
开户银行：	开户银行：
银行账号：	银行账号：

签约时间：_______年_____月_____日，签约地点：__________________。

（本合同样本摘录《建筑机械管理与租赁》2009.11期，本文略有修改）

（二）北京市塔式起重机租赁合同

签订日期________________

合同编号________________

承租方（简称甲方）：________________________

出租方（简称乙方）：________________________

经甲乙双方友好协商，就本合同第1条所述设备（以下简称租赁设备或设备）的租赁事宜达成以下协议。

1　租赁设备

1.1　设备情况。

设备名称：	规格型号：	设备管理编号：
产权单位：		总高度：
组装高度：	顶升高度：	锚固（附着）：
设备部件：		
1. 基本塔身		
2. 标准节		
…		

1.2　乙方应向甲方提供乙方的营业执照、租赁资质、机组人员的操作资格，以及市建委和特种设备检测中心审发的各种有效证件和拆装单位资质证书复印件。

1.3　乙方保证提供的租赁设备经特种设备检测中心和市建委检验合格，技术性能良好。

2　设备交付

2.1　约定交付时间和约定交付地点。乙方应在________年____月____日之前将租赁设备交付到位于________________________的建筑施工工地。

2.2　甲方变更上述约定交付时间和约定地点应提前14天书面通知乙方。乙方无法交付租赁设备也需提前12天书面通知甲方。因未能及时通知给对方造成损失的应当给予赔偿。

2.3　设备交付时，甲乙双方应派代表清点设备及附属配件，并制作交接清单，由甲乙双方代表签字。双方代表的签字时间为实际交付时间。

3　设备安装与验收

3.1　乙方应在2.1约定的交付时间14天以前向甲方提供准确的基础制作图纸和技术要求，并指派专业人员协助甲方做好预埋件的预埋工作。

3.2　甲方根据乙方提供的技术资料，确定基础施工方案并负责基础制作。基础验收后将相关技术资料，如隐检记录、混凝土试验报告单、接地电阻测量记录等复印件由甲方盖章或甲方代表签名后交付乙方签收。若基础下沉、混凝土强度不够等基础质量缺陷造成的事故，一切损失由甲方负责。

3.3　甲方应向乙方出具一份现场平面图，提供轴线位置、标高尺寸及详细的地质资料，标明设备位置。甲方负责准备专用的配电箱，负责接通电源，提供充足的组装场地，保证设备进出场道路畅通和作业方便。若因现场不具备安装、拆卸和设备运行条件而造成的损失应由甲方承担。

3.4　设备安装由乙方负责，费用由甲方承担。乙方可以委托第三方安装。设备安装应由持有拆装资质的单位进行。安装设备必须另外签订安装合同。

3.5　安装完毕后，甲方负责验收的准备工作、组织验收并办理有效的验收手续及验收资料。乙方配合甲方进行验收。应当双方代表参加验收并在验收报告上签字，双方各执一份。

4　合同价格及支付方式

4.1　甲方应支付乙方设备进场费、拆卸、安装、运输等费用共计____________元人民币。

甲方应在设备交付前7天支付该笔费用。

4.2　设备租赁费用为每月____________元。设备安装完毕经验收合格后开始计算租赁费用。租赁费用计算的截止时间为乙方收到甲方要求归还设备的书面通知的时间。不足一个月的租赁费用按照每月30天折算。

4.3　租赁费按每月支付，每月10日前支付上个月的租赁费。

4.4　本合同价格是甲乙双方根据招标文件和乙方投标价经充分协商确定。本合同价格已经考虑了施工中可能遇到的诸种复杂因素和一切必需的费用。除本合同中另有规定或经双方协商变更，在合同履行期间，不论发生其他任何情况，任何一方均不得要求变更合同价格。

5　租赁设备的维修、保养和运行

5.1　乙方负责租赁设备的维修、保养服务。租赁期间的一切维修保养费用均由乙方承担。

5.2　设备发生故障，乙方维修人员应在2小时之内赶到现场，最大限度地减少施工现场的损失。乙方设备（塔式起重机）故障维修保养而停机每月少于48小时，属于正常维修，甲方不扣减租赁费用。因维修或保养停机每月超过48小时，超过部分按实际停机天数扣减租赁费用。甲方不得要求乙方承担因停机造成的其他损失。

5.3　乙方负责为租赁设备配备机组人员三人，其中包括机长一人。机组人员要接受甲方的指挥，配合施工，保证租赁期间24小时有人。对不遵守工地管理制度，无故刁难甲方施工人员的机组人员，甲方有权向乙方提出更换要求。乙方在收到甲方的通知后应在48小时内予以更换。乙方配备机组人员必须持证上岗。乙方机组人员的资格证件复印件交付甲方一份。

5.4　甲方应配备足够的专职指挥、司索人员，且必须持证上岗。指挥人员不得违章指挥。因违章指挥或司索挂钩不当造成的事故，一切后果由甲方负责。

5.5　严禁甲方人员擅自操作、修理塔式起重机。因甲方擅自操作、修理塔式起重机造成的一切后果由甲方全部承担。因甲方司机操作而发生的事故，由甲方承担全部损失。

5.6　多台设备作业时，甲方应制订详尽的作业方案和安全措施，并向指挥和机组人员作出书面安全交底。

5.7　甲方负责提供住宿和必要的生活设施，保证机组人员必要的休息。

5.8　当塔式起重机需要锚固时，甲方应在7日前通知乙方。甲方应根据乙方提供的数据和要求，认真做好预留孔洞和作业平台的搭设等准备工作。

5.9　乙方应保证机械维护保养制度的落实，使设备处于良好的运行状态。机组人员应按照GB 6067—2010《起重机械安全规程》和GB 5144—2006《塔式起重机安全规程》的规定做好设备的日常检查和月检，认真执行交接班制度，并做好检查、运行、交接班记录。甲方有权检查设备的运行和检查的记录。

6　出租变更

6.1　在租赁期间，甲方如将租赁设备所有权转移给第三方，应正式通知乙方，租赁设备新的所有权方即成为本合同的当然出租方，继续履行甲乙双方在本合同中约定的权利和义务。

6.2　在租赁期间，甲方不得将租赁设备转让、转租给第三方使用，也不得变卖或作抵押品。

6.3　甲方未经乙方同意不得转移租赁设备，否则因甲方擅自转移设备造成的损失由甲方承担。

7　设备保管和风险责任

7.1　从设备实际交付给甲方，到设备交还乙方为止，这一期间设备保管的责任由甲方承担。由于保管不当造成的设备损坏和配件丢失由甲方承担赔偿责任。

7.2　租赁设备和机组人员的全部保险由乙方承担。相应地，因不可抗力导致设备损失和人员伤亡的赔偿责任也由乙方承担。

7.3　公共和第三方的全部保险由甲方承担。相应地，因不可抗力导致租赁设备和机组人员以外的其他财物损失和人员伤亡的赔偿责任也由甲方承担。

7.4　租赁设备发生意外事故后，由乙方负责租赁设备和机组人员的善后处理和先行赔付工作。甲方负责其他善后处理和先行赔付工作。最终赔付责任按照甲乙双方在事故中的实际责任负担。

8　合同解除与违约责任

8.1　甲乙双方在合同约定的交付日期前28天通知对方可以解除合同。要求解除合同的一方赔偿对方缔约损失壹万元。

8.2　乙方未按合同约定时间交付租赁设备，或者交付的租赁设备在14日内不能检验合格，或者因设备故障在14天内不能修复并投入使用，甲方有权要求解除合同并要求乙方退还已经支付的4.1款规定的费用，另外乙方支付甲方4.1款规定的数额相同的违约金。

8.3　甲方逾期缴纳租金，应当按每日万分之三支付违约金。甲方逾期不支付租赁费用超过28天，乙方有权停止设备运转。甲方逾期支付租金超过56天，乙方有权解除合同，自行收回设备，并要求甲方另外支付本合同4.1款规定同样数额的费用作为违约金。

9　设备交还

甲方使用设备完毕，要求归还设备应书面通知乙方。乙方收到通知或甲方交付邮局的时间为租赁费计算截止时间。乙方收到归还设备的通知以后应在24小时内到达设备现场与甲方办理设备交还手续。甲乙双方在清点设备以后要在交接清单上签字，各执一份。

10　纠纷解决

10.1　合同履行过程中，因对方违约造成已方损失或不能正常履约，守约方应当及时向对方提出书面材料，说明有关情况和索赔要求。收到此类资料的一方应当在 7 天内给予书面答复，超过 7 天不答复视为同意提出书面资料一方的要求。在守约方知道或应当知道对方违约的情况后 28 天后不向对方提出书面资料，视为放弃向违约方提出索赔请求。

10.2　履行本合同发生的纠纷，应协商解决。协商不成，当事人应向设备施工现场所在地法院起诉。

11　甲乙双方代表及联络方式

11.1　甲方指定____________________为甲方的履约代表，其在履约过程中的签字与甲方盖章或甲方法定代表人的签字具有同等法律效力。

甲方履约代表的通讯地址及电话：

11.2　乙方指定____________为乙方履约代表，其在履约过程中的签字与乙方盖章或乙方法定代表人的签字具有同等法律效力。

乙方履约代表的通讯地址及电话：

11.3　履约过程中发生文件传递应当采用书面形式。可以交由对方履约代表签收，或以挂号信或特快专递的方式通过邮局递交。按照上述地址将有关文件递交邮局即视为文件已经送达。

11.4　甲乙双方改变履约代表，应书面通知对方。因未通知对方而造成的损失或其他法律损失由未通知一方承担。

本合同一式四份，合同双方各执二份。

承租方（甲方）：	出租方（乙方）：
法定代表人：	法定代表人：
委托代理人：	委托代理人：
地址：	地址：
电话：	电话：
开户行：	开户行：
账号：	账号：
税号：	税号：
年　　月　　日	年　　月　　日

（本合同样本摘录自《工程机械租赁实务指南》建筑机械化杂志社 2005，本文略有修改）

（三）融资租赁合同

合同编号：____________________

合同签订日期：____________________

合同签订地：____________________

出租方（甲方）：______________________________

承租方（乙方）：______________________________

根据《中华人民共和国合同法》及有关规定，为明确出租方（以下简称甲方）与承租方

（以下简称乙方）的权利和义务关系，经双方协商一致，签订本合同。

第一条　租赁设备

甲方根据乙方的要求及乙方自主选定，以租给乙方为目的，为乙方融资购买附表所记载的起重设备（以下简称租赁设备或设备）租予乙方，乙方则向甲方承租并使用该设备。

第二条　租赁期间

租赁期间如附表第（5）项所记载，并以本合同第五条第1款所规定的乙方签收提单之日为起租日或以本合同第五条第2款所规定的甲方寄出提单之日为起租日。

第三条　租金

（1）甲方为乙方融资购买租赁设备，乙方承租租赁设备须向甲方支付租金，租金及其支付日期、金额和次数，均按附表第（9）、（10）项的规定。

（2）前款租金是根据附表第（7）项所记载的实际成本计算的。实际成本是指甲方为购买租赁设备和向乙方交货以人民币分别所支付的全部金额、费用及其利息的合计额。

第四条　租赁设备的购买

（1）乙方根据自己的需要，通过调查卖方的信用力，自主选定租赁设备及卖方。乙方对租赁设备的名称、规格、型号、性能、质量、数量、技术标准及服务内容、品质、技术保证及价格条款、交货时间等享有全部的决定权，并直接与卖方商定，乙方对自行的决定及选定负全部责任。甲方根据乙方的选定和要求与卖方签订购买合同。乙方同意并确认附表第（1）项所记载的购买合同的全部条款，并在购买合同上签字。

（2）乙方须向甲方提供甲方认为必要的各种批准或许可证明文件。

（3）甲方负责筹措购买租赁设备所需资金，并根据购买合同，办理各项有关的进口手续。

（4）购买租赁设备应缴纳的海关关税、增值税及国家新征税项和其他税款，运费、商检及其他需支付的费用，均由乙方负担，并按有关部门的规定要求，由乙方按时直接支付。甲方对此不承担任何责任。

第五条　租赁设备的交付

（1）租赁设备在附表第（3）项的交付地点，由卖方或甲方（包括其代理人）向乙方交付。

甲方收到提单后，立即传真通知乙方凭授权委托书向甲方领取提单，乙方同时向甲方出具租赁设备收据。乙方签收提单后，即视为甲方完成向乙方交付租赁设备。乙方签收提单之日为本合同起租日。乙方凭提单在交付地点接货，并不得以任何理由拒收货物。

（2）如乙方未在甲方通知的日期领取提单或者乙方拒收提单，甲方将提单以特快专递寄送乙方，即视为甲方已完成向乙方交付租赁设备及乙方将租赁设备收据交付甲方。在此情况下，甲方寄出提单之日为本合同起租日。

（3）租赁设备到达交付地点后，由甲方运输代理人（货运公司）或乙方自行办理报关、提货手续。且无论乙方及时接货与否，在租赁设备到达交付地点后，由乙方对租赁设备自负保管责任。

（4）因不可抗力或政府法令等不属于甲方原因而引起的延迟运输、卸货、报关，从而延误了乙方接受租赁设备的时间，或导致乙方不能接受租赁设备，甲方不承担责任。

（5）乙方在交付地点接货后，应按照国家有关规定在购买合同指定的地点和时间进行商检，并及时向甲方提交商检报告副本。

第六条　租赁设备瑕疵的处理

（1）由于乙方享有本合同第四条第1款所规定的权利，因此，如卖方延迟租赁设备的交货，提供的租赁设备与购买合同所规定的内容不符，或安装、调式、操作过程中及质量保证期间有质量瑕疵等情况，按照购买合同规定，由购买合同的卖方负责，甲方不承担赔偿责任，乙方不得向甲方追索。

（2）租赁设备延迟交货和质量瑕疵的索赔权归出租方所有，出租方可以将索赔权部分或全部转让给承租方，索赔权的转让应当在购买合同中明确。

（3）索赔费用和结果均由承租方承担。

第七条　租赁设备的保管、使用和费用

（1）乙方在租赁期间内，可完全使用租赁设备。

（2）乙方除非征得甲方的书面同意，不得将租赁设备迁离附表第（4）项所记载的使用场所；不得转让给第三方或允许他人使用。

（3）乙方平时应对租赁设备给予良好的维修保养，使其保持正常状态和发挥正常效能。租赁设备的维修保养，由乙方负责处理，并承担其全部费用。如需更换其零件，在未得到甲方书面同意时，应只用租赁设备原制造厂所提供的零件更换。

（4）因租赁设备本身及其设置、保管、使用等致使第三者遭到损害时，乙方应负赔偿责任。

（5）未按本条前面款项的规定，因租赁设备本身及其设置、保管、使用及租金的交付等所发生的一切费用、税款（包括国家新开征的一切税种应缴纳的税款），由乙方负担（甲方全部利润应纳的所得税除外）。

第八条　租赁设备的灭失及毁损

（1）在合同履行期间，租赁设备灭失及毁损风险，由乙方承担，但正常损耗不在此限。如租赁设备灭失或毁损，乙方应立即通知甲方，甲方可选择下列方式之一，由乙方负责处理并负担一切费用：

1）将租赁设备复原或修理至完全正常使用状态。

2）更换与租赁设备同等状态、性能的设备。

（2）租赁设备灭失或毁损至无法修复的程度时，乙方按《实际租金表》所记载的所定损失金额，赔偿给甲方。

（3）根据前款，乙方将所定损失金额及任何其他应付的款项缴纳给甲方时，甲方将租赁设备（以其现状）及对第三者的权利（如有时）转交给乙方。

第九条　保险

在租赁设备到达附表第（4）项所规定的设置场所的同时，由乙方以甲方的名义对租赁设备投保，并使之在本合同履行完毕之前持续有效，保险金额与币种按本合同所规定的损失金的金额与币种。保险费用由乙方承担。

保险事故发生，乙方须立即通知甲方，并即行将一切有关必要的文件交付甲方可用于下列事项：

（1）作为第八条第 1 款第 1）或 2）项所需费用的支付。

（2）作为第八条第 2 款及其他乙方应付给甲方的款项。

第十条　租赁保证金

（1）乙方将附表第（8）项所记载的租赁保证金，作为履行本合同的保证，在本合同订立的同时，交付甲方。

（2）前款的租赁保证金不计利息，并按《实际租金表》所载明的金额及日期抵作租金的全部或一部分。

（3）乙方如违反本合同任何条款或当有第十一条第 1 至第 5 款的情况时，甲方从租赁保证金中扣抵乙方应支付给甲方的款项。

第十一条　违反合同处理

（1）如乙方不支付租金或不履行合同所规定其他义务时，甲方有权采取下列措施：

1）要求即时付清部分或全部租金及一切应付款项。

2）即行收回租赁设备，并由乙方赔偿甲方全部损失。

（2）虽然甲方采取前款 1）、2）项措施，但并不因之免除本合同规定的乙方其他义务。

（3）租赁设备交付之前，由于乙方违反本合同而给甲方造成的一切损失，乙方也应负责赔偿。

（4）当乙方未按照本合同规定支付应付的到期租金和其他款项给甲方，或未按时偿还甲方垫付的任何费用时，甲方除有权采取前 3 款措施外，乙方应按附表第（13）项所记载的利率支付延迟支付期间的延迟利息，延迟利息将从乙方每次交付的租金中，首先扣抵，直至乙方向甲方付清全部逾期租金及延迟利息为止。

（5）乙方如发生关闭、停业、合并、分立等情况时，应立即通知甲方并提供有关证明文件，如上述情况致使本合同不能履行时，甲方有权采取本条第 1 款的措施，并要求乙方及担保人对甲方由此而发生的损失承担赔偿责任。

租赁期间，租赁设备不属于承租方破产清算的范围。

第十二条　甲方权利的转让

甲方在本合同履行期间在不影响乙方使用租赁设备的前提下，随时可将本合同规定的全部或部分权利转让给第三者，但必须及时通知乙方。

第十三条　合同的修改

本合同及所有附件的修改，必须经甲乙双方及担保人签署书面协议方能生效。

第十四条　租赁期满后租赁设备的处理

乙方在租赁期满并全部履行完毕合同规定的义务时，乙方有权对租赁设备作如下选择：

（1）自费将租赁设备归还甲方，并保证使租赁设备除正常损耗外，保持良好状态。

（2）租赁期满 30 天前，以书面通知甲方，按附表第（11）项和第（12）项所记载的续租租金和续租所订损失金额（其他条件与本合同相同）继续承租。

（3）乙方向甲方支付人民币____________元留购租赁设备，甲方即将租赁设备所有权转移给乙方。

第十五条　担保

担保人担保和负责乙方切实履行本合同各项条款，如乙方不按照本合同的规定向甲方缴纳其应付的租金及其他款项时，担保人按照本合同项下担保人所出具的担保函履行担保责任。

第十六条　争议的解决

有关本合同的一切争议，首先应友好协商解决，如协商不能解决需提起诉讼，本合同当事人均有权向＿＿＿＿＿＿＿＿＿＿人民法院提起诉讼。

第十七条　乙方提供必要的情况资料

乙方同意按甲方要求定期或随时向甲方提供能反映乙方企业真实状况的资料和情况，包括：乙方资产负债表、乙方利润表、乙方财务情况变动表以及其他必要的明细情况表。

甲方要求乙方提供上述情况和资料时，乙方不得拒绝。

第十八条　合同、附表及附件

(1) 本合同附表及第＿＿＿＿＿＿号购买合同、《租赁设备收条》均为本合同附件，与本合同具有同等效力。

(2) 本合同自甲、乙双方及担保人签字盖章后即生效。本合同正本一式三份，由甲方、乙方和担保人各执一份。

甲方：（公章）	乙方：（公章）
法定代表人（签字）：	法定代表人（签字）：
担保人：	担保人：
委托代理人（签字）：	委托代理人（签字）：
地址：	地址：
邮政编码：	邮政编码：
电话：	电话：
传真：	传真：
开户银行：	开户银行：
账号：	账号：

租 赁 设 备 收 条

根据　　　年　　月　　日贵公司与本公司订立的租赁合同，下列租赁设备于　　　年　　月　　日收到并确认承租无误。在合同履行期，愿遵守双方所订立的租赁合同所规定的各项条款。

租赁设备（制造厂）	（详见第　　　　号购买合同）
卖方	
租赁设备设置场所	
租赁期间	个月（本租赁设备提单交付之日为起算日）

本栏由出租人填写

部门	负责人	复核人	经办人

承租单位（盖章）：

法人代表（签字）：

经办人（签字）：

附表　　**租赁设备明细表**

(1)	租赁设备（制造厂）	（详见本合同附件第　　号购买合同）		
(2)	卖方			
(3)	交付地点	（详见本合同附件第　　号购买合同所规定的地点）		
(4)	租赁设备使用场所			
(5)	租赁期间	个月（　　年　　月　　日至　　年　　月　　日）		
(6)	预计交付期及租赁设备收据交付期	预计交付期：　　年　　月　　日 租赁设备收据交付期：于租赁设备提单签收当日		
(7)	实际成本	元		
(8)	保证金	元		
(9)	租金总额	元		
(10)	租金支付	每　　个月支付一次（先付/后付） 每次付款额：　　元 在规定支付日前电汇到出租方指定银行账号		
(11)	续租租金	元		
(12)	所定损失金	第一次租金支付前	第一次租金支付后	第二次租金支付后
		第三次租金支付后	第四次租金支付后	第五次租金支付后
		第六次租金支付后	第七次租金支付后	第八次租金支付后
		第九次租金支付后	第十次租金支付后	第十一次租金支付后
(13)	续租所定损失金额	元		
(14)	延迟利息	以中国银行的贷款和人民币贷款的贷款利率×1.2计算		
(15)	附带条款			

（本合同样本摘录《工程机械租赁实务指南》，建筑机械化杂志社，2005，本文略有修改）

施工现场老旧起重机械安全管理

第一节　老旧起重机械简介

一、起重机械的寿命

我们知道机械设备有其寿命周期，由于计算依据不同，可分为以下四种。物质寿命（又称物理寿命或自然寿命、实际寿命），指自机械交付使用，到通过常规的修理方法不能恢复其使用功能而报废，即实际使用年限（寿命）。尽管合理使用，正确维护修理可以延长其使用寿命，但不可能无限延长其寿命；技术寿命，指机械开始投入使用，到因技术落后而被淘汰的时限。技术寿命无法延长，只有更新或技术改造，彻底做了技术改造也就不是原来的机械了；经济寿命，指机械开始使用到创造最佳经济效益所经过的时间。如果超过这个时间不淘汰更新、或者不投入改造的话，将加大成本，直接影响效益；设计寿命，指设定的条件下经过试验或经验数据，经计算的理论寿命。物质寿命可能接近设计寿命，也可能长于设计寿命，亦可能短于设计寿命，与使用条件和环境等因素有关。

这里我们所说的起重机械的寿命是指设定为起重机械物质寿命和设计寿命相近的使用年限（即使用寿命）。起重机械的整机寿命周期是指主要钢结构的寿命周期，其机构和零配件的寿命周期都比钢结构的寿命周期要短。从理论上讲，起重机械的设计者根据起重机械使用的频繁程度确定了起重机械的利用等级，并用该等级寿命周期内的工作循环总数表征其设计寿命的长短，起重机械寿命周期内的工作循环总数，与主要受力结构（材料）的应力循环数相对应；另外，起重机械在其等级下所承受的载荷轻重程度对其寿命长短也有很大影响。因此，起重机械的设计寿命决定于起重机械的工作循环总数和其载荷谱（即承受载荷程度或出力大小），但从上述的机械寿命概念可知，由于操作者的水平、维护保养状况、使用条件、环境因素、技术因素、材料老化等诸多影响，实际上起重机械的使用寿命差异很大。正因为如此，国家相应的技术规范中并没有全面规定哪一等级的哪些类型起重机械使用多少年即寿命终结，必须报废。

二、起重机械设计使用年限

GB/T 3811—2008《起重机设计规范》规定了起重机的使用等级以及相应的总工作循环数，也就等于规定了起重机械设计寿命的期限，是判断起重机械老旧程度的重要技术依据之一。

起重机械的一次工作循环数是指起重机械从准备起吊物品开始到下一次再起吊物品为止。起重机械的总工作循环数可以从已知的总工作小时数和每小时工作循环数相乘获得，也可根据实际经验估算得出。

工作循环总数计算公式为

$$N=\frac{3600YDH}{T}$$

式中 N——工作循环总数；

Y——起重机械使用年数；

D——起重机械一年中的工作天数；

H——起重机械每天工作小时数；

T——起重机械每一个工作循环的平均时间（秒数）。

不同类型起重机的使用寿命见表 10 - 1。

表 10 - 1　　不同类型起重机的使用寿命

起重机类型			使用寿命（年）
汽车起重机（通用汽车底盘）			10
轮胎起重机和汽车起重机（专用底盘）	起重量（t）	小于 16	11
		16～40	12
		大于 40～100	13
		大于 100	16
塔式起重机		小于 10	10
		等于和大于 10	16
桥式和门式起重机	工作级别（级）	A1、A2	30
		A3、A4、A5	25
		A6、A7	20
履带起重机			10
门座和铁路起重机			25

电力建设所使用的起重机械一般整机工作级别为 A4 级，利用等级在 U_4 或 U_5 级，以 U_5 级，总工作循环次数为 $2.5\times10^5\sim5\times10^5$，经电力系统有关研究机构专业人员根据电力建设现场的实际使用（包括吊载情况）和维护的正常情况，并依据利用等级的工作循环总数测算，电力建设现场的主要起重机械正常使用年限大约在 12～14 年，即进入老龄期（相当于工人接近退休年龄）。1995 年《全国电力施工机械管理协作网》组织了电力系统起重机械设计、制造、使用等各方面有关人员召开关于电力建设起重机械寿命研讨的专题会议，根据电力建设工程野外施工全国各地的环境条件差异较大的因素，认定 12 年为起重机械进入老年期，即为非安全工作期的老旧机械，并应加强管理。

三、老旧起重机械安全管理的相关规定

近些年来，电力建设各单位老旧起重机械逐渐增多（如有些电站动臂塔式起重机、门座起重机、龙门起重机、履带起重机、水电门式起重机、履带起重机、施工升降机、建筑塔式起重机、牵张设备等使用超过 15 年以上），在起重机械安全检查中，老旧起重机械存在缺陷较多，也时有事故发生；根据有关资料显示，全国的情况比电力建设还要严重些，如不能正确认识老旧起重机械和加强安全管理，老旧起重机械将是安全的一大隐患。这种情况也引起了国家有关部门的重视，国家质检总局颁发的 TSG Q7015—2008《起重机械定期检验规则》第十四条中规定："对于使用时间超过 15 年以上、处于严重腐蚀环境（如海边、潮湿地区等）或者强风区域、使用频率高的大型起重机械，应当根据具体情况有针对性地增加其检验手段，必要时根据大型起重机械实际安全状况和使用单位安全管理水平能力，进行安全评估。"TSG Q5001—2009《起重机械使用管理规则》第二十条（二）规定"达到安全技术规范等规定的设计使用年限不能继续使用的或者满足报废条件的，使用单位应当及时予以报废，并且采取解体等销毁措施。"建设部颁布 JGJ/T 189—2009《建筑起重机械安全评估技术规程》中规定："分别对出厂年限超过 10 年、15 年、20 年的不同规格（630kNm 以下、630～1250kNm、1250kNm 以上）塔式起重机，出厂年限超过 8 年的 SC 型施工升降机，出厂年限超过 5 年的 SS 型施工升降机应进行安全评估。"对超过设计规定相应载荷状态允许工作循环次数的建筑起重机械，应作报废处理。可以看出，老旧起重机械的安全管理在强化。建设部对建筑起重机械明确地提出了超过设计使用年限的报废规定，2008 年《国家电网公司电力建设起重机械安全管理重点措施（试行）》中也提出了老旧起重机械安全管理措施。

第二节　老旧起重机械安全管理措施

一、起重机械的报废

起重机械具有下列情形之一的，使用单位应当及时予以报废：

（1）存在严重事故隐患，无改造、维修价值的。

（2）达到安全技术规范等规定的设计使用年限或者达到报废条件的。

二、老旧起重机械的整治

要求凡工程现场使用的老旧起重机械的产权所属单位应成立由有关领导和专业技术人员、机械管理人员、安全监督人员、有关检测人员等组成的老旧起重机械整治组织，开展对老旧起重机械的专项整治工作。

老旧起重机械必须按以下程序进行整治：

（一）检测鉴定

（1）外观检查。主要对结构变形、油漆爆裂、腐蚀程度、焊缝外观、螺栓连接、主要零部件磨损情况等检查记录。

（2）形位公差测量。按机型有关图纸或技术标准，对结构、机构、重要零部件的直线度、圆柱度、平行度、垂直度、倾斜度、同轴度、对称度、位置度、圆跳动等相关尺寸精度进行测量比较并记录。

（3）无损检测。对臂架、横梁、底架等重要结构主要受力焊缝进行焊缝探伤测厚，并出具探伤报告和测厚报告。

注：上述检测无缺陷或缺陷已按要求处理验收完毕，可继续进行下面程序；未处理完缺陷的不得进行下面程序。

（4）空载性能测试。主要包括起升、降落、变幅、回转、行走等测试；并检查各机构和操纵、控制系统是否有异常，作出记录。

注：空载试验有异常或有故障，必须处理达到标准要求，否则不得继续进行下面测试。

（5）额定负荷和超负荷试验。试验过程中和试验后重点检查整机结构、焊缝、螺栓、机构有无异常和安全装置的有效性等。

（6）鉴定结论。整机检测后作出检测报告和鉴定结论，并对鉴定结论负责。

（7）对本单位没有能力检测的内容，应当聘请权威机构进行检测，以及需要进行核算和应力测试等，并作出鉴定结论。

（二）整治措施

（1）根据检测鉴定结果，进行安全技术经济论证，达到报废条件的予以报废，对具有修复利用价值的制定整改方案，一般包括以下内容：

1）对于局部钢结构的刚度和强度不足的，可采取补强措施。

2）对于多数机构和结构还有使用价值的，可采取大修或改造措施。

（2）老旧起重机械补强、大修或改造作业应由取得相应的许可资质的单位实施，按TSG Q7016—2008《起重机械安装改造重大维修监督检验规则》的规定执行；重要改造方案最好取得厂家或设计单位认可。

（3）经过整治并继续使用的老旧起重机械必须取得检验机构的合格证，方能投入使用。

三、老旧起重机械的安全管理

（1）凡在整治检测中，没有问题（没有请权威机构作出鉴定结论），并取得了检验机构的合格证的老旧起重机械，因其工作循环总数已到非安全工作期，要求使用中一律降低负荷至80%额定负荷下使用。

（2）凡经过整治的老旧起重机械必须进行额定负荷试验、检查合格和超负荷试验、检查合格，并按整治鉴定结论使用。

（3）对继续使用的老旧起重机械应严格使用条件，并对相关人员进行安全技术交底。

（4）对继续使用的老旧起重机械应加大检查频次，对主要受力结构和受力焊缝采取必要的专人监控措施。

（5）对继续使用的老旧起重机械应制定专项应急预案，并组织演练。

（6）施工项目部机械管理人员、安监人员和现场机械监理人员应注重加强对老旧起重机械使用的安全监督；施工项目部机械管理部门和机械监理应留存老旧起重机械整治的报告或鉴定结论复印件备查。

第三节　老旧起重机械评估

上一节我们提出的老旧起重机械的整治，实际里面就包含对老旧起重机械的评估和鉴定，此要求是2008年国家电网公司在《电力建设起重机械安全管理重点措施》（以下简称重点措施）中提出的，实际上有的省电力公司和电力建设施工企业在《重点措施》颁发之前早就这样做了，《重点措施》应该是经验的总结和推广。不过我们提出的老旧起重机械的整治，主要侧重于强调产权拥有单位（或使用单位）的自我评估和自我完善管理，提出了当产权单位（或使用单位）没有自我检测能力时可聘请权威机构来检测鉴定。

2009 年建设部发布了 JGJ/T 189—2009《建筑起重机械安全评估技术规程》，对老旧建筑塔式起重机和老旧齿条（SC）型和钢丝绳式（SS）型施工升降机做出了评估的强制性要求，并要求具有资质的评估单位进行评估，评估合格后才能使用。该规程也给整治、评估和鉴定其他类型的起重机械提供了规范性的参考资料。

一、钢结构的评估内容方法

（一）钢结构的评估检测点

（1）重要结构件关键受力部位。

（2）高应力和低疲劳寿命区。

（3）存在明显应力集中的部位。

（4）外观有可见裂纹、严重锈蚀、磨损、变形等部位。

（5）钢结构承受交变载荷、高应力区焊接部位及其热影响区域等。

（二）钢结构的评估方法

（1）目测：全面检查钢结构的表面腐蚀、磨损、裂纹和变形等，对发现的缺陷或可疑部位作出标记，并应进一步检测评估。

（2）影像记录：用照相机或摄像机拍摄设备的整机外貌，拍摄重要结构件的承受交变载荷或高应力区的焊接部位及其热影响区域，拍摄外观可见裂纹、严重锈蚀、磨损、变形等部位。

（3）厚度测量：采用超声波测厚仪、游标卡尺等器具测量结构件的实际厚度。

（4）直线度等形位偏差测量：用直线规、经纬仪、卷尺等器具测量。

（5）载荷试验：整机安装调试后，通过载荷试验检验结构的静刚度及主要零部件的承载能力，通过载荷试验检验机构的运转性能、控制系统的操作性能及各安全装置的工作有效性。

当上述方法不能满足评估要求时；或结构件外观有明显缺陷或疑问，需进一步检测时，可以采用：

（6）磁粉检测（MT）：检测铁磁性材料近表面存在的裂纹缺陷。

（7）超声检测（UT）：采用直射、斜射、液浸等技术，检测结构件内部缺陷。

（8）射线照相检测（RT）：利用 x 射线或 r 射线的穿透性，检测结构件内部缺陷。

对重要结构件有改制或主要技术参数有变更等情况，可以采用：

（9）应力测试：采用应变仪测取结构应力，分析判别结构的安全度。

二、建筑塔式起重机的评估内容和方法

（一）检测的结构件锈蚀与磨损

1. 检测的部位

（1）起重臂主弦杆。

（2）塔身节主弦杆。

（3）塔帽根部及顶部连接拉杆座。

（4）平衡臂（转台）连接处。

（5）回转支撑座连接处。

（6）目测可疑的其他重要部位。

2. 检测的数量

(1) 臂架节抽检数量不得少于总数的70%，且必须包括2节中间节，每节主弦杆不得少于2处。

(2) 塔身基础节主弦杆检测不得少于2处，其他塔身节抽检数量不得少于总数的20%，每节主弦杆不得少于1处。

(3) 塔帽（A字架）主弦杆根部抽检不得少于2处，顶部连接杆拉杆座不得少于1处。

(4) 平衡臂（转台）连接处抽检不得少于2处。

(5) 上下回转支撑座连接处抽检不得少于1处。

(6) 对于其他重要结构件目测可疑部位进行全数检测。

(7) 当检测发现不合格时，应加倍对同类部位进行抽查；如再次发现不合格，应全数检测。

3. 检测的要求

(1) 在设备解体状态，应将待测部位除污垢、浮锈和油漆等。

(2) 应采用测厚仪、游标卡尺等器具检测实际尺寸。

(二) 检测结构件的裂纹

1. 检测的部位

(1) 行走底盘及底座的最大受力或变截面应力集中部位。

(2) 回转平台支撑座主要受力焊缝及变截面应力集中部位。

(3) 起重臂根部焊缝、主弦杆连接焊缝部位。

(4) 平衡臂（转台）主结构连接焊缝部位。

(5) 塔身节主弦杆连接焊缝部位。

(6) 塔帽或塔顶构造主弦杆连接焊缝部位。

(7) 附着装置主结构连接焊缝部位。

(8) 顶升套架爬爪座、主弦杆支撑横梁等连接焊缝部位。

(9) 目测可疑的其他重要部位等。

2. 检测的数量

(1) 检测部位抽检数量各不得少于1处。

(2) 塔身基础节主弦杆连接焊缝、塔身加强节或特殊节主弦杆部位抽检数量各不得少于2处。

(3) 其他塔身节抽检数量不少于总数的20%，每节主弦杆连接处检测不得少于1处。

(4) 当检测发现不合格的，应加倍对同类焊缝进行抽查；如再次发现不合格，应全数检测。

3. 检测的要求

(1) 在设备解体状态，应将待检测部位除污垢、浮锈和油漆等。

(2) 可采用渗透或磁粉检测方法，进行探伤检测。

(3) 发现疑问时，可采用超声检测或射线照相等方法无损检测。

（三）检测结构件的变形

1. 检测的部位

（1）塔身节主弦杆直线度偏差、对角线偏差、塔身垂直度。

（2）起重臂、平衡臂、塔帽、顶升套架主弦杆直线度偏差。

（3）目测有明显变形的其他构件。

2. 检测的数量

（1）塔身节应全数目测检查，对发现的可疑部位应进行全数检测；对目测未见异常的塔身节，随机抽查不得少于3节，每节测量不得少于2根主弦杆直线度，并应测量每节的对角线偏差。

（2）起重臂应全数目测检查，对发现的可疑部位应进行全数检测；对目测未见异常的起重臂节，随机抽查不得少于3节，每节测量上下不得少于1根主弦杆直线度。

（3）对目测可疑的其他重要部位，应进行全数检测。

（4）当检测发现不合格时，应加倍对同类部位进行抽查；如再次发现不合格，应全数检测。

3. 检测的要求

（1）在设备解体状态，应采用经纬仪、卷尺等器具测量直线度偏差，采用卷尺测量塔身节的对角线偏差。

（2）设备组装后，应采用经纬仪测量塔身的垂直度偏差。

（四）检测销轴与轴孔的磨损及变形

1. 检测的部位

（1）目测有明显磨损及变形的重要结构件销轴与轴孔。

（2）起重臂、平衡臂臂架节间及根部连接、塔帽根部连接等经常承受动载荷的销轴与轴孔。

2. 检测的要求

在设备解体状态，采用游标卡尺、内外卡钳等器具测量销轴与轴孔的实际尺寸。

（五）检测主要零部件、安全装置、电气系统及防护设施

1. 检测的内容

（1）主要零部件包括制动器、联轴节、卷筒与滑轮、钢丝绳、吊钩组等。

（2）安全装置包括各类安全限位开关及其挡板、小车断绳保护装置、动臂变幅臂架防后倾装置、小车防坠落装置、缓冲器、扫轨板、抗风防滑装置（夹轨器）、钢丝绳防脱装置等。

（3）电气系统包括电气控制箱、电缆线、电气元件等。

（4）防护设施包括走道、工作平台、栏杆、扶梯等。

2. 检测的要求

（1）在设备解体状态，应对主要零部件、安全装置、电气系统及防护设施的外观状态进行目测检查；当目测有疑问时，应采用测量仪器进行检验。检查检测各部件的磨损变形情况、钢丝绳断丝情况等。检查电箱外观，应完整并能防漏水，应设置电气保护并应符合现行国家标准GB 5144—2006《塔式起重机安全规程》的规定，电缆应无老化破损。

（2）设备部件组装后，应通过载荷试验对整机及其主要零部件、安全装置、电气系统进行功能试验，应采用绝缘测量仪器检测电气系统的绝缘性能，同时应检查防护设施的安全

状态。

三、施工升降机的评估内容和方法

（一）检测结构件的锈蚀与磨损

1. 检测的部位

（1）导轨架标准节主弦杆。

（2）吊笼立柱、顶梁与底梁。

（3）齿轮、齿条。

（4）目测可疑的其他重要部位。

2. 检测的数量

（1）抽检标准节数不得少于总数的10%，每节检测不得少于1处。

（2）每只吊笼立柱、顶梁抽检各不得少于1处，底梁抽检各不得少于2处。

（3）对目测可疑的其他重要部位，应进行全数检测。

（4）当检测发现不合格时，应加倍对同类部位进行抽查；如再次发现不合格，应全数检测。

3. 检测的要求

（1）在设备解体状态，应将待检测部位除污垢、浮锈和油漆等。

（2）可采用渗透或磁粉检测方法，进行探伤检测。

（3）发现疑问时，可采用超声检测或射线照相等方法无损检测。

（二）检测结构件的变形

1. 检测的部位

（1）标准节主弦杆直线度偏差及截面对角线偏差。

（2）吊笼结构在笼门方向投影的对角线偏差，吊笼门框平行度偏差。

（3）目测可疑的其他重要部位。

2. 检测的数量

（1）标准节应全数目测检查，对发现的可疑部位应进行全数检测；对目测未见异常的标准节，随机抽查不得少于2节，应测量截面对角线偏差及主弦杆直线度偏差。

（2）吊笼结构应全面目测检查，对发现的可疑部位应进行检测；对目测未见异常时，选择一台吊笼测量笼门方向投影的对角线偏差和吊笼门框平行度偏差。

（3）对目测可疑的其他重要部位，应进行全数检测。

（4）当检测发现不合格时，应加倍对同类部位进行抽查；如再次发现不合格，应全数检测。

3. 检测的要求

（1）在设备解体状态，应采用直线规、卷尺等器具测量直线度偏差，采用卷尺测量对角线和平行度偏差。

（2）在设备组装后，应采用经纬仪测量导轨架的垂直度偏差。

（三）检测主要零部件、安全装置、电气系统及防护设施

1. 检测的内容

（1）主要零部件包括制动器、对重导向轮天轮架滑轮、吊笼门与导向机构等。

（2）安全装置包括防坠落安全器、各类限位开关及其挡板、围栏门连锁、安全钩等。

（3）电气系统包括电气控制箱、电缆线、电气元件等。

（4）防护设施包括走道、工作平台、栏杆、检修扶梯等。

2. 检测的要求

（1）在设备解体状态，应对主要零部件、安全装置、电气系统及防护设施的外观进行目测检查；当目测有疑问时，应采用测量器具检验，检查检测有疑问部件的磨损变形情况等。检查电箱外观，应完整并能防漏水，应设置电气保护并应符合现行国家标准 GB 10055—2007《施工升降机安全规程》的规定，电缆应无老化破损。

（2）在设备部件组装后，应通过载荷试验对整机及其主要零部件、安全装置、电气系统进行功能试验，应采用绝缘测量仪器检测电气系统的绝缘性能，同时应检查防护设施的安全状态。

（3）防坠落安全器的寿命年限应符合现行国家标准 JG 121—2000《施工升降机齿轮锥鼓形渐进式防坠安全器》的规定，并按现行国家标准 GB/T 10054—2005《施工升降机》和 GB 10055—2007《施工升降机安全规程》的规定对防坠安全器进行现场坠落试验。

四、评估判别

（一）壁厚判别

（1）主要结构件的壁厚因锈蚀磨损引起壁厚减薄，减薄量达到原壁厚的 10%时，应判为不合格；经计算或应力测试，重要结构件的应力值超过原设计计算应力的 15%时，应判为不合格。

（2）结构件特殊部位锈蚀与磨损检查应按表 10-2 进行判别。

表 10-2　　结构件特殊部位锈蚀与磨损检查判别标准

特殊部位位置		判别指标	判别结论
水平臂变幅塔式起重机小车导轨面		Δ≤30%	合格
		Δ>30%	不合格
施工升降机导轨架标准节轨面		Δ≤25%	合格
		Δ>25%	不合格
施工升降机传动件	齿轮	Δ≤4.5%	合格
		Δ>4.5%	不合格
	齿条	Δ≤4%	合格
		Δ>4%	不合格
轴孔与销轴直径磨损变形量		Δ≤3%	合格
		Δ>3%	不合格

注　Δ为磨损锈蚀率，指磨损锈蚀尺寸占原尺寸的百分比。其中齿轮按常规模数 $m=8$ 考虑，齿轮按跨齿数为 2 的公法线长度测量磨损变形率，齿条用标准棒和游标卡尺测量磨损变形率，有特例的可参照作相应修正。设计另有规定的按设计图纸要求进行判定。

（二）裂纹判别

（1）当采用磁粉检测方法进行焊缝表面或近面裂纹的探伤时，焊缝应达到现行行业标准 JB/T 6061—2007《无损检测　焊缝磁粉检测》和 JB/T 6062—2007《无损检测　焊缝渗透检测》中规定的1级要求；当采用超声检测方法进行焊缝内部探伤时，焊缝应达到现行行业标准JB/T 10559—2006《起重机械无损检测　钢焊缝超声检测》中规定的2级要求。根据焊缝的特征当采用其他合适的无损检测方法进行内部探伤时，应根据相应的检测标准进行合格判别。设计另有规定的应按设计要求进行判定。

（2）重要结构件表面发现裂纹的，该构件应判为不合格。

（3）施工升降机的齿轮齿根处出现裂纹的，该齿轮应判为不合格；施工升降机的齿条齿根处出现裂纹的，该齿条应判为不合格。

（三）变形判别

（1）重要结构件失去整体稳定时，该结构件应判为不合格。

（2）重要结构件的主弦杆、斜杆直线度按表10-3进行判别。

（3）结构件形位偏差应按表10-4进行判别。

表10-3　　重要结构件主弦杆、斜杆直线度判别标准

检测项目	判断指标	判别结论
主弦杆直线度	≤1‰	合格
	>1‰	不合格
斜杆直线度	≤1/750	合格
	>1/750	不合格

注　设计另有规定的应按设计要求进行判定。

表10-4　　结构件形位偏差判别标准

检测项目	判断指标	判别结论
标准节截面对角线偏差	≤1.5‰	合格
	>1.5‰	不合格
施工升降机吊笼结构在笼门方向投影的对角线偏差	≤1.5‰	合格
	>1.5‰	不合格
施工升降机吊笼门框平行度偏差	≤1.5‰	合格
	>1.5‰	不合格

注　对角线偏差是指构件两对角线测量值之间的最大差值与对角线测量平均值之比。平行度偏差是指以一构件轴线为基准，另一构件轴线和此基准平行方向之间的最大测量值与两构件平均间距之比。设计另有规定的按设计要求进行判定。

（四）建筑塔式起重机整机判别

（1）符合下列情况之一时，整机应判为不合格：

1）重要结构件检测有指标不合格的。

2）按本节五、（五）中有保证项目不合格的。

（2）重要结构件检测指标均合格，并按本节五、（五）中保证项目全部合格的，可判为整机合格。

（五）施工升降机整机判别

（1）符合下列情况之一时，整机应判为不合格：

1）重要结构件检测有指标不合格的。

2）按本节五、（六）中有保证项不合格的。

（2）重要结构件检测指标均合格，并按本节五、（六）中保证项目全部合格的，可判为整机合格。

（六）其他说明

（1）老旧起重机械评估后要出具安全评估报告，参见本节五、（五）和五、（六）。评估报告内容应包括设备评估概述、主要参数（参见表10-7、表10-8）、检查项目及结果、评估结论及情况说明等内容；主要检测部位照片、相关检测数据等资料应作为评估报告的附件。

（2）评估情况说明应包括：对评估结论为合格，但存在缺陷，应注明整改要求及注意事项；对评估结论为不合格的应注明不合格的原因。

（3）老旧起重机械评估报告应注明评估有效期限。

1）建筑塔式起重机630kNm以下（不含630kNm）评估合格，最长有效期限为1年。

2）建筑塔式起重机630～1250kNm（不含1250kNm）评估合格，最长有效期限为2年。

3）建筑塔式起重机1250kNm以上（含250kNm）评估合格，最长有效期限为3年。

4）施工升降机SC型评估合格，最长有限期限为2年。

5）SS型评估合格最长有效期为1年。

五、起重机械评估报告和表式

（一）评估用检测仪器及其精度要求（见表10-5）

表10-5　　评估用检测仪器及其精度要求表

序号	仪器名称	参数或精度
1	超声波测厚仪	±0.5%
2	磁粉裂纹检测仪	可清晰完整地显示A、C、D型标准试片上的刻槽
3	游标卡尺	±0.02mm
4	直尺	1级
5	卷尺	1级
6	塞规	1级
7	经纬仪	≤6″
8	万用表	±2%
9	绝缘电阻表	±2%
10	称量吊秤	±1%
11	超声波无损检测仪	不低于JB/T 10559—2006中规定的相应要求
12	直线规	±0.1mm
13	应变仪	±1%
14	手持放大镜	5倍
15	公法线千分尺	±0.02mm
16	齿厚卡尺	±0.02mm

（二）评估设备的基本信息（见表 10－6）

表 10－6　　评估设备的基本信息表

产权单位（章）：　　　　　　　　　　　　　　　　填表日期：　　年　　月　　日

<table>
<tr><td>设备名称</td><td colspan="2"></td><td>型号规格</td><td></td></tr>
<tr><td>制造单位</td><td colspan="2"></td><td>备案编号</td><td></td></tr>
<tr><td>制造许可证编号</td><td colspan="2"></td><td>出厂编号和日期</td><td></td></tr>
<tr><td rowspan="4">设备工作年限参数
（由设备设计制造单位提供）</td><td colspan="3">正常工作年限</td><td></td></tr>
<tr><td rowspan="3">工作
年限
参数</td><td>载荷状态</td><td colspan="2"></td></tr>
<tr><td>利用等级</td><td colspan="2"></td></tr>
<tr><td>工作级别</td><td colspan="2"></td></tr>
<tr><td>使用概况
（利用等级和载荷状态）</td><td colspan="4">经统计，该设备出厂至今已＿＿＿＿＿＿年，平均每年使用＿＿＿＿＿＿天，平均每天使用＿＿＿＿＿＿小时，平均每小时＿＿＿＿＿＿次工作循环，总计使用班台小时数＿＿＿＿＿＿万小时，折算至工作循环数为＿＿＿＿＿＿万次。
□很少起升额定载荷，一般起升轻微载荷
□有时起升额定载荷，一般起升中等载荷
□经常起升额定载荷，一般起升较重载荷
□频繁起升额定载荷</td></tr>
<tr><td>维修、保养记录
（提供近期的大修合格报告）</td><td colspan="4">□未进行过大修保养
□进行过大修保养（提供近期的大修保养验收结论单，大修主要内容，重要零部件更换清单等）</td></tr>
<tr><td>事故记录</td><td colspan="4">□无
□有（请附上事故处理情况证明材料）</td></tr>
<tr><td>目前状态</td><td colspan="4">□正常使用
□降级使用（明确降量值）
□待用</td></tr>
<tr><td>评估原因</td><td colspan="4">□超过规定使用年限
□其他（请附上详细说明）</td></tr>
<tr><td>备注</td><td colspan="4"></td></tr>
</table>

注　1. 以上信息资料由产权单位提供，并承诺其真实性。

2. 表内“□”选择打“√”，空格不够可附页，附页应补签章。

企业负责人（签字）：

（三）评估的建筑塔式起重机主要技术参数（见表10-7）

表10-7　　评估的建筑塔式起重机主要技术参数表

产权单位（章）：　　　　　　　　　　填表日期：　　年　　月　　日

项目名称		单　位	设计值		备　注
最大起重力矩		kNm			
最大额定起重量		t			
最大工作幅度		m			
最大工作幅度时额定起重量		t			
最大起重量时允许最大幅度		m	m臂		
			m臂		
			m臂		
起升高度	附着	m			
	内爬				
	行走				
	独立固定				
平衡重	起重臂长	m			
	相应平衡重	t			
各档起升速度及相应最大起重量		m/min			
回转速度		r/min			
变幅速度		m/min			
行走速度		m/min			
…					

注　以上技术参数由产权单位提供并承诺其准确可靠。

企业负责人（签字）：

（四）评估的施工升降机主要技术参数（见表10-8）

表10-8　　评估的施工升降机主要技术参数表

产权单位（章）：　　　　填表日期：　　年　　月　　日

项目名称		单　位	设 计 值	备　注
吊笼额定载重量		kg		
吊笼净空尺寸		m		长×宽×高
最大提升高度		m		
额定提升速度		m/min		
驱动电动机	数量	只		
	额定功率	kW		
	制动力矩	Nm		
普通型标准节	高度	m		
	立管柱中心距	mm		
	立管柱规格	mm		外径×壁厚
加强型标准节	高度	m		
	立管柱中心距	mm		
	立管柱规格	mm		外径×壁厚
上下相邻附墙最大间距		m		
最大自由端高度		m		
…				

注　以上技术参数由产权单位提供并承诺其准确可靠。

企业负责人（签字）：

（五）建筑塔式起重机安全评估报告

建筑塔式起重机安全评估报告

一、设备评估概述

二、评估设备主要技术参数

三、检查项目及结果

检查项目见表1～表8。

表1　　资 料 审 核 项 目

序号	检 查 项 目	规 定 要 求	检验情况	结　果
1*	制造许可证	应在许可范围内		
2*	出厂合格证	应与评估设备相符		
3	使用说明书	应与评估设备相符		
4*	基本信息与资料表	信息应齐全，签章确认手续应完整		
5*	主要技术参数表	参数应明确，签章确认手续应完整		

续表

序号	检查项目	规定要求	检验情况	结果
6	使用记录	应与评估设备相符，记录完整		
7	维修保养记录	应与评估设备相符，记录完整		
8	事故记录	应与评估设备相符，记录完整		

注　* 保证项目，以下表同。

表 2　　整机外观检查项目

序号	检查项目	规定要求	检验情况	结果
1	标牌、标志	应在明显位置固定产品标牌，设置操纵指示标志、主要性能参数图表		
2*	主要焊缝外观	无明显缺陷		
3*	主要连接螺栓	不低于螺母，符合规定要求		
4*	主要连接销轴	完整，轴向固定可靠		
5*	主要钢结构	无可见裂纹、明显变形和严重腐蚀		
6	主要机构外观	完整，无可见裂纹、明显变形和严重腐蚀		
7	电箱电缆	外观完整，电箱防漏水，电缆无破损		
8	防护罩壳	完整，固定可靠		

表 3　　安全装置等检查项目

序号	检查项目	规定要求	检验情况	结果
1	吊钩	应设有防止吊索或吊具非人为脱出装置		
2	滑轮	应设有钢丝绳防脱装置，该装置与滑轮外缘的间隙不应超过钢丝绳直径的 20%		
3	制动器	起重机上每一套机构都应配备制动器		
4*	力矩限制器	当起重力矩大于相应幅度额定值并小于额定值 110%时，应停止上升和向外变幅动作		
5*	起重量限制器	当起重量大于最大额定起重量并小于 110%额定起重量时，应停止上升方向动作，但应有下降方向动作		
6	起升高度限位器	应安装吊钩上极限位置的起升高度限位器且有效		
7	运行限位器	轨道式起重机的行走机构应在每个运行方向装设行程限位开关且有效		
8	夹轨器	应设置夹轨器；工作时不妨碍塔式起重机运行，非工作状态时保证塔式起重机可靠固定在轨道上		
9	回转限位器	对回转部分不设集电器的应安装回转限位器且有效		

续表

序号	检查项目	规定要求	检验情况	结果
10	幅度限位器	对动臂变幅的塔式起重机应设置臂架高位置的幅度限位开关及防止塔身后翻的保护装置		
		对小车变幅的塔式起重机应设置小车行程限位开关和终端缓冲装置。限位开关动作后应保证小车停车时其端部距缓冲装置最小距离为200mm		
11	电气保护	应设置短路、过流、失压、欠压、过压、零位、电源错相及断相保护		
12*	绝缘电阻	≥0.5MΩ		
13	塔身垂直度	≤4‰		

注 该表并没有列出在建筑塔式起重机安全装置检查检测中的全部内容，如小车断绳保护装置、小车防坠落保护装置、轨道式的扫轨板、缓冲器、塔身超过50m的风速仪、紧急停机开关等，个人认为既然做安全装置等检查项目表，应该全部列出。

表4　　载荷试验项目

序号	检查项目		规定要求	检验情况	结果
1	空载试验	运转情况	正常、无异常声响		
		操纵情况	灵活、可靠		
2*	额定载荷试验	运转情况	正常、无异常声响		
		操纵情况	灵活、可靠		
3*	试验过程中主要零部件有无损坏		无		

表5　　重要结构件壁厚测量项目

测点位置		设计值(mm)	锈蚀磨损处(mm)	锈蚀磨损量(mm)	锈蚀磨损率(%)
塔身主弦杆	基础节				
	加强节				
	标准节				
起重臂主弦杆	根部节				
	中间节				
	头部节				
平衡臂	主弦杆				
塔帽	主弦杆				
回转支撑座	上支撑座				
	下支撑座				
其他部件					

表 6　　重要结构件变形测量项目

<table>
<tr><th colspan="2" rowspan="2">检　测　项　目</th><th colspan="2">判　别　标　准</th><th rowspan="2">实测情况</th><th rowspan="2">结　果</th></tr>
<tr><th>判别指标</th><th>结论判别</th></tr>
<tr><td rowspan="4">标准节直线度</td><td rowspan="2">主弦杆</td><td>≤1‰</td><td>合格</td><td></td><td></td></tr>
<tr><td>>1‰</td><td>不合格</td><td></td><td></td></tr>
<tr><td rowspan="2">斜杆</td><td>≤1/750</td><td>合格</td><td></td><td></td></tr>
<tr><td>>1/750</td><td>不合格</td><td></td><td></td></tr>
<tr><td colspan="2" rowspan="2">标准节截面对角线偏差</td><td>≤1.5‰</td><td>合格</td><td></td><td></td></tr>
<tr><td>>1.5‰</td><td>不合格</td><td></td><td></td></tr>
<tr><td colspan="2">其他部位</td><td></td><td></td><td></td><td></td></tr>
</table>

表 7　　重要结构件无损检测项目

<table>
<tr><td>主体材质</td><td></td><td>仪器</td><td></td><td rowspan="2">探伤</td><td>比例</td><td></td></tr>
<tr><td>表面状况</td><td></td><td>热处理状态</td><td></td><td>长度</td><td></td></tr>
<tr><td>公称尺寸</td><td></td><td>磁粉类型</td><td></td><td colspan="2">喷洒方式</td><td></td></tr>
<tr><td>执行标准</td><td></td><td>标准试块</td><td></td><td colspan="2">磁化方法</td><td></td></tr>
<tr><td colspan="7">检测部位：
1. 基础节连接座××条焊缝（附图）；
2. 加强节连接座××条焊缝（附图）；
3. 标准节连接座××条焊缝（附图）；
4. 塔身节踏步××条焊缝（附图）；
5. 起重臂根部连接部位××条焊缝（附图）；
6. 起重臂主弦杆连接部位××条焊缝（附图）；
7. 起重臂拉杆××条焊缝（附图）；
8. 平衡臂根部连接部位××条焊缝（附图）；
9. 平衡臂拉杆连接座××条焊缝（附图）；
10. 拉杆××条焊缝（附图）；
11. 上支撑座连接部位××条焊缝（附图）；
12. 下支撑座连接部位××条焊缝（附图）；
13. 塔帽根部连接部位××条焊缝（附图）；
14. 塔帽头部连接部位××条焊缝（附图）；
其他需要检测部位：</td></tr>
<tr><td colspan="7">无损检测情况：</td></tr>
<tr><td>备　注</td><td colspan="6">附件：检测仪器、重要结构件磁粉检测结果、检测部位照片及其标识号等资料</td></tr>
</table>

表 8　　　　评 估 结 论 表

<table>
<tr><td>型号规格</td><td></td><td>备案编号</td><td></td></tr>
<tr><td>制造单位</td><td></td><td>产品编号</td><td></td></tr>
<tr><td>产权单位</td><td></td><td>出厂年月</td><td></td></tr>
<tr><td>评估日期</td><td colspan="3"></td></tr>
<tr><td>安全评估依据</td><td colspan="3">GB/T 13752—1992《塔式起重机设计规范》
GB/T 3811—2008《起重机设计规范》
GB 5144—2006《塔式起重机安全规程》
GB 5031—2008《塔式起重机》
JB/T 6061—2007《无损检测　焊缝磁粉检测》
其他相关文件</td></tr>
<tr><td>结论与建议</td><td colspan="3">安全评估情况：

结论与建议：

签发日期：　　年　　月　　日

评估有效期限到　　年　　月　　日止</td></tr>
<tr><td>备　　注</td><td colspan="3"></td></tr>
</table>

批准人：　　　　审核人：　　　　检验人：

日期：　　　　日期：　　　　日期：

（六）施工升降机安全评估报告

施工升降机安全评估报告

一、设备评估概述

二、评估设备主要参数

三、检查项目及结果

检查项目及结果见表1～表8。

表1：资料审核项目同（五）表10

表2：整机外观检查项目同（五）表2。

表3　　安全装置检查项目

名称	序号	检查项目	规定要求	检查情况	结论
基础	1	围栏门连锁保护	吊笼位于底部规定位置围栏门才能打开，围栏门开启后吊笼不能启动		
	2	防护围栏	基础上吊笼和对重升降通道周围应设置防护围栏，地面防护围栏高不小于1.8m		
导轨架	3	垂直度	架设高度 H（m）　垂直度（mm） ≤70　≤1/1000H >70～100　≤70 >100～150　≤90 >150～200　≤110 >200　≤130		
吊笼	4	紧急出口活动门	应有紧急出口活动门，活动板门应设安全开关，当门打开时，吊笼不能启动		
	5	笼顶护栏	笼顶周围应设置护栏，高度不小于1.05m		
传动导向	6*	制动器	制动性能良好，有手动松闸功能		
	7	齿轮、齿条	接触痕迹位置应趋近齿面中部；接触痕迹沿高度方向不少于40%，沿长度方向不少于50%		
	8	导向轮、背轮	导向灵活、无明显倾侧现象，背轮上下各设置一处挡块		
	9	电缆导向	电缆导向架按规定设置		
	10	对重导轨	接缝应平整，导向良好		
附着装置	11	附着间距	应符合使用说明书要求		
	12	悬臂高度	应符合使用说明书要求		
安全装置	13*	防坠安全器	应在有效标定期限内使用		
	14	防松绳开关	对重应设置防松绳开关		
	15*	安全钩	安装位置及结构应能防止吊笼脱离导轨架或安全器输出齿轮脱离齿条		

续表

名称	序号	检查项目	规定要求	检查情况	结论
安全装置	16	上限位	应设，有效		
	17	上极限开关	应设，非自动复位型，动作时切断总电源		
	18	越程距离	上限位和上极限开关之间的越程距离大于或等于 0.15m		
	19	超载保护装置	应设置超载保护装置		
	20	下限位	应在吊笼制停时，距下极限开关一定距离		
	21	下极限开关	吊笼碰缓冲器之前，下极限开关应先动作		
电气系统	22	急停开关	应设置在便于操纵处，非自动复位		
	23*	绝缘电阻	电动机及电气元件（电子元器件部分除外）的对地绝缘电阻大于或等于 0.5MΩ；电气线路的对地绝缘电阻大于或等于 1MΩ		
	24	电气保护	应设置失压、零位、相序保护		

表 4：载荷试验项目同（五）表 4。

表 5　　重要结构件壁厚测量项目

测点位置		设计值（mm）	锈蚀磨损处（mm）	锈蚀磨损量（mm）	锈蚀磨损率（%）
底架主梁					
导轨架	加强节主弦杆				
	标准节主弦杆				
附墙架	连接架主杆				
	附墙杆				
天轮架	主弦杆				
吊笼	底部主梁				
	动力板竖梁				
其他部件					

表 6　　重要结构件变形测量项目

检测项目	判别标准		实测情况	结果
	判别指标	结论判别		
标准节主弦杆直线度	≤1	合格		
	＞1	不合格		
标准节截面对角线偏差	≤1.5	合格		
	＞1.5	不合格		
吊笼结构在笼门方向投影的对角线偏差	≤1.5	合格		
	＞1.5	不合格		
吊笼门框平行度偏差	≤1.5	合格		
	＞1.5	不合格		
其他部位				

表 7　　重要结构件无损检测项目

主体材质		仪器		探伤	比例	
表面状况		热处理状态			长度	
公称尺寸		磁粉类型				
执行标准		标准试块				
检测部位： 1. 底架连接部位××条焊缝（附图）； 2. 标准节主弦杆连接部位××条焊缝（附图）； 3. 吊笼底部主梁连接部位××条焊缝（附图）； 4. 吊笼侧面动力板连接部位××条焊缝（附图）； 5. 附墙架连接杆连接部位××条焊缝（附图）； 6. 天轮架连接部位××条焊缝（附图）。 其他需要检测部位：						
无损检测情况：						
备　注	附件：检测仪器、重要结构件磁粉检测结果、检测部位照片及其标识号等资料					

表 8　　评估结论表

<table>
<tr><td>型号规格</td><td></td><td>备案编号</td><td></td></tr>
<tr><td>制造单位</td><td></td><td>产品编号</td><td></td></tr>
<tr><td>产权单位</td><td></td><td>出厂年月</td><td></td></tr>
<tr><td>评估日期</td><td colspan="3"></td></tr>
<tr><td>安全评估依据</td><td colspan="3">GB/T 3811—2008《起重机设计规范》
GB 6067—2010《起重机械安全规程》
GB/T 10054—2005《施工升降机》
GB 10055—2007《施工升降机安全规程》
JG 121《施工升降机齿轮锥鼓形渐进式防坠安全器》
其他相关文件</td></tr>
<tr><td>结论与建议</td><td colspan="3">安全评估情况：

结论与建议：

签发日期：　　年　　月　　日

评估有效期限到　　年　　月　　日止</td></tr>
<tr><td>备注</td><td colspan="3"></td></tr>
</table>

批准人：　　　　审核人：　　　　检验人：

日期：　　　　日期：　　　　日期：

施工现场起重机械安全管理检查

施工现场起重机械安全管理的检查，既包括起重机械安全技术状况的检查，也包括管理工作的检查。起重机械安全技术状况的检查，我们习惯上叫机械检查；管理工作的检查，我们习惯上又称为内业检查或者叫资料检查。检查主要指有经验的专业人员以看、问、听、闻、摸、试等感官检查为主，或者必要时附加简单的测试器具配合检查、试验；对机械状况的检查基本采取不解体检查。检验和检查在内容、范围和形式，以及所使用的手段、方法上有一定的差异，检验是检查并验证，更加强调检查的量化结果，所以检验要用必要的测量仪器并得出量化的数据，有时要对机械进行解体或者材料取样检验，所以也称检验检测。检验是比检查更高一级，更具有权威性。这里主要讲的是施工现场起重机械安全管理的检查。安全检查不仅是起重机械安全管理工作不可缺少的重要形式，也是重要职能之一。

多年实践证明：机械零部件的变形、位移、偏斜、裂纹、断裂、松动、磨损、锈蚀、润滑缺失、油漆破落、振动、异响、发热、异味、失灵，以及管理工作中的制度的制定、执行情况和记录的规范、真实等情况，通过检查是完全可以发现问题和缺陷的，只有当需要确认其准确的量化数据时，才用测量仪器进行必要的检验检测。

第一节　施工现场起重机械安全管理检查的种类和形式

一、按当事人和非当事人分

（1）当事人自我检查：如操作者自检、安装者自检、维修者自检、保养者自检、管理人员对自己工作的自检等。

（2）非当事人的检查：如管理者对使用者的检查、检验人员对执行者的检查等。

二、按检查级别分

（1）个人检查：如操作者、修理者、保养者、管理者的自我检查。

（2）班组检查：具体执行者所在班组派人对起重机械的检查。

（3）队（工地）检查：具体执行者所在项目组织派人对起重机械的检查。

（4）本部检查：具体执行者的组织本部派人对起重机械的检查。

（5）企业检查：具体执行者所在企业本部派人来对起重机械的检查。

（6）施工项目部检查：执行者所属现场施工项目部管理者对起重机械的检查。

（7）现场监理检查：现场项目监理人员对起重机械的检查。

（8）业主检查：现场建设单位组织人员对起重机械的检查。

(9) 外来上级检查：如外来的上级单位的检查组对起重机械的检查。

三、按作业性质分

(1) 操作前的检查：操作者作业前对机械状况进行必要的检查（习惯称为点检或班前检查）。

(2) 操作后的检查：操作者作业后或下班时、交接班时对机械进行的检查（习惯称班后检查）。

(3) 维修前的检查：维修者作业前的鉴定、判别检查。

(4) 修竣检查：维修者或验收者维修后的试验、调整检查。

(5) 安装前检查：安装作业前对零部件的检查。

(6) 安装过程检查：每道安装工序或重要工艺完成后的检查（包括自检和他检）。

(7) 安装后检查：整机安装完成后的检查（包括自检和他检）。

(8) 试验前的检查：机构和安全装置以及整机做试验前，试验条件和要求的检查。

(9) 试验后的检查：试验后对试验对象的安全状况的检查。

(10) 制度检查：指各项起重机械安全管理制度的编制和执行情况的检查（包括自检和他检）。

(11) 记录资料检查：指起重机械安全管理中各种文件、措施、方案、台账、记录等资料的规范化的检查（包括自检和他检）。

四、按检查性质分

(1) 自行安全检查：指操作者、维修者、安装者、机械所属单位内部的各级检查。

(2) 安全监督检查：指起重机械安全管理人员对执行者的安全监督检查和上级单位对下级单位的安全监督检查，如机械员、安全员对执行者的检查，施工项目、项目监理、业主单位、上级单位组织的安全监督检查等。

五、按检查项目分

(1) 专项检查：对某一台机械、某一重要零部件、部分机械、管理中某一项管理内容进行的专门检查。

(2) 抽查：指检查者对被检查对象、项目进行随机的、无指定的或者指定的、有挑选的对象、项目进行的检查。

(3) 全面检查：对所有在用的机械进行全项目检查或对所有的管理工作内容进行全项目检查。

(4) 特殊检查：在突遇环境变化（大风、暴雨雪、汛期、地震等）前后对机械状况的检查及对应对措施准备情况和措施执行情况的检查；机械大修后验收检查或改造后的检查确认及管理体系、制度有重大改变的执行情况检查；对事故后机械状况的检查等。

六、按检查周期分

(1) 日常检查（日检）：指每天的例行检查。

(2) 周检：指每周安排进行一次的检查。

(3) 季检：指每季度安排进行一次的检查。

(4) 年检：指每年度（一般在年末或年初）安排一次对起重机械安全技术状况的全面检查或起重机械安全管理的全面检查。

七、施工现场起重机械安全监督检查的形式

1. 巡检

指机械员、安全员、机械监理等人员平时在现场随机进行的检查。一般不作记录，如发现一般违章现象或某些影响安全的问题，立即指出并责令改正或当即罚款；如发现重大影响安全问题，要责令停止工作并作出记录。

2. 专项检查

指管理者或检查者对现场出现的关注重点项目或者薄弱环节进行的专门检查，如对钢丝绳的专门检查，对安全装置的专门检查，对地基、轨道的专门检查，对某项制度、措施的落实专门检查，对某项记录的专门检查等。

3. 旁站监督

指各级机械员、安全员、机械监理对起重机械重大吊装、安装拆卸和重大维修改造的关键工序工艺、起重机械的负荷试验以及超负荷吊装、多机抬吊和危险条件下作业等进行旁站安全监督与指导（监理工作又叫旁站监理），应作出详细记录。

4. 月检查（又称定期检查）

指业主单位或监理单位、施工项目部、起重机械使用单位，以单位名义组织的每月进行的一次起重机械安全管理的检查。这种检查比较正规，具有各单位分管领导带队的检查组、检查标准（检查表）、检查计划，检查后有总结，有整改要求和整改追踪验收。月检查应该分层次、错开时间进行检查，避免检查重叠或相互代替。

5. 机械管理安全评价

指施工企业、起重机械使用单位、施工项目部、业主单位或项目监理在每年的年末或工程的某一阶段，按一定的评价标准，各自对所管辖的起重机械安全管理工作进行检查打分、综合评价，既给起重机械安全技术状况打分，又给内业管理打分。一般机械安全评价和开展评比活动相结合，对评价结果进行总结，对先进单位进行表彰，对达标单位进行鼓励，对差的单位提出改进要求。

八、检查活动中应注意的主要问题

（1）机械安全监督检查中无论是机械安全技术状况的检查，还是内业管理工作的检查，都需要有一定的专业知识和管理知识，甚至还需要有一定的实际工作经验，所以起重机械安全管理的检查组一定要有一部分内行的人或者叫懂得的人，不然走马观花，检查不出问题，检查没有效果，实际隐患和缺陷还存在，误导了领导，还让被检查者背后嗤笑。

（2）起重机械安全管理人员不仅要有责任心和工作热情，还要努力学习起重机械专业知识和管理知识，以及相关法律法规。当前现场专业管理人员缺乏，新人比较多，除了强调自学以外，更重要的是企业和现场要提供学习的机会和条件，如现场各单位举办的短期培训、提供学习资料、老人带新人等，要懂得“磨刀不误砍柴工”的道理，尽早使他们能够胜任工作，培养出一批现场起重机械安全管理的骨干。

（3）起重机械安全管理工作，领导要真正重视，既要支持起重机械安全管理人员的工作，又要以身示范，分管领导亲自带队检查，了解实情，加大检查力度。

（4）检查还要注意一种倾向，就是检查人员只会提出问题，不能帮助解决问题。有时现场有些问题和缺陷，无论是技术上的，还是物质上的，无论是资金上的，还是环境条件上的

短期一下无法完成整改，检查人员应该帮助出主意、想办法，帮助解决。如不能立即整改的缺陷，在保证不出事故的前提下，能否降低负荷使用或采取监护措施使用或其他补救措施等。

（5）应注意现场有些项目上的起重机械使用单位，由于施工现场专业管理人员少，工程忙、工期紧，往往不重视起重机械安全管理，也不重视起重机械的安全检查，以监督检查代替自己的检查，只有当业主或监理组织的机械安全检查、或者上级的检查组检查出问题和缺陷时，才去被动的处理问题或缺陷，这种认识和做法都是不正确的。施工现场起重机械安全监督检查主要是管理监督者为保证现场起重机械安全使用的一种手段和方式，无论在检查频率和检查范围、检查内容上都和起重机械使用单位的检查有一定的区别。起重机械使用单位是保障起重机械安全的主体单位，必须对起重机械安全负主要责任，加强起重机械安全管理和认真做好起重机械各种形式的检查，既是起重机械使用单位的义务，也是应尽的责任。

第二节　施工现场起重机械安全管理检查的内容

一、起重机械的检查内容

TSG Q5001—2009《起重机械使用规则》中规定在用起重机械至少每日进行一次日常维护保养和自行检查，每年进行一次全面检查，其要求内容如下：

（一）日常维护保养的重点

（1）主要受力结构件。

（2）安全保护装置。

（3）工作机构。

（4）操纵系统。

（5）电气（液压、气动）控制系统。

对以上等机构、零部件进行清洁、润滑、检查、调整、更换易损件和失效零件。

（二）自行检查

（1）整机工作性能。

（2）安全保护、防护装置。

（3）电气（液压、气动）等控制系统的有关部件。

（4）液压（气动）等系统的润滑、冷却系统。

（5）制动装置。

（6）吊钩及其闭锁装置、吊钩螺母及其放松装置。

（7）联轴器。

（8）钢丝绳磨损和绳端固定。

（9）链条和吊辅具的损伤。

（三）全面检查（包括自行检查的内容）

（1）金属结构的变形、裂纹、腐蚀以及其焊缝、铆钉、螺栓的连接。

（2）主要零部件的变形、裂纹、磨损。

（3）指示装置的可靠性和精度。

(4) 电气和控制系统的可靠性。

(5) 必要时还需进行相关载荷试验。

二、塔式起重机的检查内容

结合国家技术标准 GB/T 5031—2008《塔式起重机》的规定要求，至少应该做到以下检查内容：

(一) 日常检查

每班工作前，司机做目测检查和性能测试。主要包括：

(1) 轨道、基础和周围障碍物情况和环境气候情况。

(2) 各机构运转情况。

(3) 制动器工作情况。

(4) 肉眼可见明显缺陷，包括钢丝绳和钢结构。

(二) 周期检查

专业人员进行检查，每月检查和每半年检查。主要包括：

(1) 润滑：油位、漏油、渗油情况。

(2) 液压：油位、漏油情况。

(3) 吊钩：吊钩及防脱装置可见的变形、裂纹、磨损。

(4) 钢丝绳：变形、断丝、锈蚀、磨损及绳端固定情况。

(5) 结合及连接处：目测检查锈蚀情况。

(6) 连接螺栓：基础地脚螺栓、尤其标准节连接螺栓松动情况及接头有无裂纹。

(7) 销轴定位：各销轴连接锁止情况，尤其臂架、拉索等连接销轴。

(8) 接地：接地有无松脱，接地电阻是否符合要求（半年检查增加项目）。

(9) 安全装置：力矩限制器和重量限制器精度变化情况及各限位开关可靠性。

(10) 制动器：制动器衬垫磨损减薄、调整装置及噪声情况。

(11) 液压软管：接头、特别弯曲处有无损坏情况。

(12) 电气：电气装置及各元件状态是否良好，有无老化、松动和烧蚀、水汽凝结等现象。

(13) 基础、轨道和附着：状态有无变化情况（半年检查增加项目）。

(三) 定期检查

专业人员进行检查，每年检查。除包括周期检查的内容外，另增加的检查内容如下：

(1) 核实塔式起重机的标志和标牌有无损坏与丢失。

(2) 核实使用说明书有无丢失。

(3) 核实维修保养记录是否完整。

(4) 核实零部件和辅助装置有无损坏和缺失。

(5) 判断老化状况：

1) 传动装置及其零部件有无松动、漏油。

2) 重要零件（如电动机、齿轮箱、制动器、卷筒）连接装置有无磨损或松动。

3) 有无明显的异常噪声或振动。

4) 有无明显的异常温升。

5）制动衬垫有无磨损或损坏。

6）有无可疑锈蚀或污垢。

7）电气安装（电缆入口、电缆附属物）有无出现损坏。

8）钢丝绳有无断丝、变形和其他损伤，绳端固定有无松动。

9）吊钩有无磨损、变形和损伤情况。

（6）在额定载荷状态下进行功能测试及机构运转情况检查：

1）各机构的平稳、可靠，尤其制动器的可靠。

2）安装装置灵敏、可靠。

（7）金属结构检查：

1）焊缝及可疑表面的油漆龟裂。

2）锈蚀情况。

3）残余变形情况。

4）裂纹情况。

（8）基础、轨道、附着状态是否良好，有无基础下沉，混凝土基础有无裂纹、损伤；轨道有无弯曲、蛇形、磨损、啃轨、轨枕松动；附着有无松动、变形及其他损伤等。

（四）全面检查

专业人员进行检查，第 4 年时、第 8 年时、第 10 年时，10 年以后每年应进行一次全面检查。

全面检查包括定期检查的所有内容，并可进行无损检测和解体检查，检查中应特别注意以下情况：

（1）振动。

（2）异常噪声或温升。

（3）整机或部件状况变差：如变形、锈蚀、磨损等。

（4）机械设备的完整性，电动机和齿轮箱、栏杆扶手、滑轮、轴损坏情况。

（5）制动器状态变化。

（6）接头、螺栓、销轴的磨损情况。

三、门座起重机的检查内容

电站门座起重机定期检查内容见表 11-1。

表 11-1　　电站门座起重机定期检查表

项目	检查内容	检查周期			
		每班	每月	每季	每年
运行机构	制动器零件磨损、制动间隙调整、电磁推杆行程调整		△		
	电液或液压制动推动器性能、油量			△	
	联轴器橡胶圈、柱销、销孔的磨损、失效，螺栓松动		△		
	开式齿轮啮合情况、减速器拆洗换油、调整轴承间隙				△
	减速器地脚固定螺栓的紧固		△		
	行走车轮磨损、啃轨、轨道测量及润滑、调整		△		

续表

项目	检 查 内 容	检查周期			
		每班	每月	每季	每年
运行机构	门架、台车梁连接螺栓紧固			△	
	电缆卷筒及电动机碳刷磨损、刷架变形、失效		△		
	拖式电缆的破损		△		
	电动机绝缘性能				△
	行走限位开关、碰尺、止挡、缓冲器、扫轨板状态	△			
	运行机构性能测试	△			
起升机构	制动器零件磨损、制动间隙调整、电磁推杆行程调整	△			
	电液或液压制动推动器性能、油量		△		
	联轴器橡胶圈、柱销、销孔的磨损、失效，螺栓松动		△		
	减速器拆洗换油、调整轴承间隙				△
	卷筒两端轴承座固定			△	
	起升钢丝绳磨损、断丝、固定、润滑		△		
	滑轮的磨损、裂纹、支撑轴承的运转		△		
	吊钩及组件的磨损、变形及轴承润滑		△		
	起升高度限位器的有效、可靠	△			
	力矩限制器的精度偏差调整			△	
	电动机碳刷磨损、刷架变形、失效		△		
	电动机绝缘性能			△	
	起升机构性能测试	△			
变幅机构	制动器零件磨损、制动间隙调整、电磁推杆行程调整	△			
	电液或液压制动推动器性能、油量	△			
	联轴器橡胶圈、柱销、销孔的磨损、失效，螺栓松动		△		
	减速器拆洗换油、调整轴承间隙				△
	卷筒两端轴承座固定			△	
	变幅钢丝绳磨损、断丝、固定、润滑		△		
	滑轮的磨损、裂纹、支撑轴承的运转		△		
	变幅限位器和变幅指示的有效、可靠	△			
	电动机碳刷磨损、刷架变形、失效		△		
	电动机绝缘性能			△	
	变幅机构性能测试	△			
回转机构	涡轮蜗杆传动箱拆洗换油、调整轴承间隙（低架式）				△
	回转轨道和滚轮磨损和紧固			△	
	回转驱动小齿轮与回转盘针齿啮合情况		△		

续表

项目	检查内容	检查周期			
		每班	每月	每季	每年
回转机构	回转大轴承及开式齿轮运转、润滑情况（圆筒式）		△		
	回转大轴承螺栓紧固			500h	
	立式减速器运转情况、清洗换油				△
	制动器零件磨损、制动间隙调整、电磁推杆行程调整		△		
	电液或液压制动推动器性能、油量		△		
	联轴器检查调整		△		
	电动机碳刷磨损、刷架变形、失效		△		
	电动机绝缘性能			△	
	回转机构性能测试	△			
金属结构	主要构件的焊缝检查				△
	金属结构的变形、裂纹、损伤				△
	整机油漆碰伤、龟裂、剥落及锈蚀检查				△
	台车、门架、圆筒、转柱、回转支撑、人字架、臂架等连接螺栓的紧固				△
电气	操作控制系统的灵活性和准确性	△			
	电气连锁及紧急开关的可靠性	△			
	电气保护的可靠性		△		
	接地电阻值			△	
	照明	△			
	电器元件及电线电缆的松动、破损、老化、烧蚀		△		
	集电器碳刷磨损、刷架变形、失效		△		
其他	电气室、机房、司机室的密闭、牢固				△
	梯子、栏杆、走道、平台、踢脚板变形、缺失				△
	防护罩盖损坏、缺失		△		
	电控箱是否损坏		△		
	线路的绝缘值				△
	夹轨器是否损坏			△	
	轨道基础状态检查		△		

注 △表示执行。

四、桥门式起重机的检查内容

（一）日常检查（每班工作前，司机做目测检查和性能测试）

（1）轨道及周围环境、障碍物情况。

（2）吊钩、防脱装置、滑轮有无缺陷。

（3）钢丝绳是否完好，在卷筒上固定是否牢固，排列是否整齐，有否挤压、跳槽现象。

（4）电铃或喇叭是否好用。

(5) 控制手柄是否在零位，操作是否灵活、准确。

(6) 各机构运转是否正常。

(7) 大车、小车及起升制动器性能是否可靠。

(8) 各安全开关、限位开关是否正常。

(9) 重量限制器显示是否正常。

(10) 滑线或拖式电缆状态是否完好。

(11) 大车、小车运行有无噪声或异常振动。

(二) 金属结构的检查（每年检查1～2次）

(1) 主梁下挠小于$L_1/700$，悬臂梁下挠小于$L_2/350$（L_1、L_2分别为主梁、悬臂梁长度）。

(2) 主梁、端梁、台车架、平衡梁、人字架、腹杆、支腿、小车架等不应有变形、裂纹；腐蚀厚度超过原厚度的10%应报废。

(3) 小车轨道跨距变化应满足6+0.2（L-10），轨道高度差不大于1mm，轨道无变形、损伤（L为小车轨道全长）。

(4) 梯子、栏杆、走道、平台、踢脚板、扶手应完整、牢固，无变形、开裂、松动。

(三) 门式起重机轨道的检查（每季检查调整1次）

(1) 基础碎石坡度是否合适，轨枕间石子是否填满。

(2) 轨枕是否松动，钢轨接缝处是否标准，有无悬空。

(3) 轨道是否平直符合标准。

(4) 轨道接头高低阶差是否符合规定。

(5) 轨距有无变化超标。

(6) 跨接线有无断开、松动、丢失。

(7) 重复接地线有无断开。

(8) 止挡、碰尺有无松动、变形。

(9) 排水沟是否畅通。

(四) 各机构及主要零部件的检查（每月检查）

桥门式起重机各机构及主要零部件的检查项目、内容及标准见表11-2。

表11-2　　各机构及主要零部件检查表

检查项目		检查内容	检查标准
卷筒组件	卷筒、轴和轴承	(1) 筒壁、凸缘、绳槽有无裂纹、变形、磨损； (2) 钢丝绳固定是否牢固，钢丝绳缠绕是否整齐； (3) 卷筒轴和轴承座有无磨损、变形、裂纹； (4) 轴承转动有无异常杂音、发热和振动	(1) 卷筒凸缘高度不应低于最外层钢丝绳直径的2倍； (2) 卷筒最少保留钢丝绳圈数不少于3圈； (3) 钢丝绳在卷筒上排列紧密整齐，不得相互绞压和乱绕； (4) 钢丝绳偏离卷筒轴垂直平面角度不大于1.5°； (5) 绳端固定牢靠，固定压板不少于2块，每块不得只压1根绳，应压2根绳； (6) 绳槽磨损深度超过2mm； 卷筒轴磨损量不超过5%； 筒壁磨损达原厚度的10%； 卷筒、凸缘及其他组件有裂纹、变形等损伤应报废

续表

检查项目		检 查 内 容	检 查 标 准
滑轮组	滑轮、轴和轴承、防跳槽装置	(1) 滑轮绳槽、凸缘有无裂纹、破损、变形和磨损； (2) 滑轮轴有无裂纹、磨损，润滑是否良好； (3) 轴承转动是否灵活，有无异响	(1) 轮槽不均匀磨损达 3mm，轮槽底部直径磨损量达钢丝绳直径的 25%，轮槽壁厚磨损达原壁厚的 20%，轮缘有缺口，滑轮有裂纹及其他损伤钢丝绳缺陷应报废； (2) 钢丝绳绕进绕出最大偏斜角<4°； (3) 滑轮应设防绳跳槽装置，该装置与滑轮外缘间隙不应大于钢丝绳直径的 20%； (4) 滑轮轴磨损量不超过 5%； (5) 轴承有异响、破碎应报废
钢丝绳	钢丝绳状态和绳端固定	(1) 钢丝绳有无挤压变形、断丝、腐蚀、露芯、弯折、松散； (2) 绳卡、楔形套等固定牢靠、安装方向正确，绳卡数量和间距符合要求	(1) 钢丝绳润滑良好、无锈蚀、变形和其他损伤； (2) 应按照 GB/T 5972—2009 检验和报废的规定执行； (3) 钢丝绳连接可靠，楔形块固定穿绳不得穿反；绳卡使用数量、间距符合要求，不得正反安装（连接绳卡不少于 3 个，间距为绳径 6 倍）； (4) 压套连接时，压套不得有裂纹和损伤，套端不得有断丝； (5) 拉索连接件完好； (6) 起重机上起升、变幅和承载的钢丝绳不得编结使用
吊钩组件	吊钩及连接件	(1) 吊钩有无裂纹、危险断面磨损情况； (2) 吊钩有无变形、扭转，开口度有无变化； (3) 轴承和心轴磨损和润滑情况； (4) 螺纹螺母损坏情况； (5) 防脱绳装置是否损坏	(1) 吊钩无缺口、毛刺、裂纹等缺陷； (2) 钩身扭转变形超过 10°应报废； (3) 吊钩磨损、腐蚀超过原尺寸的 10%应报废； (4) 吊钩开口度达原尺寸的 15%应报废； (5) 吊钩心轴磨损达原尺寸的 5%，应更换新轴； (6) 衬套磨损 50%，应更换衬套； (7) 轴承损坏应更换轴承； (8) 吊钩螺纹或保险件不得腐蚀和磨损； (9) 吊钩不得补焊； (10) 吊钩应设置防脱绳装置并完好有效
车轮组	车轮踏面及轮缘	(1) 车轮轮缘及踏面有无裂纹、变形、磨损、剥落、失圆； (2) 轴承润滑及发热、异响、振动、异常温升情况； (3) 驱动车轮开式齿轮啮合和磨损情况	(1) 轮缘、轮辐及轮体不得出现裂纹、变形； (2) 轮缘厚度磨损量达原厚度的 50%应报废； (3) 车轮踏面磨损均匀，踏面磨损量达原厚度的 15%、龟裂、起皮、失圆应报废； (4) 车轮轴承不得松旷； (5) 油嘴或油杯齐全完好，润滑良好； (6) 车轮转动灵活，不应有啃轨偏磨现象； (7) 齿轮状态完好、润滑啮合良好、运转正常，没有异响； (8) 磨损量标准见减速器项

续表

检查项目		检 查 内 容	检 查 标 准
联轴器	键和键槽、传动轴和橡胶垫、螺栓和螺母及齿轮联轴器	（1）键有无松动、出槽及变形，键槽有无裂纹和严重磨损、变形； （2）传动轴有无径向跳动或端面摆动； （3）橡胶圈有无损坏； （4）连接螺栓有无松动与脱落； （5）齿轮联轴器润滑情况及漏油，是否有异响	（1）运转无冲击、振动，连接螺栓无松动； （2）橡胶圈无损坏； （3）齿轮联轴器要求同齿轮，见减速器项； （4）联轴器零部件不得变形、裂纹、损伤
制动器	摩擦片与制动轮、零部件	（1）制动器制动间隙和摩擦片与制动轮磨损、老化、烧蚀情况； （2）制动弹簧有无变形、断裂； （3）连杆、推杆、销轴、轴孔、螺栓、螺母、螺杆等零部件有无松动、磨损、弯曲和其他损伤； （4）制动行程是否合适，调整装置是否失效； （5）液压制动器液面高度及有无漏油及零件损伤，工作缸有无损伤； （6）电磁制动器电磁铁动作是否正常	（1）制动器的制动力矩符合性能要求，状况良好； （2）摩擦片磨损量超过原厚度的50%应更换； （3）制动轮表面磨损达1.5～2mm或有划伤相应深度的沟槽，应报废； （4）弹簧不得有塑性变形； （5）各零部件不得有可见裂纹； （6）电磁铁杠杆系统不漏油，其空行程超过额定行程的10%应报废； （7）摩擦接触面不得小于70%，不得有油污、水分和烧蚀，以及摩擦铆钉头部
减速器	箱体和齿轮	（1）箱体地脚固定是否松动，有无裂纹、损伤； （2）油尺或油窗是否完好； （3）油量多少是否合适，油质有无变质、乳化，有无泄漏； （4）齿轮啮合是否正常，有无异响	（1）齿轮状态完好、润滑啮合良好、运转正常，没有异响； （2）齿轮有裂纹、变形、断齿、齿面点蚀损坏量达啮合面的30%，且深度达原齿厚的10%及齿厚磨损量达到下列数值应报废： 闭式起升机构和非平衡变幅机构 1级　10%　2级　20% 其他机构　15%　25% 开式　30%　38% （3）箱体完好，固定连接牢固，油尺或油窗齐全、完好、无泄漏，油质、油量、符合要求

（五）安全装置及防护装置的检查（每月检查）

桥门式起重机安全装置及防护装置的检查项目、内容及标准见表11-3。

表 11-3　　安全装置及防护装置检查表

检查项目		检查内容	检查标准
安全装置	载荷限制器	显示是否灵敏、准确，是否报警	根据季节变化对偏移量进行调整，显示误差应小于或等于5%
	高度限位器	是否灵敏、可靠	达到极限高度能切断上升电源
	大车小车限位	限位开关有无损坏，反应是否灵敏	应反应灵敏，状态良好
	缓冲器	检查大小车缓冲器是否损坏、松动，位置有无变化	缓冲器状态良好、牢固、可靠
	夹轨器	门式大车夹轨器无损坏	夹轨器状态良好
	扫轨板	门式大车扫轨板有无碰撞变形、破损、开裂	扫轨板完好，离轨道间隙不大于10mm
	连锁开关	登机门及上桥架门连锁开关是否损坏	连锁开关应性能完好
	紧急停机开关	紧急停机开关是否良好	紧急停机开关应状态良好，能切断起重机电源（除照明电源），非自动复位
防护装置	防护罩、板、盖	各种防护罩、隔离板网是否齐全，孔洞盖板是否齐全、牢固、有效	回转机构、电气设备等防护罩、防雨罩、孔洞盖板、滑线隔离等防护设施牢靠、有效；司机室地板应敷设绝缘垫

注　室外起升高度大于12m时，应检查风速仪。

（六）电气设备的检查（每月检查）

桥门式起重机电气设备的检查项目，内容及标准见表11-4。

表 11-4　　电气设备检查表

检查项目		检查内容	检查标准
电动机	绕组轴承、滑环电刷、导线	（1）绝缘电阻是否符合要求，有无发热； （2）轴承有无异响； （3）滑环有无松动、变色、裂痕； （4）电刷磨损及松动情况，运转有无火花； （5）导线有无破损、老化，接头是否松动、裸露	电动机固定牢靠，运转正常
接触器	触头、弹簧、铁芯、消弧线圈、消弧栅	（1）触头接触压力大小及接触面磨损情况； （2）弹簧有无变形、损坏； （3）铁芯吸合面有无附着物，工作有无异响，屏蔽线圈有无断线，限位块有无磨损及损伤，断路是有无间隙； （4）消弧线圈有无松动； （5）消弧栅是否烧损或丢失	接触器工作正常、固定牢靠

续表

检查项目		检　查　内　容	检　查　标　准
继电器	弹簧、时间、继电器、阻尼延时器、接触片	(1) 弹簧有无变形、折断； (2) 限时功能； (3) 油桶是否脱落、漏油，油量、油质； (4) 接触面有无磨损、损坏	用手操作动作正常，继电器状态良好、固定牢靠、限时准确
开关	接触分离、部分保险	开关动作有无异常，接触部分压力是否合适，保险是否完好、容量是否符合规定	动作正常、状态良好，固定牢靠、不缺零件
电阻器	端子电阻片、绝缘子	(1) 电阻器端子连接有无松动； (2) 电阻片有无变形、破损、松动、积尘，间隙是否正常； (3) 绝缘子有无损坏、污垢	电阻器应状态良好，固定牢靠
控制器	动作方向指示触头及触片、弹簧离合装置轴承、齿轮	(1) 控制器指示标志有无损伤、污染、模糊不清； (2) 触头、触片是否损坏、磨损，接触是否良好； (3) 回位弹簧有无损伤； (4) 离合装置有无松动，各传动零件润滑情况； (5) 接线有无松动	控制器状态良好，动作准确
集电装置	滑线、滑块、绝缘子、集电器	(1) 桥式起重机滑线滑块接触情况，损伤、固定情况； (2) 绝缘子支撑是否牢固； (3) 集电器元件、接线是否良好	滑线滑块接触良好，固定牢固，集电装置良好
电缆卷筒	卷筒、电刷张紧装置、电缆	(1) 门式起重机电缆卷筒集电装置电刷磨损、损坏情况； (2) 电动机状态是否正常，电缆张紧装置是否完好； (3) 电缆有无破损； (4) 拖地电缆有无托架	(1) 电缆卷筒的直径应是电缆外径的：电缆外径＜21.5mm 不小于 10 倍；电缆外径＞21.5mm 不小于 12.5 倍； (2) 电缆卷筒应有电缆张紧装置，收放电缆与桥门式起重机行走同步； (3) 电缆卷筒转动灵活、外观完好，滑环、碳刷接触良好，电缆连接牢固； (4) 拖地电缆应有托架

续表

检查项目		检 查 内 容	检 查 标 准
电气柜线路	线路固定、绝缘电阻	(1) 电源箱、电气柜外部有无损坏，固定是否牢靠，门锁是否完整，内部是否太脏，有无杂物和积尘； (2) 内线固定是否牢靠，排线是否整齐； (3) 外部线路是否凌乱，穿线管、线缆托架是否完好； (4) 内外线路有无老化、脱皮、破损，绝缘电阻是否符合规定	(1) 电源箱、电气柜应整齐、规范、完好； (2) 排线整齐、固定牢靠； (3) 电气线路对地绝缘电阻：一般环境不低于1MΩ
电气保护	电源、短路、失压、相序、接地	(1) 电源总开关是否完好，短路、过载、漏电保护是否有效； (2) 失电、断相、错相保护是否完好； (3) 接地线是否牢固、完好，接地电阻是否符合规定； (4) 照明是否符合要求	(1) 总电源宜设主隔离开关，应设短路保护，自动断路器或者熔断器完好； (2) 总电源应设失压（失电）保护； (3) 供电电源应设断相和错相保护； (4) 每个机构应设过流（过载）保护； (5) 漏电保护器动作电流不大于30mA，漏电动作时间不大于0.1s； (6) 控制器零位保护有效； (7) 供电电源中性点不接地时，接地电阻不大于4Ω，供电电源中性点直接接地时，重复接地电阻不大于10Ω

五、电动葫芦的检查内容

电动葫芦一般用作小型单梁桥门式起重机，也可用作大型龙门起重机的副钩（小钩）。关于电动葫芦门式起重机的其他检查项目同桥门式起重机的检查。

（一）日常检查（每班工作前，司机的检查）

(1) 观察电动葫芦行走范围内有无障碍物和轨道及悬挂滑线有无异常；

(2) 检查吊钩有无损伤，转动是否灵活；

(3) 吊钩止动螺母是否正常，防脱绳装置是否完好；

(4) 钢丝绳是否有断丝、变形、锈蚀，钢丝绳是否润滑良好，在卷筒上缠绕是否整齐，有无乱绳现象；

(5) 吊钩滑轮是否完好，钢丝绳是否脱槽；

(6) 操作按钮（操作室操作或地面按钮盒操作）使电动葫芦吊钩上下起升和左右行走，测试运行是否平稳、正常，有无异响；

(7) 检查高度限位和行走行程限位是否灵敏可靠，起重量限制器是否可靠有效；

(8) 检查和测试起升、行走制动器是否可靠；

(9) 检查准备起吊重物的吊索具是否正确、可靠。

（二）每月检查

每月检查的项目，内容和标准见表11-5。

表 11 - 5　　　　月 检 查 表

检查项目	检查内容	检查标准
运行轨道、行走轮	（1）工字钢轨道螺栓固定情况； （2）工字钢轨道焊接固定情况； （3）轨道接头焊缝情况； （4）轨道磨损情况； （5）行走轮损伤情况； （6）阻进器（止挡）情况	（1）工字钢轨道为螺栓固定的，螺栓规格统一，垫圈、螺母规范，不得松动； （2）工字钢轨道焊接固定的以及轨道接头焊缝，不得有裂纹； （3）轨道、车轮踏面、轮缘不得有变形、裂纹、破损，接触面的局部不得偏磨，踏面、轮缘均匀磨损分别不得超过原尺寸的 15%和 50%； （4）阻进器（止挡）不得变形、开裂、松动； （5）安装行程限位开关的，应灵敏、可靠
操作开关	（1）操作按钮外观情况； （2）操作按钮连锁情况； （3）操作按钮触点和弹簧情况； （4）手动按钮悬挂电缆情况； （5）接地螺钉和接线情况	（1）操作开关或手动按钮盒外观及绝缘不得损伤； （2）同时按下一组按钮，电动葫芦应不动作； （3）按钮触点不得有损伤，弹簧不得疲劳损坏； （4）手控按钮盒悬挂线上下端固定牢靠，电缆无破损、断线和漏电； （5）接地线固定牢靠
滑线	（1）悬吊钢丝挠度情况； （2）电线及吊线环情况	（1）悬挂钢丝不得有损伤和有明显挠度并两端固定牢靠； （2）吊线环间距适当，电线不得有脱环现象； （3）电线不得破损、漏电
电动机	电动机起动运转情况	电动机起动无噪声，运转无过热，状态良好
减速器	（1）齿轮润滑情况； （2）齿轮磨损和损坏情况； （3）箱体外观情况	（1）减速器润滑油量、油质符合要求，不漏油； （2）齿轮副无严重磨损或损坏； （3）箱体无裂纹和碰伤
制动器	（1）制动摩擦环、制动轮磨损情况； （2）制动性能测试	（1）制动环磨损量不得使轴向移动量≤3～5mm； （2）圆盘制动片磨损量不得超过原厚度的 50%； （3）制动环、片和制动轮不得有裂纹、损伤； （4）制动间隙符合说明书规定； （5）制动性能在额定载荷下，下滑量小于 1min 上升距离的 1%
集电器	（1）电缆连接状况； （2）滑轮磨损和回转弹簧状态	（1）电缆连接固定可靠，不得松动、脱落； （2）滑轮回转平滑，滑轮槽和油孔不得有明显磨损； （3）弹簧不得失去弹力
卷筒装置	（1）导绳器情况； （2）卷筒情况	（1）导绳器无损伤破裂，排绳有效； （2）卷筒无损伤，轮槽良好
高度限位器	检查吊钩起升高度限位器性能	起升高度限位器灵敏、可靠，在规定的上升极限位置（一般距电动葫芦外壳不小于 50mm）停止上升；重量限制器可靠有效

续表

检查项目	检查内容	检查标准
交流接触器	(1) 触点状态及动作线圈状态； (2) 固定情况	(1) 触点无严重磨损和损伤； (2) 触点动作灵敏、无粘连； (3) 线圈无断裂、损坏； (4) 各部件无松动、连接牢靠
钢丝绳	(1) 钢丝绳损伤状况； (2) 绳端固定情况； (3) 润滑情况	(1) 钢丝绳无变形、断股、折弯、锈蚀、烧伤、松散等现象； (2) 磨损量应小于原直径的7%，不得超过规定的断丝数； (3) 绳端固定规范、牢靠
吊钩滑轮	(1) 吊钩磨损情况； (2) 滑轮磨损情况； (3) 螺母、轴承、滑轮外壳及其他零件损伤情况	(1) 吊钩应转动灵活，危险断面无严重磨损； (2) 吊钩螺母锁紧牢靠，轴承转动灵活，不得松旷、有异响； (3) 滑轮槽和轮缘无变形、破裂，无明显磨损； (4) 外壳无明显损伤，挡轴板、挡圈、销轴不得松动

（三）每年检查

每年检查的项目、内容、标准见表11-6。

表11-6　年检查表

检查项目		检查内容	检查标准
电动葫芦	电动机	(1) 电动机温升检查	对于E级绝缘的电动机温升不得超过116℃
		(2) 电动机异常检查	电动机是否启动勉强或有异常声响
	制动器	(1) 制动性能检查	制动性能安全可靠，刹车灵敏
		(2) 制动器零部件检查	有裂纹；制动摩擦片磨损达原厚度的50%；弹簧塑性变形；轴和轴孔直径磨损达原直径的5%； 制动轮摩擦面磨损达原厚度的40%等之一的应报废
	减速器	(1) 安装状态检查	连接螺栓不得松动
		(2) 外观检查	不得有破损缺陷
		(3) 密封检查	不得有渗漏现象
		(4) 异常检查	不得有异响、异常发热
		(5) 齿轮检查	有下列情况之一的应报废： (1) 裂纹、断齿；齿面点蚀损坏达啮合面的30%，深度达原齿厚的10%； (2) 第一级齿轮齿厚磨损达原齿厚的10%（起升）、15%（运行）； (3) 其他级齿轮齿厚磨损达原齿厚的20%（起升）、25%（运行）； (4) 开式齿轮齿厚磨损达原齿厚的30%
		(6) 其他零部件检查	(1) 键连接不得松动、变形； (2) 齿轮轴磨损量不大于原轴颈的1%； (3) 其他轴的磨损量不大于原轴颈的2%； (4) 轴承不得有裂纹和破损； (5) 油封不得老化变质，与轴孔接触面不得有损伤

续表

检查项目		检 查 内 容	检 查 标 准
电动葫芦	卷筒装置	（1）钢丝绳尾端固定检查	压板螺栓不得松动和异常
		（2）导绳器状态检查	空钩下降时，钢丝绳能自由从导绳器出口排出
		（3）卷筒检查	卷筒有裂纹、变形，壁厚磨损达原壁厚的20%应报废
	滑轮	（1）滑轮外观检查	（1）滑轮槽应光滑，不得有损伤钢丝绳的缺陷； （2）滑轮有防钢丝绳跳槽装置，装置与滑轮间隙不大于钢丝绳直径的20%
		（2）报废标准	（1）滑轮槽和轮缘有裂纹、变形、破损； （2）轮槽不均匀磨损达3mm； （3）轮槽壁磨损达原厚度的20%； （4）槽底直径减少到钢丝绳直径的50%
	钢丝绳	（1）钢丝绳润滑状态	钢丝绳不得锈蚀，有良好润滑
		（2）报废标准	（1）钢丝绳磨损量达原直径的7%； （2）钢丝绳变形、烧伤、弯折、松散、断股、严重腐蚀； （3）钢丝绳断丝数按GB/T 5972—2009的规定
	吊钩	报废标准	（1）危险断面磨损达原尺寸的10%； （2）开口度增大15%； （3）扭转变形超过10%
	车轮	（1）报废标准	有下列情况之一的应报废： （1）裂纹、严重变形； （2）轮缘磨损量达原厚度的50%； （3）踏面磨损量达原直径的5%
		（2）轮缘与工字钢翼缘间隙	最大间隙不得大于车轮踏面宽度的50%
电气部分	电源引入装置、集电器	（1）软电缆引入装置检查	（1）支撑悬吊软电缆的钢丝绳应固定牢固、无损伤和下垂挠度； （2）吊线环无缺失，配置间距适当； （3）电缆无破损
		（2）磨损状态检查	滑轮、销轴、吊线环不得有异常磨损
		（3）固定状态检查	连接电缆螺栓不得松动，绝缘体固定可靠
		（4）滑轮转动状态检查	滑轮转动灵活、平稳
		（5）弹簧检查	弹簧不得变形、锈蚀、失去弹力
	机内接线	（1）机内接线外观检查	各电器配线不得有外伤、老化
		（2）固定连接状态检查	所有固定接线螺钉不得松动，固定牢固
		（3）软电缆移动检查	引入电缆移动中不得有异常弯曲和扭转
	交流接触器	（1）触点及铁芯检查	铁芯端面平整清洁，触点和铁芯无异常磨损
		（2）配线固定检查	配线固定螺钉不得松动
	操作开关	（1）动作检查	动作灵敏可靠、触点接触紧密，无粘连、卡阻
		（2）控制开关检查	按钮标识明显，无损伤、缺失
		（3）故障异常检查	（1）接线牢靠，触头、触片、弹簧状态正常、绝缘良好、连锁灵敏； （2）手动开关盒悬挂软线无破损，上下端连接可靠

续表

<table>
<tr><th colspan="2">检查项目</th><th>检 查 内 容</th><th>检 查 标 准</th></tr>
<tr><td rowspan="5">电气部分</td><td rowspan="4">高度限位</td><td>（1）动作检查</td><td>动作灵敏可靠</td></tr>
<tr><td>（2）触头检查</td><td>触头磨损严重和其他损伤应及时更换</td></tr>
<tr><td>（3）配线固定检查</td><td>固定螺钉不得松动</td></tr>
<tr><td>（4）限位位置检查</td><td>吊钩上升极限位置距卷筒最低位置不小于 50mm</td></tr>
<tr><td colspan="2">线路对地绝缘检查、重量限制器检查</td><td>一般环境不小于 1MΩ；重量限制器综合误差不大于 5%</td></tr>
<tr><td>小车</td><td colspan="2">小车运行轨道检查</td><td>（1）连接螺栓不得松动；
（2）焊缝无缺陷和裂纹；
（3）工字钢轨道无损伤、变形；
（4）工字钢偏斜度不大于 1‰，翼缘踏面磨损量不大于 10%</td></tr>
<tr><td rowspan="4">试车</td><td rowspan="2">空载试车</td><td>（1）空载运转检查</td><td>电动葫芦小车作全行程往返运行，吊钩全行程起升、下降，检查运行有无异常，操作是否灵活、准确</td></tr>
<tr><td>（2）安全装置检查</td><td>检查高度限位在极限位置动作是否灵敏可靠</td></tr>
<tr><td rowspan="2">负载试验</td><td>额定载荷试验
超动载试验</td><td>先后起升额定载荷和 1.1 倍额定载荷作起升、下降、运行、制动；检查操纵控制是否灵活、准确，电动葫芦各部机构、零件是否有异常，检查制动器是否可靠，检查主梁跨中下挠度是否符合规定</td></tr>
<tr><td>超静载试验</td><td>在跨中起吊 1.25 倍额度载荷试验，检查钢结构有无永久变形、油漆剥落和连接松动、机构损坏</td></tr>
</table>

六、流动式起重机的检查内容

流动式起重机主要指以内燃发动机为动力源的汽车起重机、轮胎起重机和履带起重机。

（一）日常检查（每天作业前）

（1）启动前检查燃油、机油、冷却液、液压油油量是否短缺；

（2）电瓶连接是否完好，轮胎气压是否缺失，履带是否完好；

（3）查看油箱盖、散热器盖有无未盖好或可见部件的丢失和损坏；

（4）怠速启动后，查看发动机运转是否平稳、排气是否正常，应无异响、异味，风扇转动正常，各皮带张紧合适；

（5）各仪表、喇叭、灯光、水平表是否良好；

（6）测试转向、行走、离合、行走制动是否可靠；

（7）工作前，检查场地周围又无障碍物、架空电线，地面是否平整坚实，以便于支撑支腿或履带；

（8）支腿伸缩、臂杆伸缩、变幅油缸伸缩是否自如、到位；

（9）钢丝绳、吊钩状况是否完好；

（10）臂杆有无损伤，连接销轴是否完整、可靠；

（11）力矩限位器是否显示准确，高度限位器、幅度限位器是否灵敏可靠；

（12）起升、变幅、回转机构运转是否正常，检查起升、变幅制动是否可靠，操纵是否灵活、准确；

(13) 起吊索具是否完好、绑扎是否牢靠、吊点位置是否合适;

(14) 止退是否木块垫好、支撑牢固,水平表指示是否水平,履带支撑地面有无下陷或履带下垫的钢板有无变化;

(15) 先起吊重物离地 200mm 左右试吊,检查各处无误后再正式进行吊装作业。

(二) 定期检查(月度和年度检查)

年检查项目应包含日检查和月检查的内容,见表 11-7。

表 11-7　　定期检查表

检查项目		检查内容和要求	检查周期	
			月	年
金属结构	司机室	(1) 司机室外观封闭无损伤;	△	
		(2) 门窗、门锁无损坏,门窗开闭无异常;		
		(3) 照明正常,标牌、标识无污损和丢失;		
		(4) 方向盘、操纵杆操作灵活,各种按钮开关有效、不缺零件;		
		(5) 脚踏板行程合适,坐椅无破损,调节机构无卡阻;		
		(6) 仪表盘无破损、模糊,显示准确;		
		(7) 后视镜、监控电视屏、力矩限制器显示屏无损伤		
	轮胎底盘	(1) 轮胎螺栓紧固、无缺失和气压合适,轮胎无划伤;	△	
		(2) 轮胎花纹磨损量和偏磨量未超限;		△
		(3) 钢板弹簧卡子螺栓无松动、丢失;	△	
		(4) 钢板弹簧无断片和疲劳弹力明显减弱情况;		△
		(5) 转向拉杆系统是否松动;	△	
		(6) 前轮定位、前束、立销倾角是否有偏差;		△
		(7) 转向助力器无泄漏、无异响;		△
		(8) 传动轴无松旷和磨损;		
		(9) 减震器有无损坏;	△	
		(10) 变速器、加力器、液力变矩器挂挡灵活,运转无异响、无泄漏;	△	
		(11) 后轮差速器、减速器无异响和泄漏	△	
	履带底盘	(1) 履带板无裂纹、破损,销轴孔、履带齿无严重磨损;		△
		(2) 履带连接销轴无断裂和严重磨损;	△	
		(3) 履带松弛度,不能太紧或太松;	△	
		(4) 驱动轮齿不得严重磨损,托链轮和支重轮不得磨损失圆和损伤;		△
		(5) 履带滑块磨损超过 5mm 应修复或更换;		△
		(6) 履带张紧调整装置是否完好		△
	配重	(1) 配重、压重托架、挂钩、悬挂装置等应无变形,配重排列整齐、位置正确;		△
		(2) 配重螺栓、螺杆紧固牢靠,不得松动;	△	
		(3) 销轴连接,不得缺少锁止销		
	A 形架、拉杆	检查 A 形架和拉杆等不得有变形、损伤		

续表

检查项目		检查内容和要求	检查周期	
			月	年
金属结构	臂架桅杆	(1) 箱形起重臂和箱形桅杆不得有塑性变形和扭曲； (2) 伸缩臂侧向间隙不大于2.5mm，滑块不得严重磨损； (3) 桁架臂和桅杆的主弦杆和腹杆不得有弯曲、凹坑和其他损伤； (4) 臂架销轴孔不得磨损失圆，销轴不得松旷，锁止销齐全完好		△ △ △ △
金属结构	支腿	支腿机构无变形、扭曲、无损伤	△	
金属结构	焊缝	金属结构所有焊缝不得有裂纹或开裂		△
金属结构	腐蚀	金属结构锈蚀厚度达原厚度的10%应予以报废		△
主要零部件	发动机	(1) 发动机是否脏污，有无漏油； (2) 冷却液、机油是否有缺失，“三滤”是否按时保养更换，检查空气滤芯是否太脏； (3) 启动后运转平稳、正常，不抖动、无异响，不排兰、黑、白烟，无渗漏	△ △ △	
主要零部件	离合器	离合器离合状态是否正常，有无异响，行程是否合适	△	
主要零部件	变速器	变速器挂挡是否顺畅、准确，有无难挂、错挂、乱挡和齿轮碰撞声响	△	
主要零部件	减速器	减速器、加力器、差速器等齿轮传动是否正常，有无异响和漏油，箱体有无破裂、损伤，连接有无松动	△	
主要零部件	制动器	(1) 起升、变幅、行走、回转机构的制动器应状况良好； (2) 摩擦片磨损量超过原厚度的50%应更换； (3) 制动轮表面磨损达1.5～2mm或有划伤相应深度的沟槽，应报废； (4) 弹簧不得有塑性变形；各零部件不得有可见裂纹； (5) 电磁铁杠杆系统不漏油，其空行程超过额定行程的10%应报废； (6) 摩擦接触面不得小于70%，不得有油污、水分和烧蚀，以及摩擦铆钉头部	△ △	
主要零部件	回转机构	(1) 回转时大小齿轮啮合平稳、无撞击； (2) 回转支撑固定螺栓的紧固情况		△
主要零部件	吊钩	(1) 吊钩无缺口、毛刺、裂纹等缺陷； (2) 钩身扭转变形超过10°应报废； (3) 吊钩磨损、腐蚀超过原尺寸10%应报废； (4) 吊钩开口度达原尺寸的15%应报废； (5) 吊钩心轴磨损达原尺寸的5%，应更换新轴； (6) 衬套磨损50%，应更换衬套； (7) 吊钩螺纹或保险件不得腐蚀和磨损； (8) 吊钩不得补焊； (9) 吊钩应设置防脱绳装置并完好有效	△	

续表

<table>
<tr><th colspan="2" rowspan="2">检查项目</th><th rowspan="2">检查内容和要求</th><th colspan="2">检查周期</th></tr>
<tr><th>月</th><th>年</th></tr>
<tr><td rowspan="3">主要零部件</td><td>滑轮</td><td>(1) 滑轮应转动灵活，润滑良好，轮槽光滑整洁，滑轮无损伤，轴孔均匀磨损不超标，固定连接可靠；
(2) 轮槽不均匀磨损达3mm，轮槽底部直径磨损量达钢丝绳直径的25%，轮槽壁厚磨损达原壁厚的20%，轮缘有缺口，滑轮有裂纹及其他损伤钢丝绳缺陷应报废；
(3) 钢丝绳绕进绕出最大偏斜角小于4°；
(4) 滑轮应设防绳跳槽装置，该装置与滑轮外缘间隙不应大于钢丝绳直径的20%</td><td>△</td><td></td></tr>
<tr><td>卷筒</td><td>(1) 卷筒凸缘高度不应低于最外层钢丝绳直径的2倍；
(2) 卷筒最少保留钢丝绳圈数不少于3圈；
(3) 钢丝绳在卷筒上排列紧密整齐，不得相互绞压和乱绕；钢丝绳偏离卷筒轴垂直平面角度不大于1.5°；
(4) 绳端固定牢靠，固定压板不少于2块，每块不得只压1根绳，应压2根绳；
(5) 绳槽磨损深度超过2mm，筒壁磨损达原厚度的10%，卷筒及凸缘有裂纹、变形等损伤应报废；
(6) 设置棘轮的卷筒，棘轮应完好、有效</td><td>△</td><td></td></tr>
<tr><td>钢丝绳和拉索</td><td>(1) 钢丝绳连接可靠，楔形块固定传绳不得穿反；
(2) 绳卡使用数量、间距符合要求，不得正反安装（连接绳卡不少于3个，间距为绳径6倍）；
(3) 压套连接时，压套不得有裂纹和损伤，套端不得有断丝；
(4) 拉索连接件完好；
(5) 起重机上起升、变幅和承载的钢丝绳不得编结使用；
(6) 钢丝绳润滑良好、无锈蚀、变形和其他损伤；
(7) 应按照GB/T 5972—2009检验和报废的规定执行</td><td>△</td><td></td></tr>
<tr><td rowspan="6">安全装置</td><td>力矩限制器</td><td>起重量限制器应功能有效，其误差应不大于±5%</td><td>△</td><td></td></tr>
<tr><td>高度限位器</td><td>吊钩起升高度限位器应灵敏可靠，当吊钩上升至距离起重臂下端最小800mm时，应能切断上升电源，但能下降，同时切断增大变幅电源，但能减小幅度</td><td>△</td><td></td></tr>
<tr><td>幅度限位器和指示器</td><td>(1) 幅度限制装置应灵敏可靠，大型履带起重机动臂变幅塔式工况，应能停止动臂再往极限方向运动（包括可变幅的塔身）；
(2) 流动式起重机在动臂司机室侧应有幅度指示器，检查应完好</td><td>△</td><td></td></tr>
<tr><td>防后倾装置</td><td>防后倾装置应坚固、可靠，大型履带起重机动臂流动式起重机应设动臂防后倾撑杆（包括可变幅的塔身），有的还另设防后倾翻拉索，应检查是否完好、有效</td><td>△</td><td></td></tr>
<tr><td>水平仪</td><td>水平仪无损坏，应完整有效</td><td>△</td><td></td></tr>
<tr><td>倒车和回转报警</td><td>(1) 履带起重机应有回转报警；
(2) 轮胎和汽车起重机应由倒车、回转报警；
(3) 该装置应完好有效</td><td>△</td><td></td></tr>
</table>

续表

检查项目		检查内容和要求	检查周期	
			月	年
液压系统	液压泵和液压马达	各液压泵和液压马达运转正常、功能有效，无噪声、振动、泄漏、异常发热	△	
	液压阀	（1）液压阀（安全阀、平衡阀、液压锁等）无异响、振动，运转正常； （2）安全溢流阀的调整压力不应大于额定工作压力的110%； （3）各液压阀不应有内外泄漏	△	
	液压油缸	各种液压油缸（支腿油缸、变幅油缸、车架顶升油缸、履带安装油缸、配重安装油缸、臂架根销油缸、A形架油缸等）无泄漏、爬行、回缩，运行平稳、正常	△	
	液压油箱蓄能器	（1）液压油箱外观完整，无损伤、泄漏，温度正常； （2）液压油量、油质符合要求，滤清器、冷却器、蓄能器等功能完好	△	
	液压管路	液压管路无老化、损伤，接头无泄漏	△	
电气系统	电源电路、起动电路、仪表线路、照明线路、其他线路	（1）发电机、调节器、蓄电池等是否完好； （2）起动电动机状况，起动是否容易起动； （3）仪表及各传感器电路，各仪表指示是否准确、完好； （4）各种灯光是否完好； （5）报警、安全装置、喇叭、风扇、空调、雨刮器、收音机、点烟器等是否完好； （6）各线路固定牢固、排列整齐，无老化、松动现象	△	

注 △表示执行。

七、施工升降机的检查内容

施工升降机的检查项目，内容和标准见表11-8。

表11-8　　施工升降机的检查表

检查项目		检查内容和要求	检查周期		
			日	月	年
基础和地面	基坑和排水	（1）基坑底部混凝土不得有龟裂、孔洞，应平整干净，并有排水设施； （2）基坑有一定深度，应满足下极限限位碰尺的安装要求		△	
	缓冲器	坑底设有吊笼和对重缓冲装置		△	
	通道	一般应在地面入口设置封闭的安全通道		△	
	围栏	（1）地面护栏（对重在护栏内）不低于1.8m，护栏强度、刚度足够和孔、档间距符合标准； （2）进吊笼的护栏门设有机械连锁开关，吊笼到底部规定位置门才能开启； （3）设有电气连锁开关，护栏门开后，吊笼不能启动		△	

续表

检查项目		检查内容和要求	检查周期		
			日	月	年
金属结构	导轨架	（1）导轨架标准节各杆件不得有变形、损伤、裂纹、严重锈蚀； （2）焊缝饱满、平整、无缺陷； （3）螺栓连接规范牢固可靠		△	
	安装偏差	（1）SC 型吊笼导轨错位不大于 0.8mm； （2）对重导轨错位不大于 0.5mm； （3）齿条沿齿高方向阶差不大于 0.3mm； （4）沿长度方向齿距偏差不大于 0.6mm； （5）SS 型导轨架标准节截面相互错位形成的阶差不大于 1.5mm； （6）标准节截面内对角线长度的偏差不大于边长的 3‰			△
	附着杆	（1）附墙架各杆件不得损伤、变形，与建筑物连接牢固可靠； （2）附着杆角度应符合说明书要求； （3）连接螺栓强度不低于 8.8 级； （4）运动部件与建筑物之间距离不小于 0.2m		△	
	垂直度	导轨架垂直度：高度 h（m）与偏差（mm）应满足 SC 型　$h \leqslant 70$　　$\leqslant 1‰$ $70 < h \leqslant 100$　　$\leqslant 70$ $100 < h \leqslant 150$　　$\leqslant 90$ $150 < h \leqslant 200$　　$\leqslant 110$ $h > 200$　　$\leqslant 130$ SS 型偏差为不大于高度的 1.5‰		△	
吊笼	吊笼	（1）吊笼结构和封闭坚固牢靠，净空高度应不小于 2m； （2）吊笼内设有足够照明； （3）吊笼门和顶部逃生门应设置电气连锁开关，张贴安全操作规程和责任人、司机等名单		△	
	吊笼顶	吊笼顶部设有不低于 1.5m 护栏和不少于 100mm 高的挡脚板		△	
	司机室	吊笼司机室应有足够空间和良好视野，有灭火器	△		
	滚轮和安全钩	（1）吊笼采用安全钩时，最高一对应处于最低驱动齿轮之下； （2）吊笼导向滚轮良好、与导轨间隙符合标准要求，应保持有效转动		△	
层门维护	层门、走道、围栏、联络和门锁	（1）各停层应设置平台、走道、挡脚板和不低于 1.1m 的层门和护栏，并且要牢固可靠； （2）停层应设联络呼叫装置，层门应设置人工开的启门锁		△	
对重	对重和防松弛	（1）采用卷扬机驱动的 SS 型无对重； （2）对重悬挂牢靠，对重两端应设滑靴或滚轮导向； （3）对重滑道良好，对重钢丝绳应设防松弛装置开关（自动停机非自动复位开关）	△		

续表

检查项目		检查内容和要求	检查周期		
			日	月	年
传动系统	机械设备	驱动电动机、减速器、离合器、限速器、制动器或卷扬机固定连接可靠，无异响、振动、漏油、温度过高现象，状态良好	△		
	齿轮齿条	(1) 齿轮、齿条等传动机构润滑良好，接触面无损伤，啮合接触长度，沿齿高不小于40%，沿齿长不小于50%，齿隙为0.2～0.5mm； (2) 采用蜗轮蜗杆传动应无缺陷			△
	制动器	(1) 制动器应是常闭式的，可以手动释放； (2) 应有足够的制动力矩，在超载25%试验运行时应可靠制动	△		
钢丝绳	安全系数	(1) SC型对重钢丝绳不得少于2根，相互独立设置，安全系数不得小于6，直径不小于9mm；对重设置1根钢丝绳的安全系数不小于8； (2) SS型人货两用的吊笼钢丝绳不得少于2根，相互独立设置，安全系数不小于12，直径不小于9mm； (3) SS型货用吊笼用1根钢丝绳的安全系数不小于8： 载重小于320kg，直径不小于6mm； 载重不小于320kg，直径不小于8mm。 (4) 吊笼门悬挂绳安全系数不小于6； (5) 吊笼顶部吊杆绳安全系数不小于8，直径不小于6mm； (6) 防坠安全器钢丝绳安全系数不小于5，直径不小于8mm		△	
	张力装置	当吊笼或对重使用两根相互独立的钢丝绳时，应设置平衡钢丝绳张力装置，当单根绳拉长或破坏时，电气安全装置应停止吊笼运行	△		
	钢丝绳状态	使用中的钢丝绳应润滑良好，无变形、损伤、断丝、锈蚀，连接固定应规范可靠，应按照GB/T 5972—2009检验和报废的规定执行	△		
	卷扬机卷筒	(1) 在卷筒上的钢丝绳最少预留3圈； (2) 卷筒凸缘应高出最外层钢丝绳直径的2倍以上； (3) 人货两用采用卷筒驱动的钢丝绳在卷筒上只允许绕一层，采用自动绕绳的，允许绕两层； (4) 货用采用卷筒驱动的允许绕多层； (5) 钢丝绳在卷筒上应用不小于3块压板可靠固定； (6) 卷筒有排绳器出绳角不大于4°，自然排绳出绳角不大于2°； (7) 卷筒无裂纹和其他损伤； (8) 使用卷扬机提升应无对重绳槽磨损深度超过2mm，筒壁磨损达原厚度的10%，卷筒及凸缘有裂纹、变形等损伤应报废		△	
滑轮	滑轮状态	滑轮不均匀磨损小于3mm，轮槽壁厚度磨损小于原厚度的20%，轮槽底部减少量小于钢丝绳直径的50%，不得有裂纹等其他损伤	△		
	直径比	(1) 吊笼、对重滑轮直径与钢丝绳直径之比不应小于30； (2) SC型货用吊笼滑轮直径与钢丝绳直径之比不应小于20； (3) 安全器、吊笼门专用滑轮直径与钢丝绳直径之比不应小于15； (4) 平衡滑轮直径不得小于0.6倍提升滑轮直径			△

续表

检查项目		检查内容和要求	检查周期		
			日	月	年
滑轮	防跳槽	所有滑轮都应设防绳跳槽装置，该装置与滑轮外缘间隙不应大于钢丝绳直径的20%，且不大于3mm	△		
	进出绳角	钢丝绳进出滑轮偏角不得大于2.5°		△	
安全装置	防护罩	各种防护盖罩齐全、固定牢靠有效	△		
	限速器	限速器不得有异响、内部零件松动	△		
	限位开关	(1) 每个吊笼都应设上、下行程自动复位的限位开关； (2) 人货两用的，还应设上、下行程非自动复位的极限开关； (3) SC型：当吊笼提升速度不小于0.8m/s时，上部安全距离不小于1.8m；当大于0.8m/s时，上部安全距离应满足$1.8+0.1v^2$的要求；上极限开关与上限位开关的越程距离为0.15m；下极限开关安装位置应在吊笼碰到缓冲器前，先动作；不应触发上、下限位开关作为最高层站和地面层站的停机操作； (4) SS型：上极限开关与上限位开关的越程距离不小于0.5m； 其他要求同上	△		
	防坠器	(1) 每个吊笼应装渐进式防坠安全器，只有SS型吊笼提升速度小于0.63m/s时，才允许采用瞬时式防坠安全器； (2) 货用SS型每个吊笼至少应装断绳保护装置； (3) 防坠安全器和断绳保护装置应完好有效、制停距离符合要求，一般在0.25～1.2m之间； (4) 应设停层防坠安全装置，防止人货停层下落； (5) 要求防坠安全器标定有效期在一年以内			△
	防松绳	(1) 对重应装防松绳装置，如非自动复位防松开关，开关灵敏可靠； (2) SS型应设防松绳装置	△		
	载荷限制器	(1) 应装重量限制器，当载荷达到90%时应有明显警示，载荷达到110%前应停止吊笼提升（一般设定105%）； (2) 应作试验，误差不大于±5%		△	
电气系统	紧急停机按钮	SC型应装紧急停机开关，非自动复位，应能停止吊笼提升	△		
	电气元件	电气设备和电气元件齐全、完整、性能参数符合要求，固定牢靠、有效	△		
	绝缘电阻	电气元件（电子元件除外）对地绝缘电阻不应低于0.5MΩ，电气线路对地绝缘电阻不低于1MΩ			△
	接地电阻	供电电源中性点不接地时，接地电阻小于或等于4Ω，供电电源中性点直接接地时，重复接地电阻小于或等于10Ω		△	
	拖行电缆	电缆和滑触架在吊笼运行中应自由拖行，不受阻碍	△		
	电气保护	应设置总电源开关（除照明外），零位保护（断开能锁住）、过载、短路、相序等保护	△		

注　△表示执行。

八、牵张设备的检查内容

（一）作业前的检查

（1）检查金属结构（车架、支腿、支架等）、各机构和零部件的紧固情况，是否有损坏和松动；

（2）检查各液压元件连接管路有无破损、老化，接头是否松动、漏油；

（3）检查各机构润滑点和润滑位置（包括钢丝绳和传动链条）是否润滑到位；

（4）检查各操作手柄、按钮是否灵活，并处于非工作位置；

（5）检查发动机燃油、机油、冷却液以及液压油箱、液力变矩器油箱（液力传动形式）、减速器油箱的油位是否正常；

（6）检查各操作仪表是否完整、完好，是否都指示在零位，并将牵引机拉力表的定针设定在计算最大牵引力的1.15～1.3倍的位置上；调整溢流阀，将张力机张力表调整到规定的张力值；

（7）检查轮胎气压是否缺失，地锚固定和连接是否牢固和符合要求；

（8）检查钢丝绳尾车和导线轴尾车是否匹配、支架固定牢固，钢丝绳和导线绕向是否与牵引机和张力机摩擦卷筒绕向一致，液压软管是否与牵引机和张力机接通并方向正确；

（9）检查张力摩擦卷筒绳槽衬垫是否严重磨损或损坏，具有排绳装置和托辊的是否完好有效或需要调整；

（10）启动发动机，怠速运行，查看发动机运转是否平稳，排烟是否正常；

（11）冷却器风扇转动给风是否平稳、正常，无震动、无噪声；

（12）检查电触点拉力表、水温表、转速表等是否有反应；

（13）测试紧急停机是否动作；

（14）待发动机水温上升到55℃及以上，液压传动的液压油温达到30℃以上并无异常时，方可进行正式作业操作；有的设备要求作业时达到规定的刹车压力值、各油泵压力值、液压系统压力值和发动机转速；上述数值因各产品要求不尽相同，应按产品说明书规定的具体要求操作。

（二）定期检查（根据需要，不超过年度）

牵张设备的定期检查项目、内容和要求见表11-9。

表11-9　　定期检查表

检查项目		检查内容和要求
金属结构	机架、支腿、支架等	（1）金属结构不得有塑性变形、裂纹、严重锈蚀； （2）焊缝不得有裂纹、孔穴、固体夹渣、未熔合、未焊透； （3）腐蚀达原厚度的10%应报废
发动机	机容机貌、油量、油质三滤、起动机、供油系涡轮增压曲轴、活塞润滑冷却、运行状态	（1）发动机是否脏污，有无漏油； （2）冷却液、机油是否有缺失，“三滤”是否按时保养更换，空气滤芯是否太脏； （3）起动机、蓄电池、继电器状态正常易于起动； （4）喷油泵、供油泵、喷油器状态良好，喷油着火正时准确； （5）增压器无故障； （6）曲轴、活塞连杆系统无松旷； （7）润滑、冷却部件无故障； （8）启动后运转平稳、正常，不抖动、无异响，不排蓝、黑、白烟，无渗漏

续表

检查项目		检查内容和要求
仪表	各种仪表外观和功能	各种仪表（水温表、转速表、燃油表、液压油压力表、各油泵压力表、液压油温表、拉力表、张力表、制动压力表、牵引速度表、放线速度表等）不缺失、无损坏，指示准确
传动系统	离合器、变速器、减速器、液力变矩器、传动轴、传动链条状态	（1）离合器分离自如，无卡阻； （2）变速器自动变速无异响； （3）减速器齿轮磨损不超标； （4）液力变矩器状态良好； （5）传动轴无松旷； （6）传动链条无锈蚀和伤损； （7）各箱体无破损、油位正常、无泄漏
制动器	制动间隙、摩擦片（带）、制动盘（毂）、油压制动、气压制动、刹车控制阀制动状态	（1）制动间隙符合规定； （2）制动摩擦片（带）不超限，磨损不超过原厚度的50%； （3）接触面无划伤、烧伤，与摩擦片接触面积不少于70%； （4）不缺刹车油，制动总泵、分泵无故障，油路无气阻； （5）气泵不串油，气压升得快，制动总泵、分泵无故障，气路无漏气； （6）刹车控制阀应灵敏、有效； （7）制动行程符合标准，刹车有效、无打滑现象
摩擦卷筒	牵引卷筒	（1）卷筒绳槽磨损深度不得超过2mm； （2）筒壁磨损不得达原厚度的10%
	放线卷筒	卷筒绳槽衬垫不得严重磨损，浅绳槽无绳槽衬垫的，不应损伤导线
尾车	钢绳卷绕装置	（1）牵引机钢丝绳尾车状态良好，应自动与牵引机牵引速度同步（无级变速），并保持钢丝绳尾部张力，卷筒上钢丝绳排绳机构无故障，钢丝绳排列整齐，支架升降自如； （2）其小液压泵、液压马达、油缸等运转良好
	导线卷绕装置	张力机导线尾车状态良好，能保持导线尾部张力平稳，制动装置有效，其液压马达、液压缸等运转有效
钢丝绳	主导引绳、牵引绳	（1）使用中的钢丝绳应润滑良好，无变形、损伤、断丝、锈蚀，连接固定应规范可靠，按照GB/T 5972—2009检验和报废的规定执行； （2）使用特殊的防捻钢丝绳，不准编结使用； （3）放线用安全系数不小于3，紧线和地锚用安全系数不小于4～5
液压系统	液压元件、液压油、油温、液压保护	（1）各液压泵、液压马达、油箱、蓄能器、液压阀、液压缸、滤油器、管路、接头状态良好，紧固、无内外泄漏； （2）液压油质和黏度符合标准要求； （3）系统工作油温不超过80℃； （4）工作压力达到设定值时，应不再升高；当压力超过最大牵引力和最大张力所对应的压力时能自动停止，防止过载； （5）系统应有失压自锁装置，在系统出现故障或失压时能快速制动，防止跑线
电气系统	电气保护、设备状态、绝缘电阻	（1）电气系统为负极搭铁低压（24V）线路，显示仪表和控制部分应有独立短路、过载保护； （2）各电气元件和电气设备状态良好，连接线路固定牢固，无老化、破损现象； （3）绝缘电阻不大于1MΩ

续表

检查项目		检查内容和要求
连接	螺栓状态紧固	(1) 同一部位连接螺栓规格相同，不得以小代大，长短合适，螺杆露出螺母 2～3 扣，垫圈无丢失； (2) 检查紧固各机构、部件连接螺栓；有扭矩要求的，应使用力矩扳手
地锚	锚固选取	(1) 作业和试验时，应检查牵张设备和尾车的地锚，埋置式地锚安全系数不小于 3，抗拔力和拉绳的选取应有计算书； (2) 拉绳角度一般不超过 30°
牵引机试验	试验周期	每两年进行一次，负载试验可通过滑轮机构加重物加载或张力机加载
	空载试验	(1) 起动牵引机，以 75％的最大牵引速度运转 1h，进行正反转和制动操作； (2) 检查换向及制动是否正常
	额定牵引力试验	(1) 加载至额定牵引力，调整液压变量泵出口压力或变速箱换挡手柄，并调节发动机油门直到达到额定牵引速度，重复三次； (2) 连续试验时间 2h； (3) 检查牵引机各机构工作性能是否正常
	最大牵引速度试验	(1) 通过调整变量泵排量、变速箱换挡手柄及调节发动机油门，使牵引机达到最大牵引速度； (2) 逐渐增加牵引力，直到发动机转速要下降时停止增加牵引力，记录该牵引速度和相应的牵引力，重复三次，其平均值应不小于牵引机标定值
	最大牵引力试验	(1) 加载至额定牵引力的 1.2 倍，慢速牵引，在牵引过程中进行快速制动，并停留 1min，重复三次； (2) 应无牵引卷筒反转或牵引绳在卷筒上反向相对滑移现象
	制动试验	(1) 对制动器施加 1.5 倍的最大牵引力对应的力矩，制动停留 1min； (2) 重复三次； (3) 制动器应无打滑现象，检查结构件无永久变形，连接螺栓无松动，焊缝无裂纹，各机构无损坏
张力机试验	试验周期	每两年进行一次，可通过牵引机协助试验
	空载试验	起动牵引机等牵引设备，使张力机在额定放线速度下运行 1h；检查制动及各部件是否正常
	额定张力试验	(1) 起动牵引机等牵引设备，调节张力达到额定值，调节牵引设备达到张力机额定放线速度； (2) 记录放线张力和放线速度，重复三次； (3) 在额定张力和额定放线速度下连续试验，累计放线距离不少于 2000m； (4) 检查张力机的各项性能是否符合要求
	最大张力试验	(1) 起动牵引设备，调节到张力机的最大张力，慢速牵引，在牵引过程中进行 6 次制动，累计放线距离不少于 300m； (2) 检查张力机各种性能是否正常
	制动试验	(1) 对制动器施加 1.5 倍的最大张力对应的力矩，制动停留 1min； (2) 重复三次； (3) 制动器应无打滑现象，检查结构件无永久变形，连接螺栓无松动，焊缝无裂纹，各机构无损坏

九、现场起重机械安全管理内业管理检查的内容

（一）对建设单位的检查

施工现场起重机械安全管理内业管理对建设单位的检查内容见表 11 - 10。

表 11 - 10　　对建设单位的检查表

<table>
<tr><th colspan="2">检 查 项 目</th><th>检 查 内 容 和 要 求</th></tr>
<tr><td rowspan="3">机构职责</td><td>分管领导</td><td>检查是否任命或下发文件明确了分管负责人</td></tr>
<tr><td>主管机构</td><td>检查有关文件是否明确了主管部门（如安全部或工程部等）；
具体主管人员是否确定</td></tr>
<tr><td>职能职责</td><td>检查有关文件是否制定了起重机械安全管理的职责</td></tr>
<tr><td rowspan="4">制度建设</td><td>机械管理体系</td><td>检查是否建立了现场起重机械安全管理体系，有无网络图，网络图是否正确</td></tr>
<tr><td>机械安全目标</td><td>检查是否制定了起重机械安全管理目标，目标是否合适</td></tr>
<tr><td>岗位责任制</td><td>检查是否制定了业主有关人员的起重机械安全管理责任制</td></tr>
<tr><td>管理制度</td><td>（1）检查是否制定了起重机械安全管理制度，制度中至少包括起重机械准入、起重机械专业人员准入、安装拆卸作业指导书的审查、起重机械安全检查、安全使用、安装拆卸、机械和人员退场、资料管理、起重机械事故应急预案、考核奖罚等内容；
（2）查看制度的完整性和可操作性</td></tr>
<tr><td rowspan="4">资料管理</td><td>有关法规标准</td><td>检查是否具有必要的有关法律法规，技术标准</td></tr>
<tr><td>文件资料</td><td>检查是否留存上级下发或外来有关起重机械安全管理的文件</td></tr>
<tr><td>制度资料</td><td>检查是否留存了业主制定的起重机械安全管理制度、现场起重机械安全管理体系网络图、机械安全管理目标、岗位责任制、机械事故应急预案及演练计划等</td></tr>
<tr><td>管理记录</td><td>（1）检查业主召开有关会议记录、组织检查记录、奖罚记录、业主组织检查评价通报、考核记录、培训记录、业主组织的有关机械安全防范措施、其他资料（如起重机械准入台账、起重机械人员准入台账、各种措施、方案审批、各种机械检查、缺陷整改、旁站、现场临时处罚、机械退场等记录可以留存在项目监理处）；
（2）检查其完整性</td></tr>
</table>

（二）对现场机械监理的检查

施工现场起重机械安全管理内业管理对现场机械监理的检查内容见表 11 - 11。

表 11 - 11　　对现场机械监理的检查表

<table>
<tr><th colspan="2">检 查 项 目</th><th>检 查 内 容 和 要 求</th></tr>
<tr><td rowspan="2">制度建设</td><td>机械监理细则</td><td>（1）检查是否制定了起重机械安全监理细则，至少包括起重机械准入、起重机械作业人员准入、作业指导书审批、机械安全检查、旁站监理、奖罚、资料管理等内容；
（2）查看细则中内容是否完整，工作要求（或标准）、工作程序是否清楚</td></tr>
<tr><td>岗位责任制</td><td>（1）检查是否建立了总监或副总监、分管领导、机械监理人员等的起重机械安全岗位责任制；
（2）查看责任制中工作内容是否全面</td></tr>
<tr><td>人员配置</td><td>机械安全监理</td><td>检查是否配置了专职或兼职机械安全监理人员，人员数量是否适应和满足现场起重机械管理的需要</td></tr>
</table>

续表

检查项目		检查内容和要求
资料管理	留存资料	(1) 检查机械监理是否具有必要的相关法律法规、技术标准等学习资料，现场起重机械安全体系网络图，业主的起重机械安全管理制度，现场的起重机械安全管理目标，起重机械事故应急预案及演练计划、总结等； (2) 检查其完整性
	建立资料	(1) 检查起重机械安全监理细则，机械监理的岗位责任制，起重机械准入台账和准入检查表（整机、待安装零部件），准入起重机械的检验合格证或检验报告书及相关资料，起重机械作业人员准入台账（七种人员）和资格证件，起重机械安装队伍的资质证书，重要起重机械作业方案和安装拆卸作业指导书审批留存，重要措施的审批留存（如防风、防碰撞等），月机械安全检查记录、整改（停止）通知单、验收单、处罚单，重要起重机械作业旁站监理计划和记录，机械安全评价记录，现场起重机械危害辨识明细，起重机械防范措施及其他相关记录等； (2) 检查是否完整、规范

（三）对施工项目部的检查

施工现场起重机械安全管理内业管理对施工项目部的检查内容见表 11 - 12。

表 11 - 12　　对施工项目部的检查表

检查项目		检查内容和要求
机构职责	分管领导	检查相关文件是否明确了分管领导（项目副经理或项目总工）
	主管部门	(1) 检查是否成立了专职的机械管理部门或其他部门兼职管理，是否设置专职机械管理人员或兼职机械管理人员； (2) 检查其机构及人员设置是否适应和满足现场需要
	岗位职责	(1) 检查是否建立了机械管理部门的职责； (2) 检查其完整性，内容是否符合机械安全管理的工作要求
制度建设	机械管理体系	检查是否建立了机械安全管理体系，有无网络图，网络图是否正确
	机械安全目标	检查是否制定了起重机械安全管理分解目标或指标，目标是否合适
	岗位责任制	(1) 检查是否制定了各级有关人员的起重机械安全管理责任制； (2) 检查其是否完整和内容是否合适
	管理制度	(1) 检查是否制定了起重机械安全管理制度，制度中至少包括起重机械准入、起重机械专业人员准入、安装拆卸作业指导书的审查、起重机械安全检查、安全使用、安装与拆卸、租赁机械管理、老旧机械使用、机械和人员退场、资料管理、起重机械事故应急预案、考核奖罚等内容； (2) 查看制度的完整性和可操作性
资料管理	有关法规标准	检查是否具有必要的有关法律法规，技术标准
	文件资料	检查是否具有必要的有关法律法规，技术标准
	制度资料	(1) 检查是否留存了已制定的起重机械安全管理制度、现场起重机械安全管理体系网络图、机械安全管理分解目标、岗位责任制、机械事故应急预案及演练计划、各种机械防范措施、各种起重机械安全操作规程等； (2) 检查其完整、规范性

续表

检查项目		检查内容和要求
资料管理	管理记录	（1）检查起重机械准入台账及整机与待安装机械检查表，起重机械检验合格证及检验报告书、告知书和其他相关资料，起重机械作业人员台账及人员资格证件及安装队伍资质证书，机械月检查记录、整改通知单、整改反馈单、月检查小结、重要作业旁站监督计划和记录、起重机械安装拆卸作业指导书留底、机械专项检查记录、地基轨道验收记录、机械安全评价记录、租赁起重机械合同、合同评审记录、老旧机械整治鉴定记录、停机记录、机械和人员退场记录（单）、安全指标考核记录、违章处罚记录、人员培训计划和培训记录、评比奖励记录等； （2）检查其完整、规范性

（四）对起重机械使用单位的检查

施工现场起重机械安全管理内业管理对起重机械使用单位的检查内容见表11-13。

表11-13　对起重机械使用单位的检查表

检查项目		检查内容和要求
制度建设	机械管理体系	检查是否建立了机械安全管理体系，有无网络图，网络图是否正确
	机械安全目标	检查是否制定了起重机械安全管理分解目标或指标，目标是否合适
	岗位责任制	（1）检查是否制定了各级有关人员的起重机械安全管理责任制； （2）检查其完整性和内容是否合适
	管理制度	（1）检查是否制定了起重机械安全管理制度，制度中至少包括起重机械安全使用、维修、保养、安装、拆卸、检查、检验制度，起重机械人员培训计划、维修保养计划、人员考核取证制度，租赁机械管理和老旧机械使用管理制度，机械和人员退场、资料管理、测量仪器和工器具管理、奖罚制度，机械事故应急预案、各种机械安全操作规程、机械维修保养规程、起重机械安装拆卸规程、测量仪器使用规程、机械危害辨识、起重机械防碰撞等措施； （2）查看制度的完整性和可操作性，规程、措施的适宜性
人员配置	负责人	检查文件是否明确了起重机械安全管理负责人或分管领导
	机械管理人员	（1）检查文件是否设置了专职或兼职机械管理人员； （2）检查其是否适应工作需要
资料管理	制度规程	检查管理制度、规程、计划、体系网络图、岗位责任制、应急预案、危害辨识等制度性资料保存是否完整、齐全
	证件资质	检查起重机械检验合格证及检验报告书、起重机械作业人员资格证件、起重机械安装拆卸资质证书、老旧机械整治鉴定证书、测量仪器校验证书
	机械档案	检查起重机械安全技术档案（制造许可资质、质量合格证、型式试验报告、监检报告、告知单、使用登记证、说明书、事故记录、事故报告、大修记录、基础轨道验收记录、安装拆卸作业指导书、过程质量检验记录、自检报告书、工况变换记录等）
	管理记录	检查起重机械台账、起重机械人员台账、检测仪器台账、人员培训台账，各种机械检查记录、整改记录、故障维修记录、保养记录、交接班记录、运行记录、人员培训考试记录、违章处罚记录、奖励记录、应急演练记录、机械和人员退场记录等

第三节　施工现场起重机械安全管理常见的缺陷

缺陷是指有欠缺、不完善和不完备之处。现场起重机械管理方面的缺陷，一是指起重机械安全状况的缺陷；二是指管理方面的缺陷。缺陷也可分为一般缺陷和严重缺陷。

一、一般缺陷

一般缺陷是指对机械安全有一定影响，但不足以立即诱发机械事故的缺陷，一般缺陷又分为一般机械缺陷和一般管理缺陷。

（一）一般机械缺陷

有两种情况：一种是这种缺陷不会立即造成使机械损坏或发生危及人身安全的事故，但它是一种潜在的安全隐患，如果不对此缺陷进行整改的话，任其发展下去，可能诱发机械事故；另一种是这种缺陷，可能永远也诱发不了机械事故的发生，但它确实不符合机械安全技术标准的要求。常见的一般机械缺陷举例如下：

（1）机容机貌差：在老旧汽车起重机和老旧履带起重机上比较常见。

1）油腻污垢多、灰尘多；轻微性漏油、渗油。

2）结构件局部油漆涂刷不到位，油漆底层锈蚀没有处理干净。

3）油漆剥落，局部腐蚀严重。

4）个别非主要受力结构变形、破损。

（2）梯子、栏杆、走道、平台不符合规范要求：在老旧龙门起重机和某些建筑塔式起重机上比较常见。

1）直梯无护圈。

2）护圈强度不够或护圈固定不牢。

3）直梯缺少休息平台。

4）斜梯过长或斜梯角度不对。

5）高空临边无栏杆或栏杆尺寸不对。

6）平台过窄。

7）该有平台的未设平台。

8）平台无踢脚板或踢脚板过低。

（3）轨道、基础不符合规范要求：在龙门起重机、塔式起重机和施工升降机上比较常见。

1）轨枕间石子填充不满。

2）路基石子几乎无坡度。

3）个别轨枕活动。

4）轨道不平不直。

5）轨道接缝有的太大、有的挤死。

6）接缝处悬空。

7）轨道无跨接线或跨接线连接在螺栓上。

8）路基、基坑无排水沟或积水坑。

9）轨道端部无止挡或止挡不合适。

10）行走限位碰尺离止挡距离太近。

11）混凝土基础无围栏。

12）接地不规范。

13）悬挂电缆不绑扎。

14）基坑和基础周围脏乱差等。

（4）其他。

1）开口销不打开、打开角度小。

2）开口销使用铁丝、钢筋棍、铁钉、电焊条等代替。

3）减速箱加油过多、缺油、油料乳化变质。

4）油尺损坏、油杯油嘴缺失。

5）钢丝绳绳端卡子数量、间距不符合要求。

6）钢丝绳绳卡卡反。

7）楔形套中钢丝绳穿反。

8）卷筒钢丝绳排列不整齐。

9）钢丝绳断丝虽然不到报废数，但无降低载荷措施。

10）吊钩无防脱绳装置或该装置损坏。

11）滑轮无防绳跳槽杆或该杆严重磨损、变形。

12）转动机构无防护罩。

13）行走轮啃轨。

14）扫轨板间隙太大或变形、损坏。

15）大小车无缓冲器。

16）拖地电缆无托架，电缆多处破损。

17）钢结构螺栓长短不齐、规格不一。

18）高强度螺栓松动。

19）螺栓斜垫位置不对。

20）液压胶管和电线老化。

21）拖式电缆破损。

22）悬挂电缆没有绑扎，随风飘摆。

23）照明变压器露天摆放，不固定、无防护。

24）施工升降机导轨架滚轮间隙大，永远不转。

25）电气箱设置在司机身后。

26）露天电阻箱无罩盖。

27）箱形结构无排水孔而积水。

（二）一般管理缺陷

一般指制度不健全，内容不完善，操作性、针对性不强和记录和资料不规范等，往往是管理素质和管理水平不高的表现。如起重机械安全管理体系网络图层次不清或有缺失：机械安全岗位责任制不全或内容不完整、任务不清、责任不明；机械安全目标不分解，平时无考核；制度不全，内容有缺失，工作无程序；台账和记录有缺失或漏项；检查小结不会写等。

二、严重缺陷

严重缺陷是指对机械安全直接影响比较大，可能随时诱发机械事故发生的缺陷。

（一）严重机械缺陷

也有两种情况：一种是这种缺陷不立即纠正，可能随时发生机械事故；另一种是这种缺陷纠正了它可以避免事故的发生，不纠正就有可能发生事故（如主要安全装置）。严重机械缺陷举例如下：

（1）主要受力结构变形或几何尺寸严重超差；

（2）主要受力结构严重锈蚀，超过原厚度的10%以上；

（3）主要连接（焊缝、螺栓）开裂、有裂纹或松动；

（4）主要零部件（吊钩、滑轮、卷筒、齿轮、齿条、钢丝绳、制动轮、摩擦片、重要销轴等）磨损、腐蚀超限或裂纹、损坏等；

（5）主要安全装置（重要限位开关、力矩限制器、载荷限制器、断绳保护、防坠落保护、制动器、高度限位器、防后倾限位、防偏斜限位、风速仪）、主要电气保护（零位保护、紧急按钮、短路、过载、失压、错相等保护）未装、缺损、失灵；

（6）基础、轨道严重超标，高处的梯子、栏杆、平台缺失危及人身安全。

（二）严重管理缺陷

指现场没机构，没有设置人员，没有建立机械安全管理体系；没有建立机械安全岗位责任制；没有机械安全管理目标；主要机械安全管理制度没有建立或者建立的制度基本不适用等。这种现场基本没有起重机械安全管理，完全靠起重机械作业单位自己负责，自我监督，发生机械事故是必然的。

三、对起重机械管理缺陷的认识

（一）机械缺陷产生的主要原因

机械缺陷产生的原因可能有很多，如：

（1）有部分机械是由于我们过于注重价格，造成选型不当或验收不严，出厂就带有的缺陷。

1）设计不合理，该有平台的，没有设计平台。

2）斜梯角度设计的不标准。

3）有的结构筋板设计尺寸小了，强度不够，使用中就开始变形。

4）材料选取不当，过早磨损。

5）螺栓孔设计在筋板上，无法安装螺栓。

6）电气柜设计在司机室。

7）设计中没有考虑拆卸检修的位置。

8）动臂吊车最大幅度时臂杆落不到位置。

9）有的零部件发生干涉。

（2）有部分机械制造质量不佳，出厂就带有缺陷。

1）焊缝不饱满，有气孔、夹渣。

2）结构使用代用材料造成早期损坏。

3）钢材不做预处理和油漆不合格过早腐蚀。

4）结构形位尺寸超差，现场无法校正。

5）标准节通用性不好，无法互换使用。

6）结构螺栓孔穿孔率低。

（3）使用单位操作使用不当，司机操作迅猛，经常超负荷作业，经常挂碰，不能严格按照操作规程操作，不爱护机械，造成机械早期磨损和损伤等。

（4）使用单位对机械保养维修不及时（工期紧、资金困难；配件一时买不到、不能及时更换）或保养润滑不到位（该润滑的没有润滑，保养马虎凑合，责任不清，没有监督考核，人的素质差）等。

（二）机械管理缺陷的原因

主要是领导不重视，忙于抓施工进度，重点强调成本而忽略了机械管理；没有制定严格的管理制度或有制度不抓执行；责任不明，考核不严或不考核、不检查；不搞培训，管理人员素质低下，不知怎么管，检查不出问题等。

（三）对缺陷的认识

（1）机械在使用中总要有磨损和消耗的，尤其在各种气候条件下露天施工，机械难免发生缺陷；随着工程项目的增多，新人大量增加，对机械安全管理需要一个不断认识和实践的过程，存在管理缺陷也是正常的。但是必须对起重机械安全管理中的缺陷有清醒的认识，明确一切缺陷都是安全隐患，对缺陷的数量和性质，以及其发展趋势的可能性做到心中有数，严重缺陷立即整改；一般缺陷限期整改，一时整改不了的，应视情采取针对性措施。

（2）现场的起重机械安全管理要落到实处，尤其各级分管领导要责任到位；现场有的分管领导从来就不参加检查机械状况，也从来不看管理制度写的是什么，写的怎么样，只是会议强调；当外来检查组检查出缺陷问题时，只是当众批评训斥一通所有的人，问题症结不分析，如何解决不研究，这不是真正的重视。其次，机械安全管理要设置机构或专业管理人员，并加以考核；不检查、不考核，执行和落实情况不清楚，再好的制度也很难落实到位。第三，有关人员素质要提高，不然事情干不好，或不会干，要注意人员的挑选和培训教育，给予相关人员的工作支持和创造学习求进的条件，使相关人员能在实践中得到不断提高；另外，对起重机械安全管理中的缺陷和问题应该经常研究分析，作出相应的对策和措施。

（3）当前，起重机械安全管理好的现场一般机械缺陷平均每台机械不超过 3 项；一般管理缺陷不超过 5 项；严重缺陷为零。但这样的现场比例还不大，据不完全统计约占全部在建现场的 30%左右，为此我们必须重视现场起重机械安全管理的检查和缺陷的整改。

四、附表

（1）电力建设施工现场起重机械安全管理的常见缺陷见表 11-14。

（2）施工项目部起重机械安全管理检查汇总见表 11-15。

表 11-14　　电力建设施工现场起重机械安全管理的常见缺陷汇总表

缺陷类型	缺陷项目	序号	缺陷内容	发生频度	危害程度
管理缺陷	起重机械安全管理制度编制	1	现场业主单位没有制定起重机械安全管理制度或制度内容简单、机械“把五关”的要求不明确	高	较大
		2	现场监理单位没有编制起重机械安全管理细则或无有关工作程序	高	较大

续表

缺陷类型	缺陷项目	序号	缺陷内容	发生频度	危害程度
管理缺陷	起重机械安全管理制度编制	3	施工项目部没有制定起重机械安全管理制度或制度内容无针对性、无操作性	中	较大
	建立起重机械安全管理体系	4	现场业主单位没有建立现场起重机械安全管理体系	高	较大
		5	现场监理单位没有建立起重机械安全管理体系（业主单位建立了，监理就不用再建立了；业主单位没有建立，应委托监理建立）	高	较大
		6	施工项目部建立的起重机械安全管理体系网络层次不清或网络图不完整	中	较大
	制定起重机械安全管理目标	7	现场业主、监理、施工项目部建立的起重机械安全管理目标低（如不发生起重机械重大事故或不发生较大事故）	高	一般
		8	施工项目部起重机械安全管理目标未分解或细化	高	较大
		9	施工项目部制定并分解了起重机械安全管理目标，但无考核办法	高	较大
	起重机械安全管理机构和人员设置	10	业主单位没有明确起重机械安全管理的主管部门，没有设置分管领导和专管人员	中	一般
		11	现场监理没有配置起重机械安全管理的监理人员或谁都可以管，谁也不负责管	高	较大
		12	施工项目部没有设置专门的机械管理部门，机械安全由工程、安全、物资、调度等部门代管	高	较大
		13	施工项目部设置的机械管理专职人员或兼职人员职务低、权力小，无权参加生产调度和有关会议、无结算签字权利、无权查处违章罚款、无权对机械严重违章责令停止等权利，很难进行起重机械安全监督	高	较大
	建立起重机械安全管理岗位责任制	14	业主单位没有建立分管领导、主管部门和专管人员的起重机械安全管理岗位责任制	高	一般
		15	现场监理没有建立总监、副总监、机械监理人员的起重机械安全管理岗位责任制	高	较大
		16	施工项目部建立的有关人员的机械安全管理岗位责任制不完整或内容过于简单	高	较大
	机械事故应急预案的编制与演练	17	业主单位建立的应急预案中没有包括起重机械事故应急预案的内容或建立了却没有演练	中	一般
		18	施工项目部编制的起重机械事故专项应急预案内容不完整，没有演练和演练后评价	高	一般
	起重机械防范措施编制	19	现场监理没有编制起重机械防风、防碰撞等措施和施工单位没有签订有关协议	高	较大
		20	施工项目部编制的起重机械防风、防碰撞等措施简单，无图示、计算	高	较大

续表

缺陷类型	缺陷项目	序号	缺陷内容	发生频度	危害程度
管理缺陷	起重机械现场准入	21	施工项目部起重机械现场准入没有整机检查表，没有待安装机械零部件检查表	高	较大
		22	施工项目部起重机械准入检查表签字混乱、不签字、使用单位代检代签	中	较大
		23	起重机械准入机械监理不去复查机械状况，只让施工项目部上报报审表	高	较大
		24	施工项目部和监理只审查检验报告书、检验合格证，不进行机械状况检查	高	较大
		25	起重机械准入台账，施工项目部和监理都登记不全、漏登；台账规格不统一、不规范	高	较大
		26	监理没有建立起重机械准入台账，只留存检验报告书和检验合格证	高	较大
		27	起重机械准入检查表监理和施工项目部分管领导不签字确认	高	较大
		28	短期租赁的起重机械监理和施工项目部不进行准入检查	高	较大
		29	租赁的起重机械没有签订安全协议或合同中双方安全责任不明确	中	一般
	起重机械作业人员准入	30	监理没有建立起重机械作业人员准入台账，搞不清楚现场的起重机械作业人员数量	高	较大
		31	监理和各施工项目部起重机械作业人员台账规格不统一、登记不规范、五花八门	高	较大
		32	监理和各施工项目部对起重机械作业人员和特种工种分不清，登记混乱	高	较大
		33	监理和各施工项目部起重机械人员准入台账只登记起重机械司机	高	较大
	起重机械安装拆卸作业指导书编审	34	起重机械安装拆卸作业指导书的编写人员和监理、施工项目部的各级审查人员，对编审要点不清楚，基本都批示同意	高	较大
		35	监理对起重机械安装拆卸作业指导书不批复，只留存备案	一般	较大
		36	监理人员和施工项目部机械管理人员能够参加安装拆卸交底会，但不清楚监督要点	高	较大
		37	监理不审查全员交底记录，也不留存	高	较大
		38	监理和施工项目部的起重机械人员登记台账和被交底的作业人员名单对不上，差异大	高	较大
		39	负荷试验报告编制不规范，真实负荷和起重机械的主要参数写不清	中	一般
		40	起重机械安装过程无记录或记录不详细，没有过程检验数据	中	一般

续表

缺陷类型	缺陷项目	序号	缺陷内容	发生频度	危害程度
管理缺陷	起重机械安全管理检查	41	现场起重机械安全月检查，监理、施工项目部、起重机械使用单位层次不清，相互代替	高	较大
		42	现场监理不进行定期（每月）的起重机械安全检查，只有上级检查前才组织检查	高	较大
		43	监理没有组织过专门的起重机械安全检查，机械检查包含在现场安全检查之内；检查机械时间短、不认真，高的起重机械基本不上去查	高	较大
		44	起重机械安全检查，施工项目部无小结，监理无通报	高	较大
		45	监理和施工项目部没有进行过起重机械安全管理制度和资料检查（内业检查）	高	较大
		46	监理和施工项目部没有进行过现场起重机械安全性评价	高	一般
		47	监理人员不会检查机械，查不出问题	高	较大
	起重机械旁站监督	48	施工项目部和监理无起重机械作业旁站监督或旁站监理目录、计划	高	一般
		49	施工项目部机械管理人员起重机械重要作业无旁站记录	高	一般
	现场起重机械安全培训	50	施工项目部对起重机械人员安全教育无年度培训计划	中	一般
		51	施工项目对起重机械人员培训无记录和总结	中	一般
	起重机械安全管理考核	52	业主主管部门对监理无考核；监理对施工项目部无考核；施工项目部对使用单位无考核	高	较大
	维修保养记录	53	起重机械使用单位无维修保养记录或记录不完整	中	较大
	领导重视情况	54	施工项目部分管领导没有亲自组织、带队进行起重机械安全月检查；没有亲自检查过本项目部的制度和资料	高	较大
机械缺陷	轨道和路基	55	轨道路基石子没有坡度、摊铺面积大；路基没有排水沟	中	一般
		56	轨枕间石子填充不足	中	一般
		57	轨枕固定不牢，道钉跳起或压板螺栓锈蚀严重无法紧固，轨枕活动	中	一般
		58	轨道不平、不直，接头高差大	中	较大
		59	轨道接缝过大或过小	中	一般
		60	轨道接缝悬空	高	较大
		61	轨道无跨接线或跨接线连接在螺栓上	中	一般
		62	轨道接地线少，或接地线断掉	中	一般
		63	轨道止挡固定不牢靠或止挡高度与起重机不相适应	中	一般
		64	轨道限位碰尺距离止挡太近	中	一般
	基础和基坑	65	基础周围杂物多，基坑内脏、乱、差并积水	中	一般
		66	基础周围无护栏，基坑无排水设施	中	一般
		67	基础、基坑接地不规范	中	一般

续表

缺陷类型	缺陷项目	序号	缺陷内容	发生频度	危害程度
机械缺陷	电线电缆	68	拖式电缆无托架，悬挂电缆未固定	中	一般
		69	拖式电缆多处破损，电气线路老化	中	较大
		70	电气线路凌乱，无捆扎	中	一般
	扫轨板和缓冲器	71	大车行走无扫轨板或扫轨板离轨道间隙大、变形	中	一般
		72	大车、小车无缓冲器或缓冲器损坏	中	一般
	车轮	73	大车车轮缺黄油嘴或黄油杯	中	一般
		74	大车车轮踏面裂纹、剥落、点蚀	中	一般
		75	大车车轮啃轨	中	一般
	减速器	76	加油过多或漏油，油质乳化	中	一般
		77	油尺损坏或无油尺	中	一般
	制动器	78	摩擦片磨损超限，制动轮摩擦面有沟槽或高低不平	中	较大
	钢丝绳	79	钢丝绳锈蚀或缺润滑	中	一般
		80	钢丝绳有断丝，无降低负荷措施	中	较大
		81	钢丝绳在卷筒上排列不整齐	中	较大
		82	钢丝绳绳卡卡反或正反交错	中	一般
		83	钢丝绳楔形块绳子穿反	中	较大
		84	钢丝绳楔形块固定的绳头无绳卡、绳头松散或绳卡固定段严重变形	中	较大
	滑轮	85	滑轮轮缘有裂口或缺损	中	较大
		86	滑轮无防绳跳槽杆或防跳槽杆变形及严重磨损	中	较大
	吊钩	87	吊钩挂钢丝绳处严重磨损，出现深沟槽	中	较大
		88	吊钩无防脱绳装置或防脱绳装置损坏	中	一般
	箱形结构	89	箱形结构积水，箱形结构未开排水孔或孔小被污垢堵塞	中	一般
	油漆防护	90	结构件不能及时涂油漆防护，结构件锈蚀严重	中	较大
		91	涂油漆时底层处理不干净，有的部位油漆刷在铁锈上面	中	一般
	防护罩	92	回转部位无防护罩、露天电阻箱群无防护罩	中	一般
		93	防护罩制作不规范，有的太重，需要几个人才能搬动；有的太简陋；有的刚度不够极易变形；有的给平时检查造成不便	中	一般
	梯子、栏杆、平台、护圈	94	直梯无护圈或护圈固定不牢	高	一般
		95	直梯高于 10m 以上缺休息小平台	高	一般
		96	斜梯角度不标准，或斜梯过长而颤动	中	一般
		97	检修无平台或平台缺栏杆和缺踢脚板	高	较大
		98	栏杆变形、使用钢筋棍太细、栏杆松动或栏杆随意割补，焊接质量太差	中	较大

续表

缺陷类型	缺陷项目	序号	缺陷内容	发生频度	危害程度
机械缺陷	司机室	99	司机坐椅不规范，有的使用板凳、油漆桶	低	一般
		100	司机室地板未铺设绝缘垫	低	较大
		101	司机室无照明或灯泡坏、无灯底座、无灯罩，电线直接接在灯口上	中	一般
		102	司机室门窗玻璃破碎或不全，门无锁或锁坏	中	一般
		103	司机室内靠电炉取暖	中	一般
		104	司机室墙上未张贴责任人名单、性能图标、操作规程、润滑图标等	中	一般
	安全装置	105	没有安装高度限位器或高度限位器失灵	中	较大
		106	没有安装大车、小车行程限位器或行程限位器失灵	中	一般
	电气柜	107	电气柜内存放手套、棉纱、油桶等杂物	中	较大
		108	电气元件缺灭弧罩、护盖、螺钉	中	一般
		109	机上电阻箱固定不牢，地面电源箱固定不牢，电气箱缺锁	中	一般
	螺栓	110	行走台车螺栓、基础固定螺栓、标准节连接螺栓、结构板螺栓松动	高	较大
		111	螺栓连接不规范：同一位置螺栓规格不统一；螺栓有的长、有的短；垫圈多少无规矩；型钢翼缘的斜垫位置不对；高强度螺栓使用弹簧垫	中	较大
	机容机貌	112	机容机貌差，机上尘土、污垢多、杂物多、锈蚀处多、漏油地方多	中	一般
		113	标牌、标识缺失	高	一般
	消防器材	114	机上没有灭火器或灭火器过期	中	一般
	开口销	115	开口销打不开或打开角度太小	高	较大
		116	开口销使用铁丝、铁钉、铅丝、电焊条等代替	高	较大
	塔式起重机	117	塔身标准节采用“三销”连接形式的，小开口销（锁销）不装	中	一般
		118	在塔身上安装广式照明的变压器未固定，随意放置	中	一般
		119	建筑塔式起重机没有小车防断轴保护装置（或防小车坠落装置）	中	较大
		120	塔高达到或超过50m，未安装风速仪	中	一般
		121	建筑塔式起重机附着杆与建筑物连接不牢固或附着、锚固装置不规范	中	较大
		122	建筑塔式起重机压重固定不牢，固定架不规范	中	较大
	龙门起重机	123	登机门和登桥架门无电气连锁开关	中	一般
		124	未按规定装设起重量限制器	高	较大
		125	同轨道上两台起重机之间未设置防碰撞装置	高	一般

续表

缺陷类型	缺陷项目	序号	缺陷内容	发生频度	危害程度
机械缺陷	流动式起重机	126	汽车起重机水平表损坏	中	较大
		127	汽车起重机底盘弹簧钢板卡子螺栓损坏或丢失	中	一般
		128	汽车起重机轮胎螺栓缺失	中	一般
		129	汽车起重机支腿垂直油缸接头渗油	中	较大
		130	汽车起重机臂架滑块磨损大	中	较大
		131	汽车起重机起重量达到16t及以上未安装力矩限制器	高	较大
		132	履带起重机履带过松或过紧	中	一般
		133	履带起重机驱动轮、支重轮、托带轮磨损严重、失圆，以及履带滑块磨损严重	中	一般
		134	履带起重机臂杆长度达到或超过55m，未安装风速仪	中	一般
		135	履带起重机臂杆的杆件有损伤或变形	中	较大
		136	流动式起重机配重螺栓或螺杆松动	中	较大
		137	流动式起重机力矩限制器未及时按季节调整，显示数据过大或过小	高	一般
		138	流动式起重机力矩限制器显示屏模糊不清	中	较大
		139	流动式起重机臂架上无幅度指示装置	中	一般
	施工升降机	140	没有基坑或基坑浅	高	一般
		141	地面进入机门处没有搭设安全通道或通道不规范	中	一般
		142	下限位安装位置不合适，利用下限位停机	高	一般
		143	吊笼门护网破损	中	一般
		144	吊笼部分滚轮间隙大，从不沿导轨架转动	高	一般
		145	吊笼顶部脏、杂物多	中	一般
		146	吊笼顶部对重防松绳限位开关失灵	中	较大
		147	吊笼顶部对重钢丝绳固定座固定螺栓位置不合适或螺栓松动	中	较大
		148	齿轮齿条磨损严重，吊笼运行振动大	中	较大
		149	层门设置不规范，无电气连锁	高	一般
		150	层门无呼叫铃、无高度标识	中	一般
		151	安全钩数量不足或间隙大	中	一般
		152	防坠器未定期校验	中	较大
		153	未按规定安装重量限制器	高	较大
		154	地面入口处未设立明显限制人数或载重量标识	中	一般
		155	导轨架垂直度偏差大，肉眼能明显看出弯曲	中	较大

表 11 - 15　　　　　　施工项目部起重机械安全管理检查汇总表

日期：　　年　　月　　日

<table>
<tr><td>项目部名称</td><td colspan="3">××公司××项目部</td><td>承建工程规模</td><td colspan="2">2×300MW</td></tr>
<tr><td>项目经理</td><td>×××</td><td colspan="2">分管经理</td><td>×××</td><td>机械科人员</td><td>××、×××</td></tr>
<tr><td rowspan="3">起重机械状况</td><td colspan="2" rowspan="2">抽检数量（台）</td><td rowspan="2">9</td><td>一般缺陷</td><td colspan="2">8</td></tr>
<tr><td>严重缺陷</td><td colspan="2">0</td></tr>
<tr><td colspan="6">每台起重机械缺陷数：
（1）QM40 龙门起重机　一般缺陷：1 条　严重缺陷：0 条
（2）SC200/200 施工升降机　一般缺陷：3 条　严重缺陷：0 条
（3）QY20 汽车起重机　一般缺陷：2 条　严重缺陷：0 条
（4）烟筒升降机（吊笼）　一般缺陷：2 条　严重缺陷：0 条
（5）7300 履带起重机、QT80 建筑塔式起重机、QY8、QY25、QY50 汽车起重机无缺陷</td></tr>
<tr><td>项目部管理状况</td><td colspan="6">（1）分管领导和机械管理人员起重机械安全岗位责任制中，没有机械月检查内容和职责；
（2）起重机械安全管理目标未分解，不便于平时考核；
（3）起重机械安装拆卸作业指导书审批制度中缺少人员变化和临时方案变更的要求，无对审查意见反馈的要求；
（4）起重机械准入制度中，缺少待安装起重机械进场的具体要求；
（5）起重机械事故应急预案编写不规范，过于简单</td></tr>
<tr><td>一般起重机械使用单位管理状况</td><td colspan="6">（1）机械管理制度中缺少“把五关”的内容；
（2）起重机械保养维修记录和检查记录不完整</td></tr>
<tr><td>专业单位管理状况</td><td colspan="6">（1）起重机械作业人员台账不规范，各种人员没有分类登记；
（2）机械检查制度中，月检未说明领导带队检查；
（3）维修记录不详细；
（4）机械缺陷整改记录不详细</td></tr>
</table>

注　该表是对现场某一施工项目部起重机械安全管理检查汇总简表。

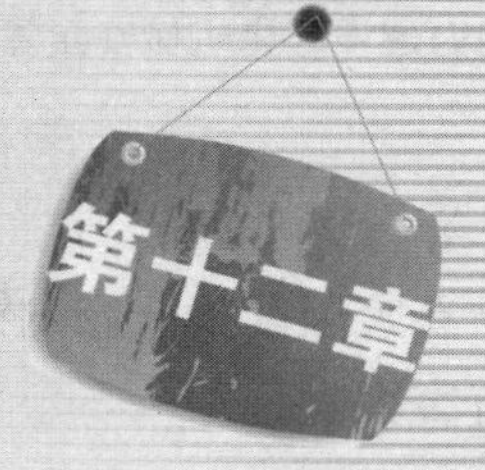

施工现场起重机械安全管理危害辨识

起重机械是一种危险性较大的生产设备，在起重机械的作业中经常发生事故。在施工和生产活动的实线中曾发生的大量的起重机械事故案例，提醒我们必须充分认识和重视起重机械的危险性。俗话说“无知者无畏”，也就是说，不知道起重机械的危险或危害在哪里，就不会知道害怕，也就无所谓去预防，只有知道起重机械哪些地方危险，才能知道，应该怎样做，才能避免事故的发生。这就给管理者和使用者提出了一个很现实的要求，要经常检查和判别哪些工作不到位或有疏漏可能引发危险，机械哪些位置有缺陷可能造成危险，以及危险或者危害的程度如何。现代安全管理的新词，叫危害辨识和风险评价。这项工作既是预防起重机械事故发生的一项重要手段，也是起重机械安全管理工作中的一项重要内容。起重机械的安全检查，就是在给机械和管理找毛病、找缺陷，找安全隐患，预防危险和事故的发生。危害辨识的目的，是使管理者和使用者对危险或危害认识的更清楚、更有条理、更加全面和系统，对机械事故的预防更有针对性和更加全面，使监督检查、管理使用、制度措施的制定等工作更加完整。

第一节　危险和危害的相关概念

一、相关概念

1. 安全

安全指人或物不会发生损坏和伤害的一种状态。

安全和危险相伴存在，安全和危险是相对的概念。永无危险，也就没有安全概念的存在；永远安全，也就不会出现危险的定义。“无危则安，无缺则全”，安全意味着不危险，这是人们的传统认识。按照系统安全工程的观点，安全是指生产系统中人员免遭不可承受危险的伤害。

2. 危险

危险指易于受到损害和伤害的一种状态。

根据系统安全的观点，危险是指系统中存在导致发生不期望后果的可能性超过了人们承受的程度。危险是人们对事物的具体认识，必须指明具体对象，如危险环境、危险条件、危险人员、危险因素等。

3. 危险因素

危险因素指易于引起或增加伤害的条件（因素）。

4. 有害因素

有害因素指能影响人的身体健康导致疾病，或对物造成慢性损害的条件（因素）。危害同有害因素。

5. 危险点

危险点指具体可能发生危险的地点、条件、场所、设备、工器具和人的行为动作等。

6. 危险源

危险源指可能造成人员伤害、疾病、财产损失、作业环境破坏或其他损失的根源或状态。

7. 重大危险源

根据危险源的概念可以得出，重大危险源是指该危险源可能造成众多人员伤害或伤亡、重大疾病、重大财产损失、作业环境严重破坏或其他重大损失的根源或状态。GB 18218—2009《危险化学品重大危险源辨识》给出的定义是长期或临时地生产、加工、搬运、使用或贮存危险物质，且危险物质的数量等于或超过临界量的单元。

8. 风险

风险指危险、危害造成事故的可能性和严重性的综合量，即在其特定的期间可能造成的伤害和损失。

9. 风险度（率）

风险度指风险中的可能性和严重性（程度）的量化表达式，即

$$R = f(F,C)$$

式中 R——风险度；

F——发生事故的可能性；

C——发生事故的严重性。

风险度是一种判断风险大小的指标，可以根据该指标的大小，采用相应的应对措施。

风险度（率）或危险率的具体表达式是等于事故发生概率（可能性）与事故平均损失程度（严重性）的乘积，即

$$R = PS$$

式中 P——事故次数/单位时间；

S——事故损失/事故次数。

10. 事故

事故指造成人员死亡、伤害、职业病、财产损失或其他损失的意外事件。包括未遂事件和事故事件。

11. 未遂事件

一个不期望的过程，没有产生不期望的意外后果，这时所有的事件，都称为未遂事件。

12. 事故事件

一个不期望的过程，导致了不期望发生的意外后果，这时所有的中间事件为未遂事件，而意外的后果事件就成了事故事件。

二、危害辨识的依据和原则

（1）危害产生的原因是由于有能量和有害物质的存在，而该能量和有害物质可能失控，

造成失控的原因主要体现在四个方面：人的不安全行为；物的不安全状态；管理上的缺陷；环境的不利因素。这四个方面，在特定的条件下都可能成为危险源或危险点。

(2) 危险源和危险点是诱发事故的客观成因，人们要做到安全，就必须认识和找出危险源和危险点，进行科学正确的评估和有效的控制，由此引出了危害（风险）辨识的概念。

(3) 危害辨识是识别危险点（源）的存在并确定其特性的过程；是对尚未造成损害的潜在各种危险和有害因素通过辨识，进行归类、划分，对其可能造成的风险进行分析、评估（发生事故的可能性和后果的严重性），并采取相应的预防和控制措施的过程。

(4) 危害辨识的关键是辨识可能发生的、特定的不期望的后果；识别出能导致不期望后果的材料、系统、过程和设备等的特性及存在的危险。因此危害辨识需要具有相关安全知识、专业知识和一定实际工作经验的人员参与。因为机械在寿命周期的各个阶段都存在安全问题，都可以进行危害辨识，如设计是否合理、制造质量的好坏、购置是否适用、安装拆卸和维修的易难、使用是否正确等，所以，在危害辨识时，要着重注意以下几点：

1）作业任务的分析。应了解作业任务的各个实施步骤，即对其工序工艺中存在的危险进行分析和判别。

2）机械工况及安全状态分析。应了解机械目前的工况性能和使用条件，允许干什么和不允许干什么；应了解机械安全状态，即机械还有哪些缺陷和易发故障，老机械还是新机械，维修保养是否缺失。

3）作业条件和环境分析。应了解机械适用的条件、环境和气候与现场实际的条件、环境和气候有无差异，分析其差异点是否有危险。

4）作业人员的分析。应了解作业人员的构成，其作业内容和范围的确认；作业人员的素质和状态是否适应其工作岗位，分析其存在的危险性。

5）预测可预见的失误。应考虑可能发生的一些可以预料到的状况，如突然停电、突然故障、突然大风、突然的外来干涉，以及操作者可能出现的失误，分析其危险性。

(5) 危害辨识的依据主要包括以下几个方面：

1）法规标准包括国家颁发的 GB 18218—2009《危险化学品重大危险源辨识》、GBZ 2.1—2007《工作场所有害因素职业接触限值　第 1 部分：化学有害因素》、GBZ 2.2—2007《工作场所有害因素职业接触限值　第 2 部分：物理因素》、GBZ1—2010《工业企业设计卫生标准》、GB/T 13861—2009《生产过程危险和有害因素分类与代码》、《职业病目录》、《有毒作业分级》、《常用危险品的分类及标志》等。

2）起重机械的标准和安全技术规范主要指国家颁布的一系列各种起重机械的标准和安全规程等。

3）行业标准和行业安规包括国家电网公司颁发的《供电企业安全评估规范》、《供电企业安全风险辨识防范手册》、《输变电工程施工危险点辨识及预控措施》、《电力建设起重机械安全管理重点措施》、DL 5009.1—2002《电力建设安全工作规程（火力发电厂部分）》等。

4）收集以往的起重机械事故案例和外来相关信息。

5）本单位起重机械维修保养和故障处理、维修记录及统计分析。

6）所用起重机械的使用说明书及相关技术资料。

7）本单位的起重机械安全检查表及其分析。

8）本单位的安装、操作、管理、维修、保养等人员经验资料。

（6）危害辨识的原则包括以下四个方面。

1）科学性。危害辨识是预测预防安全状态和事故发生途径的一种手段，必须有科学理论作指导，使之能真正揭示当前的安全状态；能够全面准确地识别危险、有害因素存在的部位、存在方式，以定性、定量的清楚表达，并能合乎逻辑的解释其可能诱发事故的途径及变化规律。

2）系统性。无论电力建设工程，还是安全管理工作都是系统工程。危险、有害因素存在生产、施工活动的各个阶段和各个方面，因此要对系统进行全面、详细地剖析，研究和分析系统和子系统之间的相互约束关系；分清主要和次要危险因素、有害因素以及相关的危险。

3）全面性。所谓全面，就是不能有所疏漏。机械危害辨识中设计的、制造的、使用的、安装拆卸的、维修保养的；人的、物的、管理的、环境的都要辨识到。

4）预测性。对于危险有害因素的识别，还要分析其诱发事故的条件和过程，以及突发事故的模式。

三、事故原因

（一）四方面原因

人们从大量的事故教训中，总结出造成事故的原因可概括为四个方面：即物的不安全状态；人的不安全行为；不安全的环境条件和管理存在缺陷。起重机械在各种状态下，都应从这四个方面去进行危害辨识，并采取相应的防范措施。

（1）物的不安全状态。包括设计是否安全可靠、合理适用，是否脱离实际，没有考虑以人为本；制造质量是否合格，有无制造缺陷，如选材不当、形位公差大、工艺设备落后；安装拆卸工序工艺是否正确，机械能否保证平衡稳定；维修保养是否及时，机械是否存在隐患；运行状态是否良好，使用是否合理等。

（2）人的不安全行为。生理因素的影响情况，如体力、疾病、耐久力及承受能力；心理因素的影响情况，如精神状态、灵敏程度、反应快慢、刺激敏感、心理波动以及性格；个人因素的影响，如学习培训效果、实践经验多少、技术水平高低、责任心强弱，以及合作和协调能力等。

（3）不安全的环境条件。气候因素的影响情况，如风、雨、雷电、雪以及寒冷、炎热等不利气候因素；环境因素影响情况，如场所情况、周围障碍情况、地形地质情况、气压情况、温湿度情况、噪声情况、照明情况；社会因素影响情况，如家庭和谐情况、人际关系情况等。

（4）管理存在缺陷。制度体系建设情况影响，如是否建立健全相应的体系、制度和岗位责任制；执行落实的影响，如制度是否有针对性和适用有效，是否真正贯彻落实；检查监督的影响，如是否有监督检查，责任是否真正到位，是否有激励和考核，领导是否真正重视等。

事故有时可能是由于单方面原因引起的，但大多是都是综合原因造成的，前三个方面的原因都和管理缺陷原因紧密相连，所以加强和提高起重机械安全管理能力和水平是保证起重机械安全的关键。

（二）近几年来电力建设现场起重机械事故的原因

（1）不注意地基情况：地基下陷造成履带起重机倾覆。

（2）不注意缆风绳情况：地锚和缆风绳计算强度不够，或过早拆除缆风绳造成龙门起重机械倾覆。

（3）不注意起重机的平衡和稳定：当塔式起重机拆掉附着后，无措施，风载荷将塔式起重机刮倒；塔身与下回转座连接螺栓松开，人员随便在臂架上运动破坏平衡使塔式起重机倾覆；动臂起重机后倾过大，稍加外载荷使吊车后翻。

此项又属于作业指导书没有写清工序工艺，审查不严，交底不清，盲目作业。

（4）不注意安全装置情况：不装力矩限制器和高度限位器或失灵不及时修复，当起重机高度过卷或超载时起重机不能自行断掉电源，造成起重机倾覆。

（5）违章蛮干情况：操作迅猛、不考虑惯性和冲击，随意解除安全装置而超负荷作业，不注意周围障碍物和动力线，斜拉斜吊，不注意地基和支腿情况等，造成吊车折臂或倾倒。

（6）不注意结构连接情况：高强度螺栓连接不使用力矩扳手紧固，开口销不打开或不穿、或用铁丝代替，又不经常检查，致使螺栓松动或开口销跌落，进而流动吊车配重坠落或吊钩坠落、塔式起重机塔身倾斜而造成事故。

（7）自然灾害情况：如台风刮倒；洪水冲倒等。

（8）由于设计和制造原因造成的事故，比例占的比较少，如设计强度不够，选用部件质量差，焊缝质量。

简单的汇总上述事故原因，每一项都和管理存在缺陷有密切的关联，这是值得我们认真反思的。

第二节　危险有害因素分类和起重机械伤害形式

一、危险有害因素的分类

（一）按导致事故直接原因（GB/T 13861—2009《生产过程危险和有害因素分类与代码》）分为六大类

1. 物理性危险有害因素（15类）

（1）设备、设施缺陷。

（2）防护缺陷。

（3）电危害。

（4）噪声。

（5）振动危害。

（6）电辐射。

（7）运动物危害。

（8）明火。

（9）高温物质。

（10）低温物质。

（11）粉尘与气溶胶。

（12）作业环境不良。

（13）信号缺陷。

（14）标志缺陷。

（15）其他物理性危险有害因素。

2. 化学性危险有害因素（5类）

（1）易燃易爆物质。

（2）自燃性物质。

（3）有毒物质。

（4）腐蚀性物质。

（5）其他化学性危险有害因素。

3. 生物性危险有害因素（5类）

（1）致病微生物。

（2）传染病媒介物。

（3）致害动物。

（4）致害植物。

（5）其他生物性危险有害因素。

4. 心理、生理性危险有害因素（6类）

（1）负荷超限。

（2）健康状况异常。

（3）从事禁忌作业。

（4）心理异常。

（5）辨识功能缺陷。

（6）其他心理、生理性危险有害因素。

5. 行为性危险有害因素（5类）

（1）指挥错误。

（2）操作错误。

（3）监护错误。

（4）其他错误。

（5）其他行为性危险有害因素。

（二）按引起事故诱导性原因（GB 6441—1986《企业职工伤亡事故分类》）分为20类

（1）物体打击。

（2）车辆伤害。

（3）机械伤害。

（4）起重伤害。

（5）触电。

（6）淹溺。

（7）灼伤。

（8）火灾。

(9) 高处坠落。
(10) 坍塌。
(11) 冒顶片帮。
(12) 透水。
(13) 爆破。
(14) 火药爆炸。
(15) 瓦斯爆炸。
(16) 锅炉爆炸。
(17) 容器爆炸。
(18) 其他爆炸。
(19) 中毒和窒息。
(20) 其他伤害。

(三) 按《职业病范围和职工患者处理办法规定》分为7类

(1) 生产性粉尘。
(2) 毒物。
(3) 噪声与振动。
(4) 高温。
(5) 低温。
(6) 辐射。
(7) 其他有害因素。

(四) 按重大危险源分类(GB 18218—2009《危险化学品重大危险源辨识》)分为两种

1. 生产场所重大危险源(4类物质)

(1) 爆炸性物质(26种)。
(2) 易燃物质(34种)。
(3) 活性物质(21种)。
(4) 有毒物质(61种)。

2. 贮存区重大危险源

同上。

二、起重机械伤害形式

(一) 机械产生的危险危害形式

(1) 机械危险。机械零部件的动能和势能作用产生的各种伤害的物理因素,如卷绕和绞缠,碾压和挤压,剪切和冲撞,飞物打击,坠物打击,切割和刮伤,跌倒和坠落等。

(2) 电气危险。电能产生的伤害,主要是电击(触电或击穿),包括漏电、接地不良、静电、过载,短路等造成的伤害。

(3) 温度危险。热能和冷冻产生的伤害,如环境温度、热辐射温度、接触温度等造成的伤害(>29°C高温,<-18°C低温)。

(4) 噪声危险。声波产生的伤害,如机械噪声、电磁噪声、空气动力噪声等造成的伤害(卫生限值80 dB/90dB,最高限值115dB)。

（5）振动危险。振幅对心理或生理造成的伤害。

（6）材料物质危险。接触或吸入有害物，如液体、气体、烟雾、粉尘和微生物（病毒、细菌）等；可能由于材料、燃料、润滑油、催化剂、装饰物、涂层、排放物等产生的伤害，以及可能发生火灾与爆炸造成的伤害。

（7）未履行人机学原则而产生的危险。

1）对生理的影响：当负荷超过生理承受范围，如体力、听力、视力、其他方面过度承受的伤害；

2）对心理的影响：容易对操作、监护或维护造成精神负担或紧张；

3）对操作动作的影响：容易出现偏差或失误而造成伤害。

（二）起重机械伤害的主要形式

起重机械也是机械，包括上述危险危害形式，但其容易发生的主要伤害形式如下：

（1）重物坠落（如捆绑不牢，吊点不当，重物不平衡，钢丝绳、其他吊具或吊点断裂，制动失灵）。

（2）起重机械失稳倾翻（如地基、轨道下陷，超载起吊，斜拉斜吊，外载冲击，连接失效等造成机械失去平衡）。

（3）挤压和碰撞（一般由于不注意安全距离及没有安全装置和防护装置或失效而发生）。

（4）高处坠落（包括机械和个人防护装置配置不全、不当或使用不当，以及个人注意不够而造成）。

（5）触电（设备电气保护不够和个人防护不当而造成）。

（6）其他伤害（棱角、运动件、压力液体或气体、高温、湿滑、火焰、有毒、腐蚀、易燃易爆以及异常天气和特殊环境条件等造成）。

第三节　起重机械危害辨识

电力建设施工现场的起重机械大多是在野外露天作业，其使用环境和条件比室内要差得多，由于施工区域范围大，受地理和气候的影响比较大，一般来讲风沙大、尘土多是最常见的现象；现场的地基条件比较复杂，尤其回填土多，现场电源电压不够稳定，施工企业新老机械并存，种类和规格型号繁多，加上外包队自带和租赁的起重机械数量多；现场各类相关人员来自四面八方，新老并存，素质参差不齐；由现场的实际条件决定对起重机械的操作、安装拆卸、维护保养和管理的要求相对比较高，所以施工现场的起重机械安全管理使用环境条件恶劣，管理难度大。起重机械安全管理中的危害辨识就显得更为重要。

下面我们以现场使用的典型起重机械——塔式起重机为例，谈谈它的各个方面的危险有害因素。

一、塔式起重机的危险危害因素

（一）环境条件方面的危险有害因素

（1）大风对于起重机械来说是一种威胁，电力建设现场被大风刮倒的起重机事故案例已有不少，对于塔身高、臂杆长的塔式起重机更是一种不可忽视的危险有害因素。风载荷随机性比较大，有时说来就来，尤其是野外的瞬时风，风力、方向有时无法预测，为此在经常刮风的区域防风措施始终是起重机一项必不可少的防范措施。风具有很大的能量，风速为 9～10m/s 的 5 级风，物体表面上的风载荷，每平方米约 10kg；风速为 20m/s 的 9 级风约 50kg；风速为 50～60m/s 的台风时，风力将达 200kg。

（2）低温的影响，－20℃是普通结构钢冷脆断裂的临界转变温度，另外一般橡胶密封圈在过低温度下也容易硬化，起不到密封作用，因此对于北方严寒地区使用的起重机，在低于此温度下作业是一种危险有害因素。所以我们必须了解所用起重机械的材料特性或使用温度范围的要求。在低温区使用的起重机应该需要高质量的钢材和高质量的密封材料及高标准的焊接工艺并降低应力集中区。

（3）潮湿、酸雨和腐蚀气体的环境影响，在此环境下使用起重机一般油漆涂层很容易被破坏，钢结构腐蚀很快，降低钢结构的强度和刚度，缩短机械使用寿命，所以需要更高质量的油漆涂层和加强维护保养。

（4）沙尘暴的影响，在此环境下使各机构润滑性能变坏，零部件磨损加剧，故障增多，降低使用寿命，所以加强防护和勤保养维护是必要的措施。

（5）频繁的拆装造成某些部件经常承受较大的载荷，不合理的拆装工艺可能产生过多的安装拆卸应力，甚至造成一些零部件的内伤和损坏，如转场运输和安装过程中发生的碰撞、挤压使结构件变形或断裂；过多的拆装使孔径变大、连接松动，在又不可能完全恢复如新的情况下存在潜在的危险有害因素。

（6）施工现场的建筑构件及材料等有时重量确认不准确，因而对起重机的力矩限制器和重量限制器的依赖性较大，如果不装这些安全装置或这些装置失灵、调整不当、存在较大误差也是危险有害因素。

（7）施工现场的材料、构件形状各异，有的其重心不易掌握，捆扎有一定难度，不注意会造成空中滑脱或发生偏斜，造成附加冲击力存在危险有害因素。

（8）电力建设施工现场不仅地质复杂，而且回填土多，其夯实度和表面平整度都不一定能够满足大型履带起重机的使用条件，如果考虑不周、处理不当，其危险性极大，现场发生过多起由此引起的事故。

（9）吊装构件就位，由于条件所限或预计估算有误差，有时不得不斜拉吊重，其危险性很大。起重机在设计中一般钢丝绳的偏斜量为 2°，在我们搞不清斜拉了多少度，起重机臂架结构和整机稳定性的安全裕度有多大的情况下，其实是侥幸心理在作怪的蛮干。

（10）大型的动臂塔式起重机（如 DBQ 系列塔式起重机和履带塔式起重机）在起吊一定重量的重物后，由于臂杆的弹性会使幅度增大，吊重前移，如果我们不注意或考虑不周存在危险有害因素。

（11）施工现场有的很狭窄，垂直、水平方向上障碍物多（如构筑物、脚手架、安全网、施工升降机、龙门架、缆风绳、钢丝绳、空中电缆等）；有的群机作业，各起重臂的工作范围重叠干涉，存在着碰撞和相挂的危险有害因素。在此情况下必须制定切实有效的防碰撞措施。

（12）施工现场维护保养条件较差，常常工期紧张，经常见到大干多少天，抢回由于天气、图纸、设备耽误工期的损失等活动，致使机械保养维护检查不到位的情况经常发生，容易使人们对机械安全技术状况不掌握，一旦某一安全装置、主要受力结构或主要零部件损坏就可能造成事故。

(13) 施工中有其随机性，如有些情况下并无吊装方案或由于临时条件改变与原方案不符，不得不临时找几个人一商量，就吊装了；又如起吊高度就差一点、负荷就需要超一点，不研究不审批，临时自己做主解除安全装置，就干了，这些情况存在较大的危险有害因素。

(二) 设计方面的危险有害因素

(1) 有些结构件的设计未考虑现场实际使用中的附加载荷情况，安全系数取得小，如臂架为了运输方便采用套装而取掉了横截面的水平连接腹杆，导致臂架刚度减弱，起吊重物中不仅出现扭动现象，而且发生多起臂架变形事故；又如有的轨道行走的台车承载梁筋板厚度设计过小，可能对轨道考虑过于理想化了，使用中发生多块筋板变形；有的大型塔式起重机回转中心的滚道设计较弱，没有考虑到现场可能经常在一个方向上起吊重物，导致滚道变形；有的回转和行走减速器地脚固定设计强度不够，使用中不得不增补夹板固定等。

(2) 设计中未充分考虑安装拆卸和维修是否方便，有的设备（如电动机、减速器等）预留空间太小，给安装拆卸和维修带来极大的不方便，如人无下蹲的空间或螺栓需人躺下摸索着拆卸或安装，平台过窄，需润滑或检修的高处无梯子等。

(3) 有的安全性重视不够，上高处机台需悬空登直梯，又无护圈；有的将电气柜设计在司机坐椅背后，发生火灾时，司机无法跳脱；又如斜梯过长、桥架上无检修平台、起重小车牵引绳无托辊摩擦结构件、锐角过多易刮伤、划伤人员等。

(4) 焊缝设计不合理，与受拉方向垂直，增加应力集中；高强度螺栓设计中只使用弹簧垫锁紧，起不到锁紧作用；行走吊车的压重未设计固定架，使用单位自己随意固定等。

(5) 行走轮轴采用铸造件，铸造缺陷难于发现，易发生断轴；动臂根部销轴未设计润滑油孔、油槽或设计不合理、无法注油或未采用自润滑轴承，致使臂架根部不仅很难拆装，而且销轴和轴孔磨损严重；司机室玻璃设计采用一般玻璃，一旦破损易伤司机等。

(6) 控制系统设计不当，起升换挡变速空间发生溜钩；限位开关断电后，无法向反方向运动等。

(7) 有些小车变幅塔式起重机未设计小车断轴保护，断轴造成小车坠落；吊钩未设计防脱绳装置，得用户自己制作等。

(8) 导向滑轮设计位置不当，致使卷筒上钢丝绳无法排列整齐；动臂最大幅度时钢丝绳与人字架上结构发生干涉；臂杆拉索和起升钢丝绳发生干涉等。

(9) 减速器密封设计不合理，漏油严重，使用者只能自己改造。

(10) 有的设计图纸技术说明不详细，图纸标注不规范等。

(三) 制造方面的危险有害因素

(1) 臂架或塔身标准节无工装，各部尺寸超差，互换性差；出厂前不进行试装，到用户现场安装时问题缺陷多。

(2) 焊接工艺质量差，焊缝高度、宽度、饱满度不够，有的厂家没有使用气体保护焊等。

(3) 钢结构穿孔率低，有的螺栓孔打在筋板附近，螺母无法紧固。

(4) 钢材无喷砂除锈，油漆不合格。

(5) 该热处理的没有热处理或热处理不合格，如卷扬机齿轮早期严重磨损或断齿等。

（6）材料不合格、废料代用、库存材料锈蚀严重；采购小厂材料无进厂检验、化验把关，材料成分、尺寸、性能都达不到标准要求等。

（7）厂家外委、外购件性能低于设计要求，如电气元件不达标、绝缘等级不够；配套机构性能差；主要零部件和安全装置质差价低；标准件不标准等。

（8）厂家说明书安装、拆卸、维修等编写不详细，随机工具不足。

（9）售后服务差，厂内维修量弱，易损易耗件储备不足等。

（10）制造厂质量保证体系不健全，安全文明施工条件差，不注重工艺设备更新和提高。

（四）安装拆卸方面的危险有害因素

（1）安装与拆卸队伍无资质，无人审查；应备的工种不配套，不齐全。

（2）多数作业人员无正规的资格证；无证人员多于有证人员，有证人员以特殊工种证代替特种设备作业人员证。

（3）工具、材料、检验仪器、个人防护装备（如安全带、攀登自锁器、手套、绝缘鞋、防护镜等）和作业中必要的防护设施不齐全或不规范（临时围栏、安全绳、支架、脚手板等）。

（4）无审查批准的作业指导书或有作业指导书也不按作业指导书去作业，凭经验干。

（5）安装与拆卸作业指导书编审要点不清楚，已审查批准的作业指导书中漏洞太多；关键工序工艺叙述不清，安全措施太简单等。

（6）安全技术交底不全面、不详细；交底只有几个人签字，多数人不签字。

（7）安装前零部件不进行检查，好坏都往上装；拆卸前机械状态不检查，起重机械是否稳定或平衡不知道，盲目拆卸。

（8）安装与拆卸中不管环境、气候、条件如何，抢进度。

（9）安装过程无质量检验，堆积木；变形或尺寸超差零部件不校正，死拉硬拽装上去，安装应力大。

（10）拆卸不下来的零件，不研究、不分析，常常动用火焰切割，甚至高强度螺栓孔都被火焰割大等。

（11）安装与拆卸过程中人员经常变化；甚至安装与拆卸辅助起重机也随时变更，造成施工方案临时变更，也不报批。

（12）安装中乱用代替材料，如栏杆短了，用长螺杆接上；腹杆短了，用块规格不同的角钢接上；开口销找不到，使用铁丝代替；螺栓没有了，随便找一条螺栓扭上，不管长短、粗细；螺栓长了，垫圈垫上4、5个，螺栓短了，螺母只扭2、3扣等。

（13）安装与拆卸过程无人安全监护，危险之处险象环生；不懂的人无人指导，常常装了拆，拆了装。

（14）安装与拆卸过程中必要的计算不做，如地锚、缆风绳、支架、双机抬吊等全靠个人估计。

（15）安装后整机自检和负荷试验不认真做，草率简单，只等检验机构来检验。

（五）维修保养方面的危险有害因素

（1）不能坚持定人、定时、定点、定量、定质地对机械进行润滑和其他保养、维护作业。

（2）维修保养随意找代用品、不合格品。

（3）维修保养人员素质差，不培训、不取证、不考核，随意安排人员。

（4）维修保养作业不讲程序和工艺；不懂维修保养规程。

（5）维修保养无记录、无验收。

（6）起重机械大修无计划，不按大修周期或大修规程去做，机械常常带病作业，“驴不死不下磨”。

（7）无大修能力硬要自己大修，大修项目随意精简，大修质量差。

（8）大修中自己想改造就改造，不制订方案，未经过审批。

（9）大修前无鉴定、无方案、无措施；大修后无验收、无评价、无记录。

（六）使用方面的危险有害因素

（1）轨道、基础、地面不符合标准要求，如轨道接缝大，起重机在使用中引起冲击；石子填充不足，轨枕松动，轨道变形，引起车轮啃轨或脱轨；路基处理不当，使轨道下沉，造成轨道起重机倾斜；地面不实、不平和地基松软，流动式起重机使用中发生倾覆等。

（2）平衡重固定螺栓或螺杆松动、压重固定不牢，致使起重机在运行中配重、压重跌落，造成起重机倾覆。

（3）行走行程限位开关失灵、碰尺离止挡太近、止挡固定不牢，造成起重机行走超出极限行程而脱轨翻倒。

（4）轨道起重机不装扫轨板或扫轨板间隙太大不起作用、轨道上散落的石子或铁块，造成起重机脱轨。

（5）轨道起重机在停机时，没有夹紧夹轨器或夹轨器不好用、没有拉缆风绳，造成起重机被大风刮跑或刮倒。

（6）起重机停机时，动臂未放置在最大幅度位置，致使起重机后倾力矩加大，起重机被大风刮倒。

（7）建筑塔式起重机停机时，没有考虑当地的风力、风速大小，将吊钩锚固在地面或未松开回转制动，致使吊车迎风面积增大，大风将吊车刮倒。

（8）在大型塔式起重机的塔身、起重臂上或龙门起重机桥架上悬挂大型标语，增大迎风面积，起重机被大风刮倒。

（9）轨道起重机行走车轮轮缘磨损严重或损坏，造成吊车行走中脱轨。

（10）起重机未按规定安装风速仪（龙门起重机起吊高度达到或超过 12m，其他起重机起吊高度达到或超过 50m 应装），在大风来临时，起重机没有报警和风速指示，司机无法及时采取防风措施，而使起重机处于危险状态中。

（11）起重机未按规定安装力矩限制器或重量限制器、超载安全装置失灵不及时修复，当起吊重物已超载时，司机尚不清楚，而造成事故。

（12）起重机不安装高度限位器或该装置失效，造成起升卷扬机过卷冒顶而翻车。

（13）起升钢丝绳或吊索具断丝、磨损严重、裂纹损坏、吊钩危险端面磨损超限而不及时采取措施，造成起吊作业中重物突然高空坠落。

（14）吊重捆绑不牢，重心找不准，吊绳夹角不符合要求，盲目起吊造成吊重空中移动、偏转、滑落等。

(15) 司机操作迅猛，越级换挡，突然打反车，以及紧急制动，造成惯性力、冲击力突然加大而发生事故。

(16) 起重机线路老化、拖式电缆无托架被刮伤破损、接地线断掉等，不能及时修复造成机上人员触电事故。

(17) 吊钩、变幅滑轮组、拉索等重要部位的开口销不打开或使用铁丝、电焊条代替，造成作业中吊钩脱落、变幅绳和起吊绳松脱而造成事故。

(18) 起重机起升制动器摩擦片磨损超限、制动轮磨出沟槽等不及时修复，造成起吊重物空中溜钩。

(19) 司机或指挥作业中精力不集中、观察不细，操作或指挥失误造成事故。

(20) 多机作业无措施、无监护，发生碰撞。

(21) 起重机塔身、台车、地脚螺栓松动而不及时紧固，使塔身垂直度超差造成事故。

(22) 流动式起重机斜拉、斜吊或起吊面积较大的重物，不注意风速，造成折臂事故。

(23) 起重机登机梯子、栏杆松动，踏步不防滑，无踢脚板，平台地板锈蚀严重等，不及时修复，登机人员发生高空坠落。

(七) 人的危险有害因素

(1) 新人多，业务素质差，经验不足，蛮干，无意识违章。

(2) 麻痹大意、精神松懈、随意性强、什么都不在乎、习惯性违章。

(3) 精神恍惚、反应迟钝或精神紧张、过于敏感。

(4) 不清楚、不懂得，不问、不说，自以为是。

(5) 不服从纪律和规章约束，不遵守安全规程，不听指挥和监督，如工作中吵闹、打架、吃东西、酗酒等。

(6) 作业人员有疾病、心理障碍、视觉听觉有缺陷等。

(7) 作业人员情绪不佳、人际不合、压力大。

(8) 作业人员无责任心、无事业心、得过且过、混日子，埋怨牢骚满腹。

(9) 作业人员天性急躁、容易冲动。

(10) 作业人员性格孤僻不宜合群，人们很难接近。

(八) 管理的危险有害因素

(1) 领导机械安全意识不高、不重视，如表现为口头重视、会议重视、文件重视，但不抓检查、不抓考核、不抓措施和制度落实。

(2) 没有建立机械安全体系、机械安全岗位责任制和相关管理制度，管理混乱，以租代管、以包代管。

(3) 体系、制度建立了不少，但无针对性、无适宜性、无操作性，不结合现场实际。

(4) 建立了体系不运行，建立了制度不落实，建立了责任制不考核。

(5) 没有认真进行相关人员的安全培训和业务培训。

(6) 管理缺职、缺少岗位或人员配置低素质。

(7) 机械安全监督或检查不认真，具体过程控制和监护不到位或缺位。

(8) 机械安全缺少投入，保养维修无时间，盲目抢进度、压成本，干起工程就丢掉了安全第一。

二、起重机械危害辨识的针对性和精细化

虽然上面我们以塔式起重机为例，从各个方面进行了危害辨识，但是事实告诉我们，这还不够精细，针对性还不强。这里可以举两个例子：某单位安装DBQ系列大型扳起式塔式起重机，主、副臂（包括主、副撑臂、臂杆拉索、变幅滑轮组、起升钢丝绳、吊钩等）已经组装完成并把主臂根部和机台已经连接起来，主、副臂用几个钢支架（大约8m高）支撑着，就等待臂架系统整体扳起了。但臂架扳起前，需要派人拆掉臂架上平面铺设的脚手板（原来铺设的脚手板是为了防止组装的拉索拉伤臂架的杆件）。该单位在安装的危害辨识和安全措施中指出了要防止高空坠落，所以提出的措施是在高空作业一定要戴安全带。可是拆卸脚手板的工人爬上了臂架上平面，在拆除脚手板时，安全带只能高空低挂，而且由于安全带的绳索长度有限，要把拆卸的脚手板扔到地面上，又不得不经常摘下安全带的挂钩，双手拿着脚手板在臂架的圆管上行走到臂架边缘，才能把脚手板扔到地面上。当这个工人在扔第三块脚手板时脚下一滑，连人带脚手板都坠落到地面，造成该工人死亡。又如某单位拆卸建筑塔式起重机，汽车起重机正吊着整个起重臂，一个工人正在高空拆卸起重臂根部的最后一根销轴。由于该工人把安全带挂在了起重臂上，当他拆掉起重臂的最后一根销轴时，工人和起重臂一起悬在高空晃动，该工人虽然大难不死，但已吓得半死。事后查看该单位的危害辨识和安全措施，措施中指出为了防止高空坠落，上高空作业必须戴安全带。

以上两个例子中安装与拆卸单位都辨识了高空坠落，而且防范措施都提到了安全带，但是都没有提到在什么位置作业时，最容易发生高空坠落，安全带应该挂在什么位置。说明我们的危害辨识和防范措施，没有根据机型的特点，辨识到具体危险作业的位置上和哪道工序工艺上，防范措施也没有具体到在该作业中应该如何防范（安全带往哪里挂）。

如高空坠落，可能是孔洞无盖板，不注意有可能从空洞掉下去；可能临边无围栏，不注意可能掉下去；可能高空地板无防滑，有雨水、冰雪，不注意滑倒掉下去；可能梯子、栏杆、平台不牢固，人员可能掉下去；可能脚手架搭设不牢固或脚手架无栏杆及有探头板，不注意可能掉下去；可能吊装中不注意被重物或吊钩碰撞而掉下去；可能安全带挂的位置不对或不牢，或者挂在拆掉的构件上掉下去等。那么，我们在辨识高空坠落时，应该辨识出在什么位置、什么作业、什么情况和条件下可能发生高空坠落，其特定位置和条件在作业中采取何种具体有针对性的防范措施。只有危害辨识和防范措施做到精细化和有针对性，才能真正起到保证安全的作用。

第四节　起重机械危害辨识和风险评价常用方法

因为我们在对起重机械进行了危害辨识后，就要对这些危险点（源）所产生的可能性及事故后果或损伤程度（风险度或危险度）进行分析，以便分清轻重缓急，采取相应的对策，这就叫危险有害因素的辨识方法或危害的风险评价方法。

一、危害辨识风险评价常用的方法

（一）直观经验分析法

（1）对照经验法。是对照标准、法规检查表或依靠检查人员的检查、观察和分析能力，借助于经验和判断力对危险有害因素的判别方法。

（2）类比法。利用相同或相似的工程系统、材料、设备、作业条件的经验和有关安全事故统计资料来类推、比较、分析危险有害因素的方法。

（二）系统安全分析法

是利用系统安全工程评价中的某些方法，如事件树、事故树、鱼刺图、LED 法等。

（三）电力建设施工现场最常用的方法

（1）利用各种机械检查表和管理检查表列出机械和管理缺陷。

（2）利用直观经验法列出危害辨识表。

（3）利用 LEC 法对找出的危险有害因素进行风险评价。

（4）利用鱼刺图找出危险有害因素（使用相对较少）。

（5）列出环境有害因素，并根据有关法规自定评价项目进行风险评价。

二、LEC 法

LEC 法是一种作业条件危险的评价方法，对于施工现场来说比较适用而且方便简单，所以已被广泛使用。因此下面简单介绍：

（一）LEC 法的表达式

LEC 法的表达式为

$$D = LEC$$

式中　D——危险程度等级；

L——事故发生可能性；

E——暴露于危险环境的频度；

C——事故的后果。

表示危险程度等级的数值 D，见表 12-1。

表 12-1　　危险等级（D）

危险等级	危险数值	危险程度	危险等级	危险数值	危险程度
5	＞320	及其危险	2	20～70	一般危险
4	160～320	高度危险	1	＜20	稍有危险
3	70～160	显著危险			

表示事故发生可能性的数值 L，见表 12-2。

表 12-2　　事故发生可能性（L）

事故可能性数值	事故可能性描述	事故可能性数值	事故可能性描述
10	完全可能	0.5	可以设想，很不可能
6	相当可能	0.2	极不可能
3	不经常，但可能	0.1	实际不可能
1	完全意外，可能性小		

表示暴露于危险环境的频度 E，见表 12-3。

表 12-3　　　　　　　　暴露于危险环境的频度（*E*）

暴露频度数值	暴露程度的描述	暴露频度数值	暴露程度的描述
10	连续处于危险环境中	2	每月一次
6	每天在危险环境中	1	每年一次
3	每周一次	0.5	几年一次

表示事故的后果 *C*，见表 12-4。

表 12-4　　　　　　　　事 故 的 后 果（*C*）

事故后果数值	事故程度描述	事故后果数值	事故程度描述
100	10 人以上死亡	7	伤残
40	2～9 人死亡	3	重伤
15	1 人死亡	1	轻伤

（二）举例：拆除高空脚手板作业

如果：*L*——无防护措施可能发生高空坠落（相当事故可能性数值 6），*E*——每月安排此人作业一次（相当暴露频度数值 2），*C*——事故后果可能造成此人死亡（相当事故后果数值 15），则

$$D = LEC = 6 \times 2 \times 15 = 180$$

属于 4 级，高度危险（160～320）。

采取防范措施：作业人员必须携带安全带，并将安全带挂钩在固定的脚手架杆上或设置的安全绳上（在上方），由一名安全员监护作业。

（三）其他作业举例

某单位危害辨识风险评价见表 12-5。

表 12-5　　　　　　　　某单位危害辨识风险评价表

<table>
<tr><th>序号</th><th>作业项目和安全监护</th><th>危害因素</th><th>可能后果</th><th>L</th><th>E</th><th>C</th><th>D</th><th>危险等级</th><th>控 制 措 施</th></tr>
<tr><td>1</td><td rowspan="3">通用作业（由刘某具体负责监护）</td><td>不正确佩戴安全帽</td><td rowspan="3">造成人员伤害</td><td>3</td><td>6</td><td>3</td><td>54</td><td>2</td><td>进入现场要精力集中；
安全帽要戴正，帽腰带系紧；
严禁坐、踏安全帽或挪作他用</td></tr>
<tr><td>2</td><td>高空作业不戴安全带</td><td>6</td><td>6</td><td>15</td><td>540</td><td>5</td><td>2m 及以上作业要戴好安全带，且挂在上方牢固可靠处；
安全带要精心使用，随时检查，出现问题及时更换</td></tr>
<tr><td>3</td><td>酒后进入施工现场</td><td>3</td><td>3</td><td>3</td><td>27</td><td>2</td><td>进入施工现场人员一律禁止喝酒；
任何人不得以任何理由酒后进入现场</td></tr>
</table>

续表

序号	作业项目和安全监护	危害因素	可能后果	L	E	C	D	危险等级	控制措施
4	通用作业（由刘某具体负责监护）	未经安全教育，不懂安全防护和操作知识	造成人员伤害	3	6	3	54	2	严格执行公司、工区、班组三级安全教育制度； 严格考试，禁止弄虚作假； 明确安全职责及必要的安全知识和现场特点
5	通用作业（由朱某具体负责监护）	安全措施有重要错误	人员伤害或设备、物资损害	1	6	15	90	3	编制人要有高度责任感和严谨审慎的科学态度； 审批人要认真仔细把好审批关； 未经审批严禁实施
6	通用作业（由魏某具体负责监护）	无安全措施或未交底施工作业	人员伤害或设备、物资损害	3	6	7	126	3	所有施工项目必须有安全措施，且交底后方可施工作业； 作业人员对无措施和未交底的施工项目有权拒绝作业； 作业人员要严格按方案和安全措施执行，不得随意更改，若发现方案或措施有错误，应及时与技术人员协商解决
7		安全设施不完善、作业环境不安全又未采取措施	人员伤害	3	6	7	126	3	完善设施，整治作业环境，否则严禁施工，作业人员有权拒绝作业
8		违章指挥	人员伤亡	3	6	7	126	3	严禁违章指挥； 对违章指挥现象任何人都有责任和有权制止； 作业人员对违章指挥应拒绝作业
9		违章作业或违反交底要求		3	6	7	126	3	作业人员应遵章守纪，按规程规范作业，施工中严禁打闹、抛物等违纪行为； 严格按交底施工，不得擅自篡改
10	焊接作业（由刘某具体负责监护）	烫伤、触电	人员伤害	3	6	7	126	3	焊工应工作服着装整齐、穿绝缘鞋，按规定使用个人防护用品； 电焊把、面罩、防护镜等应完好；焊把线和焊机线破损应及时包扎或更换，接头应牢固可靠；接地线应正确牢固；清理焊缝时，一定佩戴好防护镜，注意焊渣飞溅伤人

续表

序号	作业项目和安全监护	危害因素	可能后果	L	E	C	D	危险等级	控制措施
11	焊接作业（由刘某具体负责监护）	挖补焊中机械伤害	人员伤害	3	6	3	54	2	用砂轮打磨焊缝时戴好手套、防护镜； 身体应侧对砂轮机； 打磨时，严禁用力过猛使砂轮片破碎； 检查接地线连接正确牢固
12		火灾	人员伤害或物资、设备损害	3	6	7	126	3	严禁在储存或加工易燃易爆场所10m范围内进行焊接作业，必要时要采取隔离防护措施； 清除作业点周围5m范围内的易燃物，无法清除时，要采取可靠防护措施； 焊接结束，必须切断电源确认无起火危险，方可离开
13		不正确使用电焊机	人员伤害或焊机损坏	3	6	3	54	2	电焊机外壳必须接地可靠，不得多台串联接地； 电焊机倒换接头，转移作业地点或发生故障时，必须切断电源； 露天使用电焊机应设置在干燥场所，并应有遮蔽棚； 开关在闭、合时，须侧脸并戴好手套，防止起弧伤人
14	大型起重机安装与拆卸（由刘某具体负责监护）	吊索具有缺陷； 安全系数小	人员伤亡或物资、设备损害	3	6	15	270	4	作业人员必须持有效证件上岗； 吊索具由专人保管维护，使用前由专人检查并指挥，司索复查确认合格； 千斤绳安全系数不小于8
15		吊点选择不当； 斜拉斜吊； 吊物绑扎不牢； 千斤绳角度不符； 棱角处未加垫保护； 大风天气		3	6	15	270	4	吊物有专用吊点的，必须使用专用吊点，并检查其可靠性； 无专用吊点应绑扎牢靠，先进行离地不超过200mm试吊，确认牢靠和平衡； 棱角处必须加垫保护； 千斤绳与吊物上的夹角不应小于30°； 塔身节和大件、重件必须采用4点吊装； 风速达到6级停止作业

续表

序号	作业项目和安全监护	危害因素	可能后果	L	E	C	D	危险等级	控制措施
16	大型起重机安装与拆卸（由刘某具体负责监护）	安全带、攀登自锁器、安全绳使用不当； 脚手架搭设不规范； 临边未设临时栏杆或栏杆不牢固； 孔洞未及时加盖板或防护； 照明不足	高空坠落人员伤亡	3	6	7	126	3	2m以上高空作业人员必须穿戴安全带或自锁器并挂在高处可靠处； 脚手板按标准搭设牢固，并验收合格，不得铺设单板或有探头板，并设栏杆； 高空及临边在未安装梯子、栏杆前，应设置临时围栏、梯子、平台及自锁器； 孔洞应及时设置盖扳或围护装置； 安全带不便悬挂的位置应设置安全绳； 阴暗处作业应设足够的照明，当由于天气原因或无法增加照明，视线不清时，应停止作业
17		大锤打销轴，大锤伤人；锤头掉伤人	可能致重伤	6	2	3	36	2	使用前检查合格； 作业中周围2m不得有人，派专人监护（李某）
18		抽穿钢丝绳时钢丝绳头甩出伤人	可能致人伤残	6	2	7	84	3	周围2m不得有人，旁站监护（张某）
19		使用撬杠时，撬杠滑落	人员伤害	6	6	3	108	3	使用撬杠时，支点选择正确，并支点牢靠； 高空作业，作业人员应挂好安全带；撬杠本身应系好安全绳，防止撬杠滑落； 使用撬杠人员不可用力过猛，防止闪空； 作业人员手指严禁伸入撬杠底部，防止压伤
20		门架、支腿倾倒； 臂架跌落； 塔身倾覆	人员伤亡及设备损坏	3	6	15	270	4	门架、支腿拆装时应设置缆风绳，缆风绳、地锚必须经过计算并经过审批； 严格按批准的作业指导书和交底的工序工艺施工； 塔身顶升前了解地基或轨道情况并测量垂直度；顶升前必须配平，并有专人检查确认； 超过4级风停止顶升作业； 顶升横梁和爬爪入位必须设专人监护； 扳起式吊车扳起或放倒时，严格按照规定的项目对整机进行全面检查并确认无误，并按臂杆偏角或卷扬机钢丝绳圈数执行，全体作业人员必须听从统一指挥

续表

序号	作业项目和安全监护	危害因素	可能后果	L	E	C	D	危险等级	控制措施
21	汽车起重机吊装作业（由王某具体负责监护）	吊车支腿不平、支撑不牢、地基下陷，以及水平仪损坏	吊车倾覆致人死亡	6	6	15	540	5	吊装前，机械管理人员全面检查汽车吊安全技术状况（刘某）； 吊装作业前安全人员对司机和作业人员进行技术交底（王某）
		千斤绳安全系数太小，角度不对，捆绑不牢，吊重不平衡	吊重脱落致人死亡						
		千斤绳、起吊绳有损伤、变形； 高度限位器、力矩限制器失效	超负荷或过卷致人死亡						

三、环境危害辨识

当前由于多数施工企业都已经进行了“三项体系”（质量、安全、环境）认证，所以部分施工单位对施工现场及起重机械的安装、维修、使用中也开始进行环境有害因素辨识。

环境因素识别覆盖了施工现场的机关和施工的所有活动，并应将环境有害因素控制在人们可承受（法规、标准规定）的程度内。

（一）环境有害因素的存在方式

环境有害因素的存在方式，可以简单概括为：

（1）四种状态：正常、异常、紧急、关闭和启动。

（2）三种时态：现在、过去（包括遗留问题）、将来。

（3）八个方面：向大气排放，向水体排放，向土地排放，原材料和自然资源的储存和使用，能源的使用（电、油、煤等）、能量释放（振动、热量、辐射、射线等），废物和副产品、物质属性（如大小、形状、颜色、外观、气味等）。

（二）环境有害因素识别的简单分类

Ⅰ类：水、气、油、声、渣、固态废料等污染物的排放。

Ⅱ类：能源、资源、原材料的消耗。

Ⅲ类：相关方的环境问题及要求。

Ⅳ类：其他（如潜在的火灾、爆炸、中毒隐患，生态环境对人体健康的损伤等）。

（三）环境有害因素的识别步骤

（1）确认本单位的活动过程（办公、服务、施工等）。

（2）判别该活动过程中的环境有害因素（列出环境有害因素表）。

（3）风险评价（确定对环境的影响和有害因素对人的影响程度及是否采取相应控制措施）。

（四）环境有害因素评价依据

（1）有关法规、标准的要求。

（2）可能造成环境影响和损害的规模、程度，暴露情况，发生的频次，影响的持续时间，以及控制情况。

（3）对办公、服务、施工的影响大小。

（4）本单位的实际情况（改变现状的技术难度、经济承受力、对企业形象或声誉的影响等）。

（5）相关方的合理要求。

（五）环境有害因素风险评价的常用方法

（1）将每一个评价因素设定等级区间和分值，明确重大或重要环境因素的总分值。

（2）将现场判别的环境有害因素逐一对照所设定的等级分数，给予打分。

（3）将每一环境有害因素的分值相加，得出总分。

（4）将总分与标准总分进行对比，确定风险等级和控制措施。

（六）应用实例

某施工单位评价重要环境因素打分法评价公式为

$$m=a+b+c+d+e+f$$

式中　m——评价总分；

a——影响范围；

b——发生频次；

c——影响程度；

d——相关方关注程度；

e——资源消耗；

f——排放与标准比较。

评价等级划分为重大和一般。

当 $f\geqslant3$ 时，属于重大环境因素，需采取严格控制措施；

当 $m=12$ 时，属于重大环境因素，需采取严格控制措施；

当 $m<12$（不含 $f\geqslant3$）时，属于一般环境因素，采取一般控制措施。

环境因素评价分值表见表 12-6 和表 12-7。

表 12-6　**环境因素评价分值表**

评价项目	标准分值	评价项目	标准分值
a. 影响范围		*c*. 影响程度	
本岗位	1	轻微	1
本部门	2	一般	2
本厂或地区	3	严重	3
b. 发生频次		*d*. 相关方关注程度	
每周一次	1	基本不关注	1
每周大于一次	2	一般关注	2
连续发生	3	关注强烈	3

续表

评价项目	标准分值	评价项目	标准分值
e. 资源消耗		*f*. 排放与标准比较	
小	1	< 0.7	1
较大	2	0.7～0.8	2
很大	3	>1	3

表 12-7　　环境有害因素辨识评价表

序号	活动过程	位置	环境因素	环境因素评价								控制方式	负责人
				a	*b*	*c*	*d*	*e*	*f*	得分	等级		
1	办公活动	办公室	人员、电话、复印机产生的噪声污染	1	3	1	2	1	1	9	一般	(1) 人员聚集的场所禁止大声喧哗。 (2) 手机、电话音量不要设置在最大。 (3) 空调、电脑、复印机等选用合格产品，注意维护和及时维修	办公室负责人
2	办公活动	办公室	人员，空调产生的空气污染	1	3	1	2	1	1	9	一般	(1) 办公场所注意开窗通风。 (2) 空调选用合格产品，注意清洗滤网和维护	办公室负责人
3	办公活动	办公室	电脑、复印机等产生的辐射污染	1	3	1	1	1	1	8	一般	(1) 选用合格的产品。 (2) 在电脑工作 2h 后应休息 10min	办公室负责人
4	办公活动	办公室	办公废弃物，如纸张、墨盒、复写纸、灯管、色带、圆珠笔芯等	2	3	1	1	1	1	9	一般	(1) 废弃的打过字的纸、色带、电池、复写纸、灯管、墨盒等存放在专用有害物垃圾箱，集中处置。 (2) 废弃的其他纸张，应放置在纸篓，集中送入垃圾箱	办公室负责人
5	办公活动	办公室	资源消耗	1	3	1	1	1	1	8	一般	(1) 强调职工自觉提高节能降耗意识。 (2) 随手关灯，下班关电脑，节约用电。 (3) 节约用水，打印纸两面使用。 (4) 合理利用资源	办公室负责人

续表

序号	活动过程	位置	环境因素	环境因素评价								控制方式	负责人
				a	*b*	*c*	*d*	*e*	*f*	得分	等级		
6	起重机械安装与拆卸作业	施工现场	使用角磨机、大锤、电动扳手、电钻等发出的噪声	3	1	1	1	1	1	8	一般	靠近居住区，避免休息时间作业，夜间10点后，应停止发出噪声的作业	朱××
7	起重机械安装与拆卸作业	施工现场	润滑油泄漏	2	1	1	1	1	1	7	一般	采取隔离并及时清理	朱××
8	起重机械安装与拆卸作业	施工现场	焊条头、垫木、铁丝头、钢材和电线等料头及报废零配件	2	1	1	2	1	1	8	一般	（1）不可回收的物品，放置到现场垃圾箱。 （2）可回收物品集中送到项目部指定回收点	朱××
9	起重机械安装与拆卸作业	施工现场	废油排放	2	1	2	2	2	2	11	一般	严禁随地排放，排放在废油桶中	朱××
10	起重机械涂漆防腐作业	施工现场	除锈产生粉尘污染；喷漆或刷漆产生气体污染及油刷、油漆桶、塑料布等废弃物	1	1	3	2	2	2	11	一般	（1）作业人员除穿工作服、戴安全帽外，应戴防护口罩、防护镜、手套。 （2）有毒、有害化学物品集中收集到项目部指定地点	朱××
11	钢丝绳润滑保养作业	施工现场	润滑油抛洒，破布、棉纱、废渣、杂物等废弃物	2	1	1	1	1	1	8	一般	（1）钢丝绳一次涂油不要过多，按规定程序作业。 （2）有少量抛洒及时清理。 （3）废弃物集中收集，送到项目部指定地点	刘××
12	焊接作业	施工现场	烟尘、粉尘污染	3	1	3	1	1	1	10	一般	（1）设置隔断、洒水降温。 （2）避免休息期间作业。 （3）穿好防护用品。 （4）废弃物及时回收	李××
			噪声污染	3	1	1	1	1	1	8			
			热辐射	3	1	2	1	1	1	9			
			固定废弃物	3	2	1	1	1	1	9			
13	着色探伤作业	施工现场	化学污染及废弃物	3	1	1	1	1	1	8	一般	（1）穿戴好个人防护用品，并及时清理现场。 （2）废弃物品及时回收，集中送到项目部指定回收点	王××

四、区域管理法

从事故的发生过程规律可知，一般事故的发生是从苗头（危害因素）发展到征兆（未遂事件），从征兆发展到事故的演变过程。要防止事故的发生，我们把发动群众的办法，应用在此：就是动员全员找苗头，即进行危害辨识，然后提出措施加以防范；发现征兆（未遂事件）按事故“四不放过”的原则来处理（即原因未查清不放过，责任未查明不放过，责任者未受到教育不放过，预防措施未落实不放过），坚决消除征兆，那么事故也就难于发生了。在现场或者在起重机械的具体运用上，可以划出责任区，定出责任人，签订责任书（或责任状）；实施分工负责、区域管理。

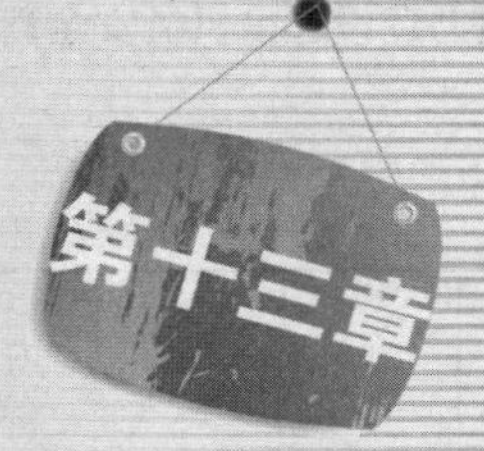

施工现场起重机械安全管理评价

施工现场起重机械安全管理评价，是一种专项安全评价，是对施工现场起重机械安全管理现状的阶段性评价，即在工程进行到某一阶段考察和评价一下现场各相关单位起重机械安全管理处于何种安全状态，往往结合评比活动开展，既是一种工作总结，也是一种激励。它没有整个工程安全评价那么复杂和繁琐，也不同于机械状况的安全性评价。机械状况安全性评价或者评估，主要是针对某些或某台老旧机械或者该机械问题较多，究竟其安全性能是否可靠，还能不能继续使用，当我们拿不准时，组织力量，对该机械状况进行全面检测评估，作出评估或评价结论。起重机械安全管理评价中的起重机械，全部是现场经过检验合格并在用的起重机械，如果在评价活动中发现个别起重机械需要单独进行安全评估，那就不是本章所介绍的内容了，详见第十章老旧起重机械安全管理中关于起重机械专项整治和机械安全评估的内容。

既然是起重机械安全管理评价，它应包括两部分内容，即机械安全状况的检查评价和管理内业的检查评价。电力建设施工现场采用的是简便易行的检查表打分法。当两项内容的分数得出后进行汇总，分数高者管理的程度要好于分数低者。然后检查评价组根据检查结果写出评价报告。这是一种半定性和半定量的评价方法。

第一节　施工现场起重机械安全技术状况评价

在进行施工现场起重机械检查打分时，必然先制定一个起重机械安全技术状况检查打分表，即评价标准。根据经验，这个表不宜太复杂，只要能够反映出机械的安全技术状况即可，各单位可自行设计。这里推荐的检查评分表见表 13-1 和表 13-2，仅供参考。

表 13-1　　施工现场起重机械安全技术状况检查评分表

受检单位：

序号	内容与标准	是	否	标准分	评分标准			实得分
					0.5	0.8	1.0	
1	机容机貌干净整洁，悬挂机械标牌，各种线路、管路布置合理、整齐、有序、固定可靠			2				
2	悬挂检验合格证或复印件			5				
3	悬挂安全操作规程			3				
4	悬挂机组人员名单和主要性能参数及润滑图表			2				
5	有运行记录和交接班记录			3				

续表

序号	内容与标准	是	否	标准分	评分标准			实得分
					0.5	0.8	1.0	
6	司机应持证（或复印件）上岗			5				
7	机械各部位润滑良好，加油符合规范要求			2				
8	钢结构防腐符合要求，无锈蚀（包括塔身、臂架、主梁、底架、车架、各种梁、柱、杆等）			2				
9	钢结构应无变形或损伤、开裂及严重腐蚀			10				
10	登机梯子、栏杆、走道、平台、踢脚板应符合规范			5				
11	安全装置齐全可靠（包括各种起重机械应配置的力矩限制器、载荷限制器、高度限位器、幅度限位器等，各种行程限位开关、幅度指示仪、紧急停机按钮、夹轨器、铁楔、止挡、碰尺、风速仪、航标灯、报警器、小车断绳保护、小车防坠落保护、防坠器、安全钩、防脱绳装置、防绳跳槽、防松绳装置、偏斜指示等）			10				
12	各种防护罩、防雨罩、挡板、盖板、隔离网、防滑板等规范可靠			3				
13	液压系统无漏油、损伤、故障（包括各种油缸、液压泵、液压马达、各种液压阀、蓄能器、管路等）			5				
14	发动机、电动机、减速器、液力变扭器、液力耦合器、联轴器、传动轴等传动机构不得有异响、较大振动并正常磨损不超限			3				
15	制动器、离合器性能可靠，符合规范要求			10				
16	连接可靠无损伤、无裂纹、无松动并符合规范要求（包括焊接、螺栓连接、销轴连接、开口销、弹簧销、锁止板等）			10				
17	钢丝绳、滑轮、导轮、滚轮、行走轮、齿轮、链轮、齿条、托链轮、驱动轮、轨道、滑块、吊钩、卷筒、履带、链条、其他取物装置、各种轴等不得损伤和磨损超限			5				
18	机械设备接地和轨道、基础接地符合要求			3				
19	电气保护和仪表、显示屏（包括隔离开关、过流、过压、欠压、断相、错相、短路、零位等保护）齐全可靠，电源箱、电控箱、电阻箱、变压器等固定、防护、绝缘可靠，布置合理，各种电气元件、电缆、电线无老化、烧蚀、破损，布置整齐、固定可靠，符合规范			10				
20	基础、轨道、基坑符合规范要求			2				
		标准分合计		100	实得分合计			

注　有多台起重机械的施工单位，抽查评分不得少于3台，检查记录每台一表。

表 13 - 2　　施工现场起重机械安全技术状况检查评分汇总表

受检单位：

序号	机械名称	一般缺陷（条）		严重缺陷（条）		每台实得分	备注
1							
2							
3							
⋮							
合计	共　台	共　条	条/台	共　条	条/台	平均得分	

注　1. 将所检查的起重机械，每台一般缺陷、严重缺陷的条数和每台实得分，填入此表栏目中；将检查总台数、一般缺陷和严重缺陷总条数填入合计栏中；并将一般缺陷和严重缺陷平均条数及平均得分填入相应的栏中。

2. 一般缺陷是指危害程度不大的缺陷，限期整改，如果不能按期整改或整改有困难的，必须制定出相应的措施，经监理、业主等审核批准并确保使用安全；严重缺陷是指危害程度大，必须停机立即整改的缺陷，但主要安全装置失效属严重缺陷。

3. 严重缺陷举例，如主要受力结构变形、开裂、严重腐蚀；重要连接，如焊缝开裂、螺栓松动；销轴磨损超限或未按规定锁止；主要零部件，如钢丝绳断丝、磨损超限、变形、损伤；吊钩、卷筒、滑轮裂纹、严重磨损；制动不可靠；电气系统和液压系统缺陷直接危及人身安全的缺陷等。严重缺陷可在缺陷序号前标注※号。

第二节　施工现场起重机械安全管理（内业检查）评价

施工现场起重机械安全管理评分表见表 13 - 3～表 13 - 8。

表 13 - 3　　施工现场项目监理起重机械安全管理评分表

受检单位：

序号	评分项目	评 分 标 准	标准分	扣减分	实得分
1	体系、机构、人员和岗位责任制	（1）未建立现场机械安全管理体系与网络，扣 15 分；建立不完善，扣 5 分。 （2）未建立监理有关人员（总监或副总监、分管领导、专管人员）机械安全岗位责任制，扣 20 分；建立不完善，扣 5～10 分。 （3）未设置机械专管人员（机械监理），扣 15 分；未履行职责，扣 2～5 分；人员数量不能满足现场实际需要，扣 2～5 分	20		
2	管理制度	（1）未建立起重机械安全监理细则或程序（包括机械、人员准入、作业指导书审查、机械检查、机械资料管理、机械安全考核等），扣 20 分；每项不合格，扣 3～5 分。 （2）未建立起重机械事故应急预案，扣 5 分	30		
3	资料管理	（1）无机械月检查记录或通报，扣 10 分；缺失不完整，扣 3～5 分。 （2）未建立起重机械准入台账，扣 10 分；不规范和漏登，扣 3～5 分。 （3）未建立起重机械人员台账，扣 10 分，不规范和漏登，扣 3～5 分。	50		

续表

序号	评分项目	评 分 标 准	标准分	扣减分	实得分
3	资料管理	(4) 未建立整机准入检查表，扣10分；不规范或签字不完整，扣3分；缺1台，扣1分。 (5) 未建立待安装起重机械零部件检查表，扣20分，不规范或签字不完整，扣5分；缺1台，扣2分。 (6) 未留存起重机械检验合格证或检验报告书（复印件），扣20分；缺1台，扣2分。 (7) 未留存起重机械人员资格证（复印件），扣20分；缺1人，扣1分。 (8) 未留存起重机械安装与拆卸单位资质证（复印件），扣15分，缺1个单位，扣3分。 (9) 未留存审批的起重机械作业指导书（复印件）和重要防范措施，扣20分；缺1份，扣2分；审批看不出问题，扣3～5分。 (10) 未留存作业指导书签字记录（复印件），扣10分；缺1份，扣1分。 (11) 未建立机械缺陷整改通知单，扣10分；缺1份，扣2分。 (12) 未建立机械缺陷整改追踪（验收）单，扣10分；缺1份，扣2分。 (13) 未建立机械旁站记录，扣10分；缺1份，扣2分；记录过于简单，扣2分。 (14) 未收集相关法律法规且未贯彻落实，扣10分	50		

注 此表标准分为100分，扣完为止，不出现负分。

表 13-4　　施工现场施工项目部起重机械安全管理评分表

受检单位：

序号	评分项目	评 分 标 准	标准分	扣减分	实得分
1	体系、目标、机构、人员和岗位责任制	(1) 未设置专业机械管理部门或专业管理人员，扣15分；人员数量不能满足实际需要，扣5分。 (2) 未建立机械安全管理体系、网络及相关人员机械安全岗位责任制（项目经理、分管经理、机械管理部门和管理人员），扣20分；建立不完善，扣5～10分。 (3) 未建立机械安全目标，扣10分；目标未分解，扣5分。 (4) 各类机械人员无证上岗或证件不符，缺1人，扣2分	25		
2	管理制度	(1) 未建立机械进场准入制度，扣5分；不完善，扣1分。 (2) 未建立起重机械人员进场准入制度，扣5分，不完善，扣1分。 (3) 未建立起重机械安装与拆卸作业指导书审批制度，扣10分；不完善，扣2分。 (4) 未建立机械检查制度，扣10分；不完善，扣2分。 (5) 未建立机械缺陷整改验收制度，扣10分；不完善，扣2分。 (6) 未建立机械资料管理制度，扣5分；不完善，扣1分。 (7) 未建立考核奖罚制度，扣5分；不完善，扣1分。 (8) 未建立机械事故应急预案，扣5分；不完善，扣1分。 (9) 未建立起重机械防范措施，扣5分；不完善，扣1分	25		

续表

序号	评分项目	评 分 标 准	标准分	扣减分	实得分
3	管理资料	(1) 未建立起重机械台账，扣10分；不规范，扣2分；漏登1台，扣2分。 (2) 未建立整机准入检查表，扣10分；缺1份，扣2分；签字不完整或不符合要求，扣2分。 (3) 为留存起重机械检验合格证或检验报告书，扣10分；缺1台，扣5分。 (4) 未建立起重机械人员台账，扣10分；不规范，扣2分；漏登1人，扣2分。 (5) 未留存起重机械安装与拆卸队伍资质（复印件），扣10分；缺1份，扣5分。 (6) 未留存起重机械人员资格证（复印件），扣5分；缺1人，扣2分。 (7) 未留存起重机械安装与拆卸协议或起重机械租赁合同（复印件），扣5分；缺1份，扣2分。 (8) 未留存安装告知单，扣3分；缺1份，扣1分。 (9) 未留存起重机械安装后自检报告书，扣3分；缺1份，扣1分。 (10) 未留存起重机械安装后符合试验报告，扣3分；不规范，扣2分；缺1分，扣1分。 (11) 未留存安装与拆卸交底签字记录，扣10分；签字不完整、与人员台账及作业指导书不符，扣5分；缺1台，扣2分。 (12) 未留存起重机械安全操作规程，扣5分；不完善扣2分；缺1种，扣2分。 (13) 未留存起重机械安装与拆卸作业指导书（复印件），扣10分；内容不完善，扣3分；缺1份，扣2分。 (14) 无起重机械月检查记录，扣20分；无检查小结，扣5分；记录不完整，扣5分。 (15) 无旁站监督记录，扣5分；记录不完善或缺部分记录，扣2分。 (16) 无机械缺陷通知单、整改验收单，扣20分；缺1份，扣5分。 (17) 无基础、轨道验收资料，扣5分；缺1份，扣2分。 (18) 无考核奖罚记录，扣5分	50		

注 此表标准分为100分，扣完为止，不出现负分。

表13-5　　施工现场起重机械专业单位起重机械安全管理评分表

受检单位：

序号	评分项目	评 分 标 准	标准分	扣减分	实得分
1	体系、目标、机构、人员和岗位责任制	(1) 无项目负责人任命文件，扣10分。 (2) 未设置机械管理人员，扣10分。 (3) 未建立机械安全管理体系和网络，扣5分；不完善，扣2分。 (4) 未建立起重机械安全管理目标；扣10分；目标未分解，扣5分。	25		

续表

序号	评分项目	评分标准	标准分	扣减分	实得分
1	体系、目标、机构、人员和岗位责任制	(5) 未建立相关人员的机械安全岗位责任制（包括负责人、机管员、各类作业人员），扣10分；不完善，扣2～5分。 (6) 发现无证上岗人员（包括证件无效），发现1人，扣2分。 (7) 发现起重机械无检验合格证，发现1台，扣5分	25		
2	管理制度	(1) 未建立起重机械安全使用管理制度（包括三定内容），扣10分；不完善，扣3分。 (2) 未建立安全考核和奖罚制度，扣10分；不完善，扣3分。 (3) 未建立安全培训制度，扣10分，不完善，扣3分。 (4) 未建立起重机械安装与拆卸管理制度，扣10分；不完善，扣3分。 (5) 未建立机械维修保养制度，扣10分；不完善，扣3分。 (6) 未建立机械检查制度和检验制度，扣10分；不完善，扣3分。 (7) 未建立机械事故处理制度，扣5分；不完善，扣1分。 (8) 未建立起重机械安全技术档案和资料管理制度，扣10分；不完善，扣3分。 (9) 未建立起重机械安全操作规程，扣10分；不完善，扣3分；缺1种，扣2分。 (10) 未建立起重机械事故应急预案和安全防范措施，扣5分；不完善，扣1分。 (11) 未建立吊索具和工器具管理制度，扣5分；不完善，扣1分。 (12) 未建立安装与拆卸测量仪器管理制度，扣5分；不完善，扣1分。 (13) 未建立机械维修保养规程，扣5分；不完善，扣2分	25		
3	管理资料	(1) 未建立起重机械台账，扣10分；不规范，扣2分；漏登1台，扣2分。 (2) 未建立起重机械人员台账，扣10分；不规范，扣2分；漏登1人，扣2分。 (3) 未建立测量仪器台账，扣5分；不完善，扣1分。 (4) 未建立吊索具、工器具台账，扣5分；不完善，扣1分。 (5) 未建立起重机械人员培训计划、培训名册、考试成绩、年度总结，扣10分；不完善，扣2分。 (6) 未建立维修保养记录，扣10分；记录不完整，扣2分。	50		

续表

序号	评分项目	评　分　标　准	标准分	扣减分	实得分
3	管理资料	(7) 未建立运行、交接班记录，扣5分。 (8) 未建立和留存各种机械检查记录，扣10分；不完整，扣2～5分。 (9) 无机械缺陷整改下达和验收单，扣10分；不完整，扣3～5分。 (10) 无考核奖罚记录，扣10分；不完善，扣3～5分。 (11) 无安全会议记录，扣2分。 (12) 无留存起重机械合格证或检验报告书，扣20分；缺1台，扣2分。 (13) 未留存起重机械安装告知书，扣5分；缺1台，扣1分。 (14) 未留存起重机械使用登记证，扣2分；不全，扣1分。 (15) 未留存安装与拆卸资质（复印件），扣5分；不全，扣2分。 (16) 无安装前散件检查记录，扣10分；缺1台，扣5分。 (17) 无交底记录，扣20分；签字不完整，扣5分；记录不全，扣5分。 (18) 无起重机械安装与拆卸作业指导书或为留存，扣20分；编写内容不完善，扣3分；缺1份扣2分。 (19) 无安装过程检验记录，扣5分；记录不完善、缺主要测量数值，扣3分。 (20) 无负荷试验报告，扣5分；不规范，扣2分。 (21) 无安装后的整机自检报告书，扣5分。 (22) 无基础、轨道验收记录，扣5分。 (23) 未留存起重机械人员资格证，扣10分；缺1人，扣2分。 (24) 无相关法规和技术标准及上级有关文件等，扣2分	50		

注　此表标准分为100分，扣完为止，不出现负分。

表13-6　　**施工现场一般起重机械使用单位评分表**

受检单位：

序号	评分项目	评　分　标　准	标准分	扣减分	实得分
1	体系、目标、机构、人员和岗位责任制	(1) 未设置机械管理人员，扣10分。 (2) 未建立机械安全管理体系和网络，扣5分；不完善，扣2分。 (3) 未建立起重机械安全管理目标，扣10分；目标未分解，扣5分。 (4) 未建立相关人员的机械安全岗位责任制（包括负责人、机械管理员、各类作业人员），扣10分；不完善，扣2～5分。 (5) 发现无证上岗人员（包括证件无效），发现1人，扣2分。 (6) 发现起重机械无检验合格证，发现1台，扣5分	20		

续表

序号	评分项目	评 分 标 准	标准分	扣减分	实得分
2	管理制度	（1）未建立起重机械安全使用管理制度（包括三定内容），扣10分；不完善，扣3分。 （2）未建立安全考核和奖罚制度，扣10分；不完善，扣3分。 （3）未建立安全培训制度，扣10分；不完善，扣3分。 （4）未建立起重机械安装与拆卸管理制度，扣10分；不完善，扣3分。 （5）未建立机械维修保养制度，扣10分；不完善，扣3分。 （6）未建立机械检查制度和检验制度，扣10分；不完善，扣3分。 （7）未建立机械事故处理制度，扣5分；不完善，扣1分。 （8）未建立起重机械资料管理制度，扣10分；不完善，扣3分。 （9）未建立起重机械安全操作规程，扣10分；不完善，扣3分；缺1种，扣2分。 （10）未建立起重机械事故应急预案和安全防范措施，扣5分；不完善，扣1分	30		
3	管理资料	（1）未建立机械台账（包括起重机械），扣10分；不规范，扣2分；漏登1台，扣2分。 （2）未建立起重机械人员台账，扣10分；不规范，扣2分；漏登1人，扣2分。 （3）未建立参与起重机械作业培训记录，扣10分；不完善，扣2分。 （4）未建立机械维修保养记录，扣10分；记录不完整，扣2分。 （5）未建立运行、交接班记录，扣5分。 （6）未建立和留存各种机械检查记录，扣10分；不完整，扣2～5分。 （7）无机械缺陷整改下达和验收单，扣10分；不完整，扣3～5分。 （8）无考核奖罚记录，扣10分；不完善，扣3～5分。 （9）无安全会议记录，扣2分。 （10）无留存起重机械合格证或检验报告书，扣20分；缺1台，扣2分。 （11）未留存起重机械安装告知书，扣5分；缺1台，扣1分。 （12）未留存起重机械使用登记证，扣2分；不全，扣1分。 （13）未留存安装与拆卸资质（复印件），扣5分；不全，扣2分。 （14）无安装前散件检查记录，扣10分；缺1台，扣5分。	50		

续表

序号	评分项目	评　分　标　准	标准分	扣减分	实得分
3	管理资料	（15）无交底记录，扣20分；签字不完整，扣5分；记录不全，扣5分。 （16）无起重机械安装与拆卸作业指导书或未留存，扣20分；编写内容不完善，扣3分；缺1份，扣2分。 （17）无安装过程检验记录，扣5分；记录不完善、缺主要测量数值，扣3分。 （18）无负荷试验报告，扣5分；不规范，扣2分。 （19）无安装后的整机自检报告书，扣5分。 （20）无基础、轨道验收记录，扣5分。 （21）未留存起重机械人员资格证，扣10分；缺1人，扣2分。 （22）未留存安装与拆卸协议或租赁起重机械合同，扣5分	50		

注　此表标准分为100分，扣完为止，不出现负分。

表13-7　　　　施工现场业主项目部起重机械安全管理评分表

受检单位：

序号	评分项目	评　分　标　准	标准分	扣减分	实得分
1	体系、目标、机构、人员和岗位责任制	（1）未建立施工现场机械安全管理体系与网络，扣15分；建立不完善，扣5分。(可以委托监理建立)。 （2）未设置分管领导，扣15分。 （3）未明确主管部门（工程部或安监部等负责管理），扣20分。 （4）未指定主管人员，扣15分。 （5）未建立相关人员（领导、分管领导、主管部门、专管人员）机械安全岗位责任制，扣20分；建立不完善，扣5～10分。 （6）未制定施工现场起重机械安全管理目标，扣15分；目标不合适，扣5分	40		
2	管理制度	（1）未制订施工现场起重机械安全管理制度或规定，扣20分；制度内容不完善，没有明确“把五关”的内容，扣10分。 （2）未建立施工现场起重机械事故应急预案，扣10分；不完善，扣5分（可以委托监理建立)。 （3）未建立对施工现场起重机械安全管理考核办法（或制度），对监理无考核，扣2分；不完善，扣5分	40		
3	管理资料	（1）无定期考核施工现场和监理起重机械安全管理的记录、通报、纪要及奖罚记录等，扣10分。 （2）无有关现场施工起重机械安全管理的会议记录，扣5分。 （3）无定期或临时组织现场起重机械安全检查活动评价的记录或报告，扣10分。 （4）无国家有关法规、标准和上级有关文件等，扣5～10分。 （5）未留存上级来施工现场起重机械安全检查情况记录和研究采取相应措施的记录，扣5～10分	20		

注　此表标准分为100分，扣完为止，不出现负分。

表 13-8　　施工现场起重机械安全管理评价总表

受检单位（施工现场）：

施工现场单位		制度资料管理状况		起重机械安全状况	
		实得分	标准分	实得分	标准分
	专业单位		100		100
××公司	一般单位		100		
	施工项目部		100		
	合计	标准总分：400		实得总分：	
	专业单位				100
××公司	一般单位				
	施工项目部				
	合计	标准总分：400		实得总分：	
	专业单位		100		100
××公司	一般单位		100		
	施工项目部		100		
	合计	标准总分：400		实得总分：	
	专业单位		100		100
××公司	一般单位		100		
	施工项目部		100		
	合计	标准总分：400		实得总分：	
	专业单位		100	100	
××公司	一般单位		100		
	施工项目部		100		
	合计	标准总分：400		实得总分：	
	专业单位		100		100
××公司	一般单位		100		
	施工项目部		100		
	合计	标准总分：400		实得总分：	
××监理公司		标准分	100	实得分	
××监理公司		标准分	100	实得分	
业主项目部		标准分	100	实得分	

注　1. 现场一般每个施工单位都有起重机械专业队伍、一般起重机械使用单位（包括外包队）和施工项目部；对于现场施工单位起重机械安全管理评价，应包括三个基层单位的评分和起重机械安全技术状况的评分，所以标准总分应该是400分；没有三个基层单位的施工单位，按实际填，标准总分也应相应减少。

2. 整个现场起重机械安全管理的评价还应包括项目监理和业主单位的评分。

第三节　施工现场起重机械安全管理评价的实施

施工现场起重机械安全管理的评价，可以是现场施工单位基层单位自我评价，可以是施工项目部对所属起重机械使用单位（专业、一般）的评价，也可以是业主对监理和各施工单位的评价，或者上级单位对整个施工现场起重机械安全管理的评价。我们建议集团公司或业主单位最好对施工现场的起重机械安全管理情况在每年年末或者根据工程进展情况分阶段的进行起重机械安全管理评价。

一、起重机械安全管理评价的准备

（一）前期策划

以业主为例，如果有关会议研究决定近期要对施工现场起重机械安全管理进行评价，业主主管部门应根据现场参建单位的数量和起重机械的数量以及当前的机械安全形势进行前期策划，策划的内容主要包括：

（1）确定抽查起重机械的数量和评价的单位数量。

（2）检查时间的长短的安排。

（3）评价组人员的构成和数量及其分工。

（4）评价标准的编制和评价范围的选用，以及学习讨论。

（5）总结会议（包括召开时间、会议耗时、参加会议人员、讲话人员的安排及讲话稿件准备、审查等）。

（6）缺陷整改验收（限定时间和特殊情况要求、验收人员、验收资料管理）。

如果评价和评优奖励结合的话，还有确定评优标准（分数），奖励形式（锦旗、奖杯、奖金等）以及会议颁奖安排。

（二）成立评价组

当策划经领导或有关会议批准，业主主管部门应及时成立评价组，评价组可以由两个检查组组成，即机械状况检查组和内业管理资料检查组。检查组应由业主主管部门的人员、监理人员、施工单位相关人员组成，每组不应少于3人，各检查组的成员中，应该有一定数量懂机械管理和懂起重机械专业并有一定经验的人员组成（施工单位自评价，人数可以根据实际情况自定）。

（三）学习讨论

评价小组成立之后，应该下发选定或编制的标准（评分表）给评价组成员，并组织短期学习讨论，统一评分认识，掌握打分的严与松的尺度，并研究可能在检查评分中遇到的特殊情况及应对办法等。如果认为有必要，可以将评分标准（评分表）同时下发到施工现场各单位，让各单位先进行自评价，评价结果和对评分表的意见上报评价组，以便评价组了解施工现场起重机械安全管理的基本情况，以及评分表是否需要修改的意见。

二、起重机械安全管理评价实施

当起重机械安全管理评价准备已经完成后，可以适时实施。

（一）以文件或会议形式颁发评价通知

通知一般包括评价的目的和意义、评价开始和结束的时间、评价组成员的组成名单、评价依据的标准、评价的方法和程序、评价结果的总结（或评优奖励）等事项。

（二）进行检查评分

根据前期策划的时间和抽检施工现场各单位的数量，以及起重机械的台数、种类，逐个单位进行检查评分。在选择检查机械数量时，可以依据下列情况进行选择确定：

（1）根据施工现场起重机械的数量情况。起重机械数量少的现场，可以全部进行检查评分；施工现场起重机械数量多的现场可以采取选择一定数量进行抽查。抽查可以选择不同类型的起重机械，如每个单位的汽车起重机、履带起重机、塔式起重机、龙门起重机、施工升降机各一台。

（2）根据机械状况月检查情况。如果根据月检查的结果感到，某些起重机械管理薄弱，可以有针对性地选择重点抽查，如租赁的起重机、老旧起重机（外租和老旧的汽车起重机、履带起重机、建筑塔式起重机、施工升降机等）。

（3）根据工程使用情况。根据工程进展，下一阶段重点是哪些工程项目中起重机械使用的频率高、可能增加的风险大来具体选定各单位的起重机械类型和台数，如锅炉大件吊装前，主要抽查大型电站塔式起重机和大型履带起重机；锅炉交叉施工频繁时，重点抽查锅炉施工升降机；主厂房抢进度中，重点抽查土建施工升降机和建筑塔式起重机；烟筒、水塔工期紧，重点抽查滑膜提升设备、吊笼、建筑抬吊、水塔用施工升降机等。

（4）根据气候变化情况。雨季后、融雪后、大风后，可以重点抽查轨道式、固定式起重机械，主要防止地基沉降，影响起重机械的垂直度和保养使用情况等。

（三）检查时间

检查时间，一般情况大约为2～3天。

（四）检查办法

机械和资料检查，主要以直观检查为主；如检查进行中，肉眼观察后感到可疑或需要验证时，可以另行安排使用少量仪器配合检查，如塔身、导轨架需要测量或验证垂直度、钢丝绳需要测量磨损后的直径、接地电阻或绝缘电阻需要测量验证数据等。

资料检查，如果感到时间紧张，可以几个单位资料集中在一起检查，这样可以节省检查评分时间。

（五）评分

根据检查评分表的标准，一般单项都是100分，80分为合格；90分及以上为优秀；81～89分为优良；施工单位检查评分为四项，满分为400分，按优良率，应该是360分及以上为优秀；达到320分为合格；321～359分为优良。如果评优的话，应设定优良单位的数量，分数高的、机械缺陷最少的为最好的单位。

三、评价报告

起重机械安全管理评价报告一般包括如下内容：

（一）总体评价

（1）施工现场工程进展情况及各施工单位起重机械的数量和使用情况简介。

（2）本次检查起重机械的种类、数量和检查的单位。

（3）总的机械一般缺陷数量、总的机械严重缺陷数量、总的管理缺陷数量。

（4）各个单位的机械一般缺陷数量和机械严重缺陷数量、管理缺陷数量。

（5）各个单位评价实得分数。

（6）评价结论（各个单位的简要评价、整个施工现场起重机械安全管理的评价）。

（二）机械安全状况

主要描述每个单位机械缺陷的详细情况（一般缺陷、严重缺陷项目列表）。

（三）内业资料管理状况

主要描述每个单位管理缺陷详细情况（可以列表）。

（四）简要分析

原因：领导重视程度、队伍素质水平、工期紧张影响、管理下滑等。

（五）措施和建议

对缺陷整改的要求和建议采取的措施办法，以及进一步改进提高等。

施工现场起重机械事故应急预案

人们不希望发生事故，但是由于各种原因一旦发生事故，应急救援是防止事故扩大或造成更大损害，降低事故损失的关键手段，因此国家《安全生产法》对此提出了明确要求。起重机械属于特种设备，是一种危险性较大的生产设备，为此《特种设备安全监察条例》、《起重机械安全监察规定》和《起重机械使用规则》等法规也明确要求相关单位制定起重机械事故应急预案。

为了使各生产企业能够制定好事故应急预案，国家颁发了 AQ/T 9002—2006《生产经营单位安全生产事故应急预案编制导则》。通过学习导则，我们知道，事故应急预案的编制分为三个层次、四层文件，即综合应急预案、专项应急预案和现场处置方案；指导性（综合性）文件——综合应急预案，具体性（程序性）文件——专项应急预案，作业性文件——现场处置方案，附件——各种表式、图示（救援、疏散、撤离路线）、名单名录等（相关单位、人员、物资、电话等）。似曾相识，我们企业在“三项”体系（质量、安全、环境）认证中不也是四层文件么，手册——综合性、指导性文件；程序文件——具体性文件；作业指导书、工艺文件、操作规程和各项办法、制度——作业性文件；各种记录表式——附件。当然，相似不等于完全相同，内容和性质不同，前者为企业资质认证的保证体系，后者为事故应急救援体系。因此，应急预案也是一种体系性文件。国家电网公司在 2007 年颁发了《国家电网公司应急管理工作规定》和《国家电网公司应急预案编制规范》，对国家电网公司所属企业提出了应急预案管理工作和应急预案编制的要求。总之，应急预案应该在本单位或本现场危害辨识和风险评价的基础上，确定可能发生的事故类型和造成的后果，以及在对本单位或本现场应急能力评估的基础上而编制，并形成综合预案、专项预案和处置方案的体系性文件。

第一节　施工现场综合应急预案

一、施工现场综合应急预案编制内容的要求

由于施工现场可能出现多方面事故和突发事件，如施工安全事故、交通事故、环境污染事故、自然灾害事故、公共卫生事故、信息安全事故、社会突发事件等，从业主单位在工程项目中所处的地位和作用可知，施工现场的综合应急预案应该以业主单位为主进行制定。

综合应急预案总体上阐述处理事故的应急方针、政策、应急组织结构及相关职责、应急行动和保障等基本要求和程序，是应对各类事故的综合性文件。它提供了应急各类事故的总体思路，起指导性作用。综合应急预案的编制内容与要求见表 14-1。

表 14-1　　施工现场综合应急预案编制内容与要求

一级要素	二级要素	三级要素	编制内容与要求
1. 总则	(1) 编制目的		阐述预案编制目的、作用等
	(2) 编制依据		阐述应急预案所依据的法律、法规、规章，以及行业管理规定、技术规范和标准等
	(3) 适用范围		说明应急预案适用的区域范围以及事故类型、级别
	(4) 应急预案体系		说明本现场应急预案体系构成情况
	(5) 应急工作原则		说明本现场应急工作原则，内容简明扼要、明确具体
2. 危险性分析	(1) 现场概况		主要包括施工现场地址、工程规模、工程标段和施工队伍情况、重要设备及设施、施工起重机械布置情况、环境、气候及周边情况等，必要时可附现场平面布置图进行说明
	(2) 危险源与风险分析		主要阐述本现场存在的危险源及风险分析结果
3. 组织机构	(1) 应急组织体系		明确组织形式、构成单位和人员，并尽可能以结构图的形式表示出来
	(2) 指挥机构及职责		明确应急救援指挥机构，总指挥、副总指挥、各成员单位及相应职责；应急救援机构根据事故类型和应急工作需要，可以设置相应的应急救援工作小组，并明确各小组工作任务和职责
4. 预防与预警	(1) 危险源监控		明确本现场对危险源检测监控的方式、方法，以及采取的预防措施
	(2) 预警行动		明确预警的条件、方式、方法和信息发布的程序
	(3) 信息报告与处置		按照有关规定明确事故及未遂伤亡事故信息报告与处置办法
		1) 信息报告与通知	明确 24h 应急值守电话。事故信息接受和通报程序
		2) 信息上报	明确事故发生后向上级主管部门和地方人民政府报告事故信息的流程、内容和时限
		3) 信息传递	明确事故发生后向有关部门或单位通报事故信息的方法和程序
5. 应急响应	(1) 响应分级		针对事故危害程度、影响范围和现场控制事态的能力，将事故分为不同等级。按照分级负责的原则，明确应急响应级别
	(2) 响应程序		根据事故大小和发展态势，明确应急指挥、应急行动、资源调配、应急避险、扩大应急响应等程序

续表

一级要素	二级要素	三级要素	编制内容与要求
5. 应急响应	(3) 应急结束		明确应急终止的条件。事故现场得以控制，环境符合有关标准，导致次生、衍生事故隐患消除后，经过事故现场应急指挥机构批准后，现场应急结束。应急结束后，应明确
		1) 事故情况上报事项	事故类型、发生地点、时间、过程、性质、原因分析、教训、措施、处理意见
		2) 需向事故调查处理小组移交相关事项	事故有关的设备、设施技术资料；环境、气候、地质资料、事故中涉及的人员资料、事故前后现场状况资料、调查取证资料、救援资料等
		3) 事故应急救援工作总结报告	救援体系和运行程序的时效性、救援能力的适应性，救援效果、成绩和不足、改进意见
6. 信息发布			明确事故信息发布的部门，发布原则。事故信息应由事故现场应急指挥部及时准确地向新闻媒体通报事故信息
7. 后期处置			主要包括污染物处理，事故影响消除，生产秩序恢复，善后赔偿，抢救过程和应急救援能力评估及应急预案的修订等内容
8. 保障措施	(1) 通信与信息保障		明确与应急工作相关联的单位或人员通信方式和方法，并提供备用方案。建立信息通信系统及维护方案，确保应急期间信息通畅
	(2) 应急队伍保障		明确各类应急响应的人力资源，包括专业应急队伍、兼职应急队伍的组织与保障方案
	(3) 应急物资装备保障		明确应急救援需要使用的应急物资和装备类型、数量、性能、存放位置、管理责任人及其联络方式等内容
	(4) 经费保障		明确应急专项费用来源、使用范围、数量和监督管理措施，保障应急状态时，现场应急经费及时到位
	(5) 其他保障		根据现场应急工作需求而确定的其他相关保障措施（如交通运输保障、治安保障、技术保障、医疗保障、后勤保障等）
9. 培训与演练	(1) 培训		明确本现场所涉及人员开展的应急培训计划、方式和要求。如果预案涉及社区和居民，要做好宣传教育和告知等工作
	(2) 演练		明确应急演练的规模、方式、频次、范围、内容、组织、评估、总结等内容

续表

一级要素	二级要素	三级要素	编制内容与要求
10. 奖惩			明确事故应急救援工作的奖励和处罚等内容
11. 附则	（1）术语和定义		对应急预案涉及的一些术语进行定义
	（2）应急预案备案		明确本应急预案的报备部门
	（3）维护和更新		明确应急预案维护和更新的基本要求，定期进行评审，实现可持续改进
	（4）制定与解释		明确应急预案附则制定与解释的部门
	（5）应急预案实施		明确应急预案实施的具体时间
一级要素共计：11项	二级要素合计：27项		三级要素合计：6项

二、现场综合应急预案编制实例

现将某电力建设施工现场编制的综合应急预案示例如下，仅供参考。

某电力建设施工现场综合应急预案

1　总则

1.1　目的

为了积极应对施工现场可能发生的较大或重大或特大安全事故、自然灾害、社会影响严重的事件，及时有效地实施应急救援工作，最大限度地减少人员伤亡和财产损失，特制定本综合应急预案。

编制依据

(1)《中华人民共和国安全生产法》。

(2)《国家安全生产事故灾难应急预案》。

(3)《生产经营单位安全生产事故应急预案编制导则》。

(4)《特种设备安全监察条例》。

(5)《中国×××集团公司突发事故总体预案》。

(6)《中国×××集团公司安全生产事故综合应急预案》。

1.2　适用范围

本施工现场综合应急预案适用于本工程施工现场所属区域所发生的较大、重大、特大安全事故，重大交通事故，重大火灾事故，重大环境事故，重大卫生事故，重大自然灾害和严重社会突发事件。

1.3　应急预案体系

施工现场综合应急预案由业主单位组织编制，各施工单位的施工项目部和各有关部门应根据施工现场综合应急预案的要求，编制施工现场专项应急预案和布置施工现场作业单位编制施工现场处置方案。施工现场综合应急预案、施工现场专项应急预案和施工现场处置方案以及附件组成统一的施工现场应急预案体系。见图14-1。

1.4　应急工作原则

坚持安全第一、预防为主、以人为本，在应急救援中快速反应、统一指挥、分级负责，

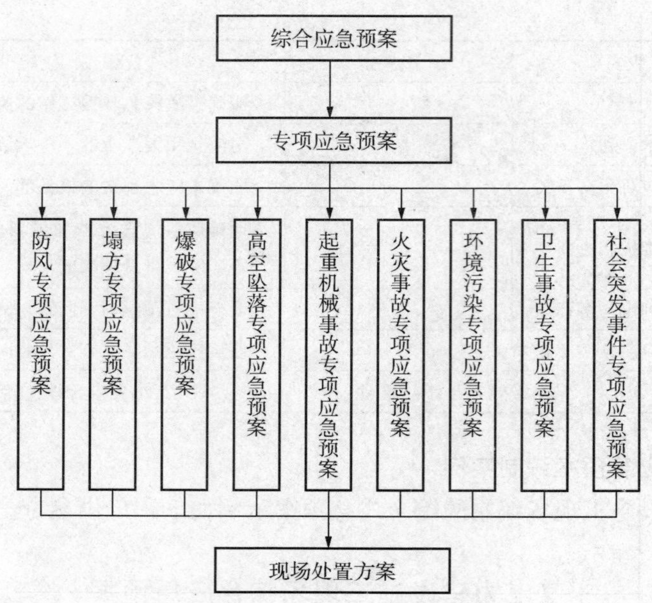

图 14-1 施工现场应急预案体系

企业内部自救与社会救援相结合的原则。

2 危险分析

2.1 现场概括

本现场处于离市区 40 多公里的山区峡谷风口区域、地质复杂、气候多变，此地气候一般干燥少雨，春冬两季风力较大，气象资料记载曾刮过九级以上的大风，上午风力时常在七级左右，并经常伴有沙尘暴。

本工程为新建两台 60 万 kW 火力发电机组，共分四个标段，分别有四家施工单位承建，施工高峰期现场起重机械达 40 余台，参建人数可达 3500 多人。

2.2 危险源与风险分析

现场的危险因素：

(1) 自然灾害。大风刮倒起重机械，刮坏施工临时建设设施等形成事故。

(2) 施工事故。高空坠落、物体打击、起重机倾覆、触电、坍方、爆破、火灾等事故。

(3) 交通事故。周末部分员工回城乘坐通勤车辆的交通事故，材料、设备运输途中的交通事故等。

(4) 卫生事故。食物中毒，传染疾病等。

(5) 社会治安事件。周围居民冲击现场，居民与职工聚众斗殴，居民哄抢材料物质等突发事件。(以下统称事故)

3 现场应急组织机构

现场应急组织机构以业主单位为主，包括现场监理单位和施工单位的人员组成，实现统一指挥、统一调度、资源共享、分工负责、迅速有效。组织结构详见图 14-2。

3.1 现场应急指挥部

业主负责人为应急总指挥，业主总工程师和现场总监任应急副总指挥，其成员由各施工

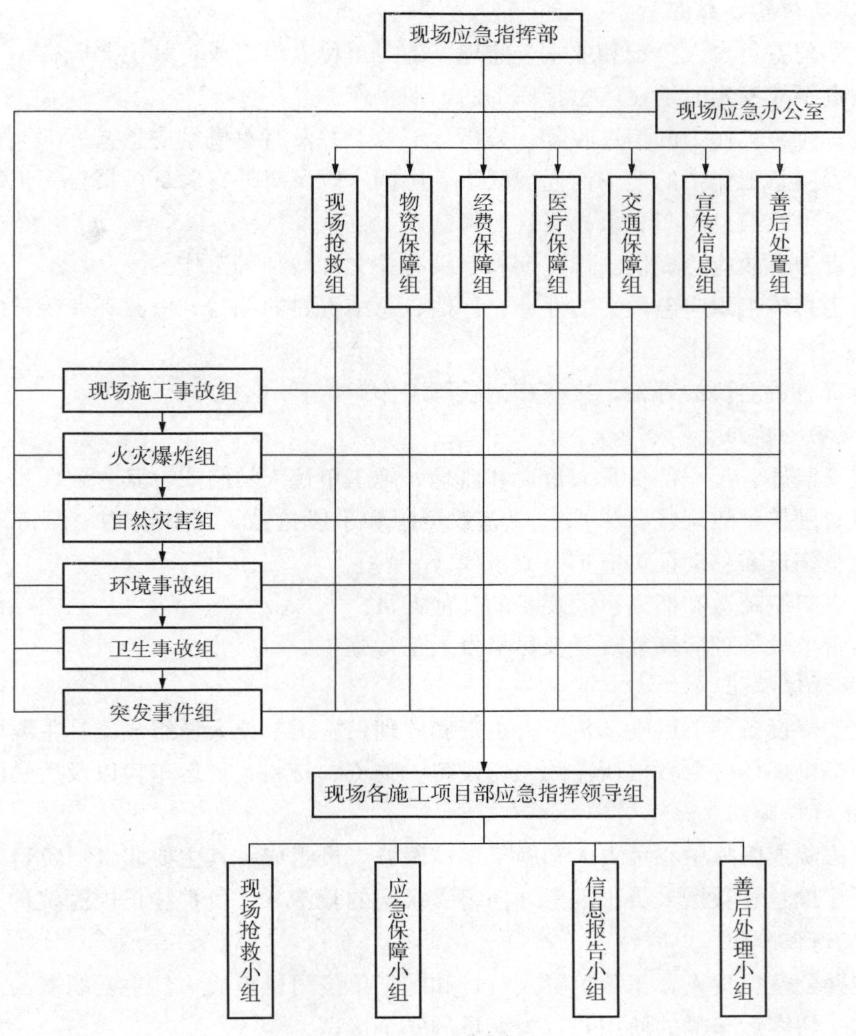

图 14-2　施工现场应急组织体系

项目部负责人和业主安监部、工程部、计划部、财务部、后勤部、物资设备部、办公室等相关部门负责人组成。其主要职责（应急总指挥全面负责，应急副总指挥协助）：

（1）贯彻落实国家和上级有关事故应急的法律法规，确定应急各机构的职责和分工。

（2）发布启动和解除本应急预案的命令。

（3）统一协调现场一切有效资源，统一指挥现场抢险救援工作。

（4）积极配合政府有关部门进行事故调查和负责组成调查组进行权力允许范围内的事故调查，并对事故单位及有关责任者进行处理。

（5）积极配合政府有关部门进行事故善后处理。

（6）根据有关要求研究事故信息发布和事故上报。

（7）负责事故分析并制定防范事故措施，通报各单位应吸取的教训。

（8）负责组织施工现场应急预案的演练、评估和修订及奖惩。

3.2　现场应急办公室

由业主办公室负责人负责和业主、监理、施工单位人员组成，其主要职责：

（1）负责事故发生时组建应急指挥部的前期工作。

（2）负责应急工作中的信息收集、分析、汇总，并及时提供给应急指挥部。

（3）负责应急工作中的上下沟通、联络、协调，以及对外有关部门报告等工作。

（4）负责事故信息发布和事故报告的编制。

（5）负责为事故应急提供法律咨询和上级有关文件精神等工作。

（6）负责具体组织应急预案的评审、评估、总结资料的编写、修改和完善，以及存档等工作。

（7）负责有关会议的筹备、接待和记录等工作。

3.3　现场抢救组

由业主安监部、工程部负责人负责和监理、施工单位人员组成，其主要职责：

（1）负责围护事故现场，采取一切有效资源和手段抢救人员和财物，保持现场事故现状，如为抢救伤员需移动证物应拍照或录像。

（2）负责组织疏散和撤离事故现场的其他人员。

（3）负责事故处理后恢复现场及尽早投入正常施工。

3.4　物资保障组

由业主物资设备部、后勤部负责人负责和监理、施工单位人员组成，其主要职责：负责组织调拨和提供现场应急救援所需的一切设备、物资、材料、货运车辆以及后勤服务。

3.5　医疗保障组

由业主医院或医疗中心负责人和施工单位医务人员组成，其主要职责：负责现场事故受伤人员的医疗抢救和救援人员出现意外伤害、疾病的救治，并负责往正规医院护送。

3.6　交通保障组

由业主办公室负责人、车队负责人负责和施工单位司机组成，其主要职责：负责应急救援过程中的一切客运车辆的使用和有关人员的安全接送。

3.7　宣传信息组

由业主办公室负责人和宣传部门负责人负责及施工单位办公室人员组成，其主要职责：负责事故现场拍照、录像和采访及信息收集，并负责完成现场应急办公室交办工作。

3.8　善后处理组

由业主有关负责人负责和业主办公室、后勤、政工、工会、安监、工程、财务、计划等部门有关人员组成，其主要职责：

（1）研究和统计事故造成的直接经济损失和间接经济损失，以及相应对策。

（2）根据国家有关政策负责研究对伤亡人员的赔偿费用。

（3）伤亡家属人员的接待与安排。

（4）受伤人员的就医和死亡人员的丧葬事宜。

（5）研究施工生产下一步的安排。

（6）对现场全体人员关于吸取事故教训的教育。

（7）研究制定防止事故发生应进一步采取的措施。

（8）负责上述事宜向应急指挥部提出建议或方案，并获批准后，负责具体实施。

根据现场可能发生的各类事故性质不同，为了迅速有效地实施施工现场应急救援工作的展开，确定具体负责单位，又成立六个组，其主要职责是在相应事故应急救援工作中，协助现场指挥、协调、联络和督办等工作。

3.9　现场施工事故组

凡现场施工中发生的人身伤害事故，主要由业主安监部、工程部负责牵头。

3.10　火灾爆炸组

凡现场（包括生活区）发生火灾、爆炸事故，主要由业主后勤部负责牵头。

3.11　自然灾害组

凡现场发生自然灾害，主要由业主工会部门负责牵头。

3.12　环境事故组

凡现场发生环境事故，主要由业主办公室负责牵头。

3.13　卫生事故组

凡现场区域发生卫生事故，由业主医疗部门负责牵头。

3.14　突发事件组

凡现场区域发生突发事件，由业主政工部门负责牵头。

以上六个组的成员由牵头部门组织，由业主单位、监理单位和施工单位人员组成，一般不超过5人。（上述应急组织机构人员名单略）

4　预防与预警

4.1　危险源监控

（1）业主要求现场各施工单位对其施工作业必须进行危害辨识，风险评价并上报监理；监理负责编制整个现场的危害辨识和风险评价，经现场安委会审核批准后汇编印刷成册，下发现场全体员工，由各单位分别组织学习；在各作业区域，施工单位应按业主规定要求将危害辨识风险评价制成统一标准警示图板。

（2）业主工程部负责与当地气象部门保持联系并签订天气（尤其风速、风力）预报协议（每4h预报），随时掌握现场气候变化和风力情况。

（3）现场各施工单位编制防风措施（包括起重机械防碰撞措施），监理负责审核批准；监理负责汇总并制定整个现场的防风措施（包括起重机械防碰撞措施），报现场安委会审议批准实施，监理负责检查验收，落实检查情况，上报现场安委会。

（4）现场施工安全和文明施工情况，现场垃圾或废油、污水排放等情况，预防火灾的消防器材配备及布置和火源控制情况，食堂和厕所及生活区卫生情况，分别由安监部、工程部、后勤部负责组织进行月检查、季考核、年评比，严格按业主有关规定程序执行奖罚制度。

（5）对于可能发生的突发事件，业主政工部门应提前预测，并及时收集信息和提出对策建议，上报现场安委会，供现场安委会进行应对决策。

（6）现场安委会每月召开定期例会，研究分析现场安全形势，并提出相应措施和下一步安全工作的重点安排。

4.2 预警行动

(1) 对于大件和超长件及迎风面积大的物件吊装、危险物品吊装、多机台吊、起重机械安拆、超负荷作业、高压线路下吊装、夜间吊装等起重作业。

(2) 对于带电作业、易触电作业、罐体或箱体内焊接作业、井下作业及其他中毒、窒息、易遭受射线、热辐射等伤害的作业。

(3) 对于挖深沟（2m 以上）、土石爆破、大型脚手架搭设、大面积混凝土浇筑等作业。

以上作业，作业单位必须编制作业指导书，并经施工项目部各有关部门审核、总工签字，最后经监理审查批准，并开具安全工作票经安监部门批准后，作业单位方能进行施工作业；作业中必须严格按已批准的作业指导书进行，并配备安监人员执行监护，监理进行旁站监理。

(4) 对于达到 10 名及以上员工乘大巴出行；车队必须制定安全措施，经业主办公室审查核准，并指定车上监护人员。

(5) 对于气象部门传来的大风（6 级以上）和恶劣（雨、雪、雾）天气预报以及严寒（—20℃及以下）和酷暑（30℃及以上）天气，由业主工程部将信息下发各施工单位并提出安全防范要求，同时通知现场安委会成员及其他相关部门；并会同业主安监部和监理检查各施工单位防范措施是否到位。

(6) 对于流行传染性疾病来临，由业主后勤部和医疗部门负责编制预防措施，并经现场安委会研究批准后下发实施和检查。

(7) 对于可能发生的 3 人及以上突发群体事件，由业主政工部门根据预先制定的措施和对策方案，上报现场安委会批准；批准后实施，尽量使突发事件消除在萌芽状态。

4.3 信息报告与处置

4.3.1 信息报告与传递

(1) 现场工程信息。各分项工程开工、完工、进展情况、质量验收情况、作业单位、作业人数、图纸和设备、物资、材料短缺及到场情况由业主工程部负责传递。

现场材料、设备的招标和签订合同情况，催货和监造情况，运输情况，到货时间等由业主物资部负责传递。

(2) 现场安全信息。现场各分项工程无任何安全事故；有未遂事故（一般、严重），发生时间、地点、施工单位，简要过程和原因分析；有事故（一般、较大、重大、特大），发生时间、地点、施工单位、简要过程和原因分析、影响范围由业主安监部负责传递。

(3) 现场对外联络信息。征地、铁路专用线、电厂出线、电厂水源及施工供电等事宜，以及当地政府各部门的请示、协调、联系等情况由业主办公室负责传递。

(4) 现场突发事件信息。群体上访、来访、闹事、斗殴、偷抢物资等情况由业主政工和后勤部门负责传递。

每天早晨八点半前负责传递信息的部门将有关信息公布在现场区域电脑网络上和现场安委会成员及各施工单位负责人手机上；如发生一般及以上事故或突发事件将按应急预案程序传递信息。

4.3.2 信息上报

(1) 现场业主各职能部门和现场施工项目部均设置值班人员及 24h 值班电话；现场各级

负责人手机24h开机。

（2）现场发生一般及以上事故和严重突发事件，当事单位或当事人（或发现者）应立刻通知该单位领导和业主负责部门及业主办公室，业主办公室与业主领导协商决定是否启动现场应急预案。

（3）在事故或事件发生后4h之内，应急办公室应电话通知当地政府安监、质检等有关部门；24h之内电话上报集团公司，必要时可利用传真、网传简要书面报告。

5　应急响应

5.1　响应分级

现场事故或突发事件分为三级响应：

（1）一级响应。当事故造成3人及以上死亡，或者造成伤亡人员总数达10人及以上；造成电厂设备、施工机械、其他设施直接经济损失达500万元及以上；自然灾害造成直接经济损失100万元及以上；火灾造成直接经济损失30万元及以上；环境污染对现场或周围造成严重影响；造成全面影响施工及对社会产生严重影响的突发事件；现场立即启动综合应急预案。

（2）二级响应。当事故造成1人及以上、3人以下死亡，或者伤亡人员总数达3人及以上、10人以下；造成电厂设备、施工机械、其他设施直接经济损失达50万元及以上、500万元以下；自然灾害造成直接经济损失50万元及以上、100万元以下；火灾事故造成直接经济损失10万元及以上、30万元以下；环境污染对现场或周围造成较大影响；造成分项工程停止施工及对社会产生较大影响的突发事件；现场当事单位立即启动专项应急预案。

（3）三级响应。当现场发生低于一、二级响应的事故、突发事件时，各当事单位应立即启动现场处置方案。

5.2　响应程序

应急响应程序是当事故或事件发生后，事故当事单位和被通知的业主责任单位依据规定响应等级标准作出判断后，决定进行应急活动的程序。

一级响应程序：当事单位上报业主办公室和业主有关责任部门⟶业主办公室通过手机、电话、现场广播等手段通知相关人员，立即组成并运转现场应急组织体系⟶启动现场综合应急预案⟶各应急组织根据职责开展应急活动。

二级响应程序：当事单位（一般为现场施工单位）上报业主办公室和业主有关责任部门⟶当事单位通过手机、电话或当面通知有关人员⟶立即启动现场专项应急预案⟶各应急组织根据职责开展应急活动。

三级响应程序：当事单位（一般为作业单位）上报本单位现场领导和部门以及上报业主办公室和业主有关责任部门⟶当事单位立即组织开展应急活动。

（1）当事故和事件发生时，当事单位在上报和启动应急预案的同时，应该维护事故或事件现场，并以首先抢救人员和避免事故或事态扩大为主。

（2）当事故和事件被判定为非一级响应，各级领导和业主相关责任部门应该密切关注事态发展，如需及时增加和调配资源及抢救力量，或准备扩大预警级别。

（3）当对事故和事件做出应急响应前，应充分评估现场的应急能力；无论在事故或事件前以及在事故或事件中，当事态监测一旦超出现场应急能力范围，应及时向各级政府和相邻单位，以及上级机关请求援助。

5.3 响应结束

（1）当事故或事件现场得到有效控制，施工条件和状态得到恢复，环境符合有关标准，导致次生、衍生事故隐患得以消除，经现场应急指挥部研究批准，现场应急办公室以现场应急指挥部名义发布应急响应结束。

（2）现场应急办公室在现场应急指挥部的授权下，编制事故和事件报告，经现场应急指挥部批准，上报当地政府有关部门（如安监部门、质检部门等）和上级部门（集团公司办公室、安监部门）等。

（3）如上级单位或地方政府有关部门下派事故调查组，现场应急指挥部应将事故或事件的有关资料（如录音、录像、拍照、书面记录、报告等）移交调查组，并积极配合调查组的工作。

（4）现场应急指挥部在现场应急结束后，应及时组织应急工作总结和奖惩，找出工作成绩和不足，便于改进。

6 信息发布

（1）事故或事件有关信息应每天（早 8：30 分前）向集团公司办公室报告。

（2）事故或事件如向外界或新闻媒体发布需征得集团公司和现场调查组及当地政府有关部门的授权。

（3）事故或事件信息发布由现场应急指挥部根据上级和政府有关部门的要求做出决定，现场应急办公室具体发布。

7 后期处置

（1）应急响应结束后，现场抢救组负责施工现场恢复工作。

1）业主安监部、工程部负责组织验收。

2）火灾、爆炸现场恢复后，业主后勤部负责组织验收。

3）自然灾害现场恢复后，由现场应急指挥部组织验收。

4）环境事故现场恢复后，由现场应急办公室组织验收。

5）卫生事故消除后，由业主工会部门组织验收。

6）突发事件解除后，由现场应急指挥部负责组织验收。

（2）现场应急指挥部，积极配合政府和上级调查组按照有关规定，进行后期赔偿和伤员救治、死者丧葬等事宜。

（3）现场应急指挥部，调动现场一切有效资源和力量，及时召开动员大会，并充分发挥党政工团的引领作用，迅速恢复现场秩序，消除事故或事件影响，及早恢复施工。

（4）现场应急指挥部在总结应急救援工作中，认真研究和评估现场的应急能力及应急救援过程存在的不足，并布置对各级应急预案的修订和完善。

8 保障措施

8.1 通信和信息保障

（1）现场各部门人员和上报单位的通信联络方式必须确认办公座机、传真和手机，同时业主办公室负责登录座机、传真和手机号码。

（2）现场电脑区域网保持完好畅通，现场各单位制订维护保养制度；业主办公室负责组织制定、指导和定期检查。

8.2　应急队伍保障

（1）现场各单位应急队伍组成成员名单确定后，上报业主办公室，并公布在现场综合应急预案附件中，要保持相对稳定，一旦发生变更必须由业主办公室负责及早上报变更名单。

（2）关于专业救援队伍，由于防止在大事故中专业救援力量不足，应由业主办公室负责和当地消防部门、医疗救护部门或相邻单位签订求助（互助）协议。

8.3　应急物资装备保障

（1）业主物资设备部负责调查各单位现场的起重机械、挖掘机械、运输车辆、钢材切割机械、千斤顶、手动葫芦、火焰切割设备、防毒护具、防辐射服、防护镜、防护手套、梯子、攀登自锁器、安全带、钢丝钳、手提切割机、灭火器、消防水带、维护栏（带）、软梯、铝合金梯、电工工具、温度、射线、毒气测试仪器等，登记部分（基本满足救援要求数量）救援设备目录，并定期组织检查其完好状态和数量。

（2）业主、监理、施工单位的大巴、公务车、轿车在应急救援时，必须统一服从应急指挥部的调动。

（3）医疗用的担架、绷带、手术器械、血压计、听诊器、骨折夹板、输液器材等一般医疗器械，常用抢救药品、流行性疾病药品由业主医疗部门准备和登记造册，业主后勤部门定期检查。如需要购置和补充的，医疗部门作出购置计划，后勤部审核，有关领导批准后进行购置。

8.4　经费保障

业主财务部设立应急专项基金（现场应急指挥部可研究确定一定数额），专门用于应急救援物资装备的购置和受伤人员抢救，业主财务部负责保管，业主审计部门监管，确保应急救援资金到位。

8.5　治安保障

业主后勤部负责登记业主单位和施工单位的保安人员数量及名单，在应急中必须服从统一调动。如防止治安力量不足，可以与当地武警、保安单位签订临时救援协议。

9　培训与演练

9.1　培训

（1）应急综合预案培训。由业主安监部负责，本预案公布之后，下一个月举办专题培训班。培训时间为16课时（包括分组讨论2课时）；参加人员为现场全体救援机构人员；授课人为安监部负责人、有关领导、外聘专家；培训人员应登记造册并总结培训情况及缺课人员的补培计划和方式。

（2）专项应急预案和现场处置方案培训。由各施工单位和各作业单位作出培训计划，对预案和方案中涉及的人员进行培训，授课时间不少于8个课时，授课人自定，培训后写出培训总结报业主安监部，培训必须在现场综合应急预案公布后两个月内完成。

（3）专业培训。现场各施工单位根据其作业内容进行专业培训，培训内容为现场危害辨识和防范措施，事故案例，专业安全规程（包括抢救人员个人护具和工具、器材的使用；抢救伤员的方法和自救等）；每年不少于一次，培训时间不应少于16课时，授课人自定，各单位将培训计划和培训总结（包括培训人数、内容、效果等）上报业主安监部。

（4）专题培训。业主单位应该聘请有关专家，不定期举办专题讲座，讲课内容包括各种事故或事件的特征和应对措施、各种事故或事件的救援知识等，以提高有关人员应对事故或事件的能力和抢救知识。

9.2 演练

(1) 现场综合应急预案、专项应急预案、现场处置方案演练每两年进行一次。

现场综合应急预案演练由业主单位负责组织，计划在今年12月中旬进行，现场安委会将研究确定演练项目（事故性质），由业主安监部、工程部、办公室筹办，具体时间将以下发通知文件为准。

现场综合应急预案开始进行演练，就等于启动了综合应急预案，所以演练后，现场应急指挥部将进行演练总结和评估，并召开专题会议宣布演练结果，总结成绩，提出不足，修改完善综合应急预案和人员的再培训。

(2) 专项应急预案和现场处置方案由各施工项目部负责组织，并将演练计划报业主安监部，业主安监部负责监督。

10 奖惩

10.1 奖励

10.1.1 奖励条件

(1) 在应急救援中表现突出的单位和集体：

1) 能够按要求及时、认真地完成专项应急预案、现场处置方案的编制工作和演练以及相关人员的培训工作，在应急救援的实践中证明有效。

2) 应急救援人员齐整、干练，能吃苦耐劳，克服困难，拉的出、打的赢，能出色地完成应急救援任务。

3) 在应急救援工作中（包括人员、设备和其他财产抢救、物资装备准备、对外联络、现场恢复、善后处理等工作）贡献大。

(2) 在应急救援中表现突出的个人：

1) 在应急救援工作中，个人素质高、业务能力强、能不畏困难和艰险、责任心强，表现突出。

2) 在应急救援中提出合理化建议或方案，实施效果显著。

10.1.2 评选办法

(1) 基层推荐，张榜公示，群众共议，收集意见，现场指挥部成员讨论、投票，总指挥批准，大会表彰。

(2) 现场应急办公室负责具体筹办工作。

10.1.3 奖金、奖牌、荣誉证书

(1) 单位、集体为奖牌、荣誉证书、奖金10000元。

(2) 个人为荣誉证书、奖金3000元。(个人不重复受奖)

10.2 处罚

10.2.1 处罚条件

(1) 不按规定编制现场专项应急预案和现场处置方案或编制的预案、方案不合格的单位，罚款5000元，并责令限期改正。

(2) 不按规定进行演练并写出演练总结或评价的单位，罚款2000元，并责令限期改正。

（3）发生事故或严重未遂事故不报、瞒报、谎报、迟报，罚款5000元，并视情节严重程度辞退队伍或要求更换该单位有关领导。

（4）在应急救援工作中，贻误时机、行动迟缓、畏难萎缩、积极性不高的单位罚款5000元，责令限期整顿并写出检查和保证；个人罚款2000元，队伍并责令更换人员。

（5）在应急救援工作中责任人员有失职、渎职、玩忽职守行为，罚款3000元，视情节严重程度责令写出检查、保证或要求更换责任人，直至追究法律责任。

（6）对应急救援工作造成一定损失和危害行为的个人，罚款3000元，现场辞退，直至追究法律责任。

10.2.2　处罚办法

（1）现场任何人员的举报，由业主安监部门查证核实。

（2）责任部门人员在现场发现并记录。

（3）应急各责任部门公认的事实。

（4）处罚决定由现场应急指挥部讨论批准，总指挥签署。

（5）处罚款项由业主财务部直接从工程结算款项中扣除或从应发工资奖金中扣除，列入安全专项基金账户。

（6）处罚单位和人员由应急指挥部发文和应急救援总结大会上宣布。

11　附则

11.1　术语和定义

（1）应急预案。针对可能发生的事故，为迅速、有序地开展应急行动而预先制定的行动方案。

（2）专项应急预案。针对具体某种事故而预先制定的应急行动方案。

（3）现场处置方案。针对具体的装置、场所或设施、岗位所制定的应急措施。

（4）应急准备。针对可能发生的事故，为迅速、有序地开展应急行动而预先进行的组织准备和应急保障。

（5）应急响应。事故发生后，有关组织或人员采取应急行动。

（6）应急救援。在应急响应过程中，为消除、减少事故危害，防止事故扩大或恶化，最大限度地降低事故造成的损失或危害而采取的救援措施或行动。

（7）恢复。事故影响得到初步控制后，为使施工、工作和生态环境尽快恢复到正常状态而采取的措施和行动。

11.2　应急预案备案

本应急预案报当地政府安全生产监督管理部门、特种设备监察部门、集团公司安监部、工程部备案。

11.3　维护或更新

为保持现场应急预案的适宜性和有效性，现场各级应急预案应不断进行完善和修订。

（1）应急预案评审。现场各级应急预案应保证每年评审一次；由业主安监部具体负责实施（包括制订评审计划、评审组的构成、评审通知的下发、评审内容、评审范围、评审时间、评审报告及对各单位评审工作的检查和评价等）。

（2）应急预案修订。发生下列情况之一时，应对应急预案进行修订：

1）应急预案在演练中发现有不足或缺陷。

2）应急预案中的组织机构发生变化，如新施工单位进场，有的施工单位撤离，主要领导人或责任人发生变更，责任部门发生变化等。

3）应急预案与国家颁布新的法律法规和标准不相符。

4）应急预案评审中发现不足或缺陷。

5）在实际应急中发现不足或缺陷。

11.4 范围

本预案由业主办公室和安监部负责制定与解释。

11.5 应急预案实施

本预案至发布之日起开始实施。

12 附件

12.1 现场专项应急预案目录

（1）现场高空坠落事故专项应急预案。

（2）现场触电事故专项应急预案。

（3）现场起重机械事故专项应急预案。

（4）现场浇筑混凝土坍塌事故专项应急预案。

（5）现场爆炸事故专项应急预案。

（6）现场土建塌方事故专项应急预案。

（7）现场大型脚手架坍塌事故专项应急预案。

（8）现场环境污染专项应急预案。

（9）现场风灾专项应急预案。

（10）现场火灾事故专项应急预案。

（11）现场交通事故专项应急预案。

（12）现场传染性疾病专项应急预案。

（13）现场中毒事故专项应急预案。

（14）现场突发群体事件专项应急预案。

12.2 现场处置方案预案目录

（1）锅炉吊装施工事故现场处置方案。

（2）烟筒施工事故现场处置方案。

（3）水塔施工事故现场处置方案。

（4）汽轮机混凝土基础浇筑事故现场处置方案。

（5）脚手架搭设事故现场处置方案。

（6）电气安装事故现场处置方案。

（7）挖深沟作业事故现场处置方案。

（8）爆破作业事故现场处置方案。

（9）土方作业事故现场处置方案。

（10）罐箱体内焊接作业事故现场处置方案。

（11）起重机安装拆卸事故现场处置方案。

（12）探伤作业事故现场处置方案。

（13）起重机械防风现场处置方案（或措施）。

（14）起重机械防碰撞现场处置方案（或措施）。

（15）环境污染现场处置方案。

（16）食物中毒现场处置方案。

（17）流行性传染病现场处置方案。

12.3　现场应急机构和人员及电话名录（略）

12.4　外部有关机构和电话名录（略）

12.5　应急物资装备清单（略）

12.6　应急求助单位及协议名录（略）

12.7　现场平面布置图（略）

第二节　施工现场起重机械事故专项应急预案

一、现场专项应急预案编制内容的要求

现场专项应急预案是针对现场可能发生的具体事故类别、危险源和应急保障而制定的应急方案，它是现场综合应急预案的组成部分，应该按照现场综合应急预案的程序和要求组织制定，并作为现场综合应急预案的附件。现场专项应急预案可以由各施工项目部依据所承担的工程项目中可能发生的事故类型、危险源的情况和应急保障能力来编写，见表14-2。

表14-2　施工现场专项应急预案编制内容与要求

一级要素	二级要素	三级要素	编制内容与要求
1. 事故类型分析			在危险源评估的基础上，对其可能发生的事故类型和可能发生的季节及严重程度进行确认
2. 应急处置基本原则			明确处置施工事故应当遵守的原则
3. 组织机构及职责	（1）应急组织体系		明确应急组织形式、构成单位及人员，并尽可能以结构图形式表示出来
	（2）指挥机构及职责		根据事故类型，明确应急救援指挥机构总指挥、副总指挥以及各单位或人员的具体职责。应急救援指挥机构可以设置相应的应急救援小组，明确各小组的工作任务及主要负责人职责
4. 预防与预警	（1）危险源监控		明确本单位对危险源监测监控方式、方法，以及采取的预防措施
	（2）预警行动		明确具体事故预警的条件、方法和信息发布程序
5. 信息报告程序		1）报警	确定报警及程序
		2）方式	确定现场报警方式，如电话、报警器等
		3）相关部门	确定24h与相关部门的通信、联络方式
		4）报警内容	明确相互认可的通告、报警形式和内容
		5）求援	明确应急反应人员向外求援方式

续表

一级要素	二级要素	三级要素	编制内容与要求
6. 应急处置	(1) 响应分级		针对事故危害程度、影响范围和单位控制事态的能力，将事故分为不同等级，按照分级负责的原则，明确应急响应的级别
	(2) 响应程序		根据事故的大小和发展态势，明确应急指挥、应急行动、资源调配、应急避险、扩大应急响应程序
	(3) 处置措施		针对单位事故类别和可能发生的事故特点、危险性，制定应急处置措施（如煤矿瓦斯爆炸、冒顶片帮、火灾、透水等事故处置措施；危险化学品火灾、爆炸、中毒等事故处置措施）
7. 应急物资与装备保障			明确应急处置所需的物资与装备数量、管理和维护、正确使用等
一级要素共计：7项	二级要素共计：7项	三级要素共计：5项	

二、现场专项应急预案编制实例

现将某单位现场起重机械事故专项应急预案示例如下，仅供参考。

某单位现场起重机械事故专项应急预案

1 编制依据与适用范围

1.1 编制依据

根据本施工现场综合应急预案的要求和程序，特制定现场起重机械事故专项应急预案。

1.2 适用范围

适用于本单位在本施工现场起重机械事故的应急救援活动。

2 事故类型分析

事故类型分析见表14-3。

表14-3 事故类型分析

序号	作业项目	事故类型	严重程度
1	起重机械使用作业	吊重坠落、起重臂折断、倒塌、人员高空坠落	机械损坏、人员伤亡
2	起重机械安装与拆卸作业	吊重坠落、倒塌、人员高空坠落	机械损坏、人员伤亡
3	起重机械维修作业	吊重坠落、人员高空坠落	机械损坏、人员伤亡

(1) 在起重机械工作状态或非工作状态，由于突然大风来临，无预防措施或措施不当，造成机械倒塌、吊重坠落、人员高空坠落等事故。

(2) 在起重机械使用作业中，斜拉、斜吊、超负荷造成折臂和倒塌事故；钢丝绳和吊钩、吊具断裂、吊点开裂、捆绑吊重不牢、吊载重心不稳造成吊重坠落、或倒塌事故；起重机械主要受力结构件由于设计、制造强度、刚度不够，腐蚀、磨损、变形超限而维修保养和检查不到位等原因造成使用中起重机械失稳而倾覆事故。

(3) 起重机械安装与拆卸和维修作业中，由于人员培训不到位、素质不高、交底不清、工序工艺不当、监护不到位等造成起重机械倒塌、吊重或人员高空坠落等事故。

3　应急处置基本原则

抢救和保护人员安全、防止和控制事故蔓延、保护环境优先，统一指挥、高效协调、预防为主、常备不懈的原则。

4　组织机构与职责

4.1　施工项目部应急组织体系

施工项目部应急组织体系见图 14-3。

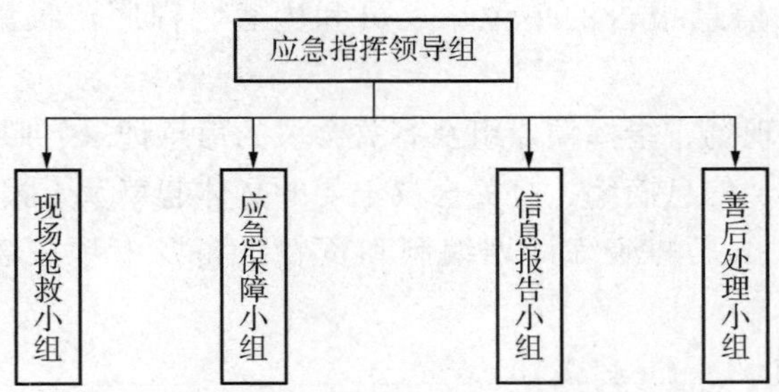

图 14-3　施工项目部应急组织体系

4.2　应急组织体系成员职责

4.2.1　应急指挥领导组职责

由施工项目部经理任应急指挥领导组组长、分管副经理任应急指挥领导组副组长和技术人员及部分作业队长组成，其主要职责（应急指挥组长全面负责，应急指挥副组长协助）。

(1) 听从现场应急指挥部的指挥令，有效落实现场综合应急预案和起重机械事故专项应急预案的程序，与业主有关责任部门配合协调并接受监督指导。

(2) 统一协调本单位一切有效资源，统一指挥现场抢险救援工作。

(3) 积极配合业主有关部门进行事故调查和负责组成调查组进行权力允许范围内的事故调查，并对事故单位及有关责任者提出处理建议。

(4) 积极配合业主有关部门和上级单位进行事故善后处理。

(5) 根据有关要求研究事故信息发布和事故上报。

(6) 负责事故分析并制定防范事故措施，通报各单位应吸取教训。

(7) 负责组织现场起重机械专项应急预案的演练、评估和修订及奖惩。

4.2.2　现场抢救小组

由施工项目部安全科、机械科、工程技术科和起重机械使用单位骨干人员组成，其主要职责：

(1) 负责围护起重机械事故现场，采取一切有效资源和手段抢救人员和设备，保持现场事故现状，如为抢救伤员需移动证物应拍照或录像。

（2）负责组织疏散和撤离事故现场的其他人员。

（3）负责事故处理后恢复现场及早投入正常施工。

4.2.3　应急保障小组

由施工项目部办公室、物资设备科、机械科、后勤科、质量科人员及医务人员组成，其主要职责：

（1）负责应急救援活动所需的装备、设施、车辆、工器具及个人防护用品的筹集、调配、管理、维护和提供。

（2）负责应急救援中伤员的简易处置和医院转送。

（3）负责应急救援保障具体事宜对上级汇报及物资装备对外求助、租用、借用等。

4.2.4　信息报告小组

由施工项目部分管负责人、办公室、安全科、机械科等人员组成，其主要职责：

（1）负责确定应急信息报告的单位、人员和内容、程序，收集其电话、电传号码及网址。

（2）负责确定救援现场、指挥领导组及有关会议的信息记录、照相、录像等值班人员。

（3）负责事故报告、信息摘编、有关会议纪要的具体起草及上报和传递工作。

（4）负责专项应急预案的演练计划编制和资料准备及专项应急预案的具体修订完善工作。

4.2.5　善后处理小组

由施工项目部负责人、分管负责人及办公室、后勤科、工会、政工、安全科、机械科等人员组成，其主要职责：

（1）研究和统计事故造成的直接经济损失和间接经济损失，以及相应对策。

（2）根据国家有关政策负责研究对伤亡人员的赔偿费用。

（3）伤亡家属人员的接待与安排。

（4）受伤人员的就医和死亡人员的丧葬事宜。

（5）负责实施应急指挥领导组交办善后处理的其他工作。

5　预防与预警

5.1　危险源监控

（1）施工项目部办公室每天负责接收天气预报信息，并立即传递到现场施工指挥部；当风速达到6级及以上，或其他恶劣天气，现场起重机械使用单位应主动立即停止起重机作业；安监科负责到现场通知停止起重机械作业或实施现场监控。

（2）起重机械使用单位必须编制起重机械防风措施和起重机械防碰撞措施，门式起重机起升高度大于12m、其他起重机起升高度大于50m的必须安装风速仪；该措施应经机械科、安全科、工程科会审，经施工项目部总工程师审查批准，并报监理备案后实施，由安全科、机械科负责检查措施落实情况。

（3）起重机械使用单位对现场各类在用起重机械必须编制起重机械安全操作规程和现场危害辨识，该规程及危害辨识应经机械科、安全科审查并备案。

（4）起重机械作业人员必须持有效证件上岗，上岗前必须接受施工项目部安全科和机械科的安全教育；此项工作的实施和检查，由安全科和机械科负责。

(5) 现场在用起重机械必须具有检验机构的检验合格证，使用单位保证机械安全技术状况始终良好，施工项目部机械科、安全科负责巡检、月检。

(6) 起重机械安装和拆卸及维修的队伍必须具有相应的许可资质，并编制作业指导书，作业指导书必须经施工项目部机械、安全、工程部门会审和总工批准及监理批准后，方能实施。

(7) 起重机械使用、管理必须按施工项目部起重机械安全管理制度执行，起重机械作业必须按要求开具安全作业票和审批方案、措施，并由机械科和安全科负责实施监督和监控。

5.2　预警行动

(1) 施工项目部坚持每周召开一次施工安全例会，例会中一定包括机械安全形势分析和相应工作安排；施工项目部的生产调度会议在布置施工要求时，坚持同时布置安全要求，总结施工情况时，坚持总结现场安全情况，由施工项目经理负责。

(2) 起重机械使用单位的班前交底会，必须进行安全交底，由各作业队长、班长负责。

(3) 施工项目部分管经理负责组织，机械科负责按要求具体制定完善起重机械安全管理体系、各级岗位责任制、机械安全目标和管理制度及资料建设。

(4) 施工项目部对起重机械安全管理实施巡检、月检、专检、旁站监督和阶段性安全评价，并进行平时违章处罚和月度考核；由分管经理负责，机械科和安全科具体实施。

(5) 起重机整机准入，机械科人员检查验收不合格不得投入使用；待安装的起重机散装零部件机械科必须检查验收，不合格不得进行安装，检查表和验收表除检验人员签字，分管领导也应签字负责。

(6) 现场起重机械凡检查中发现缺陷或事故隐患的必须限期整改，并追踪整改验收，不能整改的根据其缺陷情况，采取退场、降负荷监控使用或其他防范措施，但必须写出书面措施并经过机械、安全等部门会签和总工批准；机械科、安全科具体检查监督。

(7) 现场起重机械发生未遂事故必须上报施工项目部，按“四不放过”处理。

6　信息报告程序

(1) 当现场发生起重机械事故，当事单位立即派人口头或电话上报施工项目部经理、分管经理和机械科、安全科科长；施工项目部经理或分管经理向业主负责人电话或口头报告，同时安全科和机械科电话或口头向业主安监部和工程部汇报；施工项目部根据本企业规定在24h之内，向本单位本部电话或电传进行简报。外部有关单位报告根据现场综合应急预案规定执行。

(2) 需报告的人员和电话：业主领导人、分管领导人、办公室负责人和部门、安监部负责人和部门、工程部和部门、总监和机械安全监理工程师及部门、本企业本部领导人、分管领导人、机械管理部负责人和部门、安监部负责人及部门。

(3) 当事故发生后，电话简要汇报事故类型、经过、人员伤亡和损失，24h后可补报简要书面报告，根据情况可以采用局域网传、电传、快件邮递。

(4) 如果在专项应急救援中本施工项目部需要增加救援力量和设备，应急指挥领导组应先向业主领导和业主责任部门报告，由业主有关部门协调解决；只有特殊情况下当本施工现场的力量也不能完全满足需要时，才按现场综合应急预案的外援方式实施求助外援，或者请求扩大应急等级。

7　应急处置

7.1　响应分级

当达到现场综合应急方案一级响应时，按现场综合应急预案执行。本施工项目部起重机械专项应急预案应急响应分为二级。

(1) 专项一级响应：当起重机械事故造成1人及以上、3人以下死亡；伤亡人员总数3人以上、10人以下；该事故造成起重机械损坏和其他设备、设施损坏，直接经济损失达50万元以上、100万元以下（即达到现场综合应急预案二级响应）。

当起重机械事故造成1人死亡；无死亡、但重伤达1人以上、3人以下；轻伤达5人及以上、10人以下；直接经济损失达10万元以上、50万元以下；或虽无人员伤亡但整机倒塌。(虽未达到现场综合应急预案二级响应标准，但施工项目部也按专项应急预案一级响应)。

(2) 专项二级响应：当起重机械事故未达到专项一级响应标准时，只启动现场处置方案。

7.2　响应程序

当事故发生后，当事单位立即上报施工项目部负责人或分管负责人，由施工项目部负责人上报业主负责人、办公室或安监部、工程部，同时共同判定响应等级，并做出响应决定。

(1) 专项一级响应程序：业主负责人或责任部门决定启动专项应急预案——→施工项目部正式启动专项应急预案（实际上在事故发生后，施工项目部负责人立即召集有关部门召开紧急会议，即根据事故种类、范围和程度的判断，在向业主汇报时，已经可以决定启动专项应急预案）——→各应急专业组立即成立——→根据各自的责任和分工迅速展开救援行动。

(2) 专项二级响应程序：业主负责人或责任部门决定启动现场处置方案——→施工项目部正式启动现场处置方案（实际上事故发生后，事故作业单位在上报施工项目部的同时，已经立即开始实施现场处置方案）——→事故作业单位迅速开展救援活动。

启动响应程序的注意事项：

1) 施工项目部在启动专项应急预案或现场处置方案时，应充分研究分析事故性质和事故发展态势，以及准确判断本单位应急救援的能力，以便作出扩大响应等级或求援事项。

2) 在启动现场应急处置方案程序运行时，施工项目部分管领导、办公室、安全科、机械科、后勤科等领导和人员应到事故现场指导和监控。

7.3　处置措施

(1) 起重机械事故发生后，在现场没有受伤的领导或人员应当首先组织抢救受伤人员和处在危险状态下的人员，并同时向施工项目部有关领导或部门报告。

(2) 起重机械事故发生后，在场人员应当自觉维护事故现场现状，当为抢救人员不得不移动事故现场有关设备或设施，根据当时的条件应作出记录或绘图、拍照、录像等。

(3) 当应急救援小组正式展开救援行动时，应将事故现场的其他人员撤离事故现场，避免人员围观和干扰救援活动的开展。

(4) 专项一级应急响应时，现场应急指挥领导小组组长或副组长必须在事故现场亲自指挥救援；救援小组的人员个人防护用品必须佩戴齐全，事故现场设置围栏、拍照或录像；应急保障小组应在现场根据事故情况迅速配合提供救援设备和相关人员，如抢救用起重机、千斤顶、火燃切割设备，以及治安保卫人员和医务人员和救护车辆等，伤亡人员及时送往医院或离开现场；信息报告小组应在事故现场采集事故信息，如采访记录、照相、录像、录音等，并按本专项预案规定要求向有关领导和部门传递事故信息；善后处理小组应根据事故情况立即研究善后处理方案并做好相应准备，及早向应急指挥领导组提出批复。

8　应急物资与装备保障

现场应急保障物资装备目录：

（1）汽车起重机：50t 1 辆、30t 1 辆（并随带吊装千斤绳、卡环等），本项目部现场在用，状态良好，随时调用，本企业项目机械专业单位负责人（略）。

（2）千斤顶：50t、20t 各 4 台，本项目现场在用、状态良好，随时调用，本企业项目起重队负责人（略）。

（3）火燃切割设备：两套，本项目现场在用，状态良好，随时调用，本企业项目加工队负责人（略）。

（4）手拉葫芦：5t、3t、1t 各 3 台，现场在用，状态良好，随时调用，本企业项目起重队负责人（略）。

（5）医疗抢救设备并附担架、氧气：3 套，本项目部现场医务室备用，状态良好，随时调用，医务室负责人（略）；如不够用，已经与业主单位和现场其他施工单位签订互助协议，随时根据需要数量调用。负责人略。

（6）救护车：已经与当地医院和急救站签订急救协议，应急救援时电话求助，后勤负责人（略）。

（7）其他工器具：抢救小组自备（现场各作业单位均可随时调用），抢救队负责人（略）。

（8）其他车辆：轿车 1 辆、客货车 5 辆，本项目部及各队在用，状态良好，随时调用，办公室负责人（略）；如车辆不都用，业主单位已答应帮助解决，负责人（略）。

第三节　起重机械事故现场处置方案

一、事故应急现场处置方案编制内容的要求

事故应急现场处置方案是针对具体设备、装置、场所或设施、岗位所制定的处置措施。

现场处置方案应该具体、简单、针对性强，应根据其作业中的危害辨识风险评价条目逐一编制或说明，做到事故相关人员应知应会，熟练掌握，并通过演练做到迅速反应、正确处置。见表 14-4。

表 14-4　应急现场处置方案编制内容与要求

一级要素	二级要素	三级要素	编制内容与要求
1. 事故特征		1）危险性分析	可能发生的事故类型
		2）事故地点	发生区域、地点、装置的名称
		3）事故季节和危害程度	事故发生的季节、气候条件和造成的危害及损失
		4）事故征兆	事故前可能出现的某些征兆
2. 应急组织与职责		1）自救组织机构	基层单位应急自救组织形式及人员构成情况
		2）自救组织职责	应急自救组织机构及人员的具体职责，应同队、车间、班组人员的工作职责紧密相结合，明确相关岗位和人员的应急工作职责

续表

一级要素	二级要素	三级要素	编制内容与要求
3. 应急处置		1）事故应急处置程序	根据可能发生的事故类别及现场情况，明确报警、各项应急措施启动、应急救护人员的引导、事故扩大及同现场应急预案的衔接程序
		2）现场应急处置措施	针对可能发生的火灾、爆炸、危险化学品、泄漏、坍塌、水患、机动车辆伤害等，从操作措施、工艺流程、现场处置、事故控制、人员救护、消防、现场恢复等方面制定明确的应急处置措施
		3）报警及上报	报警电话及上级管理部门、相关应急救援单位联络方式和联络人员，事故报告的基本要求和内容
4. 注意事项		1）个人防护	个人防护器具方面注意事项
		2）抢救器材	使用抢救器材方面注意事项
		3）救援对策	采取救援对策和措施方面的注意事项
		4）自救和互救	现场自救和互救注意事项
		5）处置能力和人员安全	现场应急处置能力确认和人员安全注意事项
		6）救援结束	应急救援结束后注意事项
		7）其他	其他需要特别警示的事项
一级要素共4项		三级要素共16项	

二、起重机械事故应急现场处置方案编制实例

现将某起重机械安装队事故现场处置方案示例如下，仅供参考。

某起重机械安装队事故现场处置方案

1 编制依据和适用范围

1.1 编制依据

根据本现场综合应急预案和本单位起重机械事故专项应急预案的要求，特编制本队事故现场处置方案。

1.2 适用范围

本现场处置方案适用于本队现场起重机械安装和拆卸作业。

2 事故特征

起重机械安装队事故特征见表14-5。

表14-5　事故特征

事故类型	事故原因	危害程度	征兆
1. 辅助吊车倾覆	1）汽车起重机支腿未垫平、垫牢，地基下陷。 2）履带起重机履带下未垫专用钢板盒。 3）辅助吊车高度限位器失灵，力矩限制器失灵。 4）大风刮倒	可能造成机械损坏和人员伤亡	1）事先可以发现地基软或支腿未垫平、垫牢，吊起重物，吊重逐渐向一侧倾斜。 2）事先通过检查可以发现吊车主要安全装置未装或失灵，通过司机操作，可以看出司机是否细心。 3）大风天气，人们可以看天空和周围环境感觉到，如风速逐渐增大，天上云飘的越来越快，地面沙尘飞扬等

续表

事故类型	事故原因	危害程度	征兆
2. 吊重脱落	1）吊点选择不当。 2）吊耳开裂。 3）捆绑不牢。 4）吊重不平衡。 5）千斤绳角度不符，受力过大而断裂。 6）千斤绳安全系数小而断裂。 7）千斤绳断丝、断股、变形、锈蚀严重而断裂。 8）吊重棱角未加垫保护，千斤绳被割断。 9）起升、变幅钢丝绳滑轮跳槽被割断	可能吊重（物质、设备）损坏和人员伤亡	事先详细检查，可以发现损坏或不当的征兆
3. 物体打击	1）工器具、零部件高空坠落。 2）大锤伤人及打击物飞出伤人	可能造成人员伤亡和零部件、工器具损坏	1）通过检查可以发现，工器具随便乱放、放置不稳，以及机上平台无踢脚板。 2）打大锤周围人多，大锤打不准等征兆
4. 人员高空坠落	1）临边无护栏。 2）孔洞无盖板和遮拦。 3）高空作业未挂安全带或攀登自锁器、安全绳。 4）脚手架搭设不规范（单板、不牢靠、探头板、无栏杆等）。 5）梯子不牢固。 6）高空踏面滑（有油、冰、雪、水或圆形物等）。 7）照明不足	可能造成人员伤亡	通过事先检查可以发现其隐患，也可能随时出现未遂征兆
5. 安装与拆卸机械倒塌	1）起重机台车、臂架等未支撑或垫牢。 2）缆风绳断裂。 3）缆风绳提前松掉。 4）地锚不合格。 5）顶升液压系统故障。 6）顶升爬爪或顶升横梁未入槽。 7）该连接的螺栓未连接或提前松掉（如回转支撑下底座与塔身的连接、顶升套架与回转下底座的连接等）。 8）自升式塔式起重机未配平。 9）人为动作造成倾覆力矩增大。 10）地基下陷。 11）大风刮倒。 12）不按正确工序工艺，违章蛮干等	可能造成机械设备损坏和人员伤亡	通过事先检查和监控可以发现缺陷和隐患，作业中随时可以出现未遂事件

3 应急组织与职责

3.1 应急组织

项目起重机械安装队应急组织见图 14-4。

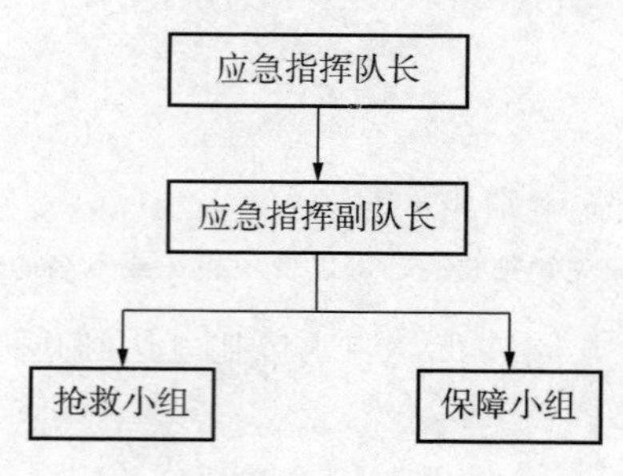

图 14-4 项目起重机械安装队应急组织

3.2 应急职责

3.2.1 应急指挥队长

由安装队队长担任，其主要责任：

(1) 当事故发生时负责现场处置方案的启动和指挥应急救援，并迅速判断事故类别，做出响应扩大的建议。

(2) 当事故发生时，负责将事故信息报告施工项目部经理、分管经理和安全科、机械科。

(3) 当应急结束时，负责现场恢复。

(4) 负责现场处置方案的演练、总结和修订。

3.2.2 应急指挥副队长

由安装队副队长担任，其主要责任为协助应急处置队长工作和承担抢救、保障某一方面的具体指挥工作。

3.2.3 抢救小组

安装班班长负责，由部分机械安装工、电气安装工、司索、指挥等作业人员组成，其主要职责：

(1) 负责事故现场人员和物资的抢救工作。

(2) 负责事故现场围护和恢复工作。

3.2.4 保障小组

安装班副班长负责，由部分安装工和管理人员、医疗人员组成，其主要职责：

(1) 负责提供现场抢救所需的装备和工器具。

(2) 负责事故中受伤人员的临时简单救治和转送。

(3) 负责现场信息记录、传递和救援联络，以及简易报告等文字工作。

4 应急处置

(1) 事故发生后，现场安装负责人（安装队长或副队长），即刻判断事故是否需扩大响应等级，并立即派人或亲自电话上报施工项目部负责人（项目经理或分管副经理或职能部门）。

(2) 事故发生后现场负责人在上报情况的同时，查看事故现场，立即组织抢救人员清理救人道路、排除障碍、打通或搭设抢救通道，先行抢救受伤害的人员并围护事故现场及疏散无关人员。

(3) 根据受伤人员的具体情况，如骨折、出血、休克等，保障小组分别采用相应临时救治措施，以免造成贻误受伤人员的抢救时间或二次伤害，并送往医院救治。

(4) 当施工项目部发出扩大应急响应指令后，现场听从应急指挥部门的指挥和安排。

5 注意事项

(1) 救人注意事项：救人首先要查看被救者所处的位置、环境和受伤的部位，采取最可靠的施救方式方法，不要盲目施救，既要避免被救者受到二次伤害，也要避免救人者受到伤害。

(2) 自救注意事项：受伤者或被困者应保持冷静，自我安慰，思考对策，尽快弄清发生了什么事情和自己所处的位置，以及自己是否受伤和受伤的程度，能否先自救和呼救或打手机，坚定一定有人来救的信念。

(3) 出血判断和指压止血：毛细血管出血，血液从创伤面或创伤口周围渗出，出血量少，危险性小。在伤口处盖上消毒纱布或干净手帕、布片等扎紧就可止血。

静脉出血，血色暗红，缓慢不断地流出。其后由于局部血管收缩，流血逐渐减慢，危险性较小。一般抬高出血肢体减少出血，然后在出血部位放上几层纱布，加压包扎可达到止血的目的。

动脉出血：血呈鲜红色，血液来自伤口的近心端，呈搏动性喷出，出血量多，速度快，危险性大。一般使用间接指压法止血，即在出血动脉近端，用手指把动脉压在骨面上，予以止血。在动脉的走向中，最易压住的部位叫压迫点。这种方法简单，但不能持久，只能作为临时止血，必须尽快换用其他方法。间接指压法的常用压迫部位：

1）头部出血，头部前面出血要压迫颞动脉，压迫点在耳朵前面，用手指正对下颚关节向骨面压；头部后面出血要压迫枕动脉，压迫点在耳朵后面乳突附近的搏动脉。

2）面部出血，要压迫面动脉，压迫点在下颚角前面 1.75cm 处，用手指对准下颌骨压住。

3）颈部出血，要压迫总动脉，用手指按住颈部一侧，向中间颈椎横突压迫，但禁止同时压迫颈部两侧。

4）腋部和上臂出血，压迫锁骨下动脉，压迫点在锁骨上方，胸骨乳突肌外缘，用手指向后方第一肋骨压迫。

5）前臂出血，可压迫耻骨动脉，使伤肢外展，四肢四指压迫上臂内侧。

6）手掌出血，可用两手拇指，放于前臂远端掌侧面的内外侧（中医诊脉处），将桡、尺动脉压于桡、尺骨上。

7）手指出血，可用两手或一手拇指平放在受伤的手掌上，其他四指放于手背部，加压后即可将掌动脉弓压于掌骨上止血。

8）大腿部出血，可压迫股动脉，压迫点在腹股沟皱纹中点搏动处，用手指向下方的股骨压迫。

9）足部出血，可压迫胫前动脉和胫后动脉，用两手的拇指分别按压内踝与跟骨之间和足面皮肤皱纹的中点。

(4) 其他止血方法：

1）屈肢止血法：四肢膝、肘以下部位出血时，如没有骨折和关节损伤，可将一个厚棉垫或绷带卷塞在腘窝或肘窝，弯曲腿或臂，再用三角巾或绷带扎紧止血。

2）橡皮止血带止血法：止血带应放置在出血部位的上方，先在放置止血带部位用毛巾、纱布、棉花、衣物等垫好，然后用左手拇指、中指、食指持止血带的头端，另一手拉紧止血带在肢体上绕两圈（两圈须靠近些），并将止血带末端放入的左手食指、中指之间拉出固定。

3）临时绞紧带止血法：手头没有橡胶止血带，可以使用三角巾、腰带、绷带、毛巾等作为临时绞紧带代替止血带（但不能使用电线、铁丝、绳索等），先在伤口近心端用毛巾、或纱布、或棉花、或衣物等垫好，再用临时绕紧带拉紧打结，绞棍插入并绞紧，并将绞棍固定在活动结上。

（5）使用止血带注意事项：

1）止血带只适用于四肢血管出血。

2）止血带应放置在伤口近心端，上臂和大腿都应绑在上 1/3 的部位；上臂中部 1/3 部位不可以使用止血带，以免压迫损伤桡神经引起上肢麻痹；大腿中段以下，动脉较深，不易压住。

3）止血带下必须用平整衬垫保护皮肤，不能直接绑在皮肤上，松紧适度，以摸不到远端脉搏和使流血停止为度。

4）止血带每 1h（上肢）或每 2h（下肢）应松解一次，每次 1～2min（此时可用指压法止血）；寒冷季节可每 1h 松解一次，松解时应慢慢解开，不可突然解开，造成重新出血；使用止血带超过 2h，可以松开后，移到比原来位置稍高的位置重新绑扎。

5）止血带应固定可靠，止血带上应注明上止血带的时间和部位。

6）冬季要特别注意保暖，以免发生冻伤。

7）能够使用其他方法临时止血时，就不要轻易使用止血带止血。

（6）骨折临时处置注意事项：

1）臂、腿骨折。臂、腿骨折首先撕开受伤衣裤、鞋袜，暴露出骨折部位，如果出血可通过指压止血，清洁伤口，然后使用止血带绑扎并裹绷带；骨折部位使用夹板（如木板、棍棒、竹竿等，甚至报纸也可用于包扎断臂）临时固定，包括上下临近的关节，使其不能活动；夹板下凹陷处或骨关节突出处，要垫上软垫，并要固定可靠。如果找不到夹板材料，手部骨折，可向躯干屈曲固定，肘关节弯曲 90°，拇指向上，掌心贴在胸部；脚部骨折，可向健康脚并拢包扎固定。

2）背、腰、颈部骨折。搬掉受伤人员身上或周围障碍物，最好让伤者留在原地，安慰伤者，盖上衣物或被毯等，不要抬起或用物件垫高伤者头部，等待医务人员和适当器材来固定和搬动；如果伤者不省人事，身体仰卧，不要搬动或变换伤者姿势，用手清除伤者口腔内阻碍呼吸物，如呼吸停止，应立即施行口对口人工呼吸。一般上躯干和锁骨骨折用丁字板固定；脊椎骨折用大板或木板床固定。

3）肋骨骨折。不能裹绷带，让伤者平躺，用 2～3 条三角巾加上夹板固定，三角巾在伤处的相对面打结，上、中、下各扎一条三角巾，第一条固定在中间。

4）颈、椎、腰等骨折者搬运。救护者最好 3 人，一字排列于伤者一侧，平台平放，如伤者躺卧在地，救护者应单腿跪地，每人伸直双臂，摊开双手，第一人双手分别插入伤者颈部和上背部；第二人双手分别插入伤者背部和腰部；第三人双手分别插入伤者臀部和小腿下，由 1 人喊口令："一、二、三、起!" 3 人同时缓缓用力。从地上托起伤者，3 人 6 只手保持同一水平移动和放下。伤者不能使用布担架或绳床，必须用木板，木板上可以垫棉被，不宜使用枕头。伤者头部放正，身体两旁可以用沙袋夹住，或用绷带固定在木板上，不能使伤者晃动。

（7）呼吸停止、休克急救：让伤者平躺，可将腿抬高 30～45cm，周围空气通畅，伤者可盖被保暖，使伤者张口，用手指或布包裹手指迅速取出伤者口中异物，急救者可将一只手放在伤者的颈后，缓缓抬起，再将另一只手掌根部放在伤者前额上使其头部向后倾斜，下巴翘起，保持气道畅通。当伤员呼吸衰歇时，发生舌根后坠，阻塞咽喉时，一定要检查舌头，应把舌头拉至正常位置。临时抢救方法如下：

1）人工呼吸：口对口人工呼吸法，急救人员用一只手的拇指和食指捏住伤员的鼻孔，然后深吸一口气，以自己的口对准伤员的口中吹气，最好先在伤员的嘴上放上一块纱布或者手帕。

如果气道畅通，急救人员在吹气时可感到中等程度的阻力，此时观察伤员的胸部是否鼓起。当伤员胸部鼓起，应停止吹气，仔细听伤员的呼气和观察伤员胸部是否下落。

重复上述动作，成人每 5s 吹气一次（每分钟约 12 次），直至伤员恢复自主呼吸为止，每两分钟检查一次伤员的心跳和脉搏。

如不便口对口吹气时，也可口对鼻孔吹气。一只手放在伤员前额使其头部后仰，另一只手盖住伤员的口，深吸一口气对准鼻孔吹气，然后将伤员口张开，让气体呼出，重复上述动作，直至伤员恢复自主呼吸为止。

2）胸外按压：伤者仰卧，抢救者站在或跪在一侧，两手相叠，将手掌根部放在伤员的胸骨下方，剑突之上，借用自己身体的重量，用力向下按压，使伤员胸部下陷 3～4cm 为度，然后迅速抬手，使胸骨自行复位，以每分钟 60～80 次的节律反复进行，直至伤员恢复呼吸。

（8）在组织事故现场恢复前，必须做好事故现场的纪录或影像；在恢复施工前，必须分析查找事故原因，吸取教训，使全体参与作业人员受到教育；采取完善措施，避免同类事故重复发生。

起重机械危险控制技术与安全措施

企业或施工现场的安全愿望是在现有的技术和管理水平的基础上，以最小的消耗，达到最优的安全水平，包括降低事故频率，减少事故严重程度和每次事故的经济损失，杜绝重大事故的发生。所以为了减少和防止事故的发生，在不断地研究管理方法和采取安全措施，如加强薄弱环节，消除潜在安全隐患；增加安全装置和设施，加强本质安全；健全安全组织，强化组织保证；增加教育培训和训练，提高员工安全意识和技能等。如果把施工现场的安全管理工作看成是一个安全系统工程，那么安全系统工程的最终目的是控制事故危险，系统的危险辨识和安全（危险）评价是危险控制的基础，而安全措施的有效（即危险控制有效）必须建立在危险控制技术的基础上，因此我们必须掌握必要的危险控制技术。本章主要介绍危险控制技术和起重机械采取安全措施的有关知识。

第一节 危险控制技术

危险控制技术从管理角度讲，可分为宏观控制和微观控制；从危险源角度看，又可分为固有危险和固有危险控制、人为失误和人为失误控制。我们只有充分了解危险存在的方式及其特点，以及对其控制的方式、方法，才能制定出相应的对策和安全措施。

一、宏观控制技术与微观控制技术

（一）宏观控制技术

指以整个研究系统为控制对象，运用系统工程原理，对危险进行控制。采用的手段主要有：政策手段控制（发布法律、法规、规章等）；经济手段控制（奖励、处罚、惩治、补足费用等）；教育手段控制（举办长期培训、短期培训、学校教育、社会教育等）。

宏观安全控制，一般指国家各级行政主管部门，以法律、法规为依据，应用安全监察、检查和经济调控手段，对整个社会、部门或企业的安全目标进行的全部活动。

（二）宏观控制系统

指控制对象是各种生产经营系统；控制器是各级政府的安全监察部门；控制手段是安全监察、检查和安全信息统计及反馈；控制目的是国家安全生产方针和安全目标。

（三）微观控制技术

指以特定生产经营活动为对象，以系统工程原理为指导，应用工程技术措施和安全管理措施的手段，防止组织生产经营过程中发生事故的全部活动。

（四）微观控制系统

指控制对象是具体的生产经营活动；控制器是组织的安监部门；控制手段是安全状态检

查和检测及安全信息反馈；控制目标是组织的安全生产目标。

宏观安全控制和微观安全控制相互依存，互为补充，相互制约，缺一不可。

（五）事故预防和事故控制

（1）事故预防：指通过采用技术和管理手段，使事故不再发生。

（2）事故控制：指通过采用技术和管理手段，使事故发生后不造成严重后果或使后果尽可能减轻。

（六）事故预防的控制对策

主要指安全技术对策、安全教育对策和安全管理对策。

（1）安全技术对策为着重解决物的不安全状态问题。

（2）安全教育对策为主要解决人的不安全行为问题。

（3）安全管理对策为要求员工必须怎样做的问题。

二、危险控制方式

（一）安全系统的特点

1. 安全系统状态的触发性和不可逆性

如果把事故状态定位 1，无事故状态定位 0，系统输出只有 0 和 1 状态。事故隐患往往隐藏在系统安全状态中，但在事故触发前，人们很难从直观上判知系统是处于何种中间状态。因此，系统状态常表现由 0 至 1 的突然跃变，这种状态的突然改变，称为状态触发，即状态的触发性。系统状态由 0 到 1 后，状态是不可逆的，即系统不可能从事故状态自行恢复到事故前的状态。

2. 安全系统的随机性

系统中事故的发生存在偶然性，什么人、什么时间、什么地点、发生怎样的事故，一般都是无法确定的随机事件。因此，系统安全理论告诉我们，要保证每个人、每件事的安全，要进行绝对控制，是一件十分困难的任务。但对于一个安全系统来说，可以通过统计分析的方法，找出某些安全变量的规律，加以控制。

3. 安全系统的自组织性

指系统发生异常情况时，在没有外部指令的情况下，管理机构和系统内部各子系统，能够审时度势地按某种原则自行或联合采取措施，以控制系统危险的能力。

由于事故的突发性和巨大的破坏作用，因而要求控制系统具有一定的自组织性。为此安全控制系统必须采用开放性结构，有充分的信息保障，有强有力的管理核心，各子系统之间应有很好的协调关系。

（二）危险控制的基本原则

1. 首选前馈控制方式

指对系统的输入进行检测，以消除有害输入或针对不同情况采取相应的控制措施，以保证系统安全。如对新职工的技能培训和安全教育；添置新的安全装置；采用新的安全技术；作业前制定安全技术规程；编制作业指导书（作业方案和防范措施）等都属于前馈控制方式。

2. 运用各种反馈控制方式

反馈控制是系统中使用最广泛的一种控制方式。

(1) 局部状态反馈。对安全系统的各种状态信息进行实时检测（检查），及时发现事故隐患，迅速采取措施，防止事故发生。

(2) 事故后的反馈。在事故发生后，应用系统分析的方法，找出事故发生的原因，及时将信息反馈到各相关系统或子系统，并采取必要的措施，以防同类事故的重复发生。

(3) 负反馈控制。发现某部门和员工在安全工作中的缺点、错误，进行批评、惩罚，属于负反馈控制。负反馈控制应合理、适度才有效。

(4) 正反馈控制。在安全工作中好的部门和员工，进行表扬、奖励，属于正反馈控制。正反馈控制应恰当使用。

3. 建立多级递阶控制体系

安全控制系统属大系统范畴，必须建立较完善的安全多级递阶控制体系，不断提高各级管理层的自组织能力，其主要体现：

(1) 了解下层可能发生事故的结构信息。如事故模式、严重度、发生频率、防治措施等。

(2) 掌握危险源的动态信息。如重大危险源、一般危险源的辨识及其存在状态；当前存在的缺陷；员工的安全素质；隐患和缺陷的整改情况等。

(3) 熟悉危险分析技术和善于解决实际问题的能力。

(4) 经验丰富，应变能力较强。

4. 实现闭环控制

闭环控制是危险控制的核心。安全管理工作应通过合理的工作程序，通畅的信息传递路径，及时的信息反馈，完善适宜的规章制度，形成自动反馈机制，以达到闭环控制。

三、固有危险控制

（一）固有危险源

固有危险源是客观存在的危险源，固有危险源按其性质不同，可以分为电气、机械、化学、辐射和其他五大类。

1. 电气危险源

指那些引起人员触电、电气火灾、电击和雷击等不安全因素：

(1) 漏电危险：指电气设备和线路损坏，绝缘损坏，以及缺少必需的安全防护等。

(2) 着火危险：指电弧、电火花、静电放电、线缆绝缘老化和线路超负荷过热等。

(3) 电击和雷击危险。

2. 机械危险源

指机械设备在安装、拆卸、使用、维修、保养的过程中造成人员伤害或者设备损坏的不安全因素：

(1) 速度和加速度的危险。机械的往复式运动、物体的位移、运输车辆的行驶、起重和提升设备作业等具有速度和发生速度变化时造成伤害的危险。

(2) 冲击、挤压的危险。各种冲压、剪切、轧制等设备造成伤害的危险。

(3) 旋转和凸轮机构造成伤害的危险。

(4) 切割和刺伤的危险。

(5) 高处坠落的危险。高处缺乏有效防护装置造成的危险。

（6）重物伤害的危险。具有势能的高空坠落物造成的危险。

（7）倒塌和下沉的危险等。

3. 化学危险源

指生产过程中原材料、油料、成品、半成品和辅助材料等所含的化学物质，其危险程度和这些物质的性质、数量、分布范围及其存在方式。包括：

（1）爆炸危险源：指易燃易爆物质、禁水性物质、易氧化自燃物质等。

（2）工业毒害源：指能导致职业病的物质、中毒窒息的有毒有害物质、窒息性气体和刺激性气体、有害粉尘、腐蚀性物质和剧毒物等。

（3）大气污染源：指工业烟气和扬尘等。

（4）水质污染源：指污染水质的各种排污水和废弃物等。

（5）土地污染源：指污染土地的农药、有害垃圾和其他有害污物。

4. 辐射危险源

指放射性物质、射线、电磁波、微波等。当该物质超过人的承受限量，将对人造成伤害。包括：

（1）放射源：指 α、β、δ、χ 等及其他射线。

（2）红外射线源。

（3）紫外射线源。

（4）无线电辐射源（包括射频源和微波源等）。辐射危险与辐射强度、暴露作用时间有关，辐射强度与辐射剂量成正比，与距离平方成反比。

5. 其他危险源

其他危险源包括：

（1）噪声源。人长期在超过一定数值的声响下，将造成耳聋、耳鸣等耳疾和神经性等疾病。

（2）强光源。指电焊弧光、冶炼高温熔融物的强光等对人造成的伤害。

（3）高压气体、液体。具有造成爆炸和机械伤害等的气体和液体。

（4）高温源。具有造成烫伤、烧伤以及火灾的危险。

（5）湿度。人长期在潮湿的环境中作业会造成风湿等病害。

（6）生物危险。如毒蛇、猛兽和其他有毒动植物的伤害等。

（二）固有危险源的控制

固有危险源的控制方法主要有以下五种：

1. 消除危险

指尽量采用本质安全措施来消除危险因素的存在。包括：

（1）布置安全。包括厂房、工艺流程、设备和设施、运输系统、动力系统和交通道路等的规划、设计及布置做到安全化。

（2）机械安全。即达到设计、制造产品安全。包括结构安全（强度、刚度、稳定性满足安全要求）、零部件布置安全（布置合理、操作、维修、安装与拆卸方便）、电能安全（安全电流、电压）、物质安全（无易燃易爆、无腐蚀性、无有毒有害等材料、元件和排放物等）。

消除危险必须在规划、设计、制造阶段解决，但由于经济、技术等原因往往无法完全做到。

2. 减弱危险

当无法根本消除危险时，应尽量采取减弱危险的措施，以降低危险程度。如局部通风以降低有毒有害气体粉尘，以毒性小的材料代替毒性大的材料，以橡胶、弹簧来减轻振动程度，以耐热高的元件代替耐热低的元件，以阻燃材料代替易燃材料。

3. 防护危险

防护可分为设备防护和人体防护。

(1) 设备防护：指利用装置和设施防止人员和设备发生事故。

1) 固定防护。如放射性物质储存在铅容器内并埋入地下，储油罐埋在地下，用铁塔架空高压线等。

2) 自动防护。如自动断电，自动洒水喷淋灭火，自动停气等。

3) 连锁防护。如电气连锁开关等。

4) 快速防护。如紧急制动装置、紧急停机开关等。

5) 遥控防护。如远距离控制装置等。

6) 仪表防护。如利用各种检测仪表报警等。

(2) 人体防护。指利用防护用具保障人体不受伤害。

1) 安全带。如差速自锁器、安全带等防止高空坠落。

2) 安全鞋。如绝缘鞋、防滑鞋、防扎鞋等。

3) 护目镜。如电焊眼镜、防紫外线镜、防金属屑护镜等。

4) 安全帽。如各种安全帽和头盔等。

5) 呼吸用具。如防尘口罩、呼吸器、自救器、防毒面具等。

6) 工作服。如静电防护服、耐热防护服、放射线服、防燃工作服等。

4. 隔离危险

对于无法消除的危险，还可以采用长期或暂时遮挡隔离的方法。

(1) 禁止入内。如设置警卫，装置栏杆和围护拦网，悬挂警示标牌等。

(2) 固定隔离。如设置防火墙，防浪堤，隔离板，隔离带，各种防护罩、盖等。

(3) 安全距离。合理运用安全距离，如安全通道，碰撞距离，防火和防爆距离等。

5. 转移危险

对于难于消除和控制的危险，在进行各种分析比较后，在可能的情况下，可选取将危险转移到影响小的地方。

固定危险控制应按照安全措施的等级顺序要求，消除、减弱、防护、隔离、转移等先后进行。有的书上为消除、预防、减弱、隔离、连锁、警告等，预防属防护，连锁和警告也属于防护措施。

四、人为失误控制

人为失误是造成事故的一个主要原因，在事故原因中所占比例很高，因此人为失误控制很重要。

(一) 人为失误的主要表现

(1) 操作失败。不正确操作（如过快、过猛、过慢）、操作姿势不正确、违章操作（不按程序操作）等。

（2）指挥失误。错误安排、错误信号、错误指挥、决策（方案）失误等。

（3）习惯性动作。缺乏判断和判断不正确，如习惯将手伸进送料口，习惯身体前倾靠近危险部位等。

（4）错误使用保护用品和防护装置，以及人机配合失误等。

（5）粗心大意，漫不经心。

（6）厌烦和懒散，消极怠惰。

（7）胡闹、嬉笑、打闹。

（8）酗酒或吸毒。

（9）疲劳、紧张。

（10）疾病、生理缺陷等。

（二）人为失误的主要原因

（1）生理原因。如视力缺陷、听力缺陷、高血压、心脏病、神经性疾病等。

（2）素质原因。如缺乏科学文化知识，缺乏工作责任心，缺乏纪律观念等。

（3）机械设备原因。如设计制造缺陷，缺乏维护保养，故障或带病运转等。

（4）环境原因。如光线、气候影响，工作区域脏乱差，周围障碍多，环境复杂、狭小等。

（5）管理原因。如劳动组织缺陷，安排工作缺陷，定工种和岗位失误，规章制度缺陷等。

（6）教育原因。如缺乏科学文化知识，缺乏业务操作知识和安全知识，安全教育不够，未经培训考核合格就上岗作业等。

（三）人为失误控制的主要措施

1. 人的安全化

消除人的失误，人是根本，只有提高人的素质，才能使人安全化。

（1）录用或聘用人员，要符合各工种和各岗位对身体健康标准要求，并应具备相应的文化程度要求；对已录用的人员应定期检查身体健康状况，实施动态健康控制。

（2）新工人上岗前或者变更工种前，应进行应知应会和安全操作规程的教育及训练，包括三级安全教育（公司、工地、班组），坚持考核合格持证上岗。

（3）特殊工种和特种设备作业人员还需经主管部门的特殊培训与考核，并取得相应的资格证件，方能从事相应的作业。

（4）对职工的安全教育应常抓不懈、持之以恒，渗透到方方面面。

（5）有计划地组织科学文化知识学习和专业知识学习训练，不断提高员工的文化技术素质和创新意识。

（6）经常进行思想道德教育和爱岗敬业教育，增强职工的责任心和事业心。

（7）经常进行法律法规和标准规范教育，增强职工法制观念，做到行为遵纪守法和标准化、规范化。

2. 管理安全化

消除人的失误，管理是关键条件。

（1）建立健全安全体系，提供安全组织保证；完善各种有效的安全管理制度，提供制度保证；确定安全目标或指标，制定安全岗位责任制，明确考核依据。

（2）改善设备的安全性，消除机械设备的外形危险、性能危险、构造危险、安装与拆卸危险、使用危险和维修危险等。

（3）改善工艺设计或施工方案的安全性，消除平面布置、厂房（构筑物）建设、工艺选择、原材料、燃料动力、运输储存等方面的危险性。

（4）制定安全操作规程和工艺标准（规范作业指导书），并做到全员交底。

（5）制定安全文明作业标准和设备维护保养规程并严格实施。

（6）定期或不定期地进行安全监督检查，纠正安全缺陷。

（7）定期进行综合安全性评价和考核，不断提高安全管理水平。

（8）注重班组长和骨干的培养等。

3. 操作安全化

消除在作业中人为失误的方法。

（1）作业分析。把整体作业分成若干基本作业，按基本作业情况，从质量、安全、效益三方面去分析和找出每个基本作业中存在的问题并加以改进，从而改善整体作业，确保安全。

（2）动作分析。通过观察、分析、分解、合成来改善作业动作，提高工作效率并保证作业安全。

改善动作应遵循的原则：

1）数量原则。舍去不必要的动作，使动作减少。

2）长度原则。缩短动作距离，采用短动作距离。

3）方向原则。尽量采用顺手方向或惯用方向动作；如非改变方向，动作应平缓。

4）疲劳原则。应采用疲劳度最小的动作。

（3）防止误操作。尽量采用动作简单，不易出错，减少疲劳，多种提示。

防止误操作的方法：

1）利用形状。如油管接头改用快速接头，插件插脚各异无法插错，零件正反面有区别无法装反等。

2）利用颜色。如容易使人受伤的部位或零件上涂上明显警戒色，使人注意。

3）利用声音。如超载、超限、有毒等，能在之前发出声响警报等。

4）利用光线。如指示灯、信号灯、警报灯等进行警示或指示，以及可以光感自动。

5）利用温度。如利用热量可以报知或防止危险。

6）利用压力。如利用气压、水压、油压的限量值来保证作业安全。

7）利用各种装置。如自动化装置、连锁装置、遥控装置、安全装置等保证安全作业。

第二节　起重机械安全要求和安全措施

起重机械是一种危险性生产设备，人们对其安全性有较高的要求和期望，并始终追求本质安全。而决定产品安全性的关键是设计阶段（机械产品设计和制造工艺设计）所采取的安全措施。因为制造只是完全按照设计图样和设计中的技术要求变成设计意图的体现，为此本节并不着重谈由于制造质量问题而产生的不安全，从这个意义上讲，设计安全是本质安全，是直接安全措施。但由于经济和技术上的原因，不可能在起重机械上全部实现本质安全，就有了其他间接措施和附加措施（安全防护装置和安全信息措施）来补充本质安全（即直接措施）的不足。然而，起重机械在其寿命周期的全过程（设计、制造、安装、试验、使用、维修、保养、拆卸、运输、保管、报废等）的各个环节、各种状态都始终存在安全问题，所以用户的安全措施也不能忽视，但用户安全措施永远无法代替设计上的本质安全。本节主要介绍机械安全措施的有关知识。

一、起重机械的安全要求

（一）足够的抗破坏能力

（1）合理的结构型式与其执行预定功能相适宜，不因设计不合理而造成机械正常运行时的障碍、卡塞、松脱；不因元件或软件的瑕疵引起计算机数据的丢失或死机；不能发生任何可预计与设计不合理的有关事件。

（2）金属结构和机械零部件及其连接应有足够的强度、刚度和抗屈服能力，应满足完成预定最大载荷的需要；在正常工作期间，不发生由于应力或工作循环次数产生断裂、疲劳破坏、塑性变形或垮塌。

（二）良好的整机稳定性

抗倾覆、防风、抗滑性能是起重机械安全的重要性能指标，特别是预期载荷或自身重量分布不均匀的起重机械，以及那些在轨道或路面上行驶的起重机械，应保证在运输、运行、振动或有限的外力作用下不致发生倾覆和防止由于运行失控而产生不应有的位移。

（三）满足作业性能的功率和必需的制动转矩

原动机必要的功率储备应是防止意外超载所必需的动力；良好的制动能力是安全使用的必备条件。

（四）对环境的足够适应能力

机械设备必须对其使用环境（如温度、湿度、气压、风载、雨雪、振动、静电、磁场、核电厂、辐射、粉尘、微生物、动物、腐蚀介质等）有足够的适应能力，特别是抗腐蚀或空蚀、耐老化磨损、抗干扰能力，不至于电气绝缘被破坏，使控制系统临时失效或由于物理性、化学性、生物性的影响而造成事故。当然个别地区恶劣环境更需要采取相应的针对性措施。

（五）较高的可靠性

在规定的使用条件下和规定的期限内，执行规定的功能而不出现故障应是保证产品的可靠性指标（无故障性、耐久性）。

（六）不产生超标的有害物质

（1）机械产品应该考虑采用对人体无害（绿色）材料，包括机械本身使用的各种材料、加工原料、中间或最终产品、添加剂、润滑剂，以及与工作介质或环境介质生成的废弃物等；对不可避免的有害物（如粉尘、辐射、放射性、腐蚀、有毒物质等），在设计中应考虑采用密闭、无害排放、吸收、隔离、净化等措施；在人员合理暴露的场所，其成分、浓度应符合职业健康标准规定，不得对生态环境造成破坏或环境污染。

(2) 预防物理性伤害，如噪声、振动、过热和过低温度等不得超标，防止对人心里和生理产生伤害。

(3) 防火防爆，如可能具有可燃气体、液体、蒸汽、粉尘或其他易燃易爆物质的机械，应在设计时考虑防止跑、冒、滴、漏，根据具体情况配置监测报警、防爆泄压、消防等安全装置，避免或消除摩擦、撞击、电火花、静电积聚等，防止火灾或爆炸的危险。

(七) 可靠有效的安全防护

凡是机械危害人身的地方应尽量设置安全保护装置，应向无害化方向发展，危及人员生命安全之处，应设置多重保护。

(八) 履行安全人机学（人机工程学）的要求

机械上的显示装置，控制（操纵）装置，人的作业空间、位置及作业环境等是人机进行信息交流和相互作用的主要界面，应满足人体测量参数、结构特性和机能特性；生理和心理条件应符合职业健康卫生标准要求，尽量增加舒适性，使作业人员安全、舒适、愉快、准确、高效地工作，减少差错，避免危险，充分体现以人为本，人机和谐。

(九) 易修、易拆装安全性

虽然机械设计在向无维修设计方向发展，但目前大多数机械设备还是需要维修和保养、维护的，因此设计必须考虑可维修和易维修的问题，因为通过维修、保养可以及时消除机械故障和安全隐患，恢复机械功能使其保持良好的安全技术状况。

维修作业、安装与拆卸作业是超常规作业，可能需要解除或移开安全保护装置，其工作位置也可能具有一定危险性，所以在结构设计上要考虑零部件的可接近性、模块化设计、快速连接及动力拆装功能等便于拆装或更换的性能；提供专用检查、维修、拆装装置和工具；设置方便的工作空间和位置，以及制订完备的安全防护设施；在控制系统中设置维修、拆装模式（如保养、更换周期，零部件磨损量，维修作业和安拆作业工序及图示，要点提示等）是非常必要的。

(十) 保障起重机械各种状态的安全

设计、制造、使用不仅要保证机械在正常工作状态时的安全，也要保证机械在非工作状态时的安全（如运输、安装、拆卸、维修保养、试验、保管等），还要考虑机械在非正常状态（特殊状态）时的安全（如意外启动、突然停电、断掉燃料、润滑缺失、运动速度失控、外界磁场干扰、信号失灵、碰撞、瞬时大风等），由于不同的机械结构和工作原理区别较大，从机械在不同状态下的安全性考虑，必须具有具体的针对性措施。

二、机械本质安全措施

(一) 概念

1. 机械本质安全

机械本质安全指设备、设施或技术上含有从根本上防止事故的功能。具体包括两方面内容：

(1) 失误安全功能。即使操作者失误也不会发生事故或伤害，或者设备、设施和技术工艺本身具有自动防止人的不安全行为的功能。

(2) 故障安全功能。设备、设施和技术工艺发生故障或损坏时，还能维持正常工作或自动转变为安全状态。

上述两种安全状态应该是设备、设施和技术工艺本身固有的，即在他们的规划、设计阶段就纳入其中的，而不是事后补充的，通过选用合理、适当的设计机构，尽可能避免或减少危险。

2. 机械本质安全措施

指机械的功能设计中就保证了安全，不需要额外的安全保护装置，也称为直接措施，是机械设计优先考虑的措施。

（二）采用本质安全技术

指不需要采用其他防护措施进行满足机械预定功能和机械自身安全要求的设计与制造。

（1）避免刮伤。如避免锐边、尖角、凸凹不平、粗糙表面和较突出的部位，薄片的棱边应倒钝、折边或修圆，可能引起刮伤的开口端应包覆等。

（2）安全距离原则。规定防止可及危险部位或有形障碍物的最小安全距离；规定避免受移动件挤压或剪切的安全距离；限制有关因素的物理量，如操纵力限制到最低值，限制运动件的质量和速度，限制振动和噪声，限制污染物排放指标等。

（3）特定工艺和动力源。如在特定条件下，采用防爆电动机和电气元件，采用全液压控制和操纵，采用功能特低电压，采用防水电器，采用阻燃材料和无毒液，采用超低温、耐高温、耐磨损、超导材料等。

（三）限制机械应力超标，保证安全系数

（1）采用可靠的连接方法和先进的工艺，减少连接应力和焊接应力，做到连接可靠、防松和防开裂等。

（2）防止超载应力，如采用易熔塞、限压阀、断路器、支撑杆、筋板等，避免主要受力件由于超载而损坏。

（3）避免交变应力的疲劳损坏，如钢丝绳尽量避免反向弯折，采用减振或缓冲装置等。

（4）回转件应对材料的均匀性和回转精度作出规定，应进行静平衡和动平衡试验等。

（四）充分考虑材料和物质的安全性

（1）满足承载能力，如材料的抗拉强度、抗剪强度、冲击韧性、屈服强度等应满足设计要求。

（2）对环境的适应性，如抗腐蚀、耐老化、耐磨损以及抗冷脆、蠕变的能力等。

（3）材料的均匀性，注意金属材料金相组织的均匀性和质量的均匀性，以防止内部缺陷（夹渣、气孔、异物、裂纹、偏析等）。

（4）避免材料的危险性，如避免采用有毒性材料、易燃材料；避免机械产生气体、液体、粉尘、蒸汽和其他有害物质，如有毒、污染或爆炸、火灾的危险；设计时如无法避免，应采用回收、填充、密闭、净化等减少或无危险措施。

（五）遵照人机工程学原则

遵照人机工程学原则，合理分配人机功能，适应人体特性。友好的人机界面，舒适的操作空间，良好的操纵控制性能，具有很高的安全可靠性，使操作者体力消耗和心理压力及误操作性降到最低。

（六）设计控制系统的安全原则

典型的危险工况，如意外启动，速度变化失控，制动失灵而运动不能停止，运动件的断裂、掉下（飞出、垮塌），安全装置功能受阻、失灵等时，控制系统设计应考虑各种操作模式或显示、警报措施，使操作者可以安全地进行干预。

(1) 机构启动及变速若采用二进制逻辑元件控制，启动或加速应通过 0 到 1 状态去实现；停机或减速应通过 1 到 0 状态去实现。

(2) 重新启动，只有再次操作启动，机器才能运转，禁止机器自发启动。

(3) 控制零部件或元件必须可靠有效，能承受预定使用条件下的各种干扰和应力，不会因外来干扰和应力使机器误动作。

(4) 采用定向失效模式指部件或系统主要失效模式是预知的，已经采取了对失效模式的预防措施（如当某个部件或系统失效时，机器会自动停止、警报长鸣不止等）。

(5) 采用关键件的加倍，在控制系统中关键零部件失效时，有备份接替（如自动或手动接替）；当安装有监控装置时，保证不能共同失效。

(6) 自动监控装置应保证能够停止危险过程并进行报警。

(7) 程序保护功能，关键的控制程序应具有防止程序有意或无意的变动，必要时，应采用故障检查和识别系统，并能重编或纠正错误程序。

(8) 手动控制原则：手动操纵器应符合人类工效学进行设计配置；停机操纵器应位于启动操纵器附近；一般操纵器应配置在危险区域外，特例例外；几个操纵器控制一个危险单元时，应使其在给定时间内，只有一个操纵器有效，但不适用于双手控制装置；在有风险处操纵器的设计或保护应做到无意识或误操作不起作用；如果机械有多种操作模式，每种操作模式应装有锁定装置（模式选择器）。

(9) 特定操作模式，指对于必须解除和拆卸安全保护装置的作业，必须使自动控制模式无效，应采用手动操作模式（如止动、点动）。

（七）防止液压系统的危险

(1) 借助限压装置控制管路中最大压力不能超过允许值；不因压力损失或真空度降低而导致危险。

(2) 所有元件，尤其金属管和软管及其连接应密封可靠，不因泄漏或元件失效而导致喷射（尤其高压流体）。

(3) 当动力源断开后，储存器、蓄能器等尽可能自动卸压；若难于实现，应提供隔离措施或局部卸压及压力指示措施，以防剩余压力造成危险。

(4) 所有可能保持压力的元件都应提供明显的识别牌和绘制注意事项警告牌，以提示对机器进行任何调整或维修前，必须对这些元件卸压。

（八）预防电的危险

电气设置必须符合有关电气安全标准、规程、规范，防止人员触电，防止电气系统短路、过载和静电的危害。

（九）减少或限制操作者涉入危险区

(1) 重视机械的可靠性。机械的可靠性是指机器和零部件在规定的期限内执行规定的功能而不出现故障的质量指标。它是作为机械安全功能完备性的基础；机械故障率的降低将减少危险概率。

1）规定使用条件。机械设计时考虑空间限制，包括环境条件（如温度、湿度、压力、振动、大气腐蚀、风压等）、负荷条件（如载荷、电压、电流等）、工作方式（连续工作或断续工作）、运输条件、安装与拆卸条件、储存条件及使用、维护条件等。

2）规定使用时间。设计时规定产品的时间指标，如使用期、有效期、行驶里程、作用次数等。

3）规定使用功能。设计时确定产品的功能，不得超出其设计功能使用（该功能指产品的各种功能的总合，而不是某一单项功能）。

（2）采用模块化和集成化，机械化和自动化，智能化和数字化技术。采用模块化和集成化技术，可以使机械结构和构造简单，组合应用更加方便；采用自动化和智能化技术能使操作条件得到很好改善，如操作控制更加轻松、精确，安装、拆卸和搬运更加快捷、方便，工况实施可以设定，使用、维修各种信息可以显示，极大地降低和回避机械的各种风险。

（3）提高维修安全，使机械零部件便于维修和互换，便于拆装和调整，便于润滑和保养；动力源断开锁定；危险点防护隔离到位；维修空间充裕；梯子、栏杆、走道、平台规范齐全和牢固可靠。

三、安全防护措施

安全防护措施指采用直接安全措施不能或不完全能保证安全时，必须设计或附加一种或多种保证人员和设备安全的装置，也称间接安全措施。

（一）安全防护措施的一般要求

在机械设计中采用本质安全措施不能完全避免、限制或充分减少某些对人和设备造成伤害的风险时，必须采用安全防护措施。

（1）安全防护的重点是机械传动部分、操作区、高空作业、机械移动区域、其他运动部分，以及特殊危险防护等，具体由针对机械特点进行风险评价的结果来决定。随着科技发展和对人性化及机械安全重要性的认识，以及实践经验的积累，机械安全防护装置将越来越完善和齐备。安全防护通常分为防护装置和安全装置，以及其他安全措施。

（2）机械安全防护装置的基本要求：

1）结构形式和布局要设计合理，具有切实有效的保护功能，确保人体不受伤害。

2）结构要坚固耐用、不易损坏、安全可靠、不易拆卸。

3）装置表面应光滑，无尖棱、利角，不增加任何附加危险成为新的危险源。

4）装置不易被绕过或避开，不应出现漏保护区。

5）满足安全距离要求，使人体各部位（特别是手、脚）无法接触危险。

6）不影响正常操作，不得与机械任何可动零部件接触，对人的视线障碍最小。

7）便于检查、调整、修理。

8）与机械使用环境相适应。

9）对机械使用的各种模式产生的干扰最小。

（二）防护装置

1．防护装置定义

防护装置指通过设置物体障碍方式使人与危险隔离的专门装置。防护装置通常采用壳、罩、屏、盖、栅栏、门、平台、封闭装置等，将人与危险隔离。

2. 防护装置功能

(1) 防止人体与机械运动件、电气元件，以及其他危险区的接触。

(2) 防止飞出物的打击，高压液体、气体的意外喷射或防止人体灼烫、腐蚀等伤害。

(3) 防止高空坠落。

(4) 容纳或阻挡机械抛出、掉下、发射出的零件、碎片等。

(5) 一些特殊要求的场合，如对静电、高温、火、爆炸物、振动、放射物、粉尘、烟雾、噪声等的阻挡、隔绝、密封、吸收、屏蔽等作用。

3. 防护装置类型

(1) 只有防护装置处于关闭状态才能起防护作用（如盖、罩、栏杆、门等）。

(2) 与连锁装置共同起防护作用（如登机门、维修门等）。

(3) 任何状态都起防护作用（如止挡、固定隔离装置等）。

(4) 形式上通常分为固定式（包括全封闭、半封闭、固定间隔、固定距离等）和活动式（可调的、连锁的等）。

(三) 安全装置

1. 安全装置定义

安全装置指用于消除或减少机械伤害风险的专门装置或与防护装置联用的装置。

安全装置是通过自身功能限制或防止机器的某种危险，限制运动速度、压力、重量、载荷、高度、深度、温度、风力、倾斜度、幅度、行程等参数或运动，常见的有锁装置、人工操作装置、限位装置、自动显示、自动报警和自动停止装置等。

2. 安全装置的特征

(1) 在规定使用期内不会因某一元件故障而丧失主要安全功能。

(2) 应能在危险事件即将发生时停止危险过程。

(3) 具有重新启动功能，即装置动作后停机，不得自动复位，机器不得自动启动，只有操作者通过操作复位才能重新启动机器；有的能使机器向脱离危险方向运动（如与原运动相反的方向），不能断掉机器的全部动力源。

(4) 光电式、感应式安全装置具有报警、停止和故障自动检测功能，与计算机结合的还应有显示的功能。

(5) 必须与操作控制系统形成一个整体，应与机械性能水平相互适应。

(6) 安全装置部件和系统设计应考虑采用“定向失效模式”，关键件应加倍，必要时还应具有自动监控功能。

3. 安全装置的种类

各种机械的构造原理不同、性能用途不同，危险源也不完全相同。因此，安全装置的种类繁多，一般有连锁装置、止动装置、双手操纵装置、自动停机装置、机械抑制装置、限制装置、优先运动控制装置（或行程限制装置）、排除装置、防断装置、防坠落装置等。

4. 安全装置设置的原则

(1) 以操作人员所站立的地面为准，凡高度 2m 以内的各种运动零部件应设保护。

(2) 凡高度 2m 以上有物料传输装置、皮带传动装置、施工机械施工的下方应设防护。

(3) 凡在坠落高度基准面 2m 以上的作业位置应设防护。

（4）防止挤压伤害，直线运动部件之间或直线运动与静止部件之间的间距应符合安全距离要求。

（5）运动部件有行程距离要求的，应设置可靠的极限位置限制，防止超行程造成伤害。

（6）对可能因超负荷发生部件损坏造成伤害的，应设置负荷限制装置。

（7）对有惯性冲击的运动件必须采取可靠的缓冲装置，防止因惯性而造成伤害。

（8）运动中可能松脱的零部件必须采取措施加以紧固或防松，防止启动、制动、冲击、振动而引起松动。

（9）每台机械都应设置紧急停机装置，其标识清晰、明显，易于识别，安装在司机接近的位置，并不能附加任何危险。

5. 起重机械主要的安全防护装置

由于起重机械种类繁多，所以其安全防护装置的种类和形式也很多。

（1）安全装置。

1）限制载荷装置。如超载（质量）限制器、力矩限制器、极限力矩限制器、缓冲器、风速仪、泄压阀等。

2）限定行程位置装置。如上升（高度）极限限位器、下降（深度）极限限位器、运行（行走）极限限位器、防后倾（幅度）限位器、轨道止挡等。

3）定位装置。如支腿锁定装置、回转定位装置、夹轨器、锚定装置、铁楔等。

4）其他安全装置。如连锁保护、防碰撞、风速仪、安全钩、扫轨板、防断（松）绳、防断轴、防坠落、防脱绳、防绳跳槽、电气安全保护（紧急停机、零位保护、过流、欠压或失压、短路、错相）等。

（2）防护装置。主要有外露运动件的防护罩、防雨罩、梯子、栏杆、走道、平台、踢脚板、休息小平台、直梯护圈、绝缘地板、滑线防护板、防滑地板（布）、危险区域栅栏、登机翻板门等。

四、安全信息措施

当本质安全措施和安全防护都不能或不完全能够保证安全时，可采用安全信息措施，引起使用者的注意和防范。安全信息措施包括文字、标记、信号、符号、色彩、声音、图表等组成，成为机械的组成部分之一，又称为指示性安全措施。安全信息措施大致可以分为三类：信号和警告装置、标志、随机文件。

（一）使用安全信息措施的一般要求

（1）明确机器预定的功能和任务。

（2）规定和说明机器的使用方法（包括运输、储存、安装、拆卸、试验、使用、常见故障、维修保养、调整等各项说明，规定方法、程序及注意事项）。

（3）通知和警告遗留的风险（指设计采用的安全防护措施无法完全避免的那些风险），通过通知、提示、注意、警告等信息传达给有关作业人员的一种补救措施。

（4）使用安全信息应贯穿或覆盖机械使用、管理的全过程、全范围（包括机械整个寿命周期的各阶段）。

（5）安全信息措施的使用不可以弥补设计缺陷，不能代替应由设计来解决的安全问题，安全信息只能起提醒和警告作用。

(6) 配置方式。在机身上配置各种标志、信号、文字警告等；随机文件中配置操作手册、说明书等；其他形式如显示器显示，以及声、光、色显示等。

(7) 配置依据。

1) 根据存在风险大小和危险性质依次使用安全色、安全标志、警告信号、报警器。

2) 需要信息的时间，如操作规程采用简洁文字长期固定在操作位置附近、操作指示长期固定在操作手柄或操作按钮旁等。

3) 显示器或显示灯所显示状态应与运行同步，如接近额定值时，提前警告超载；出现紧急状态的信息显示要及时，持续时间应与危险存在时间一致，信号或显示消失应随危险状态而定等。

4) 根据机械的复杂程度的需求，如简单机械一般只提供有关标志和使用说明书；复杂机械除提供各种标志和使用说明书外，还应配备负载图表、运行状态信号、报警装置等。

5) 视觉颜色规定：红色表示禁止和停止；黄色提示注意和警告；绿色表示正常状态；蓝色表示需要执行的指令或必须遵守的规定；危险警报要求立即处理；红色闪光警告表示状态紧急。

(二) 信号和警报装置

1. 信号和报警装置的功能

主要是提醒注意。如起重机开始运行时的鸣铃，机械运行状态和发生故障状态的显示灯，危险事件的警告灯，超载、超速及有毒物质泄漏的报警灯，高处的障碍灯等。

2. 信号和警报装置的类别

(1) 视觉信号。占据空间小，视距远，简单明了，采用亮度高于背景的稳定光或闪烁光；报警信号易采用闪光形式，具有大屏幕显示器的还伴有文字提示。

(2) 听觉信号。反应快，受干扰小，易引起注意，常见蜂鸣器、铃声、喇叭、报警器、语言等。听觉信号在 1s 内被识别，其声级比背景噪声至少高出 10dB；当背景噪声超出 110dB 时，不易识别。

(3) 视听组合信号能加强危险和紧急状态的警告功能。

3. 信号和报警装置的要求

(1) 在危险事件出现前或即时发出，应含义确切，一种信号只能表示一种含义。

(2) 能够明确察觉和识别，并与其他用途的信号有明显区别。

(3) 信号盒警告装置的设计配置应便于检查、调整、维护和更换，操作手册和说明书应对其作出详细说明。

(4) 防止视听信号过多引起混乱或频繁，导致敏感度降低或作用不明显。

(三) 标志

标志也称标识、标记、标牌。

1. 性能参数标志（包括整机性能参数标志）

各种机械性能用途不同，有着不同的技术参数，如起重量、臂长、幅度、速度、压力、高度、质量、容量、生产量、加工数据等。

2. 机器标志（标牌）

主要标注制造厂名、机械名称、型号、编号、制造日期、功率、电源电压、频率等（有关技术规范有明确规定）。

3. 许可、认证标志

强制性行政许可号码、检测、准用、认证等标志。

4. 零部件性能参数标牌

重要总成、装置和零部件的标牌，以及吊点标记等。

5. 安全标志

一般由安全色、几何图形和图形符号构成，有时附以简单文字警告或说明。安全标志种类繁多，使用广泛，大致有以下 4 类：

（1）禁止（令）标志。表示不准或制止。

（2）警告标志。表示提醒、注意。

（3）指令（示）标志。表示必须遵守，强制或限制行为。

（4）提示标志。示意目标、方向、地点等。

6. 原则与要求

标志应醒目清晰、简单易辨、易懂易记、含义明确无误（不使人费解或误解，符合标准）、内容针对性强（如小心碰撞、小心滑倒、小心碰头、严禁烟火、小心触电，不能只写有危险）；标志设置位置应在易发生危险的部位和醒目位置；标志应颜色鲜明、清晰、持久、固定牢靠，变色或破损，影响功效应及时整修或更换。

7. 起重机上常见的安全信息和报警装置

起重机上常见的安全信息和报警装置有工作状态显示屏、偏斜调整和显示、幅度显示、负荷率显示、起重量显示、力矩显示、功率显示、转速显示、里程显示、温度显示、水平显示、风速显示、运行指示灯、警报灯、航标灯、登机信号灯、转向灯、倒车灯、电压指示、电流指示、油压指示、臂杆长度指示及各种安全警告牌、提示牌、安全色标、图标符号等。

（四）随机文件

1. 一般要求

（1）其载体可以是纸本印刷品、电子音像品。

（2）一般采用使用国家的官方语言文字，民族地区采用民族语言文字；有必要的采用多种语言文字便于选用。

（3）尽量图文并茂，插图和表格不能与说明文字分离；字体大小适宜、清晰；安全警告配以相应色彩、符号强调，更能引起注意和记牢。

2. 主要内容

（1）关于机器运输、搬运和贮存的信息。整机和部件的外形尺寸、质量、重心位置、吊点、吊装方式、运输方式及注意事项。

（2）关于机器安装和交付运行的信息。装配和安装条件、方法（特别难点应详细说明）；地基和基础及轨道的敷设方法；允许的环境条件（如温度、湿度、振动、风速、电压、电磁辐射等）；机器与动力源连接说明；安全保护装置的详细说明；电气装置有关数据，应用范围和禁用范围；及其附件清单等。

（3）有关劳动安全卫生方面的信息。机器产生的噪声、振动数据和发出射线、气体、烟雾、蒸汽、粉尘等数据；消防及除尘等装置形式；环境保护信息；证明符合安全卫生标准的证明文件等。

（4）有关机器性能和操作使用的信息。性能负载表和各种工况图示及说明；手动和自动操作的说明；对设定和调整的说明；停机模式和方法（尤其紧急停机）；关于某些工况可能产生特殊风险的说明；特定安全保护装置的使用说明；有关禁用信息；故障诊断识别与位置确定和调整再启动说明；关于设计和安全装置无法消除的风险说明；关于可能产生有害物质的警告；个人防护用品的使用和所需培训的说明；紧急状态对策和建议等。

（5）关于机器维修、保养的信息。检查的具体位置和频次；润滑保养的内容、方法和周期；对维修人员的技能要求和特殊要求；操作者可进行的维护保养及调整的说明；提供故障查找和处理程序或图表；关于停止使用及零部件报废的说明等。

3. 起重机制造厂向用户提供的主要技术文件

（1）产品合格证。

（2）产品监检合格证明。

（3）制造许可证明。

（4）型式试验合格证明（按规定覆盖要求）。

（5）装箱单。

（6）随机备件和随机工具明细。

（7）易损件图表和零部件图册。

（8）保修证书（如保修时间、条件、手续）。

（9）使用说明书。

（10）主要配套件说明书（如发动机、力矩限制器）。

（11）说明书中没有包括的重要技术文件（如地基、基础、轨道的敷设，附着的安装与锚固等文件和图纸）。

4. 起重机说明书的主要内容

（1）主要性能参数和整机图样。

（2）整机外形尺寸（基本机型）及整机质量（图）。

（3）各变形工况的外形尺寸及质量（图）。

（4）各主要零部件（需现场安装的）外形尺寸及质量（图）。

（5）配重和压重外形尺寸及质量（图）和安装固定方法（如需用户制作提供施工图纸和技术要求）。

（6）行走轨道、固定基础、附着锚固的制作、安装方法及施工图和技术要求（必要时标明受力大小、方向等）。

（7）传动原理图、液压系统图、电气原理图及其说明。

（8）安全装置的种类、位置、功能、原理及调整方法。

（9）安装、拆卸的程序、工序工艺和使用工具，对人员（工种）、安装辅助设备的要求，以及注意事项。

（10）操作方法和安全操作规程。

（11）维修、保养内容、方法和周期，以及常见故障处理等。

5. GB 5144—2006 的八点要求

为了强调起重机说明书有关安全内容的完善，GB 5144—2006 中又提出了八点需写明的要求：

（1）塔式起重机主要承载构件使用材料的低温力学性能、机构使用的环境温度范围及有关因素决定的塔式起重机使用温度；塔式起重机的正常使用年限或者利用等级、载荷状态、工作级别；塔式起重机各种工况的许用风压。

（2）安全装置的调整方法、调整参数及误差指标。

（3）安装起重臂前需安装平衡重块的塔式起重机，应注明需要安装平衡重块的数量、规格及位置。

（4）起重臂组装完毕准备吊装之前，对起重臂的连接销轴、安装定位板等连接元件的重点检查项目和检查方法。

（5）在塔身加节、降节过程中，需进行平衡措施，严禁进行的作业及必要的检查部位和检查项目。

（6）所使用的钢丝绳的形式、规格和长度。

（7）高强度螺栓所需的预紧力或预紧力矩及检查要点。

（8）起重臂、平衡臂组装长度、重心及拆装吊点位置。

五、用户安全措施

机械事故基本都是在用户那里发生，因此用户安全措施是机械安全使用的重要保证。用户除了提供符合机械运行和作业条件的场地、环境和必要的安全防护之外，主要是安全管理措施。安全管理措施包括编制和执行安全操作规程、安全培训、安全监察或检查、安全体系、安全目标、安全制度、安全岗位责任制等。本书大多数章节都是在讲起重机械安全管理的内容，所以本节只是以起重机械为例作以概括介绍。

（一）起重机械使用的基本要求

（1）操作者必须经专业培训和考核合格，取得相应的资格证件，并持证上岗，才能操作相应的起重机械作业。

（2）起重机械必须是取得制造许可资质的厂家生产制造，经国家质检部门授权的检验机构检验合格，方能使用。

（3）起重机械使用前，应根据有关规定到质检部门办理登记手续，领取登记证明。

（4）起重机械使用前应根据使用说明书和安全技术规范编制安全操作规程，并严格遵守执行。

（5）如果要进行安装的起重机械，需要具有安装许可资质的单位进行安装；安装前应向当地质检部门进行告知并接受监督，安装后应在自检合格的基础上，接受具有资质的检验机构的监督检验合格，才能使用。

（6）每台在用起重机械应建立安全技术档案，其内容包括设计文件、产品合格证、监督检验合格证、生产许可证明、使用说明书和型式试验合格证、定期检验报告及合格证、使用登记证明、安装技术文件和资料、自行检查记录、日常维护保养记录、运行故障和事故记录等。

（7）起重机械作业根据施工现场安全管理的有关规定，一般都要到现场安监部门开具安全工作票；如果复杂和大型的吊装工程，作业前应该编制吊装方案和相应的安全措施，该方案和措施经施工项目部安全、机械、工程等管理部门会签，并经施工项目部总工（或技术负责人）签字批准和现场项目监理审核批准后，方能实施。

（8）起重机械的安装或拆卸（包括改造和重大维修）作业，需起重机械安装与拆卸单位在作业前编制起重机械安装或拆卸作业指导书，该作业指导书须经施工项目部安全、机械、工程等管理部门会签，并经施工项目部总工（或技术负责人）签字批准和现场项目监理的审核批准后，方能实施。

（9）起重机械的使用和作业应根据施工现场的实际情况，编制相应的防范措施。最常见的是：如果群机作业或作业区域障碍物较多，应编制起重机械防碰撞措施；如果作业区域经常刮大风，应编制起重机械防风措施等。

（二）起重机械管理的基本要求

（1）起重机械管理单位根据拥有起重机械的数量应设置专门的管理机构或起重机械安全管理人员，负责起重机械安全管理。

（2）起重机械管理单位应建立起重机械安全管理制度，至少包括安全使用制度、安全培训制度、维修保养制度、事故调查处理制度、安装拆卸管理制度、监督检验和安全检查制度、机械安全考核制度、机械资料管理制度、事故应急预案，以及各级机械安全岗位责任制等。

（3）起重机械管理单位应根据实际情况建立起重机械安全管理体系和机械安全目标；一般来讲，简单机械应实行个人负责制；复杂机械实行机长负责制；公用机械实行班组负责制。机械都需执行定人、定机、定岗，即“三定”制度。

（4）起重机械管理单位还应建立各种台账，如起重机械作业人员台账、起重机械台账、工器具和吊索具台账、测量仪器台账、培训台账等；以及各种记录、表式，如运行记录、故障记录、事故记录、交接班记录、检查记录、安装拆卸过程记录、变换工况记录、维修保养记录、奖罚记录、安全考核记录、缺陷整改验收记录、交底记录、有关会议记录等。

（5）起重机械管理单位还应制定一些计划和规程，如人员培训计划、机械维修计划、施工生产计划和台班定额、维修定额、安装与拆卸定额、易损件和消耗材料定额，以及维修规程、安装与拆卸规程等；并根据需要建立技术经济指标和统计分析报表等。

（6）为了掌握现行法律法规和学习参考等使用，起重机械管理单位还应配置起重机械有关法律法规，以及起重机械相关的国家和行业颁发的标准、规范等。

六、现场起重机械防风措施和防碰撞措施应注意的问题

施工现场起重机械的使用中最常见的措施是编制的防风措施和防碰撞措施，虽然起重机械的厂家使用说明书和有关起重机械安全规程中对于防风都有相关要求，但是还需要注意以下问题。

（一）起重机械防风措施

现场起重机械防风措施应包括工作状态防风和非工作状态防风。

（1）工作状态防风。我们根据起重机械安全规程的要求，6 级及以上风力时不得工作；4 级及以上风力时自升式塔式起重机不得进行顶升作业。GB/T 3811—2008 中提出工作状态计算风压应限制为 250Pa（对应 3s 瞬时平均风速为 20.0m/s，即气象风级 6 级，风速为

13.3m/s)；安装时计算风压应限制在 125Pa（对应 3s 瞬时平均风速为 14.1m/s，即气象风级 5 级，风速为 9.4m/s)，而在实际工作中应取更低的风速值。为此，我们要求塔式起重机起重臂铰点高度大于 50m，汽车、轮胎、履带起重机臂杆起吊高度大于 50m，门式起重机起吊高度大于 12m，一律安装风速警报仪；起重机上的风速仪指示的为瞬时风速。

如果现场经常刮风，每天的气象预报无法满足现场的需求，可以与气象部门联系，让其每天分小时预报风力和风速，最好能预报瞬时风速。气象部门预报的风速一般为离地 10m 高，10min 时距的平均风速，如果不能预报瞬时风速（即阵风风速)，我们可以换算成 3s 时距的瞬时平均风速，即 10min 时距的平均风速的 1.5 倍为平均瞬时风速。

(2) 非工作状态防风。我们应根据当地气象资料，如 30 年或 50 年一遇的大风、每年哪个季节常刮大风的风力和风速是多少，有针对性地采取防风措施。因为当地的风力或风速超过使用说明书的规定，将对固定式塔式起重机的基础、附着式塔式起重机的锚固点产生不利影响，应根据风载大小的影响对基础或锚固点进行加固措施；对轨道式起重机采取锚固措施。

另外，我们有的现场为了防风，给部分轨道式起重机装设了缆风绳，但由于不知道风力究竟多大，大风一来，缆风绳刮断了或固定缆风绳的地锚被拔出来了。所以，应该首先查清风速、风力多大，根据计算来设置缆风绳和地锚。

非工作状态的阵风风速，其值为 10min 时距平均风速的 1.4 倍。

(3) GB/T 3811—2008 给出了风压计算公式为

$$p = 0.625v^2$$

式中　p——计算风压，Pa；

v——计算风速（阵风风速即 3s 时距的平均风速)，m/s。

由于刮 6 级及以上风时，起重机不工作。因此，我们只需计算非工作状态的风载，即

$$\boldsymbol{P} = CK_h pA$$

式中　$\boldsymbol{P}$——非工作状态风载，N；

C——风力系数（受风件结构形式所决定，可查表)；

K_h——风压高度系数（每 10m 为一等压段，可查表)；

p——计算风压，Pa；

A——垂直迎风面积，m^2。

(4) 将风载荷与起重机自重载荷（包括吊具）进行组合来验算起重机非工作状态下零部件和金属结构的强度及抗倾覆稳定性、抗风防滑性。知道了风载的大小，也就能够按有关计算公式去合理地选取缆风绳的直径，以及设置地锚了。

(二) 起重机械防碰撞措施

现场起重机械防碰撞措施也包括工作状态防碰撞和非工作状态防碰撞。

(1) 工作状态防碰撞。一是指同轨起重机不仅应装设缓冲装置，还应设置限位装置；二是指群机作业时，虽然各起重机的起重臂的铰点高度可以有差异，但起重臂的回转范围相互干涉。在编制起重机防碰撞措施中不仅应对各起重机的回转次序提出要求、对回转范围提出限制、对司机操作和指挥人员的位置及指挥信号提出要求，还应绘制出各起重机位置的俯视图和侧向立面图。

（2）非工作状态防碰撞。主要指各起重机停止作业时，根据安全规程要求塔式起重机应松开回转制动，使其受风时起重臂应能自行转至顺风向，但为了防止相互挂碰而采取的相应措施。

我们经常看到的做法是将起重机的吊钩用钢丝绳锚固在地面的重物上或不动的锚固点上，但在措施中却没有提出任何依据。由于吊钩被锚固而起重臂不能自行回转至顺风向，如果现场刮大风的话，风载垂直吹向起重臂和平衡臂，塔身必然承受过大的弯矩，当起重机的塔身结构承受不了这个弯矩时，将引发事故。所以，一定要根据现场经常刮得风力大小，来进行验算，风载小不足以影响结构，吊钩可以锚固；风力大时，用吊钩锚固住塔身结构承受不了，还可以在塔身上增加缆风绳等措施。因此措施中应有计算依据。

起重机械安全操作规程的编制

起重机械安全操作规程主要是规范操作者或作业者行为的规程，是起重机械操作人员、指挥人员和相关作业人员必须严格遵守的规程。它基本上都是起重机械使用单位根据该机型的使用说明书和有关安全技术规范，以及现场实际情况和当前机械状况而编制的。安全操作规程很重要，它是起重机械操作人员以及相关人员学习和培训的最基本的教材和必须掌握的最基本的安全知识。在起重机械上悬挂或张贴的起重机械安全操作规程，可以摘取简洁、实用主要的内容；而用于书面学习的起重机械安全操作规程应以编写的越详细、越全面为宜，总之，我们不仅要会编制，而且必须要编制好起重机械的安全操作规程。

第一节　起重机械安全操作规程编制内容

起重机械安全操作规程的内容通常可概括为三部分：一般要求；通用安全技术要求；特殊安全技术要求；并能按正常操作顺序编写。

一、一般要求

一般要求主要包括对操作人员资格和状态的要求；对操作人员工作纪律的要求；对机械技术状况的要求；对作业环境条件的要求等。

（一）司机资格和状态要求

（1）司机必须经过专业培训考核合格，取得相应的资格证书（特种设备作业人员证），操作相应的起重机械，并持证上岗。

（2）持证书实习的司机在操作的全过程中，必须有该机正式司机的监护和指导。

（3）对于连续两年及以上未操作的司机或资格证书未经复审的司机，必须重新培训取证才能继续操作起重机械；无资格证书或证书失效的人员，严禁操作起重机械。

（4）未经主管部门批准，起重机械司机应不允许非本机司机上机操作。

（5）非本机人员不得登机，特殊情况，如检查组检查应事先通知。

（6）司机应每年体检合格、无妨碍作业的疾病；在作业中司机突发疾病、头晕目眩、视力模糊、听力失聪、精神恍惚等，不得继续操作起重机械。

（7）司机操作期间应精神饱满、精力集中和身体状态良好。

（二）工作纪律要求

（1）司机在作业期间应严格遵守和执行安全操作规程，并遵守劳动纪律，作业期间严禁离开操作岗位。

（2）严禁司机酒后操作；在操作期间不得吃东西、与他人聊天和打闹等。

(3) 司机（或机组人员）应按规定穿戴工作服、工作鞋、工作帽（或安全帽）和个人防护用品等，长发应束紧不得外露；严禁穿裤衩、背心、高跟鞋、拖鞋等上机操作；司机和检修人员高空维修保养作业必须佩带安全带，穿防滑鞋。

(4) 司机必须按规定的梯子、通道登机、下机，不得任意攀爬；上机、下机时不得手中握持任何物件。

(5) 禁止在机上乱放工具、零件和杂物、易燃物等；起重机上不得悬挂大型标语牌；严禁从机上向下抛扔物品。

(6) 司机在作业中应服从指定指挥人员的指挥，对其他人员发布的任何指挥信号严禁盲从；但在危急情况下，任何人发出停止信号，司机都应停止作业。

(7) 在作业中有下列情况之一者，司机严禁操作起重机械：

1) 无指定指挥人员。

2) 指挥信号辨别不清。

3) 会造成事故的指挥。

4) 不符合起重机械性能的指挥。

5) 不符合规范规定的旗语、手势、哨声的指挥。

(8) 在作业中有两个及以上的指挥人员，只有一个指挥发出指挥信号时，方可操作；两个及以上指挥人员同时发出指挥信号时，不得操作。

(三) 机械状态要求

(1) 在用起重机械必须经授权检验机构检验合格，机上悬挂检验合格证和安全操作规程、责任人名单，以及性能和润滑图标等。

(2) 起重机械不得带病运转，在工作中发现机械不正常时，应先停机检查，在自己不能排除故障时，应及时上报领导派人来排除故障后，方可继续使用；不得在进行作业中，边作业边对机械进行检查和调整。

(3) 司机应遵守有关维护保养的规定，认真及时做好保养工作，润滑油（脂）应符合说明书规定的牌号、种类，按时、按质、按量、按位添加或更换，以及按季换油，经常保持机械的完好状态。

(4) 司机应认真填写点检记录（班前检查）、运行记录、保养润滑记录、故障记录、交接班记录等；在执行保养润滑和消除故障时或停机非工作状态时，应切断主电源、所有控制器置于零位或空挡位置、各机构制动锁住、在电源箱上挂上检修标志牌或加锁。

(5) 起重机械上的各种安全装置和防护装置以及监测指示仪表、报警、信号、通信等装置应完好齐全，其损坏或失效时，起重机械不得使用。

(6) 起重机械必须按照使用说明书规定的技术性能、承载能力和使用条件，正确操作、合理使用，严禁超载作业或任意扩大使用范围。

(7) 新机或经大修、改造的起重机械，应按有关规定经检验合格后，严格执行走合期规定。

(8) 司机班前和班后应及时打扫、擦洗、清洁起重机械，保持机容机貌干净整洁，尤其窗户应保持完好、整洁，不影响视线。

(9) 对于老旧起重机械应根据使用年限和性能及状态情况，制订降低负荷、减速操作、缩短保养周期以及监护使用等具体要求内容。

（四）作业环境条件要求

（1）司机应熟悉作业环境和施工条件，并注意周围对机械作业有妨碍的不安全因素的消除；夜间作业应有充足的照明，否则不得作业。

（2）机上应配置灭火器，并不得失效或过期；周围不得堆放杂物、易燃易爆物等；必要时，在起重机械作业区域应设置围栏和警告标志。

（3）司机在交接班时应执行下述规定：

1）交班司机应向接班司机当面交代起重机械有无异常或故障处理结果，以及上一班作业情况；并共同对机械进行检查和试验。

2）共同检查轨道连接有无松动，轨道有无变形、下陷，碰尺、止挡、接地线等有无松动或损坏；试验行走有无卡涩或啃轨。固定式起重机械应检查基础和附着是否正常。

3）共同检查电气元件连接是否良好、线路有无破损、各种罩盖是否齐全。

4）共同检查各部润滑是否良好、各减速器是否漏油。

5）共同检查和试验各安全装置和制动器是否良好、可靠。

6）共同检查吊钩、滑轮、钢丝绳有无异常，主要结构件有无明显变形和损伤，各部件螺栓连接有无明显松动。

7）共同检查和试验操纵系统各手柄、按钮是否灵活、准确；零位保护、紧急停机开关是否可靠（可空载试运转各机构时进行）。

8）检查确认后，在交接班检查表（或点检表、交接班记录）上双方签字。

（4）司机在作业前一定听从施工技术人员的任务交底和安全技术交底，无交底不得作业。

二、通用安全技术要求

起重机械通用安全技术要求；一般注意事项和正常操作顺序等。

（一）一般安全技术要求

（1）司机必须熟悉本机的性能特点，一般起重机械的正常工作温度应为－20～＋40℃，超出此温度范围，应停止作业；风力超过6级及以上，以及大雪、大雨、大雾等恶劣天气应停止作业（具体根据说明书规定要求）；轨道式应夹好夹轨器并在行走轮下塞入铁楔；一般建筑塔式起重机松开回转制动，让起重臂自由回转；动臂式塔式起重机臂杆落至最大幅度；吊钩升至最高点，不得吊挂重物等（另有防风措施的按防风措施执行）。

（2）司机应遵守“十不吊”，即超载（特批情况例外）和重量不清不吊；埋在地下或冻结在地上的重物不吊；斜拉、斜拽的物件不吊；捆绑不牢靠的重物不吊；吊物不平衡的不吊；吊物上有浮置物的不吊；重物棱角未加保护垫的不吊；视线不清的情况下不吊；无指挥信号的不吊；易燃易爆等危险物品无保护措施的不吊。

（3）起吊重物时必须平稳升降和回转，不得使吊起的重物在空中旋转和摆动，不得突然制动；左右回转未停稳时，不得进行反向动作；吊装体积大和易晃动的物件应设置牵拉溜绳。

（4）吊运重物不得从人的上空通过，吊臂、吊钩下不得有人；严禁吊起的重物长时间在空中停留。

(5) 禁止用起重机吊运人员；严禁用吊钩直接吊挂重物；细长件必须捆扎两处，有两个吊点；千斤绳（吊索）与起吊物件的夹角宜采用45°～60°，不得小于30°。

(6) 起重机械靠近架空线路作业时应与电线保持规定的最小安全距离，见表16-1。

表16-1　输电线路电压与最小距离表

输电线路电压（kV）	<1	1～20	35～110	154	220	330
最小距离（m）	1.5	2	4	5	6	7

(7) 起重机械卷筒上的钢丝绳应排列整齐，不得叠罗、挤压、散乱，最少应保留三圈；钢丝绳的安全系数应不低于GB 3811—2008《起重机设计规范》表44的规定，但捆绑起吊的千斤绳安全系数通常不得低于6，旧千斤绳安全系数应不低于8。所有使用的钢丝绳发生变形、严重腐蚀、死弯和断股、直径磨损少于原直径7%的或断丝数超过规范规定的应报废更换；起吊钢丝绳不得扭结、松弛、卡住；千斤绳不得直接缠绕在起吊的物件上。

(8) 钢丝绳绳卡使用要正确，受力绳应在滑鞍座侧，绳头端应在U形环螺栓侧，在钢丝绳没有受力时紧固，紧固时直到压扁钢丝绳直径的三分之一，当钢丝绳受力时，再紧固一遍；绳卡不得正反交错使用。绳卡与绳径匹配使用见表16-2。

表16-2　绳卡与绳径匹配使用表

钢丝绳直径（mm）	≤19	19～32	32～38	38～44	44～60
最少绳卡数（个）	3	4	5	6	7
绳卡间距（mm）	绳卡之间的间距不应小于钢丝绳直径的6倍				

(9) 严禁使用限制器和限位装置代替操作机构作为停机使用。

（二）操作程序要求

(1) 流动式起重机在启动前应将各操纵杆置于零位，检查燃料、润滑油、液压油、制动液、冷却液添加是否充足，符合要求后，再启动发动机；启动后检查各种指示仪表是否准确，安全装置和制动器是否可靠，各机构运转是否正常。

(2) 履带起重机作业前首先要检查地面是否平整坚实，一般主臂工况，保证地面平整度小于1°；起重量百吨及以上的大型履带起重机经常接近满负荷作业时，尤其塔式工况作业时，履带下应垫专用铁板盒，必要时地基应经专门处理，保证地面平整度在1%范围内。

(3) 汽车起重机作业前，起重臂在前方尚未动作时，首先要在空载时打好支腿，支腿下应使用方木垫平、垫牢，检查水平表处于水平，支腿垂直油缸不得有漏油或渗油现象，以免作业中支腿下沉。

(4) 轨道式起重机在松开夹轨器时，要注意轨道上有无障碍物和轨道有无异常，并察看接地线和拖式电缆是否良好；操作手柄和按钮应在零位，接通电源后，察看电流、电压表指示是否正常，并用试电笔测试金属部分是否漏电，在确认无误后，空载检查和测试各机构、安全装置、制动器等是否可靠。

(5) 起重机械开始作业时，司索、指挥人员应站在吊臂或吊重的侧面，不得站在吊重的前面或后面，以免吊重前后摆动伤人（尤其动臂式起重机起重臂较长时，由于臂杆的弹性释放吊重可能会向前移动）。

(6) 起重机械开始作业时，司机应先发出信号，如发出铃声或喇叭声，告知和提醒开始启动作业。

(7) 司机操作起吊作业时，必须从零位开始，可变速多挡位的起重机，必须先使用低档慢速，吊起重物离地 200～500mm 时，制动停住，确认制动可靠，捆绑牢固，起吊绳长度、角度和吊点适宜，吊物平衡后，方可继续起吊，并逐级操纵到所需的档位速度。

(8) 吊起重物时，不得猛起、猛落和急开、急停，起升、降落、变幅、回转、行走等操作应平稳顺滑，禁止野蛮操作。

(9) 起重机严禁带载自由下降，当重物下降离就位点 1m 高处，必须采用慢速或微速下降就位。

(10) 在吊钩起升过程中，当吊钩离起重臂端（或横梁、电动葫芦等）5m 时，应采取低速起升，严防吊钩与起重臂端或高度限位装置相碰。

(11) 轨道式起重机行走时离碰尺 3m（起重小车离碰尺 2m）时，应提前减速并停车。

(12) 起重机吊载平移时，起吊的重物应高出跨越障碍物的高度不得小于 1m；汽车起重机不得在前方吊载。

(13) 允许带载行走的履带起重机和轮胎起重机应符合说明书规定，一般不超过额定载荷的 70%，吊重只能在正前方，行走道路要坚实平整，吊重离地面距离不超过 500mm，拴好拉绳，缓慢行走，不得长距离行驶。

(14) 履带起重机上下坡道时，应无载行走。上坡时，起重臂仰角适当放小；下坡时，起重臂仰角适当放大。

(15) 动臂变幅的起重机一般允许回转、行走、起升同时操纵（但要根据说明书的规定），但变幅只能单独操作；允许带载变幅的起重机，当吊重或力矩达到 90%时，不得带载变幅或继续变幅，防止超载或超力矩；也不得同时进行两种动作的操作。

(16) 汽车起重机伸臂时，仰角不应过大，应同时下降吊钩；缩臂时应同时上升吊钩。

(17) 门式或门架、门座式起重机在行走时，应注意两边驱动轮的同步性，发现偏斜时应立即停机调整，不得继续行走。

(18) 双机抬吊作业应具备有关部门批准的方案和措施，双机抬吊重物时，两机起吊绳必须保持垂直，升降、回转、行走必须要两机同步；单机载荷不应超过单机额定载荷的 80%；双机抬吊的总重量不应超过两机额定起重量之和的 75%。

(19) 电动葫芦带载行走时，离地不宜超过 1.5m。

(20) 起重机两机同时作业时，应保持 3～5m 的距离；起重机无论作业或停止状态与周围建筑物或固定设施应保持不小于 400mm 的间距。

(21) 多机作业应避免起重臂回转范围重叠干涉，但在难于避免的情况下，应制定防碰撞措施，司机应严格执行措施并听从指挥人员的指挥操作。

(22) 有主、副两套起升机构的起重机，主、副钩不得同时操作。

(23) 作业中突发故障或临时停电时，司机必须将重物落下，放到地面安全地方，将操作手柄置于零位，切断总电源开关；如无法降落重物，应向领导报告，研究对策和采取解决措施。

(24) 起重机械上的安全装置任何人不得随意解除或调整，特殊情况下，如需要超高度或超负荷作业必须按照有关规定制定相关方案和措施，并经批准后方可实施；超负荷作业动载不应超过额定负荷的10%，静载不应超过额定负荷的25%，实施后，应对机械进行详细检查，并恢复安全装置。

(25) 流动式起重机作业中发生略有倾斜（如支腿不稳或地基下沉）时，应立即将重物下降放至地面安全地方，下降时严禁制动。

(26) 汽车起重机行驶时，严禁机台上有人站立或蹲坐。

(27) 带有登机电梯的塔式起重机，登机电梯严禁超载，在起重机作业时，严禁开动登机电梯。

(28) 乘坐登机电梯人员不得将身体任何部位伸出吊笼外边；禁止运送重量不清的物件；电梯发生故障时，严禁使用，维修时应将吊笼可靠固定。

(29) 塔式起重机在作业前还应注意检查垂直度；附着式塔式起重机应注意检查附着连接是否可靠。

(30) 起重机作业后应将轨道式起重机停放在指定位置并将行走制动，夹好夹轨器，塞上铁楔；履带起重机不能开回停车场的应停在平坦坚实的地方；平臂塔式起重机将起重臂转到顺风向，动臂式起重机将臂杆降到最大幅度，吊钩升至接近臂端位置；平臂塔式起重机松开回转制动器，动臂式锁住回转制动和行走制动；将各操纵杆、按钮、开关等置于空挡、零位或关闭状态，然后关闭发动机或总电源，关好门窗和门锁及电源箱锁。

(31) 汽车起重机作业后应收回臂杆，将臂杆放到支架上，再收回支腿并将支腿锁牢，吊钩应使用专用钢丝绳挂牢在保险杠上，将起重操作杆置于空挡，脱开取力器，关闭各开关，关锁好起重操作室门窗，锁住回转，将起重机开回停车场地停放。

(32) 司机作业后应填写好运行记录和其他有关记录，如多班作业应按交接班规定进行交接班，并填写交接班记录。

三、特殊安全技术要求

根据机型构造特点提出的特殊要求和注意事项示例如下。

(一) DBQ3000、DBQ4000塔式起重机

(1) 变幅机构只允许单独操作，回转和行走不允许联合动作，其他机构可以两个动作一起操作，但不得同时启动或制动。

(2) 双机抬吊时重物总重量控制在70%额度起重量之内。

(3) 塔式起重机小幅度作业（指起重臂仰角为65°～70°）时，必须先挂钩，后收幅，并注意副臂撑杆正确进入支座情况（必须正确入座到位）；重物就位时，先增幅使副臂仰角到65°或以下后，再摘钩，应卸载平稳，严禁突然卸载；禁止塔式起重机小幅度空载回转和行走。

(4) 塔式起重机空载或带载行走时，尽量使起重臂沿轨道方向；允许带载起升起重臂(减幅或收幅)，不允许带载下落起重臂（增幅）。

(5) 起吊千斤绳安全系数应大于6，具有足够的安全余度。

(6) 当风速达到7～8级（2min时距平均风速大于16m/s）时，应将起重臂下落到扳起位置，夹好夹轨器；当风速达到9～10级（2min时距平均风速大于23m/s）时，应将主臂放下，副臂头部触地，夹好夹轨器。

（二）FZQ1250 圆筒塔式起重机

（1）如电源电压低于额定电压95％时，塔式起重机不能进行作业。

（2）允许升降和回转（或变幅）两个机构先后依次操作运行，严禁两个机构同时操作运行，严禁两个机构同时启动或制动。

（3）主起升机构快、慢档变速，只允许在空载时进行，换挡时吊钩应在安全地带，用脚制动配合换挡，严禁带载换挡变速；副起升机构采用变频调速，只允许空载时快速升降，严禁带载快速升降操作。

（4）起重机机台不应低于构筑物，如低于应采取措施，避免机台与构筑物发生碰撞。

（5）作业结束后，起重臂下降到18.6°的位置（约52m幅度），并将吊钩上升到接近最高点8m处。

（三）FZQ1380 塔式起重机

（1）主钩高速挡只能空钩升降，主、副钩不能同时吊载；变幅机构只能单独操作动作；幅度在10～50m为正常工况，幅度在7～10m为特殊工况，特殊工况只能在瞬时风速不大于9m/s（4级风）时使用，并应加强监护。

（2）特殊工况及中速负荷应严格按说明书提供的载荷曲线范围操作。

（3）作业结束后，严禁小幅度停机，必须将起重臂放置在40°～45°幅度，起重臂置于顺风向，吊钩升至无障碍处，松开回转制动器。

（四）FZQ1650 塔式起重机

（1）主钩高速挡（主令第4档）只能用于轻载（30t）以下或空载升降；副钩高速挡（主令第4档）只能用于轻载（7t）以下或空载升降。

（2）主、副钩在幅度10～50m为正常工况，在幅度6.5～10m为特殊工况；主钩特殊工况最大起重能力为75t，此时起重臂在最大仰角区，必须防止起重臂反弹，因此一般情况下主钩吊载不应少于20t；特殊工况作业时，瞬时风速应小于9m/s（4级风）。

（3）作业结束后，起重臂下落到较大幅度（45°～50°），起重臂置于顺风向，吊钩升至无障碍处，松开回转制动器。

（五）FZQ2000 塔式起重机

（1）变幅机构只能单独操作动作，不可带载变幅；10～50m为正常工况，6.5～10m为特殊工况；特殊工况作业时，瞬时风速应小于10m/s（4级风），并监护起重臂撑杆入座情况，应编制特殊作业措施。

（2）作业结束后，严禁小幅度停机，必须放置起重臂在最大幅度，起重臂置于顺风向，松开回转制动器。

（六）H3/36B 建筑塔式起重机

（1）起升钢丝绳倍率变换必须在空载时进行。

（2）双绳变换为四绳操作：向起重臂根部移动起重小车，直到小车碰到限位开关切断小车向内运动的位置；起升吊钩，直到吊钩滑轮碰到高度限位器切断吊钩上升的位置；然后按下变换倍率的按钮，同时进行吊钩起升操作，吊钩滑轮上的两块钢板分离销轴即可自动插入凹座中，双绳变为四绳转换完毕；下降吊钩使高度限位器复位，可以向外移动起重小车变幅，进行四绳起吊作业。

（3）四绳变换为双绳操作：起升吊钩，直到吊钩滑轮碰到高度限位器切断吊钩上升的位置；向起重臂根部移动起重小车，直到小车碰到限位开关切断小车向内运动的位置；然后按下变换倍率的按钮，同时进行吊钩起升和小车向内移动的操作，直到吊钩上的杠杆撞上撞块使两块铁板分离，四绳变为双绳转换完毕；下降吊钩使高度限位器复位，小车向外变幅，可进行双绳作业。

第二节　日本履带起重机安全操作规程实例

日本某型号履带起重机的英文说明书，首篇讲的是安全使用，其内容之全面是我见到的任何一本国产起重机说明书所不及的。在我国非常重视人身安全的形势下，很值得国内一些起重机制造厂家学习和借鉴，也值得起重机使用者和管理者学习和参考。除了说明书中安装与拆卸过程中的安全警告、警示要点以外，将其安全使用的主要内容介绍如下。

序　　言

由于起重机具有提升很重载荷到很大高度的能力，因此如果不遵循安全规程操作，就有偶发事故的可能。本说明书将帮助你预防受伤、死亡或灾难性毁坏。这里提出的一般安全操作规程，操作者必须很好地遵守。

一、参与作业各级人员的责任

（一）操作者的安全责任

（1）在任何起重机上操作者都是安全最重要的角色，为此，操作者应始终最关注的是安全。当操作者感到不安全，其监管人员也拿不准时，操作者必须拒绝操作。

（2）操作前，操作者必须阅读和弄懂操作手册的内容，并去观察和了解起重机的固有状况。

（3）操作者在起吊负荷前，必须阅读和弄懂额定载荷表（板），清楚机器能安全起吊的每一载荷。

（4）操作者在没有弄清楚臂杆的长度、载荷的重量，以及该载荷所需的臂杆幅度或角度的情况下，必须做到永不起吊。

（5）操作者永远不要试图去起吊那些超出额定负荷表上所标示的载荷，如果去操作可能造成起重机倾覆或者结构损坏，造成人员伤亡事故。

（6）操作者必须头脑清醒、机智灵活、身体适应，并远离酒类、毒品或药物，因为上述物质对视力、听力、反应和判断能力将造成影响。

（7）操作者还必须清楚不必要的人员、设备、材料不得在工作区域内；工作区域周围应设置恰当的围栏。

（8）当操作者在视线受到限制或处于危险的场所，如高压线附近、人群周围时，必须有指挥人员（发出信号者），因为操作者不可能总是处在判断距离的最佳位置，同时也不可能看到工作现场的所有地方，所以起重机工作的任何时候，设置一个指挥人员都是必要的。操作者必须懂得起重机的标准指挥信号，在现场也只能听从指挥人员的信号来操作。

（二）指挥人员的安全责任

（1）指挥人员的首要责任是帮助操作者的操纵是安全和有效的。操作者是依赖与指挥人员发出的信号去操纵起重机动作，是指挥人员帮助操作者的操纵使人们或财产免遭危险。

（2）指挥人员必须非常清楚要做的工作，以便使操作者和其他作业人员能安全可靠地协调完成每件工作。指挥人员所在的位置应能让操作者清楚地看见指挥人员的指挥信号，也能让操作者观察到全体作业人员。指挥人员必须使用起重机标准指挥信号，除非经商量同意使用其他指挥办法，例如使用对讲机或者旗语。

（三）全体作业人员的安全责任

（1）任何不安全的条件或者不安全的作业必须得到纠正，或者报告工地负责人。

（2）每一个在起重机周围施工的人员，包括司索人员和维修润滑人员，必须服从所有的警告信号；并注意自己的安全和他人的安全。作业人员无论安装起重机或进行吊载，都要弄清楚起重机安装的工序工艺和其使用特性。

（3）作业期间每个人都要辨识危险，还要辨识操作者和指挥人员的危险，如周围的动力线、人和其他设备的突然出现、地基的不稳定状态等。

（四）管理部门的责任

（1）了解操作者是否培训过、胜任能力怎样、身体适应情况、是否按规定得到许可；对操作者来说，具有良好的视力、良好的判断力，以及协调能力和智力都是必须的。缺少这些素质的人是不允许操作起重机的。

（2）指挥人员必须具有良好的视力和声音判断能力，掌握起重机的标准指挥信号和能给出清晰指挥信号。他们应具有足够的辨别危险的能力和指挥操作者回避危险的经验。

（3）司索必须是经过培训的，可以决定吊载的重量和距离，并能选择合适的起吊索具。由于司索往往在较远的地方去完成一些复杂的任务，为此管理部门的责任是必须雇佣经培训合格的司索人员。

（4）所有参入作业的人员必须制定专项安全责任制和接受过安全培训，工作时发现不安全情况应立即报告工地负责人。

二、工作策划

大多数事故的发生都是因为工作之前没有制定详细的工作计划（或策划）而造成的。作业人员经常变换，但每个人都必须清楚地知道自己去做什么和所用设备的性能（或能力），必须考虑和研究工地上可能存在所有危险状况。制定安全工作计划，然后向全部有关人员交底。这些内容作为工程承包单位（或者工地负责人）都应该考虑到：

（1）该项目需要哪些作业人员及他们应具有怎样的岗位责任？

（2）需要吊装载荷的质量、幅度、起重机臂杆角度和起重机额定能力？

（3）指挥和操作者是采用怎样的信号传递方式？

（4）使用什么设备能保证作业安全？起重机是工程所需的最好设备么？

（5）如何将起重机安全运输到工地？

（6）现场有哪些煤气管道、动力线路或构筑物能够移开或避开？

（7）地基或地面的强度是否足够支撑起重机和吊载？

（8）需要什么样的吊载索具？

（9）如果需要起重机带载移动或需要多台起重机吊载应制订怎样特殊的安全措施？

（10）现场气候条件怎样，如大风和寒冷是否想到？

（11）为了使不必要的设备和人员与作业现场隔离，需要隔离多大区域？

（12）如何布置才能使起重机使用最短的臂杆和最小的幅度去工作成为可能？

三、操作者检查项目

每天作业前，操作者必须按规定程序对起重机进行安全检查，检查项目如下：

（1）检查运行和保养、维修记录。该机是否按本说明书规定的保养周期和检查项目的要求，以及该保养、维护的内容都做到了。

（2）检查起升高度限位器和臂杆角度指示器、防后倾限位、警报和其他安全装置（力矩限制器）。

（3）仔细检查载荷承载部件，如起升绳、臂杆拉索、千斤绳、臂杆、鹅头（小副臂）、吊钩、滑轮和其他索具。

（4）检查起重机有无任何脱落的螺栓、螺母和销子，以及损坏和断裂的零部件。

（5）确信改进的机型是被许可的，是经检验机构检验合格的，如零部件的增加或减少，以及臂杆未被不正常的修理过等。

（6）检查燃油和液压油的泄漏情况。

（7）发动机启动之后，检查所有仪表的读数情况。

（8）试验起重机全部动作的操纵控制情况。

（9）检查制动器和离合器；吊起载荷离地几英寸，并保持停留一段时间，试验制动情况。

四、安全操作规程（操作预防）

以下条款内容是关系到起重机可能造成个人伤害和危险的大多数原因的经验总结。为此，严格遵守下列条款可以防止多数一般事故。

（1）计算起吊能力错误可能造成事故。起重机的使用必须考虑到的内容包括：

1）载荷的幅度（起重机回转中心到起吊载荷中心两者之间的距离。注意：当吊起载荷时，幅度将会增加）。

2）载荷的重量、吊钩和索具。

3）主臂长度、副臂长度、拉索及附件和作业区域（要考虑有无起重机臂杆是转到后边吊装，还是转到履带一侧吊装）。

注意：当起重机在使用额定负荷表时，臂杆长度和幅度之间应选用低的额定载荷；凭想象去选择数值是有危险的。要试吊一个不知道该载荷是否在额定能力范围的载荷是很危险的，很可能起重机开始倾斜，超负荷警报响起；如果载荷太重，起重机可能立刻倾翻或者垮塌，永远不要这样做。操作者要始终在起重机额定能力范围内操作，必须保证安全起吊。

（2）如果地面（或地基强度）不能支撑起重机和载荷质量，起重机会倾翻或垮塌。在履带下面需要垫道木、钢板或混凝土垫层，以便履带载荷均布，地面支撑强度足够。确认了地面的承载能力足够时，起重机才可以操作。避免软地基或不稳定地基、沙地、含水多的区域、局部冻结的地面，当起重机在壕沟、耕地，也可能是海岸、坡地等附近工作时，要防止陷落或滑入。

(3) 起重机起吊的额定能力是由起重机设置在坡度1%（在100英尺的长度距离上，高度下降或上升1英尺）范围内的平整地面上而确定的，地面的水平度（坡度）超出1%的范围，起重机的起吊能力将急剧降低，所以要起重机所在地面应坚实平整。

(4) 人员可能遭到起重机上部回转机构与下部履带之间的剪切作用而被挤压，因此人员应远离起重机回转机构。作业期间，工作区域应设置围栏进行维护隔离，起重机回转时，周围不得有人。

(5) 如果起重机回转后部空间小，人员在后部时，可能遭到起重机后部配重的挤压。起重机放置的位置，不能使作业人员被封闭在配重和其他障碍物之间。

(6) 许多人因乘坐在吊钩上、吊物上、吊笼中而受伤，因为乘坐人在空中根本无法控制自己，也没有防止碰撞和跌落的措施，任何小的错误，后果可能是致命的，所以任何人不得乘坐吊物、吊带、吊钩等。

(7) 作业周围公共设施。如果认为作业区域内有公共设施，如煤气、自来水、污水、电话或电缆等管线，在作业开始前应联系当地主管部门，确定上述设施的准确位置。起重机在作业期间，臂杆的最高点（末端）和动力线必须保持足够的距离。其安全距离见表16-3。

表16-3　安全距离表

电压（kV）（千伏）	安全距离 m（ft）	电压（kV）（千伏）	安全距离 m（ft）
0～50	≥3.0（10）	350～500	≥7.5（25）
5～200	≥4.5（15）	500～750	≥10.5（35）
200～350	≥6.0（20）	750～1000	≥13.5（45）

在动力线下作业，使用绝缘的臂杆罩、逼近警报装置和绝缘的索具都有一定的局限性：绝缘索具无法发出警报；绝缘臂杆罩和绝缘索具只能防止起重机部分零部件触电，如果被灰尘和水污染后很可能绝缘失效；逼近警报装置可能受到线路的不同布置、周围车辆和材料，以及起重机自身移动等而影响其功能。因此只依靠这些装置可能是危险的，因为使用者想让这些装置提供防护，而实际上可能提供不了。所以精密的计划和现场监督比任何探测仪器更有效。

起重机的任何部分或绳索接触到高压线，操作者最安全的做法是停留在原地（操作室），直到接触清除或电源关闭，如果操作者必须开起重机，宁可跳开，也不要爬下来。

(8) 起吊绳上升到吊钩滑轮将要接触到臂杆的头部（前端部）时，可以停止。这叫“双限位”，例如吊钩起升到臂杆末端或下降到卷筒上几乎没有钢丝绳可释放时，“双限位”将起到停止的作用。无“双限位”，副臂（起重臂）或桁架臂可能过卷（过度后倾）或者造成臂杆及起重臂头部结构损坏，所以操作时，要始终保持吊钩滑轮与臂杆头部之间有一定空间；在下降臂杆时，一定要下降吊钩。要保持起重机的高度限位器和下降限位器有效、可靠。

(9) 如果吊钩、臂杆、载荷、支腿在移动时，作业人员就在附近，可能受到伤害。不得使载荷在人员头上越过，禁止载荷碰撞或挂住任何东西。

(10) 急速回转、突然启动或停止都可能造成吊钩和悬挂的载荷摆动而无法控制，所以操作者应始终保持启动、停止和回转速度平缓、柔和，使载荷在控制之下。

(11) 脏的窗户、黑暗处、刺眼的阳光、起雾、下雨和其他情况将使操作者视线模糊和看清景物困难，为了安全操作，要保持窗户干净清洁；如果视线不清，不要操作；如果窗户玻璃破裂和损坏，应尽快更换。

起重机上有几处特设的安全标识牌，牌上的内容是关于故障检查和危险提示的，都进行了精确定位和准确描述，请操作者尽快精通这些安全标识；如果操作者已无法看清楚上面的字和图，要立即清洁或更换这些安全标识牌；清洁标识牌应使用抹布、肥皂和清水，不应使用溶剂、汽油等。操作者务必阅读并掌握安全标识牌上的全部内容。如果标识牌损坏了、空白了和不能阅读了，必须更换；新更换的标识牌必须安装在原来的位置上。

(12) 甚至微风也能使吊重失去控制、起重机臂杆或顶部损坏，高空的风比地面上的风要强得多；如果风可能造成危险，不得起吊载荷，必须事先降落臂杆。起重机起吊大面积的载荷或者使用长臂杆时，中等风（七级风）也会造成事故。

(13) 在机器还没有停止前，不要跳上或跳下操作室，要始终使用两手和脚控制着起重机；否则在机器未停止时，草率地上下车可能造成重大事故。

(14) 光滑的表面和台阶人可能滑倒、跌落；也可能使机器上乱放的工具、杂物或其他配件跌落，所以要保持机器的清洁和干燥。

(15) 桁架式起重臂由于弦杆受伤将使起重能力降低，受过伤的起重臂可能会在使用中折臂、弯曲或失稳、焊缝开裂。所以每天应检查臂杆是否受伤，决不使用受伤的臂杆。注意：由于本机臂杆是使用高强度钢材制造、修理需要特殊工艺，如需修理应咨询厂家授权的当地销售商。

(16) 如果向一边斜拉载荷可能造成起重机倾覆事故。引起此类事故的典型原因是：当起重机回转时，突然启动和停止；硬要去拖拉一个载荷；遇到大风天气作业；在不平的地面上起吊重物等。作业中应注意，避免载荷斜吊。

(17) 如果载荷碰撞臂杆、臂杆撞击建筑物或其他物体都可能造成臂杆毁坏。因此，在作业中要始终使载荷或其他物体不接触臂杆。

(18) 起重机的起吊绳在吊着载荷时，是拉紧的；当放下载荷时，是松弛的。钢丝绳是具有弹性的。在臂杆高而角度大时作业，不注意很容易造成臂杆后倾过卷或臂杆防后倾撑杆损坏，所以在放下载荷时，始终不能使臂杆压紧防后倾撑杆。如果必须放下载荷时，要缓慢落钩使钢丝绳松弛，在保证臂杆没有压紧防后倾撑杆时，才摘钩；如果缓慢落钩和松弛钢丝绳时，发现臂杆已开始压紧防后倾撑杆时，必须下落臂杆、增加幅度使臂杆没有压紧防后倾撑杆时才能摘钩。

(19) 如果起升载荷时，载荷碰到臂杆顶部，载荷将失去控制，造成起重机倾覆事故。所以一定要让全体人员清楚，起吊载荷的高度应使载荷始终处在臂杆顶部的下方（还应在臂杆顶部安装高度限位器并始终保持高度限位器有效）。

(20) 企图去起吊埋在地下的重物、冻结在地面的载荷或与其他物体相连的东西都可能造成起重机倾翻、臂杆断裂或其他损坏，所以在起吊之前，一定要确认载荷是自由状态的。

(21) 如果卷筒上没有留下缠绕足够的钢丝绳圈数时，可能造成钢丝绳松脱，为此在起重机作业时，卷筒上至少应保留 2 整圈钢丝绳。

(22) 当需要短时间内悬吊载荷停留在空中时，某些起重机的脚制动踏板锁是提供给司机腿部休息用的。尽管如此，司机的脚也要放在脚踏板上，因为制动器可能会使载荷下落。

(23) 不要在起重机吊钩还在空中、吊着载荷、臂杆被升起时去维修或调整设备。这样做，可能会使它们突然释放，发生运动，造成事故。

所以，在机器进行维修、保养或修理作业之前，应总是将载荷落下到地面和将臂杆下降放在适当的垫木上。

(24) 起重机的液压系统可以在较长的周期里保持着一定压力。在维护保养液压系统前，如果人们没有正确地释放了液压油的压力就去作业，这个压力可能使机器运动或者使油管接头喷射出高速猛烈的液压油。所以，在调整或修理液压系统前，一定要正确地释放液压系统的压力。

(25) 在拆卸主臂和副臂连接销时，如果没有恰当的支撑，可能使臂杆跌落。在拆卸销子前，一定要在臂杆节两端加上支撑，使臂杆上的拉索（或变幅绳）完全松弛；在安装或拆卸臂杆连接销子时，人决不能站在臂杆里面或下面。

(26) 安装了所有的附属装置的重型起重机，无论在工地上驱动，还是离开工地的运输，都要十分小心，应注意观察周围的人员、电线、低洼处或狭窄处空间、桥梁及承载能力、斜坡的坡度或不平的地带；最安全的办法是安排一个指挥人员，他要知道机器的重量、高度和宽度，并在运输之前将回转机构锁止。

(27) 起重机额定载荷能力是基于机器处在坚实而水平的地面和正确的操作，以便起重机在操作的动态下不增加额外载荷。移动一个装有长臂杆或者悬挂着载荷的起重机都包含着一定的危险性，因为它提高了偏载和倾翻的可能性。由于起重机的工况有很多变化，使用者必须准确判断情况和制定相应的预防措施。

1) 遵循 (26) 条的起重机驱动和运输的有关规定。

2) 为了起重能力的限制而核对额定载荷表。

3) 臂杆的位置和起重机移动方向一致。

4) 在移动起重机时，降低起吊的最大载荷，以减少操作对起重机的影响；安全的载荷依赖于起重机的速度和其他条件的变化。

5) 慢速移动并避免突然启动和停止。

6) 避免起重机后倾造成倾翻，应增加工作幅度。

7) 利用标记使工作幅度在控制之内。

8) 保持载荷平稳坚实落地。

9) 尽可能利用最短臂杆的起吊能力。

(28) 使用双机或多机抬吊载荷不同于单机起吊，存在较多的危险性。多机抬吊必须谨慎操作并考虑以下几点：

1) 不能随意起吊载荷重量，必须对工程进行仔细研究，并保证每台起重机起吊的载荷比额定载荷要少。

2) 要按计划分配单机起吊的重量。

3) 在开始前，操作者、指挥人员和其他参与作业人员一起重新审查起吊计划。

4) 仔细协调起重机在起吊的每一阶段的移动过程。

5) 避免载荷偏载起吊，见 (16)。

(29) 司机离开机器，机器无人看管是很危险的。司机在离开操作座位前，必须遵守下列步骤，避免机器动作：

1）落下载荷或吊钩到地面，必要时落下臂杆。

2）设置回转制动或者锁住。

3）设置所有卷筒的棘轮止动。

4）设置停车制动。

5）履带进行适当止动或锁止。

6）松开发动机离合器或关掉发动机。

7）功能锁止杆放置在扳下位置。

（30）所有钢丝绳应每日进行检查确认，无论是否更换过，当存在下列情况之一者应更换：

1）在运转的钢丝绳中，同向捻绳随意分布断丝 6 根或者在一股绳中断丝 3 根（抗旋转钢丝绳）。

2）外部单根钢丝磨损达原直径的三分之一。

3）死结、压扁、笼状或造成钢丝绳结构变形的其他损伤。

4）腐蚀或锈蚀损伤痕迹明显。

5）任何热损伤痕迹明显。

6）钢丝绳公称直径减少大于：①钢丝绳直径 8.0mm，减少 0.4mm；②钢丝绳直径 9.5～13.0mm，减少 0.8mm；③钢丝绳直径 14.5～19.0mm，减少 1.2mm；④钢丝绳直径 22.0～29.0mm，减少 1.6mm；⑤钢丝绳直径 32～38mm，减少 2.4mm。

7）在不动的钢丝绳中，连接端的每股截面上断丝多于 2 根；连接端断丝多于 1 根。永远不要用裸手去触摸钢丝绳。

（31）不正确地连接钢丝绳，在起吊载荷下可能发生载荷跌落，所以钢丝绳及其连接必须正确并坚持每天检查。

1）楔形块的安装。受力的直绳部分安装在楔形块的直线边；绳的弯曲部分安装在楔形块的侧边（斜边）。

2）钢丝绳 U 形卡的安装。卡座（固定螺母的部分）安装在受力的直绳部分；U 形环安装在绳的弯曲部分。

（32）司机或责任人应该懂得：

1）在起吊前，清楚载荷是安全可靠的；吊索没有扭结和损伤，吊钩滑轮是与起吊载荷相适应的（能力足够），吊载是平衡的，千斤绳在吊钩上布置正确。

2）能够避免突然启动和停止的操作。

3）在起吊前，起重机的起升绳是垂直的。

4）起重机吊钩应装有防脱绳装置。

5）起重机吊起的载荷、吊钩、抓斗既不能通过作业人员头部上方，也不能危及他们的安全。所有吊载松散的物体都有可能跌落，应警告非作业人员离开起吊的作业区域。

（33）在进行起重机作业前，应设置围护栏和警示标志。

（34）永远不穿破损、松旷和带饰物的服装，那样的服装可能被缠入运动的机器内。

（35）司机在第一次起吊载荷时应该试验卷扬机的制动器，将载荷起升离地几毫米后进行制动，确保制动器的性能良好。

(36) 加油时注意不能吸烟，应停止发动机，把金属油枪插进燃油箱加油口内，防止产生静电火花而点燃燃油；关闭司机室内的加热器（如果装备有），避免加油附近有明火。

(37) 如果发动机过热，迫使发动机熄火，最好等到散热器冷却了再检查。检查散热器时要非常小心，使用一块厚布或戴手套（防止烫伤）慢慢扭松散热器盖子，等到声音（汽和水流）停止，然后再打开盖子。

(38) 注意停车的地方，起重机停在斜坡上或沙堤上，有可能滑下去或陷下去；起重机停在低洼处，暴雨可能冲毁地基。所以机器不能停在这些地方。

(39) 当停下起重机无人看管时，要拔掉钥匙和锁上司机室门，防止未经允许的人去乱动机器，可能造成他们本身的伤害或对其他人的伤害。

五、防无线电射频措施

起重机在电台的发射天线附近工作时，臂杆就像一个巨大的接收天线而带电，在吊钩端可能产生高压电并使吊钩变热。如果发生这种情况，不要接触吊钩，因为可能造成电击或烫伤，应警告地面人员离开机器。

六、防雷电措施

雷暴和闪电是可以预防的，当发生时，立刻遵循以下步骤：

(1) 停止工作，将吊载落到地面上，臂杆或塔身也落到地面上。

(2) 合上卷扬和回转的制动器及锁止机构，停止发动机，关掉安全装置和主要开关，关掉总电源。

(3) 通知所有人员撤离工作区域。

(4) 如果起重机遭到过雷击，在重新操作前应检查机器：

1) 检查有无烧损和伤害。

2) 检查电气装置和安全装置的性能。

3) 检查各机构功能是否正常。

七、防地震措施

(1) 当地震发生时，立刻采取下列步骤：

1) 停止工作，将吊载落到地面上，臂杆或塔身也落到地面上。

2) 合上卷扬和回转的制动器及锁止机构，停止发动机，关掉安全装置和主要开关，关掉总电源。

3) 通知所有人员撤离工作区域。

(2) 地震之后，在重新操作前应检查机器：

1) 检查各机构的性能是否完好。

2) 检查电气装置和安全装置的性能是否正常。

八、 防风

（一）风的影响

风力对机器作用的大小与起吊载荷面积、起吊高度及臂杆的长度是成正比的，尤其以下情况是很危险的，所以必须给予高度注意：

(1) 当起吊宽大面积的载荷，载荷迎着大风时，可能造成机器倾覆和臂杆断裂；大风也可能从后面迎着臂杆刮向载荷，同样会造成事故。

（2）当臂杆空载（没有吊载荷）升到全程（最小幅度）时，大风从臂杆前面，对着臂杆刮，会造成机器向后倾翻。

（二）防风警告

当在大风天气中要使用起重机的主臂工况或者塔式工况时，必须根据风速、机器的状态和工作的环境而定，这是非常重要的。

地面上和高空中的风速是不相同的；空旷地域和城市中的风速也不相同，所以要始终考虑这些情况，正确判断和应对所处的状态。

这里所说的风速是指瞬时风速，当风速超过 10m/s 时，应停止工作。

（三）测量风速的方法

（1）机器配备了瞬时风速仪，测风速装置安装在臂杆顶节或塔帽上。

（2）如果机器上没有装备瞬时风速仪，就应根据天气预报换算成瞬时风速。

（3）根据蒲福风级表可以近似地得出瞬时风速，见表 16-4。

（4）在刮风的那段时间，一般考虑风力作用点的位置是：风正面对着臂杆刮，地面之上臂杆总长度（塔式工况为主臂加副臂的长度）的 60％的位置为风力作用点的位置。

表 16-4　　蒲福风级表

平坦开阔地 10m 高处的近似风速 v(m/s)	说明（在陆地）
$v<0.3$	无风，冒烟成垂直升起状
$0.3\leqslant v<1.6$	风标静止不动，冒烟指示风向
$1.6\leqslant v<3.4$	脸上感觉到有风，树叶有“沙沙”声，风标开始动
$3.4\leqslant v<5.5$	地上落下的树叶和小树枝持续移动，小旗展开
$5.5\leqslant v<8.0$	地上的灰尘、树叶和碎纸飘起来，树枝晃动
$8.0\leqslant v<10.8$	海上有了白帽浪，小树枝叶摆动
$10.8\leqslant v<13.9$	大树枝杈移动，电线发出口哨声，打伞走路艰难
$13.9\leqslant v<17,2$	整个树摇动，迎风行走需克服风的阻力
$17.2\leqslant v<20.8$	小树枝折断，迎风无法行走
$20.8\leqslant v<24.5$	细长结构物造成损坏，细高的抽气筒被吹倒，屋面板条被风吹掉
$24.5\leqslant v<28.5$	陆地上少见的大风，树折断或连根拔起，相当大的结构物损坏
$28.5\leqslant v<32.7$	罕见的大风，广大区域遭到破坏
$v\geqslant 32.7$	

施工现场起重机械安全教育培训

施工现场有和起重机械直接相关的人员共有七种，即各种起重机械司机（又称起重机械操作人员）、司索人员、指挥人员、机械安装和电气安装人员（又称起重机械安装人员）、机械维修和电气维修人员（又称起重机械维修人员）、起重机械检验人员（指起重机械安装、改造、大修等过程中企业的质量自检人员）、起重机械安全管理人员（指专职或兼职起重机械管理人员），这些人员我们又可简称为起重机械人员，起重机械人员按照有关规定都应经过国家特种设备管理部门的培训考核合格后持证上岗。由于现场的起重机械人员多数都没有经过专门学校的培训教育，也没有达到有关规范要求脱产学习6个月的规定；另外教育培训从来就没有一次性受训就能一劳永逸，俗话说：干到老要学到老，安全更要警钟常鸣；相关法规要求企业应履行对员工安全教育和业务培训的义务。我们无论从现场经常发生的事故，还是现场的机械安全检查情况来看，结合现场实际情况的安全培训教育是非常必要的。

第一节　起重机械人员的理论知识和技能要求

国家质量监督检疫总局颁发的 TSG Q6001—2009《起重机械安全管理人员和作业人员考核大纲》对起重机械人员提出了理论知识和技能要求，全部涵盖了现场的七种人员的理论知识与技能要求，介绍如下：

一、对起重机械安全管理人员的要求

对起重机械安全管理人员的要求包括以下四个方面的内容。

（一）基础理论与专业知识

（1）起重机械的用途、原理、工作特点及其对工作环境的要求。

（2）起重机械分类、主要参数。

（3）起重机械的基本构造组成，机构传动原理，主要零部件，整机抗倾覆稳定性要求。

（4）起重机械安全保护装置功能与使用。包括起重量限制器、起重力矩限制器、起升高度限位器、行程限位器、回转限位装置、连锁保护装置、防后倾装置、抗风防滑装置等起重机械的安全保护装置的功能及其使用。

（5）起重机械主要电气保护系统功能及其要求。包括短路保护、零位保护、错（断）相保护、失压保护、紧急断电开关、电气绝缘与接地保护等电气保护系统。

（6）起重机械主要液压系统功能及其要求。包括动力元件、执行元件、控制元件、辅助元件和工作介质等功能与要求。

（7）起重机械基础和轨道的要求。

1）基础基本要求和施工图识读。

2）基础（包括附着装置等基础）与设备的连接。

3）轨道铺设。

（二）安全管理知识

（1）起重机械安全管理人员的职责。

（2）起重机械安全操作和维护、保养规程。

（3）安全技术档案的建立。

（4）起重机械的选购、安装验收、使用登记、变更、停用和注销。

（5）定期检验程序和要求。

（6）起重机械安全使用警示说明和警示标志。

（7）安全用电、防雷。

（8）消防有关要求。

（9）劳动防护用品的使用。

（10）起重机械事故现场处置、现场保护和事故报告。

（三）法规知识

（1）《特种设备安全监察条例》。

（2）《起重机械安全监察规定》。

（3）《特种设备事故报告和调查处理规定》。

（4）《特种设备作业人员监督管理办法》。

（5）《特种设备作业人员考核规则》。

（6）《起重机械使用管理规则》。

（7）《起重机械定期检验规则》。

（8）《起重机械安装改造重大维修监督检验规则》。

（9）《机电类特种设备安装改造维修许可规则（试行）》。

（10）《机电类特种设备制造许可规则（试行）》。

（11）《起重机械制造监督检验规则》。

（12）《起重机械安全技术监察规程》。

（13）《起重机械型式试验规程（试行）》及其相关的起重机械型式试验细则。

（14）《特种设备制造安装改造维修质量保证体系》。

（15）其他相关的法规（包括有关维护保养规范标准）。

（四）实际操作技能

1．建立管理制度的能力

（1）建立本单位起重机械安全管理制度的能力。

（2）编制起重机械例行检查的内容和方法。

（3）建立起重机械安全技术档案，懂得管理和交接要求。

（4）懂得起重机械事故应急处置、现场保护的方法。

2．现场检查的能力

（1）能够承担起重机械安全运行和日常维护保养工作的检查。

（2）能够承担起重机械作业环境安全和异常状况的检查。

（3）能够承担起重机械作业（吊运、司索、指挥）的规范性检查。

（4）能够对不安全因素及其不安全作业环境进行辨识与处理。

（5）能够识别安全标志。

3. 事故处理的能力

能够分析事故案例，提出处理和预防措施。

二、对起重机械操作人员的要求

对起重机械操作人员的要求包括以下四个方面的内容。

（一）基础理论与专业知识

1. 桥式起重机、门式起重机、轻小型起重设备、旋臂式起重机

（1）起重机的用途、工作特点以及对工作环境的要求。

（2）起重机的主要参数。

（3）起重机的基本构造组成、机构传动原理以及主要零部件的要求。

（4）起重机的安全保护装置的功能与使用。包括起重量限制器、高度限位器、行程限位器、偏斜指示或者限位装置、连锁保护装置、防碰撞装置、抗风防滑装置等安全保护装置。

（5）起重机的电气保护系统的功能及其要求。包括短路保护、零位保护、错（断）相保护、紧急断电开关、电气绝缘及接地保护等电气保护系统。

（6）照明和信号。

（7）轨道安全状态判断与防护。

（8）起重指挥信号。

2. 塔式起重机、门座起重机、桅杆起重机

（1）起重机的用途、工作特点以及对工作环境的要求。

（2）起重机的主要参数。

（3）起重机的基本构造组成、机构传动原理、主要零部件以及整机抗倾覆稳定性要求。

（4）起重机的安全保护装置的功能与使用。包括起重量限制器、起重力矩限制器、高度限位器、行程限位器、回转限位器、幅度限位器、连锁保护装置、防后倾装置、抗风防滑装置等安全保护装置。

（5）起重机的电气保护系统的功能及其要求。包括短路保护、零位保护、错（断）相保护、紧急断电开关、电气绝缘及接地保护等电气保护系统。

（6）照明和信号。

（7）液压系统功能与要求。

（8）基础、轨道安全状态判断与防护。

（9）起重指挥信号。

3. 流动式起重机、铁路起重机

（1）起重机的用途、工作特点以及对工作环境的要求。

（2）起重机的主要参数。

（3）起重机的基本构造组成、机构传动原理、主要零部件以及整机抗倾覆稳定性要求。

（4）起重机的安全保护装置的功能与使用。包括起重量限制器、起重力矩限制器、高度

限位器、幅度限位器等安全保护装置。

（5）起重机的电气保护系统的功能及其要求。包括短路保护、零位保护、错（断）相保护（不适用于液压驱动）、紧急断电开关、电气绝缘等电气保护系统。

（6）起重机液压系统的功能及其要求。

（7）轨道安全状态判断与防护。

（8）起重指挥信号。

4. 升降机

（1）升降机的用途、工作特点以及对工作环境的要求。

（2）升降机的主要参数。

（3）升降机的基本构造组成、机构传动原理、主要零部件以及整机抗倾覆稳定性要求。

（4）升降的安全保护装置的功能与使用。包括起重量限制器、层门或停层栏杆与吊笼的连锁、封闭式吊笼顶部的紧急出口门安全开关、防坠落安全保护装置、防松绳和防断绳安全保护装置、上、下限位开关等安全保护装置。

（5）升降机的电气保护系统的功能及其要求。包括短路保护、错（断）相保护、紧急断电开关、电气绝缘以及接地保护等电气保护系统。

（6）照明和信号。

（7）基础安全状态判断与防护。

（8）起重指挥信号。

5. 缆索起重机

（1）起重机的用途、工作特点以及对工作环境的要求。

（2）起重机的主要参数。

（3）起重机的基本构造组成、机构传动原理、主要零部件要求。

（4）起重机的安全保护装置的功能与使用。包括起重量限制器、高度限位器、行程限位器、连锁保护装置、小车防脱落装置等安全保护装置。

（5）起重机的电气保护系统的功能及其要求。包括短路保护、零位保护、错（断）相保护、紧急断电开关、电气绝缘等电气保护系统。

（6）照明和信号。

（7）轨道或基础安全状态判断与防护。

（8）起重指挥信号。

6. 叉车

（1）叉车的用途、工作特点以及对工作环境的要求。

（2）叉车的主要参数。

（3）叉车的基本构造组成、叉车门架起升系统、转向系统、制动系统、操纵系统的基本工作原理以及整车抗倾覆稳定性要求。

（4）叉车的安全保护装置的功能与使用。

包括门架前倾自锁装置、液压传动叉车空档保护、总电源紧急断电装置、货叉架限位装置、货叉架下降限速保护等安全保护装置。

(5) 叉车液压驱动系统的功能与要求。
(6) 叉车电气设备的功能与要求。

（二）安全知识

(1) 起重机械司机的职责和责任。
(2) 起重机械安全管理制度。
(3) 起重机械安全操作规程。
(4) 起重机械维护保养和日常检查要求。
(5) 起重机械常见故障及危险工况辨识，以及违章操作可能产生的危险后果。
(6) 起重机械零部件的报废标准。
(7) 高处作业安全知识。
(8) 用电安全知识。
(9) 防火、灭火安全知识。
(10) 防止机械伤害知识。
(11) 有毒有害作业环境知识。
(12) 劳动防护用品的使用。
(13) 安全标志。
(14) 起重机械紧急事故的应急处置方法。

（三）法规知识

(1)《特种设备安全监察条例》。
(2)《起重机械安全监察规定》。
(3)《特种设备作业人员监督管理办法》。
(4)《特种设备作业人员考核规则》。
(5)《起重机械使用管理规则》。
(6)《起重机械安装改造重大维修监督检验规则》。
(7)《起重机械定期检验规则》。
(8) 其他有关维护保养等规范、标准。

（四）实际操作技能

1. 现场作业识别能力

(1) 起重机械主要零部件的识别；
(2) 作业现场安全标志的识别。

2. 起重机械的基本操作

(1) 各类起重机械的操作（不包括升降机、叉车）。
1) 各机构单独和多机构联合操作，按照要求吊运物品作业。
2) 安全保护装置有效性试验。
3) 电气保护系统有效性试验。
4) 液压保护系统有效性试验。
5) 吊运指挥信号识别。
(2) 升降机的基本操作。

1）升降机升降机构操作，按照要求吊运物品作业。

2）安全保护装置有效性试验。

3）电气保护系统有效性试验。

（3）叉车的基本操作。

1）门架起升系统的起升与运行操作，按照要求吊运物品作业。

2）行驶传动系统的操作。

3）转向系统的操作。

4）各机构联合操作。

5）制动性能有效性试验。

6）液压保护系统有效性试验。

3. 起重机械运行前和运行结束后的检查与记录

（1）运行前的检查。

1）查看交接班记录，判断是否需要处理。

2）检查起重机械仪表、指示器。

3）检查确认吊钩、钢丝绳、制动器等主要零部件、安全保护装置的安全状态。

4）检查确认控制装置及零位保护、失压保护、紧急断电开关等电气保护系统的功能。

5）检查确认安全防护装置状态。

（2）运行结束后的检查。

（3）运行记录的填写。

4. 起重机械操作应急处置能力

（1）起重机械运行故障与异常情况的辨识。

（2）起重机械的常见故障的现场排除方法。

（3）起重机械出现意外情况（如制动器失效等）时的处置。包括对触电、火灾、倒塌、挤压、坠落等多发事故案例分析，并且提出人员防护、应急救援、应急处置与预防的措施等。

三、对起重机械作业指挥和司索人员的要求

对起重机械作业指挥和司索人员的要求包括以下四个方面的内容。

（一）基础理论与专业知识

（1）起重作业有关的力学基本知识。

（2）起重机械工作特点、主要参数、基本性能及其对工作环境的要求。

（3）起重机械的基本构造组成、机构传动原理、主要零部件以及整机抗倾覆稳定性要求。

（4）吊索具的性能、使用方法、维护保养检查以及报废标准。

（5）各类物件（包括高、大、异常结构件，危险品，钢水包，易燃易爆物品）绑挂、吊运、就位、堆放方法和吊索具的选择原则。

（6）一般物件吊点、重心的确定。

（7）起吊方案（适用于指挥或者吊运作业负责人）。

（8）起重吊运指挥信号。

（二）安全知识

（1）起重指挥、司索人员职责。

（2）起重作业各岗位人员职责。

（3）起重作业安全规程。

（4）起重作业危险工况的辨识。

（5）司索作业安全技术。

（6）吊具、索具的日常维护保养与报废标准。

（7）高处作业安全技术。

（8）用电安全技术。

（9）防火、灭火安全技术。

（10）防止机械伤害知识。

（11）劳动防护用品的使用。

（12）安全标志。

（13）捆绑化学危险品的相关知识。

（14）起重机械作业现场自我保护的相关知识。

（三）法规知识

（1）《特种设备安全监察条例》。

（2）《起重机械安全监察规定》。

（3）《特种设备作业人员监督管理办法》。

（4）《特种设备作业人员考核规则》。

（5）GB 5082—1985《起重吊运指挥信号》。

（6）其他维护保养等规范、标准。

（四）实际操作技能

1. 现场作业识别能力

（1）吊索具能力的识别。

（2）作业现场安全标志的识别。

2. 吊运作业基本操作

（1）吊物吊点的选择要求及其方法。

（2）吊物的绑扎要求及其方法。

（3）根据吊物重量合理选择吊索具的方法。

（4）吊索具的使用。

（5）起重吊运指挥信号的应用。

（6）对讲机的使用。

3. 吊运作业前和作业后的检查

（1）作业环境条件的确认。

（2）吊具、索具的检查和判定方法。

（3）作业现场的清理要求。

包括机具的放置、吊物状态的处置、现场安全状态的检查等。

4. 吊运作业应急处置能力

(1) 吊运作业时异常情况的辨识。

(2) 掌握吊运作业出现意外情况时的处置方法。包括对触电、火灾、倒塌、挤压、坠落等多发事故案例进行分析，提出人员防护、应急救援、紧急处置与预防的措施等。

四、对起重机械安装维修（保养）人员的要求

对起重机械安装维修（保养）人员的要求包括以下四个方面的内容。

(一) 基础理论与专业知识

(1) 有关力学知识。

(2) 金属材料基础知识。

(3) 起重机械的用途、工作特点以及对工作环境的要求。

(4) 起重机械分类、主要参数（包括起重性能曲线）。

(5) 起重机械的基本构造组成、机构传动原理、主要零部件以及整机抗倾覆稳定性要求，典型起重机械安装、维护保养的规范和方法。

(6) 起重机械安全保护装置的功能与要求。

1) 各类起重机械的安全保护装置（不适用于升降机）。包括起重量限制器、起重力矩限制器、起升高度限位器、行程限位器、幅度限位器、连锁保护装置、防止吊臂后倾装置、极限力矩限制器、抗风防滑装置、回转限位装置、防碰撞装置、防倾翻安全钩、变幅小车防断轴以及脱落和倾翻装置等安全保护装置。

2) 升降机的安全保护装置。包括起重量限制器，吊笼门、层门或者停层栏杆与吊笼连锁装置，封闭式吊笼顶部的紧急出口门安全开关，防坠安全器，防松绳和断绳保护装置，上、下限位和极限开关、手动安全装置等安全保护装置。

(7) 液压部件与液压传动工作原理。

(8) 起重吊运指挥信号。

(9) 机械安装维修施工。

(二) 安全知识

(1) 起重机械安装维修保养人员的职责。

(2) 起重机械安装维修保养安全规程。

(3) 起重机械零部件报废标准。

(4) 起重机械的维护保养安全技术和检查要求。

(5) 起重机械常见故障以及各种危险工况的辨识。

(6) 高处作业安全知识。

(7) 安全用电、防雷电知识。

(8) 电焊、气割安全知识。

(9) 防火、灭火安全知识。

(10) 防止机械伤害知识。

(11) 劳动防护用品的使用。

(12) 安全标志。

(13) 起重机械运行试验和安装维修作业紧急情况的应急处置。

（三）法规知识

(1)《特种设备安全监察条例》。

(2)《起重机械安全监察规定》。

(3)《特种设备作业人员监督管理办法》。

(4)《特种设备作业人员考核规则》。

(5)《起重机械安全技术监察规程》。

(6)《机电类特种设备安装改造维修许可规则（试行）》。

(7)《起重机械安装改造重大维修监督检验规则》。

(8)《起重机械使用管理规则》。

(9)《起重机械定期检验规则》。

(10) 其他有关维护保养等规范、标准。

（四）实际操作技能

1. 现场作业识别能力

(1) 结构件、零部件和安装维修机具、检查仪器设备的识别。

(2) 机械图识读。

(3) 作业现场安全标志的识别。

2. 安装维修保养作业基本操作

(1) 机械安装维修机具（如力矩扳手、电焊机、电动葫芦、卷扬机布置与架设等）、检测仪器设备（如水准仪、经纬仪、全站仪等）和各种量具（如百分表、游标卡尺、内径千分尺、外径千分尺、钢卷尺）的使用。

(2) 结构（地锚）基础制作以及结构件的组装与架设（不适用于流动式起重机、铁路起重机类和叉车等）。

(3) 机械传动系统的组装与拆卸。

(4) 液压系统的组装与拆卸。

(5) 常见故障排除以及易损件的失效判断。

(6) 调试和试验。

1) 结构安装（如轨道）调整。

2) 机械传动系统安装调整。

3) 安全保护装置的调整试验。

4) 制动器调整。

5) 空载试验要求。

6) 静载试验要求。

7) 动载试验要求。

(7) 整机检查的要求及其方法。

1) 金属结构检查。

2) 机构与零部件检查。

3) 液压系统检查。

4) 安全防护装置检查。

（8）起重机械基本操作方法。

3. 机械安装维修保养作业前和作业后检查

（1）安装维修保养作业环境的确认，包括基础与轨道检查验收等。

（2）安装维修机具和检查仪器设备的选择、检查以及安全性判定。

（3）施工作业现场的清理（如机具的放置、设备状态的处置、现场安全状态的检查等）。

（4）施工记录的填写。

4. 安装维修保养作业应急处置能力

（1）机械安装维修保养作业时异常情况的辨识。

（2）安装维修保养作业出现意外情况时的处置。包括对触电、火灾、倒塌、挤压、坠落等多发事故案例进行分析，提出人员防护、应急救援、紧急处置与预防措施等。

五、对起重机械电气安装维修（保养）人员的要求

对起重机械电气安装维修（保养）人员的要求包括以下四个方面的内容。

（一）基础理论与专业知识

（1）有关电工基本知识。

（2）常用电气设备（器件）的相关知识。

（3）常用电气测量仪表的使用方法。

（4）起重机械的用途、原理、工作特点以及对工作环境的要求。

（5）起重机械的分类与主要参数。

（6）起重机械基本电路的组成、拖动与控制原理以及电气主要零部件的功能和要求。

（7）起重机械的变频调速、微机控制和遥控等新技术。

（8）起重机械安全保护装置的功能及其要求。

1）各类起重机械的安全保护装置（不适用于升降机）。包括起重量限制器、起重力矩限制器、起升高度限位器、行程限位器、电气连锁保护装置、防止吊臂后倾装置、极限力矩限制装置、抗风防滑装置、回转限位器、防碰撞装置、登机信号按钮、导电滑线防护措施、防触电装置等安全保护装置。

2）升降机的安全保护装置。包括起重量限制器，吊笼门、层门或者停层栏杆与吊笼的连锁装置，封闭式吊笼顶部的紧急出口门安全开关，防坠落安全器，防松绳和断绳保护装置，上、下限位和极限开关，手动安全装置等安全保护装置。

（9）起重机械电气保护系统的功能及其要求。

1）各类起重机械电气保护系统（不适用于升降机）。包括短路保护、零位保护、错（断）相保护、超速保护、自动换速装置、紧急断电开关、电气绝缘、接地保护等电气保护系统。

2）升降机电气保护系统。包括短路保护、电气绝缘、接地保护、错（断）相保护、失压保护、过载保护、电气连锁、紧急断电开关等电气保护系统。

（10）照明和信号。

（11）起重机械供电、电气配线与防护的要求。

（12）防爆起重机械电气安全技术要求。

（13）起重机械防雷、防静电、防潮、防粉尘、防腐蚀、防高温等安全防护措施与技术要求。

（14）起重吊运指挥信号。

（二）安全知识

（1）起重机械电气安装维修保养人员职责。

（2）起重机械电气安装维修保养安全规程。

（3）起重机械的电气设备安装维修保养安全技术和检查要求。

（4）起重机械常见电气故障以及各种危险工况的辨识。

（5）高处作业安全知识。

（6）用电安全知识。

（7）防火、灭火安全知识。

（8）劳动防护用品的使用。

（9）安全标志。

（10）起重机械电气安装维修保养作业紧急情况的应急处置。

（三）法规知识

（1）《特种设备安全监察条例》。

（2）《起重机械安全监察规定》。

（3）《特种设备作业人员监督管理办法》。

（4）《特种设备作业人员考核规则》。

（5）《起重机械安全技术监察规程》。

（6）《机电类特种设备安装改造维修许可规则（试行）》。

（7）《起重机械安装改造重大维修监督检验规则》。

（8）《起重机械使用管理规则》。

（9）《起重机械定期检验规则》。

（10）其他有关维护保养等规范、标准。

（四）实际操作技能

1. 现场作业识别能力

（1）常用电气元器件和电气安装维修机具、检查仪器设备的识别。

（2）电气原理图和电气布线图的识别。

（3）作业现场安全标志的识别。

2. 电气安装维修保养作业基本操作

（1）电气设备安装维修机具和检测仪器设备，如万能表、钳形电流表、绝缘电阻测试仪、接地电阻测试仪等的使用。

（2）常见电气线路的测量方法。

（3）电气系统的组装与拆卸。

（4）常见电气故障排除及元器件的失效判断。

（5）常见电气设备或者系统的调试和试验。

1）电气安全保护装置的调整和试验。

2）电气系统调试。

（6）整机检查要求和方法。

1）电气系统以及电气元器件检查。

2）电气安全保护装置检查。

3. 电气安装维修保养作业前和作业后的检查

（1）安装维修保养作业环境条件的确认，如送电前对周围环境的检查与确认等。

（2）电气安装维修保养机具和检查仪器设备的选择、检查以及安全性判定。

（3）施工作业现场的清理，如断电后的标识与保护、现场安全状态检查等。

（4）施工记录的填写。

4. 电气安装维修保养作业应急处置能力

（1）电气线路以及电气设备异常情况的识别。

（2）电气线路以及电气设备出现意外情况时的处置。包括对提出的触电、火灾、倒塌、挤压、坠落等多发事故案例进行分析，提出人员防护、应急救援、紧急处置与预防的措施等。

第二节　施工现场起重机械安全教育培训重点内容及实施

施工现场对起重机械人员的起重机械安全教育培训是国家法定专业培训考核的一种补充；也是企业有计划的对相关人员培训的组成部分。由于施工现场的性质、特点以及环境、条件，决定了我们不可能在现场对起重机械人员进行完整和全部要求内容的培训教育，但是我们可以结合现场的实际，进行有针对性地对起重机械人员的起重机械安全教育是完全可行的，也是必须的。一般来说，现场的起重机械安全培训教育，应根据现场使用起重机械的类型、工程的特点、使用环境条件以及现场的薄弱环节来决定培训的内容，即缺什么、补什么；哪里知识或管理薄弱，哪里就应该有针对性地加强培训。根据当前电力建设施工现场的现状和已开展起重机械安全培训的经验，推荐如下培训重点内容。

一、起重机械安全管理人员应培训的重点内容

现场业主起重机械安全主管部门相关人员、总监或分管起重机械安全的副总监、机械安全监理人员、施工项目部分管机械安全的副经理或总工、机械管理人员、安全管理人员，以及起重机械使用、安装单位分管领导、技术人员和机械管理人员应培训的重点内容如下。

（一）法规知识

（1）《起重机械使用规则》。

（2）《起重机械定期检验规则》。

（3）《起重机械安装改造重大维修监督检验规则》。

（4）《特种设备作业人员监督管理办法》。

（5）《特种设备事故报告和调查处里规定》。

（6）《电力建设起重机械安全管理重点措施》（国家电网公司）。

（7）《电力建设起重机械安全监督管理办法》（国家电网公司）。

（8）GB 6067.1—2010《起重机械安全规程》。

法规教育不是对相关法规的全面讲解，应以现场对法规认识模糊不清的一些误区为重点

来讲解，如起重机械人员的特种设备作业人员证和特殊工种证件的区别；起重机械安装改造重大维修的检验程序；起重机械的使用登记和安装前的告知程序；以及老旧机械的监督管理和起重机械安全技术档案的内容等。

（二）事故案例

以电力建设现场近年来发生的典型起重机械事故案例（可选取不少于5起事故，如安装拆卸事故、违章使用事故、连接松动事故、地基下陷事故、大风引起的事故等），分析事故原因和应吸取的教训以及提出预防措施。

（三）安全管理知识及技能

（1）建立起重机械安全管理体系和细化起重机械安全目标。

（2）各级起重机械安全管理岗位责任制的具体内容。

（3）建立起重机械准入制度及其执行，包括整机准入和待安装起重机械零部件的检查，以及准入检查标准。

（4）建立起重机械安全检查制度及其执行，包括巡检、专检、月检、旁站监督、机械安全性评价的形式和检查（评价）表，以及小结的内容。

（5）起重机械安装与拆卸作业指导书的编制和审查要点及起重机械的安装拆卸管理办法。

（6）老旧起重机械的整治要求和管理要求。

（7）机械安全技术状况检查的一般缺陷和严重缺陷的区分以及整改。

（8）内业管理的重点内容和整改。

（9）起重机械安全技术档案的建立和各级起重机械资料管理具体内容要求。

（10）外租和外包队自带起重机械的安全管理要求。

（11）现场起重机械危害辨识的主要内容与防范措施的编制要求（如防风措施、防碰撞措施等）。

（12）建立起重机械事故应急预案，包括业主应建立综合应急预案、施工项目部应建立专项应急预案和机械使用单位（指基层作业单位）应建立现场处置方案。

（13）编写起重机械安全操作规程和熟悉GB 6067.1—2010《起重机械安全规程》的内容。

管理知识应结合现场起重机械管理上存在的具体问题来讲解，对薄弱环节或者问题较多以及共性的问题应详细讲解；存在问题较少可以简单地讲解；对于已经做得好的可以不讲。

（四）基础理论与专业知识

（1）电站塔式起重机和建筑塔式起重机构造上的区别，以及各自的工作特点。

（2）电站门式起重机的种类和构造及特点。

（3）起重机械主要安全保护装置的功能和检查、试验方法。

（4）起重机械主要电气保护系统的功能和检查、试验方法。

专业基础知识主要包括一般不太熟悉的电站起重设备的构造特点和使用特点，以及安全保护装置和电气保护的种类、功能及检查、试验方法等。

二、现场起重机械机械安装维修保养人员应培训的重点内容

(一) 法规知识

(1)《起重机械使用规则》。

(2)《起重机械定期检验规则》。

(3)《起重机械安装改造重大维修监督检验规则》。

(4)《特种设备作业人员监督管理办法》。

(5)《电力建设起重机械安全管理重点措施》(国家电网公司)。

(6)《电力建设起重机械安全监督管理办法》(国家电网公司)。

(7) GB 6067.1—2010《起重机械安全规程》。

主要针对现场存在问题与法规对照讲解。

(二) 事故案例

可多讲案例，分析事故原因，讲清应吸取的教训和预防措施。

(三) 安全管理知识与技能

(1) 起重机械机械安装维修保养人员的岗位责任制。

(2) 起重机械维修保养规程。

(3) 起重机械安装与拆卸作业指导书的内容与实施要求（包括过程中的质量要点和安全要点)。

(4) 起重机械危害辨识与风险评价（尤其安装拆卸维修保养中的危害辨识)。

(5) LEC 法。

(6) 现场所用起重机械的安装与拆卸实例（可参照《电力建设主要起重机械安装拆卸工艺指导手册》)。

(7) 规范填写起重机械作业的安全技术交底记录、安装过程检验记录、整机自检报告书、起重机械负荷试验报告、拆卸后零件检查记录、故障和维修记录、保养润滑记录、机械缺陷整改反馈记录等。

(8) 现场使用起重机械的常见故障排除（机械、液压)。

(9) 机械零部件检查和报废判别以及机械维修的基本方法。

针对存在具体问题和缺陷，选择性重点讲解。

(四) 基础理论与专业知识

(1) 机械图的识读。

(2) 液压传动图的识读。

(3) 高强度螺栓及开口销的使用。

(4) 机械传动和液压、液力传动原理。

(5) 起重机械安全装置的功能。

(6) 自升塔式起重机液压顶升原理及注意事项。

(7) 地锚和缆风绳使用技术。

针对存在具体问题和缺陷，选择性重点讲解。

三、起重机械电气安装维修保养人员应培训的重点内容

（一）法规知识

（1）《起重机械使用规则》。

（2）《起重机械定期检验规则》。

（3）《起重机械安装改造重大维修监督检验规则》。

（4）《特种设备作业人员监督管理办法》。

（5）《电力建设起重机械安全管理重点措施》（国家电网公司）。

（6）《电力建设起重机械安全监督管理办法》（国家电网公司）。

（7）GB 6067.1—2010《起重机械安全规程》。

主要针对现场存在问题如法规对照讲解。

（二）事故案例

可多讲案例，分析事故原因，讲清应吸取的教训和预防措施。

（三）安全管理知识与技能

（1）起重机械电气安装维修保养人员的岗位责任制。

（2）起重机械维修保养规程。

（3）起重机械安装与拆卸作业指导书的内容与实施要求（包括过程中的质量要点和安全要点）。

（4）起重机械危害辨识与风险评价（尤其安装拆卸维修保养中的危害辨识）。

（5）LEC 法。

（6）现场所用起重机械的安装与拆卸实例（可参照《电力建设主要起重机械安装拆卸工艺指导手册》）。

（7）起重机械作业的安全技术交底记录、安装过程检验记录、整机自检报告书、起重机械负荷试验报告、拆卸后零件检察记录、故障和维修记录、保养润滑记录、机械缺陷整改反馈记录等。

（8）现场使用起重机械的常见电气故障排除。

（9）电气设备和元器件的检查、试验和报废判别以及电气维修的基本方法。

针对存在具体问题和缺陷，选择性重点讲解。

（四）基础理论与专业知识

（1）电气原理图和布线图的识读。

（2）起重机械安全保护装置的功能、原理及调试。

（3）起重机械电气保护系统的功能、原理及调试。

（4）现场使用起重机械的主要回路和控制回路。

（5）变频调速、计算机机控制等新技术。

针对存在具体问题和缺陷，选择性重点讲解。

四、起重机械操作人员应培训的重点内容

（一）法规知识

（1）《起重机械使用规则》。

（2）《起重机械定期检验规则》。

(3)《起重机械安装改造重大维修监督检验规则》。
(4)《特种设备作业人员监督管理办法》。
(5)《电力建设起重机械安全管理重点措施》(国家电网公司)。
(6)《电力建设起重机械安全监督管理办法》(国家电网公司)。
(7) GB 6067.1—2010《起重机械安全规程》。

主要针对现场存在问题如法规对照讲解。

(二) 事故案例

可多讲案例，分析事故原因，讲清应吸取的教训和预防措施。

(三) 安全管理知识和技能

(1) 起重机械操作人员岗位责任制。
(2) 起重机械安全操作规程。
(3) 起重机械各种工况的安全操作。
(4) 起重机械作业指挥信号。
(5) 起重机械常见故障判断和处理。
(6) 起重机械日常检查和保养及零部件报废标准。
(7) 起重机械使用中的危害辨识和应急处置。
(8) 运行记录、交接班记录、班前点检记录、故障记录等的规范填写。

针对存在具体问题和缺陷，选择性重点讲解。

(四) 基础理论和专业知识

(1) 起重机械的构造组成、工作特点、传动原理及整机的稳定性要求。
(2) 起重机械的安全保护装置的种类、功能和正确使用。
(3) 起重机械主要电气保护系统的功能与要求。
(4) 各种油料(燃油、机油、液压油、刹车油、润滑脂等)知识。

针对存在具体问题和缺陷，选择性重点讲解。

五、起重机械司索和指挥人员应培训的重点内容

(一) 法规知识

(1)《起重机械使用规则》。
(2)《起重机械定期检验规则》。
(3)《起重机械安装改造重大维修监督检验规则》。
(4)《特种设备作业人员监督管理办法》。
(5)《电力建设起重机械安全管理重点措施》(国家电网公司)。
(6)《电力建设起重机械安全监督管理办法》(国家电网公司)。
(7) GB 6067.1—2010《起重机械安全规程》。

主要针对现场存在问题与法规对照讲解。

(二) 事故案例

可多讲案例，分析事故原因，讲清应吸取的教训和预防措施。

(三) 安全管理知识和技能

(1) 起重机械司索、指挥人员岗位责任制。

（2）起重机械安全操作规程。

（3）起重机械各种物件的重心判定和吊点选择及绑扎方法。

（4）起重机械作业指挥信号。

（5）各种吊索具的维护保养及正确选用。

（6）高处作业安全防护。

（7）起重机械使用中的危害辨识和应急处置。

（8）特殊吊装及危险物吊装。

（9）地锚、缆风绳、卷扬机的设置等。

针对存在具体问题和缺陷，选择性重点讲解。

（四）基础理论与专业知识

（1）起重机械的构造组成、工作特点、传动原理及整机的稳定性要求。

（2）起重机械的安全保护装置的种类、功能和正确使用。

（3）起重机械主要电气保护系统的功能与要求。

（4）钢丝绳、滑车、卡环、扁担、绳卡等吊索具性能、特点、选取和报废标准等。

（5）有关力学基础知识。

针对存在具体问题和缺陷，选择性重点讲解。

六、现场起重机械安全教育培训的实施

（一）现场的培训形式

由于现场施工紧张，长时间集中人员困难，因此现场的培训应以短期培训班、讲座为主；如果一次培训，无法保证人员数量也可采用分次轮训。有的培训过程中可以有部分考试或考核；有的培训过程中留有一定时间交流互动、问答或研讨等，争取培训有一定成效。

（二）培训时间

可以采用灵活多样，如空闲时间或作业前准备阶段，可以集中一、两天；工作忙可以利用几个晚上，每晚占用 2h；或者每周安排一个晚上 2h。

（三）培训次数和时机

现场培训应根据实际需要，如月检后、机械安全性评价后、外来检查组检查后，感到现场存在的一些问题和缺陷需要培训；又如大件吊装前、吊装高峰期等，感到需要让有关人员加强一下起重机械的安全意识和补充一下有关知识需要培训等。培训可以多次，业主单位每年应组织至少一次；施工项目部每年应组织不少于两次；起重机械使用单位应每月组织一次；班组组织培训可以根据自己的实际情况决定。

（四）培训对象

业主单位组织的培训主要以管理者为主，如业主主管部门相关人员、监理相关人员、施工项目部和机械使用单位分管领导及管理人员等；施工项目部组织培训应根据需要组织专项培训，如以安全操作规程为主的培训、以法规或标准为主的培训、以事故案例为主的培训、或以安装与拆卸管理、应急预案、老旧机械整治等为主的培训；起重机械使用单位组织培训应该有分有合，以法规或标准、起重机械构造原理、一般安全知识和安全操作规程为主的培训，应该组织全体起重机械人员培训，而对各种起重机械司机、司索、指挥、机械安装维修、电气安装维修、检验等人员的专业知识和技能培训，应分别根据各自的专业特点进行；

另外班组组织培训，可根据班组人员的作业性质进行安排。

（五）培训的授课人

现场的培训授课人，可以有多项选择、如各级领导、各级有关技术人员、主管部门的管理人员、专业技术比较过硬的工人等，如认为有必要，可以外聘专家协助培训等。

（六）培训教材

当前培训材料还是很多的，如国家和行业有关部门发布了大量的法规、标准、规程、规范以及起重机械的有关书籍、事故通报、事故案例都可以选用。（注：《起重机械安全管理人员和作业人员考核大纲》中没有提到企业起重机械检验人员的培训要求，本书在有关章节中提到，企业的起重机械自检人员是企业自己任命的，除了应具有企业任命书或任命文件外，还应取得起重机械安装维修人员资格证，也就是说，企业的起重机械检验人员应接受起重机械安装维修人员的培训并考试合格）。

（七）培训资料或记录

现场各级起重机械安全教育培训，事先应制定培训计划；执行中应签到并登记培训人数，如考试应登录考试成绩，即培训台账；培训后应有培训总结。

附录A　起重机械法规按项目查询汇集

一、起重机械的生产制造

（一）必须取得生产制造许可

1.《特种设备安全监察条例》（国务院549号令）

第十四条　锅炉、压力容器、电梯、起重机械、客运索道、大型游乐设施及其安全附件、安全保护装置的制造、安装、改造单位，以及压力管道用管子、管件、阀门、法兰、补偿器、安全保护装置等（以下简称压力管道元件）的制造单位和场（厂）内专用机动车辆的制造、改造单位，应当经国务院特种设备安全监督管理部门许可，方可从事相应的活动。

2.《起重机械安全监察规定》（质检总局92号令）

第四条　制造单位应当依法取得起重机械制造许可，方可从事相应的制造活动。

起重机械制造许可实施分级管理，制造单位取得制造许可应当具备相应的条件，具体要求按照有关安全技术规范等规定执行。

（二）生产许可有效期

《起重机械安全监察规定》（质检总局92号令）

第五条　起重机械制造许可证有效期为4年。

制造单位应当在许可证有效期届满6个月前提出书面换证申请；经审查后，许可部门应当在有效期满前作出准予许可或者不予许可的决定。

起重机械制造许可证有效期届满而未换证的，不得继续从事起重机械制造活动。

（三）取得生产许可办法

参照以下标准内容执行：

（1）国质检锅〔2003〕174号《机电类特种设备制造许可规则（试行）》。

（2）《特种设备制造单位资格许可程序和要求（试行）》。

（3）TSG Z0005—2007《特种设备制造、安装、改造、维修许可鉴定评审细则》。

（4）TSG Z0004—2007《特种设备制造、安装、改造、维修质量保证体系的基本要求》。

（四）型式试验

1.《特种设备安全监察条例》（国务院549号令）

第十三条　按照安全技术规范的要求，应当进行型式试验的特种设备产品、部件或者试制特种设备新产品、新部件、新材料，必须进行型式试验和能效测试。

2.起重机械型式试验的参照标准

具体参照国质检锅〔2003〕174号《机电类特种设备制造许可规则（试行）》执行。各类起重机械及安全装置的型式试验细则参照TSG Q7002～TSG Q7014执行。

（五）制造监检

1.《特种设备安全监察条例》（国务院549号令）

第二十一条　锅炉、压力容器、压力管道元件、起重机械、大型游乐设施的制造过程和锅炉、压力容器、电梯、起重机械、客运索道、大型游乐设施的安装、改造、重大维修过程，必须经国务院特种设备安全监督管理部门核准的检验检测机构按照安全技术规范的要求进行监督检验；未经监督检验合格的不得出厂或者交付使用。

2.《起重机械安全监察规定》（质检总局 92 号令）

第九条　制造单位应当在被许可的场所内制造起重机械；但结构不可拆分且运输超限的，可以在使用现场制造，由制造现场所在地的检验检测机构按照安全技术规范等要求进行监督检验。

第十一条　起重机械出厂时，应当附有设计文件（包括总图、主要受力结构件图、机械传动图和电气、液压系统原理图）、产品质量合格证明、安装及使用维修说明、监督检验证明、有关型式试验合格证明等文件。

3. 起重机械的制造监检的参照标准

参照 TSG Q7001—2006《起重机械制造监督检验规则》执行。

二、　起重机械安装、改造、维修

（一）必须取得安装、改造、维修许可

1.《特种设备安全监察条例》（国务院 549 号令）

第十四条　锅炉、压力容器、电梯、起重机械、客运索道、大型游乐设施及其安全附件、安全保护装置的制造、安装、改造单位，以及压力管道用管子、管件、阀门、法兰、补偿器、安全保护装置等（以下简称压力管道元件）的制造单位和场（厂）内专用机动车辆的制造、改造单位，应当经国务院特种设备安全监督管理部门许可，方可从事相应的活动。

2.《起重机械安全监察规定》（质检总局 92 号令）

第十二条　起重机械安装、改造、维修单位应当依法取得安装、改造、维修许可，方可从事相应的活动。

起重机械安装、改造、维修许可实施分级管理，安装、改造、维修单位取得安装、改造、维修许可应当具备相应条件，具体要求按照有关安全技术规范等规定执行。

从事起重机械改造活动，应当具有相应类型和级别的起重机械制造能力。

3.《起重机械使用管理规则》（TSG Q5001—2009）

第七条　使用单位应当选择具有相应许可资格的单位进行起重机械的安装、改造、重大维修（以下通称施工），并且督促其按照《起重机械安装改造重大维修监督检验规则》（TSG Q7016）的要求接受监督检验。

使用单位负责组织实施塔式起重机在使用过程中的顶升，并且对其安全性能负责。

第十七条　使用单位应当选择具有相应安装许可资格的单位实施起重机械的拆卸工作，并且监督拆卸单位制定拆卸作业指导书，按照拆卸作业指导书的要求进行施工，保证起重机械拆卸过程的安全。拆卸作业指导书应当包括拆卸作业技术要求、拆卸程序、拆卸方法和措施等内容。

（二）安装、改造、维修许可有效期

《起重机械安全监察规定》（质检总局 92 号令）

第十三条　起重机械安装、改造、维修许可证有效期为 4 年。

安装、改造、维修单位应当在许可证有效期届满 6 个月前提出书面换证申请；经审查后，许可部门应当在有效期满前做出准予许可或者不予许可的决定。

起重机械安装、改造、维修许可证有效期届满而未换证的，不得继续从事起重机械安装、改造、维修活动。

（三）取得许可办法

参照以下标准执行：

（1）国质检锅〔2003〕251号《机电类特种设备安装、改造、维修许可规则（试行）》。

（2）《特种设备安装改造维修单位资格许可程序和要求（试行）》。

（3）TSG Z0005—2007《特种设备、制造、安装、改造、维修许可鉴定评审细则》。

（4）TSG Z0004—2007《特种设备制造、安装、改造、维修质量保证体系的基本要求》。

（四）安装、改造、维修告知

1.《起重机械安全监察规定》（质检总局92号令）

第十四条　从事安装、改造、维修的单位应当按照规定向质量技术监督部门告知，告知后方可施工。

对流动作业并需要重新安装的起重机械，异地安装时，应当按照规定向施工所在地的质量技术监督部门办理安装告知后方可施工。

施工前告知应当采用书面形式，告知内容包括：单位名称、许可证书号及联系方式，使用单位名称及联系方式，施工项目、拟施工的起重机械、监督检验证书号、型式试验证书号、施工地点、施工方案、施工日期，持证作业人员名单等。

2.《起重机械使用管理规则》（TSG Q5001—2009）

第八条　起重机械使用前，使用单位应当监督施工单位依法履行安装告知、监督检验等义务，并且在施工结束后要求施工单位及时提供以下施工技术资料，存入安全技术档案：

（1）施工告知证明。

（2）隐蔽工程及其施工过程记录、重大技术问题处理文件。

（3）施工质量证明。

（4）施工监督检验证明（适用于实施安装、改造、和重大维修监督检验的）。

（五）安装、改造、维修监检

1.《起重机械安全监察规定》（质检总局92号令）

第十五条　从事安装、改造、重大维修的单位应当在施工前向施工所在地的检验检测机构申请监督检验。

检验检测机构应当到施工现场实施监督检验，监督检验按照相应安全技术规范等要求执行。

第十六条　安装、改造、维修单位应当在施工验收后30日内，将安装、改造、维修的技术资料移交使用单位。

2. 起重机械安装、改造、维修监检的参照标准

具体参照TSG Q7016—2008《起重机械安装改造重大维修监督检验规则》、《特种设备监督检验及定期检验程序和要求（试行）》执行。

3.《起重机械使用管理规则》（TSG Q5001—2009）

第十八条　流动作业的起重机械跨原登记机关行政区域使用时，使用单位应当在使用前书面告知使用所在地的质检部门，并且接受其监督检查。

起重机械重新安装（包括移装）使用，使用单位应当监督施工单位办理安装告知，并且

向施工所在地的检验检测机构申请施工监督检验。

第三十一条　需要改变起重机械性能参数与技术指标的，必须经过具备相应资格的单位进行改造，并且按照《起重机械安装改造重大维修监督检验规则》的规定，实施监督检验。

三、**起重机械作业人员**

（一）必须取得相应资格

1.《特种设备安全监察条例》（国务院 549 号令）

第三十八条　锅炉、压力容器、电梯、起重机械、客运索道、大型游乐设施、场（厂）内专用机动车辆的作业人员及其相关管理人员（以下统称特种设备作业人员），应当按照国家有关规定经特种设备安全监督管理部门考核合格，取得国家统一格式的特种作业人员证书，方可从事相应的作业或者管理工作。

2.《特种设备作业人员监督管理办法》（质检总局 140 号令）

第二条　从事特种设备作业的人员应当按本办法的规定，经考核合格取得《特种设备作业人员证》，方可从事相应的作业或管理工作。

第十九条　持有特种设备作业人员证的人员，必须经用人单位的法定代表人（负责人）或者其授权人雇（聘）用后，方可在许可项目范围内作业。

3.《起重机械使用管理规则》（TSG Q5001—2009）

第十二条　使用单位的起重机械安全管理人员和作业人员，应当按照《特种设备作业人员监督管理办法》、《起重机械安全管理人员和作业人员考核大纲》的规定要求，经考核合格，取得质量技术监督部门（以下简称质检部门）颁发的特种设备作业人员证，方可从事相应的安全管理和作业工作。

（二）资格证复审

《特种设备作业人员监督管理办法》（质检总局 140 号令）

第二十二条　特种设备作业人员证每 4 年复审一次。持证人员应当在复审期满 3 个月前，向发证部门提出复审申请。对持证人员在 4 年内符合有关安全技术规范规定的不间断作业要求和安全、节能教育培训要求，且无违章或者管理等不良记录、未造成事故的，发证部门应当按照有关安全技术规范的规定准入复审合格，并在证书正本上加盖发证部门复审合格章。

复审不合格、逾期未复审的，其特种设备作业人员证予以注销。

（三）取得资格办法

参照下列标准执行：

（1）质检总局 140 号令《特种设备作业人员监督管理办法》。

（2）TSG Z6001—2005《特种设备作业人员考核规则》。

（3）TSG Q6001—2009《起重机械安全管理人员和作业人员考核大纲》。

（4）《特种设备作业人员考核程序和要求（试行）》。

（四）人员培训

1.《特种设备安全监察条例》（国务院 549 号令）

第三十九条　特种设备使用单位应当对特种设备作业人员进行特种设备安全、节能教育和培训，保证特种设备作业人员具备必要的特种设备安全、节能知识。

2.《起重机械安全监察规定》(质检总局92号令)

第二十条 起重机械使用单位应当对起重机械作业人员进行安全技术培训，保证其掌握操作技能和预防事故的知识，增强安全意识。

3.《特种设备作业人员监督管理办法》(质检总局140号令)

第十一条 用人单位应当加强作业人员安全教育和培训，保证特种设备作业人员具备必要的特种设备安全作业知识、作业技能和及时进行知识更新。作业人员未能参加用人单位培训的，可以选择专业培训机构进行培训。

作业人员培训的内容按照国家质检总局制定的相关作业人员培训考核大纲等安全技术规范执行。

(五) 用人单位履行的义务和特种设备作业人员应当遵守的规定

1.《特种设备作业人员监督管理办法》(质检总局140号令)

第二十条 用人单位应当加强对特种设备作业现场和作业人员的管理，履行下列义务：

(1) 制订特种设备操作规程和有关安全管理制度。

(2) 聘用持证作业人员，并建立特种设备作业人员管理档案。

(3) 对作业人员进行安全教育和培训。

(4) 确保持证上岗和按章操作。

(5) 提供必要的安全作业条件。

(6) 其他规定的义务。

第二十一条 特种设备作业人员应当遵守以下规定：

(1) 作业时随身携带证件，并自觉接受用人单位的安全管理和质量技术监督部门的监督检查。

(2) 积极参加特种设备安全教育和安全技术培训。

(3) 严格执行特种设备操作规程和有关安全规章制度。

(4) 拒绝违章指挥。

(5) 发现事故隐患或者不安全因素应当立即向现场管理人员和单位有关负责人报告。

(6) 其他有关规定。

2.《起重机械使用管理规则》(TSG Q5001—2009)

第十三条 起重机械安全管理人员应当履行以下职责：

(1) 组织实施日常维修保养和自行检查、全面检查。

(2) 组织起重机械作业人员和相关人员的安全教育和安全技术培训工作。

(3) 按照有关规定办理起重机械使用登记、变更手续。

(4) 编制定期检验计划并且落实定期检验的报检工作。

(5) 检查和纠正起重机械使用中的违章行为，发现问题立即进行处理，情况紧急时，可以决定停止使用起重机械并且及时报告单位有关负责人。

(6) 组织制定起重机械事故应急救援预案，一旦发生事故按照预案要求及时报告和进行救援。

(7) 对安全技术档案的完整性、正确性、统一性负责。

起重机械安全管理人员工作时应当随身携带特种设备作业人员证，并且自动接受质检部门的监督检查。

第十四条　起重机械作业人员应当履行以下职责：

(1) 严格执行起重机械操作规程和有关安全管理制度。

(2) 填写运行记录、交接班记录。

(3) 进行日常维护保养和自行检查，并且进行记录。

(4) 参加安全教育和安全技术培训。

(5) 严禁违章作业，拒绝违章指挥。

(6) 发现事故隐患或者不安全因素立即向现场管理人员和单位有关负责人报告，当事故隐患或者不安全因素直接危及人身安全时，停止作业并且在采取可能的应急措施后撤离现场。

(7) 参加应急救援演练，掌握相应的基本救援技能。

起重机械作业人员作业时应当随身携带特种设备作业人员证，并且自觉接受使用单位的安全管理和质检部门的监督检查。

四、 起重机械定期检验

(一) 起重机械必须定期检验

1.《特种设备安全监察条例》(国务院549号令)

第二十八条　特种设备使用单位应当按照安全技术规范的定期检验要求，在安全检验合格有效期届满前1个月向特种设备检验检测机构提出定期检验要求。

检验检测机构接到定期检验要求后，应当按照安全技术规范的要求及时进行安全性能检验和能效测试。

未经定期检验或者检验不合格的特种设备，不得继续使用。

2.《起重机械安全监察规定》(质检总局92号令)

第二十二条　起重机械定期检验周期最长不超过2年，不同类别的起重机械检验周期按照相应安全技术规范执行。

使用单位应当在定期检验有效期届满1个月前，向检验检测机构提出定期检验申请。

流动作业的起重机械异地使用的，使用单位应当按照检验周期等要求向使用所在地检验检测机构申请定期检验，使用单位应当将检验结果报登记部门。

3.《起重机械使用管理规则》(TSG Q5001—2009)

第九条　不实施安装监督检验的起重机械，使用单位应当按照TSG Q7015—2008《起重机械定期检验规则》的规定，向检验检测机构提出首次检验申请，经检验合格，办理使用登记，依法投入使用。

第十九条　使用单位应当按照《起重机械定期检验规则》的要求，在检验有效期届满前1个月向检验检测机构提出定期检验申请，并且做好定期相关的准备工作。

对流动作业的起重机械，使用单位应当向使用所在地的检验检测机构申请定期检验，并且将定期检验报告报原负责使用登记的质检部门。

超过定期检验周期或者定期检验不合格的起重机械，不得继续使用。

(二) 检验周期

《起重机械定期检验规则》(TSG Q7015—2008)

第五条 在用起重机械定期检验周期如下：

(1) 塔式起重机、升降机、流动式起重机每年1次。

(2) 轻小型起重设备、桥式起重机、门式起重机、门座起重机、缆索起重机、桅杆起重机、铁路起重机、旋臂起重机、机械式停车设备每2年1次，其中吊运熔融金属和炽热金属的起重机每年1次。

性能试验中的额定载荷试验、静载荷试验、动载荷试验项目，首检和首次定期检验时必须进行；额定载荷试验项目，以后每间隔1个检验周期进行1次。

检验过程中，对确实存在重大隐患的起重机械（如作业环境特殊、事故频发等），检验机构报经省级质量技术监督部门同意，可以适当缩短定期检验周期，但是最短周期不低于6个月。

(三) 检验办法

按 TSG Q7015—2008《起重机械定期检验规则》执行。

五、 起重机械使用

(一) 使用登记

1.《特种设备安全监察条例》(国务院549号令)

第二十五条 特种设备在投入使用前或者投入使用后30日内，特种设备使用单位应当向直辖市或者设区的市的特种设备安全监督管理部门登记。登记标志应当置于或者附着于该特种设备的显著位置。

2.《起重机械安全监察规定》(质检总局92号令)

第十七条 起重机械在投入使用前或者投入使用后30日内，使用单位应当按照规定到登记部门办理使用登记。

流动作业的起重机械，使用单位应当到产权单位所在地的登记部门办理使用登记。

第十八条 起重机械使用单位发生变更的，原使用单位应当在变更后30日内到原登记部门办理使用登记注销；新使用单位应当按规定到所在地的登记部门办理使用登记。

3.《起重机械使用管理规则》(TSG Q5001—2009)

第二十三条 起重机械投入使用前或者投入使用后30日内，使用单位到起重机械使用所在地的直辖市或设区的市的质检部门（以下称登记机关）办理使用登记。

流动作业的起重机械，在产权单位所在地的登记机关办理使用登记。

第二十四条 使用登记程序包括申请、受理、审查和办法特种设备使用登记证（统一格式，以下简称使用登记证）。

二十五条 使用单位申请办理使用登记时，应当向登记机关提供以下资料，并且对其真实性负责：

(1)《使用登记表》(一式二份)。

(2) 使用单位组织机构代码证或者起重机械产权所有者（公民个人拥有）的身份证。

(3) 产品质量合格证明。

(4) 特种设备安全管理人员和作业人员的名录（列出姓名、身份证号、特种设备作业人员证件号码及其持证种类、类别和项目）或者人员的证件原件。

(5) 安全管理制度目录。

第二十六条　登记机关接到申请材料，对符合本规定要求的，应当在5个工作日内自受理；对于不予受理的，应当一次性以书面形式告知不予受理的理由。

第二十七条　登记机关对经审查符合本规定要求的，应当自受理申请之日起20日内颁发使用登记证。

因使用单位原因延长的时间不包括在规定的时间内，但登记机关必须向使用单位说明原因。

第二十八条　登记机关办理使用登记时，应当按照《特种设备使用登记编号编制颁发》编制使用登记编号。

第二十九条　使用单位应当将使用登记证置于以下位置：

（1）有司机室的置于司机室的显著位置。

（2）无司机室的存入使用单位的安全技术档案。

第三十条　起重机械停用1年以上时，使用单位应当在停用后30日内向登记机关办理报停手续，并将使用登记证交回登记机关；重新启用时，应当经过定期检验，并且持检验合格的定期检验报告到登记机关办理启用手续，重新领取使用登记证。

第三十一条　需要改变起重机械性能参数与技术指标的，必须经过具备相应资格的单位进行改造，并且按照《起重机械安装改造重大维修监督检验规则》的规定，实施监督检验。

起重机械在改造完成投入使用前，使用单位应当重新填写《使用登记表》，并且持原《使用登记表》和使用登记证、改造监督检验证书，向使用登记机关办理使用登记变更。

第三十二条　起重机械产权发生变化，原使用单位应当按照本规则第三十二条第二款的要求办理使用登记注销手续。原使用单位应当将《过户（移装）证明》、标有注销标记的原《使用登记表》和使用登记证、起重机械安全技术档案移交给新使用单位。

新使用单位应当重新填写《使用登记表》，在起重机械投入使用前，持《过户（移装）证明》标有注销标记的原《使用登记表》和使用登记证、移装的监督检验证书（实施移装的）、上一周期的定期检验报告和本规则第二十五条第（1）至（4）项的资料，按本规则的要求重新办理使用登记。

（二）使用单位义务和责任

1.《起重机械安全监察规定》（质检总局92号令）

第二十条　起重机械使用单位应当履行下列义务：

（1）使用具有相应许可资质的单位制造并经监督检验合格的起重机械。

（2）建立健全相应的起重机械使用安全管理制度。

（3）设置起重机械安全管理机构或者配备专（兼）职安全管理人员从事起重机械安全管理工作。

（4）对起重机械作业人员进行安全技术培训，保证其掌握操作技能和预防事故的知识，增强安全意识。

（5）对起重机械的主要受力结构件、安全附件、安全保护装置、运行机构、控制系统等进行日常维护保养，并作出记录。

（6）配备符合安全要求的索具、吊具，加强日常安全检查和维护保养，保证索具、吊具安全使用。

（7）制定起重机械事故应急救援预案，根据需要建立应急救援队伍，并且定期演练。

2.《起重机械使用管理规则》（TSG Q5001—2009）

第五条　使用单位应该根据起重机械的用途、使用频率、载荷状态和工作环境，选择适应使用条件要求的相应品种（型式）的起重机械。如果选型错误，由使用单位负责。

第六条　使用单位购置的起重机械应当具备相应制造许可资格的单位制造，产品应当符合有关安全技术规范及相关标准的要求，随机的产品技术资料应当齐全。产品技术资料至少包括以下内容：

（1）设计文件，包括总图、主要受力结构件图、机械传动图、电气和液压（气动）系统原理图。

（2）产品质量合格证。

（3）安装使用维修说明。

（4）制造监督检验证书（适用于实验制造监督检验的）。

（5）整机和安全保护装置的型式试验合格证明（制造单位盖章的复印件，按覆盖原则提供）。

（6）特种设备制造许可证（制造单位盖章的复印件，取证的样机除外）。

第七条　使用单位应当选择具有相应许可资格的单位进行起重机械安装、改造、重大维修（以下通称施工），并且督促其按照 TSG Q7016—2008《起重机械安装改造重大维修监督检验规则》的要求接受监督检验。

使用单位负责组织实施塔式起重机在使用过程中的顶升，并且对其安全性能负责。

第八条　起重机械使用前，使用单位应当监督施工单位依法履行安装告知、监督检验等义务，并且在施工结束后要求施工单位及时提供以下施工技术资料，存入安全技术档案：

（1）施工告知证明。

（2）隐蔽工程及其施工过程记录、重大技术问题处理文件。

（3）施工质量证明。

（4）施工监督检验证明（适用于实施安装、改造和重大维修监督检验的）。

第九条　不实施安装监督检验的起重机械，使用单位应当按照 TSG Q7015—2008《起重机械定期检验规则》的规定，向检验检测机构提出首次检验申请，经检验合格，办理使用登记，依法投入使用。

第十条　使用单位应当设置起重机械安全管理机构或者配备专职或者兼职的安全管理人员从事起重机械的安全管理工作。

（三）建立起重机械安全管理制度

1.《特种设备安全监察条例》（国务院549号令）

第五条　特种设备生产、使用单位应当建立健全特种设备安全、节能管理制度和岗位安全、节能责任制度。

2.《起重机械安全监察规定》（质检总局92号令）

第二十条　起重机械使用单位应当建立健全相应的起重机械使用安全管理制度。

3.《起重机械使用管理规则》（TSG Q5001—2009）

第十一条　使用单位应当建立健全起重机械安全管理制度，并严格执行。使用安全管理制度至少包括以下内容：

（1）安全管理机构的职责。

（2）单位负责人、起重机械安全管理人员和作业人员岗位责任制。

（3）起重机械操作规程，包括操作技术要求、安全要求、操作程序、禁止行为等。

（4）索具和备品备件采购、保管和使用要求。

（5）日常维护保养和自行检查要求。

（6）使用登记和定期检验要求。

（7）安全管理人员、起重机械作业人员教育培训和持证上岗要求。

（8）安全技术档案管理要求。

（9）事故报告处理制度。

（10）应急救援预案和救援演练要求。

（11）执行本规则以及有关安全技术规范和接受安全监察要求。

（四）保养与检查

1.《特种设备安全监察条例》（国务院 549 号令）

第二十七条　特种设备使用单位应当对在用特种设备进行经常性日常维护保养，并定期自行检查。

特种设备使用单位对在用特种设备应当至少每月进行一次自行检查，并作出记录。特种设备使用单位在对在用特种设备进行自行检查和日常维护保养时发现异常情况的，应当及时处理。

特种设备使用单位应当对在用特种设备的安全附件、安全保护装置、测量调控装置及有关附属仪器仪表进行定期校验、检修，并作出记录。

第二十九条　特种设备出现故障或者发生异常情况，使用单位应当对其进行全面检查，消除事故隐患后，方可重新投入使用。

特种设备不符合能效指标的，特种设备使用单位应当采取相应措施进行整改。

2.《起重机械安全监察规定》（质检总局 92 号令）

第二十七条　起重机械出现故障或者发生异常情况，使用单位应当停止使用，对其全面检查，消除故障和事故隐患后，方可重新投入使用。

3.《起重机械使用管理规则》（TSG Q5001—2009）

第三十四条　在用起重机械至少每月进行一次日常维护保养和自行检查，每年进行一次全面检查，保持起重机械的正常状态。日常维护保养和自行检查、全面检查应当按照本规则和产品使用维护说明的要求进行，发现异常情况，应当及时处理，并且记录，记录存入安全技术档案。

第三十五条　在用起重机械的日常维护保养，重点是对主要受力构件、安全保护装置、工作机构、操纵机构、电气（液压、气动）控制系统等进行清洁、润滑、检查、调整、更换易损件和失效的零部件。

第三十六条　在用起重机械的自行检查至少包括以下内容：

（1）整机工作性能。

（2）安全保护、防护装置。

(3) 电气（液压、气动）等控制系统的有关部件。

(4) 液压（气动）等系统的润滑、冷却系统。

(5) 制动装置。

(6) 吊钩及其闭锁装置、吊钩螺母及其放松装置。

(7) 联轴器。

(8) 钢丝绳磨损和绳端固定。

(9) 链条和吊辅具的损伤。

第三十七条　起重机械的全面检查，除包括第三十六条要求的自行检查的内容外，还应当包括以下内容：

(1) 金属结构的变形、裂纹、腐蚀，以及其焊缝、铆钉、螺栓等连接。

(2) 主要零部件的变形、裂纹、磨损。

(3) 指示装置的可靠性和精度。

(4) 电气和控制系统的可靠性。

必要时还需进行相关的载荷试验。

第三十八条　使用单位可以根据起重机械工作的繁重程度和环境条件的恶劣状况，确定高于本规则规定的日常维护保养、自行检查和全面检查的周期和内容。

第三十九条　起重机械的日常维护保养、自行检查，应当由使用单位的起重机械作业人员实施；全面检查，应当由使用单位的起重机械安全管理人员组织实施。

使用单位无能力进行日常维护保养、自行检查和全面检查时，应当委托具有起重机械制造、安装、改造、维修许可资格的单位实施，但是必须签订相应工作合同，明确责任。

(五) 旧起重机械的使用

1.《起重机械安全监察规定》(质检总局92号令)

第二十三条　旧起重机械应当符合下列要求，使用单位方可投入使用：

(1) 具有原使用单位的使用登记注销证明。

(2) 具有新使用单位的使用登记证明。

(3) 具有完整的安全技术档案。

(4) 监督检验和定期检验合格。

2.《起重机械定期检验规则》(TSG Q7015—2008)

第十四条　对于使用时间超过15年以上、处于严重腐蚀环境（如海边、潮湿地区等）或者强风区域、使用频率高的大型起重机械，应当根据具体情况有针对性地增加其他检验手段，必要时根据大型起重机械实际安全状况和使用单位安全管理水平能力，进行安全评估。

(六) 起重机械报废

1.《特种设备安全监察条例》(国务院549号令)

第三十条　特种设备存在严重事故隐患，无改造、维修价值，或者超过安全技术规范规定使用年限，特种设备使用单位应当及时予以报废，并应当向原登记的特种设备安全监督管理部门办理注销。

2.《起重机械安全监察规定》(质检总局92号令)

第十九条　起重机械报废的，使用单位应当到登记部门办理使用登记注销。

第二十六条　起重机械具有下列情形之一的，使用单位应当及时予以报废并采取解体等销毁措施：

（1）存在严重事故隐患，无改造、维修价值的。

（2）达到安全技术规范等规定的设计使用年限或者报废条件的。

3.《起重机械使用管理规则》（TSG Q5001—2009）

第二十条　起重机械具有下列情形之一的，使用单位应当及时予以报废，并且采取解体等销毁措施：

（1）存在严重事故隐患，无改造、维修价值的；

（2）达到安全技术规范等规定的设计使用年限，不能继续使用的或者满足报废条件的。

第三十三条　起重机械的报废，使用单位应当提出书面的报废申请，向登记机关办理使用登记注销手续，并且将使用登记证和《使用登记表》交回登记机关进行注销。

4.《建筑起重机械安全评估技术规程》（JGJ/T 189—2009）

3.0.3　对超过设计规定相应载荷状态允许工作循环次数的建筑起重机械，应作报废处理。

（七）建立安全技术档案

1.《特种设备安全监察条例》（国务院 549 号令）

第二十六条　特种设备使用单位应当建立特种设备安全技术档案。安全技术档案应当包括以下内容：

（1）特种设备的设计文件、制造单位、产品质量合格证明、使用维护说明等文件以及安装技术文件和资料。

（2）特种设备的定期检验和定期自行检查的记录。

（3）特种设备的日常使用状况记录。

（4）特种设备及其安全附件、安全保护装置、测量调控装置及有关附属仪器仪表的日常维护保养记录。

（5）特种设备运行故障和事故记录。

（6）高耗能特种设备的能效测试报告、能耗状况记录以及节能改造技术资料。

2.《起重机械安全监察规定》（质检总局 92 号令）

第二十一条　使用单位应当建立起重机械安全技术档案。起重机械安全技术档案应当包括以下内容：

（1）设计文件、产品质量合格证明、监督检验证明、安装技术文件和资料、使用和维护说明。

（2）安全保护装置的型式试验合格证明。

（3）定期检验报告和定期自行检查的记录。

（4）日常使用状况记录。

（5）日常维护保养记录。

（6）运行故障和事故记录。

（7）使用登记证明。

3.《起重机械使用管理规则》(TSG Q5001—2009)

第十五条 使用单位应当建立起重机械安全技术档案。安全技术档案至少包括以下内容:

(1) 本规则第六条规定的产品技术资料。

(2) 本规则第八条规定的施工技术资料。

(3) 与起重机械安装、运行相关的土建技术图样及其承重数据(如轨道、承重梁等)。

(4)《起重机械使用登记表》,以下简称《使用登记表》。

(5) 定期检验报告。

(6) 在用安全保护装置的型式试验合格证明。

(7) 日常使用状况、运行故障和事故记录。

(8) 日常维护保养和自行检查、全面检查记录。

(八) 起重机械租用

1.《起重机械安全监察规定》(质检总局92号令)

第二十四条 起重机械承租使用单位应当按照本规定第二十条第(5)项规定,在承租使用期间对起重机械进行日常维护保养并记录,对承租起重机械的使用安全负责。

禁止承租使用下列起重机械:

(1) 没有在登记部门进行使用登记的。

(2) 没有完整安全技术档案的。

(3) 监督检验或者定期检验不合格的。

2.《起重机械使用管理规则》(TSG Q5001—2009)

第十六条 起重机械出租单位应当与承租单位签订协议,明确出租和承租单位各自的安全责任。承租单位在承租期间应当对起重机械的使用安全负责。

禁止承租使用下列起重机械:

(1) 未进行使用登记的。

(2) 没有完整的安全技术档案的。

(3) 未经检验(包括需要实施的监督检验或者投入使用前的首次检验,以及定期检验)或者检验不合格的。

3.《建筑起重机械安全监督管理规定》(建设部第166号令)

第六条 出租单位应当在签订的建筑起重机械租赁合同中,明确租赁双方的安全责任,并出具建筑起重机械特种设备制造许可证、产品合格证、制造监督检验证明、备案证明和自检合格证明,提交安装使用说明书。

第七条 有下列情形之一的建筑起重机械,不得出租、使用:

(1) 属国家明令淘汰或者禁止使用的。

(2) 超过安全技术标准或者制造厂家规定的使用年限的。

(3) 经检验达不到安全技术标准规定的。

(4) 没有完整安全技术档案的。

(5) 没有齐全有效的安全保护装置的。

（九）建立事故应急预案

1.《特种设备安全监察条例》（国务院 549 号令）

第六十五条　特种设备安全监督管理部门应当制定特种设备应急预案。特种设备使用单位应当制定事故应急专项预案，并定期进行事故应急演练。

2.《起重机械安全监察规定》（质检总局 92 号令）

第二十条　起重机械使用单位应当制定起重机械事故应急救援预案，根据需要建立应急救援队伍，并且定期演练。

3.《起重机械使用管理规则》（TSG Q5001—2009）

第二十二条　使用单位应当制定起重机械应急救援预案，当发生起重机械事故时，使用单位必须采取应急救援措施，防止事故扩大，同时，按照《特种设备事故报告和调查处理规定》的规定执行。

（十）事故调查处理

1.《特种设备安全监察条例》（国务院 549 号令）

第六十六条　特种设备事故发生后，事故发生单位应当立即启动事故应急预案，组织抢救，防止事故扩大，减少人员伤亡和财产损失，并及时向事故发生地县以上特种设备安全监督管理部门和有关部门报告。

具体参见本规定《事故预防和调查处理》和质检总局 115 号令《特种设备事故报告和调查处理规定》。

2.《起重机械安全监察规定》（质检总局 92 号令）

第二十八条　发生起重机械事故，使用单位必须按照有关规定要求，及时向所在地的质量技术监督部门和相关部门报告。

3.《起重机械使用管理规则》（TSG Q5001—2009）

第二十二条　使用单位应当制定起重机械应急救援预案，当发生起重机械事故时，使用单位必须采取应急救援措施，防止事故扩大，同时，按照《特种设备事故报告和调查处理规定》的规定执行。

六、起重机械的评估和整治

（一）评估（整治）条件

1.《起重机械定期检验规则》（TSG Q7015—2008）

第十四条　对于使用时间超过 15 年以上、处于严重腐蚀环境（如海边、潮湿地区等）或者强风区域、使用频率高的大型起重机械，应当根据具体情况有针对性地增加其他检验手段，必要时根据大型起重机械实际安全状况和使用单位安全管理水平能力，进行安全评估。

2.《建筑起重机械安全评估技术规程》（JGJ/T 189—2009）

3.0.2　塔式起重机和施工升降机有下列情况之一的应进行安全评估：

（1）塔式起重机：

630kNm 以下（不含 630kNm）、出厂年限超过 10 年（不含 10 年）。

630～1250kNm（不含 1250kNm）出厂年限超过 15 年（不含 15 年）。

1250kNm 以上（含 1250kNm）出厂年限超过 20 年（不含 20 年）。

（2）施工升降机：

出厂年限超过 8 年（不含 8 年）的 SC 型施工升降机。

出厂年限超过 5 年（不含 5 年）的 SS 型施工升降机。

3.《国家电网公司电力建设起重机械安全管理重点措施（试行）》（国家电网基建〔2008〕696 号）

此文件为大型国企规章。

6.1 本文件中所称老旧机械是指实际使用年限超过 12 年，但尚未达到使用说明书规定的使用年限，还仍在使用的起重机械。

6.3 凡在工程现场使用的老旧起重机械，必须按以下程序进行整治：

……

（二）评估（整治）内容

1.《建筑起重机械安全评估技术规程》（JGJ/T 189—2009）

3.0.5 塔式起重机和施工升降机的评估应以重要结构件及主要零部件、电气系统、安全装置和防护设施为主要内容。

3.0.6 塔式起重机和施工升降机的重要结构件宜包括下列主要内容：

（1）塔式起重机：塔身、起重臂、平衡臂（转台）、塔帽或塔顶构造、拉杆、回转支承座、附着装置、顶升套架或内爬升架、行走底盘及底座等。

（2）施工升降机：导轨架（标准节）、吊笼、天轮架、底架及附着装置等。

2.《国家电网公司电力建设起重机械安全管理重点措施（试行）》（国家电网基建〔2008〕696 号）

6.3.2 开展对老旧起重机械的专项整治

根据机械安全技术状况检测结果进行安全技术经济论证，对具有修复利用价值的制定整改方案，一般包括以下几类：

（1）对于局部钢结构的刚度和强度不足的，可采取补强整改。

（2）对于多数机构和结构还有使用价值的，可采取大修或改造。

（三）评估（整治）方法

1.《建筑起重机械安全评估技术规程》（JGJ/T 189—2009）

4.1.2 安全评估应采取下列方法：

（1）目测：全面检查钢结构的表面锈蚀、磨损、裂纹和变形等，对发现的缺陷或可疑部位做出标记，并应进一步检测评估。

（2）影像记录：用照相机或摄影机拍摄设备的整机外貌，拍摄重要结构件的承受交变载荷或高应力区的焊接部位及热影响区域，拍摄外观可见裂纹、严重锈蚀、磨损、变形等部位。

（3）厚度测量：采用超声波测厚仪、游标卡尺等器具测量结构件的实际厚度。

（4）直线度等形位偏差测量：用直线规、经纬仪、卷尺等器具进行测量。

（5）载荷试验：整机安装调试完成后，通过载荷试验检验结构的静刚度及主要零部件的承载能力，通过载荷试验检验机构的运转性能、控制系统的操作性能及安全装置的工作有效性。

4.1.3 当本规程第 4.1.2 条所列的评估方法不能满足安全评估要求时，安全评估也可采用下列方法：

（1）当重要结构件外观有明显缺陷或疑问，需要作进一步评估检测情况时，可采用下列无损检测方法：

1）磁粉检测（MT）。检测铁磁性材料近表面存在的裂纹缺陷。

2）超声波检测（UT）。采用直射、斜射、液浸等技术，检测结构件内部缺陷。

3）射线照相检测（RT）。利用X或γ射线的穿透性，检测结构件内部缺陷。

（2）对重要结构件有改制或主要技术参数有变更等情况，可采用应变仪测取结构应力，分析判别结构的安全度的应力测试方法。

2.《国家电网公司电力建设起重机械安全管理重点措施（试行）》（国家电网基建〔2008〕696号）

6.3.1 开展对老旧起重机械的专项检测，其检测内容：

（1）外观检查（结构变形、油漆爆裂、腐蚀程度、焊缝外观、螺栓连接、主要零部件磨损情况等）。

（2）形位公差测量（主要直线度、圆柱度、平行度、垂直度、倾斜度、同轴度、对称度、位置度、圆跳动等）。

（3）对臂架、横梁、底架等重要结构主要受力焊缝检测，并出具探伤报告和腐蚀测厚报告。

（4）空载性能测试（起升、降落、变幅、回转、行走等测试。检查各机构和操纵、控制系统是否有异常）。

（5）额定负荷试验和超负荷试验，试验过程中和试验后重点检查，如整机结构、焊缝、螺栓、机构等。

（6）对本单位没有能力检测的内容，应当请权威机构核算和进行应力测试，作出鉴定结论。

附录B 施工现场起重机械安全管理常用有关法律法规目录

1.《特种设备安全监察条例》(国务院549号令)

2.《起重机械安全监察规定》(质检总局92号令)

3.《特种设备作业人员监督管理办法》(质检总局140号令)

4.《特种设备事故报告和调查处理规定》(质检总局115号令)

5.《起重机械使用管理规则》(TSG Q5001—2009)

6.《起重机械定期检验规则》(TSG Q7015—2008)

7.《起重机械安装改造重大维修监督检验规则》(TSG Q7016—2008)

8.《特种设备作业人员考核规则》(TSG Z6001—2005)

9.《起重机械安全管理人员和作业人员考核大纲》(TSG Q6001—2009)

10.《建筑起重机械安全监督管理规定》(建设部166号令)

11.《建设工程安全生产管理条例》(国务院393号令)

12.《建筑起重机械安全评估技术规程》(JGJ/T 189—2009)

13.《生产经营单位安全生产事故应急预案编制导则》(AQ/T 9002—2006)

14.《机电类特种设备制造许可规则(试行)》(国质检锅[2003]174号)

15.《机电类特种设备安装、改造、维修许可规则(试行)》(国质检锅〔2003〕251号)

16.《特种设备制造、安装、改造、维修质量保证体系的基本要求》(TSG Z0004—2007)

17.《特种设备制造、安装、改造、维修许可鉴定评审细则》(TSG Z0005—2007)

18.《起重机械制造监督检验规则》(TSG Q7001—2006)

19.《国家电网公司电力建设起重机械安全管理重点措施(试行)》(〔2008〕国企规章)

20.《国家电网公司电力建设起重机械安全监督管理办法》(〔2008〕国企规章)

21.《建筑施工塔式起重机安装、使用、拆卸安全技术规程》(JGJ 196—2010)

附录C 起重机械主要技术标准目录

1. GB/T 3811—2008《起重机设计规范》
2. GB/T 13752—1992《塔式起重机设计规范》
3. GB 6067.1—2010《起重机械安全规程 第1部分：总则》
4. GB/T 5031—2008《塔式起重机》
5. GB 5144—2006《塔式起重机安全规程》
6. JG/T 100—1999《塔式起重机操作使用规程》
7. GB/T 23723.1—2009《起重机 安全使用 第1部分：总则》
8. GB 14405—2011《通用桥式起重机》
9. GB 14406—2011《通用门式起重机》
10. JB/T 5663—2008《电动葫芦门式起重机》
11. GB/T 10183.1—2010《起重机 车轮及大车和小车轨道公差 第1部分：总则》
12. JB6128—2008《水电站门式起重机》
13. DL 454—2005《水利电力建设用起重机试验方法》
14. SL/T 241—1999《水利电力建设用起重机技术条件》
15. JB/T 1306—2008《电动单梁起重机》
16. JB 5318—1991《大型履带起重机技术条件》
17. GB/T 14560—2011《履带起重机》
18. JG 5055—1994《履带起重机安全规程》
19. GB 6068—2008《汽车起重机和轮胎起重机试验规范》
20. JB/T 9738—2000《汽车起重机和轮胎起重机技术要求》
21. JB/T 10170—2000《汽车起重机和轮胎起重机 起升机构试验规范》
22. JB 8716—1998《汽车起重机和轮胎起重机 安全规程》
23. GB/T 10054—2005《施工升降机》
24. GB 10055—2007《施工升降机安全规程》
25. JGJ 88—2010《龙门架及井架物料提升机安全技术规范》
26. GB 19155—2003《高处作业吊篮》
27. GB/T 20118—2006《一般用途钢丝绳》
28. GB/T 1955—2008《建筑卷扬机》
29. JB/T 9008.1—2004《钢丝绳电动葫芦 第1部分：型式与基本参数、技术条件》
30. JB/T 9010—1999《手拉葫芦安全规则》
31. LD 48—1993《起重机械吊具与索具安全规程》
32. GB 12602—2009《起重机械超载保护装置》
33. GB 15052—2010《起重机 安全标志和危险图形符号 总则》
34. GB/T 10051.3—2010《起重吊钩 第3部分：锻造吊钩使用检查》
35. JGJ 33—2001《建筑机械使用安全技术规程》

36. GB 50278—2010《起重设备安装工程施工验收规范》
37. GB 50256—1996《电气装置安装工程起重机电气装置施工及验收规范》
38. GB/T 8706—2006《钢丝绳术语、标记和分类》
39. GB 8918—2006《重要用途钢丝绳》
40. GB/T 5972—2009《起重机　钢丝绳　保养、维护、安装、检验和报废》
41. JGJ 82—2011《钢结构高强度螺栓连接技术规程》
42. GB/T 1231—2006《钢结构用高强度大六角螺栓、大六角螺母、垫圈技术条件》
43. JGJ 160—2008《施工现场机械设备检查技术规程》
44. JGJ 46—2005《施工现场临时用电安全技术规范（附条文说明）》
45. JGJ 59—1999《建筑施工安全检查标准》

附录D 某电建施工现场起重机械安全管理评价报告

一、总体评价

现场尚未进入施工高峰，大型起重机械数量还不多，共20台（套），但工程比较紧张繁忙，使用频率较高。本次起重机械安全管理评价，主要检查三个主要施工单位（××火力发电公司、××电力建设公司、××省二建公司）的起重机械安全技术状况，共抽查13台套，共存在一般机械缺陷52条，机械严重缺陷8条；检查业主单位、监理单位、三个主要施工项目部的制度建设和资料管理状况，存在管理缺陷34条。

从检查机械安全状况看：现场部分大型起重机械安全技术状况基本良好，但主标段使用的机械好于附属标段的机械；电力建设单位的机械好于外租机械；××火力发电公司的机械好于××电力建设公司的机械，需要引起各单位高度重视的是各施工单位都存在机械严重缺陷；机械安全技术状况评价分数只有××火力发电公司为优良，其他两个施工单位都不及格（见附表1～3）。

从检查机械安全管理体系制度建设和基础资料管理的状况看：从业主单位到监理单位和施工单位虽然对现场起重机械安全管理比较重视，也做了大量工作，但在规范化管理方面和法律法规学习培训方面明显不足，由于存在着比较多的主要管理缺陷，评价分数上都不及格，尤其监理单位只得了19分（见附表4）。

总体上评价是该施工现场起重机械管理属于不合格现场，起重机械安全隐患比较多，下一步既需要及时整改机械缺陷，尤其是严重缺陷，更要加强有关法律法规和规范化管理的培训，完善管理体系、制度和机械安全岗位责任制，加大考核力度，提高规范化管理水平，彻底消除机械安全隐患。

二、起重机械安全技术状况

（一）××火力发电建设公司（检查8台机械，一般缺陷35条，*严重缺陷2条）

1. QU50C履带起重机（97.5）

缺陷：

（1）副臂变幅卷筒钢丝绳已开始腐蚀，建议该卷筒现不使用，应使用苫布包裹；（—1）

（2）机台上应粘贴防滑布。（—1.5）

2. KH700履带起重机（87.5）

缺陷：

（1）有个别履带托轮磨损严重没有更换，建议注意履带松弛程度，必要时应更换磨损严重的托轮和滑块。（—2.5）

*（2）主臂根部腐蚀严重和主臂撑杆根部腐蚀严重，建议除锈检查，如腐蚀超限应修补或更换。（—10）

3. 20/5龙门起重机（89）

4. 1号40t龙门起重机（89）

5. 2号40t龙门起重机（88）

3、4、5三台起重机共性缺陷：

(1) 无排水沟。(—1)
(2) 轨道接缝普遍过小，有的轨道弯曲。(—1)
(3) 行走减速器润滑油乳化变质。(—1)
(4) 行走大车无缓冲器。(—5)
(5) 主钩和起重小车牵引减速器漏油。(—1)
(6) 横梁上悬挂公司标牌。(—1)
(7) 除 20t 龙门起重机外，其他吊车起重小车无缓冲器。(—1)
(8) 2 号 40t 龙门起重机腐蚀严重，防腐差。(—1)

6. FZQ2400 塔式起重机 (90.5)

缺陷：
(1) 附着节直梯用铁丝、电线固定。(—2.5)
(2) 个别标准节螺栓短。(—2.5)
(3) 登机梯子第一踏步没有。(—2.5)
(4) 驾驶室显示屏应增加遮光罩。(—1)
(5) 主钩、副钩制动器护罩太重，应改造成分段罩。(—1)

7. QY35 汽车起重机 (87.5)

缺陷：
* (1) 主钩高度限位器失灵。(—10)
(2) 发动机高压泵处漏油。(—2.5)

8. SC6021 塔式起重机 (83.5)

缺陷：
(1) 主钩销轴有几处开口销未打开，有的用铁丝代替。(—5)
(2) 塔身直梯护圈有几处缺失。(—4)
(3) 塔身上无休息平台。(—2.5)
(4) 底架插销多处无小开口销。(—5)

(二) ××电力建设公司 (检查 4 台机械、一般缺陷 17 条、* 严重缺陷 4 条)

1. LMQ6342 龙门起重机 (65.5)

一般缺陷：
(1) 轨道接缝悬空，建议加垫枕木。(—1)
(2) 轨道无跨接线。(—1)
(3) 行走台车联系梁螺栓锈蚀严重，并过长；建议逐步更换。(—5)
(4) 起重小车无缓冲器。(—5)
(5) 行走电缆因多处破损，包扎处太多，注意漏电。(—5)
(6) 上部检修平台无栏杆。(—2.5)
(7) 刚性腿根部部分螺栓短。(—5)
* (8) 重量限制器失灵。(—10)

2. H3/36B 塔式起重机 (62)

缺陷：

(1) 机坑无排水通道。(−1)

(2) 塔身直梯无休息平台。(−2.5)

(3) 塔身直梯护圈不全。(−2.5)

(4) 吊钩上有几处开口销未打开或铁丝代替。(−5)

* (5) 回转减速机缺固定螺栓，使用开口销代替螺栓。(−10)

* (6) 小车断绳保护器损坏。(−10)

(7) 整机锈蚀，防腐差。(−2)

(8) 顶升油缸上部有轴销开口销未打开。(−5)

建议：降低到70%负荷使用。

3. SC7022塔式起重机（94）

缺陷：

(1) 机坑无排水通道，并有积水。(−1)

(2) 塔身无休息平台。(−2.5)

(3) 塔身护圈不规范，只有二道直条。(−2.5)

4. QY50汽车起重机（90）

缺陷：

* (1) 主钩高度限位器未接线。(−10)

（三）××省二建公司（一般缺陷1条、*严重缺陷2条）

烟囱提升装置（77.5）

缺陷：

* (1) 上限位失灵。(−10)

* (2) 小抱杆拉绳头部固定钢丝绳部位应加鸡心环。(−10)

(3) 卷扬机减速器普遍漏油。(−2.5)

三、管理制度建设和资料管理情况

1. 业主单位（缺陷4条）(50)

缺陷：

(1) 未建立机械安全监督管理体系和网络。(−15)

(2) 各级机械安全管理责任制不具体、不明确。(−10)

(3) 机械安全监督管理制度要求不详细、不具体。(−10)

(4) 对机械安全监督工作没有有形成闭环管理的资料痕迹。(−15)

2. 监理单位（缺陷9条）(19)

缺陷：

(1) 未建立机械安全体系、网络和机械安全岗位责任制及起重机械监理细则。(−35)

(2) 机械进场准入，对待安装机械，安装前零部件验收工作程序不明确。(−5)

(3) 机械安全管理考核制度内容不明确。

(4) 待安装机械安装前零部件无检查记录。(−10)

(5) 起重机械人员准入台账未建立，人员审查登记概念不清；安装与拆卸作业指导书审查不严，交底签字未留存，全员交底签字不全。(−20)

(6) 烟囱提升滑模无制造资质、安装资质，并无安装告知书（对所有起重机械都无告知书要求）。(—5)

(7) 施工现场所有起重机械检查记录不完整。(—2)

(8) 施工现场所有起重机械无自检报告书。(—2)

(9) 起重机械事故应急预案针对性不强，内容不具体。(—2)

3. ××省二建公司（缺陷2条）(65)

缺陷：

(1) 烟囱提升滑模设备无制造、安装资质，无产品合格证，无检验合格证。(—5)

(2) 机械管理体系、管理制度及资料不完整、不完善。(—30)

4. ××电力建设公司（缺陷10条）(42)

缺陷：

(1) 机械安全管理体系不完整，缺使用单位领导。(—5)

(2) 机械安全岗位责任制缺使用单位领导责任。(—5)

(3) 机械准入制度缺散装机械安装前部件准入检查；人员准入登记缺失太多。(—20)

(4) 该单位的机械准入制度中规定建筑塔式起重机出厂年限不许超过4年，履带起重机不许超过8年，值得商榷，现场实际使用的建筑塔式起重机查名牌已超过12年以上。(—5)

(5) 大型起重机台账登记14台，设备能力认可表只有2台，准入检查登记不符。(—5)

(6) 起重机械七种人员，人员台账中只登记操作人员。(—5)

(7) 作业指导书交底签字人员不符，12人签字，只有4人有资格证件。(—5)

(8) 防碰撞措施无交底记录。(—2)

(9) 防风措施无针对性。(—1)

(10) 大型起重机械事故应急预案尚未编制完成。(—5)

5. ××火力发电公司（缺陷9条）(63)

缺陷：

(1) 机械安全管理体系和网络缺机械使用单位机械管理人员。(—5)

(2) 机械管理安全岗位责任制缺机械使用单位机械管理人员责任。(—5)

(3) 施工项目部机械管理制度中缺“把五关”的具体内容。(—5)

(4) 由于施工项目部机械安全管理制度内容不详细、不明确，使“把五关”的具体资料、记录、台账等不规范、不健全。

(5) 施工项目部无待安装机械散件检查表。(—5)

(6) 起重机械人员准入登记缺项较多，只登记操作人员。(—5)

(7) 安装与拆卸作业指导书编写不规范，内容缺项较多。(—5)

(8) 全员交底签字不全。(—5)

(9) KH700-2履带起重机降低负荷使用无具体文字措施。(—2)

四、建议

(1) 业主单位应在其机械安全管理制度中对机械“把五关”的要求和对起重机械安全管理考核作出具体、明确的规定，并建立起重机械安全管理体系网络及各级机械安全岗位责任制，并能真正运作，充分发挥体系网络作用，强化机械安全管理的力度。

(2) 监理单位应细化机械"把五关"的要求和工作程序，统一各施工项目部的机械和起重机械人员台账以及主要准入验收、检查等表式，力求达到资料规范化和标准化管理。

(3) 各级需加强特种设备法律、法规（业主或监理可组织）学习，澄清一些模糊认识，如国家质检总局140号令《特种设备作业人员监督管理办法》、92号令《起重机械安全监察规定》及其他细则等，增强法制化监督管理意识。

(4) 加强附属标段所使用机械（包括分包队伍自带机械）和外租机械的监督管理力度，要注重机械安全的薄弱环节。

(5) 各级应强化机械作业指导书的编写和审查，以及交底和执行过程中的动态变化，应统一标准，把住要点。

(6) 各单位已经编写的或还未制定的机械防风、防碰撞、防地基（或轨道）沉降等安全防范措施、起重机重大事故应急预案，以及安装与拆卸和使用中的危害辨识和风险评价，应更有针对性和可操作性。

检查评价组：××× ××× ××

××××年×月×日

各种评价评分表（详细评分表略）见附表1～附表4。

附表1　　施工现场起重机械安全技术状况检查评分汇总表

受检单位：××火力发电建设公司

序号	机械名称	一般缺陷（条）		严重缺陷（条）		每台实得分	备注
1	QU50C履带起重机	2		0		97.5	
2	KH700履带起重机	1		1		87.5	
3	20/5龙门起重机	7		0		89	
4	40龙门起重机（1号）	7		0		89	
5	40龙门起重机（2号）	8		0		88	
6	FZQ2400塔式起重机	5		0		90.5	
7	QY35汽车起重机	1		1		87.5	
8	SC6021塔式起重机	4		0		83.5	
合计	共8台	共35条	4.375条/台	共2条	0.25条/台	平均得分：89.625	

附表2　　施工现场起重机械安全技术状况检查评分汇总表

受检单位：××电力建设公司

序号	机械名称	一般缺陷（条）		严重缺陷（条）		每台实得分	备注
1	LMQ6342龙门起重机	7		1		65.5	
2	H3/36B塔式起重机	6		2		62.5	
3	SC7022塔式起重机	3		0		94.0	
4	QY50汽车起重机	0		1		90.0	
合计	共4台	共16条	4条/台	共4条	1条/台	平均得分：77.75	

附表3　　施工现场起重机械安全技术状况检查评分汇总表

受检单位：××省二建公司

序号	机械名称	一般缺陷（条）		严重缺陷（条）		每台实得分	备注
1	烟筒提升装置	1		2		77.5	
合计	共1台	共1条	1条/台	共2条	2条/台	平均得分77.5	

附表4　　施工现场起重机械安全管理评价总表

受检单位（施工现场）：

施工现场单位		制度资料管理状况		起重机械安全状况	
		实得分	标准分	实得分	标准分
××火力发电公司	施工项目部	63	100	89.625	100
	合计	标准总分：200		实得总分：152.625	
××电力建设公司	施工项目部	42	100	77.75	100
	合计	标准总分：200		实得总分：119.75	
××省二建公司	施工项目部	65	100	77.5	100
	合计	标准总分：200		实得总分：142.5	
××监理公司		标准分	100	实得分	19
业主项目部		标准分	100	实得分	50

注　1. 现场一般每个施工单位都有起重机械专业队伍、一般起重机械使用单位（包括外包队）和施工项目部；对于现场施工单位起重机械安全管理评价，应包括三个基层单位的评分和起重机械安全技术状况的评分，所以标准总分应该是400分；没有三个基层单位的施工单位，按实际填，标准总分也应相应减少。

2. 整个现场起重机械安全管理的评价还应包括项目监理和业主单位的评分。

参 考 文 献

[1] 贺小明．电力建设现代化安全管理．第三版．武汉：武汉大学安全科学技术研究中心，武汉博晟安全技术有限公司，2011.

[2] 袁化临．起重与机械安全．北京：首都经济贸易大学出版社，2000.

[3] 王福绵．起重机械技术检验．北京：学苑出版社，2000.

[4] 何强，陈家佐等．施工机械设备管理与使用．北京：水力电力出版社，1991.